高等院校计算机应用技术规划教材

数据库原理及技术应用教程
（Oracle）

刘甫迎 饶 斌 刘 焱 编著

中国铁道出版社
CHINA RAILWAY PUBLISHING HOUSE

内 容 简 介

本书包括12章和3个附录，详细介绍了数据库基础、数据库的由来和发展、数据模型、关系数据库、函数依赖、范式、PD CASE工具、数据库的设计与维护（CDM、PDM数据模型）、分布式数据库、安全性与完整性、并发控制与恢复等数据库的基本原理和技术。讲述了后端大型数据库的工业标准——Oracle，且将之贯穿全书。Oracle的网格计算、Oracle RAC、PL/SQL、闪回技术、企业管理器OEM、应用开发工具（Forms、Reports、JDeveloper）以及J2EE和互联网服务器应用等内容，使本书同时又成为一本学习Oracle（以新版本11g为主，兼顾9i、10g版本）的基于C/S、B/S模式编程和DBA（数据库管理员）的教科书。

本书提供实例、实验和实习、习题、教学大纲等，便于学习与教学。本书适合作为高等院校及软件学院的教材，还可作为从事数据库软件开发和应用者的参考书。

图书在版编目（CIP）数据

数据库原理及技术应用教程：Oracle/刘甫迎，饶斌，刘焱编著. —北京：中国铁道出版社，2009.8
高等院校计算机应用技术规划教材
ISBN 978-7-113-10426-9

Ⅰ.数… Ⅱ.①刘…②饶…③刘… Ⅲ.关系数据库－数据库管理系统，Oracle－高等学校－教材 Ⅳ.TP311.138

中国版本图书馆CIP数据核字（2009）第142304号

书　　名：数据库原理及技术应用教程（Oracle）
作　　者：刘甫迎　饶　斌　刘　焱　编著

策划编辑：翟玉峰　沈　洁
责任编辑：王占清　　　　编辑部电话：（010）63583215
特邀编辑：李红玉　　　　编辑助理：邱雪姣
封面设计：付　巍　　　　封面制作：白　雪
版式设计：于　洋　　　　责任印制：李　佳

出版发行：中国铁道出版社（北京市宣武区右安门西街8号　　邮政编码：100054）
印　　刷：河北省遵化市胶印厂
版　　次：2009年9月第1版　　2009年9月第1次印刷
开　　本：787mm×1092mm　1/16　印张：26.5　字数：654千
印　　数：4 000册
书　　号：ISBN 978-7-113-10426-9/TP・3521
定　　价：39.00元

FOREWORD

前言

诞生于20世纪60年代的数据库，是人类进入21世纪知识经济时代不可或缺的“武器”，其建设规模和使用水平已成为衡量一个国家信息化程度的重要标志。数据库技术已成为计算机领域中最重要的技术之一，它是软件学科中一个独立的分支，是高等学校计算机类专业和信息管理类专业的一门专业基础课，越来越多的人希望学习数据库。

Oracle是世界上第一个以SQL语言为基础的关系数据库。从1979年问世，到现在的Oracle 11g，美国的Oracle公司一直致力于信息管理现代化技术及产品的研究与开发，使Oracle在数据库技术领域创造了无数的第一，它的销量和普及程度名列世界前茅。Oracle实际上成了大型数据库管理系统的工业标准。

笔者较早打破了其他介绍数据库原理的书忌讳写某一具体的数据库的惯例，本书除详细介绍数据库的基本原理和技术外，继续将Oracle作为实例贯穿全书，使之同时又成为一本学习Oracle的基于C/S模式和B/S编程以及DBA（数据库管理员）的教科书。

本书的主要特点是：

- 全书以新版本Oracle 11g为基础，同时，重要章节（例如，Oracle的安装及目录结构、企业管理器OEM等）又对比Oracle 9i、Oracle 10g的内容进行讲述。体现了最新技术的先进性，同时兼顾了较低的两个版本用户还较多的情况，以便满足各类用户的需要。
- 突出了Oracle 11g的网格计算，将之贯穿全书（见第2章的网格计算基础、第8章的Oracle RAC技术、第9章的OEM管理Oracle RAC、附录C的RAC的安装与配置指导书）。
- 介绍了Oracle 11g数据库高可用性的内容：LogMiner、数据卫士、RMAN、Oracle闪回技术、Oracle RAC技术和自动存储管理（ASM）等（见第8章）。
- 按Oracle 11g的要求，本书编写了企业管理器OEM的相关内容，详细介绍了Oracle 11g的OEM提供的两种独立的控制方式：数据库控制和网格控制（见第9章）。
- 介绍了PowerDesigner CASE技术，用之建立数据库CDM、PDM数据模型（见第6章、第7章）。
- 本书第11章介绍了Oracle Developer Suite，讲述了其他相关书籍较少涉及的应用开发工具Forms Developer、Reports Developer，JDeveloper以及J2EE和互联网服务器应用等内容，使本书成为一本不多见的、内容较全的Oracle教科书。
- 本书注重理论与实践相结合，突出实践动手能力和实用性。有实例、实验指导书，便于读者参考、使用，力图使学生学习本书后便基本可以编制Oracle程序和应用系统。
- 本书附有教学大纲（见附录A）、专业实习（见附录C）、习题，图文并茂，便于学习与教学。
- 本书作者长期从事Oracle数据库教材的编著和教学、科研工作，有此课程的教学经验，在此书的材料组织过程中将其经验融入了进去。

本书由刘甫迎、饶斌、刘焱编著。刘甫迎编写了第2章、第4章、第9章、第12章和附录A、附录B；饶斌编写了第1章、第5章、第8章、第10章、第11章；刘焱编写了第3章、第6章、

第 7 章、附录 C；全书由刘甫迎教授统稿。在本书的编写和出版过程中，中国铁道出版社给予了很大的帮助，党晋蓉教授等老师和曾克蓉、李朝蓉等学生也做了许多工作，在此一并表示感谢！

由于作者水平有限，不妥之处在所难免，敬请广大读者批评指正。

编者

2009 年 8 月

CONTENTS

目录

第 1 章 数据库基础

本章介绍数据库的意义、数据库的发展史、数据库的体系结构、数据库系统以及数据库管理系统等，以便对数据库的概念有一个基本的了解。

1.1 数据库概念

1.1.1 信息处理及数据处理

21 世纪是信息和知识的社会，如何组织和利用这些庞大的信息和知识已成为衡量一个国家科学技术水平高低的重要标志。

早在 20 世纪 60 年代，数据库技术作为现代信息系统基础的一门软件学科便应运而生了。现在，数据库技术已成为计算机领域中最重要的技术之一，它是软件学科中一个独立的分支。它的出现使得计算机应用渗透到工农业生产、商业、行政、教育、科学研究、工程技术和国防军事等各个部门。管理信息系统（MIS）、办公自动化系统（OA）、决策支持系统（DSS）等都是使用了数据库管理系统或数据库技术的计算机应用系统。

数据库（database，DB）是存储在一起的相关数据的集合，是存储数据的“仓库”。因此，要理解数据库就需要先了解在数据处理领域中常遇到的两个基本概念：信息（information）和数据（data）。

信息是关于现实世界事物的存在方式或运动状态的反映的组合。例如，上课用的黑板，它的颜色是黑的，形状是矩形，尺寸是长 3.2m、宽 1.4m，材料是木材，这些都是关于黑板的信息，都是关于黑板的存在状态的反映，从不同角度“反映”或“刻画”了黑板这个事物。信息源于物质和能量，一切事物，包括自然和人类都产生信息，信息是物质和能量形态的反应，它不可能脱离物质而存在。信息传递需要物质载体，信息的获取和传递要消耗能量。信息是可以感知的，它可以存储，并且可以加工、传递和再生。电子计算机是信息处理领域中最先进的工具之一，人类对收集到的信息可以进行取舍整理。

数据通常指用符号记录下来的可加以鉴别的信息。例如，为了描述黑板的信息，可以用一组数据“黑色、矩形、3.2m×1.4m”表示，由于“黑色”、“矩形”、“3”、“m”……这些符号已经被人们赋予了特定的语义，所以它们就具有了传递信息的功能。

从上面的例子可以看到信息和数据之间的固有联系：数据是信息的符号表示或称为载体，信息则是数据的内涵，是对数据的语义解释。但另一方面，某一具体信息与表示它的数据的这种对应关系又因环境而异。同一信息可能有不同的符号表示，同一数据也可能有不同的解释。数据处理领域中的数据概念较之科学计算领域中的数据概念已经大大地拓宽了。定义中所说的符号，不仅包含数字符号，而且包含文字、图像和其他符号；而所谓"记录下来"也不仅是指用笔写在纸上，还包括磁记录、光刻等各种记录形式。

由于信息是现实世界中事物的存在方式和运动状态的反应，而现实世界中的事物常常是相互关联的，这就使得人们在了解、掌握事物之间的固有联系和运动规律的基础上，可以从一些已知的信息出发，经过演绎推理，导出新的信息，为人类社会生活的各种需要服务，这就是常说的"信息处理"。例如，根据上述黑板的尺寸数据和木工定额标准，可以推算出制作黑板所需的木材数量和制作费用。

一般，人们将原始信息表示成源数据，然后对这些源数据进行综合推导加工，得出新的数据。这些结果数据表示了新的信息，可以作为某种决策的依据（或用于新的推导加工）。整个过程通常称为"数据处理"。

计算机使大规模的数据处理成为可能，它和通信、网络技术的发展一起，进一步推动了信息处理和利用，极大地增强了人类社会信息处理的能力。

1.1.2 数据模型和数据库技术

数据库系统就是实现有组织地、动态地存储大量相关数据，方便用户访问的计算机软、硬件资源组成的系统。而数据库技术是研究数据库的结构、存储、设计和使用的一门软件学科。因此，数据库技术主要是研究如何存储、使用和管理数据。在计算机应用中，数据处理占的比重最大，而数据库系统是数据处理的核心机构，所以它的效能往往决定了整个计算机应用的经济效益。

数据库离不开数据模型。数据模型是对现实世界客观事物及其联系的描述，它反映了数据项之间和记录之间的联系，在数据库技术中使用模型的概念描述数据库的结构与语义。常用的三种数据模型是：层次模型（hierarchical model）、网状模型（network model）和关系模型（relational model）。此外，还有面向对象模型（object_oriented model）等。（关系数据模型将在第 2 章进行详细讲述。）

数据库这门学科与其他基础软件、系统软件、应用软件有着密切的联系。例如操作系统，数据技术是在操作系统的文件系统的基础上发展起来的，而且数据库系统本身只有在操作系统（如 Windows）支持下才能工作。数据库与网络技术和多媒体技术的关系也很密切，例如分布式数据库需要网络的支持，数据库可在因特网（Internet）上交换数据、声音、图像、图片等多媒体信息。数据库技术与数据结构的关系也是不可分割的，数据库技术不仅要用到数据结构的知识，而且丰富了数据结构的内容。程序设计是使用数据库系统的最基本方式，因为数据库中大量的应用程序过程都是用高级语言加上数据库操作语言编写的。集合论、数理逻辑是关系数据库的理论基础，它们的很多概念、术语、思想都可直接用到关系数据库中。

1.2 数据库的由来和发展

数据库这个名词起源于 20 世纪 50 年代，当时美国为了战争的需要，把各种情报集中在一起，存入计算机，称为 information base 或 database。1963 年美国 Honeywell 公司的 IDS（integrated data store）系统投入运行，揭开了数据库技术的序幕。1965 年美国利用数据库帮助设计了阿波罗登月火箭，推动了数据库技术的产生。当时社会上产生了许多形形色色的 database 或 databank，但基本上都是文件系统的扩充。1968 年美国 IBM 公司推出了层次模型的 IMS 数据库系统，并于 1969 年形成产品；1969 年，提出了 COBOL 语言的美国 CODASYL（conference on data system language，数据系统语言协会）组织的数据库任务组（DBTG）发表了网状数据库系统的标准文本（1971 年正式通过）；1970 年初，IBM 公司的高级研究员 E.F.Codd 发表论文提出了关系模型，奠定了关系数据库的理论基础。

20 世纪 70 年代是数据库蓬勃发展的年代。网状系统和层次系统占领了市场，关系系统开始处于实验阶段，IBM 公司研制出了原型关系语言 System R。1979 年关系软件（Relational Software）公司推出了第一个基于 SQL 的商用关系数据库产品 Oracle。

从 20 世纪 80 年代起，关系数据库产品已相当成熟，抢占了网状系统和层次系统的市场。同时关系数据库理论也日趋完善，走向更高级的阶段，有了分布式数据库系统（distributed database system）等。后来，从不同的计算机应用领域提出了许多数据库的非传统应用课题，诸如多媒体数据、空间数据、时序数据、科学数据、复杂对象、知识、超文本管理等。为了适应这类应用的需要，提出了不少新的概念、新的数据模型和系统结构。经过几年的研究和实践，逐步形成了面向对象数据库系统（object_oriented database system）、主动数据库系统（active database system）、大型知识库系统（large knowledge base system）、数据库中的知识发现（knowledge discovery in database）以及科学数据库（science database）等热点。21 世纪数据库技术必将获得更加长足的发展。了解数据库的由来和发展的历史以及数据管理技术各阶段的特点，对学习好数据库显然十分必要。

综观数据管理技术的发展可知：它与硬件（主要是外部存储器）、软件以及计算机应用的范围有密切关系。数据管理技术大致经过了以下四个阶段：人工管理阶段、文件系统阶段、数据库阶段以及高级数据库阶段。

1.2.1　人工管理阶段

人工管理阶段（20 世纪 50 年代中期以前），这一阶段的计算机主要用于科学计算。硬件中的外存只有卡片、纸带等。软件只有汇编语言，没有数据管理方面的软件。数据处理的方式基本上是批处理。这个时期的数据管理特点如下：

1. 数据不保存

进行某一课题计算时将原始数据随程序一起输入主存，运算处理后将结果数据输出。任务完成后，数据空间同程序空间一起释放。

2. 没有专用软件对数据进行管理

每个应用程序要包括存储结构、存取方法、输入/输出方式等，数据结构与程序不具有独立性，一旦存储结构改变，就必须由应用程序员修改程序。由于程序直接面向存储结构，因此不存在逻辑结构与物理结构的区别。

3. 只有程序（program）的概念、没有文件（file）的概念

即使有文件，也大多是顺序文件，其他组织方式必须由程序员自行设计与安排。

4. 数据面向应用

即一组数据对应于一个程序。由于各应用程序处理的数据不会毫无联系，因此程序之间会有重复。

5．对数据的存取以记录为单位

其灵活性差。

1.2.2 文件系统阶段

文件系统阶段（20 世纪 50 年代后期至 20 世纪 60 年代中后期），这一阶段的计算机不仅用于科学计算，还大量用于信息管理。外存已有磁盘、磁鼓等直接存取设备。软件方面出现了高级语言和操作系统。操作系统中的文件系统（有时也称为“信息处理模块”）是专门处理外存的数据管理软件。处理数据的方式有批处理，也有联机实时处理。这一阶段的数据管理情况如下：

1．特点

- 数据可长期保存在外存上。用户经常随时通过程序对文件进行查询、修改以及删除等处理。由于计算转向管理，数据处理的工作量增大。
- 数据的物理结构与逻辑结构有了区别，但比较简单。程序与设备之间有设备独立性（程序只需用文件名与数据打交道，不必关心数据的物理位置），由操作系统的文件系统提供存取方法（读/写）。由存取方法实现数据的逻辑结构与物理结构之间的转换。
- 文件的形式已多样化，有索引文件、链接文件和直接存取文件等，因而对文件的记录可顺序访问，也可随机访问。但文件之间是独立的，联系要通过程序去构造，文件的共享性差。
- 有了存储文件以后，数据不再仅仅属于某个特定的程序，而可以重复使用。但文件结构的设计仍然是基于特定的用途，程序仍然是基于特定的物理结构和存取方法编制的，因此数据结构与程序之间的依赖关系并未根本改变。
- 确对数据的存取基本上还是以记录为单位。

2．缺陷

在文件系统中，改变存储设备，不必改变应用程序。虽然文件系统提供了存取方法，但这只是初级的数据管理。这种文件系统，还未能彻底体现用户观点下的数据逻辑结构独立于数据在外存的物理结构要求。因此，修改数据的物理结构时，仍然需要修改用户的应用程序。

文件系统有三大缺陷：

- 数据冗余性（redundancy），由于文件之间缺乏联系，造成每个应用程序都有对应的文件，有可能同样的数据在多个文件中重复存储。
- 不一致性（inconsistency），这往往是由数据冗余造成的，在进行更新操作时，稍不谨慎，就可能导致同样的数据在不同的文件中不一样。
- 数据联系弱（poor data relationship），这是文件之间独立，缺乏联系造成的。

由于这些原因，促使人们研究一种新的数据管理技术，这就是 20 世纪 60 年代末产生的数据库技术。

1.2.3 数据库阶段

数据库阶段是从 20 世纪 60 年代末开始的。20 世纪 60 年代末，磁盘技术取得了重大进展，大容量（数百兆字节以上）和快速存取的磁盘陆续进入市场，成本有了很大的下降，为数据库技术的实现提供了物质条件。

20 世纪 60 年代中期出现的大多数系统(database 或 databank)还不能称为真正的数据库系统。数据管理技术进入数据库阶段的标志是前面讲到的 20 世纪 60 年代后期以来的三大事件：即 1969 年 IBM 公司推出的 IMS 产品（层次数据库系统）和 CODASYL 研究和建议的 DBTG 系统（网状数据库系统），以及从 1970 年起，IBM 公司 E.F.Codd 连续发表一系列论文，奠定了关系数据库理论基础。

20 世纪 70 年代以来，数据库技术得到迅速发展，并投入使用。数据库阶段根据其支持的数据模型（data model），到目前为止经历了三代：从上面讲到的层次网状代，到关系模型代以及后面高级数据库阶段讲到的面向对象代。关系模型代从 20 世纪 70 年代初 E.F.Codd 奠定关系数据库理论基础后，20 世纪 70 年代末推出了一些试验系统，20 世纪 80 年代初出现了一批商品化的关系数据库系统，如 Oracle、SQL/DS、DB2、INGRES、INFORMIX、UNIFY 以及 dBASE、FoxBASE 等。SQL 语言在 1986 年被美国 ANSI 和国际标准化组织（ISO）采纳为关系数据库语言的国际标准。

与文件系统相比，数据库系统克服了文件系统的缺陷，提供了对数据更高级、更有效的管理。概括起来，数据库技术的管理方式具有以下特点：

1. 采用复杂的数据模型（结构）

数据模型不仅要描述数据本身的特点，还要描述数据之间的联系。这种联系是通过存取路径来实现的。通过存取路径来表示自然的数据联系是数据库与传统文件的根本区别。这样数据不再面向特定的某个或多个应用，而是面向整个应用系统。数据冗余明显减少，实现了数据共享。

2. 有较高的数据独立性

在数据库系统中，系统提供映像的功能，确保应用程序对数据结构和存取方法有较高的独立性。数据的物理结构和逻辑结构差别可以很大。用户可以以简单的逻辑结构操作数据而无需考虑数据的物理结构。数据库系统分成用户的逻辑结构、整体逻辑结构和物理结构，如图 1-1 所示。用户（应用程序或终端用户）的数据和外存中的数据之间的转换由数据库管理系统实现。为提高效率、减少冗余或增加新的数据，常需改变数据结构。在改变物理结构时，不影响整体逻辑结构、用户的逻辑结构以及应用程序，这样就认为数据库达到了物理数据独立性。在改变整体逻辑结构时，不影响用户的逻辑结构以及应用程序，这样就认为数据库达到了逻辑数据独立性。

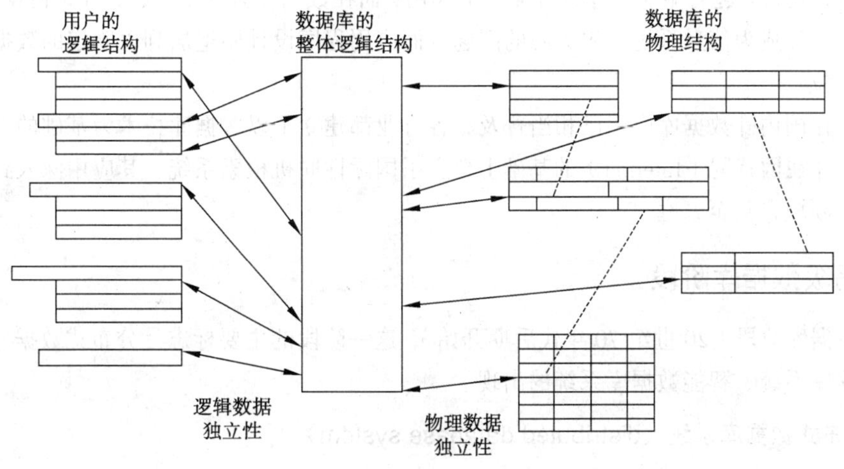

图 1-1　数据库系统的结构

3. 数据库系统为用户提供了方便的用户接口

用户可使用查询语言或简单的终端命令操作数据库，也可以使用程序方式（用高级语言如C、FORTRAN等语言和数据库操纵语言编制的程序）操作数据库。

4. 提供下述四方面的数据控制功能

- 数据完整性：保证数据库始终包含正确的数据。用户可设计一些完整性规则以确保数据值的正确性。例如，可把数据值限制在某个范围内，并对数据值之间的联系进行各种检验。
- 数据安全性：保证数据的安全和机密，防止数据丢失或被窃取。
- 数据库的并发控制：避免并发程序之间的相互干扰，防止数据库数据被破坏，杜绝提供给用户不正确的数据。
- 数据的恢复：在数据库被破坏时或数据不可靠时，系统有能力把数据库恢复到最近某个时刻的正确状态。

5. 可以以数据项为单位进行操作

对数据库的操作除了以记录为单位外还可以以数据项为单位。

数据库阶段的程序和数据的联系可用图1-2表示。

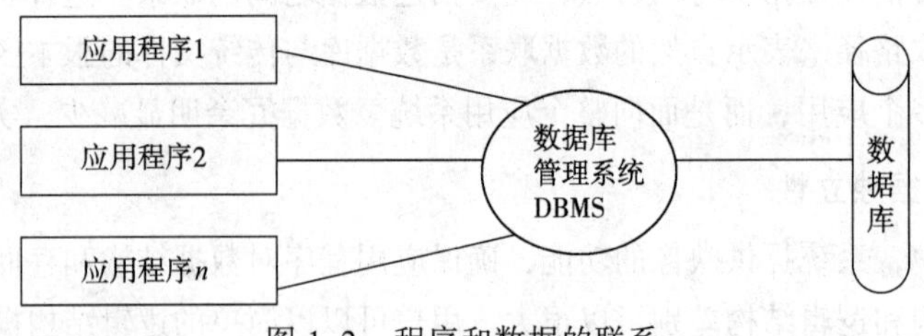

图 1-2　程序和数据的联系

综上所述，数据库可以定义为：一个存储起来为某个特定组织的多种应用服务并具有尽可能小的冗余度的互相关联的数据集合。其数据结构独立于使用数据的程序，对数据的添加、删除、修改及检索，由系统进行统一的控制，而且数据模型也有利于将来应用的发展。

从文件系统发展到数据库技术是信息处理领域的一个重大变化。在文件系统阶段程序设计处于主导地位，数据只起着服从程序设计需要的作用；而在数据库方式下，数据开始占据中心位置，数据的结构设计成为信息系统首先关心的问题，而应用程序设计则退居到以既定的数据结构为基础的外围地位。

目前，在国内外数据库应用已相当普及，各行业都建立了以数据库技术为基础的大型计算机网络系统，并在因特网（Internet）的基础上建立了国际性联机检索系统，其应用深入到人类社会生活的各个领域，甚至家庭。

1.2.4　高级数据库阶段

高级数据库阶段（20世纪70年代后期开始），这一阶段的主要标志是分布式数据库系统、面向对象数据库系统、智能数据库系统的出现。

1. 分布式数据库系统（distributed database system）

集中式数据库把数据集中在一个数据库中集中管理，减少了数据冗余和不一致性，而且数据联系比文件系统强得多。但集中式系统也有弱点，如其系统庞大，通信拥挤等。为了真正实现对分布在不同地方的数据资源的共享，早在 20 世纪 70 年代就开始了分布式数据库的研究。经过 10 多年的努力，到 1986 年在软件市场上开始出现分布式数据库产品。当时，关系技术公司（现为 INGRES 公司）宣布了称为 INGRES/STAR 的分布式版本。其后不久，Oracle 公司也宣布了称为 SQL*STAR 的 Oracle 分布式版本。这些年来，分布式数据库的研究和应用有了很大的进展。

（1）多数据库系统

多数据库系统（MBS）是为在多个数据库之间实现互操作，解决数据资源共享的一种技术途径。多数据库系统是由若干数据库组成的一个集合，其中每个数据库称为分数据库。分数据库可以是集中式的，或是分布式的。它们都受各自的、可能是不同的 DBMS（数据库管理系统）的管理。如果所有的分数据库都是相同的 DBMS，则称其为同构型 MBS，否则称为异构型 MBS。MBS 不考虑全局模式，所有分数据库都是自治的，即数据定义自治，数据复制自治，以及在逻辑和物理级上的数据重构自治等。对 MBS 来说，MBS 语言很重要，它应当提供数据库语言和允许分数据库实现互操作的全部功能，支持用户非过程的操作。SYBASE 和 Oracle 都提供分布式处理的功能，支持分布多数据库系统。

SYBASE 采用客户/服务器的体系结构，支持在网络环境下应用的分布计算模式。客户部分包括 Client 应用程序开发工具和 Client 接口。Client 工具为应用软件开发的各个阶段提供支持，Client 接口实现 Client 与 Server 间的连接，以及 OPEN Client 的开放互连。Server 分为 SQL Server 和 Open Server 两部分。SQL Server 完成分布式 RDBMS 的功能，Open Server 完成与其他非 SQL Server 管理的数据源和各种事务处理应用系统的互连。

Oracle 主要通过 SQL* Net 和它的 RDBMS 实现分布式处理。它实现的是多点分布式查询，即一个查询可以涉及多个结点的数据库。Oracle 对多种平台、多种网络、多种操作系统的支持能力很强，特别是在 Oracle 环境内，它提供的 4GL 工具具有比较强的分布查询能力。1992 年，Oracle 公司发布了 Oracle 7 版本。从该产品起便采用协调服务器技术，提高分布检索功能和数据复制功能。

（2）联邦数据库系统

联邦数据库系统是多个协作数据库系统的集合，其中每个数据库系统是自治的，可能是异构的。其中各个数据库系统可以在不同程度上集成。控制和协调操纵组成数据库系统的软件称为联邦数据库管理系统（FDBMS）。联邦数据库系统的特点是分布、异构和自治。联邦数据库系统的体系结构一般采用五级模式：

- 局域模式。
- 组成模式。
- 联邦模式。
- 输出模式。
- 外模式。

联邦数据已愈来愈引起数据库界的重视。它可以利用分布式数据库的技术，但与分布式数据库又不完全相同。经过多年研究，分布式数据库在学术上已经很完美，但实现技术复杂，开销太大，商品化比较困难。在实际系统和应用需求方面，人们对分布环境下各结点之间的联系并不要求像分布式数据库那样紧密，逻辑上成为一个整体，而联邦式的联系更加实际可行。

2. 主动数据库系统

主动数据库是最近出现的一个重要而活跃的研究领域，属于智能数据库的一种。主动数据库因有自动触发执行一些系统或用户预定义操作序列的功能而得名。相应的，传统的数据库系统可称为被动数据库系统。目前大多数工作是旨在将产生式规则嵌入数据库系统，并加入自动根据情景触及执行动作的机制。而且，一些原型系统正在被建造之中。在这些原形系统中，加入数据库的规则一般具有如下形式：

```
WHEN<事件>
IF<条件>
THEN<动作>{,IF<条件>THEN<动作>}
```

表示当<事件>发生时，将触发执行后面跟着的一条（或一组）规则。IF-THEN 规则（或规则组）的执行则按产生式系统的控制方式进行。可见，这种规则仅比一般产生式规则多了一个触发事件，用以控制何时触发执行。

由于产生式规则提供了一种表示触发、警报、断言、完整性约束、存取约束、诱导数据以及按快照等的统一机制，所以上述嵌入了产生式规则的主动数据库系统可以有十分广泛的应用。例如，除了传统的完整性约束、一致性存取约束等可用它来实现之外，还可以用它来实现诸如“例外处理”、错误自动处置，以及各种自动警报功能。例如，当仓库存货低于某阈限时就自动发出适量进货的报告。此外，规则还可用来支持数据库的演绎推理功能，以及使大系统开发的合作更加方便等，因为可实现用户定义的资源共享策略、继承机制、版本控制、配置控制和工作流控制等。

主动数据库管理系统的特点是：

- 规则是通过事件或数据触发执行的，而不是识别一执行周期。
- 采用规则作为完整性、存取控制、视图变换、触发等的统一机制。
- 在数据库模式中定义规则，规则存储在数据库中，由数据库管理系统执行，采用查询优化的技术。
- 采用数据库管理系统中的并发控制和恢复。

目前建成的模型或产品系统有 ETM、HiPAC、Postgres、CPLEX、Starbust、RUBIS、O2、ATM、ODE、Alert、SAMOS 等。

3. 面向对象数据库系统

面向对象程序设计是软件工程的重要发展方向之一，它可以提高程序设计的生产效率、重用性以及可扩充性。为了满足各种新的数据应用的需要，诸如多媒体数据、空间数据、复杂对象、超本文、知识、时序数据等的管理，面向对象数据库广泛受到关注。

目前，面向对象数据库核心系统的一些技术问题已基本解决，诸如数据模型、数据语言、查询处理、对象管理、消息管理、版本管理、事务管理、物理结构等都有了具体的解决办法。当前有关论文主要讨论面向对象数据库的数据模型、程序设计语言和提高性能。从 1987 年以来，已出现许多商品化的面向对象数据库系统，例如 Servio 公司的 GemStone、Object Design 公司的 ObjectStore、Objectivity 公司的 Objectivity/DB、Versant Object Technology 公司的 Versant、ONTOS 公司的 ONTOS、Itasca Systems 公司的 Itasca、O2 Technology 公司的 O2。这些产品都支持面向对象数据模型。具体来说，它们允许用户建立新的属性和方法类型，可以从父类继承属性和方法，建立具有唯一对象标识的例示，可以单个或集体地检索例示，装载和运行方法。

这里，以 O2 为例说明面向对象数据库的结构。O2 是一个开放的系统，用 C 语言和 C++编写，在 UNIX 环境下运行。它的接口工具用 C++编写，在 X11 和 OSF/Motif 下运行。图 1- 3 给出了 O2 的系统框图。

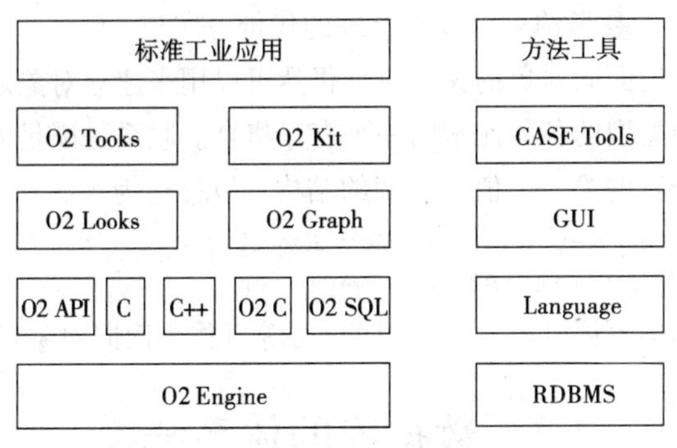

图 1-3　O2 系统框图

作为 O2 系统核心的 O2 Engine 具有下列特点：

- 完全的面向对象模型。
- 客户/服务器体系结构。
- 支持多种数据库。
- 支持多种模式。
- 数据库中的方法。
- 递增式无用单元收集器。
- 提供安全保护。
- 提供索引。

O2 Engine 的框图如图 1-4 所示。

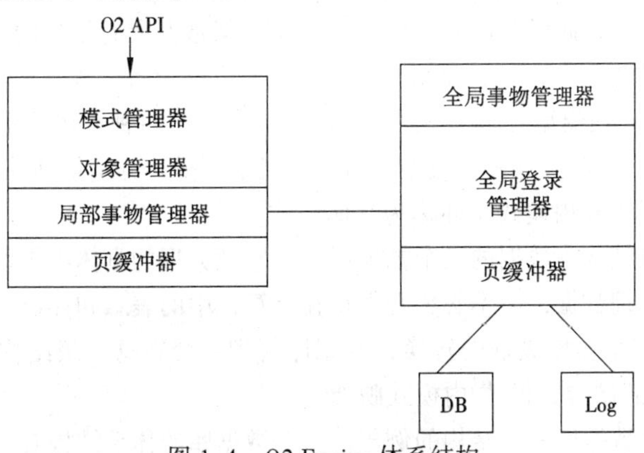

图 1-4　O2 Engine 体系结构

O2 API 是应用程序与 O2 Engine 的接口，它可以直接访问 O2 Engine，对数据管理提供紧控制，具有很高的性能。用 O2 编程非常方便。

意大利阿巴莫（A.Albamo）等人的论文“一种强类型面向对象数据库程序设计语言的关系机制”主要提出一种对象关系数据模型。这种模型的特点是：

- 将联系表示成为类之间的 n 元对称关系。

- 联系可以被组成专门的层次结构。
- 参照完整性约束实际上是强迫的。
- 联系的一些约束，诸如基数、映射、依赖性和非易变性可以说明性定义。
- 系统要求实现联系，参考约束可以在合理的代价下实现。

在这个模型中，典型的面向对象的聚集机理仍然可以用来建立对象之间的关系，用对象类型定义对象属性。类是相同类型的各种元素的一个有序集合。联系是满足固定特征的各种联结的有序集合。类和联系都是语言的第一类值，它们的结构可以描述为：

```
Class（Element Type）Key Keylist…Key Keylistn
Assoc（Signature）Key Keylist…Key Keylistn
```

面向对象数据模型本书不展开赘述，这里的 O2 等可作为面向对象模型的示例。

1.3 数据库的体系结构

1. 数据库的三级体系结构

数据库的体系结构分成三级：内部级（internal）、概念级（conceptual）和外部级（external）。图 1-5 所示的结构是 1975 年 2 月美国 ANSI/X3/SPARC（国家标准化委员会/关于计算机和信息处理/系统设计和要求委员会）提出的。虽然现在数据库管理系统的产品多种多样，在不同的操作系统支持下工作，但是绝大多数系统在总的体系结构上仍具有三级结构的特征。

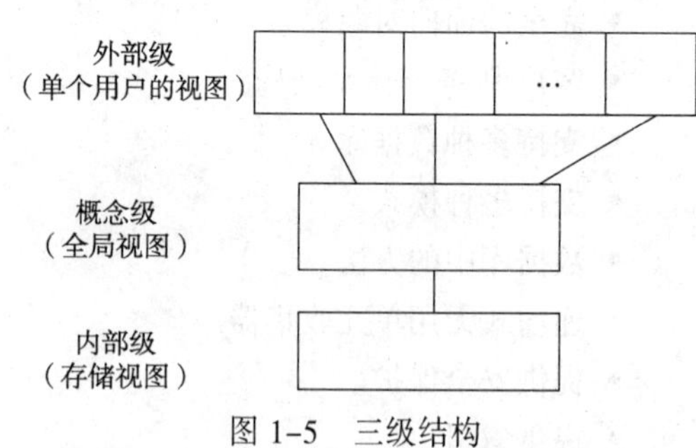

图 1-5　三级结构

从某个角度看到的数据特征称为“数据视图”。外部级最接近用户，是单个用户所能看到的数据特征。单个用户使用的数据视图称为“外模型”。概念级涉及所有用户的数据的定义，也就是全局的数据视图，称为“概念模型”。内部级最接近于物理存储设备，涉及实际数据存储的方式。物理存储的数据视图称为“内模型”。这些模型有两种表达方式，一种是用图示形式，即数据结构图；另一种是用数据定义语言描述。这三种模型用数据定义语言描述分别得到外模式（亦称为子模式）、概念模式（亦称为模式）和内模式（亦称为存储模式）。

数据库的三级体系结构是数据的三个抽象级别，它把数据的具体组织留给数据库管理系统管理，使用户能抽象地处理数据，而不必关心数据在计算机中的表示和存储。这三级结构之间往往差别很大，为实现这三个抽象级别的转换，数据库管理系统在这三级结构之间提供了两层映像（mapping）：外模式/模式映像，模式/内模式映像。

图 1-6 所示是一个数据库三级结构的例子。这个数据库的体系结构有一个内模式，一个概念模式，两个外模式。在概念级，数据库有一个记录类型 EMPLOYEE，它有三个字段，标明了相应的数据类型和长度。在内部级，记录类型名改为 STORED-EMP，内含一个指针 PREFIX，三个字段的命名也与概念级不一样。在外部级，一个外模式是用面向 PL/I 语言的数据定义语言描述，供 PL/I 应用程序使用；另一个外模式是用面向 COBOL 语言的数据定义语言描述，供 COBOL 应用程序使用。外模式中用到的记录名、字段名也与概念级不同（一般也可以用相同的命名）。在这三级描述中还应该说明这些命名的变化（图中未写出）。

<table>
<tr><td>External(PL/I)

DCL 1 EMPP
  2 EMP CHAR(6)
  2 SALFIXEDBIN(5);</td><td>External(COBOL)

01 EMPC
  02 EMPNO PICX(6)
  02 DEPTNO PICX(4)</td></tr>
<tr><td colspan="2">Conceptual

EMPLOYEE
  EMPLOYEE-NUMBER   CHARACTER(6)
  DEPARTMENT-NUMBER CHARACTER(4)
  SALARY   NUMERIC(5)</td></tr>
<tr><td colspan="2">Internal

STORED-EMP   LENGTH=18
PREFIX   TYPE=BYTE(6)，OFFSET=0
EMP#   TYPE=BYTE(6)，OFFSET=6，INDEX=EMPX
DEPT#   TYPE=BYTE(4)，OFFSET=12
DAY   TYPE=FULLWORD，OFFSET=16</td></tr>
</table>

图 1-6　数据库三级结构的例子

下面详细考察这个数据库的三级体系结构（图 1-6）。

2．概念模式（conceptual schema）

数据库的全局逻辑视图称为视图，由若干个概念记录类型组成。概念视图用 DDL（data definition language，数据定义语言）描述后得到的是概念模式（简称为模式）。描述概念视图的 DDL 称为“模式 DDL”。模式是所有概念记录类型的定义，因此它是数据库中全部数据逻辑结构的描述，即数据库中所有记录类型的整体描述。实际上，模式就是数据模型的描述。

模式还要描述记录之间的联系、所允许的操作、数据的一致性、有效验证、安全和其他管理控制方面的要求。数据按外模式的描述提供给用户，数据按内模式的描述存储在磁盘中。而概念模式提供了一种约束其他两级的相对稳定的中间观点，它使得这两级的任何一级的改变都不受另一级的牵制。

在模式中还必须达到数据独立性。模式描述中必须不涉及到存储结构、访问技术等细节，这样，模式描述中就不会遇到存储字段的表达、记录的物理顺序、索引方式等存储／访问细节问题。只有这样，模式才算做到了数据独立，而在模式基础上定义的外模式才能做到数据独立。

3．外模式（external schema）

外模式是用户与数据库系统的接口。

单个用户的视图称为外部视图。一个用户往往只用到数据库的一部分。外部视图由若干外部记录类型组成，这些外部记录类型和概念记录类型、内部记录类型可能不一样。用户使用数据操纵语言对数据库进行操作，实际上是对外部视图的外部记录进行操作。例如，GET 操作是读取一个外部记录值（实际上是逻辑记录值），而不是数据库的内部记录值。每个外部视图用 DDL 描述后得到的是外模式。描述外部视图的 DDL 称为“外模式 DDL”。外模式是外部视图中每个外部记录类型的定义，因此它是面向一个或多个用户需要的那部分数据的描述。在外模式中还必须定义外模式和概念模式间数据结构的差异。

外模式与概念模式的分离，使数据库系统的灵活性大大增加。外模式是从模式导出的，它必须是导出它的模式的逻辑子集。但在外模式里，不仅那些与用户无关的数据可以略去，而且数据项可以按照用户的使用习惯重新命名，记录类型也可以重新组合和命名。应用程序员不必再关心整个数据库的全局逻辑结构，他只与外模式发生直接联系，按照外模式存储和操纵数据。

对于一个数据库系统而言，任何一个应用程序都必须使用而且只能使用一个外模式，才能对数据库中的数据进行操作。一个模式可以支持若干个外模式，但每一个外模式只能属于一个模式。

在网状系统中，外模式的描述方法和应用程序所使用的程序设计语言（通常称做宿主语言）有关。例如，COBOL 环境下外模式的描述与 FORTRAN 环境下的描述就不同，但它们完全可能对应同一个外模式。

4．内模式（internal schema）

内部视图是数据库结构中最低一级的逻辑表达，它由若干内部记录类型组成。内部记录也称为存储记录。内部视图用 DDL 描述后得到的是内模式，描述内部视图的 DDL 称为“内模式 DDL”。内模式要定义所有的内部记录类型，定义一些索引、数据在存储器的安排以及安全性、恢复和其他管理方面的细节。所以内模式是数据在物理存储结构方面的描述。

由于内部记录不涉及物理记录和物理块，也不涉及设备的约束，因此内部级与物理级是不同的。比内模式更接近于物理存储的那些软件机制属于操作系统的一部分（即文件系统），例如从磁盘上读一部分数据或写一部分数据到磁盘上等操作。

外模式、模式、内模式都有“源”与“目标”之分。用 DDL 书写的都是源模式，系统不能直接使用必须由数据库管理系统提供编译程序，将源模式编译成二进制的目标码，成为机器可使用的模式，即目标模式，放在目标库（一般称为数据字典）中，以供系统随时调用。

5．模式/内模式映像

这个映像存在于概念级和内部级之间，用于定义模式和内模式间的对应性。由于这两级的数据结构可能不一致，即记录类型和字段类型的组成可能不一样，因此需要说明概念记录和字段怎样对应到内部记录和字段。如果内模式要进行修改，即数据库的存储设备和存储方法有所变化，那么模式/内模式映像也要做出相应的修改，但模式很可能仍然保持不变。也就是对内模式的修改尽量不要涉及到模式，当然对于外模式和应用程序的影响就更小，这样就可以说数据库达到了物理数据独立性。

模式/内模式映像一般是在内模式中描述的，但有的数据库系统把映像的部分内容放在模式中描述。

6．外模式/模式映像

这个映像存在于外部级和概念级之间，用于定义外模式和模式之间的对应性。由于这两级的数据结构可能不一致，因此需要说明外部记录和字段怎样对应到概念记录和字段。一个模式可能有多个外模式，每个用户只使用一个外模式，但不同的用户可共享同一个外模式，不同的外模式可以重叠。如果数据库的整体逻辑结构（即模式）要进行修改，那么外模式／模式映像也要做相应的修改，但外模式很可能仍然保持不变。也就是对模式的修改尽量不要涉及到外部级的外模式，当然对于应用程序的影响就更小，这样就可以说数据库达到了逻辑数据独立性。外模式／模式映像是在外模式中描述的。

7. 用户

用户是指使用数据库的应用程序或联机终端用户。编写应用程序的语言仍然是高级程序设计语言，例如 COBOL、FORTRAN、C、ADA 等，也可以是汇编语言。在数据库技术中，这些语言称为宿主语言，或简称为主语言。

数据库系统还提供数据操纵语言（data manipulation language，简称为 DML）让用户使用。通常，DML 可自成系统在终端上直接对数据库进行操作。DML 也可嵌入在主语言中使用，此时主语言是经过扩充的能处理 DML 语句的主语言。

8. 用户界面（user interface）

这是用户和数据库系统的一条分界线，在分界线下面，用户是不可知的。在数据库技术中，用户界面定义在外部级上，用户对于外模式是可知的。模式和内模式对用户是透明的、不可知的。

需要指出，数据库模式和数据库是有区别的。数据库模式只是数据库的一种结构描述，还不是数据库本身，它是一个可以按照给定的某种约束装入具体数据值的框架，但它本身并不涉及任何具体数据值。我们常说"定义了一个数据库"，实际上只是指定义了一个数据库模式，只有按照该模式装入数据以后，这个数据库才算真正建立起来。通常，把一个数据库称为它的模式的一个"实例"（instance）。一般，数据库的内容可随时变化，而模式则是相对稳定的。

整个数据库系统的数据体系结构如图 1-7 所示。

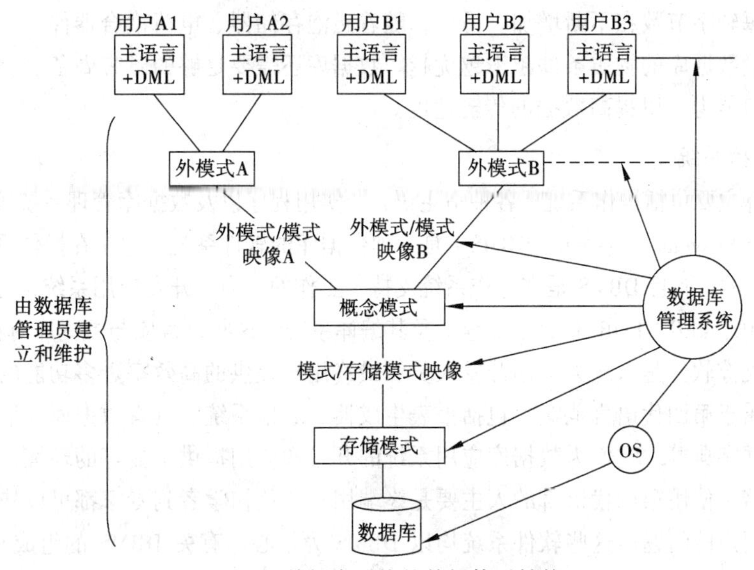

图 1-7　数据库系统的数据体系结构

1.4　数据库系统和 DBA（数据库管理员）

数据库系统（database system，简记为 DBS）是一个复杂的系统，它是采用了数据库技术的计算机系统。因此数据库系统的含义已经不仅仅是一组对数据进行管理的软件（通常称为数据库管理系统），也不仅仅是一个数据库。一个数据库系统是一个实际可运行的，按照数据库方式存储、维护和向应用系统提供数据或信息支持的系统。它是存储介质、处理对象和管理系统的集合体，通常由数据库、硬件、软件、数据库管理员四部分组成。

1. 数据库（DB）

数据库是与一个特定组织的各项应用相关的全部数据的汇集。通常由两大部分组成：一部分是有关应用所需要的工作数据的集合，称做物理数据库，它是数据库的主体；另一部分是关于各级数据结构的描述，称做描述数据库，通常是由一个数据字典系统管理。

2. 硬件支持系统

这一部分包括中央处理器、主存储器、外部存储设备、数据通道等各种存储、处理和传输数据的硬件设备。计算机系统一般是从市场上选购的，但对数据库系统来说，要特别关注内/外存储容量、I/O 存取速度、可支持终端数和性能稳定性等指标，在许多应用中还要考虑系统支持联网的能力和配备必要的后备存储设备等因素。

在数值计算中，计算机主机的运算速度决定着整个程序的运行速度。但在数据处理中，数据的存取速度主要取决于 I/O 时间，因此 CPU 速度就不是数据库运算速度的决定因素。

数据库系统要求内存较大。例如，IMS 层次数据库系统本身占 128KB，数据通信需 384KB，数据缓冲区占 50KB；SYSTEM 2000 系统本身占 180KB，数据缓冲区占 70KB；中等规模的数据库管理系统也需几十 KB。此外加上操作系统和用户程序所用的空间，所以总的空间还要更大一些。

数据库要存储大量的数据，外存是存放数据的介质。磁盘在计算机存储设备中目前占统治地位，磁盘容量每轴字节数在不断增加。另外，随着磁泡存储器、电荷耦合器件、光盘等存储技术的发展，大容量数据库的物质条件越来越优越。数据库还需要足够的磁带做备份。此外还要求系统有较高的通道能力，以提高数据的传输速度。

3. 软件支持系统

数据库软件主要包括操作系统、各种宿主语言、实用程序以及数据库管理系统等。数据库管理系统（database management system，DBMS）是管理数据库的软件系统，它是在操作系统的文件系统基础上发展起来的，而且 DBMS 是在操作系统支持下工作的。为了开发应用系统，还要有各种宿主语言（如 COBOL、PL/I、FORTRAN、C 等）及其编译系统，这些语言应与数据库有良好的接口。

应用开发支撑软件是系统为应用开发人员和最终用户提供的高效率、多功能的交互式程序设计系统，一般属于第四代语言范畴。包括报表生成器、表格系统、具有数据库存取和表格 I/O 功能的软件、数据字典等。它们为数据库应用系统的开发和应用提供了良好的环境，使用户提高生产率 20～100 倍。使用第四代语言的人主要是终端用户，从初学者到专家都可以快速简便地用它编写程序解决用户的问题。这些软件系统均以 DBMS 为核心。有关 DBMS 的组成和功能将在 1.5 节详细介绍。

4. 数据库管理员（Database Administrator，DBA）

管理、开发和使用数据库系统的人员主要有数据库管理员（DBA）、系统分析员、应用程序员和用户。数据库系统中不同人员涉及不同的数据抽象级别，具有不同的数据视图。

（1）用户

包括应用程序和终端用户两类。它们通过应用系统的用户接口使用数据库，目前常用的接口方式有菜单驱动、表格操作、图形显示、报表生成等，这些接口给用户提供简明直观的数据表示。

（2）应用程序员

负责设计应用系统的程序模块，根据外模式编写应用程序和编写对数据库的操作过程。

（3）系统分析员

负责应用系统的需求分析和规范说明。他们要和用户及 DBA 相配合，确定系统的软硬件配置并参与数据库各级模式的概要设计。

（4）数据库管理员（DBA）

要想成功地运转数据库，就要在数据处理部门配备 DBA。DBA 必须熟悉企业全部数据的性质和用途，因此他是面向应用的，对用户的需求有充分的认识；他对系统性能也非常关键，因而要求他兼有系统程序员和运筹学专家的品质和知识。DBA 是控制数据整体结构的人，负责保护和控制数据，使数据能被任何有权使用的人有效使用。DBA 可以是一个人，但一般是由几个人组成的一个小组，其主要职责是：

① 决定数据库的信息内容和结构，确定某现实问题的实体联系模型，建立与 DBMS 有关的数据模型和概念模式。

② 决定存储结构和存取策略，建立内模式和模式/内模式映像，使数据的存储空间利用率和存取效率两方面都较优。

③ 充当用户和 DBS 的联络员，建立外模式和外模式/模式映像。

④ 定义数据的安全性要求和完整性约束条件，以保证数据库的安全性和完整性。安全性要求是用户对数据库的存取权限，完整性约束条件是对数据进行有效性检验的一系列规则和措施。

⑤ 确定数据库的后援支持手段及制订系统出现故障时数据库的恢复策略。

⑥ 监视并改善系统的“时空”性能，提高系统的效率。

⑦ 当系统需要扩充和改造时，负责修改和调整外模式、模式和内模式。

总之，DBA 承担着创建、监控和维护整个数据库结构的责任。DBA 负责维护数据库，但为了保证数据的安全性，数据库的内容对 DBA 应该是封锁的。例如，DBA 知道职工记录类型中含有工资数据项，他可以根据应用的需要将该数据项类型由 6 位数字扩充到 7 位数字，但是他不能读取或修改任一职工的工资数据。

DBA 有两个很重要的工具：一个是一系列的实用程序（DBMS 的装配、重组、日志、恢复、统计分析等程序），DBA 可用来完成一系列的工作；另一个工具是数据字典（data dictionary），它本身也是一个数据库，存储着关于数据库组织的“数据”，其中包括三级体系结构的定义、记录类型和字段的定义、物理文件的结构等。DBA 通过询问数据字典，掌握系统当前的各种工作情况，了解用户的情况。DBA 还必须将数据库各方面的变化及时地登记到数据字典中去，使之能正确地反映系统的当前状况，从而起到控制、管理、维护数据库的作用。

由于职责重要和任务复杂，DBA 一般是由业务水平较高、资历较深的人员担任。

Oracle 数据库 DBA 的一些具体工作详见第 8 章。

5．数据库系统的效益

数据库系统的应用，使计算机应用深入到社会的各个角落。这是因为从数据库系统可获得很大的效益，具体有下列几个方面：

- 灵活性。数据库容易扩充以适应新用户的要求，同时也容易移植以适应新的硬件环境和更大的数据容量。

- 简易性。由于精心设计的数据库能模拟企业的运转情况，并提供该企业数据逼真的描述，使管理部门和使用部门能很方便地使用和理解数据库。
- 面向用户。由于数据库反映企业的实际运转情况，因此基本上能满足用户的要求，同时数据库又为企业的信息系统奠定了基础。
- 数据控制。对数据进行集中控制，就能保证所有用户在同样的数据上操作，而且数据对所有部门具有相同的含义。数据的冗余减到最少，消除了数据的不致性。
- 加快应用系统开发速度。程序员和系统分析员可以集中全部精力于应用的逻辑方面，而不必关心数据操纵和文件设计的细节。后援和恢复问题均由系统保证。
- 程序设计方面。数据库方法使系统中的程序数目减少而又不过分增加程序的复杂性。由于 DML 命令功能强，应用程序编写起来较快，进一步提高了程序员的生产效率。
- 修改方便。数据独立性使得修改数据库结构时尽量不损害已有的应用程序，使程序维护工作量大为减少。
- 标准化。数据库方法能促进建立整个企业的数据一致性和用法的标准化工作。

1.5 数据库管理系统（DBMS）

数据库管理系统（DBMS）是指数据库系统中对数据进行管理的软件系统，它是数据库系统的核心组成部分，数据库系统的一切操作，包括查询、更新及各种控制，都是通过 DBMS 进行的。DBMS 总是基于数据模型，因此可以把它看成是某种数据模型在计算机系统上的具体实现。根据所采用数据模型的不同，DBMS 可以分成网状型、层次型、关系型、面向对象型等。

但在不同的计算机系统中，由于缺乏统一的标准，即使同种数据模型的 DBMS，它们在用户接口、系统功能等方面也常常是不相同的。

用户要对数据库进行操作，是由 DBMS 把操作从应用程序带到外部级、概念级，再导向内部级，进而操纵存储器中的数据。一个 DBMS 的主要目标是使数据作为一种可管理的资源来处理。DBMS 应使数据易于为各种不同的用户所共享，应该增进数据的安全性、完整性及可用性，并提供高度的数据独立性。下面先阐明 DBMS 的功能及组成，然后通过用户访问数据库的全过程，剖析了解 DBMS 所起的核心作用。

1．DBMS 的主要功能和组成部分

（1）数据库的定义功能

DBMS 提供 DDL 定义数据库的结构，包括外模式、内模式及其相互之间的映像，定义数据的完整性约束、保密限制等约束条件。定义工作是由 DBA 完成的。因此在 DBMS 中包括 DDL 的编译程序，它把用 DDL 编写的各种源模式编译成相应的目标模式。这些目标模式是对数据库的描述，而不是数据本身，它们是数据库的框架（即结构），并被保存在数据字典中，供以后进行数据操纵或数据控制时查阅使用。

（2）数据库操纵功能

DBMS 提供 DML 实现对数据库的操作。基本的数据操作有四种：检索、插入、删除和修改。DML 有两类，一类是嵌入在宿主语言中使用，例如嵌入在 COBOL、FORTRAN、C 等高级语言中，这类 DML 称为宿主型 DML。另一类是可以独立交互使用的 DML，称为自主型或自含型 DML。因而 DBMS 中必须包括 DML 的编译程序或解释程序。

（3）数据库运行控制功能

DBMS 对数据库的控制主要通过四个方面实现：数据安全控制、数据完整性控制、多用户环境下的并发控制和数据库的恢复。

① 数据安全控制是对数据库的一种保护。它的作用是防止未授权的用户存取数据库中的数据。要想使用数据的用户，首先必须向 DBMS 标识自己，然后系统确定他是否可以对指定的数据进行存取。防止未授权的用户蓄谋或无意地修改数据是很重要的，否则会导致数据完整性的破坏，从而使企业蒙受巨大的损失。

② 数据完整性控制是 DBMS 对数据库提供保护的另一个重要方面。完整性是数据的准确性和一致性的测度。当数据加入到数据库时，对数据的合法性和一致性的检验将会提高数据的完整性程度。完整性控制的目的是保持进入数据库中的存储数据的语义的正确性和有效性，防止任何操作对数据造成违反其语义的改变。因此，DBMS 允许对数据库中各类数据定义若干语义完整性约束，由 DBMS 强制实行。

③ 并发控制是 DBMS 的第三类控制机制。数据库技术的一个优点是数据的共享性。但多应用程序同时对数据库进行操作可能会破坏数据的正确性：或者在数据库内存储了错误的数据，或者用户读取了不正确的数据（称为脏数据）。并发控制机构能防止上述情况发生，正确处理好多用户、多任务环境下的并发操作。

④ 数据库的恢复是保护数据库的又一个重要方面。在数据库建立后不断地对数据库进行操作，就可能会出现各种故障，例如停电、软硬件的各种错误以及人为破坏等，从而导致数据库损坏，或者数据不正确了。此时 DBMS 的恢复机制就有能力把数据库从被破坏的、不正确的状态，恢复至以前某个正确的状态。为了保证恢复工作的正常进行，系统要经常为数据库建立若干备份副本（一般存放在磁带上）。

DBMS 的其他控制功能还有系统缓冲区的管理以及数据存储的某些自适应调节机制等。

（4）数据库的维护功能

这一部分包括数据库的初始数据的载入、转换功能、数据库的转储功能、数据库的重组织功能以及性质监视、分析功能等。这些功能大都由各个实用程序来完成。例如装配程序（装配数据库）、重组程序（重新组织数据库）、日志程序（用于更新操作和数据库的恢复）以及统计分析程序等。

（5）数据字典（data dictionary，DD）

DD 中存放着数据库三级结构的描述。对于数据库的操作都要通过查阅 DD 进行。现在有的大型系统，使 DD 独立出来自成一个系统，成为一个软件工具，使得 DD 成为一个比 DBMS 更高级的用户和数据库之间的接口。

上面是一般的 DBMS 所具备的功能。通常在大、中型机上实现的 DBMS 功能较强、较全，在微机上实现的 DBMS 功能较弱。

还应指出，用宿主语言编写的应用程序并不属于 DBMS 的范围。应用程序是用主语言和 DML 编写的。程序中的 DML 语句是由 DBMS 解释执行的，而其余部分仍由主语言编译系统去编译。

2. 用户访问数据的过程

为了进一步加深了解 DBMS 的功能，可考察一个应用程序 A 如何通过 DBMS 读取数据库中的一个记录的全过程（见图 1-8）。在应用程序 A 运行时，DBMS 开辟一个数据库的系统缓冲区，用于输入/输出数据。外模式、模式、内模式的定义存放在数据字典中。具体过程简述如下：

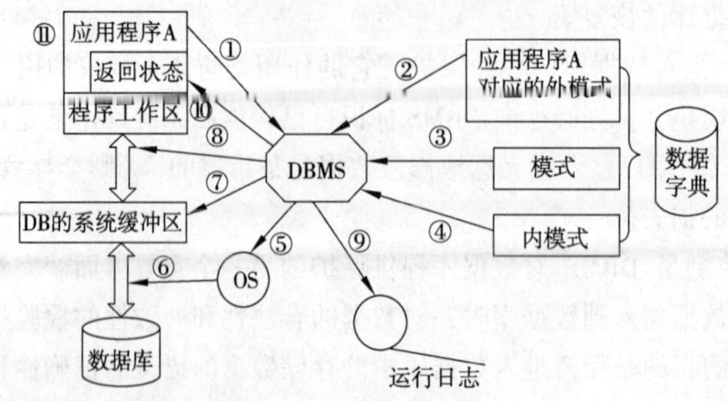

图 1-8　用户访问数据的过程

① 用户在其应用程序中安排一条读记录的 DML 语句。该语句给出涉及的外模式中记录类型名及欲读取记录的关键码值。当计算机执行该 DML 语句时，立即启动 DBMS，并向 DBMS 发出读记录的命令。

② DBMS 接到命令后，首先访问该用户对应的外模式，检查该操作是否在合法授权范围内。若不合法则拒绝执行并向应用程序状态返回区发出不成功的状态信息；若合法则执行下一步。

③ DBMS 读取相应的模式描述，并从外模式映像到模式，也就是把外模式的外部记录格式映像到概念模式的概念记录格式，决定概念模式应读入哪些记录。

④ DBMS 调用相应的内模式描述，并从概念模式映像到内模式，即把概念模式的概念记录格式映像到内模式的内部记录格式，确定应读入哪些物理记录以及具体的地址信息。

⑤ DBMS 向操作系统（OS）发出从指定地址读物理记录的命令。

⑥ DBMS 操作系统执行读命令，按指定地址从数据库中把记录读入数据库的系统缓冲区，并在操作结束后向 DBMS 做出回答。

⑦ DBMS 收到 OS 读操作结束的回答后，参照模式，将读入系统缓冲区中的内容转换成概念记录，再参照外模式，转换成用户要求读取的外部记录。

⑧ DBMS 所导出的外部记录从系统缓冲区送到应用程序 A 的“程序工作区”中。

⑨ DBMS 向运行日志数据库发出读一条记录的信息，以备以后查询使用数据库的情况。

⑩ DBMS 将操作执行成功与否的状态信息返回给用户。

⑪ DBMS 应用程序根据返回的状态信息决定是否使用工作区中的数据。

如果用户需修改一个记录内容，其过程与此类似。这时首先读取目标记录，并在用户工作区中用主语言语句进行修改，然后向 DBMS 发出写回修改记录的命令。DBMS 在系统缓冲区进行必要的转换（转换的过程与读数据时相反）后向操作系统发出写命令，即可达到修改数据的目的。

习　题

1. 试述数据库系统与文件系统的联系与区别。
2. 简单叙述数据管理技术发展的几个阶段。

3. 逻辑记录与物理记录、逻辑文件与物理文件有什么区别与联系？
4. 试解释下列术语：数据视图、模型、模式。
5. 试描述数据库的体系结构。
6. 试解释下列术语：外模式、概念模式、内模式、外模式/模式映像、模式/内模式映像、用户。
7. 试述概念模式在数据库中的重要作用。
8. 什么是用户界面？用户对数据库可知到什么程度？
9. 什么是数据独立性？有哪两种？数据独立性与数据联系这两个概念有什么区别？
10. 试解释术语：DB、DBMS、DBS。
11. DBMS 的功能是什么？它包括哪些主要程序？
12. DBA 的职责是什么？
13. 试从用户访问数据库的全过程阐述 DBMS 在 DBS 中起的核心作用。

第 2 章 关系模型及 Oracle 网格计算数据库

本章主要介绍关系模型的基本概念、关系代数、关系演算，关系数据库标准语言 SQL，以及 Oracle 对象关系数据库系统（Oracle 系统的版本、特点、产品结构及组成，Oracle 的体系结构，Oracle 的配置方案，Oracle 运行过程）等，以便对关系数据库的原理及其工业标准——Oracle 有一个基本的认识。

另外，还介绍了 Oracle 的网格计算、Oracle 的安装、Oracle 数据库文件目录结构、安装 Oracle 后的程序组与服务，以便对 Oracle 安装与使用环境有一个基本的了解。

2.1 关系模型的基本概念

2.1.1 关系的定义

在前面提到过关系是一个二维表，关系模型是建立在集合代数的基础上的。因此，可以用集合代数来定义作为二维表的关系。

定义 2.1 域（domain）是值的集合，是关系中的一列取值的范围。

例如：整数的集合是一个域，实数的集合也是一个域，{-1,0,1}、长度大于 10 个字节的字符串集合都是域。

定义 2.2 给定一组域 D_1，D_2，…，D_n（它们未必是不相同的），如果 R 是一个有序 n 元组（d_1，d_2，…，d_n）的集合，其中 $d_1 \in D_1$，$d_2 \in D_2$，…，$d_n \in D_n$，则称 R 是在域 D_1，D_2，…，D_n 上的关系（relation）。这里 R 表示关系的名字，n 是关系的目或度（degree）。d_i 叫做一个分量（component）。

关系是一个二维表，每行叫做一个元组（tuple），每列对应一个域。如果关系是 n 目的，则其元组是 n 元组。

每个元素是关系中的元组，通常用 t 表示。n=1 的关系叫一元关系，n=2 的关系叫二元关系。

由于域可以相同，为了加以区分，每列起一个名字，称为属性（attribute）。n 元关系必有 n 个属性。

表 2-1 所示为余额表，有八个元组。设 t 为元组变量指向关系的第一个元组，使用记号 t [分行名]表示元组 t 的“分行名”属性的值，t[分行名]="成都"；类似的，t[账号]=101，表示“账号”属性的值为 101。

表 2-1　余额表

分 行 名	账　号	顾 客 名	余　额
成都	101	张三	1000.00
上海	111	王强	12000.00
重庆	401	陈杰	21000.00
天津	801	刘建	1500.00
北京	121	刘光宇	1300.00
南京	131	王平	1200.00
北京	451	王勇	71000.00
上海	601	张学军	81000.00

在数据库中要求关系的每个分量必须是不可分的数据，并把这样的关系称为规范化的关系，简称为范式（normal form）。也就是说在一行中的一个属性只能允许有一个值。换句话说，在表中每一行和列的交叉位置上总是精确地存在一个值，而决非值集（允许空值，即表示“未知的”或“不可使用”的一些特殊值，例如顾客姓名可以不提供，作为空值存在）。

关系有如下性质：

- 一个域中的各项目是同类的，即每一列中的分量是同一类型的数据。
- 不同的列可以出自同一个域，每一列称为属性，需给予不同的名称。
- 列的顺序无所谓，即列的次序可以任意交换。
- 关系中的各个元组是不同的，即不允许有重复的元组。
- 行的顺序无所谓，即行的次序可以任意交换。
- 每一分量必须是不可分的数据项。

2.1.2　关系模型

关系模型由三部分组成：数据结构、关系操作集合和关系的完整性约束条件集合。

1. 数据结构

在关系模型中，实体以及实体与实体之间的联系都是由关系来表示的。前面介绍了域和关系的定义、n 元关系、元组、属性等概念。下面介绍码、关系模式、关系数据库等基本概念。

（1）码

关系中的某一属性组，若它的值唯一地标识了一个元组，则称该属性组为候选码（candidate key）。若一个关系有多个候选码，则选定其中一个为主码（primary key）。主码的诸属性称为主属性。外部码（foreign key）是某个关系中的一个属性（可以是一个普通的属性，也可以是作为主码的一个属性，也可以是作为主码的一部分的一个属性），这个属性在另一个关系中是主码。

（2）关系模式

关系的描述称为关系模式。它包括关系名、成该关系的各个属性、属性向域的映像、属性间的数据依赖关系等。属性向域的映像常常直接说明为属性的类型、长度。

（3）关系数据库

对于关系数据也有型和值的概念。关系数据库的型即数据库描述，包括若干域的定义以及在这些域上定义的若干关系模式。关系数据库的值是这些关系模式在某一时刻对应的关系的集合。数据库的型也称为数据库的内涵（intention），数据库的值也称为数据库的外延（extention）。数据库的型是稳定的，数据库的值是随时间不断变化的，因为数据库的数据在不断变化。

2. 关系操作

关系的操作是高度非过程化的，用户不必指出存取路径，也不必求助于循环、递归等来完成数据操作。这一切都是由数据库管理系统的机制来完成的。

关系操作能力可用两种方式来表示：关系代数和关系演算。这两种方式的功能是等价的。

关系操作方式的特点是集合操作，即操作的对象和结果都是集合。

我们将在下一节中讨论关系代数的运算。

3. 完整性

关系模型的完整性是实体完整性（entity integrity）、参照完整性（referential integrity）和用户定义的完整性。

（1）实体完整性

一个关系数据库中实际存在的表通常对应现实世界的一个实体集，例如顾客关系对应于顾客的集合；实体是可区分的，所以具有某种唯一性标识；主码作为唯一性标识，不能是空值（因为如果主码为空值说明存在某个不可标识的实体）。

（2）参照完整性

任一时刻，关系 R_1 中外部码属性 A 的每个值，必须或者为空，或者等于另一关系 R_2（R_2 和 R_1 未必是不同的）中某一元组的主码值。

R_1 中的属性 A 和 R_2 中的主码是定义在一个共同的基本域上的。

例如，雇员关系 EMP(ENO,ENAME,DNO)说明雇员的编号、姓名及所在的部门号，部门关系 DEPT(DNO,DNAME)说明部门号及部门名。EMP 和 DEPT 是两个基本关系，EMP 的主码为 ENO，DEPT 的主码为 DNO。在 EMP 中，DNO 是外部码。EMP 中的每个元组在 DNO 上的值有两种可能：空值和非空值。若为空值，说明这个职工尚未分配到某个部门；若为非空值，则 DNO 的值必须为 DEPT 中某个元组中的 DNO 值。如果不是这样，则说明此职工被分配到了一个不存在的部门。

（3）用户定义的完整性

用户定义的完整性是针对某一具体应用环境所决定的数据库的约束条件。它反映某一个具体的应用所处理的数据必须满足的语义要求。关系模型提供定义和处理这类完整性约束条件的机制后，用统一的系统的方法来处理它们，应用程序就不用承担这一功能。

2.1.3 关系数据语言概述

关系数据库的数据操作语言包括查询（描述用户要进行的各种检索操作）和非查询（描述用户要进行的插入、修改、删除等操作）两类，查询是最主要的部分。

关系的数据操作语言按照表达查询的方式可分为两大类：

- 关系代数语言，查询是以集合操作为基础的运算。

- 关系演算语言，查询是以谓词演算为基础的运算。按谓词变元的基本对象是元组变量（tuple variable）还是域变量（domain variable）分为元组关系演算和域关系演算两种。

这两种语言在表达上是彼此等价的。它们都是抽象的查询语言，与具体的数据库管理系统中实现的实际语言并不完全一样。实际的查询语言还提供了许多附加的功能，如算术运算、库函数、赋值等功能。

2.2　关 系 代 数

关系代数的运算对象是关系，运算的结果也为关系。关系代数的运算可分为两类：

- 传统的集合运算，如并、交、差、广义笛卡儿积。这类运算把关系看做元组的集合，其运算是从行的角度进行的。
- 专门的关系运算，如选择、投影、连接、除。这类运算不仅涉及行而且涉及列。

2.2.1　传统的集合运算

设关系 R 和关系 S 具有相同的目 n，且相应的属性取自同一个域，则可以定义并、差、交、广义笛卡儿积运算如下：

1. 并（union）

R 和 S 的并是由属于 R 或属于 S 的元组组成的集合，记为 $R \cup S$。结果仍为 n 元关系。具体操作时。R 和 S 对应属性的类型应该一致。

2. 差（difference）

关系 R 和 S 的差是由属于 R 但不属于 S 的元组组成的集合，记为 $R-S$，结果还是 n 元关系。

3. 交（intersection）

关系 R 和 S 的交是由既属于 R 又属于 S 的元组组成的集合，记为 $R \cap S$，结果还是 n 元关系。关系的交也可以由关系的差来表示，即 $R \cap S=R-(R-S)$。

4. 广义笛卡儿积（extended cartesian product）

设关系 R 为 n 元关系，关系 S 为 m 元关系，广义笛卡儿积 $R \times S$ 是一个$(n+m)$元组的集合。元组的前 n 个分量是 R 的一个元组，后 m 个分量是 S 的一个元组。若 R 有 k_1 个元组，S 有 k_2 个元组，则 $R \times S$ 有 $k_1 \times k_2$ 个元组。

传统的集合运算如表 2-2 所示。

表 2-2　传统的集合运算

R	A	B	C
	a_1	b_1	c_1
	a_1	b_2	c_2
	a_2	b_2	c_1

（a）

S	A	B	C
	a_1	b_2	c_2
	a_1	b_3	c_2
	a_2	b_2	c_1

（b）

续表

$R \cup S$	A	B	C
	a_1	b_1	c_1
	a_1	b_2	c_2
	a_2	b_2	c_1
	a_1	b_3	c_2

（c）

$R-S$	A	B	C
	a_1	b_1	c_1

（d）

$R \cap S$	A	B	C
	a_1	b_1	c_1
	a_2	b_2	c_1

（e）

2.2.2 专门的关系运算

1. 选择（select），也称为限制（restriction）

根据某些条件对关系做水平分解，选择符合条件的元组。条件可用命题公式 F 表示，F 取值为"真"或"假"。运算对象可以是常量或元组分量（属性名或列的序号）。运算符有算术比较运算符（<，≤，>，≥，≠，=）和逻辑运算符（∧，∨，¬）。逻辑运算符¬可定义为，如果逻辑表达式 P 为真，则 $\neg P$ 为假，如果 P 为假，则 $\neg P$ 为真。$P \wedge Q$ 定义为，当且仅当 P、Q 同时为真时，$P \wedge Q$ 为真，在其他情况下，$P \wedge Q$ 的值都为假。$P \vee Q$ 定义为，当且仅当 P、Q 同时为假时，$P \vee Q$ 的值为假，否则 $P \vee Q$ 的值为真。

关系 R 关于公式 F 的选择运算用 $\sigma_F(R)$来表示，定义如下：

$\sigma_F(R)=\{t \mid t \in R \wedge F(t)='真'\}$

设有贷款关系，如表 2-3 所示。

表 2-3　贷款关系（LOAN）

分 行 名	贷 款 编 号	顾 客 名	金　额
Branch_A	17	Customer_A	1000
Branch_A	18	Customer_B	2000
Branch_A	19	Customer_C	15000
Branch_B	15	Customer_D	1500
Branch_B	16	Customer_E	1300
Branch_C	20	Customer_F	1000
Branch_D	21	Customer_G	3000

例 2.1　求 Branch_B 分行的贷款情况。

$\sigma_{分行名="Branch\_B"}(LOAN)$

结果如表 2-4 所示。

表 2-4　结果

分 行 名	贷 款 编 号	顾 客 名	金 额
Branch_B	15	Customer_D	1500
Branch_B	16	Customer_E	1300

例 2.2　求贷款金额大于 1 200 元的元组。

$\sigma_{\text{金额}>1200}(\text{LOAN})$

结果如表 2–5 所示。

表 2-5　结果

分 行 名	贷 款 编 号	顾 客 名	金 额
Branch_A	18	Customer_B	2000
Branch_A	19	Customer_C	15000
Branch_B	15	Customer_D	1500
Branch_B	16	Customer_E	1300
Branch_D	21	Customer_G	3000

例 2.3　求 Branch_B 分行贷款金额大于 1 350 元的所有元组。

$\sigma_{\text{分行名}=\text{"Branch\_B"} \wedge \text{金额}>1350}(\text{LOAN})$

结果如表 2–6 所示。

表 2-6　结果

分 行 名	贷 款 编 号	顾 客 名	金 额
Branch_B	15	Customer_D	1500

2．投影（projection）

投影是对一个关系做垂直分解，消去关系中某些列，并重新排列次序，删去重复元组。

设关系 R 是 k 元关系，R 在其分量 A_{i1}，…，A_{im}（$m \leq k$，i_1，…，i_m 为 1～k 之间互不相同的整数）上的投影，用 $\pi_{i1,\cdots,im}(R)$表示，它是一个 m 元元组组成的集合，定义如下：

$\pi_{i1,\cdots,im}(R)=\{t|t=<t_{i1},\cdots,t_{im}>\wedge<t_1,\cdots,t_k>\in R\}$

例 2.4　求贷款关系 LOAN 在“贷款编号”和“金额”这两个属性上的投影。

$\pi_{\text{贷款编号},\text{金额}}(\text{LOAN})$

结果如表 2–7 所示。

表 2-7　结果

贷 款 编 号	金 额	贷 款 编 号	金 额
17	1000	16	1300
18	2000	20	1000
19	15000	21	3000
15	1500		

投影之后不仅取消了某些列，而且还可能取消某些元组。因为取消了某些属性之后，可能会出现重复行，所以应该取消这些相同的行。

3．连接（join），也称为 θ 连接

连接是从两个关系的笛卡儿积中选取属性间满足一定条件的元组。记做：$R \underset{i\theta j}{\bowtie} S$，这里 i 和 j 别是关系 R 和 S 中的第 i 种 j 个属性，θ 是算术比较运算符。连接的定义如下：

$$R \underset{i\theta j}{\bowtie} S = \{\widehat{t_r t_s} \mid t_r \in R \wedge t_s \in S \wedge t_r[i]\ \theta\ t_s[j]\}$$

这里，R 是 n 元关系，S 是 m 元关系，$t_r \in R$、$t_s \in S$、$\widehat{t_r t_s}$ 称为元组的连串（concatenation）。这是一个$(n+m)$元组，前 n 个分量为 R 中的一个 n 元组，后 m 个分量为 S 中的一个 m 元组。

连接运算从 $R \underset{i\theta j}{\bowtie} S$ 的广义笛卡儿积中选取 R 关系在 i 属性组上的值与 S 关系在 j 属性组上满足比较关系 θ 的元组。当 θ 为“=”时称为等值连接。

自然连接（natural join）是一种特殊而常用的连接。若 R 和 S 具有相同的属性组 i，则自然连接定义如下：

$$R \bowtie S = \{\widehat{t_r[i]\ t_s[i]} \mid t_r \in R \wedge t_s \in S \wedge t_r[i] = t_s[i]\}$$

自然连接要求两个关系中相等的分量必须是相同属性组，而等值连接不必。自然连接要在结果中把重复的属性去掉。

例 2.5 设关系 R 和 S 分别如表 2-8 中的（a）和（b）所示，$R \underset{C<D}{\bowtie} S$ 的结果如表 2-9（a）所示，$R \bowtie S$ 自然连接的结果如表 2-9（b）所示。

表 2-8 R 和 S 关系

R

A	B	C
a_1	b_1	15
a_1	b_2	16
a_2	b_3	18
a_2	b_4	22
a_3	b_5	30

（a）

S

B	D
b_1	13
b_2	17
b_3	20
b_3	12
b_6	12

（b）

表 2-9 连接结果

A	$R.B$	C	$S.B$	D
a_1	b_1	15	b_2	17
a_1	b_1	15	b_3	20
a_1	b_2	16	b_2	17
a_1	b_2	16	b_3	20
a_2	b_3	18	b_3	20

（a）

A	B	C	D
a_1	b_1	15	13
a_1	b_2	16	17
a_2	b_3	18	20
a_2	b_3	18	12

（b）

4．除（division）

给定关系 $R(X,Y)$和 $S(Y,Z)$，其中 X、Y、Z 为属性组。R 中的 Y 与 S 中的 Y 可以有不同的属性

名，但必须出自相同的域集。R 与 S 的除运算得到一个新的关系 $P(X)$，P 是 R 中满足下列条件的元组在 X 属性列上的投影：元组 X 上分量值 x 的象集 Yx 包含 S 在 Y 上投影的集合。记做：

$R \div S=\{t_R[X] | t_R \in R \wedge Y_X \supseteq \pi_Y(S)\}$

注意：这里，给定一个关系 $R(X,Y)$，X、Y 为属性组。$X=x$ 时，x 在 R 中的象集（image set）定义为：

$Y_x= \{ t[Y] \mid t \in R \wedge t[X]=x \}$

表示 R 中属性组 X 上值为 x 的元组在 Y 上分量的集合。

除操作是同时从行和列的角度进行运算的。

例 2.6　设关系 R 和 S 分别如表 2-10 中的（a）和（b）所示，$R \div S$ 的结果如表 2-10（c）所示。

表 2-10　除法运算示例

R

A	B	C	D
a	b	c	d
a	b	e	f
b	c	e	f
e	d	c	d
e	d	e	f
a	b	d	e

（a）

S

C	D
c	d
e	f

（b）

R ÷ S

A	B
a	b
e	d

（c）

在关系 R 中，属性组(A,B)可以取三组值$\{(a,b),(b,c),(e,d)\}$，其中：

(a,b)的象集为$\{(c,d),(e,f),(d,e)\}$；

(b,c)的象集为$\{(e,f)\}$；

(e,d)的象集为$\{(c,d),(e,f)\}$。

S 在(C,D)上的投影为：

πC，$D(S)=\{(c,d),(e,f)\}$

显然，(a,b)的象集为$\{(c,d),(e,f),(d,e)\} \supseteq \{(c,d),(e,f)\}$。

(e,d)的象集为$\{(c,d),(e,f)\} \supseteq \{(c,d),(e,f)\}$。

所以，$R \div S=\{(a,b),(e,d)\}$。

上面讨论的八种运算中基本的运算有五种：并、差、笛卡儿积、投影、选择。其他的运算均可用这五种基本运算来表达。

在关系代数运算中，把由五种基本代数运算经过有限次复合的式子称为关系代数运算表达式（简称代数表达式）。这种表达式的运算结果仍是一个关系，可以用关系代数表达式表示所需要进行的各种数据库查询和更新处理操作。

2.3 关系演算

把数理逻辑中的谓词演算应用于关系运算中，就得到了关系演算。这一思想最早见于 Kuhns 的论文。把谓词演算用于关系数据库数据语言，即关系演算的概念，是由 E.F.Codd 提出来的。关系演算可分为元组关系演算和域关系演算，前者以元组为变量，后者以域为变量，分别简称为元组演算和域演算。

2.3.1 元组关系演算

元组关系演算用表达式$\{t|\psi(t)\}$来表示。其中 t 为元组变量，$\psi(t)$是由原子公式和运算符组成的公式。

原子(atom)公式有下列三种形式：

① $R(t)$。其中 R 是关系名，t 是元组变量，$R(t)$表示 t 是关系 R 中的一个元组，即 $t\in R$。

② $t[i]\theta u[j]$。t 和 u 是元组变量，θ 是算术比较符。$t[i]$和 $u[j]$表示 t 的第 i 个分量和 u 的第 j 个分量，$t[i]\theta u[j]$表示这样一个命题：元组 t 的第 i 个分量与元组 u 的第 j 个分量满足比较关系 θ。例如，$t[1]<u[2]$表示元组 t 的第一个分量必须小于元组 u 的第二个分量。

③ $t[i]\theta C$ 或 $C\theta t[i]$。这里 C 为常数，表示“t 的第 i 个分量与常数 C 之间满足比较关系 θ”。例如，$t[4]=3$ 表示 t 的第四个分量等于 3。

在定义关系演算操作时，定义了“自由”（free）和“约束”（bound）元组变量的概念，这些概念和谓词演算中的概念完全一样。在一个公式中，如果一个元组变量的前面没有存在量词（∃）或全称量词（∀）等符号，那么称之为自由元组变量，否则称之为约束元组变量。符号“∀”称为全称量词，用来表达“对所有的”、“每一个”、“对任一个”等。存在量词“∃”表示“存在”或“至少有一个”。约束变量类似于程序设计语言中的局部变量（在过程内定义），自由变量类似于外部变量（在当前过程的外部定义）。

公式（formula）可以递归定义如下：

① 每个原子公式是一个公式。

② 设 ψ_1 和 ψ_2 是公式，则$\neg\psi_1$、$\psi_1\wedge\psi_2$、$\psi_1\vee\psi_2$ 也都是公式。当 ψ_1 为真时，$\neg\psi_1$ 为假。当 ψ_1、ψ_2 同时为真时，$\psi_1\wedge\psi_2$ 才为真，否则为假。当 ψ_1 为真，或 ψ_2 为真，或两者同时为真时，$\psi_1\vee\psi_2$ 为真。仅当 ψ_1 和 ψ_2 同时为假时，$\psi_1\vee\psi_2$ 才为假。

③ 若 ψ 是公式，t 是元组变量，则$(\exists t)\psi$、$(\forall t)\psi$ 也是公式。当至少有一个 t 使得 ψ 为真时，$(\exists t)\psi$ 为真，否则为假。当所有的 t 都使 ψ 为真时，$(\forall t)\psi$ 为真，否则为假。

④ 在公式中各种运算符的优先次序为：算术比较运算符最高，量词∃和∀次之，最后依次为¬、∧、∨逻辑运算符。在公式外面可以加括号，以改变上述优先顺序，括号的优先级最高。

⑤ 公式只限于上述四种形式。

元组关系演算表达式是形为$\{t|\psi(t)\}$的表达式，表示使 ψ 为真的元组集合。

关系代数的运算都可以用关系演算表达式来表示。由于所有关系代数表达式都能用五种基本运算的组合来表示，下面用关系演算表达式来表示这五种基本运算。

（1）并

$R\cup S=\{t|R(t)\vee S(t)\}$

（2）差

$R-S=\{t|R(t)\wedge\neg S(t)\}$

（3）笛卡儿积

$R\times S=\{t^{(n+m)}|(\exists u^{(n)})\exists^{(m)}(R(u)\wedge S(v)\wedge t[1]=u[1]\wedge\cdots\wedge t[n]=u[n]\wedge t[n+1]=v[1]\wedge\cdots\wedge t[n+m]=v[m])\}$

这里 $t^{(n+m)}$表示 t 为$(n+m)$元。

（4）投影

$\pi_{i1,\ i2,\ \cdots,\ ik}(R)=\{t^{(k)}|(\exists u)(R(u)\wedge t[1]=u[i_1]\wedge\cdots\wedge t[k]=u[i_k])$

（5）选择

$\sigma_F(R)=\{t|R(t)\wedge F'\}$

F'是由公式 F 用 $t[i]$代替运算对象 i 得到的等价公式。

下面是用关系演算来表达关系代数查询的一些例子。

例 2.7　求 Branch_B 分行的贷款情况。

$L_{\text{Branch\_B}}$ = {t|t∈LOAN ∧ t[分行名]="Branch_B"}

例 2.8　求贷款金额大于 1200 元的顾客。

L_{1200} = {t|∃s ∈LOAN(t [顾客名]=s[顾客名] ∧ s[金额]>1200)}

例 2.9　求在 Branch_B 分行贷款的顾客及他们的地址。

{t |∃s ∈LOAN(t[顾客名]=s[顾客名]∧s[分行名]="Branch_B"

∧∃u ∈顾客(u[顾客名]=s[顾客名]∧t[地址]=u[地址]))}

在关系演算中，可能出现无限关系。例如，$\{t|\neg R(t)\}$表示不在关系 R 中的元组（元组的目数等于 R 的目数）的集合，不可能求出所有这些元组，所以必须排除这类无意义的表达式。

不产生无限关系的运算称为安全运算，相应的表达式称为安全表达式，所采取的措施称为安全约束或安全限制。

对于一个表达式$\{t|\neg R(t)\}$，定义一个有限的符号集 DOM(ψ)，DOM(ψ)包括出现在 ψ 以及中间结果和最后结果的关系中的所有符号（属性值集合）。DOM(ψ)不必是最小集，但必须具有充分性。

在满足下列条件时，元组关系演算表达式$\{t|\psi(t)\}$是安全的：

① 如果 t 使 $\psi(t)$真，则 t 的每分量必定是 DOM(ψ)中的元素。

② 对于 ψ 中每一个形如$(\exists u)(\psi(u))$的子公式，如果元组 u 使 $\psi(u)$为真，那么 u 的每个分量必是 DOM(ψ)的元素。也就是说，如果 u 有某个分量不属于 DOM(ψ)，那么 $\psi(u)$必为假。

③ 对于 ψ 中每一个形如$(\forall u)(\psi(u))$的子公式，如果元组 u 使 $\psi(u)$为假，那么 u 的每个分量必是 DOM(ψ)的元素。也就是说，如果 u 有某个分量不属于 DOM(ψ)，那么 $\psi(u)$必为真。

上面的后两条保证，只要考虑 DOM(ψ)中元素组成的元组 u 时，就有决定公式$(\exists u)(\psi(u))$或$(\forall u)(\psi(\forall u))$的真值。从定义可以看到：$\{t|\psi(t)\}$是安全的元组表达式的充分必要条件是，满足 ψ 的任何一个分量都必须是 DOM(ψ)的元素。换言之，$\{t|\psi(t)\}$是不安全的元组表达式的充分必要条件是，满足 ψ 的某个分量不是 DOM(ψ)的元素。

例 2.10　设有关系 R 如表 2-11（a）所示，$S=\{t\ |\neg R(t)\}$，如果不进行安全限制，则 S 可以是

一个无限关系，故设 DOM(ψ)=$\pi_A(R)\cup\pi_B(R)\cup\pi_C(R)$= $\{\{a_1,a_2\},\{b_1,b_2\},\{c_1,c_2\}\}$，$S$ 是 DOM(ψ)中各域值中元素的笛卡儿积与 R 的差集。结果如表 2-11（b）所示。

表 2-11　安全限制示例

R

A	B	C
a_1	b_1	c_1
a_2	b_2	c_2

（a）

S

A	B	C
a_1	b_1	c_2
a_1	b_2	c_1
a_1	b_2	c_2
a_2	b_1	c_1
a_2	b_1	c_2
a_2	b_2	c_1

（b）

2.3.2　域关系演算

域关系演算和元组关系演算是类似的，不同之处是公式中的变量不是元组变量而是元组分量的变量，简称域变量。域变量的变化范围是某个值域而不是一个关系。

域演算表达式的形式为：

$\{x_1x_2\cdots x_k|\psi(x_1,x_2,\ldots,x_k)\}$

表示所有使得 ψ 为真的那些 x_1，x_2，…，x_k 组成的元组的集合，其中 x_1，x_2，…，x_k 是域变量，ψ 是由原子公式和运算符组成的公式。

原子公式有以下两种形式：

① $R(x_1,x_2,\cdots,x_k)$。R 是 k 元关系，每个 x_i 是常量或域变量。$R(x_1,x_2,\cdots,x_k)$表示由分量 x_1，x_2，…，x_k 组成的元组属于 R。

② $x\theta y$。其中 x、y 是常量或域变量，但至少有一个是域变量，θ 是算术比较运算符。$x\theta y$ 表示 x 和 y 满足比较关系 θ。

域关系演算的公式中也可使用∧、∨、¬等逻辑运算符。也可用(∃x)和∀形成新的公式，这里 x 是域变量。

域关系演算也具有“自由”和“约束”域变量的概念和相同的公式递归定义，这里不再重复。

域关系演算表达式也必须满足与元组演算表达式类似的三个条件才是安全的。

2.4　关系数据库标准语言——SQL

结构查询语言 SQL（struct query language）是 1974 年由 Boyce 和 Chamberlin 提出的，并在 IBM 公司 San Jose Research Laboratory 研制的 System R 上实现。由于它使用方便、功能丰富、语言简单易学，很快得到推广和应用。1986 年 10 月美国国家标准局（ANSI）公布了标准 SQL 文本，国际标准化组织（ISO）在 1987 年采纳为国际标准。

商品化的关系数据库系统，例如 Oracle、SYBASE、DB2 等都实现了 SQL 语言，或者与 SQL 有接口软件。实际系统实现的 SQL 语言与 SQL 标准文本相比有许多扩充。

在本节中，将对 SQL 语言做一个简单的介绍。关于 SQL 语言的详细使用将在第 4 章中专门讨论。

1. 引论

SQL 的功能包括查询（query）、定义（definition）、操作（manipulation）和控制（control）四个方面。SQL 实际上是一个通用的、综合性的、功能强大的关系数据库语言。

SQL 语言支持关系数据库的三级模式结构，如图 2-1 所示。

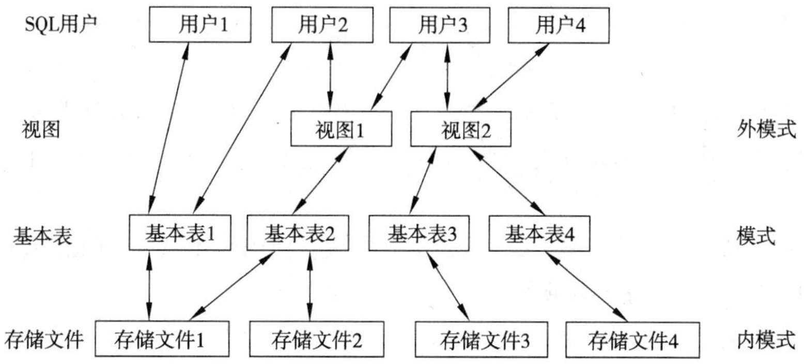

图 2-1　关系数据库的三级模式结构

在 SQL 数据库的体系结构中，有些术语与传统的关系数据库术语不同。在 SQL 中，模式称为基本表，内模式称为存储文件，外模式称为视图，元组称为行，属性称为列。

关于 SQL 需要说明如下几点：

- 一个 SQL 数据库由一个或多个表（table）组成，一个表由若干行组成。
- SQL 用户可用 SQL 语言操作基本表（base table）和视图（view）。在用户看来，视图和基本表是一样的。而视图是从一个或多个基本表得到的表，在数据库中只存储视图的定义，不存储对应的数据，因此视图实际上是一个虚表。
- 基本表是独立存在的表，一个基本表可以存储在一个或多个存储文件中，一个存储文件也可能存放一个或多个基本表。每个存储文件与一个物理文件对应。
- SQL 能完成模式定义、数据录入、查询、更新、维护等一系列的操作，具备数据定义、数据操作和数据控制的特点。因此，数据库系统从开发到使用和维护的整个生命周期都可以使用 SQL 来实现。
- 在关系模型中，实体及实体之间的联系都用关系来表示，所以对实体及联系的操作可以用同一个 SQL 语句来完成。
- SQL 用户可以是应用程序，也可以是终端用户。SQL 有两种使用方式，一种是供终端用户使用的联机交互方式，另一种是嵌入某种高级程序设计语言（如 COBOL、C、FORTRAN、PL/1 等）的程序中，实现数据操作。两者有统一的语法结构，前一种方式适用于非程序员，后一种方适用于程序员，提供了极大的灵活性。
- SQL 语言具有高度的非过程化，用户只需提出工作要求，而无须提出如何做，用户不必了解数据的存取路径及存储形式，这些由系统自动处理。
- SQL 语言十分简洁，完成核心功能一共用了八个动词，语法接近英语口语，容易学习和使用，如表 2-12 所示。

表 2-12 SQL 语法

SQL 功能	动 词	SQL 功能	动 词
数据查询	SELECT	数据操纵	INSERT，UPDATE，DELETE
数据定义	CREATE，DROP	数据控制	GRANT，REVOKE

2．数据定义

SQL 的数据定义功能用于定义数据库的逻辑结构，包括三部分：定义基本表，定义视图和定义索引。

SQL 使用 CREATE TABLE 来建立基本表，使用 DROP TABLE 来删除基本表的定义、表上所有的记录、索引以及由此基本表导出的所有视图。用户还可以使用 ALTER TABLE 来修改基本表的定义。

视图是从一个或若干个基本表（或视图）导出的表。使用 SQL 语句 CREATE VIEW 来建立一个视图，使用 DROP VIEW 来删除视图。

用户可以根据需要对基本表建立若干索引，以提供多种存取路径，便于用户进行快速查询。使用 CREATE [UNIQUE] INDEX 语句完成索引的建立，这里 UNIQUE 表示每一索引值对应唯一的数据记录。索引可以建立在一列或几列上，使用 DROP INDEX 来删除索引。

3．数据操纵

SQL 数据操纵由检索和更新（增、删、改）两部分组成，包括 SELECT、INSERT、DELETE 和 UPDATE 四个语句。

用于查询的语句是 SELECT，典型的 SQL 查询格式为：

```
SELECT A1,A2,...,An
FROM r1,r2,...,rm
WHERE P
```

这里，A1，A2，…，An 表示属性，r1，r2，…，rm 表示基本表，P 是条件表达式。另外，WHERE 子句中的运算对象还可以是另一个 SELECT…FROM…WHERE 语句（即 SELECT 语句可以嵌套）。

这个查询等价于关系代数表达式：

$\prod A_1,A_2,\ \cdots,A_n(\sigma_P(r_1\times r_2\times\cdots\times r_m))$

如果省略 WHERE 子句，则表示 P 为真，A1，A2，…，An 可以用*代替，表示选择 FROM 子句中出现的所有表中的所有属性。

例 2.11 求 LOAN 表中 Branch_B 分行的所有贷款顾客的姓名。

```
SELECT 顾客名
FROM LOAN
WHERE 分行名="Branch_B"
```

SQL 使用 INSERT INTO 语句来向表中插入一条或多条记录，使用 DELETE 来删除一条或多条记录，使用 UPDATE 语句来更新一条或多条记录。

4．视图

视图与基本表不同，它是一个虚表，即它所对应的数据并不实际存在。在数据库中只存储视图的定义（在数据字典中存储）。视图可以和基本表一样被查询和删除，也可以用来定义新的视图，但视图的更新将受到限制。

5. 数据控制

SQL 的数据控制功能是指控制用户对数据的存取权力，有授权（GRANT）和回收（REVOKE）两种。

一个特定的用户对某类数据的存取权力由 DBA 决定。数据库管理系统要保证此类决定的执行。

GRANT 语句用于把对指定表的某些权限授予指定的若干用户，REVOKE 把已授予指定用户的对指定表的权限回收。这类权限有：SELECT（查询）、INSERT（插入）、UPDATE（更新）、DELETE（删除）、CREATE（建立）等。

2.5　Oracle 对象关系数据库系统

本节对关系数据库最成熟的产品 Oracle 系统的特点、产品结构组成、实例的进程结构和内存结构以及 Oracle 的配置方案等进行概括介绍，为后面的学习奠定基础。

1976 年 IBM 公司的 E.F.Codd 发表了关系数据库 SYSTEM R 的基本概貌及其 SQL 语言。参照这个蓝图，美国关系软件公司（现改名为 Oracle 公司）在 1979 年推出以 SQL 为基础的商品化关系型 DBMS，取名为 Oracle 系统，当时是在 PDP-11 机上实现的。系统由 RDBMS 核心和一组支持软件产品组成。Oracle 可以称为世界上第一个商用 RDBMS。1983 年 Oracle 公司将整个系统用 C 语言改写成第 3 版，使其独立于硬件环境和操作系统，为在不同厂家的计算机上运行统一的 Oracle 产品打下了基础。1984 年发布的 Oracle RDBMS 第 4 版增加了允许 PC 与大型机、小型机同时运行 Oracle 时共享数据的功能。

Oracle 公司自 1986 年推出版本 5 开始，系统就具有分布式数据库处理功能。1988 年推出版本 6，Oracle RDBMS（V6.0）可带事务处理选项（TPO），提高了事务处理的速度。1992 年推出版本 7，在 Oracle RDBMS 中可带过程数据库选项（procedural database option）、分布式数据库选项（distributed database option）和并行服务器选项（parallel server option），称为 Oracle 7 数据库管理系统，体现了开放关系型系统的真正能力。Oracle 7 的协同开发环境（简称 CDE）提供了新一代集成的生命周期开发环境，可用以实现高生产率、大型事务处理及客户机/服务器结构的应用系统。协同开发环境具有可移植性，支持多种数据来源、多种图形用户界面及多媒体、CASE 等协同应用系统。

Oracle 公司于 1997 年推出版本 8，Oracle 8 是 NCA（network computer architecture）的核心。既强大又灵活，这两个特性是很久以来人们在部署系统解决方案时的竞争目标。在这一需求带动下，网络计算时代开始了。随着“瘦”（thin）软件客户端把自己的应用交给服务器端，数据库服务器不得不支持越来越复杂的应用程序。同时，由于简单的瘦软件客户端能够允许更多的用户访问系统，对数据库服务器支持能力也提出了“量”的挑战。令人欣慰的是 Oracle 8 目前已具备两大功能：一是能支持大型数据库，Oracle 7.3 只能支持 4 TB（1TB 为 10^{12}B），而 Oracle 8 却达到 200～300TB；二是支持用户量大增，Oracle 7 仅支持 2000～3000 用户，而 Oracle 8 则可支持 10000～50000 个用户。

后来出现的 Oracle 8i、Oracle 9i 以及 2004 年推出的 Oracle 10g，新增了互联网功能、Java 服务、支持 HTTP 的 PL/SQL 网关，具有由 Apache 支持的 Oracle HTTP Listener、增强型 XML 支持以及分析与数据仓库等功能，特别是 Oracle10g 的网格计算、LogMiner、Data Guard、RMAN、闪回技术、Oracle RAC 技术、自动存储管理（ASM）等功能，使 Oracle 更具高可靠性、集成性、可管理性、可伸缩性及安全性。面向对象的数据库（如 Oracle 10g）对用户当前的关系数据库是向下兼容的，因此用户可以把当前的关系数据库和应用移植到 Oracle 10g 而不用重写，而且如果用户愿意，还可以把它们移植为具有 Oracle 10g 的面向对象特点的数据库。Oracle 11i 则已经被 Oracle 客户公认为是一个企业资源规划（ERP）软件的里程碑。

Oracle 11g 的发布会于 2007 年 7 月 11 日美国东部时间 11 时（北京时间 11 日 22 时）在纽约举行，11g 是 Oracle 公司 30 年来发布的最重要的数据库版本，根据用户的需求实现了信息生命周期管理（information lifecycle management）等多项创新。11g 大幅提高了系统性能安全性，全新的 Data Guard 最大化了可用性，利用全新的高级数据压缩技术降低了数据存储的支出，明显缩短了应用程序测试环境部署及分析测试结果所花费的时间，增加了 RFID Tag、DICOM 医学图像、3D 空间等重要数据类型的支持，加强了对 Binary XML 的支持和性能优化。

目前，Oracle 是世界上可以通用于大、中、小型机和微机，具有广泛适用范围的 RDBMS（分布式关系数据库管理系统）产品之一。

2.5.1 Oracle 系统的特点、产品结构及组成

1. Oracle 的主要特点

（1）支持大数据库、多用户的高性能事务处理

Oracle 支持大数据库（如 Oracle 10g 现在支持容纳 8 百万兆兆位数据的单个数据库等），可充分利用硬件设备。Oracle 支持大量用户同时在同一数据上执行各种数据应用，并使数据争用最小，保证数据一致性。

（2）具有硬件环境独立性

Oracle 具有良好的硬件环境独立性，已经用于 IBM、DEC、AT&T、DG、Sun、HP 等 70 余种计算机系统上，而且支持各种类型包括大、中、小型机和微机系统。它也用于国内的联想等系列微机上。

（3）遵守数据存取语言、操作系统、用户接口和网络通信协议的工业标准

Oracle 是一个开放系统，保护了用户的投资。美国标准化和技术研究所（NIST）对 Oracle 7 Server 以上的版本进行了检验，100%与 ANSI/ISO SQL 89 标准的二级相兼容。

（4）具有更好的安全性和完整性控制

Oracle 具有用户鉴别、特权（甚至到列级）、角色、触发器、日志、后备等功能，有效地保证了数据存取的安全性与完整性，以及并发控制和数据的恢复。对数据安全性要求较高的系统（如银行系统）大都选 Oracle 作为 DBMS。

（5）支持分布式数据库和分布处理

Oracle 允许将处理分为数据库服务器和客户应用程序，所有共享的数据管理由数据库管理系统的计算机处理，而运行数据应用的工作站侧重于解释和显示数据。通过网络（甚至远程广域网）

连接的计算环境，Oracle 将存放在多台计算机上的数据组合成一个逻辑数据库，可由全部网络用户存取。分布式系统像集中式数据库一样具有用户透明性和数据一致性。

（6）具有可移植性、可兼容性和可连接性

Oracle 不仅可以在不同型号的计算机上运行，而且可以在同一厂家的不同操作系统支持下运行。例如，在 IBM 的 VM/CMS 和 MVS 下都可运行 Oracle，而不必像 IBM 自己的 RDBMS 那样，要分别使用 SQL/DS 和 DB2。Oracle 适用于下列操作系统：VM/CMS、MVS、UTS、UNIX、VMS、ULTRIX、RSX11X、Aegis、AOS/VS、DG/VX、GCOS、VOS、DOS、Windows NT/ Windows 2000/ Windows XP、XENIX、AIX 等，具有操作系统独立性。

这种独立性对许多用户来说有相当大的好处，因为用户往往拥有不同厂家、不同型号的计算机，不同的操作系统，采用一个通用的 RDBMS 能有效地减少系统软件的投资，应用开发人员可免去熟悉不同的 RDBMS 的时间，从而提高应用系统的开发效率，对建立统一的集成式信息系统很有利。

2. Oracle 产品结构及组成

Oracle 系统是由以 RDBMS 为核心的一批软件结构产品构成，其产品结构如图 2-2 所示。

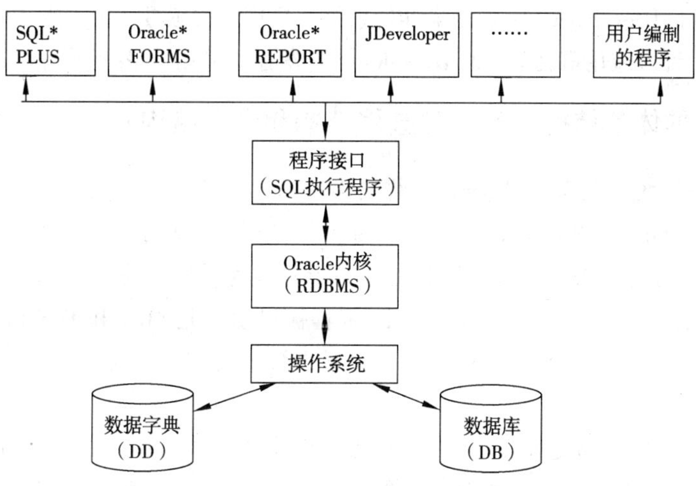

图 2-2　Oracle 产品结构

Oracle 的产品按其软件功能可分为协同开发环境（CDE，即 CASE 和 SQL*Forms 等）、Oracle RDBMS、应用（例如财务）和第三方集成工具等。

目前，Oracle 的最新版本是 Oracle 11g。本书以 Oracle Database 11g Release 1（11.1.0.6.0）作为讨论环境。

按照功能结构可以将 Oracle 核心产品划分为：

（1）数据库产品

Oracle Database 11g Release 1（11.1.0.6.0），主要用于存储和处理数据，大小为 1 868 319 889 B。

（2）客户端产品

Oracle Database 11g Release 1 Client（11.1.0.6.0），提供客户端与数据库之间的连接和管理等，产品大小为 510 809 607 B。

（3）企业管理产品

Oracle Enterprise Manager 10g Grid Control Release 4（10.2.0.4），主要包括：Oracle 管理代理（Oracle management agent，OMA）、Oracle 管理服务（Oracle management service，OMS）、Oracle 管理资料档案库（Oracle management repository，OMR）以及 Oracle 企业管理器（Oracle enterprise manager，OEM）、网格控制台等。培训教材系统多层体系结构和网格计算环境是不可或缺的管理工具。该产品大小为 1 450 516 770 B。

（4）中间件产品

Oracle Application Server 10g 和 Oracle Collaboration Suite 10g。前者提供了基本的 Web 服务环境，也是运行企业管理器的基础。后者则是利用关系数据库来降低硬件及管理成本，从而简化商务通信并整合信息。

（5）开发工具

Oracle Developer Suite 10g 和 Oracle JDeveloper 11.1.1.0.1。它们是数据库设计和实施的适用工具，可完成概念设计、逻辑设计和物理设计的全过程。Oracle JDeveloper 11g 则为当前 Web 应用提供了一个非常便利且完整的 J2EE 集成开发环境。由于 Oracle 数据库是第一个完全支持 Java 的数据库，因此 Oracle JDeveloper 11g 也是最佳的数据库应用开发工具，它支持 B/S 结构以及多层结构的系统。目前，许多应用都用 Oracle JDeveloper 开发各种 J2EE 应用程序。

2.5.2 Oracle 的体系结构（实例的进程结构和内存结构）

Oracle 数据库系统是具有管理 Oracle 数据库功能的系统。每个运行的 Oracle 数据库与一个 Oracle 实例（instance）相联系，一个 Oracle 实例是存取和控制一数据库的软件机制。每次在数据库服务器上启动一数据库时，便分配了一个被称为系统全局区（system global area）的内存区（简称 SGA），并且一个或多个 Oracle 进程被启动。此 SGA 和 Oracle 进程的结合称为一个 Oracle 数据库实例。一个实例的 SGA 和进程为管理数据库数据，为数据库的一个或多个用户服务而工作。

在 Oracle 系统中，首先是实例启动，然后由实例装配（mount）一个数据库，在松耦合系统中，在具有 Oracle Parallel Server 选项时，单个数据库可被多个实例所装配，即多个实例共享同一物理数据库。

1. 进程结构

进程（process）是操作系统中的一种机制，它可执行一系列的操作。在有些操作系统中使用作业（job）或任务（task）的术语。一个进程通常有它自己的专用存储区。Oracle 进程的体系结构设计使之性能最大。

Oracle 实例有两种类型：单进程实例和多进程实例。

单进程实例即一个进程执行全部 Oracle 代码，又称单用户 Oracle。这里，Oracle 部分和客户应用程序不能分别以进程执行，所以 Oracle 的代码和用户的数据库应用由单个进程执行，其结构如图 2-3 所示。在单进程环境下的 Oracle 实例，仅允许一个用户可取。例如，在 MS-DOS 下运行 Oracle。

图 2-3　单进程 Oracle 实例

多进程 Oracle 实例使用多个进程来执行 Oracle 的不同部分，对于每一个连接的用户都有一个进程，如图 2-4 所示，又叫多用户 Oracle。

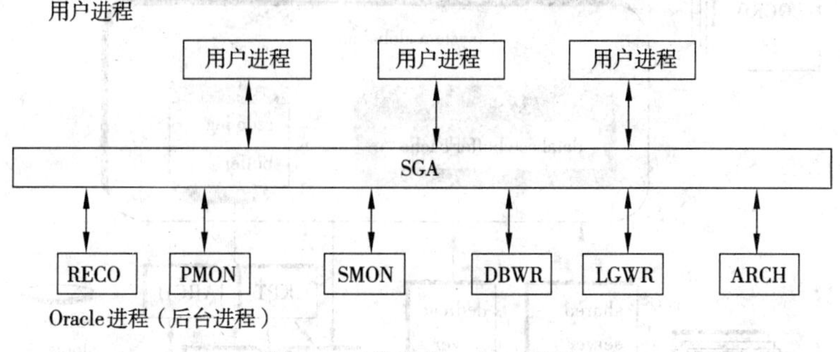

图 2-4　多进程 Oracle 实例

在多进程系统中，进程分为两类：用户进程和 Oracle 进程。当一个用户运行一个应用程序，例如 pro*C 程序或一个 Oracle 工具（如 SQL*PLUS）时，则为用户运行的应用建立一个用户进程。Oracle 进程又分为两类：服务器进程（server process）和后台进程（background process）。服务器进程用于处理连接该实例的用户进程的请求。当应用和 Oracle 是在同一台计算机上运行，而不通过网络时，一般将用户进程和它相应的服务器进程组合成单个进程，这样可降低系统开销。然而，当应用和 Oracle 运行在不同的计算机上时，用户进程经一个服务器进程与 Oracle 通信，其可执行的任务如下：

- 对应用所发出的 SQL 语句进行语法分析和执行。
- 从磁盘（数据文件）中读入必要的数据块到 SGA 的共享数据库缓冲区（该块不在缓冲区时）。
- 将结果返回给应用程序处理。

系统为了使性能最好和协调多个用户，在多进程系统中使用一些附加进程，称为后台进程。在许多操作系统中，后台进程是在实例启动时自动建立的。一个 Oracle 实例可以有许多后台进程，但它们不是一直存在的。主要的后台进程如下：

- DBWR：数据库写入程序。
- LGWR：日志写入程序。
- CKPT：检查点。
- SMON：系统监控。
- PMON：进程监控。
- ARCH：归档。
- RECO：恢复。
- LOCKn：封锁。
- Dnnn：调度进程。
- Snnn：服务器。

每个后台进程与 Oracle 数据库的不同部分交互，如图 2-5 所示。

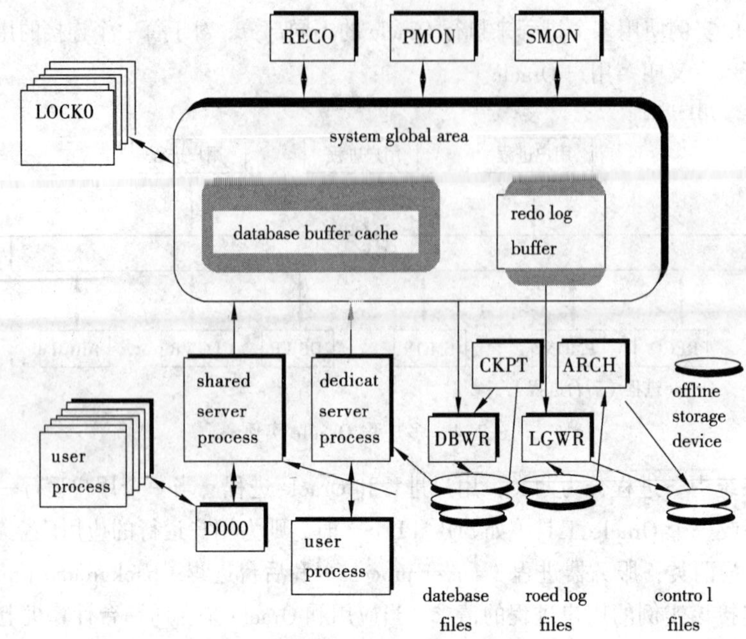

图 2-5　多进程 Oracle 实例的后台进程

DBWR 进程将缓冲区写入数据文件（data file），是负责缓冲存储区管理的一个后台进程。当缓冲存储区中一缓冲区被修改时，它被标志为“弄脏”，DBWR 的主要任务是将弄脏的缓冲区写入磁盘，使用户进程总可得到未用的缓冲区。Oracle 采用 LRU（least recently used）算法（最近最少使用算法）保持内存中的数据块是最近使用的，使 I/O 最小。当服务器进程将一缓冲区移入弄脏表，该弄脏表达到临界长度时，此服务器进程将通知 DBWR 进行写。该临界长度是参数 DB_BLOCK_WRITE_BATCH 的值的一半。由于缓冲存储区填入数据库数据或被用户弄脏，未用的缓冲区数目减少，当服务器进程在 LRU 表中查找 DB_BLOCK_MAX_SCAN_CNT 缓冲区时，如没有查到未用的缓冲区，它将停止查找并通知 DBWR 进行写。DBWR 将弄脏表中的块写入磁盘，每次可写的块数由初始化参数 DB-BLOCK-WRITE-BATCH 所指定。如果弄脏表中没有该参数指定块数的缓冲区，DBWR 从 LRU 表中查找另一个弄脏缓冲区。如果 DBWR 在 3s 内未活动，则出现超时。在这种情况下 DBWR 对 LRU 表查找指定数目的缓冲区，将所找到的任何弄脏缓冲区写入磁盘。在出现检查点时，LGWR 指定一修改缓冲区表必须写入到磁盘。DBWR 将指定的缓冲区写入磁盘。在有些运行平台上，一个实例可有多个 DBWR。在这样的实例中，一些块可写入一磁盘，另一些块可写入其他磁盘。参数 DB-WRITERS 控制 DBWR 进程的个数。

LGWR 进程将日志缓冲区写入磁盘上的一个日志文件，是负责管理日志缓冲区的一个 Oracle 后台进程。LGWR 进程将自上次写入磁盘以来的全部日志项输出，LGWR 输出：

- 当用户进程提交一事务时写一个提交记录。
- 每 3s 将日志缓冲区输出。
- 当日志缓冲区的 1/3 已满时，将日志缓冲区输出。
- 当 DBWR 将修改缓冲区写入磁盘时，将日志缓冲区输出。

LGWR 进程同步地写入到活动的镜像联机日志文件组。如果组中一个文件被删除或不可用，LGWR 可继续写入该组的其他文件。日志缓冲区是一个循环缓冲区。在 LGWR 将日志缓冲区的日志项写入日志文件后，服务器进程可将新的日志项写入到该日志缓冲区。当一用户提交时，被赋给一个系统修改号（SCN），它同事务日志项一起记录在日志中。由于 SCN 记录在日志中，以致在并行服务器选项配置情况下，恢复操作可以同步。

CKPT 进程在检查点出现时，对全部数据文件的标题进行修改，指示该检查点。一般情况下 CKPT 进程是不必要的，只有当数据库有许多数据文件，LGWR 在检查点时性能明显地降低才使 CKPT 运行。CKPT 进程不将块写入磁盘，该工作是由 DBWR 完成的。初始化参数 CHECKPOINT-PROCESS 控制 CKPT 进程的使能或使不能。默认情况下为 FALSE，即使不能。

SMON 进程：该进程实例启动进入执行实例恢复，还负责清理不再使用的临时段。在具有并行服务器选项的环境下，SMON 对有故障 CPU 或实例进行实例恢复。

PMON 进程：该进程在用户进程出现故障时进行进程恢复，负责清理内存储区和释放该进程所使用的资源。PMON 进程还周期性地检查调度进程（dispatcher）和服务器进程的状态，如果已死，则重新启动（不包含有意删除的进程）。PMON 进程和 SMON 进程都是有规律地被唤醒，检查是否需要，或者其他进程发现需要时可以被调用。

RECO 进程：该进程只是在具有分布式选项时所使用的一个进程（且 DISTRIBUTED TRANSACRIONS 参数需大于 0），自动地解决分布式事务中的故障。例如，任何对应已处理的悬而未决的事务的行将从每一个数据库的悬挂事务表中删除。当一数据库服务器的 RECO 后台进程试图建立同一远程服务器的通信，如果远程服务器不可用或者网络连接不能建立时，RECO 自动地在一个时间间隔之后再次连接。

ARCH 进程：该进程将已填满的在线日志文件复制到指定的存储设备。当日志为 ARCHIVELOG 使用方式，并可自动归档时，ARCH 进程才存在。

LOCKn 进程：该进程在具有并行服务器选件环境下使用，可多至 10 个进程（LOCK0，LOCK1，…，LOCK9），用于实例间的封锁。

Dnnn 进程（调度进程）：该进程允许用户进程共享有限的服务器进程。在一个数据库实例中可建立多个调度进程，对每种网络协议至少建立一个调度进程。数据库管理员根据操作系统中每个进程可连接数目的限制决定启动的调度程序的最优数，在实例运行时可增加或删除调度进程。

2. 内存结构

Oracle 在内存中存储下列信息：

- 执行的程序代码。
- 连接的会话信息（包括当前不活动的）。
- 程序执行期间所需数据（如查询的当前状态）。
- Oracle 进程间通信和共享的信息（例如封锁信息）。
- 存储在外存储器上的缓冲信息。

Oracle 具有下列基本内存结构：

- 软件代码区。
- 系统全局区（system global area，SGA），包括数据库缓冲存储区、日志缓冲区和共享池。
- 程序全局区（program global area，PGA），包括栈区和数据区。
- 排序区（sort area）。

下面对基本内存结构做简单介绍。

（1）软件代码区

软件代码区用于存储正在执行的或可以执行的程序代码。软件代码区是只读的，可设置成共享或非共享。Oracle 系统程序是可共享的，多个 Oracle 用户可存取它，而不需要在内存中有多个副本。用户程序可以共享也可以不共享。例如，有些 Oracle 工具和实用程序（如 SQL*PLUS，SQL*FORMS）可设置为共享，而有一些则不能共享。

（2）系统全局区

系统全局区（SGA）是一组由 Oracle 分配的共享内存结构，可以包含一个数据实例的数据或控制信息。如果多个用户同时连接到同一实例，在实例的 SGA 中数据可为多个用户所共享，所以又称为共享全局区。当实例启动时，SGA 的存储自动地被分配；当实例关闭时，该存储被回收。所有连接到多进程数据库实例的全部用户可使用 SGA 中的信息，但仅仅有几个进程可以写入信息。在 SGA 中存储信息将内存划分成几个区：数据库缓冲存储区、日志缓冲区、共享池和其他各种信息。

① 数据库缓冲存储区：用于存放数据库信息，在缓冲存储区的缓冲区中存放从数据文件读入的数据块，这些缓冲区为所有连接该 Oracle 实例的用户进程所共享。在存储区中缓冲区组织到两个表中：弄脏表（dirty list）和最近很少使用表（least-recently-used list，简称 LRU 表）。弄脏表存放弄脏的缓冲区，即已被修改但尚未写入磁盘的缓冲区。LRU 表存放未用缓冲区、当前正在存取的缓冲区和已被弄脏但尚未移至弄脏表的缓冲区。未用缓冲区（free buffer）是尚未修改或可用的缓冲区。当 Oracle 进程存取一缓冲区时，该进程将该缓冲区移到 LRU 表的最近使用（most_recently_used，MRU）端。当一用户进程需要的存取块不在缓冲存储区时，进程从磁盘的一数据文件中读入该块放入存储区的一缓冲区中。在读入块到存储区之前，该进程查找 LRU 表，从该表的最少使用端开始，查找到一个未用的缓冲区，或者查找到由参数 DB_BLOCK_MAX_SCAN_CNT 所指定的次数。当查找 LRU 表时，可发现弄脏缓冲区，则将该缓冲区移至弄脏表，然后继续查找。当进程找到一个未用缓冲区时，它将块读入到该缓冲区，并将它移至 LRU 表的 MRU 端。如果 Oracle 进程查找了 DB_BLOCK_MAX_SCAN_CNT 个缓冲区没有查找到未用缓冲区，则该进程停止查找 LRU 表，通知 DBWR 进程将一些弄脏缓冲区写到磁盘。

缓冲存储区的数目由初始化参数 DB_BLOCK_BUFFERS 的值所指定。每个缓冲区为一个数据块的大小，数据块大小由初始化参数 DB_BLOCK_SIZE 所指定。所以在存储区中的每一数据库缓冲区可容纳单个数据块。

② 日志缓冲区：日志缓冲区存放关于对数据库做修改的信息。以日志项（redo entry）形式存储。日志项包含重构或重做对数据库所作的修改，这些修改由 INSERT、UPDATE、DELETE、CREATE、ALTER 或 DROP 操作所致。日志项在需要时可用于数据库恢复。

日志项由 Oracle 服务器进程从用户内存空间复制到 SGA 的日志缓冲区。日志项在缓冲区占用连续的顺序的空间。日志缓冲区由 LGWR 进程写到磁盘的活动日志文件组。

日志缓冲区的大小由初始化参数 LOG_BUFFER 所决定。一般来说，大的值可减少日志文件的 I/O 操作。其默认值为宿主操作系统的最大数据块大小的四倍。

③ 共享池：共享池包含共享 SQL 区、专用 SQL 区和数据字典存储区。

共享 SQL 区和专用 SQL 区：Oracle 将所执行的每一个 SQL 语句表示成共享部分（共享 SQL 区）和专用部分（专用 SQL 区）。在两个用户执行同一个 SQL 语句时，Oracle 可识别出来，使两个用户可重用同一个共享部分。然而，每一个用户对于语句的专用部分都有各自的副本。

共享 SQL 区包含语法分析树和单个 SQL 语句执行规划。共享 SQL 区的大小是在语句语法分析时计算出来的，其大小依赖于语句的复杂性。

专用 SQL 区包含联编信息和运行缓冲区数据。每次发出一个 SQL 语句的会话都有一个专用 SQL 区，可以有许多专用 SQL 区与同一个共享 SQL 区相联系。一个专用 SQL 区进一步分割为持久区和运行区。持久区包含联编信息，在执行过程中是持久的。持久区的大小是常数，决定于联编数目及语句指定的列数。如果查询中的列越多，该持久区越大。运行区包含 SQL 语句在执行时所使用的信息。运行区的大小决定于 SQL 语句的类型和复杂性以及该语句处理的大小。一个专用 SQL 区一直存在到光标关闭。运行区在语句完成后被释放，而持久区仍保持。专用 SQL 区的位置随着会话所建立的类型而变化，如果会话是经专用服务器连接，专用 SQL 区位于用户的 PGA 中，如果会话是经多线索服务器连接，持久区和对 SELECT 语句的运行区位于 SGA。

专用 SQL 区的管理是用户进程的责任。用户进程可分配的专用 SQL 区的数目受初始化参数 OPEN_CURSOR 所限制，默认值是 50。

由于共享 SQL 区可供多个用户使用，库存储（library cache）也包含在 SGA 的共享池中，所以库存储的大小以及数据字典存储的大小受共享池大小的限制。对于共享 SQL 区的存储分配由初始化参数 SHARED_POOL_SIZE 所决定。

由 Oracle 执行的 PL/SQL 程序单位的处理格式类似单个 SQL 语句的处理。共享 SQL 区用于存放程序编译后的形式，专用 SQL 区用于存放会话执行该程序单位所指定的值。在 PL/SQL 程序单位中的单个 SQL 的语句处理如上面所述。

数据字典存储区：由于 Oracle 经常使用数据字典，所以内存的一个特殊位置用于存放字典数据，此区称为数据字典存储区（data dictionary cache），又叫行存储区（row cache）。该存储区为所有 Oracle 用户进程所共享，包含在 SGA 的共享池中。

④ 其他 SGA 信息：在 SGA 中还存储有进程之间的通信信息（如封锁信息）；在多线索服务器运行时，还包含一些程序全局区的信息；请求队列和响应队列也都在 SGA 中。

SGA 中所有共享区的内存存储总数对性能有影响。SGA 的大小在实例启动时被决定，为优化全系统的性能，要使整个 SGA 在内存中。如果采用虚存，整个数据库系统性能会明显地下降。

（3）程序全局区

PGA 是一个内存区，包含单个进程的数据和控制信息，所以又称为进程全局区（process global area）。

当一个用户进程连接到一个数据库或一个会话建立时，Oracle 分配一个 PGA。PGA 的内容决定于相关实例是否具有多线索服务器，如图 2-6 所示。

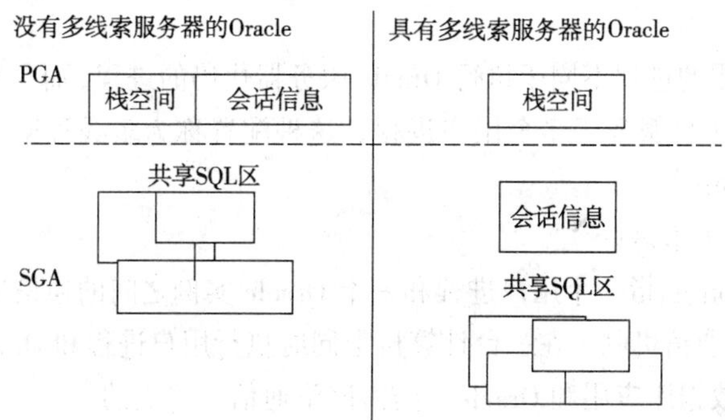

图 2-6　PGA 的内容

① 栈空间：一个 PGA 总包含有一个栈空间，存放会话变量、数组和其他信息。

② 会话信息：当实例没有多线索服务器时，一个 PGA 为用户会话需要设有附加存储，用做专用 SQL 存储区和存放其他信息。对于具有多线索服务的实例，这部分额外空间是在 SGA 中。

PGA 是非共享存储，只有一个进程可写。对每一个服务器进程也分配一个 PGA，该 PGA 为服务器进程所专用，仅为该进程读写。

PGA 的大小由操作系统指定，不是动态的。当客户和服务器不在一台计算机上时，PGA 是在用户连接数据库时在服务器上分配。如果空间不够，将产生一个错误，这是在 OS 出错号范围内的一个 Oracle 错误。一旦连接成功，用户不会用光 PGA 空间。

下列初始化参数会影响 PGA 的大小：

① OPEN_LINKS：每个用户进程同时打开对远程数据库连接的最大数。默认值为 4，范围是 0~255，如为 0 则允许分布事务。

② DB_FILES：在运行时数据库可打开的数据文件的最大数目。其默认值依赖于 OS。

③ LOG_FILES：最大日志组数。该参数指定在数据库运行时可打开的日志文件最大数。默认值为 255。

为 Oracle 后台进程所建立的 PGA 中，栈空间大小还受某些附加参数的影响。

（4）排序区

排序需要内存空间，Oracle 利用该内存排序数据，这部分空间称为排序区。排序区取决于请求排序数据量的大小，可增长，但受初始化参数 SORT_AREA_SIZE 所限制，该参数以字节为单位，默认值随操作系统不同而变化。当所排序的数据不能全部放入排序区时，排序数据分成批，每批先单独排序，然后归并它们生成最终结果。

2.5.3 Oracle 的配置方案

所有连接到 Oracle 的用户必须执行两个代码模块才可存取一个 Oracle 数据库实例。

① 应用 Oracle 工具：数据库用户执行一个数据库应用或一个 Oracle 工具（如 SQL*FORM），可向 Oracle 数据库发出 SQL 语句。

② Oracle 服务器程序：负责解释和处理应用中的 SQL 语句。

在多进程实例中，连接用户的代码可按下列方案之一配置：

① 对于每一个用户，其数据库应用是由用户进程所运行的，并有一个专用服务器进程（dedicated server process）执行 Oracle 代码，这样的配置称为专用服务器体系结构（dedicated server architecture）。

② 执行数据库应用的进程不同于执行 Oracle 服务器代码的进程，而且每一个服务器进程（执行 Oracle 服务器代码）可服务于多个用户进程，这种配置称为多线程服务器体系结构（multi-threaded server architecture）。

另外，还应注意两个术语：

① 连接（connection）：指一个用户进程和一个 Oracle 实例之间的通信通道（path way）。通信通道是由可用的进程间通信机制（在一台计算机上同时执行用户进程和 Oracle 进程）或网络软件（在不同计算机上执行数据库应用和 Oracle，经由网络通信）建立的。

② 会话（session）：为用户经用户进程对 Oracle 实例的指定连接。例如，当用户启动 SQL*PLUS，

用户提供有效的用户名和口令后，为用户建立会话，该会话持续到用户删除该连接（或退出数据库应用）。

2.5.4 Oracle 运行过程

Oracle 运行有双任务 Oracle 配置和多线索 Oracle 配置两种，下面主要讲述使用多线索服务器的 Oracle 运行。其运行过程如下：

① 数据库服务器计算机运行使用多线索服务器配置的 Oracle。

② 在一个客户工作站运行一个数据库应用（在用户进程中），如 SQL*FORMS，客户应用使用合适的 SQL*NET 驱动器试图建立到数据库服务器计算机的连接。

③ 数据库服务器计算机当前运行合适的 SQL*NET 驱动器，它的网络接收器进程检出用户进程的连接请求，并决定用户进程如何连接。如果用户使用 SQL*NET 2 以上版本，该网络接收器通知用户进程使用一个可用的调度进程的地址重新连接。

注意：如果用户使用 SQL*NET 1 或 1.1 版本，SLQ*NET 的接收器进程将建立一个专用服务器进程，所以用户一方若使用早先的 SQL*NET，则不能使用共享服务器进程。

④ 用户发出单个 SQL 语句。

⑤ 调度进程将用户进程的请求放入请求队列，该队列位于 SGA 中，可为所有调度进程共享。

⑥ 一个可用共享服务器进行检验公用调度进程请求队列，并从队列中检出下一个 SQL 语句，在此处有两种方法处理 SQL 语句（会话的专用 SQL 区建立在 SGA 中）：

- 如果在共享池的共享 SQL 区中包含有相同 SQL 语句，该服务器进程可利用已存在的共享 SQL 区执行客户的 SQL 语句。
- 如果在共享池中没有 SQL 区包含有相同的 SQL 语句，在共享池中为该语句分配一个新的共享 SQL 区。

⑦ 如果需要，服务器进程从数据文件中检索数据块，或者可使用已存储在实例 SGA 中的缓冲存储区的数据块。

⑧ 服务器进程执行存储在共享 SQL 区中的语句。数据首先在 SGA 中修改，由 DBWR 进程在最有效时将它写入磁盘。LGWR 进程在在线日志文件中记录用户提交请求的事务。

⑨ 共享服务器进程完成 SQL 语句处理后，该进程将结果放置发放该请求的调度进程的响应队列。

⑩ 调度进程检查它的响应队列，并将完成的请求送回给请求的用户进程。

2.6 Oracle 的网格计算

2.6.1 网格计算基础

1. 什么是网格计算

网格计算是一种新的软件体系结构，网格计算的基本想法是作为公用设施（类似于电力网或电话网）进行计算。作为网格的一个用户，既不必关心数据，也不必关心进行计算的位置。用户所需要的是完成计算，以及在需要时接受所提供的信息。从服务器端来看，网格与虚拟化和供应有关。在同一处有效地集中存放大量的低成本模块化存储器和服务器（还可是数据库服务器、应用服务器和应用程序），然后根据业务需求动态透明地供应这些工作负载均衡的虚拟计算资源，消除了未充分利用计算机的彼此分离状态，极大地提高了企业资源的处理效率。

网格计算还有其他一些描述方式，如按需计算（computing on demand）、自适应计算（adaptive computing）等。根据所需的重要新功能，Oracle 公司将它的新技术产品定为 Oracle 10g。这是自 Oracle 在 Oracle 8i 中增加互联网功能以来的第一次重大更名，后来出现 Oracle 11g。

2. 网格计算的基础框架

网格是一种正在出现的概念，以“结点”和“刀片”集合为基础。结点和刀片本身是单个或小型多处理器，以串接形式工作并共享资源，从而控制数据处理、应用程序管理或其他通常可能由大型机或大型 SMP（symmetrical multi-processing）管理的任务。

有关高可靠性、可用性和最佳资源分配的技术和体系结构，已经成为 Oracle 在 Linux 上的实际应用程序集群（real application clusters，RAC）的策略核心。在很多方面，网格计算是这种观点的自然扩展。实际上，RAC 是 Oracle 网格计算策略的一个关键组件。

网格计算可使互联网零售商轻松地重新分配资源，如果零售商不使用 SMP，而是在刀片上使用 Oracle RAC，则当网站上的订单业务达到顶峰时，零售商可以将大部分刀片用于网站，为其提供最高性能，并获得最多订单。但当订单数量降低时，零售商可以将大部分刀片从网站数据库中卸除，并将它们添加到数据仓库中。

网格计算基于五个基本属性：虚拟化、动态供应、资源集中、自适应系统和统一管理。企业可以通过这些属性增强信息技术基础架构，逐渐享受到网格计算的益处。

虚拟化是指将网格中的每一个物理和逻辑实体都抽象为一项服务。在不损害系统总体性能的条件下适应组件故障，而不是建立静态关系以确定数据库中数据的物理位置，以及数据库运行在哪一台服务器上。

一旦资源被虚拟化，就需要根据不断变化的业务优先级为各种企业任务动态地分配资源。因为网格服务中介了解网格的一个元素的资源需求，以及另一个元素的资源可用性，然后它随着环境的变化调整这种关联。策略（如响应时间阈值或者预期的高峰需求）能够用来进一步优化资源请求者与资源提供者之间的关联。

网格要实现更好的资源利用率，就需要合并和集中资源。将单个磁盘集中于存储器矩阵中，并将单个服务器集中于刀片服务器群中，网格的运行过程不仅可以动态将服务消费者与服务供应商匹配，而且还可以灵活地优化这样的关联。资源共享也纯粹在软件中进行。Web 服务提供了模型来让应用程序呈现可重用的功能，以供不相关的应用程序发现和调用。

如果每个结点都要求持续的人工调整和干预，网格基础架构将无法工作。一个关键的网格基础架构需求通常是自动执行传统上的信息技术工作人员执行的大部分维护和调整任务的工作。更多过去由管理员执行的任务现在必须由系统自己来处理。

即使是进行自我管理的系统，企业网格的管理也常常需要人的介入，但需要由人执行的管理任务将利用单个工具得到简化，该工具能够供应、监控和管理网格中的每一个元素。这种工具将从用户的角度来评估可用性和性能，这样任何系统瓶颈或者不可用组件都将引起警报。最重要的是，利用网格基础架构，信息技术专业人员必须能够将系统群组当做单个逻辑实体来处理，从而可以一次性执行任务，并在多台计算机上运行。

企业网格计算构建了一个关键的软件基础架构，该基础架构能够在大量小型、网络化的计算机上运行，主要通过如下两种方式进行。

（1）从多个中实施一个

虚拟化、动态供应和资源集中的属性一起组成了对软件的需求，这种软件使用许多运行在多台服务器上和跨多个磁盘的服务来实施单个逻辑实体，一个使用低成本组件来提供高品质服务的实体。网格计算协调使用计算机集群来创建单个逻辑实体（如一个数据库或一台应用服务器）。通过跨多台服务器分配工作，网格计算可以使用低成本的组件，从而实现可用性、可伸缩性和性能方面的优势。因为单逻辑实体是跨多台计算机实施的，所以公司能够以较小的幅度在线增加或删除容量。由于能够按需给特定的功能增加容量，公司获得了更大的灵活性来适应高峰负载，因而实现了更高的硬件利用率和更好的业务响应性。

（2）将多个作为一个管理

网格计算允许用户以很低的成本管理服务器群组、数据库例程群组和应用服务器群组。首先，网格计算使得每个数据库和每台应用服务器都能够适应不断变化的环境，从而消除许多管理单个系统的管理成本。其次，该模型允许将许多系统作为单个逻辑实体来管理，从而使得管理许多系统变得简单。

通过一个完整集成的软件基础架构，Oracle 10g 实现了网格计算，企业网格计算是在大量小型且网络化的计算机上运行的。

2.6.2　Oracle 11g 的网格基础架构

并不是所有网格计算的观点都是相同的，例如，Oracle 和 IBM 对该技术采取不同的方法。上面已经说明，低价的刀片对于网格的经济效益很重要，而标准硬件计算是 Oracle 长期策略的关键组成部分。与此相反，IBM 和微软仍然支持将高端 SMP 计算机用于关键任务的应用程序，主张越高端的计算机越可靠，因此对这些应用程序也更安全。当然，它们的数据库不在标准集群硬件上运行实际的 ERP 应用程序。刀片非常适用于应用服务器和 Web 服务器，但只有 Oracle 建议在低成本的设备上运行所有的应用。

Oracle 网格计算基础架构包含三个产品：

- Oracle 数据库网格。
- Oracle 应用服务器网格。
- Oracle 企业管理器网格控制（grid control）。

1. Oracle 数据库网格

Oracle 数据库网格是在 Oracle 9i 数据库基础上构建的，增加了许多专用的功能，它基于实时应用集群 RAC（real application clusters）。

（1）实时应用程序集群（RAC）

实时应用程序集群使单个数据库能够跨网格中的多个集群化的结点运行，从而可以利用几台计算机服务器的处理资源。Oracle 在跨计算机供应负荷的能力方面具备独特的灵活性，因为它是不需要随着工作负载变化对数据进行再分区或分配的数据库技术。

在 Oracle 数据库中，当一个新的服务器资源得到供应时，数据库能够利用新的处理容量开始跨一个新的结点均衡工作负荷，且当不再需要某台计算机资源时，能够释放它，这就是按需提供容量。

Oracle 数据库网格中新的集成群件消除了购买、安装、配置和支持第三方集群件的要求，从而组成集群变得容易。可以轻松地将服务器添加到一个 Oracle 集群中（或从中删除），且可以不造成停机时间。Oracle 为所有主流操作系统都提供了集群的数据库技术。

（2）自动存储管理

自动存储管理为 Oracle 数据库简化了存储管理。通过使存储管理的细节抽象化，Oracle 利用先进的数据供应改善了数据访问性能，且不需要 DBA 的额外工作。Oracle DBA 仅管理少量的磁盘组，而不是管理数据库文件。一个磁盘组是一组磁盘设备的集合，Oracle 将其作为单个逻辑单元来管理。管理员可以定义一个特别的磁盘组作为数据库的默认磁盘组，Oracle 自动为数据库分配存储资源。

自动存储管理还提供了其他存储技术（如 RAID 或逻辑卷管理器 LVM）方面的功能。Oracle 能够跨磁盘组中的所有设备均衡来自多个数据库的 I/O，并且它实施条带化和镜像来改善 I/O 性能和数据可靠性。此外，Oracle 能够从结点到结点和从集群到集群重新分配磁盘，并自动重新配置磁盘组。

（3）信息供应

除了跨多个结点供应资源和跨多个磁盘供应数据外，Oracle 数据库网格中还有另一种类型的供应——信息自身的供应。根据信息的容量和访问的频率，可能必须将数据从它目前所处的位置转移，或者跨多个数据库共享数据。Oracle 数据库网格包含了各种工具来对信息随时随地进行按需访问，从而使信息提供者和信息请求者相互配合。这些工具中最细粒化和实时化的是 Oracle Streams，它可以将数据从一个数据库移植到另一个数据库，且同时两个数据库都保持在线。在某些环境中可能更适宜进行批量数据传输，Oracle 为这些环境提供了数据传输表空间。在 Oracle 数据库中，所有的信息供应工具都能够将数据转移到运行在不同操作系统上的数据库中。

（4）自管理数据库

网格环境的可管理性使每个单独的系统需要的人工关注更少一些。利用新的自管理数据库，数据库网格减少了需要由管理员执行的维护和调整任务。Oracle 数据库网格包含一个智能数据库基础架构，该基础架构生成重要的统计和工作负荷数据的快照，并进行分析，以执行自调整和为管理员提供建议。Oracle 数据库网格修补某些诊断出来的问题，并在一些情况下向 DBA 提供关于简单的纠正方法的建议。

2. Oracle 应用服务器网格

Oracle 应用服务器网格提供了一个完整的基础架构平台，用于开发和部署企业应用程序及集成，包括 J2EE 和 Web 服务运行时环境、企业门户、企业流程管理、商务智能、Web 高速缓存和身份管理服务。

Oracle 应用服务器网格运行时服务能够通过应用服务器集群来集中和虚拟化。Oracle 应用服务器内部的每一项服务——HTTP、J2EE、Web 高速缓存、Web 服务、LDAP、门户等，都能在一个网格中跨多台计算机分配。Oracle 网格允许定义性能阈值，当超过该阈值时，能够增加和启动（或释放）新的应用服务器例程来处理网格的新结点上的额外工作，从而实现按需提供容量。

3. Oracle 企业管理器网格控制

网格控制是完整集成的集中式管理控制台和底层框架，该框架使网格环境中的跨系统集合的管理任务自动化，网格控制通过自动化和基于策略的标准化来帮助降低管理成本。利用 Oracle 网格控制，IT 专业人员能够将多个硬件结点、数据库、应用服务器和其他对象分组为单个逻辑实体。通过跨一组对象（而不是单独在许多系统上）执行作业、实施标准策略、监控性能和使许多其他的任务自动化，网格控制使得 IT 工作人员能够随着不断成长的网格进行扩展。

利用网格控制，使得跨多个结点的应用服务器和数据库服务器的安装、配置和复制实现自动化。Oracle 企业管理器提供了一个用于软件供应和管理的公共框架，它允许管理员按需要来创建、配置、部署和使用新的服务器。这个框架不仅可以用来供应新的系统，而且还可以用来补丁和升级现有的系统。

2.7　Oracle 的安装与使用环境

2.7.1　产品的获取

目前，Oracle 11g 和 Oracle 10g、Oracle 9i 产品有庞大的用户群。可以直接从 Oracle 的官方网站下载软件，网址是 http://www.oracle.com/technology/software。官方免费软件与购买的正版软件是有区别的，主要区别在于 Oracle 所能够支持的用户数量、处理器数量以及磁盘空间和内存的大小。Oracle 提供免费软件主要针对的是学生和中小型企业等，目的是使他们熟悉 Oracle，占领未来潜在的市场。另外，当 Oracle 安装完成以后，还需要直接到 Oracle MetaLink 网站下载最新的补丁包，网址是 http://metalink.oracle.com/。只有购买正版 Oracle 产品并获得授权许可的用户才拥有注册码并可以登录该网站。若用户使用下载的软件则不能得到 Oracle 公司的技术支持，而且一旦被发现使用未经授权许可的 Oracle 产品，由此所付出的代价比购买正版软件所付出的要大得多。同时，从 Oracle 官方网站的下载许可协议中也可以看到，以下载方式得到的软件产品只能用于学习和培训等，不得用于商业目的。所以，企业应使用正版的 Oracle 软件。

本章主要介绍 Oracle Database 11g Release 1（11.1.0.6.0）的安装，同时对比 Oracle 10g、Oracle 9i 的安装方法。

2.7.2　Oracle Database 的安装

Oracle Database 的安装是整个数据库系统应用的一个重要环节。不管是哪个版本，Oracle Database 的安装方法都基本相同。主要包括：确定软件的安装路径、是否创建数据库、数据库文件的位置、数据库用户名和口令、数据库所使用的字符集以及要安装的组件等基本内容。

1. 安装条件

在安装 Oracle Database 之前，必须明确系统安装所需要的条件。

（1）操作系统的支持

Oracle Database 11g 支持广泛的操作系统平台，从 UNIX、Linux 到 Windows 等都针对不同操作系统提供了不同的版本。就 Oracle 11g for Windows 来说，支持 Windows 2000 Server、Windows XP 以及 Windows Server 2003，不再支持 Windows 98 和 Windows NT。

由于不同操作系统在网络系统中扮演的角色不同，可以安装 Oracle 组件的内容也不同，因此 Oracle Database 11g 呈现的功能也有所不同。如果要建立 Oracle 数据库服务器，则必须将该软件安装在 Windows 2000 Server 或 Windows Server 2003 文件服务器上。

（2）所支持的协议

Oracle Net 基础层使用 Oracle 协议支持与下列行业标准网络协议之间的通信：

- TCP/IP。
- 带有 SSL 的 TCP/IP。
- 命名管道。

（3）硬件配置

以下是支持 Oracle Database 11g 运行的最低硬件配置。实际上，真正运行 Oracle Database 11g 要比最低配置高得多。

- 物理内存（RAM）：最低为 512MB，推荐 1GB 以上。
- 虚拟内存：物理内存的 2 倍。
- 适配器：65536 色。
- 处理器：最小为 1GHz。

（4）磁盘空间的要求

在 Windows 系统中安装 Oracle Database 11g 有两种文件格式：FAT32 和 NTFS。Oracle 公司推荐采用 NTFS 格式。同时，建议文件服务器系统所在的驱动器应该与 Oracle 数据库系统所安装的驱动器分开。所需磁盘空间的大小依照安装时所选择的内容及文件格式不同而不同。

基本安装：3.04GB。

（5）Web 浏览器

在 Oracle 11g 中，可用于 iSQL*Plus 和 Oracle Enterprise Manager Database Control 的浏览器有以下版本：Microsoft Internet Explorer 6.0 及以上的版本。

本书使用的环境：

- 操作系统：Windows Server 2003 企业版。
- 内存：1024 MB。
- CPU：P4 1.7G。
- 硬盘空间：40GB。
- 浏览器：Microsoft Internet Explorer 6.0。

2．安装 Oracle Database 11g 等

（1）安装前需要做以下准备工作

① 仔细阅读联机文档，确保当前安装环境能够满足安装需求。

② 明确是服务器端还是客户机端的安装。两者的安装内容是不同的。

③ 以管理员的身份登录到要安装 Oracle Database 的计算机。如果要在主域控制器（PDC）或备份域控制器（BDC）安装，则需要以域管理员组成员的身份登录。

④ 如果系统曾安装过 Oracle，则清除 Oracle_Home 环境变量。

⑤ 若当前已经安装了一个 Oracle 并想重新安装 Oracle，则要停止所有的 Oracle 服务。操作步骤是：打开 Windows 系统的“控制面板”→“管理工具”→“服务”，停止以 Oracle 开头的所有服务。否则，在安装 Oracle 过程中将出现错误信息。

⑥ 为了保证系统安装顺利完成，建议将 Oracle Database 11g 的安装光盘全部复制到硬盘的一个

目录下，如 D:\source_code\11101_database_win32\database。单击光盘盘符\source_code\11101_database_win32\database\setup.exe 即可开始安装。

注意：Oracle Database 11g 在启动时会自动检测系统的环境是否满足安装要求，如果不满足，则拒绝安装；如果满足条件，则创建安装文件并继续安装。

（2）安装步骤

① 单击 setup.exe 启动安装程序后，系统默认进行"基本安装"，并可根据实际情况确定是否创建启动数据库，如图 2-7 所示。

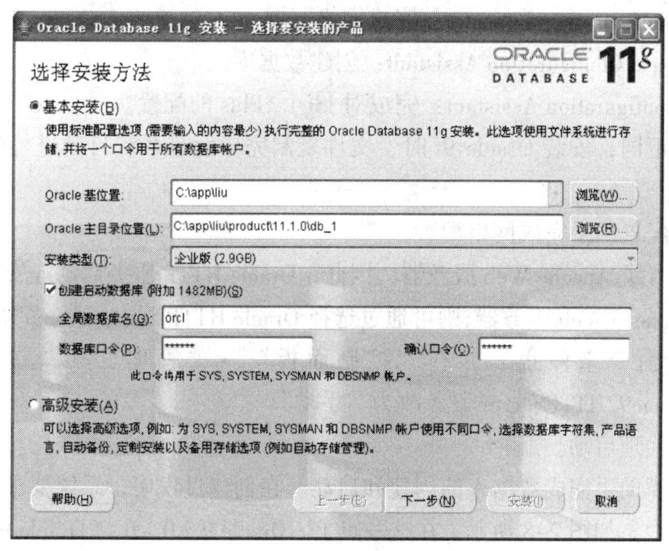

图 2-7　安装文件定位

注意：在"Oracle 主目录位置"框中的默认位置是 C:\app\liu\product\11.1.0\db_1（又如 Oracle 10g 是 D:\oracle\product\10.2.0\db_1），一般不要随意修改，这往往是一个名称对应于一个主目录 Oracle_Home，该名称是安装结束后在菜单组中出现的 Oracle-OraDb11g_home1；如果路径改变了，则其对应的名称也会做相应的改变。单击"下一步"按钮之后，主目录名称和对应的主目录 Oracle_Home（这里 Oracle 11g 是 C:\app\liu\product\11.1.0\db_1；Oracle 10g 是 D:\oracle\product\10.2.0\db_1）一同被自动添加到注册表中。

全局数据库分为两个部分，格式为：数据库名.域名。域名与网络中的域名相同。同一个域中只能有唯一的数据库名，不同的域中则可以有相同的数据库名。在图 2-7 中，输入 orcl 或 orcl.world 作为全局数据库名，即在 world 域中创建 orcl 数据库。此时，Oracle 系统标识符 SID 自动设置为与数据库名相同的名字，一般不用更改。单机环境下，不必输入域名。如果输入了不同的域名，数据库名却相同，则系统会因为单机的缘故拒绝建立两个相同的 SID。

② 若要选择性地安装产品内容，可以选择"高级安装"复选框。

③ 确定创建数据库文件的位置。Oracle 推荐：将数据库文件安装在与 Oracle 主目录不同的磁盘驱动器上，以便于维护和管理，提高系统运行性能。

④ 当进入"指定数据库配置选项"界面时，如果要改变字符集，可选择"选择数据库字符集"选项来改变。

注意：在字符集的选择上要特别注意，应选择适合应用环境的字符集。在实际应用中，有时会由于 Oracle 数据库选择的字符集与相关系统的字符集不一致，或前端应用程序开发工具选择的字符集与后台 Oracle 数据库服务器的字符集不同，造成数据通信或显示时出现乱码现象。所以需要特别重视字符集的选择。如果数据库需要同时处理多种语言文字，如朝鲜语、日语、德语、汉语和英语等，可选择 Unicode（AL32UTF8）作为字符集。注意，Oracle 数据库服务器的字符集与操作系统的字符集是相互独立的。

⑤ 文件复制完毕后，系统自动进行配置，并完成以下工作：

- Oracle Net Configuration Assistant：完成网络配置。
- Oracle Database Configuration Assistant：创建数据库。
- iSQL*Plus Configuration Assistant：完成对 iSQL *Plus 的配置。

与 Oracle 11g 不同，安装 Oracle 9i 时，文件复制完毕后，系统自动进行配置，并完成以下工作：

- Oracle 网络配置助手完成网络配置。
- Oracle 9i 内置了 Apache Web 服务器，因此，Oracle HTTP 服务启动。安装完成后，如果不需要启动 Apache Web 服务器，则可通过选择 Oracle HTTP Server→Stop HTTP Server powered by Apache 命令来停止，并在“控制面板”→“管理工具”→“服务”中，将 OracleOraHome92HTTPServer 服务改为“手动”。
- Oracle 智能代理启动。
- Oracle 数据库助手完成数据库的创建和启动。在创建过程中，系统要求为 SYS 和 SYSTEM 账户指定口令，如图 2-8 所示。在这一点上，Oracle 9.2.0.1.0 与 Oracle 9.1 有所不同，后者与 Oracle 8i 类似，有默认的口令（有关具体口令详见后面相关内容）。在实际系统中，不允许设置口令与用户名同名；否则，账户非常容易被破解。

  单击界面中的“口令管理”按钮可查看所有账户，包括已经被锁定的账户，可以对账户进行锁定和解除锁定并修改口令。

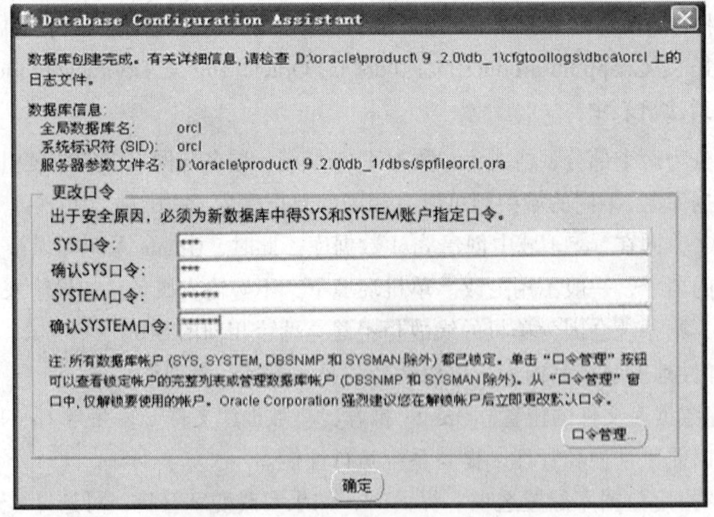

图 2-8　SYS 和 SYSTEM 账户/口令

⑥ 若安装概要没问题，如图 2-9 所示，则创建数据库，如图 2-10 所示。

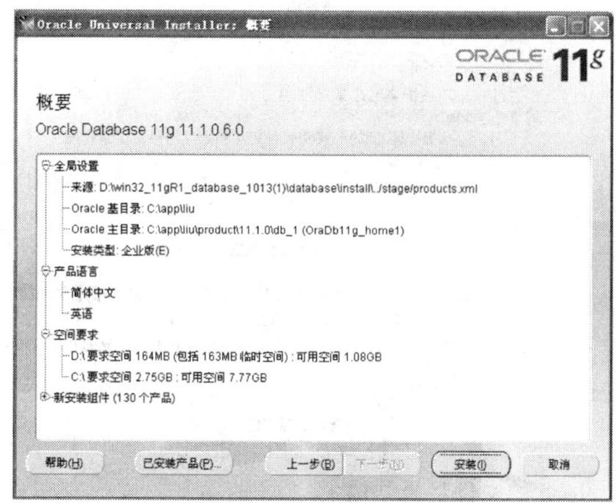

图 2-9　安装概要

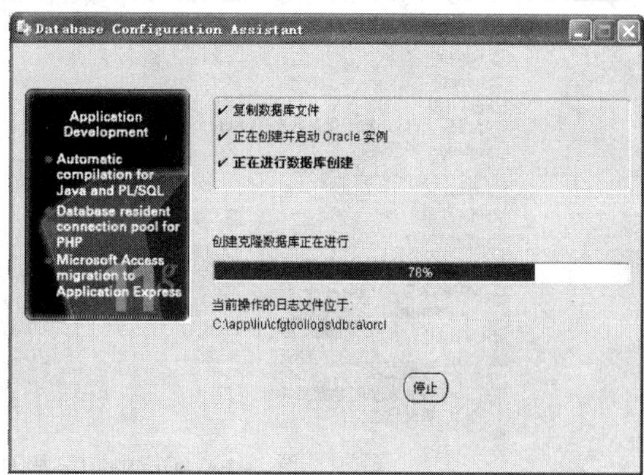

图 2-10　创建数据库

⑦ 创建完数据库后，会显示起始数据库的信息，还可修改默认的口令，如图 2-11 所示。最后配置成功，安装结束，如图 2-12 所示。

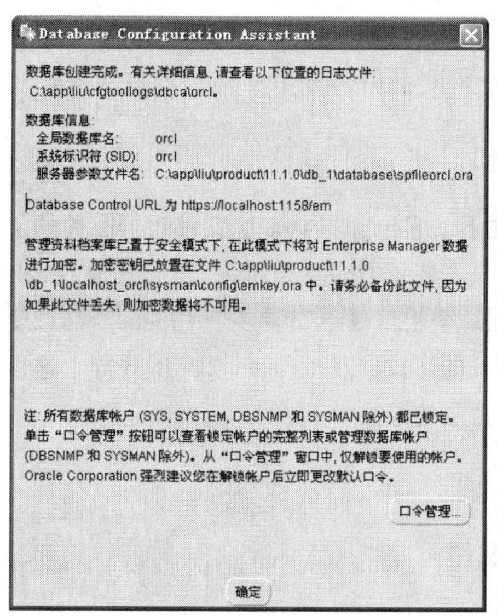

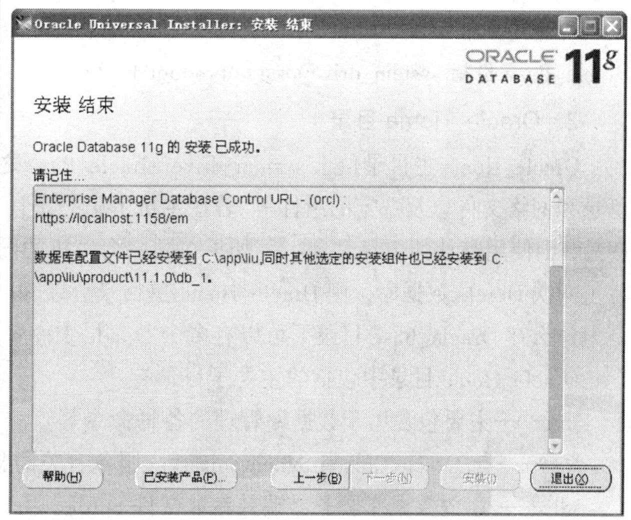

图 2-11　显示起始数据库的信息

图 2-12　安装结束界面

关于客户端产品 Oracle Database 11g Release 1 Client（11.1.0.6.0）的安装，读者可自己体会。

2.7.3　Oracle 数据库文件目录结构

Oracle Database 11g、Oracle 10g 安装完成后，其目录结构与 Oracle 9i 有很大不同（Oracle 11g 与 Oracle 10g 基本相同）。例如，Oracle Database 10g 和 Oracle 9i 的文件目录主要结构如图 2-13 所示。在 Oracle 10g 的文件目录中用 db_1 代替了 Oracle 9i 文件目录中的 ora92。

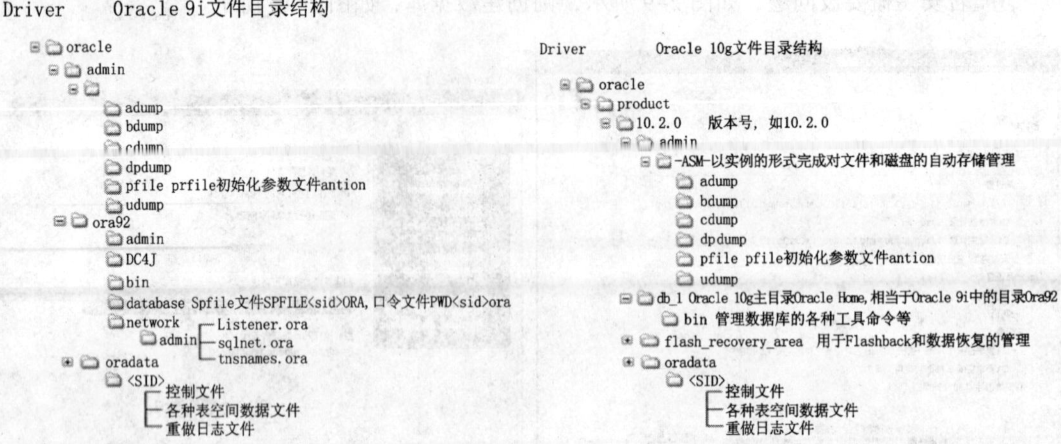

图 2-13 Oracle 10g 和 Oracle 9i 的文件目录结构

在 Oracle 10g 中，Oracle 的目录结构是由 Oracle_Base 及其子目录 Oracle_Home、admin、flash_recovery_area 和 oradata 目录构成的。为方便讨论，这里用 Oracle_Base 代表 Oracle 目录树的根，用 Oracle_Home 表示根目录下的主目录。

1. Oracle_Base 目录

Oracle_Base 代表 Oracle 目录树的根。如果使用 Oracle Universal Installer 进行安装，则 Oracle_Base 是指 system_drive:\oracle\product\10.2.0。

2. Oracle_Home 目录

Oracle_Home 主目录位于 system_drive:\Oracle_Base 之下，它包含与 Oracle 软件运行有关的子目录和网络文件以及选定的组件等。若在主机上第一次且只安装了 Oracle 数据库，没有其他 Oracle 产品，则使用默认的主目录 db_1；如果在同一台主机的同一个根目录下安装多个 Oracle 产品或安装了两次 Oracle 数据库，则 Oracle_Home 主目录会以 db_n 的形式出现，即 db_2、db_3 等。这也是为什么在 Oracle_Base 目录下可以有多个 Oracle_Home 目录的缘故。

Oracle_Home 目录中包括的主要子目录有：

\bin——主要包含用于数据库管理的各种命令等。

\css——与 Oracle Cluster Synchronization 服务有关的文件。

\dbs——存放数据库服务器端的参数文件 Spfile。

\deno——存放数据库实例模式的脚本等。

\install——用于存储 Oracle 安装后的端口号、iSQL*Plus 以及 Enterprise Manager Database Control 启动并登录的方式等。

\network\admin——有关监听器 listener.ora 和 sqlnet.ora 以及 tnsnames.ora 等。

\sysman\config——用于与 Oracle Enterprise Management 有关的端口管理等。

3. admin 目录

数据库管理文件均存储在 oracle_base\admin\db_name 目录下。各个子目录的主要含义如下：

\bdump——后台进程跟踪文件。

\cdump——信息转储文件（core dump）。

\create——数据库创建文件。

\exp——数据库导出文件。

\pfile——初始化参数文件。

\udump——用户 SQL 追踪文件。

4．oradata 目录

数据库文件存储在 Oracle_Base\oradata\db_mane 目录下，该目录主要存储数据库的控制文件、数据文件、重做日志文件。其中，.dbf 文件对应数据库中每个表空间；.ctl 文件为控制文件；.log 文件对应重做日志文件组及其成员。

5．flash_recovery_area 目录

flash_recovery_area 目录存储并管理与备份和恢复有关的文件。它包含系统中每个数据库的子目录。该目录可用于存储与恢复有关的文件，如控制文件、联机重做日志副本、归档日志、闪回日志以及 Oracle 数据库恢复管理器（RMAN）备份等。

2.7.4　安装 Oracle Database 后的程序组与服务

安装 Oracle 后的基本环境主要涉及安装后的程序组、DBMS 包含的物理文件、与数据库服务器相关的服务、Oracle 默认的账户/口令以及在 MS-DOS 命令行中要使用的命令等。了解和掌握这些基本环境对正确使用和深入掌握 Oracle 技术是十分重要的。

1．安装后的程序组

例如，安装 Oracle Database 10g 后的程序组 Oracle-OraDb10g_home1 包括：

（1）Oracle Installation Products

主要包括：

- Universal Installer：通用安装器。
- 通用安装程序概念指南。

（2）集成管理工具

主要包括：

- Oracle Directory Manager：一个基于 Java 的管理工具，用于管理 Oracle Internet Directory。
- Wallet Manager：Wallet Manager 可创建加密的 Oracle Wallet，从而增强其安全性。

（3）配置和移植工具

主要包括：

- Administration Assistant for Windows：可用于管理数据库的实例和管理员角色等。
- Database Configuration Assistant：数据库配置助手，它可以创建数据库，在现有数据库中配置数据库选项，删除数据库和管理数据库模板。
- Database Upgrade Assistant：数据库更新助手，帮助用户升级本地数据库。
- Locale Builder：Oracle Locale Builder 是一个用于定制本地数据定义的方便工具。利用该工具可查看创建语言、字符集等。主要功能包括：语言设置、地域设置、字符集设置和语法设置等。
- Microsoft ODBC Administrator：是 ODBC 数据源管理器。

- Net Configuration Assistant：网络配置助手。使用该助手可进行监听程序配置、命名方法配置、本地 NET 服务名配置等。它是进行 Oracle 网络连接时必需的连接配置工具。
- Net Manager：使用该工具可进行网络配置，如数据库标识服务的配置、命名方法配置和监听程序的创建与配置等。该工具与 Net Configuration Assistant 是网络连接配置的主要工具。

（4）应用程序开发

主要包括 SQL *Plus：它提供了一个编辑、运行 SQL 和 PL/SQL 并与数据库进行交互的环境。

Oracle 11g 安装后 Oracle-OraDb11g_home1 程序组与 Oracle Database 10g 安装后的程序组大同小异，多了 Warehouse Builder 和 Database Control-orcl 等。

2. Oracle 数据库服务

Windows 平台上的 Oracle 不同于其他平台，它是以服务的形式呈现的。而在 UNIX 中 Oracle 是以进程形式运行的，所有 Oracle 服务器及其后台进程都是在 Oracle.exe 进程下以线程的方式运行。

当 Oracle （例如 Oracle Database 10g）系统安装完成后，在 Windows 2000 Server/Windows XP/Windows Server 2003 环境下自动增加了许多数据库服务。在"管理工具"→"服务"中，可看到多个以 Oracle 开头的服务，这些都是与 Oracle 数据库有关的服务。

Oracle 数据库的运行管理都与其服务密切相关，所以应充分理解 Oracle 服务的作用。

（1）Oracle 服务

Oracle 服务对数据库的运行和系统管理来说至关重要。在 Windows 中，Oracle 以服务的形式来启动每个实例。服务是一个在 Windows 注册表中注册并由 Windows 管理的可执行进程（process）。注册表自动跟踪并记录每个所创建服务的安全信息。Oracle 也使用服务来对其数据库操作提供支持，这类似于 Windows 服务。Oracle 服务在数据库的创建过程中建立并与 Oracle 数据库关联。Oracle 服务用于创建、连接和使用一个 Oracle 数据库实例。在注册表中选择"编辑"→"查找"→Oracle 命令就可以查找各个服务的信息。

服务的优点之一是，简化了启动数据库的过程。当计算机重新启动时，系统自动启动并配置数据库，不需要用户的参与，这是由服务来完成的。服务的另一个优点是，它们必须由拥有指定权限的用户来启动。例如，Oracle<Home_Name>ManagementServer 是 Oracle 中的一个服务，要停止该服务必须由账户 sysman 来执行，其默认口令为：oem_temp。

服务启动的是后台进程，这类似于 UNIX 中的守护进程。当 Oracle 数据库服务启动时，系统中没有典型的 Oracle 进程运行。相反，该服务进程等待来自 SQL*Plus 的最初连接，这引起一个前台进程启动并创建该系统全局区域 SGA 的后台进程。当 Oracle 数据库关闭时，所有创建的进程被终止。但是该服务进程自身仍在继续运行，等待下一个连接请求和启动命令。这就是当我们通过 Windows 中的 OracleService<SID>启动了数据库实例，但在 SQL*Plus 或 Oracle 企业管理器中关闭了数据库实例后，Windows 中的 OracleService<SID>服务仍处于"已启动"状态的原因。只有停止 Windows 中的 OracleService<SID>服务（即进程），才能保证不启动数据库。当然，在 OracleService<SID>服务停止后，还可通过其他方式启动数据库实例。

Oracle 数据库监听服务是另一个重要的服务，该服务必须在用户能连接到 Oracle 数据库之前启动运行。该服务进程关闭与否并不影响已经在客户端与数据库之间建立起的连接和用户对数据库的使用。以 SQL*Plus 为例，当 Oracle 数据库监听服务 Oracle<Home_Name>TNSListener 启动之前，启动 SQL*Plus 并连接至数据库，系统出现错误信息“ORA_12541：TNS：no listener”，原因是没有启动监听服务或者监听器损坏；当 Oracle 数据库监听服务启动 SQL*Plus 并连接至数据库后，若停止 Oracle<Home_Name>TNSListener 服务，则对 SQL*Plus 没有任何影响，只要没有断开连接，SQL*Plus 仍可与数据库进行数据交互。其中，TNS（transparent network substrate）代表透明网络层。

（2）可用的 Oracle 服务

根据安装的产品不同，在 Windows 中产生的 Oracle 服务也不同，其实也正是这一点说明了数据库服务器与其所使用的操作系统是紧密相关的。

例如，Oracle Database 10g 安装后生成多个服务，这些都是 Oracle Database 10g 运行中所必需的，如图 2-14 所示。

OracleOraDb10g_... iSQL*Plus Applicatio...	已启动	自动	本地系统
OracleDBConsole...	已启动	自动	本地系统
OracleServiceORCL	已启动	自动	本地系统
OracleOraDb10g_...	已启动	自动	本地系统
OracleJobSchedu...		自动	本地系统
OracleASMSerivice+ASM		自动	本地系统
OracleCSService		自动	本地系统

图 2-14　Oracle Database 10g 安装后的服务

Oracle Database 10g 安装后的系统服务及其含义如表 2-13 所示。

表 2-13　Oracle Database 10g 安装后的服务及其含义

服务名	含义
OracleCSService	该服务在 10g 中存在，并用于 ASM 通信。启动方法如下： Oracle_home\BIN\localcinfig.add
OracleASMService+ASM	自动存储管理，极大简化磁盘管理。启动该服务前，必须启动 OracleCSService
OracleDBConsole<SID>	用于 OEM 数据库控制台（用于 10g）
OracleJobScheduler<SID>	用于管理预定的任务
OracleOraDB10g_home1iSQL*Plus	用于管理 iSQL*Plus。在 MS-DOS 命令提示符下，执行 isqlplussvc.exe –start 5580 用于启动该服务；执行 isqlplussvc.exe –stop 用于停止该服务
Oracle<Home_Name>TNSListener	对应 Oracle 监听器
OracleService<SID>	对应数据库实例，如 OracleServiceTEST

注意：这里<SID>代表数据库实例，如 TEST；Home_Name 代表 OraDB 10g_home1。而且不能手动修改这些服务。

通常当创建数据库并完成安装后，以下两个主要服务会自动启动：

- OracleServie<SID>（Oracle 数据库服务）。
- Oracle<Home_Name>TNSListener（Oracle 数据库监听服务）。

如果安装了 Oracle Enterprise Manager Database Control，则 OracleDBConsole<SID>服务自动启动。若配置了 Automatic Stroage Management，则 OracleCSService 和 OracleASMService+ASM 服务也会出现在服务列表中。

Oracle Database 11g 安装后产生的服务与 Oracle Database 10g 安装后的服务大同小异。与 Oracle 10g

不同，Oracle 9i 安装完成后产生 12 个与其有关的服务，为便于比较，下面是几个与 Oracle 9i 数据库相关的服务。

① OracleService<SID>：数据库服务。该服务为数据库实例系统标识符 SID 而创建，SID 是 Oracle 安装期间输入的数据库服务名字（如 OracleServiceTEST）。该服务是强制性的，它担负着启动数据库实例的任务。

如果没有启动该服务，则当使用任何 Oracle 工具（如 SQL*Plus）时，将出现 ORA-12560 的错误信息提示，信息内容是“ORA-12560 TNS：protocol adapter error”，这也意味着数据库管理系统的管理对象没有启动，即数据库没有工作。当系统中安装了多个数据库时，会有多个 Oracle Service<SID>，SID 会因数据库不同而不同。一般将服务的启动类型设置为“自动”，这样，当计算机系统启动后该服务自动启动。

② Oracle<HOME_NAME>TNSListener：监听器服务。例如，Oracle OraHome92TNSListener 承担着监听并接受来自客户端应用程序的连接请求任务。当 Windows 计算机重新启动后，该服务将自动启动。如果该服务没有启动，那么当使用 Oracle 企业管理器控制台或一些图形化的工具进行连接时，将出现错误信息“ORA-12541 TNS：no listener”。但对一般的连接并无影响，例如，在 MS-DOS 提示符中用 sqlplus <username>/<password>@net_service_name 形式启动 SQL*Plus 并进行连接时，则不会出现错误信息提示。一般将该服务的启动类型设置为“自动”，这样，当计算机系统启动后该服务自动启动。也可通过手动方式启动服务“C:\>net start Oracle<Home_Name>TNSListener”。

注意：在连接上出现的问题，多数都与监听器有关。

③ Oracle<Home_Name>Agent：代理服务。该服务是 Oracle 企业管理器产品的一部分。执行作业和监视 Oracle 服务性能及监听器、数据库、Oracle HTTP Server 和 Oracle 应用程序等目标需要使用智能代理（intelligent agent）。智能代理还为 Capacity Planner 和 Performance Manager 等收集静态数据。Capacity Planner 和 Performance Manager 是用于 Oracle 诊断包的数据收集应用程序。一般将该服务的启动类型设置为“自动”，这样，当计算机系统启动后该服务自动启动。

如果代理服务没有启动，则在启动 OEM Console 时，系统无法通过 Oracle<Home_Name>Agent 找到数据库所在的结点。因此，在使用 Enterprise Manager Console 打开控制台时，因无法找到数据库所在的结点而不能显示该数据库。Oracle<Home_Name>Agent 是否启动也影响着数据库的远程连接。

在网络中，Oracle Intelligent Agent 是一个在远程结点上的自治进程。代理作为服务与 Oracle 数据库服务器驻留在同一个结点上，并提供和完成下列功能：

- 提供本地服务或调用依赖于操作系统的服务，以便与本地管理的目标结点交互。
- 检查事件，向 OEM 报告排队的结果事件。
- 运行 Oracle Enterprise Manager 作业，搜集其结果和输出，并为结果排队。
- 处理数据集合。
- 取消那些由控制台或其他应用程序控制的作业或事件等。

④ Oracle<Home_Name>HTTPServer：该服务使用端口号 3339，为基于浏览器的企业管理器及资料档案库启动 Oracle HTTP Server。它对应于 Apache Server，即 Web Server。它也是运行 iSQL*Plus 所必需的中间层。可根据实际情况将该服务的启动类型设置为“自动”或“手动”。当设置为“自动”后，Oracle HTTP Server 将随着计算机的启动而自动启动；否则，可通过菜单组的“Start HTTP Server powered by Apache”来启动 Oracle HTTP Server。

⑤ Oracle<Home_Name>ManagementServer：OMS（Oracle management server）服务在客户端与所管理目标之间起着集中管理和分布式的控制作用，与代理协同工作，处理监视信息和作业信息并使用管理资料档案库存储其管理数据。

当系统安装完成后，Oracle<Home_Name>ManagementServer 并没有出现在 Windows 的“服务”窗口中，只有当使用程序组“Configuration and Migration Tools”中的“Enterprise Manager Configuration Assistant”创建了资料档案库后，系统才随之创建并启动该服务。若要停止该服务，也就是停止 Oracle Management Server 必须提供超级管理员身份证明，即管理员的账户和口令，默认的账户和口令为：sysman 和 oem_temp。Oracle 企业管理器只有在创建了资料档案库后才能以 sysman 账户登录，否则只能以独立形式直接使用和管理本地数据库。

如果要启动、关闭或设置服务的状态，也可以在 DOS 命令行中使用 omsntsrv.exe 命令完成。具体命令的使用格式可通过如下命令查看：omsntsrv –h。

只有安装了 Oracle 企业管理器，以下服务才会被创建并自动启动：

- Oracle<Home_Name>Agent
- Oracle<Home_Name>HTTPServer
- Oracle<Home_Name>ManagementServer

以上是 Oracle 9i 的五个主要服务，Oracle 9i 的其他服务如下。

① OracleMTSRecoveryService：针对分布式环境下的 COM/COM+对象和事务，Microsoft Transaction Server 作为应用服务器用于中间层。OracleMTSRecoveryService 允许 Oracle 9i 数据库在 Microsoft Transaction Server–coordinated 事务中用于资源管理器，并为 Oracle 解决方案与 Microsoft Transaction Server 之间提供强大的集成手段。

② OracleServiceOEMREP：OEMREP 是系统为 Oracle 企业管理器而创建的资料档案库，OracleServiceOEMREP 为对应的资料档案库服务，与 OracleService<SID>的作用等同。OEMREP 实际上是一个数据库，用在多结点的数据库管理中，为三层的 Oracle 体系结构存储管理信息。在 Oracle 9i 之前，Oracle 的资料档案库是在某个具体数据库中创建的，不是单独创建的。

③ Oracle<Home_Name>ClientCache：用于客户端高速缓冲存储器服务。

④ Oracle<Home_Name>PagingServer：寻呼服务器服务。Oracle 企业管理器的寻呼服务器（paging server）允许管理员接受关于注册的事件和预定作业的寻呼通知。

⑤ OracleSNMPPeerMasterAgnet：简单网络管理协议（simple network management protocol，SNMP）是一个标准的互联网协议，能使网络中的结点针对网络设备和应用程序访问其状态和活动。所有发给网络结点的请求都由同一个主代理（master agent）来处理。

⑥ OracleSNMPPeerEncapsulator：只有在系统中配置并安装一个以上的 SNMP 副代理时，才需要封装器（encapsulator）。

事实上，除了在“管理工具”→“服务”中启动或停止以上数据库服务外，也可在 DOS 提示符下通过使用 NET 命令来启动或停止。格式如下所示：

- 启动服务：net start<Service_name>。
- 停止服务：net stop<Service_name>。
- 查找帮助：net –h。

（3）Oracle Database 10g 服务的启动与停止

启动 Oracle 服务有三种方式。

① 通过“控制面板”启动 Oracle 服务，步骤如下：

- 选择“开始”→“控制面板”→“管理工具”→“服务”命令。
- 找到要启动的 Oracle 服务，单击“启动”。

② 通过 MS-DOS 命令启动 Oracle 服务，步骤如下：

- 在“附件”中打开 MS-DOS 命令提示符窗口。
- 在窗口中输入：net start Oracle<Service_Name>。

③ 通过 Oracle Administration Assistant for Windows 启动 Oracle 服务，步骤如下：

- 选择“开始”→“程序”→Oracle-OraDb10g_home1→配置和移植工具→Oracle Administration Assistant for Windows 命令。
- 在主机名中找到要启动的数据库 SID 并用右击 Oracle<SID>。
- 选择“启动服务”即可。

Oracle 服务的停止与启动的操作步骤类似。

（4）基于 Oracle 性能的 Windows 配置

合理地配置 Windows 操作系统与硬件和 Oracle 数据库服务器是同等重要的。Windows 中不同的服务或进程对 Oracle 数据库服务器的影响是不同的。过多地安装软件会对数据库服务器的性能产生负面影响。

① 为保持最佳的运行速度，下列各项不能在数据库服务器上运行：

- DNS 服务器：出于维护的目的必须停止该服务器，域命名不再工作。
- 域控制器：与上面的 DNS 服务器原因相同，数据库服务器不应该作为一个主域控制器或辅助域控制器。
- 路由器：数据库服务器不应当作为一个网络路由器。
- 文件/打印服务器：由于这些功能消耗 CPU 和内存资源以及带宽，所以数据库服务器不能作为文件服务器和打印服务器。
- 终端服务：这些类型的服务需要大量的内存，并依赖用户的装载。

下列这些服务对数据服务器和利用宝贵的系统资源是多余的，应该关闭：

- License Logging Service
- Plug and Play
- Remote Access Autodial Manager
- Remote Access Connection Manager
- Remote Access Server
- Telephony Service

删除所有不使用的网络协议，只保留 Oracle 所使用的协议。

② 下列各项可以在数据库服务器上运行：

- 任何获取性能信息的监视软件。Oracle 提供了企业管理器和性能监视功能。
- 操作系统级的安全和审计软件。

下列在数据库服务器上的服务对正常操作是必需的，不应该关闭：

- Alerter
- Computer Browser
- EventLog
- Messenger
- OracleServiceSID
- OracleHOME_NAMETNSListener
- Remote Procedure Call（RPC）Service
- Server
- Spooler
- TCP/IP NetBIOS Helper
- Workstation

关闭以上任何一项服务都会引起系统问题。由于 Windows 的版本不同，上述各项服务可能会有所变化。另外，一般不应选择普通 PC 作为服务器，而应该选择磁盘阵列组（RAID），否则会极大影响系统性能。

习　题

1. 给出下列术语的定义，并说明它们之间的区别与联系：
（1）码（key）、候选码（candidate key）、基本码（primary key）、外部码（foreign key）；
（2）笛卡儿积、关系、元组、属性、域；
（3）关系模式、关系模型、关系数据库。
2. 试述关系代数五种基本运算的定义。
3. 已知关系 R、S 和 T 如表 2-14 所示，试求下列运算的结果：

表 2-14　关系 R、S 和 T

R

A	B
a	d
b	e
c	c

S

A	B
d	a
b	a
d	a

T

B	C
b	b
c	c
b	d

（1）$R \cup S$

（2）$R - S$

（3）$R \bowtie T$

（4）$R \underset{A<C}{\bowtie} 1$

（5）$\pi A(R)$

（6）$\sigma A=C(R \times T)$

4. 试述等值连接与自然连接的区别与联系。
5. 设有一个数据库：
   学生关系模式：S(学号 S#,姓名 SNAME,年龄 AGE,性别 SEX)
   学生课程模式：SC(学号 S#,课程号 C#,成绩 GRADE)
   课程关系模式：C(课程号 C#,课程名 CNAME,教师 TEACHER)
   试用关系代数表达式表示下列查询语句：
   （1）检索年龄大于 20 岁的男学生的学号、姓名。
   （2）检索田老师所授课程的课程号、课程名。
   （3）检索至少选修两门课程的学生的学号。
   （4）检索全部学生都选修的课程的课程号、课程名。
6. Oracle 的主要特点是什么？其核心产品有什么？
7. SGA 的主要内容是什么？
8. 试述用户进程、后台进程和 SGA 数据文件之间的关系（用图说明）。
9. Oracle 各后台进程的作用是什么？
10. 什么是多线索 Oracle 配置？它是如何运行的？
11. 什么是网格计算？ Oracle 11g 的网格计算的主要特点和基础架构产品是什么？
12. 试述 Oracle 的安装与使用环境。如何进行 Oracle 安装？
13. 什么是 Oracle 数据库文件目录结构？Oracle Database 10g 数据库文件目录结构与 Oracle Database 9i 数据库文件目录结构的区别是什么？
14. 什么是 Oracle 服务？Oracle Database 10g 安装后产生的服务与 Oracle Database 9i 安装后的服务的区别是什么？

第 3 章 实体-联系模型（E-R Model）

本章介绍实体和实体集合、联系和联系集合，属性、映射限制和关键字，以及 E-R 图和将之归纳为表、概括和聚集、E-R 数据库模式设计等概念数据模型（CDM）的基本概念，为后面用 PD 创建 CDM、PDM（物理数据模型）和进行实际的数据库设计做准备。

3.1 实体和实体集合

客观存在并可以相互区别的事务称为实体（entity）。例如，一个学号，在这个学校中用来将一个学生与其他学生进行区别。实体可以指实际的对象，如一个人或一本书；也可以是抽象的事件，如学生的一次选课、一次借书。

具有相同类型的实体的集合称为实体集合（entity set）。例如，可以将在一个银行中有账户的所有人称为顾客实体集。类似的，账户实体集指在这个银行中的所有账户。

实体集之间可以是不相交的。一个银行中的所有雇员可以组成雇员实体集，银行的所有顾客可以组成顾客实体集。一个人可以属于雇员实体集，也可以属于顾客实体集。

一个实体有很多特性，每一个特性称为属性（attribute）。例如，账户实体至少有账户号码和余额属性。每个属性有一个值域，值域的类型可以是整数型、实数型和字符型等，例如账户号码的类型可以是所有的正数。

每个实体可以用(属性,数据值)集合进行描述。比如,一个顾客实体可以描述为一个集合{(姓名，张三)，(身份证号，510104660811401)，(住址，成都市人民南路)}。这个实体说明一个人姓名为张三，身份证号为 510104660811401，住在成都市人民南路。

实体集的概念对应于程序设计语言的类型描述。一个指定类型的变量在一个特定的时刻有一个特定的值。E-R 模型中的实体的概念对应于程序设计语言中的变量。

这样，一个数据库由一个或多个实体集组成。每个实体集包括相同类型的任意数量的实体。图 3-1 描述了银行数据库中的两个实体集：顾客和账户。

在本章中，将用到五个实体集。这里对它们做一个定义：

- 分行，指一个特定银行的所有分行的集合，每一个分行的属性有分行名、城市和资产。
- 顾客，指在这个银行有账号的所有人，属性有姓名、身份证号和地址。
- 雇员，在这个银行工作的所有人，描述它的属性有姓名和电话。

- 账户，这个银行保存的所有账户，每个账户的属性有账户号码和余额。
- 事务，指在银行中对账户操作的所有事务（或交易），属性有事务号、日期和合计。

田举	510104660811401	成都市协和村
刘大力	510101430807101	成都市花牌坊街
张三	510102330409201	成都市花牌坊街

（a）顾客实体集

639	50000.00
401	15200.00
402	32000.00
700	4500.00
201	1300.00
301	300.00

（b）账户实体集

图 3-1　顾客实体集和账户实体集

3.2　联系和联系集合

多个实体之间是有联系的。例如，可以在顾客张三和账户号码 301 之间定义一个联系（relationship），它说明顾客张三在银行的账户号码为 301，如图 3-2 所示。

相同类型的联系的集合称为联系集合（relationship set）。可以这样进行描述：如果 E1，E2，⋯，En 是实体集，使用（e1，e2，⋯，en）表示联系，在 n≥2 时，那么联系集 R 是

$$\{(e1,e2,\cdots,en) \mid e1 \in E1, e2 \in E2, \cdots, en \in En\}$$

的一个子集，这里，e1∈E1 表示实体 e1 属于实体集 E1。

考虑图 3-1 中的两个实体集顾客和账户，现在定义一个联系集 CustAcct，用来描述顾客与账号的关系。图 3-2 描述了 CustAcct 联系集。

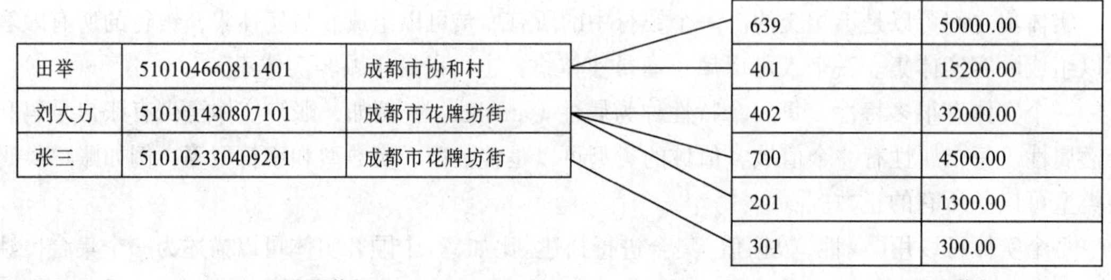

田举	510104660811401	成都市协和村
刘大力	510101430807101	成都市花牌坊街
张三	510102330409201	成都市花牌坊街

639	50000.00
401	15200.00
402	32000.00
700	4500.00
201	1300.00
301	300.00

（a）顾客实体集　　（b）账户实体集

图 3-2　包括顾客实体集和账户实体集的联系集

联系集 CustAcct 是一个二元联系的例子，也就是说，它包括两个实体集。数据库系统中的大多数联系集都是二元的。有时，也存在包括两个以上的实体的联系集。例如，顾客张三、账户号码 301 和成都分行组成了一个三元联系。这个联系说明顾客张三有一在成都分行的账户号码 301。这实际上是由顾客、账户和分行实体集组成一个联系集的一个实例。

可以将一个非二元联系集转化为多个二元联系集。这样，可以将 E-R 模型严格地限制为只包括二元联系集。这将在 3.6 节中讨论。

一个实体在一个联系中起的作用称为角色（role）。角色通常都是含蓄的，并常常不被定义。当需要详细地分析一个联系时，它们是有用的，特别是在一个联系中实体集并不清晰时。例如，

设联系集 works–for 由雇员实体的有序对形成，一对中的第一个雇员是经理角色，第二个是工人角色，这样，works–for 中的所有联系描述为（经理，工人）对。

一个联系也可以有描述性的属性。例如，date 可以是 CustAcct 联系集的一个属性，它说明顾客最近访问账户的时间。CustAcct 联系集中包括的顾客张三和账户号码 301 实体可以用{（date,25 December 2008）}描述，这表明张三最近访问账户号码 301 的时间是 2008 年 12 月 25 日。

3.3　属性、映射限制和关键字

3.3.1　属性

因为定义实体集和联系集的方法不是唯一的，因此有不同的方法来定义实体集和联系集，主要的区别在于要处理不同的属性。考虑雇员实体集拥有姓名和电话号码属性，比较容易想到电话总是与电话号码和放电话的地址联系在一起的，如果考虑到这一点，那么雇员实体集将需要重新定义如下：

- 雇员实体集包括姓名属性。
- 电话实体集包括电话号码和地址属性。
- 联系集 EmpPhn，指示雇员和雇员拥有的电话之间的关系。

这种定义与前面介绍的对雇员的定义的最主要的不同之处是，在第一种情况下，精确地描述了每个雇员及其相关的一个电话号码。然而，在第二种情况下，定义说明雇员们可以有几个（包括零个）电话与他们相关联。这样，第二种定义比第一种定义更普遍，更接近现实世界的实际情况。

即使每个雇员严格地只有一个电话号码与他相关联，第二种定义也是成立的。如果电话是在多个雇员之间共用，还是第二种定义更合适一些。

不过，这样的技术应用到雇员姓名属性是不合适的，这是因为同电话相比，很难证明把雇员姓名作为一个实体是合适的，所以将雇员姓名作为雇员实体的一个属性是适当的。

问题自然产生了：什么构成一个属性？什么构成一个实体集？不幸的是，没有一个简单的回答。这主要取决于被建模的企业的结构和需要的属性在语义上的联系。

3.3.2　映射限制

组成数据库的内容必须遵守的特定限制可以通过 E–R 模式来定义，一个重要的限制是映射基集（mapping cardinalities），它描述了一个实体能够通过联系集关联的实体的数量。

映射基集在描述二元联系集时非常有用，也可用于描述多于两个实体集的联系集。在本节中，将集中讨论二元联系集。在后面会讨论多于二元的联系集。

对于实体集 *A* 和 *B* 之间的二元联系集 *R*，映射基集必须是下面的四种之一：

- 一对一。*A* 中的一个实体与 *B* 中的一个实体联系，*B* 中的一个实体与 *A* 中的一个实体联系（见图 3–3）。
- 一对多。*A* 中的一个实体能与 *B* 中的多个实体联系，*B* 中的一个实体与 *A* 中至多的一个实体联系（见图 3–4）。

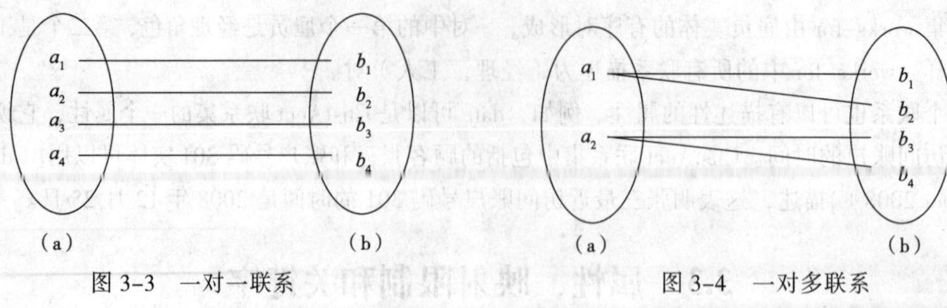

图 3-3　一对一联系　　　　图 3-4　一对多联系

- 多对一。A 中的一个实体与 B 中至多一个实体联系，B 中的一个实体能与 A 中的多个实体联系（见图 3-5）。
- 多对多。A 中的一个实体能与 B 中的多个实体联系，B 中的一个实体也能与 A 中的多个实体联系（见图 3-6）。

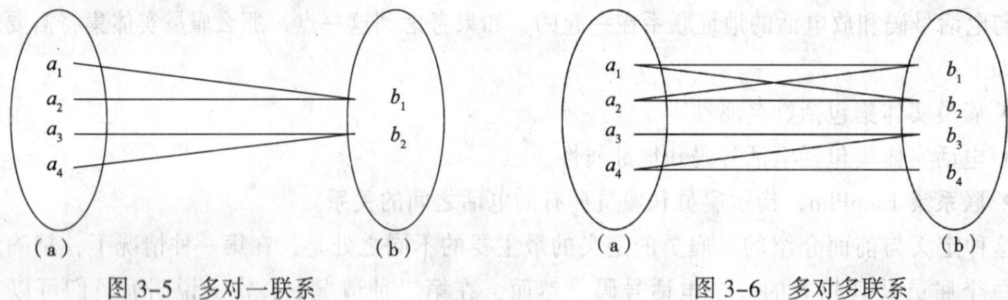

图 3-5　多对一联系　　　　图 3-6　多对多联系

对于一个特定的联系集来说，最合适的映射显然依赖于通过联系集建模的现实世界。

例如，考虑 CustAcct 联系集，如果在一个特定的银行，一个账户属于唯一一个顾客，一个顾客能拥有多个账户，那么这个联系集是从顾客到账户的一对多的映射关系；如果一个账户能够被多个顾客所有（例如几个家庭成员的一个公共账户），则联系集是多对多的映射关系。

存在依赖是另一个重要的问题，如果实体 x 的存在依赖于另一个实体 y 的存在，则 x 存在依赖于 y。这意味着，如果 y 被删除，则 x 也应被删除，实体 y 被称为主实体，实体 x 被称为从属实体。

考虑账户和事务实体集，在这两个实体集之间建立一个联系集日志，它表示一个特定的账户可以有多个事务。因此，日志联系集是从账户到事务的一对多的映射关系。每个事务实体必须与一个账户实体关联，如果一个账户实体被删掉，那么与此实体有关的数据库中的所有事务实体都必须被删除。对应的，从数据库中删除事务实体并不影响任何账户实体。这样在日志联系集中，账户是主实体，事务是从属实体。

3.3.3　关键字

确定如何区分实体和联系是非常重要的。从概念上说，单个实体和联系是明确的，但是从一个数据库的角度来看，它们之间的区别必须通过它们的属性来表示。可以用超级键（super key）来完成这件事，超级键是用来唯一地表示实体集中的一个实体的一个或多个属性的集合。例如，顾客实体中的身份证号唯一地表示一位顾客，这样，身份证号是一个超级键。类似的，顾客姓名和身份证号组合在一起也可以作为顾客实体集中的一个超级键，顾客姓名不是一个超级键，因为可能有多个人有相同的姓名。

超级键的概念并不足以解决所有的问题，至少像上面看到的，超级键可能包括一些额外的属性。如果 K 是一个超级键，那么包括 K 的所有集合都是超级键。通常感兴趣的超级键是，它的任何子集都不是超级键，这样的最小的超级键叫做候选键（candidate key）。

一个候选键可能由多个属性组成。顾客姓名和地址的组合可以唯一地标识顾客实体集中的任何一位顾客，这样{身份证号}和{姓名，地址}都是超级键。虽然身份证号和姓名的组合也可以区分顾客实体集中的任何顾客，但是它们不构成一个候选键，因为身份证号属性就是一个候选键。

可以使用主关键字（primary key）来表示一个候选键，这是数据库设计者用来区分实体集中的实体的主要手段。

有可能在一个实体集中无法找到足够多的属性来构成一个主关键字，这样的实体集被称为弱实体集（weak entity set）。拥有主关键字的实体集被称为强实体集（strong entity set）。考虑事务实体集，它有三个属性：事务号、日期和合计。虽然每个事务实体都是可以区分的，但对不同的账户所做的多个交易可以属于同一个事务号。这样，这个实体集就没有一个主关键字，所以它是一个弱实体集。为了将弱实体集设置成有意义的，它必须是一个一对多联系集中的一部分。这个联系集应该没有描述属性，因为任何需要的属性都能与弱实体集相关联。

强实体集和弱实体集的概念与 3.3.2 小节介绍的存在依赖有关。强实体集中的一个成员是一个主实体，弱实体集中的一个成员是一个从属实体。

虽然弱实体集并不拥有一个主关键字，但仍然需要一个手段来区分这些依赖于一个特定的强实体的实体集中的各个实体。弱实体集中的区别符是能够完成区别的一个属性集合。例如，弱实体集事务的区别符是事务号属性，因为对每一个账户，一个事务号能唯一地标识一个单个的事务。

弱实体集的主关键字是由它存在依赖的强实体集的主关键字加上它的区别符构成的。在事务实体集中，主关键字是{账户号码，事务号}，账户号码表明一个事务的主实体，相同账户的事务实体集由事务号来区别。

实体集中的主关键字允许区分一个实体集中的各个实体。也需要一个同样的机制来区分联系集合中的不同的联系。要做到这一点，首先需要解释各个联系是如何描述的，然后就能解释联系集中的主关键字是如何定义的。

设 R 是一个联系集，包括实体集 E_1，E_2，…，E_n。设 primary-key（E_j）表示构成实体 E_j 主关键字的属性集合。假定所有主关键字的属性名是唯一的（如果不是，使用适当的换名模式）。假设 R 没有属性，联系集 R 的各个联系的属性集合 attribute（R）表示为：

primary-key（E_1）$\cup$ primary-key（E_2）$\cup$ … $\cup$ primary-key（E_n）

如果 R 有描述性的属性$\{a_1,a_2,\cdots,a_m\}$，那么 attribute（R）集的组成为：

primary-key（E_1）$\cup$ … $\cup$ primary-key（E_2）$\cup\{a_1,a_2,\cdots,a_m\}$

这里的符号$\cup$表示集合的并操作，得到所有实体主关键字的属性集合的并集。

考虑在 3.2 节中定义的联系集 CustAcct，包括下面两个实体集：

- 顾客，主关键字为身份证号。
- 账户，主关键字为账户号码。

因为联系集有属性 date，所以 attribute（CustAcct）集的组成为三个属性：身份证号、账户号码和 date。

现在能够解释一个联系集 R 的主关键字的组成，主关键字的组成依赖于映射基集和与联系集 R 相关的属性的结构。

如果联系集 R 没有与它相关联的属性，那么 attribute（R）构成一个超级键。如果映射基集是多对多的映射关系，则这个超级键是一个主关键字。再来看一下联系集 CustAcct，如果联系集是多对多的映像关系，那么它的主关键字是{身份证号，账户号码}。如果是从顾客到账户的多对一的映射关系，那么它的主关键字是{身份证号}，因为一个顾客至多只有一个账户与他相关联。

如果联系集 R 有几个属性，那么超级键的构成如前再加上一个或多个属性。主关键字的结构依赖于映射基本集和联系集的语义。例如，对于顾客和银行家实体集，一个联系集 CustBanker 表示顾客与他的银行家之间的一种联系。假设这个联系集用属性类型来表示这个联系的本性（比如贷款官员），如果一个银行家能够对一个特定的顾客担当两个不同的角色，那么 CustBanker 的主关键字是顾客和银行家的主关键字的联合加上属性类型。然而，如果一个特定的银行家只能以一种联系类型与一个特定顾客关联，那么类型不是主关键字的一部分。在这种情况下，主关键字只是顾客和银行家的主关键字的简单联合。

3.4 E-R 图和将之归纳为表

3.4.1 实体-联系图（E-R 图）

一个数据库的全部逻辑结构可以用 E–R 图来表示。在 E–R 图中：

- 用长方形表示实体集，在框内写上实体名。
- 用椭圆形表示实体的属性，并用无向边把实体及其属性连接起来。
- 用菱形表示实体间的联系，在框内写上联系名。
- 用直线把属性和实体集以及实体集和联系集连接起来。

在图 3–7 所示的实体–联系图中，包括两个实体集：顾客和账户，通过一个二元联系集 CustAcct 关联。顾客的属性是：姓名、身份证号和地址。账户的属性有：账户号码和余额。

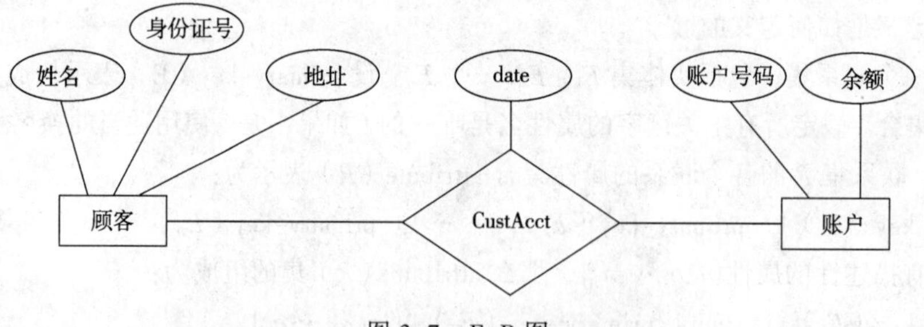

图 3–7　E–R 图

联系集 CustAcct 可以是多对多、一对多、多对一或一对一联系。通过有向边（→）和无向边来对这些情况进行区分。从联系集 CustAcct 到实体集账户的有向边描述账户与顾客实体集之间是一个一对一或多对一联系，不可能出现与顾客实体集之间的多对多或一对多联系。从联系集 CustAcct 到实体集账户之间的无向边说明账户实体集与顾客实体集之间是一个多对多或多对一联系。

在图 3-7 所示的 E-R 图中，联系集 CustAcct 是一个多对多联系。如果联系集 CustAcct 是一个从顾客到账户的一对多联系，那么应该有一条从 CustAcct 指向顾客的有向边（见图 3-8a）。类似的，如果联系集 CustAcct 是一个从顾客到账户的多对一联系，那么应有一条从 CustAcct 指向账户的有向边（见图 3-8b）。最后，如果联系集 CustAcct 是一对一联系，那么从 CustAcct 应有两条有向边分别指向顾客实体集和账户实体集（见图 3-9）。

角色标注在连接菱形框和矩形框的直线上。图 3-10 显示了在雇员实体集和 works-for 联系集之间的角色经理和工人。

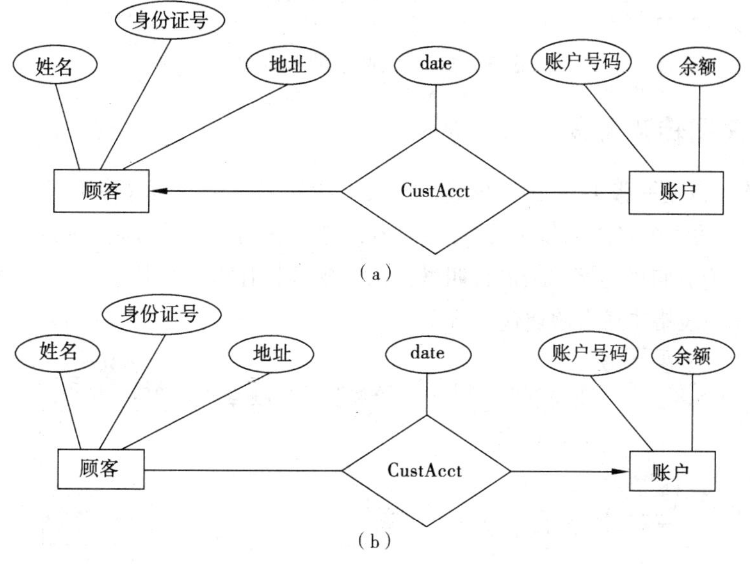

图 3-8　一对多和多对一联系

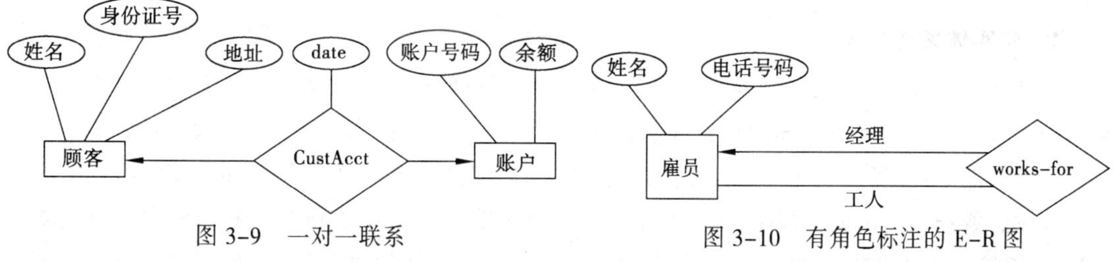

图 3-9　一对一联系

图 3-10　有角色标注的 E-R 图

在 E-R 图中，弱实体集通过双矩形框来表示。在图 3-11 中，弱实体集事务通过联系集日志依赖于强实体集账户。

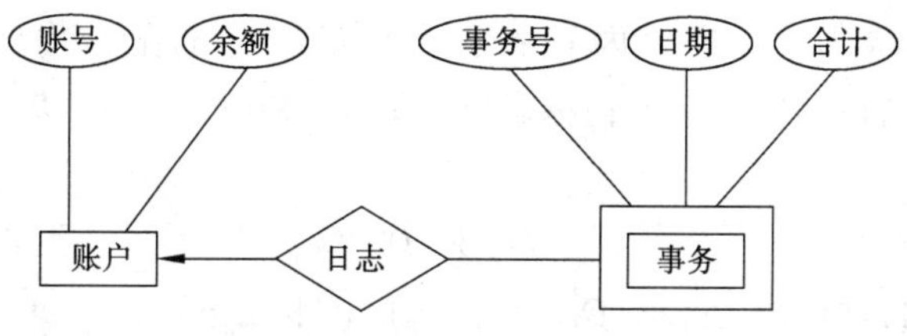

图 3-11　有弱实体集的 E-R 图

超过二元的联系集能够比较容易地在 E-R 图中进行描述。图 3-12 由三个实体集顾客、账户和分行以及相关的联系集 CAB 组成。在这个图中描述一个顾客可以拥有几个账号，每一个在一个特定的分行中，一个账号可以属于多个不同的顾客。

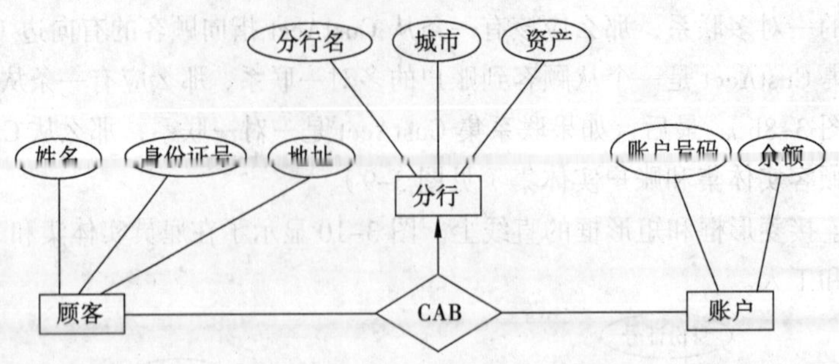

图 3-12　三元联系的 E-R 图

3.4.2　把 E-R 图转变为表

一个数据库可以用一张 E-R 图来描述，一张 E-R 图在关系数据库中可以通过一些二维表的集合来描述。图中的每个实体集和联系集，都存在一个唯一的表与之对应。每张表可以有多列（也叫做字段），各列有独自的名字。表的行叫做记录，各行具有相同的那些列。下面将对图 3-13 所示的 E-R 图考虑用表格描述来阐述这些概念。

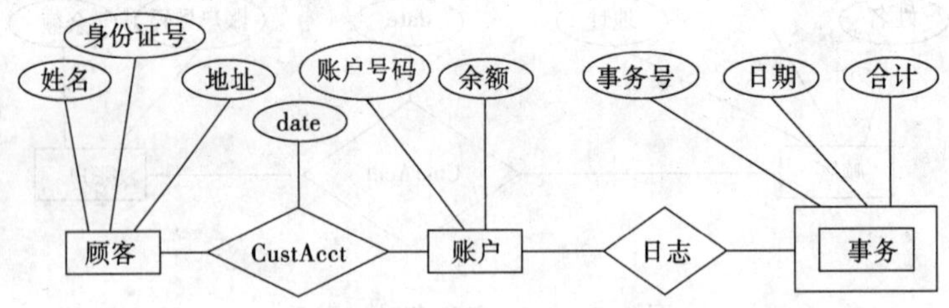

图 3-13　E-R 图

1. 强实体集的描述

设 E 为一个强实体集，有属性 a_1，a_2，…，a_n。可以使用表 E 来描述这个实体，E 的 n 个属性对应于表 E 的 n 个各不相同的列，这个表的每一行对应于实体集 E 的一个实体。

看一下图 3-13 所示的 E-R 图中的账户实体集，有两个属性：账户号码和余额。可以用账户表来表示，账户表有两列，如图 3-14 所示，账户表中的列（259，1000）意味着账户号码 259 的余额为 1000。可以通过在表中插入一行来完成插入一个新实体到数据库中，同样的，也可以通过删除或修改行来完成删除或修改实体操作。

设 D_1 表示所有账户号码集，D_2 表示所有余额集。账户表中的任一行都是一个二元组(v_1，v_2)，这里 v_1 是一个账户号码（即 v_1 在 D_1 集内），v_2 是一个余额（即 v_2 在 D_2 内）。一般而言，账户表将只包括所有可能的行中的一个子集。我们称账户表所有可能的行构成的集合为 D_1 和 D_2 的笛卡儿积，记为：

$$D_1 \times D_2$$

如果一个表有 n 列，那么描述 D_1，D_2，…，D_n 的笛卡儿积为：

$$D_1 \times D_2 \times \cdots \times D_n-1 \times D_n$$

图 3-15 所示是另一个例子，在顾客实体中有三个属性：姓名、身份证号和地址。对应的表中有三列。

账户号码	余额
259	1000
630	2000
401	2500
…	…
220	2350

图 3–14 账户表

姓名	身份证号	地址
刘大力	510104660811401	成都市协和村
田举	510104970127402	成都市光华小区
…		

图 3–15 顾客表

2. 弱实体集的描述

设 A 为一个弱实体集，有属性 a_1，a_2，…，a_r，B 为 A 依赖于的强实体集，设 B 的主关键字为属性 b_1，b_2，…，b_s。则实体集 A 可以由表 A 来表述，表 A 的每一列都是集合：

$$\{a_1, a_2, \cdots, a_r\} \cup \{b_1, b_2, \cdots, b_s\}$$

的一个属性。

例如，图 3–13 所示的 E–R 图中的事务实体集，有三个属性：事务号、日期和合计。账户实体集（事务实体集依赖的）的主关键字为：账户号码。这样，事务可以用有四个属性：账户号码、事务号、日期和合计的表来描述，如图 3–16 所示。

账户号码	事务号	日期	合计
259	5	08 January 1998	+50
630	11	09April 1998	+100
301	3	27 January 1998	–127
…			

图 3–16 事务表

3. 联系集的描述

设 R 是一个联系集，包括实体集 E_1，E_2，…，E_m。设 attribute(R)包含有 n 个属性，将这个联系集用一个表 R 来描述，它有 n 个不同的列，每列对应于 attribute(R)中的一个属性。

例如，图 3–13 所示的 E–R 图中的联系集 CustAcct 由两个实体集组成：

- 顾客，主关键字为身份证号。
- 账户，主关键字为账户号码。

因为联系集有属性 date，所以 CustAcct 表有三列：身份证号、账户号码和 date，如图 3–17 所示。

再来看一下图 3–12 中的三元联系集 CAB，CAB 包括三个实体集：

- 顾客，包含主关键字身份证号。
- 账户，包含主关键字账户号码。
- 分行，包含主关键字分行名。

这样，CAB 表有三列，如图 3–18 所示。

身份证号	账户号码	date
510104660811401	8888	02Month 1998
510104700807102	9999	27 April 1998
…		

图 3–17 CustAcct 表

身份证号	账户号码	分行号
510104660811401	8888	成都分行
510104700808102	9999	上海分行
…		

图 3–18 CAB 表

把一个弱实体集连接到对应的强实体集的联系集是特殊的情况。正如前面提到的，这类联系是多对一联系，没有描述性属性，更进一步说，一个弱实体集的主关键字包括强实体集的主关键字。在图 3-11 所示的例子中，弱实体集事务通过联系集日志依赖于强实体集账户。事务的主关键字是{账户号码，事务号}，账户的主关键字是{账户号码}。由于日志没有描述性的属性，所以对应于联系集日志的表有两列：账户号码和事务号。对应于实体集事务的表有四列：账户号码、事务号、日期和合计。这样，日志表是冗余的，一般而言，弱实体集与对应的强实体集之间的联系所对应的表是多余的，在 E-R 图的表格化描述中不需要提供。

3.5 概括和聚集

3.5.1 概括

实体集账户有属性账户号码和余额。可以将账户细分为：

- 储蓄账户。
- 支票账户。

描述这两种账户的属性集都是实体集账户的所有属性加上附加的一些属性。例如，储蓄账户包括属性利率，支票账户包括属性透支金额。储蓄账户和支票账户也有一些相同的属性。这种共同性可以用概括（generalization）来描述，它实际上是高层（higher-level）实体集和一个或多个低层（lower-level）实体集之间都存在的联系。在上面的例子中，账户是高层实体集，储蓄账户和支票账户是低层实体集。

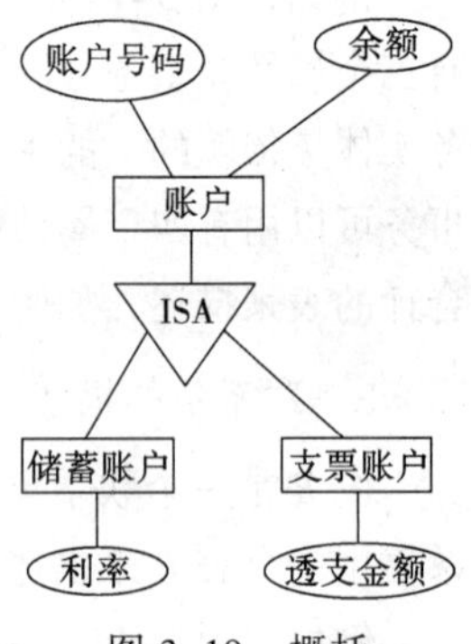

图 3-19 概括

在 E-R 图中，概括可以通过图 3-19 中的一个三角形框 ISA 来描述，ISA 代表“is a”。例如，说明储蓄账户是一个账户。

概括常用于强调低层实体集间的共同性，隐藏它们之间的不同性，不同性是由属性的继承特性所造成的。高层实体的属性被低层实体继承。例如，储蓄账户和支票账户继承了账户的属性。这样，储蓄账户的属性有：账户号码、余额和利率，支票账户的属性有：账户号码、余额和透支金额。

有下列两种不同的方法转换一个包括概括的 E-R 图为表格形式：

① 为高层实体集创建一个表，对于每一个低层实体集，每个属性为一列，再加上对应的高层实体的主关键字，每个属性一列。对于图 3-19 中的 E-R 图，有三个表：

- 账户，属性有账户号码和余额。
- 储蓄账户，属性有账户号码和利率。
- 支票账户，属性有账户号码和透支金额。

② 不为高层实体集创建一个表，对于每一个低层实体集，每个属性一列，再加上对应的高层实体的每个属性一列，对于图 3-19 中的 E-R 图，有两个表：

- 储蓄账户，属性有账户号码、余额和利率。
- 支票账户，属性有账户号码、余额和透支金额。

3.5.2　聚集

E-R 模型的一个限制是它不可能描述联系之间的联系。考虑一个数据库，它描述雇员使用一些不同的机器在一个特定的项目中工作。使用基本的 E-R 模型方法，可以得到图 3-20 所示的 E-R 图。联系集 work 和 uses 有可能要组合成一个单个的联系集，但是它们不能组合，因为这样做将使这个模式的逻辑结构变得模糊。

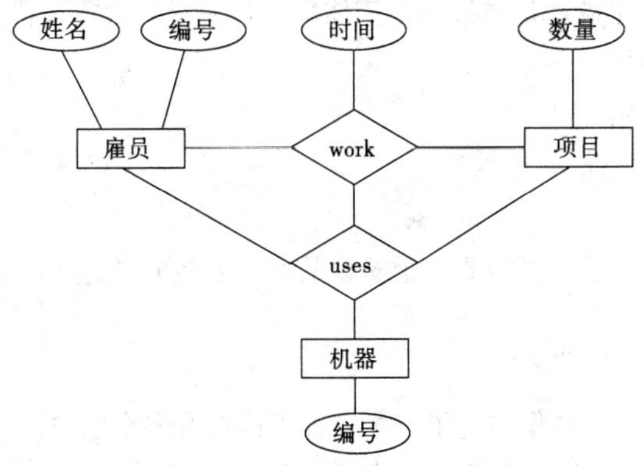

图 3-20　含冗余联系的 E-R 图

解决的方法是使用聚集（aggregation），聚集是把联系集抽象地看成高层实体。对应于前面的例子，把联系集 work 和实体集雇员和项目看作高层实体集（称为 work）。对这样一个实体集与其他的实体集同等地对待。图 3-21 给出了聚集的通常标记。

将包含聚集的 E-R 图转化为表格形式是直接的。对于图 3-21，创建下面的表：

- 雇员。
- 项目。
- work。
- 机器。
- uses。

联系集 uses 对应的表格包括实体集机器和联系集 work 的主关键字，每个属性一列，它还包括一列描述联系集 uses 的属性。

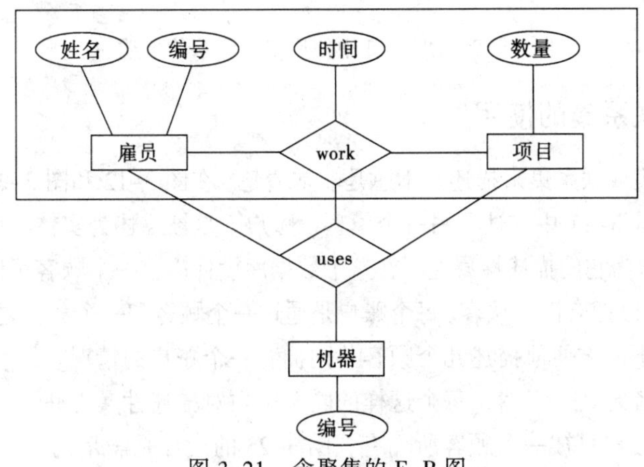

图 3-21　含聚集的 E-R 图

3.6 E-R 数据库模式设计

E-R 数据模型在为一个企业设计数据库模式时提供了比较大的灵活性。在这一节中，将考虑数据库设计者如何从一个大范围中进行选择。他做出的决策包括：

- 三元联系与对应的一对二元联系的使用。
- 一个现实世界的概念最好是通过一个实体集还是一个联系集来描述。
- 属性或实体集的使用。
- 强、弱实体集的使用。
- 概括的适当使用。
- 聚集的适当使用。

大家将会看到，数据库设计者需要对被建模的企业有较好的理解，才能做出这些决策。

3.6.1 映射基本集

在图 3-12 所示的三元联系集描述了一个顾客可以拥有多个账户，每个账户在一个特定的分行，一个账户可以属于几个不同的顾客，这个联系集可以用一对二元联系集描述，如图 3-22 所示。每个账户在一个特定的分行，多对多联系集 CustAcct 说明一个顾客可以拥有多个账户，一个账户可以属于几个不同的顾客。

图 3-12 与图 3-22 的 E-R 图之间有一个明显的不同：在前者，顾客和账户之间的联系仅当有一个对应的分行时才能被描述；在后者，一个账户能与一个没有对应顾客的分行关联，或一个没有对应分行的顾客关联。对于银行企业，图 3-12 所示 E-R 图更适合一些，因为一个账户总是与一个顾客和分行一起相关联的。

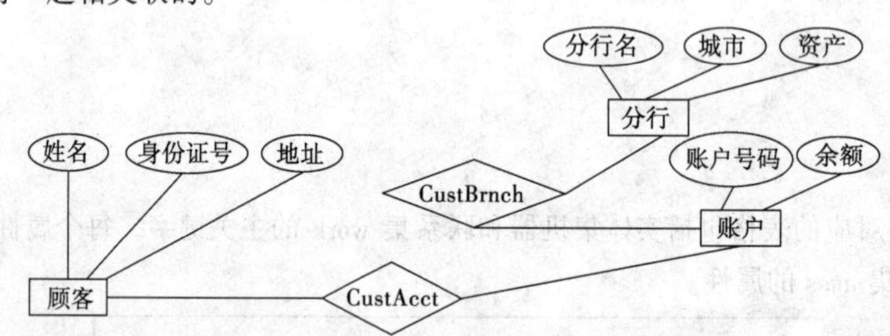

图 3-22 图 3-12 中使用二元联系的描述

3.6.2 实体集和联系集的使用

一个对象用实体集或联系集来描述并不总是非常清楚。在图 3-12 和图 3-22 中，一个银行账户被建模为一个实体。图 3-23 中描述了另一个模型，账户不是被描述为实体，而是顾客和分行之间的联系，账号和余额作为它的描述性属性。在这个数据库设计中，一个顾客可以在许多分行中拥有一个账户，一个分行可以拥有许多顾客。每个账户是通过一个顾客和一个分行之间的联系来描述的。

图 3-23 的设计不能方便地描述几个顾客共同拥有一个账户的情况。一个分别的联系必须为共同账户的每个拥有者定义。当然，每个这样的联系必须对描述性属性账户号码和余额有相同的值。不过，如果每个账户只被一个顾客所拥有，图 3-23 的设计是满足的。

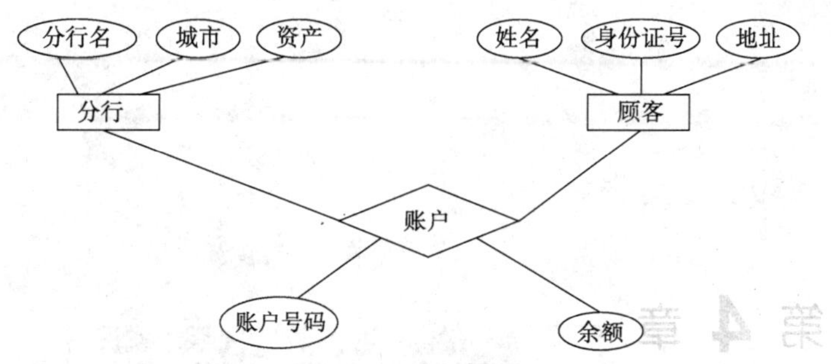

图 3-23　账户作为联系集的 E-R 图

3.6.3　扩展 E-R 特征的使用

在前面，讨论了对一个企业建模时弱实体集、概括和聚集的使用。E-R 数据库模式的设计者必须决定在什么时候这些特征最适合使用。这些特征都用于使得设计模块化：

- 在数据库中，一个强实体集和它对应的弱实体集可以作为一个单独的对象，因为弱实体集的存在依赖于强实体集。
- 聚集把 E-R 图的一部分组成为一个单独的实体集，从而有可能将聚集实体集看作一个单独的单位，不用考虑它的内部结构的详细设计。
- 概括，或 ISA 联系的层次体系，通过将类似实体集中的公共属性描述在 E-R 图中的一个地方来进行模块化。

然而，如果在设计中过度使用这些特征将会造成不必要的复杂性。

习　题

1. 定义并解释下列术语：
   实体，实体集，联系，联系集，属性，实体-联系图，表，字段，记录。
2. 试举出三个实例说明两个实体集之间具有的一对一联系、一对多联系、多对多联系。
3. 设一个学校有若干个系，每个系有若干个班级和教研室，每个教研室有若干个教师，每个班有若干个学生，每个学生选修若干门课程，每门课由若干个学生选修。试用 E-R 图描述这个学校的概念模型。
4. 在一个医院中，有若干个病人和若干个医生，每个病人对应一个医疗记录，一个医生可以管若干个病人，一个病人对应一个医生。试用 E-R 图加以描述。
5. 试述聚集的定义，并举几个例子说明聚集的应用。
6. 试说明强实体集和弱实体集之间的不同。

第 4 章 Oracle 的 SQL 和 PL/SQL

本章介绍 Oracle 的 SQL、PL/SQL 以及视图等，为实现数据库的设计、维护和查询做准备。

4.1 Oracle 的 SQL 语言

4.1.1 Oracle 的 SQL 介绍

早期的数据库管理系统常常为不同范畴的任务使用一个独立的语言，而 SQL 将这些任务全部统一在单个语言下。

SQL 成了关系数据库事实上的工业标准。全部主要的关系数据库管理系统都支持 SQL 的某些型式，大多数 RDBMS 开发商打算用 ANSI 标准去完善自己的产品，Oracle 也不例外。Oracle SQL 的功能包括查询（query）、定义（definition）、操作（manipulation）和控制（control）四个方面。Oracle SQL 是一个综合性的、功能强大的关系数据库语言。

SQL 命令集如下：

```
SELECT      这是用得最普遍的命令，它用来从数据库中检索数据。

INSERT      这三个命令分别用来在数据库表中插入新行（ROWS）、修改和
UPDATE      删除行。它们有时被统称为 DML，即数据操纵语言命令。
DELETE

CREATE      这三个命令用来动态地创建、修改和删除任何数据结构，例如表、索引
ALTER       等。它们有时被统称为 DDL，即数据定义语言命令。
DROP

GRANT       这两个命令用来对 Oracle 数据库和其中的结构授予或去掉访问权限。
REVOKE
```

注意：还有更多的其他 SQL 命令详见 Oracle 软件的帮助。

4.1.2 SQL 的简单查询（SELECT）

SELECT 语句用来从数据库中检索信息，执行全部关系代数的运算符。其最简单的语句型式必须包括：

① 一个 SELECT 子句，列出要显示的列（column）。

② 一个 FROM 子句，指定所包含的表。

例 4.1 显示 EMP 表中的部门号、雇员名和员工号。

```
SELECT   部门号,雇员名,员工号
FROM        EMP;

    部门号        雇员名            员工号
    ------------------------------
    20            李朝容              6801
    10            郭洁                6702
    10            周敏                6705
    30            郭丹丹              7008
    30            高山                7018
```

注意：列名由逗号分隔开。

③ ORDER　BY 子句，为结果排序。

通常查询结果行的顺序没有限定，ORDER　BY 子句可以用来排序行。使用时，ORDER　BY 子句必须总是放在 SELECT 语句的最后。

例 4.2 以员工号排序。

```
SELECT  员工号,雇员名,职务,工资
FROM    EMP
ORDER  BY  员工号;

   员工号     雇员名      职务          工资*12
   ------------------------------
   6702   郭洁        秘书          6000
   6705   周敏        高级工程师    12000
   6801   李朝容      软件工程师    7200
   7008   郭丹丹      硬件工程师    7200
   7018   高山        办事员        6000
```

数据的默认排序方式是升序（ASCENDING）：

- 最小的数值放最前面。
- 最早的日期放最前面。
- 字符值按字母顺序。

④ **WHERE 子句，列出条件。**

WHERE 子句与关系代数的限制（restriction）运算符对应，它包括将显示的行必须满足的条件。使用时，WHERE 子句必须跟在 FROM 子句后面，其格式如下：

```
SELECT   <查询的列>
FROM     <表>
[WHERE   <条件>]
```

这里，WHERE 子句表示要满足一定的条件，即可以比较列中的值、文字值、算术表达式或函数。WHERE 子句一般要求包括三个部分：

- 一个列名。

• 比较运算符。

• 一个列名、常数或值的列表。

在 WHERE 子句中使用的比较运算符分为逻辑和 SQL 两类。

⑤ SQL 运算符，指定值。

有四个 SQL 运算符用于全部数据类型的操作：

• BETWEEN…AND…　　在两个值之间（包含两值）。

• IN(list)　　匹配值列表（list）中的任何值。

• LIKE　　匹配一字符模式。

• IS　NULL　　是一个 NULL（空）值。

如 BETWEEN 运算符，它指定两个值之间的值，包括低值和高值的范围。

例 4.3　查看工资在 1000 元和 2000 元之间的雇员。

```
SELECT   雇员名，  工资
FROM       EMP
WHERE     工资 BETWEEN  1000  AND  2000;
```

注意：指定的值被包括在结果中，指定值时，首先指定较低的限定值。

4.2　创建、修改、删除表（Table）

4.2.1　创建表（CREATE TABLE）

可以使用 CREATE　TABLE 命令创建一个新表。此命令最简单的形式之一是：只包括定义的表的各列的名字、类型和大小信息。语法格式如下：

```
CREATE  TABLE  <表名>
(<列名><数据类型>(宽度),[,<列名><数据类型>...])
[<其他参数>]
```

其中，<表名>为要创建的表名，<其他参数>将在后面陆续讲解。

例 4.4　创建一个雇员表 DEPT。

```
CREATE  TABLE  DEPT
(员工号  NUMBER(2),
雇员名  VARCHAR2(12),
住址    VARCHAR2(12));
```

在一个表中的那些列名必须是唯一的，不能重复。

1. 列的类型

创建表时，必须指定各个列的数据类型。例 4.4 中列出了最重要的数据类型。

数据类型的宽度可以由跟在其后的括号中的一个或多个数来表示。列的宽度决定了列中数值的最大宽度。VARCHAR2 必须指定宽度大小，NUMBER 和 CHAR 可以指定宽度大小，也可以缺省。

下面给出 Oracle 支持的主要内部数据类型：

• VARCHAR2　　变长字符串，可长达 2000 个字符。
（或 VARCHAR）

- NUMBER　　　　　　数值型。
- LONG　　　　　　　变长字符数据，最长为 2GB。
- DATE　　　　　　　日期型。
- RAW　　　　　　　二进制数据，最长为 255B。
- LONG　RAW　　　　变长二进制数据，最长为 2GB。
- ROWID　　　　　　十六进制串，表示表的行的唯一地址。
- CHAR　　　　　　　定长字符数据，最长为 255，默认值为 1。

（1）字符数据类型

字符数据类型用于存储数据库字符集里的字符数据（字母和数字），可操作词和自由格式的文本。与其他数据类型相比，其限制量最少。

Oracle 支持单字节和双字节两种字符集。

字符数据类型包括：

- CHAR
- VARCHR2
- VARCHAR

这里，VARCHAR 数据类型与 VARCHAR2 含义相同。在 Oracle 的高版本中，VARCHAR 可以是一种不同的数据类型，用于变长字符串，具有不同的语义。

（2）NUMBER 数据类型

NUMBER 数据类型用于存储零、正负定点或浮点数，其大小在 1.0×10^{-130} 到 $9.9\cdots9\times10^{125}$ 之间，最大精度为 38。如果一个算术表达式其值大于或等于 1.0×10^{126}，Oracle 将返回一个出错信息。用下列语法可指定定点数据类型：

```
NUMBER(P,S)
```

其中，P 是精度或总的数字数，精度范围是从 1 到 38；S 是比例，或是小数点右边的数字位数，比例的范围从 84～127。

例 4.5　假设有一个真实数据 7 456 123.89。

```
  若指定数据          则存储数据
NUMBER(9)           7 456 124
NUMBER9(9,2)        7 456 123.89
NUMBER(9,-2)        7 456 100
```

（3）LONG 数据类型

LONG 数据类型用于存储变长字符串，其最大长度为 2GB（或$(2^{31}-1)$B）。LONG 类型具有 VARCHAR2 类型的许多特征，用它可存储长的文本串。LONG 类型的值受到计算机可用内存的限制。

在下列方面可引用 LONG 类型：

- SELECT 的选择表。
- UPDATE 语句的 SET 子句。
- INSERT 语句的 VALUES 子句。

LONG 类型的使用限制如下：

- 一个表中不能有多于一个 LONG 列。

- LONG 列不能出现在完整性约束中。
- LONG 列不能索引。
- 过程或存储函数不能接收 LONG 类型的变元（或叫变量）。
- 存储函数不能返回一个 LONG 类型的值。
- 在单个 SQL 语句中，全部 LONG 列、序列、被修改的表和被封锁的表必须位于同一个数据库中。

而且，LONG 列不能出现在 SQL 语句的下列部分：

- 在 WHERE、GROUP BY、ORDER BY、CONNECT BY 子句以及在具有 DISTINCT 操作的 SELECT 语句中。
- SQL 函数（如 SUBSTR 或 INSTR）。
- 表达式或条件。
- 包含有 GROUP BY 子句的查询的选择表。
- 在子查询的选择表或由集合操作组合查询的选择表。
- CREATE TABLE AS SELECT 语句的选择表。

在本书 7.5.4 节要讲到的数据字典中，利用 LONG 数据类型存储视图定义的文本。

（4）DATE 数据类型

DATE 数据类型用于存储日期和时间信息。虽然日期和时间信息也可以表示成 CHAR 和 NUMBER 数据类型，但 DATE 数据类型有特殊关联特性。每一个 DATE 值可存储下列信息：

- 世纪（century）。
- 年（year）。
- 月（month）。
- 日（day）。
- 时（hour）。
- 分（minute）。
- 秒（second）。

没有日期型直接量，如果要指定日期值，必须用函数 TO_DATE 将字符型的值或数值转换成一个日期型的值。在日期型表达式中，默认日期格式由初始化参数 NLS_DATE_FORMAT 指定，是字符串，如 DD_MON_YY。在指定一个日期型值时，如果未带有时间成分，则默认时间为 12:00:00 am。如果指定一个日期型值，不带有日期成分，则默认的日期是当月的第一天。

日期函数 SYSDATE 返回当时的日期和时间。日期的算术运算：日期值可加减一个 NUMBER 型常数。在 Oracle 中，日期算术表达式中的 NUMBER 型常数解释为天数。

例 4.6

```
SYSDATA + 2            为后天的日期
SYSDATA - 7            为一星期以前的日期
SYSDATE + (10/1440)    为 10 分钟之后的时间
```

（5）RAW 和 LONG RAW 数据类型

RAW 和 LONG RAW 数据类型面向字节数据（如二进制数据或字节串），可存储字符串、浮点数、二进制数据（如图像、数字化的声音）等。Oracle 返回的 RAW 值为十六进制字符串。RAW 数据仅可存储和检索，不能执行串操作。

RAW 类型等价于 VARCHAR2，LONG RAW 类型等价于 LONG，其差别在于数据库字符集与会话（session）字符集之间没有转换。CHAR、VARCHAR2 和 LONG 数据在数据库字符集和会话时用户方的字符集之间自动转换，而 RAW 和 LONG RAW 数据没有如此的转换。LONG RAW 数据受到像 LONG 数据一样的限制。

（6）ROWID 数据类型

数据库中的每一行（row）有一个地址，通过查询伪列 ROWID 获得行地址，该伪列的值为十六进制字符串，该串的数据类型为 ROWID 类型，形如：

```
BLOCK.ROW.FILE
```

其中：

- BLOCK 为包含该行的数据块的十六进制串的标识，串的长度依赖于 OS（操作系统）。
- ROW 为行在数据块中 4 位十六进制串的标识，在块中的第一行则为 0。
- FILE 为包含该行的数据库文件的十六进制的标识。第一个数据文件为 1，串的长度依赖于 OS。

例 4.7 执行查询。

```
SELECT  ROWID,雇员名  FROM  EMP
     WHERE  部门号=20
返回结果:
     ROWID                    雇员名
0000000F. 0000. 0002          SMITH
0000000F. 0003. 0002          JONES
0000000F. 0007. 0002          SCOTT
0000000F. 000A. 0002          ADAMS
```

2. 约束类型（constraint type）

可以定义下面的约束类型：

```
_NULL/NOT NULL
_UNIQUE
_PRIMARY KEY
_FOREIGN KEY (引用完整性 Referential Integrity)
_CHECK
```

（1）UNIQUE 约束

UNIQUE（唯一）约束指定一列或几列的组合作为一个唯一码。表中没有两行在唯一码上有同一值。如果唯一码基于单个列，则允许 NULL（空）值。

表约束语法：

```
[CONSTRAINT <约束名>]
   UNIQUE(<列名 1>,<列名 2>,...)
```

列约束语法：

```
<列名> [CONSTRAINT constraint_name] UNIQUE
```

例 4.8 确保在一个地址不存在两个独立的部门。

```
CREATE TABLE DEPT
(部门号 NUMBER,部门名 VARCHAR2(9),
地址 VARCHAR2(10),
CONSTRAINT UNQ_DEPT_LOC UNIQUE
(部门名,地址))
```

在这个例子中，约束 UNQ_DEPT_LOC 是一个表约束。UNIQUE 约束引起 Oracle 创建一个唯一索引去处理规则。

注意：数据类型为 LONG 或 LONG RAW 的列不能构成唯一码。不能将同一列或同一组列指定为唯一码同时又是主码，或者一个唯一码和一个聚集码，但可指定为一个唯一码和一个外来码。

（2）PRIMARY KEY 约束

PRIMARY KEY（主码）约束指定一列或组列为表的主码。如同唯一码一样，主码强制列或列组合具有唯一性，且建立唯一索引去管理它。每个表只能有一个主码，在主码列中不允许 NULL（空）值。

表约束语法：

```
[CONSTRAINT <约束名>]PRIMARY KEY(<列名1>,<列名2>,...)
```

列约束语法：

```
<列名> [CONSTRAINT <约束名>]PRIMARY KEY
```

注意：相同的列组合不能同时用于主码和唯一码两者。主码的列其数据类型不能是 LONG 或 LONG RAW。

例 4.9 用列约束定义“部门号”为主码约束。

```
CREATE TABLE DEPT
(部门号 NUMBER(2) CONSTRAINT
   DEPT_PRIM PRIMARY KEY,...)
```

（3）FOREIGN KEY 约束

FOREIGN KEY（外来码）约束既在表中又在表之间提供引用完整性（referential integrity，即 RI）规则，所以也叫引用完整性约束。引用完整约束指定一列或组列作为一个外来码，并在外来码和一个指定的主码或唯一码（称为引用码）之间建立一联系。在这种联系中包含外来码的表称为子表（child table），包含引用码的表称为父表（parent table），其间要求：

① 子表和父表必须在同一数据库，不能在分布式数据库的不同结点上。但可使用数据库触发器在分布式数据库不同结点之间实施引用完整性。

② 外来码和引用码可在同一表中，即父表和子表为同一表。为了满足引用完整性约束，子表的每一行要满足下列条件之一：

- 行的外来码值必须在一父表行的引用码值出现，即子表中的行从属于父表的引用码。
- 组成外来码的列之一的值必须是空值。

在子表中定义的引用完整性约束中包含下列关键字：

- FOREIGN KEY：标识子表中组成外来码的列或组列，仅在定义外来码的表约束时才使用。
- REFERENCES：标识父表及组成引用码的列或组列。如果仅标识父表而没有列名，外来码自动地引用父表的主码。引用码的列数和数据类型同外来码列相同。
- ON DELETE CASCADE：允许在父表中删除引用码值，在子表的从属行，Oracle 自动地将其删去，维护引用完整性。如果忽略该选项，Oracle 禁止删除父表中的这些引用码值（当它们在子表中有从属行时）。

注意：在子表中定义引用完整性约束，所引用的 UNIQUE 或 PRIMARY KEY 约束在父表中必须已定义。在具有 AS 子查询子句的 CREATE TABLE 语句中不能定义引用完整性约束。外来码的列不能是 LONG 或 LONG RAW 数据类型。在一个表中可定义多个外来码，一个列可能为多个外来码的成分。

表约束语法：

```
[CONSTRAINT <约束名>]FOREIGN KEY
  (<列名 1>,<列名 2>,...)
REFERENCES table (<列名 1>,<列名 2>,...)
```

列约束语法：

```
[CONSTRAINT <约束名>]
REFERENCES table(<列名>)
```

注意：关键字 FOREIGN KEY 在此语法的表约束中使用。

例 4.10 建立 EMP 表，在 DEPTNO 列上定义外来码并实施约束，该列引用 DEPT 表的主码列 DEPTNO。

```
CREATE TABLE EMP (empno NUMBER(4), ename VARCHAR2(10), job VARCHAR2(9), mgr
NUMBER(4), hiredate DATE, sal NUMBER(7, 2), comm NUMBER(7, 2), deptno NUMBER(2)
CONSTRAINT fk_deptno REFERENCES dept(deptno))
```

在本例中，约束 fk_deptno 保证 EMP 表中全部职工是在 DEPT 表中的部门工作，然而允许职工有空的部门号。

（4）CHECK 约束

CHECK 约束显式地定义一条件，为了满足该约束，表的每一行必须使该条件为 TRUE 或空值（NULL）。此条件可以用做查询限制中的相同构造，除了下列情况：

- 不允许子查询。
- 不允许引用伪列和 SYSDATE、USER、UID 等函数。
- 没有完全指定的日期常数。

语法：

```
[CONSTRAINT 约束名]CHECK(条件)
```

（5）其他约束选项

① DISABLE：添加 DISABLE 到一个约束条件意味着 Oracle 并不强制它，仅定义约束，但不实施。约束仍然可被 Oracle 工具读来构造应用程序中的规则，并且稍后可由 ALTER TABLE 命令去使能（enable）约束。

例 4.11 用 CHECK 约束和 DISABLE 选项来建立 DEP 表。

```
CREAT TABLE EMP
(......,
ENAME VARCHAR2(10) CONSTRAINT
CHK_UPP_NAM CHECK(ENAME=UPPER(ENAME))
DISABLE,
......);
```

② EXCEPTIONS INTO tablename：确定一个存在的表，用来放置违反约束的那些行的信息。

例 4.12

```
CREATE TABLE EMP
(......,
```

```
ENAME VARCHAR2(10) CONSTRAINT CHK_UPP_NAM
CHECK (ENAME=UPPER(ENAME))
EXCEPTIONS INTO CON_VIOLATE,
......);
```

4.2.2 修改表结构

使用 ALTER TABLE 命令可改变表的定义。语法格式如下：

```
ALTER TABLE <表名>
MODIFY(<列名><数据类型>[列约束][,<列名><数据类型>,...])

ALTER TABLE <表名>
ADD(<列名><数据类型>[列约束]
[,<列名><数据类型>,...])

ALTER TABLE <表名>
DROP[<选项>](<列名><数据类型>[列约束])
[,<列名><数据类型>,...])
```

1. MODIFY 子句

使用 MODIFY 关键字可以对表中原有属性进行修改。

例 4.13　改动 Storck 表中 Sprice 列的定义，将其定义为 8 位，其中有两位小数。

```
ALTER TABLE Stock
MODIFY (Sprice Number (8,2));
```

2. ADD 子句

使用 ADD 关键字可以增加列和（或）约束到一个已经存在的表。

例 4.14　增加雇员配偶名列 SPOUSES_NAME 到 EMP 表。

```
ALTER TABLE EMP
ADD (SPOUES_NAME CHAR(10));
Table altered.
```

若要查看修改后的表结构（见表 4-1），可以键入如下命令：

```
DESCRIBE EMP
```

表 4-1　修改后的表结构

字 段 名	NULL?	数 据 类 型
EMPNO	NOT NULL	NUMBER（4）
ENAME		CHAR（25）
JOB		CHAR（9）
MGR		NUMBER（4）
HIREDATE		DATE
SAL		NUMBER（7，2）
COMM		NUMBER（7，2）
DEPTNO		NUMBER（2）
SPOUSES_NAME		CHAR（10）

例 4.15 增加一个表约束到一个已存在的表，它规定月工资必须不能超过键入5000。

```
ALTER TABLE EMP
ADD (CHECK (SAL<=5000));
```

3. DROP子句

使用DROP关键字可以从表中删除约束。语法：

```
ALTER TABLE<表名>
DROP [CONSTRAINT] 约束名
    PRIMARY KEY
    UNIQUE (<列名 1>,<列名 2>,...)
```

例 4.16

```
ALTER TABLE EMP
DROP CONSTRAINT EMP_MGR;
ALTER TABLE EMP
DROP PRIMARY KEY;
```

4. CASCADE选项（在DROP子句中）

如果DROP子句有CASCADE选项，将会引起任何附属的约束也被删除。

例 4.17

```
ALTER TABLE DEPT
DROP PRIMARY KEY CASCADE;
```

此例将引起在EMP.DEPTNO的外来码约束也被删除。

4.2.3 索引的定义

索引是加速表的查询的有效手段。索引就犹如书的目录，而数据库文件就相当于一本书。在翻看书时，若想找到自己所要的信息，可先按目录找到所需信息对应的页码，再从页码所指页找出所要信息。这样可大大加快查找速度，索引的作用也在于此。当一个表建立时，系统会在某分区中给它开辟一定的空间，其中包括数据和索引两部分。

对于一个基本表，可以根据应用环境的需要建立若干索引，以提供多种存取路径。通常索引的建立和删除由DBA或表的拥有者进行。索引建好后，由系统自动选择使用。用户不能也不必在存取数据时选择索引。

建立索引的语法格式为：

```
CREATE [UNIQUE] INDEX <索引名>
ON <表名>(<列名 1>[次序][,<列名 2>[次序]...])
[<其他参数>]
```

这里任选项<其他参数>是与物理有关的参数，不是标准SQL所规定的内容。

索引可以建立在一列或几列上，圆括号内是索引列的顺序说明表，其中的任选项[次序]，指定了索引值排列的次序，可取ASC（升序）或DESC（降序），默认为升序。

UNIQUE表示索引列值必须是唯一的，即任何两个索引列值不能相同。

例 4.18 在表Customers的Address列和表Stock的Sname列上建立索引。

```
CREATE UNIQUE INDEX Caddress
ON Customes(Address);
```

```
CREATE UNIQUE INDEX Itemname
        ON Stock (Sname);
```

在建立以上索引后，比如要进行如下的查询：

```
SELECT Custname FROM Customers
WHERE Address='Hong Kong';
```

系统会首先在 Address 上的索引 Caddress 中找到所有 Hong Kong 记录的位置，然后在表 Customers 中取到实际的记录值。利用索引的查找会大大缩短存取时间。此例在建立索引时使用了 UNIQUE 来指明建立唯一索引，即索引值不允许重复。这在码属性上建立索引时是尤为必要的。本例建立了这样的索引后，用户若想在 Address、Sname 属性上输入重复值，将会导致错误信息，由此保证了这些属性取值的唯一性。

索引虽能加快查找速度，但相应降低了修改的速度。因为在建有索引的表上对索引属性进行更新操作时，相应地会带来系统对索引的维护，从而降低其执行速度。因此在修改频繁的属性上不宜建立索引，同样对那些很少在其上进行查询的属性也不宜建立索引。

4.2.4 删除表、索引

Drop 命令可把用户的表、索引从数据库中删除，相应的这些表和索引在数据字典（见 7.5.4 小节）中的记载信息也将消失。

例 4.19　把表 Customer 从系统中删除。

```
Drop TABLE Customes;
```

此例同时将建立在表上的索引和视图也一起删除。此时视图只是不能再被查询，但视图定义还是存在的。这样在表 Customer 重建后，原有视图即能恢复使用。

例 4.20　删除索引。

```
Drop INDEX Itemname;
```

4.3　模式对象、直接量、函数和表达式

本节包含 Oracle 基本元素信息，理解这些元素对有效使用 SQL 语言很重要。

4.3.1 模式对象

模式（schema）是数据逻辑结构或模式对象的集合，为一个数据库所占有，模式名与该用户名同名。模式对象（schema object）由 SQL 建立和操纵，包含下列类型：

- 聚集（cluster）。
- 数据库链（database link）。
- 独立存储函数（stand_alone stored function）。
- 索引（index）。
- 独立过程（stand_alone procedure）。
- 快照（snapshot logs）。
- 同义词（synonym）。
- 表（table）。

- 数据库触发器（database trigger）。
- 视图（view）。

在数据库中，还有一些其他类型的对象，由 SQL 建立和操纵，但不包含在模式中，如下：

- 用户环境文件（profile）。
- 角色（role）。
- 回滚段（roll back segment）。
- 表空间（table space）。

有些对象是由成分（part）组成的，如下：

- 表或视图中的列（column）。
- 表的完整性约束（integrity constraint）。
- 组装的过程、组装存储函数及在包中存储的其他对象。

4.3.2　对象及成分的命名

1. 命名规则

① 名字长度为 1 至 30 个字节，有两个例外：数据库限于 8 个字节；数据库链名可长至 128 个字节。

② 名字不包含引号标记。

③ 名字必须由字母开头。

④ 名字不区分大小写。

⑤ 名字仅可包含字符 A～Z、0～9，$和#（不鼓励使用$和#）、汉字。数据库链名还包含字符.和@。

⑥ 名字不能是 Oracle 保留字。例如，不能是 ADD、DATE、ROWS 等。

⑦ DUAL 不能用做对象和成分的名字，因为 DUAL 为一虚表的名字，SQL*Plus 和 SQL* Forms 经常使用。

⑧ 一个名字在其名字空间中唯一。在同一名字空间中的对象必须有不同的名字。一个模式对象空间，其对象分成组：表、视图、序列、私用同义词、独立过程、独立存储函数、包和快照为一组；索引、约束、聚集、数据库触发器、私用数据库链分别为一组。因为表和视图在同一组中，因此在同一模式中，一个表和一个视图不能有相同的名字。由于表和索引在不同组中，所以在同一模式中，一个表和一个索引可以有相同的名字。

不包含在模式中的对象，其名字空间跨越整个数据库。分组情况如下：用户和角色为一组；公用同义词为一组；公用数据库链为一组；表空间为一组；回滚段为一组；用户环境文件为一组。

在同一表或视图中的列不能有相同的名字，而在不同表或视图中的列可以有相同的名字。在同一包中的过程或函数可以有相同的名字，其变元的数目、数据类型不同。在同一包中建立具有相同名字的过程或函数，其具有不同的变元，称为重载过程或函数。

⑨ 名字可用双引号括起来，因此名字可包含任何字符组合，即可忽略规则③至⑦。

例 4.21　名字实例。

```
ename
```

```
国庆
scott.hiredate
"EVEN THIS & THAT!"
a_very_very_very_long_name
```

虽然列别名和表别名不是对象或对象成分，但它们同样服从上述命名规则。

2. 对象及成分的引用

在 SQL 语句中引用对象和成分的语法格式如下：

```
模式名. 对象名. 成分名
```

其中：

- 对象名：为对象的名字。
- 模式名：为包含该对象的模式名。模式名限定符允许用户引用其他用户所持有的模式中的对象，当然必须对引用对象的用户优先授权。缺省模式名，Oracle 假定用户是引用自己持有的模式中的对象。仅仅模式对象用模式名限定。
- 成分名：为对象成分的名字。该标识允许用户引用模式对象的成分，如表中的列。不是所有的对象都有成分。

4.3.3 直接量

直接量（literal）即为常数值，是指定长数据值。在 SQL 中用“文本”来指定字符直接量，用整数（integer）或数（number）来表示数值直接量。

1. 文本

文本直接量用于指定文本或字符串，在表达式、条件、SQL 函数和命令中用“文本”表示。其中，“文本”为用户字符集中除单引号（‘）以外的任何成员。

‘为单引号。由于单引号用做直接量的起始和终止字符，因此必须在一个直接量中使用两个单引号字符。

一个文本直接量的最大长度为 2000B。文本直接量具有 CHAR 和 VARCHAR2 数据类型的特性。

例 4.22　文本直接量实例。

```
'JACK'
'成都电子机械高等专科学校'
'101'
```

2. 整数

整数型直接量（integer）用于指定一个正整数，由数字组合而成，数字为 0、1、2、3、4、5、6、7、8、9，最大精度为 38。

3. 数值

数值型直接量（number）用于指定一个整数或一个实数。其语法格式如下：

```
±数字. 数字 E±数字
```

其中：+、-表示为正值或负值，如果忽略为正值。e、E 指示为科学计数法。数值型直接量中数字的最大精度为 38。

例 4.23 数值型直接量实例。

```
6001
-0.5968E+98
```

4.3.4 LOB 数据类型

前面 4.2 节已经讲解了主要数据类型，Oracle 还有 LOB、面向对象数据型等，下面介绍 LOB 数据类型。

1. LOB 的使用

数据库中的 LOB 类型用于存储大的、非结构化数据，如视频、音频、图形图像、大文本以及 AVI、基因/蛋白序列等数据。在 Oracle 9i 中，LOB 存储的数据最大可达 4GB。在 Oracle 8i 之前，使用 LONG 和 LONG RAW 数据类型来管理 LOB 数据。但 LOB 与 LONG、LONG RAW 有许多不同之处。

Oracle 10g 开始支持超大型 LOB，通过 OCI、JDBC 和 DBMS_LOB 支持大于 4GB 的 LOB 类型数据。CLOB 或 NCLOB 类型数据最大可达 128TB。OCI 使用函数 OCILobRead2（ ）、OCIWriteAppend2（ ）和 OCILobWrite2( )对 LOB 数据进行读写；JDBC 和 DBMS_LOB 使用 Oracle 提供相同的 API 访问 LOB 数据。

LOB 与 LONG、LONG RAW 的区别如下：

- 一个表中可以有多个 LOB 列，可以是任何 LOB 类型。当插入一个 LOB 数据时，LOB 的实际值存储在一个单独的段内，只有 LOB 定位指针是存储在行内的，这样查询的效率会更高。如果列是 LONG 或 LONG RAW 类型，则其数据是与表的行内数据一起存储的。
- LOB 列中的数据可随机存取，而 LONG 或 LONG RAW 列的数据必须按顺序存取。
- LOB 最大可达 4GB，而 LONG 则最大为 2GB。
- 查询 LOB 列只返回 LOB 定位指针，而不是 LOB 的整个值；查询 LONG 列则返回包含在 LONG 列中的全部值。

2. LOB 类型

LOB 可分成两种主要类型：内部的和外部的。内部 LOB 存储在数据库的行内或单独的一个段或表空间内。库内存储的 LOB 类型的数据必须小于或等于 4GB。内部 LOB 既可以是永久的也可以是临时的。一个内部 LOB 可以是下列三种数据类型。

- CLOB：字符型 LOB，用于存储字符数据。
- BLOB：二进制 LOB，用于存储二进制等类型数据。
- NCLOB：用于存储与国家字符集对应的 LOB。

内部 LOB 可参与事务，并使用 DML 语句来操纵管理。事务的特征都适应于内部 LOB。外部 LOB 是以操作系统文件形式存储在数据库外部的。BFILE 属于外部 LOB，主要用来存储只读类型数据，适用于存储多媒体或图形图像等静态的且不需要修改的数据。BFILE 列存储了指向存储在数据库之外以 OS 文件形式保存的物理文件的定位指针。

4.3.5 空值

如果一行的某列缺少值，就说该列包含一个空值。空值可出现在任何类型的列上，这些列不受 NOT NULL 或 PRIMARY KEY 完整性约束。一般，在真正值未知或其值无意义时使用空值。

不能用空值表示一个0值或空格，空值与它们不等价。包含一个空值的任何算术表达式，其计算结果为空值。

要测量一个空值，只能使用比较操作IS NULL和IS NOT NULL。如果对空值使用任何其他操作，结果依赖于空值，且结果未知。

Oracle将计算得未知值的条件处理为FALSE。例如，由于条件COMM=NULL总是未知的，如果它出现在SELECT语句的WHERE子句中，则没有返回行。

建立表索引的码的属性说明应为NO NULL。

4.3.6 伪列

在Oracle中伪列（pseudocolumn）的行为像表的一列，但不真正存在于表中。在查询时可引用伪列，但不能插入、修改或删除它们的值。Oracle中有如下伪列：

- CURRVAL　　返回序列的当前值。
- NEXTVAL　　递增序列和返回下一个序列值。
- LEVEL　　为层次查询返回行在层次结构中的层号。
- ROWID　　返回数据库中每一行的地址。
- ROWNUM　　为查询返回的每一行返回一个数。

前面讲到的序列（sequence）是Oracle中引入的一种模式对象，它可生成唯一的序列值，这些值经常用做主码或唯一码。

伪列ROWID的值的数据类型是4.2节中讲过的ROWID。ROWID值有如下几种重要使用：

- 它们是快速存取单行的手段。
- 可查看表中的行如何存储。
- 对于一个表的行具有唯一标识。

在行的生命周期内，一个ROWID不会改变，然而不能将ROWID用做表的主码。虽然在查询的SELECT和WHERE子句可使用伪列，但这些伪列值并不真正存储在数据库中，所以不能插入、修改和删除ROWID伪列的值。

伪列ROWNUM为查询返回的每一行返回一个数，它指示该行在Oracle选择中的次序。第一个选择的行的ROWNUM为1，第二个为2，等等。

例4.24　利用伪列ROWNUM限制一个查询所返回的行数。

```
SELECT *
FROM EMP
WHERE ROWNUM<10
```

Oracle对被检索的每一行赋给一个ROWNUM值，因为是在执行ORDER BY子句进行行排序之前，所以ORDER BY子句不影响每一行的ROWNUM。

4.3.7 注释

注释可以与SQL语句和模式对象联合增加可读性，注释不影响语句的执行。

注释可出现在语句中的任何关键字、参数或标点符号之间。注释由/*开始，然后是注释文本最后以“* /”结束，这种注释文本可跨多行。另一种注释以“- -”（两个连字符）开始，然后是注释文本，该文本不能跨行，以行中止结束注释。

4.3.8　运算符

一个运算符通常用特殊字符或关键字表示。例如，乘法运算符用*表示，对空值进行测试的运算符用关键字 IS NULL 表示。

Oracle 运算符的优先级如表 4-2 所示。

注意：同一行所列的运算符具有同一优先级。单目运算符仅对一个操作数操作，二目运算符放在两个操作数中间对两个操作数操作。

表 4-2　运算符的优先级

运　算　符	优　先　级
单目 ＋ － 算术运算符　　PRIOR 运算符	高
* / 算术运算符	
二目 ＋ － 算术运算符　　‖字符运算符	
全部比较运算符	↓
NOT 逻辑运算符 AND 逻辑运算符 OR 逻辑运算符	低

1. 字符运算符

在表达式中用字符运算符操作字符串。只有一个字符运算符“‖”，其作用是连接字符串。

例 4.25

```
SELECT 'NAME IS'
      || ename
      FROM emp
```

两个字符串连接的结果为字符串。如果原来的字符串为 CHAR 类型，则该连接结果的数据类型为 CHAR，其长度限制为 255 个字符。如果原来的字符串中有一个为 VARCHAR2 数据类型，则结果字符串也为 VARCHA2 类型，其长度限制为 2000 个字符。原来字符串尾部的空格在连接结果中保留。

2. 比较运算符

在前面 4.1 节中，已经介绍了部分 SQL 比较运算符，这里介绍其他比较运算符。

（1）相等与不等运算符

运算符“＝”，作用是进行相等测试。

例 4.26

```
SELECT *
FROM EMP WHERE SAL=1600
```

运算符“!＝，^＝，⌐＝，＜＞”，作用是进行不等测试。

例 4.27

```
SELECT *
FROM EMP WHERE SAL! =1600
```

（2）大于、小于运算符

运算符“>”，大于。运算符“<”，小于。

运算符“>=”，大于等于。运算符“<=”，小于等于。

（3）其他比较运算符

运算符“ANY”或“SOME”：作用是对一值与一表或查询返回的每一值进行比较。在该运算符之前必须要有=，!=，>，<，>=或<=。只要有一个成立，则为TRUE。

例 4.28

```
SELET * FROM EMP
    WHERE SAL=ANY
    (SELECT SAL FROM EMP
    WHERE DRPTNO=80)
```

运算符“ALL”：作用是对一值与一表或查询返回的每一值进行比较。在该运算符之前必须要有=，!=，>，<，<=或>=。如果一值对表中所有值都成立，则为TRUE。

例 4.29

```
SELECT * FROM EMP
WHERE SAL>=ALL（1400,3000）
```

运算符“EXISTS”：作用是如果子查询至少返回一行，则为TRUE。

例 4.30

```
SELECT dname,deptno
   FROM dept
   WHERE EXISTS (SELECT *
       FROM emp
       WHERE dept.deptno=emp.deptno)
```

3. 集合运算符

集合运算符用于将两个查询结果组合成单个结果，SQL支持的集合运算符如表4-3所示。

表4-3　集合运算符

集合运算符	返 回 结 果
UNION	由查询所选择的全部不同行
UNION ALL	由查询所选择的全部行，包括全部重复行
INTERSECT	由两个查询同时选择的全部不同行
MINUS	由第一查询选择的而且不属于第二查询选择的全部不同行

所有集合运算符有相同的优先级。如果SQL语句包含多个集合运算符，在没有用括号指定其他次序时，Oracle从左至右计算。如果由集合算符所组合的两个查询选择字符数据，返回值的数据类型按如下决定：

- 如果两个查询选择的值均为CHAR类型，则返回值为CHAR类型。
- 如果查询中有一个选择的值为VARCHAR2类型，则返回值为VARCHAR2类型。

4. 其他运算符

（1）运算符（+）

运算符（+）：作用是指出先于它的列在连接中是外部连接列。

例 4.31

```
SELECT ename,dname
   FROM emp,dept
   WHERE dept.deptno=emp.deptno(+)
```

（2）运算符 PRIOR

运算符 PRIOR：该运算符是单目运算符，在 CONNECT BY 子句中使用，用于决定双亲行与子女行之间的联系。

例 4.32

```
SELECT empno,ename,mgr
   FROM emp
   CONNECT BY PRIOR empno=mgr
```

4.3.9 函数

函数（function）类似于一个运算符，它操作数据项，返回一个结果。函数在格式上不同于运算符，它具有变元，可操作 0 个、一个、两个或多个变元，形式为：

函数名(变元,变元,...)

函数具有下列一般类型：

- 单行（或纯量）函数。
- 分组函数（或聚合函数）。

单行函数对查询的表或视图的每一行返回一个结果行，而分组函数对一组查询的行返回一个结果行。

1. 单行函数

单行函数有数值函数、字符函数、日期函数、转换函数等。

（1）TRUNC(n[,m])数值函数

该函数返回在 m 位截断的 n 值，当 m 忽略时，在 0 位截断；若 m 为负，将小数点左边 m 个数字截去。

例 4.33

```
TRUNC(15.79,1)=15.7
TRUNC(15.79,-1)=10
```

（2）SUBSTR(char,m[,n])字符函数

该函数求 char 的子串，从 m 处的字符开始，取 n 个字符。

例 4.34

```
SUBST('ABCDEFG',2,3)='BCD'
```

（3）NEXT_DAY(d,CHAR)日期函数

该函数返回比日期 d 晚的由 CHAR 命名的第一个周日的日期。

例 4.35

```
NEXT_DAY('15_MAR_92','TUESDAY')
='17_MAR_92'
```

（4）TO_CHAR(d[,fmt[,'nlsparams']])日期转换函数

该函数将 DATE 类型的 d 转换成 VARCHAR2 类型的值，其格式由日期格式 fmt 所指定。如果

忽略 fmt，为默认的日期格式。“nlsparam”指定月名和日名的语言，其格式为：

```
'NLS_DATE_LANGUAGE=语言名'
```

如果忽略该变元，该函数使用会话的默认日期语言。

（5）TO_CHAR(n[,fmt[,'nlsparams']])数值转换函数

该函数将 NUMBER 类型的 n 按数值格式 fmt 转换成 VARCHAR2 类型的值。“nlsparams”指定由数值格式的元素返回的字符，包括：

- 小数点字符。
- 组分隔符。
- 本地钱币符号。
- 国际钱币符号。

变元的形式为：

```
'NLS_NUMERIC_CHARACTERS="dg"
NLS_CURRENCY="tcxt"
NLS_ISO_CURRENCY=territory'
```

其中，d 为小数点字符，g 为组分隔符。

例 4.36

```
TO_CHAR(17145,'L099G999',
'NLS_NUMERIC_CHARACTERS=".,"
NLS_CURRENCY="NUD"')
=NUD017,145
```

（6）TO_DATE(char[,fmt[,'nlsparams']])转换函数

该函数将 CHR 或 VARCHAR2 类型的 char 转换成 DATE 类型的值。Fmt 用于指定 char 的日期格式，如果忽略 fmt，则为默认日期格式。

“nlsparams”的作用同 TO_CHAR 函数（用于日期转换）。

例 4.37

```
TO_DATE('January 15,1989,10:00 A.M.',
'MONth dd,YYYYY,HH:MI A.M.',
'NLS_DATE_LANGNAGE=American')
```

（7）TO_NUMBER(char[,fmt[,'nlsparams']])转换函数

该函数将 CHAR 或 VARCHAR2 类型的值 char，其格式为 fmt，转换成 NUMBER 类型的值。“nlsparams”与 TO_CHAR 函数（数值转换）作用一样。

例 4.38

```
TO_NUMBER('AUD100.00',
'L999D99',
'NLS_NUMERIC_CHARACTERS=".,"
NLS_CURRENCY="AUD"')
```

2. 分组函数

分组函数（group function）返回的结果基于行组（group of rows）而不是单行，所以分组函数不同于单行函数。在许多分组函数中可有下列选项：

- DISTINCT　　该选项使分组函数只考虑变元表达式中的不同值。

- ALL　　　　　　该选项使分组函数考虑全部值，包含全部重复值。

全部分组函数（除 COUNT(*)外）忽略空值。如果具有分组函数的查询，没有返回行或只有空值（分组函数的变元取值的行），则分组函数返回空值。

（1）AVG([DISTINCT ALL]n)函数

该函数返回 n 的平均值。

例 4.39　查找职工工资的平均值。

```
SELECT AVG(SAL)FROM EMP
```

（2）SUM([DISTINCT ALL]n)

该函数返回 n 值的和。

4.3.10　表达式与条件

1．表达式

表达式由一个或多个值、运算符和函数组合而成，可计算出一个值，其数据类型一般为它的成分数据类型。Oracle 的表达式有几种形式，可在条件、SQL 函数、SQL 命令中出现。表达式可以为一列、伪列、常数、序列号或空值；可以是所指变量的宿主变量；可以为 SQL 函数调用；可以为其他表达式的组合；可以为带括号表达式的列表。

例 4.40　以下都是表达式。

```
(15,30,50)
('SCOTT','BLAKE','TAYLOR')
(LENGTH('MOOSE')*57,-SQRT(144)+72,69)
```

表达式可用于下列任何地方：

- 在 SELECT 命令的选择表中。
- 在 WHERE 和 HAVING 子句的条件中。
- 在 ORDER BY 等子句中。

2．条件

条件（condition）由一个或多个表达式及逻辑运算符组合而成，计算可得 TRUE、FALSE 和未知。

条件可使用在下列子句中：

- DELETE 的 WHERE 子句。
- SELECT 的 WHERE 子句等。

4.4　插入、修改和删除表数据

4.4.1　将新行插入（INSERT）表

INSERT 命令用来添加行到用 CREAT 命令建立的表。语法格式如下：

```
INSERT INTO <表名>[(<列名 1>,<列名 2>,...)]
      VALUES(<值 1>,<值 2>,...);
```

该命令可以用所列的值插入一新行，每行中的列值是用逗号隔开的，且要求这里所给的列值次序和建表时所说明的次序是一致的。字符型数据和日期型数据要用单引号括起来，数值型数据直接给出即可。

例 4.41　插入一新行到 DEPT 表。

```
INSERT INTO DEPT(DEPTNO,DNAME,LOC)
VALUES(50,'MARKETING','SAN JOSE');
```

如果在列中部门名字 DNAME 的值不知道，可以指定一个 NULL 值：

```
INSERT INTO DEPT(DEPTNO,DNAME,LOC)
VALUES(50,NULL,'SAN JOSE');
```

用以上方法一次只能将一行添加到表中，如果用此方法将表中的所有行添加到表中是一件很麻烦的事，可用带宏替换的方法。

例 4.42　使用宏。

```
INSERT INTO DEPT(DEPTNO,DNAME,LOC)
VALUES(&D_NUMBER,'&D_NAME','&LOCATION');
```

当命令运行时，每次都提示输入各列的值。

4.4.2　修改（UPDATE）表的行

UPDATE 语句允许修改表中行的值。语法格式如下：

```
UPDATE <表名>[别名]
SET    <列名>=<修改值>,...<列名>=<修改值>
[WHERE<条件>];
```

例 4.43　修改 SCOTT 行。

```
UPDATE EMP
SET JOB='SALESMAN',
   BIREDATE=SYSDATE,
   SAL=SAL*1.1
WHERE ENAME='SCOTT';
1 record updated.
```

如果忽略 WHERE 子句，则表中的全部行将被修改。

还可以在 UPDATE 中使用嵌套子查询和相关子查询。

例 4.44　假如有一个如下的新表 COMMISSION，它可以用来修改 EMP 表中的行：

```
COMMISSION                EMP

  EMPNO      COMM         EMPNO         COMM
  7499       1100         7499          300
  7654       500          7654          1400
  7844       3500         7844          0
  7845       2000
  7846       1500
```

COMMISSION 表中所列的变化通过使用相关子查询和嵌套查询，可用到 EMP 表中：

```
UPDATE EMP
SET COMM=(SELECT COMM FROM COMMISSION C
```

```
WHERE C.EMPNO=EMP.EMPNO)
WHERE EMPNO IN (SELECT EMPNO FROM COMMISION);

3 record updated.
```

4.4.3 从表删除（DELETE）行

DELETE 命令允许从表中去掉一个或多个行。语法格式如下：

```
DELETE FROM <表名>
[WHERE <条件>];
```

例 4.45 从 EMP 表中删除关于部门 10 的全部信息。

```
DELETE FROM EMP
WHERE DEPTNO=10;
```

如果忽略 WHERE 子句，则表的全部行被删除。

DELETE 只能进行整行的删除，而不能对行中的一部分进行删除。不过相应的功能可由 UPDATE 将要删除部分置为空来完成。

DELETE 也会引起系统对表上所建索引的修改。

4.5 SQL 的数据查询

4.5.1 连接查询

1. 一般连接查询

一个数据库中的多个表之间一般都存在某种内在联系，它们共同提供有用的信息。前面的查询都是针对一个表进行的。若一个查询同时涉及两个以上的表，则称之为连接查询。

用来连接两个表的条件称为连接条件或连接谓词，其一般格式为：

```
[<表名 1>.]<列名 1><比较运算符>[<表名 2>.]<列名 2>
```

其中用到的比较运算符主要有：=、>、<、>=、<=、!=。此外连接谓词还可以使用下面的形式：

```
[<表名 1>]<列名 1>BETWEEN [<表名 2>]<列名 2>AND[<表名 2>]<列名 3>
```

例 4.46 查询每个学生及其选修课程的情况。

```
SELECT 学生.*,成绩.*  FROM 学生,成绩
WHERE 学生.学号=成绩.学号;
```

例 4.47 查询选修 02 号课程且成绩在 90 分以上的所有学生。

```
SELECT 学生.*,成绩.*  FROM 学生,成绩
WHERE 学生.学号=成绩.学号 AND 成绩.课程号='02' AND 成绩.成绩>90
```

2. 超连接查询

超连接首先保证一个表中满足条件的元组都在结果表中，然后将满足连接条件的元组与另一个表的元组进行连接，不满足连接条件的则将应来自另一表的属性值置为空值。超连接有四种类型：

- 内部连接。
- 左连接。
- 右连接。

- 全连接。

左连接：除满足连接条件的记录出现在查询结果中外，第一个表中不满足连接条件的记录也出现在查询结果中。

全连接：除满足条件的记录出现外，两表中不满足连接条件的记录也出现在查询结果中。

命令格式：

```
SELECT……
FROM  Table INNER|LEFT|RIGHT|FULL Join Table
ON Join  Condition
WHERE……;
```

例 4.48 内部连接。

```
Select 仓库.仓库号,城市,面积,职工号,工资
        From 仓库 inner  join 职工
        on 仓库.仓库号=职工.仓库号;
```

例 4.49 左连接。

```
Select 仓库.仓库号,城市,面积,职工号,工资
        From 仓库 left join 职工
        on 仓库.仓库号=职工.仓库号;
```

例 4.50 右连接。

```
Select 职工.仓库号,城市,面积,职工号,工资
        From 仓库 right join 职工
        on 仓库.仓库号=职工.仓库号;
```

例 4.51 全连接。

```
Select 仓库.仓库号,职工.仓库号,城市,面积,职工号,工资
        From 仓库 full join 职工
        on 仓库.仓库号=职工.仓库号;
```

例 4.52 多表连接。找出供应商所在城市及其供货的仓库所在的城市。

```
Select 仓库.仓库号,城市, 供应商名, 地址
        From 供应商 join  订购单 join 职工 join 仓库
            On 职工.仓库号=仓库.仓库号
            On 订购单.职工号=职工.职工号
            On 供应商.供应商号=订购单.供应商号;
```

4.5.2 嵌套查询

SELECT 嵌套查询是一种子查询，即可完成主查询支持的子查询。在这种情况下，子查询首先执行，然后主查询使用结果表。也可结合或连接几个结果表。UNION 子句规定一个选择的结果与另外的选择结果连接。SELECT 嵌套查询中出现最频繁的是诸如 ANY、EXISTS 或者 IN 这类的比较运算符。

在 SQL 中，有些查询不用子查询无法表达。子查询要加括号，并且与 SELECT 语句的形式类似，也有 FROM 子句，以及可选择的 WHERE、GROUP BY 和 HAVING 子句等。子查询中的子句与 SELECT 语句中的子句格式相同，用于子查询时，它们执行正常的功能，但是 ORDER BY 子句不能用于子查询。

例 4.53 嵌套查询。

```
SELET *
    FROM Employee
    WHERE EXISTS (SELECT Name
    FROM Honorlst
WHERE Employee.Name=Name);
```

这个例子选择了那些名字出现在一个叫 Honorlst 的另外的表中的全部雇员记录，EXISTS 表示存在的意思。SELECT 子句可嵌套很深，多于两级或三级嵌套，然而嵌套越深读起来越困难，且执行越慢。

4.5.3 分组计算查询

可以利用 GROUP BY 子句进行分组计算查询。命令格式为：

```
GROUP BY 字段1[,字段2][HAVING 条件]
```

可以按一列或多列分组，还可以用 HAVING 进一步限定分组的条件。

例 4.54 求每个仓库职工的平均工资。

```
SELECT 仓库号,AVG(工资)  FROM 职工表
    GROUP BY 仓库号;
```

在这个查询中，首先按“仓库号”属性进行分组，然后再计算每个仓库职工的平均工资。GROUP BY 子句一般跟在 WHERE 子句之后，没有 WHERE 子句时，跟在 FROM 子句之后。另外，还可以根据多个属性进行分组。在进行分组计算查询时，有时要求分组满足某个条件时才检索，这时可以用 HAVING 子句来限定分组。

例 4.55 求至少有两个职工的每个仓库的平均工资。

```
SELECT 仓库号,COUNT(*),AVG(工资) FROM 职工表
    GROUP BY 仓库号 HAVING COUNT(*)>=2;
```

4.5.4 集合的并运算

每一个 SELECT 语句都能获得一个或一组元组。若要把多个 SELECT 语句的结果合并为一个结果，可用集合操作来完成。集合操作主要包括并操作 UNION、交操作 INTERSECT 和差操作 MINUS。

使用 UNION 操作将多个查询结果合并起来，形成一个完整的查询结果时，系统会自动去掉重复的元组。需要注意的是，参加 UNION 操作的各数据项的数目必须相同，对应项的数据类型也必须相同。

例 4.56 查询学习 02 号课程的学生的最高成绩。

```
SELECT  *
FROM 学生
WHERE 入学成绩>600
UNION
SELECT  *
FROM 学生
WHERE 性别='女';
```

例 4.57 查询选修了 01 号课程或者 02 号课程的学生。

本例实际上是查询选修 01 号课程的学生集合与选修 02 号课程的学生集合的并集。

```
SELECT  *
FROM 成绩
WHERE 课程号='01'
UNION
SELECT  *
FROM 成绩
WHERE 课程号='02';
```

例 4.58 查询入学成绩大于 600 分的学生及所有女学生集合的交集。

本查询换种说法是，查询入学成绩大于 600 分的所有女学生。

```
SELECT  *
FROM 学生
WHERE 入学成绩>600 AND 性别='女';
```

例 4.59 查询入学成绩大于 600 分的学生及所有女学生集合的差集。

本查询实际上是查询入学成绩大于 600 分的学生中的非女性学生。

```
SELECT  *
FROM 学生
WHERE 入学成绩>600 AND 学号 NOT IN(SELECT 学号
FROM 学生
WHERE 性别='女');
```

4.6 视　图

视图是从基表中导出的逻辑表，它不像基表一样物理地存储在数据库中，视图没有自己独立的数据实体。一个视图的存在反映在数据字典中具有相应的登记项。视图一旦被建立，即可在其上进行 DML 操作。但由于视图的不独立性，决定了这些操作要受到一定的限制。

4.6.1 视图定义

在 Customers 表上定义如下视图：

```
CREATE VIEW SC_Customers
    AS SELECT Custno,Custname
        FROM Customers
        WHERE Address='SC';
```

视图 SC_Customers 反映了表 Customers 中住在 SC 的顾客。因此若把基表 Customers 看做是一个容纳实物的房屋，则上述语句执行时即相当于在这间房屋上开了一个窗口 SC_Customers，通过窗口究竟能看到屋内的什么东西，这取决于 AS 之后的子查询，可以说它限定了窗口的视野。

因此视图与基表的关系是看者和被看者，依赖和被依赖的关系。视图是一个可供今后观察基表的窗口。窗口是动态的，即视图无论何时观察基表，都将看到基表中的最新动态，同时窗口也是固定的，即视图不能超出窗口视野范围去观察。

4.6.2 视图查询

用户对视图的查询与对基表的查询没有什么两样，但在系统内部，对视图查询和对基表查询还是不同的，对视图的查询必须转换为对其所依赖的基表的查询，通常这种转换并不复杂的。

例 4.60　假如定义如下视图并进行查询：

```
CREATE VIEW highpricestock
AS SELECT stockno,sname,sprice
   FROM stock
      WHERE Sprice>0.5
      WITH CHECK OPTION;
   SELECT * FROM Highpriceorder
WHERE Sname='Nails';
```

将直接转换为：

```
SELECT Stockno,Sname,Sprice
FROM Stock
WHERE Sname='Nails'
   AND Sprice>0.5
```

即把视图定义中的子查询条件与视图查询中的条件相“与”即可。

但这毕竟是行列子集（即视图中查到的元组与基表中的元组一致，保持一一对应关系）的情况，对非行列子集（即视图中观察到的一个元组是由基表中的一个或多个元组导出的，因此视图与基表的元组间存在一对多的关系）的视图，由于视图中存在特殊字段，在这些字段上查询时要特别小心。

例 4.61　假如有如下视图定义并进行查询：

```
CREATE VIEW ItemOrderAmount(stockno,TOTAL)
   AS SELECT Stockno,SUM(Amount)
      FROM Orderlines
      GROUP By Stockno;
```

该视图定义的子查询中包含了集函数，这时视图观察到的不再是基表的元组，而是基表中元组的导出信息。若有如下查询：

```
SELECT MAX(TOTAL)
FROM ItemOrderAmount;
```

查询变换后有：

```
SELECT MAX(Sum(Amount))
FROM Orderlines
Group By stockno;
```

这里出现了函数嵌套，这在 SQL 中是不允许的。

可以得出这样的结论：对行列子集视图的查询不存在不能变换的查询，但对非行列子集视图的查询就不能保证查询变换的正确性，对非行列子集视图的查询，应尽量避免视图中的特殊属性出现在查询条件中。

4.6.3　视图修改

上面已提到非行列子集视图较行列子集视图与基表之间有更复杂的关系，这些复杂关系一般可归为以下几种情况：

- 单基表多元组：视图建立在一个基表之上，但视图元组与基表元组是一对多的关系。具有这种关系的视图一般是带集函数或 Distinct 或 Group 的视图，这种关系确定的视图为集视图。

- 多基表：视图若建立在几个基表连接之上，这种视图称为连接视图。
- 相关嵌套：定义视图的子查询是一个相关嵌套查询，且带有集函数，因此是上面两种关系的更复杂的叠加，称这种视图为 JA 视图。

行列子集又可细分为两类：

- 直接行列子集：视图属性直接来自基表属性。
- 间接行列子集：视图属性是在基表属性上经算术运算得到的或由常量导出的。

有了上述的视图的划分，便可说明视图的可修改性了。

对 INSERT 和 UPDATE 操作，除了视图直接行列子集有可修改性外，间接行列子集和上述的三种非行列子集均无可修改性。对 DELETE 操作，除了行列子集有可修改性外，上述的三种非行列子集均无可修改性。

其实非行列子集在理论上并不是都不可修改，有些连接视图在理论上是可修改的，只是目前的关系系统还不支持这一点。

基表的修改要受到完整性的约束，视图的修改也不例外，但视图还有更强的修改约束。在视图上修改或插入元组，必须是在操作后仍为视图所见的，若在修改或插入之后，元组从视图中消失，原则上不应接受。保证这一点的做法是，在视图中增加 WITH CHECK OPTION 子句。这样对视图的所有插入和修改操作都将受到检查，以保证插入的或修改的元组确为视图所见（即满足视图定义条件）。

4.7 Oracle 的 PL/SQL

4.7.1 什么是 PL/SQL

PL/SQL（procedural language/SQL）是对 SQL 的扩充，它吸收了近年来编程语言的许多最高设计特点，如数据封装性、信息隐蔽性、重载和例外处理等。它允许 SQL 的数据操纵语句和查询语句包含在块结构（block_structured）和代码过程语言中，使 PL/SQL 成为一个功能强大的事务处理语言。

PL/SQL 的优点如下：

1. 块结构（block structure）

PL/SQL 是块结构语言，意味着程序可以分成若干逻辑块，各自包含那个单元里要求的逻辑语言资源。可以对块定义本地变量，在块中使用这些变量，可在应用它们的块中特别地处理错误条件（叫做 exception）。

2. 流程控制

条件语句、循环和分支可用来控制程序的过程流，以决定是否或何时执行 SQL 或其他行动。该特点允许 Oracle 工具（诸如 SQL*Forms）去分组联系在一起的命令组和通过 PL/SQL 控制它们的执行，这样可以避免置许多命令为单独的触发器步骤或者嵌套外部编程语言中的 SQL 语句的要求。

3. 可移植性

因为 PL/SQL 是 Oracle 的主语言，故程序可移植至支持 Oracle 和 PL/SQL 的任何操作系统平台。

4. 集成性

PL/SQL 在 RDBMS（存储过程、触发器、包）和 Oracle 工具中扮演了日益增长的中心角色。PL/SQL 的变量和型与 SQL 的变量和型兼容（与自己用在数据库列中的型也兼容）。因此，PL/SQL 是连接数据库技术和过程编程能力之间间隙的方便的桥梁。

5. 改进程序性能

PL/SQL 的使用可以帮助改进应用程序的性能。在没有 PL/SQL 时，Oracle 每次只处理一个 SQL 语句，而在具有 PL/SQL 后，一个完整的语句块一次发送到 Oracle，可明显地减少与 Oracle 之间的通信和调用，提高了效益。效益的差异取决于 PL/SQL 使用什么样的环境，这些效益稍后讨论。

4.7.2 PL/SQL 的结构

PL/SQL 的每个单元由一个或多个块（block）组成。这些块可以是完全独立的，或者一个块嵌套在另一个块之中。这样，一个块可表示其他块的一小部分，反过来，它恰好也是整个程序单元的一部分。

通常，一个块可以是一个无名块或者一个子程序。

1. 无名块（anonymous）

无名块是一种没有名字的块，这些块在运行它们的应用程序中说明。无名块可以嵌入预编译程序（或 OCI 程序）、以及 SQL*Plus 或 SQL*DBA 中。SQL*Forms 中的触发器也由这些块组成，无名块用得较多。

无名块的定义形式为：

```
DECLARE
    --说明
BEGIN
    --语句序列
[EXCEPTION
    --例外处理程序]
END;
```

一个 PL/SQL 块由三部分组成：说明部分、可执行部分和例外处理部分。

在说明部分中允许说明变量和常量等 PL/SQL 对象，这些对象在块中引用，或在嵌套的子块中引用。说明部分是可选的。

在可执行部分可使用 SQL 的 DML 语句、事务控制语句，还可使用控制结构，如条件控制、迭代控制和顺序控制，这是 PL/SQL 对 SQL 的最重要的扩展。

在 PL/SQL 程序中可以方便地发现和处理预定义的或用户定义的称为例外的出错条件（警告或出错条件），当发生错误时，引起（raise）一个例外，正常的执行被停止，控制转移到例外处理程序。例外处理程序也是可选的。

例 4.62　PL/SQL 无名块结构的例子。

```
DECLARE
qty_on_hand NUMBER(5);
BEGIN
SELECT quantity INTO qty_on_hand FROM inventory
WHERE product='TENNIS RACKET';
```

```
IF qty_on_hand>0 THEN
    UPDATE inventory SET quantity=quantity-1
    WHERE product='TENNIS RACKET';
    INSERT INTO purchase_record
    VALUES ('out of Tennis Rackets',SYSDATE);
ENDIF;
COMMIT;
EXCEPTION
WHEN no_data_found THEN
    INSERT TNTO error_table
    VALUES('Product TENNIS RACKET not found')
END;
```

注意，关键字DECLARE、BEGIN和EXCEPTION后面不用跟分号，但是END和全部其他PL/SQL语句要求跟分号。

上面的例子说明了一个PL/SQL变量qtyon_hand，然后使用了一个SELECT语句。如果此变量的值为正，则修改inventory表。如果SELECT查询失败，则引起称为no-data found的例外，控制立即转移到EXCEPTION部分，将所出问题记录到一个表中。

2. 子程序（subprogram）

子程序是命名的PL/SQL块，分为过程（procedure）和函数（function）两类。后者调用时，由RETURN语句返回一个值。因此一般可使用一个过程执行一个动作，使用一个函数计算一个值。

SQL* Forms允许将过程和函数说明为Form的一部分，并且可从Form的其他作用点调用。

（1）过程

过程是执行一种特定动作的子程序，是命名的PL/SQL块。过程有两部分：过程说明和过程体。过程的结构如下：

```
PROCEDURE 过程名 (参数)
    --说明
BEGIN
    --语句序列
[EXCEPTION
    --例外处理程序]
    END[过程名];
```

其中，参数格式为：

```
参数名 IN    类型名
       OUT   :=值
       INOUT
```

过程说明指定过程名或参数，参数为可选项。过程体由三部分组成：申明部分、可执行部分和可选项例外处理部分。申明部分包含类型、光标、常量、变量、例外和子程序的说明，这些对象是局部的，当退出过程时它们不再存在。可执行部分由赋值语句、控制语句和操纵Oracle数据语句组成。例外处理部分包括例外处理程序。

参数方式（IN、OUT、INOUT）定义了形式参数的行为。IN参数可将值传送给被调用的子程序。OUT参数将值返回给子程序的调用者。INOUT参数可将初始值传送给被调用的子程序，并将修改的值返回调用者。在过程内，IN参数起像常量一样的作用，它不能被赋值；INOUT参数起初始化变量的作用，可被赋值，它的值可以赋给其他变量。OUT参数起未初始化变量的作用，它的值不可赋给其他变量或重新赋给自己。在退出过程之前，要显式地将值赋给全部 OUT 形式参数。IN 参数可初始化为默认值。

例 4.63　OUT 参数的例子。

```
PROCEDURE reconcile(acctno out INTEGER) IS
BEGIN
...
END reconcile;
```

例 4.64　增加职工工资的过程。

```
PROCEDURE RAISE_SALARY(emp_id INTEGER,INCREASE REAL)IS
   CURRENT_SALARY  REAL;
   SALARY_MISSING  EXCEPTION;
   BEGIN
   SELECT SAL INTO CURRENT_SALARY FROM EMP
      WHERE EPNO=emp_id;
   IF CURRENT_SALARY IS NULL THEN
      RAISE SALARY_MISSING;
   ELSE
      UPDATE EMP SET SAL=SAL+INCREASE
         WHERE empno=emp_id;
   ENDIF;
   EXCEPTION
   WHEN NO_DATA_FOUND THEN
   INSERT INTO EMP_AUDIT VALUES(emp_id,'NO such number');
   WHEN salary_missing THEN
   INSERT INTO EMP_AUDIT VALUES(emp_id,'SALARY IS NULL');
   END RAISE_SALARY;
```

当调用此过程时，该过程接收一个职工号和一个工资增加数，使用该职工号选择 EMP 表中的当前工资。如果 EMP 表无此职工号或当前工资为 NULL，则引起例外，否则修改工资。

过程调用为 PL/SQL 语句，针对上述例子其调用语句形式为：

```
RAISE_SALARY (1002,600)
```

也可为：

```
RAISE_SALARY(INCREASE=>600,EMP_ID=>1002)
```

（2）函数

函数为一命名的程序单位，可带参数，并返回一个计算值。函数和过程的结构是相同的，除了函数有一个 RETURN 子句外。函数的结构如下：

```
FUNCTION 函数名(变元)
RETURN 类型名  IS
   --说明
BEGIN
   --语句序列
[EXCEPTION
   --例外处理程序]
END [函数名];
```

其中，变元格式为:

```
变元名      IN        类型名
            OUT       :=值。
            INOUT
```

说明：函数中的关键字和参数的含义同过程。RETURN 子句用于指定结果值的数据类型。

例 4.65 决定一个职工工资是否超出范围的函数。

```
FUNCTION SAL_OK(SALARY REAL,TITLE CHAR)
RETURN BOOEAN IS
   MAX_SAL REAL;
   MIN_SAL REAL;
BEGIN
SELECT LOSAL,HISAL INTO MIN_SAL, MAX_SAL
   FROM SALS WHERE JOB=TITLE;
   RETURN(SALARY>=MIN_SAL)AND (SALARY<=MAX_SAL);
END SAL_OK;
```

当调用该函数时，它接收一职工的工资以及工作名称，然后利用工作名称查找 SALS 表中的范围限制，函数标识符 SAL_OK 由 RETURN 语句置成一个布尔值，如果工资超出范围为 FALSE，否则为 TRUE。

函数调用可以是表达式的成分。

例 4.66 函数调用是表达式的成分。

```
IF SAL_OK(NEW_SAL,NEW_TITLE)THEN
...
END IF;
...
PROMOTABLE:=SAL_OK(NEW_SAL,NEW_TITLE)AND(RATING>3);
```

注意：调用用户定义的函数可在过程性语句中使用，但不能在 SQL 语句中使用。

在函数中使用 RETURN 语句，该语句的作用是：立即完成子程序的执行并将控制返回给调用者，然后从调用者程序中紧接调用该子程序的地方开始执行。一个子程序可包含多个 RETURN 子句。对于过程，RETURN 语句不能包含表达式；对于函数，RETURN 语句必须包含一个表达式，该表达式是一个任意复杂表达式，在 RETURN 语句执行时计算，其值赋给函数标识符。

3．包（package）

（1）包的意义

PL/SQL 为了满足程序模块化的需要，除了块和子程序结构外，还引入了包的构造。

包是一种数据库对象，将逻辑上相关的 PL/SQL 类型、对象和子程序组合成一个更大的单位。包有两个部分：包说明（specification）和包体（body）。说明部分为应用程序的接口，它申明类型、常量、例外、游标和可用的子程序。包体定义游标和子程序，实现说明。应用程序仅对包说明中的申明是可见的和可存取的。如果 Oracle 具有存储过程（procedure）选件，包可以编译、存储在 Oracle 数据库中，其内容可为许多应用共享。当用户第一次调用一包中的子程序时，整个包装入到内存，所以在以后对包中子程序进行调用时，不再需要 I/O 操作，故包可提高效率和改进性能。

PL/SQL 的包具有信息隐蔽性（information hiding），仅在算法和数据结构设计有关层可见。在前面讲到的过程中，可将过程说明和过程体组成一个程序单位。也可将过程说明与它的过程体分开，在这种情况下，将过程放置在一个包中，可隐蔽实现的细节。也可在包中定义过程，而该过程在包说明中没有定义过程说明，这样定义的过程仅在包内使用。

（2）包的定义

包的定义形式如下：

```
包说明：
PACKAGE  包名   IS
--变量说明;
--游标说明;
--例外说明;
--记录说明;
--Plsql 表说明;
--过程说明;
--函数说明;
END[包名];
```

```
包体：
PACKAGE BODY 包名 IS
--变量名说明;
--游标说明;
--游标申明;
--例外说明;
--记录说明;
--plsql 说明;
--过程体;
--函数体;
BEGIN
--语句序列
END[包名];
```

其中，包名为命名包的标识符。

包不能嵌套在 PL/SQL 块或子程序中，然而使用支持 PL/SQL 的任何工具可定义包。要使包为全体使用，必须用 CREATE 命令建立，存储在一个 Oracle 数据库中。可在 SQL*Plus、SQL*DBA 中或从 Oracle 预编译宿主程序中利用 CREATE PACKAGE 和 CREATE PACKAGE BODY 语句建立。

例 4.67 建立包。

① 建立包说明。

```
CREATE PACKAGE emp_actions IS
TYPE EMPRECTYP IS RECORD(emp_id INTEGER,salary REAL);
CURSOR desc_salary(emp_id NUMBER)RETURN EMPRECTYP;
PROCEDURE hire_employee
(ename    CHAR,
job      CHAR,
sal      NUMBER,
mgr      NUMBER,
comm     NUMBER,
deptno    NUMBER);
PROCEDURE fire_employee(emp_id NUMBER);
END emp_actions;
```

语句 TYPE EMPRECTYP IS RECORD(emp_id INTEGER,Salary REAL) 是指用户定义 EMPRECTYP 为 RECORD（记录）类型对象。

用户定义记录的一般格式为：

```
TYPY 类型名 IS RECORD
（字段名 1{字段类型|变量名%TYPE|表名.列名%TYPE|表名%ROWTYPE}[NOT NULL],
字段名 2{字段类型|变量名%TYPE|表名.列名%TYPE|表名%ROWTYPE}[NOT NULL], ...);
```

其中：类型名为类型说明符，可在记录说明中使用。字段类型为 PL/SQL 允许的任何数据类型，包括 RECORD（记录）类型和 TABLE（表）类型。可用%TYPE 或%ROWTYPE 属性指定一字段的数据类型。

利用%TYPE 属性可定义变量、常量或数据库列的数据类型。例如，若变量 my_dname 同 SCOTT 的 DEPT 表的 DNAME 列类型相同，则可定义如下：

my_dname SCOTT.dept.danme%TYPE

%ROWTYPE 属性提供一记录类型，它表示一表（或一视图）中的一行。记录可存储由表所选择的一整行或者由一游标所获取的一整行。例如：

```
DECLARE
emp_rec emp% ROWTYPE;
CURSOR C1 IS SELECT deptno,dname,loc FROM dept;
dept_rec C1%ROWTYPE;
```

其中：emp_rec 记录可存储从表 EMP 中选择的行，dept_rec 记录可存储由 C1 游标所获取的行。这样定义的记录中的字段与行中的列有相同的名字和相同的数据类型。记录中的字段可以下列形式引用：

```
记录名.字段名
emp_rec.ename:='JOHNSON';
```

语句 CURSOR desc_salary(emp_id NUMBER) RETURN EMPRECTYP 定义了一个游标 desc_salary。

游标（CURSOR）详见本节后面的内容。

② 建立包体。

```
CREATE PACKAGE BODY emp_actions AS
CURSOR desc_salary(emp_id NUMBER)RETURN EMPRECTYP
IS SELECT EMPNO,SAL FROM emp ORDER BY SAL DESC;
PROCEDURE hire_employee
(ename   CHAR,
job     CHAR,
sal     NUMBER,
mgr     NUMBER,
comm    NUMBER,
deptno   NUMBER) IS
BEGIN
INSERT INTO EMP VALUES(EMPNO_SEQ.NEXTVAL,
ename,job,mgr,SYSDATE,sal,comm,deptno);
END hire_employee;
PROCEDURE fire_employee(emp_id NUMBER) IS
```

```
BEGIN
DELETE FROM EMP WHERE EMPNO=emp_id;
END fire_employee;
END emp_actions;
```

注意： hire_employee 过程使用参数，数据库序列 empno_seq、函数 SYSDATE 插入一个新职工记录，其职工号由序列产生，聘用日期由函数 SYSDATE 生成。

在包说明中，说明对所有应用是可见的而且可存取。在包体中，实现细节是隐藏的，不可存取。所以改变包体不会引起调用程序的重新编译。

在设计一个应用时，最初只需要定义包说明的接口信息。在没有包体时可编制包说明的程序并进行编译。一旦包说明已经被编译，引用该包的存储子程序同样被编译。在完成应用之前，可不必定义包体。调试、提高或替换一个包体不必修改包说明，以致不需重新编译调用程序。在包说明中所说明的游标和子程序必须在包体中定义。

（3）对包装子程序的调用

包装子程序可被数据库触发器、其他的存储子程序、Oracle 预编译应用程序、OCI 应用程序或 Oracle 工具（如 SQL*Plus）调用。

- 从另一存储子程序调用。

存储子程序可调用包装子程序。

例 4.68 调用包 EMP_ACTIONS 中的包装过程 HIRE_EMPLOYEE，形式为：

```
EMP_ACTIONS.HIRE_EMPLOYEE(name,title,...);
```

- 从应用程序调用。

一个 Oracle 预编译应用程序或 OCI 应用程序可用无名 PL/SQL 块调用包装子程序。

例 4.69 在 Oracle 预编译应用程序中对包装过程 HIRE_EMPLOYEE 进行调用，形式为：

```
EXEC SQL EXECUTE
    BEGIN
        EMP_ACTIONS.HIRE_EMPLOYEE(:name,:title,...);
    END;
END_EXEC;
```

其中：实际参数 name、title 为宿主变量。

- 从 Oracle 工具中调用。

可从 Oracle 工具（如 SQL*Plus、SQL*Forms 和 SQL*DBA）中交互地调用包装子程序。其调用形式为：

```
SQL>EXECUTE EMP_ACTIONS.HIRE_EMPLOYEE('TATE','CLERK',...);
```

注意： 在执行一个包装子程序之前，Oracle 标志一个隐式的保留点。如果子程序由于具有未处理例外而失败，在返回到宿主环境之前，Oracle 将回滚到该保留点。

在一个包装子程序中可包含任何 SQL 语句和 PL/SQL 语句。然而，凡参与分布式事务、数据库触发器、SQL*Forms 应用程序的子程序不能调用包含有 COMMIT、ROLLBACK、SAVEPOINT 语句的包装子程序。

- 远程存取。

可利用下列语法调用存储在远程 Oracle 数据库中的包装子程序：

```
包名.子程序名@DB链名(参数1,参数2,...)
```

Oracle 在数据字典中分别存储包说明和包体。其他对象仅可引用包说明中的全局包对象，重新定义包体中的对象时不会引起 Oracle 使从属对象无效。

（4）STANDARD 包和产品特有的包。

名为 STANDARD 的包定义了 PL/SQL 环境。该包说明全局的申明类型、例外和子程序，可自动地适用于每一个 PL/SQL 程序。STANDARD 包的内容对应用是直接可见的。许多内部函数是被重载的。

为了方便建立基于 PL/SQL 的应用程序，Oracle SERVER 和几种 Oracle 工具都有产品特有的包，例 SQL*Forms 提供名为 SQLFORMS 的包。如需要更多信息，请参见相应产品的引用手册。

4.7.3 控制结构

本小节介绍 PL/SQL 程序的控制结构。根据结构化程序设计理论，任何程序可由三种基本控制结构组成：分支结构、循环结构和顺序结构。PL/SQL 也使用相应的语句来支持这三种控制结构。

1. 分支控制：IF 语句

IF 语句是条件执行语句。IF 语句有三种形式：IF_THEN、IF_THEN_ELSE 和 IF_THEN_ELSIF。

（1）IF_THEN 形式

它是 IF 语句最简单形式，将一条件与一语句序列相关联。当条件为 TRUE 时，执行语句序列。

例 4.70

```
IF X>Y THEN high:=X;ENDIF
```

（2）IF_THEN_ELSE 形式

该种 IF 语句形式比简单形式增加了关键字 ELSE，后跟另一语句序列。形式为：

```
IF 条件 THEN
    语句序列 1;
ELSE
    语句序列 2;
ENDIF;
```

ELSE 子句中的语句序列仅当条件计算为 FALSE 或 NULL 时执行。在 THEN 和 ELSE 子句中可包含 IF 语句，即 IF 语句可以嵌套。

（3）IF_THEN_ELSIF 形式

该形式利用 ELSIF 关键字引入附加条件。形式为：

```
IF 条件 1 THEN
    语句序列 1;
ELSIF 条件 2 THEN
    语句序列 2;
ELSE
    语句序列 3;
ENDIF;
```

当条件 1 计算为 FALSE 或 NULL 时，ELSIF 子句测试条件 2，为 TRUE 时，执行语句序列 2。IF 语句可以有任何数目的 ELSIF 语句，而最后的 ELSE 子句是可选项。在此种情况下，每一条件对应一语句序列，条件由顶向底计算。任何一个条件计算为 TRUE 时，执行相对应的语句序列。如果所有条件计算为 FALSE 或 NULL，则执行 ELSE 子句中的序列。

例 4.71

```
IF X>Y THEN
   high:=X;
ELSIF X=Y THEN
   B:=FALSE;
ELSE
   C:=NULL;
ENDIF;
```

其中，B 和 C 是布尔数据类型（BOOLEAN）。布尔数据类型用于存储 TRUE、FALSE 或 NULL（空值）。它没有参数，仅可将三种值赋给一个布尔变量，不能将 TRUE、FALSE 值插入到数据库的列，也不能从数据库的列中选择或获取列值到布尔变量。

2．循环控制：LOOP 和 EXIT 语句

（1）基本循环

基本循环（或无限循环）是循环语句的最简单的形式，它由关键字 LOOP 和 ENDLOOP 之间的语句序列组成。每一次循环迭代，语句序列执行一次，然后控制重新由循环的顶部开始。可利用 EXIT、GOTO 或 RAISE 语句退出循环。基本循环形式为：

```
LOOP
   语句序列;
   EXIT WHEN 布尔表达式;
END LOOP;
```

其中，EXIT 语句用于退出循环。EXIT 语句有两种形式：无条件的 EXIT 和有条件的 EXIT[标号名]WHEN。[标号名]选项中的标号名为所要退出的循环标识。使用标号名不仅可退出当前循环，而且可退出由标号名所标识的循环。

不能用 EXIT 语句退出一个 PL/SQL 块。

（2）WHILE_LOOP 循环

WHILE_LOOP 循环语句将一条件与一由关键字 LOOP 和 ENDLOOP 包装的语句序列相联系。在每次循环开始前，计算条件，如果该条件计算得到 TRUE，执行语句序列，然后控制重新回到循环顶部。如果条件计算得到 FALSE 或 NULL，则结束循环。在循环中引起例外时也结束循环。该语句的形式为：

```
WHILE 条件 LOOP
   语句序列,
END LOOP;
```

例 4.72

```
WHILE total<=25000 LOOP
...
   SELECT INTO Salary From emp WHERE...;
   total:=total+Salary;
END LOOP;
```

循环迭代次数依赖于条件，在循环完成之前是未知的。由于条件的测试是在循环的顶部，因此语句序列可以一次也不执行。

（3）数值 FOR 循环

数值 FOR 循环语句在一指定整数范围内循环，所以该循环的迭代次数是已知的。在第一次进入 FOR 循环时计算范围，之后不再重新计算。对由“整数表达式 1..整数表达式 2 定义”的范围中的每一个整数，语句序列执行一次，每次迭代之后，循环索引增加。

索引名为命名循环索引的标识符，索引名无需说明，它被隐式地说明为 INTEGER 类型的变量。该索引名的范围是该循环本身，在循环外不能存取。注意，隐式说明压倒循环外的任何其他说明。

整数表达式 1 、整数表达式 2 是表达式，计算出一个整数。要求整数表达式 1 的值不大于整数表达式 2 的值。

REVERSE：缺省时，迭代由低界向高界处理。但使用 REVERSE 后，迭代是由高界向低界处理，每次迭代后，循环索引减小。

数值 FOR 循环语句的形式为：

```
FOR 计数器 IN[REVERSE]低界..高界 LOOP
语句序列;
ENDLOOP;
```

例 4.73

```
FOR I IN 1..3 LOOP   --将值 1,2,3 赋给 I
    语句序列;          --执行三次
END LOOP;
```

3. 顺序控制

GOTO 语句和 NULL 语句对 PL/SQL 程序设计不像 IF 语句和循环语句那么重要,但有时 PL/SQL 结构还是会需要。

（1）GOTO 语句

GOTO 语句无条件转移到一标号，该标号应在它的范围内是唯一的，它必须位于可执行语句或一 PL/SQL 块之前。执行时，GOTO 语句将控制转移到该标号所标注的语句或块。

注意：GOTO 语句不能转移到 IF 语句、循环语句或子块中。

在当前块中，利用 GOTO 语句可转移到该块的另一个地方或者转移到包装它的块，但不能转移到例外处理子程序。在例外处理程序中，GOTO 语句可转移到包装它的块，但不能转移到当前块中。

例 4.74

```
BEGIN
    ...
    GOTO INSERT_ROW
    ...
    <<INSERT_ROW>>
    INSERT INTO MP VALUES...
    END;
```

（2）NULL 语句

该语句不做什么，仅将控制传递给下一语句。使用它的目的是为了提高 PL/SQL 程序的可读性。

4.7.4　游标（CURSOR）

在 Oracle 中，使用了称为“专用 SQL 区”的工作区，用于执行 SQL 语句和存储处理信息。在 PL/SQL 中，有一种叫做游标（CURSOR）的专用 SQL 构造，可以快速存取它所存储的信息。PL/SQL 有两种类型的游标：显式游标和隐式游标。PL/SQL 为全部 SQL DML 语句（包括返回单行的查询）隐式地定义一个游标。而对于返回多行的查询，为了单个地处理每一行，必须显式地定义一个游标。

在 PL/SQL 块子程序或包的说明部分定义游标，给游标命名，并指定一查询。之后可用三种命令：OPEN、FETCH 和 CLOSE 控制游标。

1．游标申明与包游标

（1）游标申明

游标申明指命名游标并将它与查询联系起来。其定义形式如下：

```
CURSOR 游标名[(参数[,参数]...)] IS
```

这里，参数表示为：

```
变量名[IN]数据类型[[{: =LDEFAULT}]值]
```

其中，游标名为命名游标的标识符。参数名为命名游标形式参数的标识符。数据类型：指定游标参数的数据类型。SELECT：为选择语句，是与指定的游标名相联系的查询，该语句类似于 SELECT INTO 语句，但它不包含 INTO 子句。

例 4.75　定义 C1 游标。

```
CURSOR C1 (median IN NUMBER) IS
   SELECT JOB,ENAME FROM EMP WHERE Sal>median;
```

（2）包游标

在包中，由于包分成两部分：包说明和包体，因此在包中的游标也分成两部分：游标说明（cursor specification）和游标体（cursor body）。

例 4.76　包游标定义。

在包说明中加入游标说明：

```
CREATE PACKAGE EMP_ACTIONS AS
   /*包游标说明*/
   CURSOR C1 RETURN EMP%ROWTYPE;
   …
END EMP_ACTIONS;
```

在包体中定义游标体：

```
CREAT PACKAGE BODY EMP_ACTIONS IS
/*定义包游标体*/
CURSOR C1 RETURN EMP%ROWTYPE
SELECT * FROM EMP WHERE SAL >3000;
   ...
END EMP_ACTIONS;
```

在这种情况下，改变游标体时不需修改游标说明。在游标说明中没有 SELECT 语句，RETURN 子句定义了结果值的数据类型。可使用 %ROWTYPE 属性、%TYPE 属性定义返回行、返回结果值的类型。

在游标体中必须要有一个 SELECT 语句和与游标说明中一样的 RETURN 子句，在 SELECT 语句中的选择项表的数目和类型必须与 RETURN 子句相匹配。

2．打开游标

打开游标语句执行查询，标识活动集（active set）。该活动集是由满足查询检索标准的全部行组成的。打开游标的语句形式如下：

```
OPEN C1;
```

在 OPEN 语句执行时，活动集中的行没有被检索，而由 FETCH 语句检索这些行。

在 OPEN 语句中可将参数传送给游标，见例 4.77。

例 4.77

如游标说明为：

```
CURSOR C1 (my_ename CHAR,My_COMM NUMBER) IS
   SELECT...
```

可用下列语句打开游标：

```
OPEN C1   ('ATTLEY',300);
OPEN C1('THURSTON',MY_COMM);
```

注意：在最后一个 OPEN 语句中引用的变量与游标定义中的参数有相同的名字，在游标说明中使用 my_comm 是指形参 my_comm，而在说明外边使用，它指 PL/SQL 变量 my_comm，游标形式参数必须是IN 参数。OPEN 语句中实在参数与形式参数之间联系的方法除了位置对应表示法外，还有命名表示法：形参=>实参。

3．获取活动集中的行

FETCH 语句检索活动集中的行，每次一行。每执行一次 FETCH，游标前进到活动集中下一行。FETCH语句的实例如下：

```
FETCH C1 INTO My_empno,my_ename,my_deptno;
```

由与游标相联的查询返回的每一列值，在 INTO 表中必须有相应的变量，而且其数据类型必须兼容。

例 4.78

```
DECLARE
   MY_SAL  EMP.SAL%TYPE;
   MY_JOB  EMP.JOB%TYPE;
   FACTOR  INTEGER:=2;
   CURSOR  C1 IS
   SELECT FACTOR *SAL FROM EMP WHERE JOB=MY_JOB;
BEGIN
   ...
   OPEN C1;--此时 FACTOR=2
   LOOP
      FETCH C1 INTO MY_SAL;
      EXIT WHEN C1%NOTFOUND;
      ...
      factor:=factor+1;--不影响 FETCH 结果
   END LOOP;
END;
```

注意：这个例子中每次检查的 SAL 被乘以 factor，即使每次 FETCH 后 factor 被增加。因为 OPEN 时决定活动集。

4．关闭游标

CLOSE 语句用于关闭游标，使活动集成为未定义。CLOSE 语句的形式为：

```
CLOSE C1;
```

一旦关闭游标后，可重新打开它。如果在已关闭的游标上执行任何其他操作，将引起预定义例外 INVALID_CURSOR，相当于 Oracle 错误 ORA_01001。

5．游标的属性

每个显式定义的游标有四种属性：%NOTFOUND、%FOUND、%ROWCOUNT 和%ISOPEN。注意，仅在过程性语句中可使用游标属性，而在 SQL 语句中不能使用。

（1）%NOTFOUND 属性

如果最后 FETCH 语句返回一行，则%NOTFOUND 计算行 FALSE；如果最后 FETCH 语句没有返回行，则%NOTFOUND 计算行 TRUE。可利用%NOTFOUND 退出循环。

例 4.79

```
LOOP
   FETCH C1 INTO My_ename,My_deptno;
   EXIT WHEN C1%NOTFOUND;
   ...
ENDLOOP;
```

当 FETCH 语句没有获取行时，C1%NOFOUND 为 TRUE，退出当前循环。

（2）%FOUND 属性

游标的%FOUND 属性为%NOTFOUND 的逻辑非。如果最后 FETCH 语句返回行。%FOUND 为 TRUE；如果未返回行，%FOUND 则为 FALSE。

（3）%ROWCOUNT 属性

游标的%ROWCOUNT 属性返回游标打开后至现在由 FETCH 语句获取的行数。

（4）%ISOPEN 属性

如果游标是打开的，则该游标的%ISOPEN 计算得 TRUE 值；如果未打开，其%ISOPEN 为 FALSE。

隐式游标与显式游标有些不同。Oracle 在处理每一个不与显式说明游标相关的 SQL 语句时，隐式地打开一个游标。PL/SQL 可以用 SQL 引用最近的隐式游标。在程序中不能用 OPENFETCH 和 CLOSE 语句控制隐式游标，但可以利用光标属性存取最近执行的 SQL 语句的有关信息。

SQL 游标也有四个属性：%NOTFOUND、%FOUND、%ROWCOUNT 和%ISOPEN。SQL 游标属性总是涉及最后执行的 SQL 语句，包括 INSERT、UPDATE、DELETE 和 SELECT INTO 语句。隐式游标的四个属性与显式游标的属性类似，仅在此叙述其不同之处。

%ROWCOUNT 属性返回由 INSERT、UPDATE 或 DELETE 所影响的行数以及由 SELECT INTO 所选择的行数。注意，SELECT INTO 返回的行数不能多于一行，如果多于一行，将引起预定义例外 TOO_MANY_ROWS。

%ISOPEN 属性：Oracle 在执行每一个相关的 SQL 语句后，自动地关闭 SQL 游标，所以 SQL 游标的%ISOPEN 属性总是 FALSE。

6. 游标循环

可以利用循环和游标实现数据库数据的循环处理。游标 FOR 循环可简化上述处理程序。游标 FOR 循环隐式地说明它的循环索引为一个记录，并打开游标，重复地获取活动集中的行放置到记录的字段中，在所有行处理完后或退出循环时关闭游标。其语法与前面所讲的数值 FOR 循环相同。

例 4.80 利用游标 FOR 循环实现本节的游标应用。

```
DECLARE
    RESULT TEMP.COL%TYPE;
    CURSOR C1 IS
        SELECT n1,n2,n3 FROM DATA_TABLE
            WHERE EXper_num=1;
BEGIN
        FOR C1rec IN C1 LOOP
            RESULT:=C1rec.n2/(C1rec.n1+C1rec.n3);
            INSERT INTO TEMP VALUES(RESULT,NULL,NULL);
END LOOP;
COMMIT;
END;
```

其中，FOR 循环索引 C1rec 隐式地说明为一记录，它的字段可存储由游标 C1 所获取的全部列值，即它等于下列显式说明：

```
C1rec C1%ROWTYPE;
```

该记录仅定义在循环内部。循环中的语句序列对满足游标的查询的每一行执行一次。当退出循环时，自动地关闭游标。

习　题

1. 表的列有几种类型？作用是什么？
2. 什么是视图？作用是什么？
3. 什么是 PL/SQL？它的结构是什么？
4. 什么是 PL/SQL 的子程序？有哪几类？区别是什么？
5. 什么是包？包的意义？如何建立包和调用包？
6. % TYPE 和% ROWTYPE 的作用是什么？
7. 叙述 IF_THEN_ELSIF 执行的过程。
8. 叙述循环语句的类型和执行过程。
9. 什么是游标？其作用是什么？如何建立和使用游标？
10. 基于下面的顾客/订货/库存数据库表，给出以下 SQL 语句的输出结果：

顾客/订货/库存表

（a）Customers

CUSTNO	CUSTNAME	ADDRESS
1	P.Jones	Leeds
2	A.Chan	HongKong
3	K.Green	Colombo
4	B.Smith	Leeds
5	A.Khan	-

（b）Orders

ORDERNO	CUSTNO	ORDERDATE
1	1	24-JAN-86
2	1	31-JAN-86
3	2	04-FEB-86
4	4	12-FEB-86

（c）Stock

STOCKNO	SNAME	SPRICE	SLEVEL
1	Bolts	15	250
2	Nuts	75	6750
3	Nails	.65	4562
4	Spanners	4.76	136
5	Screws	.11	9875

（d）Orderlines

ORDERNO	STOCKNO	AMOUNT
1	1	55
1	3	124
2	1	24
2	2	35
2	3	12
2	4	125
2	5	33
3	1	45
3	2	12
3	3	234
3	4	13
3	5	145
4	4	32
4	5	125

（1）
```
SELECT * FROM Stock;
```
（2）
```
SELECT Distinct OrderNo
FROM Orderlines;
```
（3）
```
SELECT Orderno,Adress
FROM Customers,Orders
WHERE Customers.Custno-Orders.Custno;
```
（4）
```
SELECT Orderno
FROM Orderlines
WHERE Stockno=1
UNION
SELECT Orderno FROM Orderlines
WHERE Stockno=3;
```
（5）
```
SELECT Custno,Orderno
FROM Customers,Orders;
```
（6）
```
SELECT Orderno
FROM Orderlines
WHERE Stockno=1
```

```
MINUS
SELECT Orderno
FROM Orderlines
WHERE Stockno=3;
```

11. 下面是常用的供应者/零件/工程项目数据库的表结构：

```
S (SNO,SNAME,STATUS,CITY)
P (PNO,PNAME,COLOR,WEIGHT,CITY)
J (JNO,JNAME,CITY)
SPJ (SNO,PNO,JNO,QTY)
```

其样品数据值见习题 13。

试用 CREATE TABLE 语句建立该数据库。

12. 对习题 4.11 中的数据库写出一组 CREATE INDEX 语句，要求对各表施加必要的唯一性限制。

13. 写出能查找出满足如下条件之一的顾客名单的 SQL 语句：

供应者/零件/工程项目数据库表

S

S#	SNAME	STATUS	CITY
S1	Smith	20	London
S2	Jones	10	Paris
S3	Blake	30	Paris
S4	Clark	20	London
S5	Adams	30	Athens

SPJ

S#	P#	J#	QTY
S1	P1	J1	200
S1	P1	J4	700
S2	P3	J1	400
S2	P3	J2	200
S2	P3	J3	200
S2	P3	J4	500
S2	P3	J5	600
S2	P3	J6	400
S2	P3	J7	800
S2	P5	J2	100
S3	P3	J1	200
S3	P4	J2	500
S4	P6	J3	300
S4	P6	J7	300
S5	P2	J2	200
S5	P2	J4	100
S5	P5	J5	500
S5	P5	J7	100
S5	P6	J2	200
S5	P1	J4	100
S5	P3	J4	200
S5	P4	J4	800
S5	P5	J4	400
S5	P6	J4	500

P

P#	PNAME	COLOR	WEIGHT	CITY
P1	Nut	Red	12	London
P2	Bolt	Greeen	17	Paris
P3	Screw	Blue	17	Rome
P4	Screw	Red	14	London
P5	Cam	Blue	12	Paris
P6	Cog	Red	19	London

J

J#	JNAME	CITY	J#
J1	Sorter	Paris	J1
J2	Punch	Rome	J2
J3	Reader	Athens	J3
J4	Console	Athens	J4
J5	Collator	London	J5
J6	Terminal	Oslo	J6
J7	Tape	London	J7

（1）地址含字母 O。

（2）姓名以 K 开头。

（3）地址以 H 开头，以 g 结尾。

14. 基于习题 4.11 中的数据表，写出如下查询的 SELECT 语句：

（1）给出所有零件颜色与零件供应地的对照表，并消除重复信息。

（2）查出姓名以 S 结尾的供应者的信息。

（3）查出由 London 的供应者提供的零件的零件号。

（4）查出住在同一城市的供应者的号码对，并消除多余信息。

15. 现有基于习题 4.11 中的数据表的查询如下：求出所有订购了 Spanners 的顾客姓名。要求用嵌套查询和连接查询两种形式分别写出这一查询。

第 5 章 关系数据库设计理论

本章介绍函数依赖、范式（1NF、2NF 和 3NF）、多值依赖和 4NF，以及连接依赖和 5NF 等关系数据库的规范化理论，以便解决如何在关系数据库中表示给定一组数据的逻辑结构，即确定应建立几个关系，每个关系由哪些属性组成等数据库的逻辑设计问题。

5.1 引　　言

前面已经具体地讨论了关系数据库系统，包括关系模型、数据定义和数据操作语言等。但是还有另外一个非常基本的问题，即给定一组数据之后，如何在关系数据库系统中表示这些数据的逻辑结构，也即确定应建立几个关系，每个关系由哪些属性组成，这是数据库的逻辑设计问题。在本章要讨论的关系数据库的规范化理论就是数据库逻辑设计的一个有力工具。

关系数据库是通过关系来描述现实世界的，一个关系可用来描述实体及其属性，也可用来描述实体间的联系。关系数据库规范化理论是围绕着范式来建立的，如果一个关系满足某个指定的约束集，则称它属于某种特定的范式。

如果一个关系的每一个分量都是不可分的数据项，那么就称这个关系属于第一范式，简称 1NF。

关系实质上是一张二维表，属于第一范式是对它的最起码的要求，即每一个分量应具有原子性。一个关系即使属于 1NF，仍可能具有某些不合要求的性质。这里举一个例子来说明。

假设有一个关系模式 R(T#,TNAME,C#,CNAME)，其中，T#属性表示教师编号，TNAME 表示教师姓名，C#表示教师所教的课程编号，CNAME 表示教师所教的课程名称。表 5-1 是一个具体的实例。

表 5-1　关系模式的实例

T#	TNAME	C#	CNAME	T#	TNAME	C#	CNAME
t_1	t_{n1}	c_1	c_{n1}	t_2	t_{n2}	c_4	c_{n4}
t_1	t_{n1}	c_2	c_{n2}	t_2	t_{n2}	c_5	c_{n2}
t_1	t_{n1}	c_3	c_{n3}	t_3	t_{n3}	c_6	c_{n4}

R 的主关键字为(T#,C#)，只要根据每个教师的编号及所教课程的编号就能决定教师的姓名及课程名称。在 R 关系中，现实生活中的情况告诉我们：

① 每门课程有唯一的编号，每个教师有唯一的编号。

② 每个教师可以教多门课程，一门课程可由多个教师来教。

③ 每个教师编号有唯一的姓名，每门课程编号有唯一的课程名称。

这样属性之间就存在一些内在的性质，是语义上的体现。这些性质有些是不好的，比如在 *R* 关系上进行操作，可能出现如下的一些问题：

（1）插入异常

如果有一门新的课程需要开设，还没有确定任课教师，则只能确定课程编号（C#）和课程名称（CNAME）。需要增加一行存储 C#和 CNAME，此行上的教师编号和教师姓名就没有数据值，只能设为空值，虽然许多系统都支持空值，但在关系 *R* 中，(T#,C#)为主关键字，由于不允许在主关键字中出现空值，所以此新课程就无法插入，这被称为插入异常。

（2）删除异常

如果在表 5-1 的实例中，教师 t_3 因为工作另有安排，不能完成 c_6 课程的教学任务，这样 t_3 教师的信息就需要删除。将 t_3 所在的行删除，但一旦删除，就会发现，在 *R* 中没有了 c_6 课程的信息，这就将不该删除的信息删除了，这称为删除异常。

（3）数据冗余

如果一个教师教授多门课程，就会有多个行来描述，比如表 5-1 中教师 t_1 教三门课程，就有三行来描述，他的姓名就存储了三次。相应的，如果一门课程有多个教师来教，那么课程就存储多次。这样就造成了数据存储的冗余，浪费了存储空间。另外，系统还要付出很大的代价来维护数据的完整性。比如，某门课程的名称改动了，就要修改有关此门课程的所有元组。

对于关系模式 R，假设用如下两个关系模式来代替：

R1（T#，TNAME）

R2（T#，C#，CNAME）

这样分解后，上面提到的三个问题基本得到解决。规范化理论将讨论如何解决此类问题，改造一个不好的模式。

将关系模式 *R* 分解为 R_1 和 R_2 之后，如果要查找某门课程的任课教师的姓名，就需要 R_1 和 R_2 之间进行连接操作，进行连接操作的代价是较高的。而在原来的模式中可以直接查到。

设计一个数据库是一项极其复杂的工作，规范化理论是设计过程中的一个非常有用的辅助工具，设计数据库并不是只根据规范化的原则。

5.2 函数依赖

数据依赖是关系中各属性间互相依存、互相制约的各种不同形式，它是数据内在的性质。有许多类型的数据依赖，其中最重要的是函数依赖（functional dependency，FD）和多值依赖（multivalued dependency，MVD）。

本节主要讨论函数依赖，多值依赖将在 5.4 节中讨论。

定义 5.1 设 $R(U)$是属性集 U 上的关系模式，X，Y 是 U 的子集，只要 r 是 R 的当前值，对 r 中任意两个元组 s，t 都有 $s[X]=t[X]$蕴涵 $s[Y]=t[Y]$，那么称 X 函数确定 Y 或 Y 函数依赖于 X，记做 $X\rightarrow$C。

这里，$s[X]$表示元组 s 在属性集 X 上的值，$t[X]$类同。在当前值 r 的两个不同的元组中，如果 X 值相同，就一定要求 Y 值相同。也就是说，有一个 X 值就有一个精确的 Y 值与之对应，r 中不可能存在两个元组在 X 上的属性值相等，而在 Y 上的属性值不相等。

若 $X \rightarrow Y$，则称 X 为决定因素。如果 $X \rightarrow Y$，但 $Y \not\subset X$（Y 不包含于 X），则称 $X \rightarrow Y$ 是非平凡的函数依赖。这里讨论的函数依赖是非平凡的函数依赖。

只能根据语义来判断一个函数依赖是否在一个关系模式中成立。例如在 5.1 节的例子中，TNAME→C#这个函数依赖在没有相同名字的教师存在的条件下成立，如果允许相同的名字，则课程号（C#）就不再函数依赖于教师姓名（TNAME）。当然，设计者可以根据现实情况进行强制规定，从而使得某些函数依赖成立。

定义 5.2　在 $R(U)$中，如果 $X \rightarrow Y$，并且对于 X 的任何真子集 X'，都有 Y 不函数依赖于 X'（记作 $X' \nrightarrow Y$），则称 Y 对 X 完全函数依赖。

若 $X \rightarrow Y$，但 Y 不完全函数依赖于 X，则称 Y 对 X 部分函数依赖。

定义 5.3　在 $R(U)$中，如果 $X \rightarrow Y$，（$Y \not\subset X$），$Y \nrightarrow X$，$Y \rightarrow Z$，则称 Z 对 X 传递函数依赖。

例如，有一个描述学生的关系模式：

R(S#,SN,SD,SDADDR,C#,CG)

其中，S#表示学生的学号，SN 表示学生的姓名，SD 表示学生所在的系，SDADDR 表示系办公室所在的地址，C#表示学生所学的课程编号，CG 表示学生所学课程的成绩。

现实情况告诉我们：一个学生只能属于一个系，他的每门课程有一个成绩，一个系的系办公室在一个地址。所以有如下的函数依赖：

S#→SN

S#→SD

SD→SDADDR

（S#，C#）→CG

如果学生的名字不重复，则 S#→SN 和 SN→S#都成立，可记为 S#←→SN。单个的 S#或 C#都不成为决定因素，CG 对(S#,C#)是完全函数依赖。

定义 5.4　设 K 为关系模式 R 上的属性或属性组合，U 为 R 上的所有属性集合，如果 U 完全函数依赖于 K，则 K 为 R 的候选码（candidate key）。

如果候选码多于一个，则可选定其中的一个作为主码（primary key），也可称为主关键字。

包含在任何一个候选码中的属性称为主属性（prime attribute），不包含在任何码中的属性称为非主属性（non-prime attribute）或非码属性（non-key attribute）。

例如，在关系模式 R_1(T#,TNAME,TAGE)中，T#为教师编号，TNAME 为教师姓名，TAGE 为年龄；T#为主码，它决定 TNAME 和 TAGE。在关系模式 SC(S#,C#,CG)中，S#，C#，CG 分别为学生编号，课程编号，成绩；CG 完全函数依赖于(S#,C#)，故属性组合(S#,C#)是码。在关系模式 CTB(C,T,B)中，C 为课程，T 为教师，B 为教学参考书。假设一门课程可由多个教师来教，一个教师可以教多门课程，一门课程可有多种教学参考书，这个关系模式的码为(C,T,B)，即整个属性组是码，称为全码（all-key）。

所以一个关系模式的码可以是单个属性，部分属性的组合，也可以是整个属性的组合。

定义 5.5　如果关系模式 R 中的属性或属性组 X 不是 R 的码，但 X 是另一个关系模式的码，则称 X 是 R 的外部码（foreign key）。

例如，在 R_2(T#,C#,CNAME)中，T#，C#，CNAME 分别代表教师编号，课程编号和课程名称。一个教师可以教多门课程，T#不能决定 CNAME，所以 T#不是 R_2 的码。在 R_1(T#,TNAME)中教师编号 T#可以决定教师姓名 TNAME，T#是 R_1 的码，这样 T#就是 R_2 的外部码。

R_1 和 R_2 可以通过 T#来进行连接操作，主码和外部码提供了关系间联系的手段。

5.3 范　式

Codd 提出了规范化的问题，并且给出了范式的概念。他在 1971–1972 年定义了第一范式、第二范式、第三范式（1NF、2NF、3NF），讨论了进一步规范化的问题。概括地说，关系的全体包括规范化的和非规范化的。所有的规范化关系都属于 1NF，某些 1NF 关系属于 2NF，某些 2NF 关系属于 3NF。这样定义的原因是，规范化的比未规范化的符合要求，2NF 比 1NF 符合要求，3NF 比 2NF 符合要求，典型的要求如我们在 5.1 节中介绍的插入异常、删除异常等。在数据库设计中，要求所有的关系至少属于 1NF。

Codd 最早给出的 3NF 定义有一些不恰当的地方，Boyce 和 Codd 共同给出了一个对 3NF 的修正定义，为了与旧的 3NF 相区别，把新的 3NF 称为 Boyce/Codd 范式（BCNF）。1976 年，Fagin 又提出了 4NF，后来出现了 5NF。这样某些 3NF 关系属于 BCNF，某些 BCNF 关系属于 4NF，某些 4NF 关系又属于 5NF。

各种范式之间的联系如图 5–1 所示。

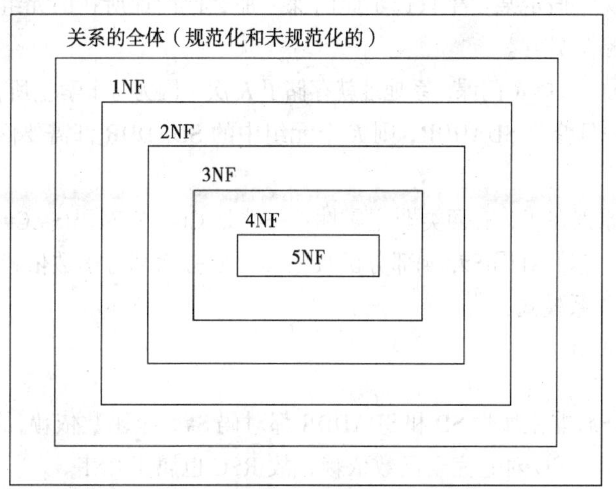

图 5–1　范式

关系模式的规范化是指把一个低级的范式通过模式分解转换为若干个高一级范式的关系模式的集合。这种分解不是唯一的。应该指出的是，在具体应用中模式应该如何分解，分解后的模式最好处于哪一范式，要根据具体的应用环境和条件而定，没有绝对的准则。

5.3.1 第一范式（1NF）

在 5.1 节中已经提到了第一范式，这里再次给出它的定义。

定义 5.6　如果关系模式 R 的每一个关系 r 的属性值都是不可分的原子值，那么称关系 R 属于第一范式（1NF）。

属于1NF的关系称为规范化关系，不属于1NF的关系称为非规范化关系。本章讨论的都是规范化关系，即每个关系的分量都是不可分的数据项。例如，关系 R1（T#，TNAME，TTEL）中，TTEL表示电话号码，如果一个教师有两个或多个电话号码，则必须每个电话号码存在一个元组中。

一个关系满足1NF是最起码的条件，如果它满足1NF，还是可能存在一些操作异常现象。如5.1节的例子所示，要解决这些异常现象，需要引进新的范式。

5.3.2 第二范式（2NF）

定义 5.7 如果关系模式R属于1NF，并且每一个非主属性完全函数依赖于各个候选码，那么称R属于第二范式（2NF）。如果某个数据库模式中的每个关系模式都是2NF，则这个数据库模式称为2NF的数据库模式。

如果一个关系不属于2NF，那么可能存在一些问题。

例如，关系模式 R(S#,SD,SDADDR,C#,CG)中，码为(S#,C#)。存在成绩 CG 完全函数依赖于(S#,C#)，但对于系SD、系地址SDADDR而言，(S#,C#)可以函数决定它们，但是只要S#就可以函数决定它们。故非主属性SD、SDADDR只是部分函数依赖于码(S#,C#)，所以 *R* 不属于2NF。

在 *R* 中，如果要插入一个未选课的学生，那么此学生的C#为空值，由于(S#,C#)为码，故此学生无法插入，造成插入异常。

如果要删除一门课，假定某学生只选了此门课，那么此门课所在的元组删除后，此学生的信息也删除掉了，造成删除异常。

设一个学生可以同时选择 *K* 门课，系地址就存储了 *K* 次（因为每个学生所在的元组中都储存），造成数据冗余，同时一旦修改SDADDR，则 *K* 个元组中的SDADDR都需要修改，增加了修改的复杂性。

产生上述问题的原因在于，有两类非主属性：一类是CG，它对码(S#,C#)完全函数依赖。另一类是SD和SDADDR，它们对码(S#,C#)部分函数依赖。要去除部分函数依赖，可使用投影分解的方法将R分解成两个关系模式：

```
RSD(S#,SD,SDADDR)
RSC(S#,C#,CG)
```

这样RSD的码为S#，非主属性SD和SDADDR都对码S#完全函数依赖，故关系RSD属于2NF。关系RSC的码为(S#,C#)，CG对它完全函数依赖，故RSC也属于2NF。

5.3.3 第三范式（3NF）

定义 5.8 如果关系模式R是1NF，且每个非主属性都不传递函数依赖于R的候选码，则称R属于第三范式（3NF）。如果某个数据库模式中的每个关系模式都是3NF，则称这个数据库模式为3NF 的数据库模式。

如果一个关系模式不属于3NF，那么也可能存在一些问题。

在关系RSC中，码为(S#,C#)，不存在传递函数依赖，故属于3NF。

在关系RSD中，码为S#，S#→SD，SD↛S#，SD→SDADDR，故SDADDR传递函数依赖于S#，因此关系RSD不属于3NF。

关系 RSD 不属于 3NF，会出现数据冗余和操作异常现象。例如，假设有 40 个学生属于同一个系，则关系中就会出现 40 个元组，系的地址就会重复 40 次。这样造成了大量的数据冗余。要解决这个问题，可以将 RSD 分解为关系 RSD1(S#,SD)和关系 RSD2(SD,SDADDR)。RSD1 和 RSD2 都是 3NF。

可以证明，设 *R* 是一个关系模式，如果 *R* 是 3NF 模式，那么 *R* 必是 2NF 模式。

部分函数依赖和传递函数依赖是产生数据冗余和操作异常的两个重要原因。3NF 中不存在非主属性对候选码的部分函数依赖和传递函数依赖，所以消除了很大一部分异常，具有较好的性能。应注意的是，3NF 并未消除主属性对候选码的传递依赖，仍然可能有异常现象。

5.3.4　BC 范式（BCNF）

BCNF（boyce codd normal form）是由 Boyce 和 Codd 提出的，比 3NF 又进一步，通常认为 BCNF 是修正的第三范式，有时也称为第三范式。

定义 5.9　如果关系模式 *R* 是 1NF，如果 $X \rightarrow Y$ 且 $Y \not\subseteq X$ 时 *X* 必含有码，则 *R* 属于 BCNF。如果一个数据库模式中的每个关系模式都属于 BCNF，则称该数据库模式是属于 BCNF 的数据库模式。

也就是说，关系 *R* 属于 BCNF，当且仅当每个决定因素都包含码。

可以证明，如果一个关系 *R* 属于 BCNF，则 *R* 属于 3NF。但是，如果 *R* 属于 3NF，那么，*R* 并不一定属于 BCNF。

一个关系如果属于 BCNF，那么：

① 所有的非主属性对每一个码都是完全函数依赖。

② 所有的主属性对每一个不包含它的码也是完全函数依赖。

③ 不存在任何属性能够完全函数依赖于不是码的任何一组属性。

下面举一些例子来说明。

在关系模式 *C*(C#,CNAME,PC#)中，C#、CNAME 和 PC#分别表示课程编号、课程名称和先行课程编号。只有一个码 C#，C#也是 C 中唯一的决定因素，所以 C 属于 BCNF。

在关系模式 *T*(T#,TNAME,TD,TA)中，属性分别为教师编号、姓名、所属的系和年龄。这里假设每位教师的姓名都不一样，那么 *T* 有两个都是由单个属性组成的码 T#和 TNAME，它们也不相交，TD 和 TA 不存在对码的部分函数依赖与传递依赖，故 T 属于 3NF。在 T 中的决定性因素只有两个 T#和 TNAME，它们都是码，所以 T 属于 BCNF。

在关系模式 SJT(S,J,T)中，属性分别为 *S*（学生）、*J*（课程）和 *T*（教师），指定的学生由指定的教师讲授指定的课程。它的语义规则如下：

① 每位教师只教一门课。

② 每门课可以有几位教师。

③ 对于每一门课，选这门课的学生只能听一位教师的课。

表 5-2 是这个关系的一个实例。

表 5-2　关系 SJT 的一个实例

S	*J*	*T*	*S*	*J*	*T*
s_1	j_1	t_1	s_2	j_1	t_1
s_1	j_2	t_2	s_2	j_2	t_3

从上述的语义可知，有如下的函数依赖存在：

```
(S,J)→T
(S,T)→J
T→J
```

这里存在着重迭的组合属性(*S*,*J*)和(*S*,*T*)，它们都可以作为候选码。因为不存在非主属性对码的部分依赖或传递依赖，故 SJT 是 3NF。因为 T 决定 J，但 T 不包含码，所以 SJT 不是 BCNF 关系模式。

在 SJT 中，仍存在着异常问题。例如，要删除学生 s_2 学习课程 j_1 的信息，也将删除教师 t_3 教授课程 j_2 的信息（因为它们在 SJT 中，是在同一元组中表示的）。这主要是由于 *T* 是一个决定因素，而 *T* 又不包含码所引起的。要解决此问题，可以将 SJT 分解成两个 BCNF，分别为 ST(*S*,*T*)和 TJ(*T*,*J*)，它们都是 BCNF。

3NF 中出现的异常现象表现在可能存在主属性对码的部分函数据依赖和传递函数依赖。一个模式中的关系模式如果属于 BCNF，那么在函数依赖范畴内，已经消除了插入异常和删除异常。

5.4 多值依赖和第四范式（4NF）

前面讨论的函数依赖有效地表达了属性值之间的多对一联系，但是它还不足以表达现实世界中所有的数据依赖。例如对于一对多联系，函数依赖就无法解决。

例如，有一个未规范化的关系，其中有课程（*C*）、教师（*T*）和教学参考书（*B*）等有关信息。一门指定的课程可以由指定的教师中的任何一人来讲授，他们使用相同的一套教学参考书。表 5-3 是两个这样的记录的实例，分别描述了课程 c_1、c_2。

表 5-3 未规范化的 CTB 的实例

C	*T*	*B*	*C*	*T*	*B*
c_1	t_1	b_1	c_2	t_4	b_3
	t_2	b_2			b_4
	t_3				

现在，把这个关系化为等价的规范化形式，如表 5-4 所示。

表 5-4 规范化的 CTB 的实例

C	*T*	*B*	*C*	*T*	*B*
c_1	t_1	b_1	c_1	t_3	b_1
c_1	t_1	b_2	c_1	t_3	b_2
c_1	t_2	b_1	c_2	t_4	b_3
c_1	t_2	b_2	c_2	t_4	b_4

关系模型 CTB(*C*,*T*,*B*)的码是(*C*,*T*,*B*)，它的所有属性一起构成主码，而且再没有其他的决定因素，所以 CTB 属于 BCNF。

很明显，在 CTB 中包括了大量的数据冗余，而且还会导致操作异常。例如，要增加一套 c_1

课程用的教学参考书 b_{12} 时，需要增加三个新的元组：

(c_1，t_1，b_{12})，(c_1，t_2，b_{12})，(c_1，t_3，b_{12})

同样的，如果要去掉一套教学参考书，需要删除多个元组。如去掉 b_2，需要删除元组：

(c_1，t_1，b_2)，(c_1，t_2，b_2)，(c_1，t_3，b_2)

非常直观地看，要解决此问题，可以将 CTB 分解为 CT(C,T)和 CB(C,B)，如表 5-5 所示。

表 5-5　CT 和 CB 的实例

CT			CB	
C	T		C	B
c_1	t_1		c_1	b_1
c_1	t_2		c_1	b_2
c_1	t_3		c_2	b_3
c_2	t_4		c_2	b_4

CTB 属于 BCNF 范式，表 5-5 的分解是不能建立在函数依赖基础上的。它是建立在一种新的依赖，即多值依赖基础上的。多值依赖是函数依赖的推广，函数依赖是多值依赖的特殊情况。

定义 5.10　设 $R(U)$是属性集 U 上的一个关系模式，X，Y，Z 是 U 的子集，并且 $Z=U-X-Y$，多值依赖（简记为 MVD）$X\rightarrow\rightarrow Y$ 在关系模式 R 中成立，当且仅当对 $R(U)$的任一关系 r，给定的一对(x,z)值有一组 Y 值，这组 Y 值只依赖于 x 值，而不依赖于 z 值。

例如，在 CTB 关系模式中，对于一个(c_1,b_1)有一组教师 T 值：$\{t_1,t_2,t_3\}$，这组值仅取决于课程 C 的值。也就是说，对于 C 值相同的另一个(c_1,b_2)对应的 T 值仍是$\{t_1,t_2,t_3\}$，尽管教学参考书已经由 b_1 改为 b_2。因此 T 多值依赖于 C，记为 $C\rightarrow\rightarrow T$。类似的分析可以得到：$C\rightarrow\rightarrow B$。

可以证明，多值依赖具有对称性质，即设 $Z=U-X-Y$，若 $X\rightarrow\rightarrow Y$，则 $X\rightarrow\rightarrow Z$。

函数依赖可以看做是多值依赖的特殊情况。即若 $X\rightarrow Y$，则 $X\rightarrow\rightarrow Y$。这是因为 $X\rightarrow Y$ 描述了属性值 Y 与 Y 之间的一对一联系，而在 $X\rightarrow\rightarrow Y$ 中描述了属性值 X 与 Y 之间的一对多联系。如果在 $X\rightarrow\rightarrow Y$ 中规定每个 X 值只有一个 Y 值与之相对应，那么 $X\rightarrow\rightarrow Y$ 就成了 $X\rightarrow Y$。所以函数依赖可以看成是多值依赖的一个子类。

设 $Z=U-X-Y$，若 $X\rightarrow\rightarrow Y$，而 $Z=\Phi$，则称 $X\rightarrow\rightarrow Y$ 为平凡的多值依赖。

多值依赖与函数依赖有重大的区别。函数依赖 $X\rightarrow Y$ 成立与否仅仅与 X 和 Y 值有关，但对于多值依赖，$X\rightarrow\rightarrow Y$ 不仅要考虑 X 和 Y 的值，还要考虑 $U-X-Y$ 的值。另外，如果 $X\rightarrow Y$ 成立，则对于任何 $Y'\subset Y$（指 Y'真包含于 Y）都有 $X\rightarrow Y'$成立。而对于多值依赖 $X\rightarrow\rightarrow Y$ 成立，对于任何 $Y'\subset Y$，$X\rightarrow\rightarrow Y'$不一定成立。

定义 5.11　设 R 是一个关系模式，$R\in 1NF$，若 $X\rightarrow\rightarrow Y$（$Y\not\subseteq X$）是非平凡的多值依赖，并且 X 含有码，则称 R 属于第四范式。

可以证明，一个关系若属于 4NF，则它必属于 BCNF。

一个关系模式若属于 BCNF，它不一定属于 4NF。例如，在关系模式 CTB 中，如前所述，CTB 属于 BCNF，存在多值依赖：$C\rightarrow\rightarrow T$ 和 $C\rightarrow\rightarrow B$，它们都是非平凡的多值依赖，CTB 的码为$(C,T,B)$，而 C 不是码，按照 4NF 的定义，CTB 不属于 4NF。

一个关系模式如果不是 4NF，仍可能存在数据较大的冗余和操作异常，例如上面介绍的关系模式 CTB，所以还应该继续规范化使关系模式 CTB 达到 4NF。

还是可以采用分解的方法消去非平凡且非函数依赖的多值依赖。例如，把 CTB 分解为 CT(C,T) 和 CB(C,B)。如表 5-5 所示。CT 和 CB 中分别存在的多值依赖 $C\to\to T$ 和 $C\to\to B$，都是平凡的多值依赖，它们中都不存在非平凡且非函数依赖的多值依赖，所以 CT∈4NF、CB∈4NF。

5.5 连接依赖和第五范式（5NF）

5.5.1 连接依赖

在前面的定义 5.10 中，定义了一个模式无损分解为两个模式。类似的，对于一个模式无损分解成 n 个模式的数据依赖，称为连接依赖。

定义 5.12 设 U 是关系模式 R 的属性集，R_1，…，R_n 是 U 的子集，并满足 $U=R_1\cup\cdots\cup R_n$，$p=\{R_1, \cdots, R_n\}$是 R 的一个分解。如果对于 R 的每个关系 r 都有 $m_p(r)=r$，那么称连接依赖（join dependency，JD）在模式 R 上成立，记为*（R_1，…，R_n）。

定义 5.13 如果*$(R_1,\cdots,R_n)$中某个 R_i 就是 R，那么称这个 JD 是平凡的 JD。

例 5.1 设关系模式 R(SPJ)的属性分别表示供应商、零件、项目等含义，表示三者之间的供应联系。如果规定，模式 R 的关系是三个二元投影(SP,PJ,JS)的连接，而不是其中任何两个的连接（见图 5-2）。那么模式 R 中存在着一个连接依赖*(SP,PJ,JS)。

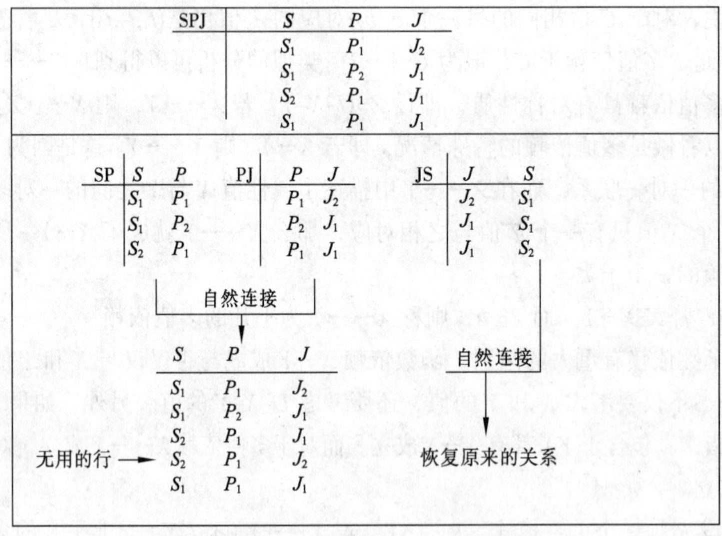

图 5-2 关系 SPJ 是三个二元投影的连接而不是其中任何两个的连接

在模式 R 存在这个连接依赖时，其关系将存在冗余和异常现象。譬如，插入或删除元组就会出现各种异常（见图 5-3）。

SPJ	S	P	J
	S_1	P_1	J_2
	S_1	P_2	J_1

- 在插入元组（S_2，P_1，J_1）时，必须插入元组（S_1，P_1，J_2）
- 然而，插入元组（S_1，P_1，J_1）时，可以不要求插入元组（S_2，P_1，J_1）

SPJ	S	P	J
	S_1	P_1	J_2
	S_1	P_2	J_1
	S_2	P_1	J_1
	S_1	P_1	J_1

- 元组（S_2，P_1，J_1）可直接删除
- 元组（S_1，P_1，J_1）被删除时，必须删除其他三个元组中的一个，才能不违反连接依赖*（SP，PJ，JS）

图 5-3　在 SPJ 中更新问题的例子

5.5.2　第五范式（5NF）

定义 5.14　如果关系模式 R 的每个 JD 均由 R 的候选键蕴涵，那么称 R 是 5NF 的模式。在有的文献中，5NF 也称为投影连接范式（project-join NF），简记为 PJNF。

这里 JD 可由 R 的键蕴涵，是指 JD 可由键推导得到。如果 JD*$(R_1,\cdots,R_n)$中某个 R_i 就是 R，那么这个 JD 是平凡的 JD；如果 JD 中某个 R_i 包含 R 的键，那么这个 JD 可用 Chase 方法验证。

例 5.2　在例 5.1 中提到的 R(SPJ)中，*(SP,PJ,JS)是非平凡的 JD，因此 R 不是 5NF。应该把 R 分解成 SP、PJ、JS 三个模式，这个分解是无损分解，并且每个模式都是 5NF，清除了冗余和异常现象。

连接依赖（JD）也是现实世界属性间联系的一种抽象，是语义的体现。但是它不像函数依赖（FD）和多值依赖（MVD）的语义那么直观，要判断一个模式是否是 5NF 也比较困难。

对于 JD，已经找到一些推理规则，但尚未找到完备的推理规则集。可以证明，5NF 的模式也一定是 4NF 的模式。根据 5NF 的定义，可以得出一个模式总是可以无损分解成 5NF 模式集。

习　　题

1. 给出下列术语的定义：
   函数依赖，部分函数依赖，完全函数依赖，传递依赖，候选码，主码，外码，全码。
2. 什么是 1NF、2NF、3NF、BCNF、多值依赖、4NF、连接依赖、5NF？
3. 什么是规范化、范式？
4. 下列命题哪些是真命题？对每个假命题请给出一个反例说明之。
   （1）任何一个二目关系是属于 3NF 的。
   （2）任何一个二目关系是属于 BCNF 的。
   （3）任何一个二目关系是属于 4NF 的。
   （4）当且当函数依赖 $A\rightarrow B$ 在 R 上成立，关系 $R(A,B,C)$等于其投影 $R_1(A,B)$和 R_2(A,C)的连接。
   （5）如果 $R.A\rightarrow R.B$, $R.B\rightarrow R.C$, 那么 $R.A\rightarrow R.C$。
   （6）如果 $R.A\rightarrow R.B$, $R.A\rightarrow R.C$, 那么 $R.A\rightarrow R.(B,C)$。

（7）如果 $R.B \rightarrow R.A, R.C \rightarrow R.A$，那么 $R.(B,C) \rightarrow R.A$。

（8）如果 $R.(B,C) \rightarrow R.A$，那么 $R.B \rightarrow R.A, R.C \rightarrow R.A$。

5. 试举出三个多值依赖的例子。
6. 试举出三个连接依赖的例子。
7. 什么是连接依赖和第五范式（5NF）？

第 6 章 PowerDesigner CASE 技术

本章介绍 PowerDesigner CASE 的主要功能特点，分析设计过程、运行环境及设计环境，为后面用其创建 CDM、PDM（物理数据模型）进行实际的数据库设计做准备。

6.1 什么是 CASE 工具

什么是 CASE 工具呢？CASE 工具是智能化的计算机辅助软件工程（computer aided software engineering，简称 CASE）工具。它的出现可以说是软件工程的一场革命。过去的软件开发过程往往缺乏规划，开发的软件也没有详细的文档。这样，时间一长，连开发人员都难以记起当时软件开发的细则，维护工作就更难。为提高软件质量，降低维护难度，加强重复使用率，让开发人员、分析人员、测试人员、数据库管理人员、管理人员以及用户相互沟通，使系统发挥最大综合效率，世界各大数据库厂商和第三方合作开发出了 CASE 工具。目前，我国各应用领域的数据管理趋向计算机化，CASE 工具的应用也日趋普及，并已成为保证软件质量，解决软件危机的主要手段。在此领域中，RATIONAL 公司的 Rational Rose 擅长以 UML（unified modeling language，统一建模语言）构造模型，具备严谨的方法论，但技术偏高。CA 公司的 All Fusion ERwin Data Modeler 擅长以 E-R（entity relationship）建立实体-联系模型，其最大优点是可以直接产生数据结构。Sybase 公司的 PowerDesigner（简称 PD 则率先实现了业务流程模型（BPM）、统一建模语言和数据模型的无缝集成，集 BPM、UML、E-R 精华于一身，更能迎合市场潮流。

PowerDesigner 对软件生产带来较大的影响：传统的软件生产方法、分析、设计、开发、测试和再开发各个阶段必须是前一个阶段完成后，再开始另一个阶段的工作，而 PowerDesigner 软件工程工具的使用，使软件的分析、设计、开发、测试和再开发各个阶段可以同时进行，这就是 PowerDesigner 所倡导的迭代（iterative）软件生产方法。PowerDesigner 不仅能够应用在 IT 领域中，而且可以应用在其他业务领域中，表 6-1 是不同领域中使用 PowerDesigner 的各类人员。

表 6-1 不同领域中使用 PowerDesigner 的各类人员

	面向业务领域	面向 IT 领域	
管理人员	● 各方面业务的一把手（CxO） ● 业务分析人员	● IT 主管 ● IT 管理员 ● 有经验的系统分析员 ● 系统设计者 ● 系统集成人员	
		数据库人员	应 用 人 员
技术人员	● 迭代生命周期支持人员	● 数据库设计人员 ● 数据库管理员 ● 数据库开发人员	● 应用程序设计人员 ● 应用程序管理人员 ● 应用程序开发人员

全球著名的 IT 研究咨询公司 Gartner Group 指出：PowerDesigner 领导了数据建模市场，图 6-1 是 2003 年 Gartner 公司关于数据建模的象限图（magic quadrant）。从图 6-1 中可以看出 Sybase、CA、Embarcadero 公司是数据建模的领导者。

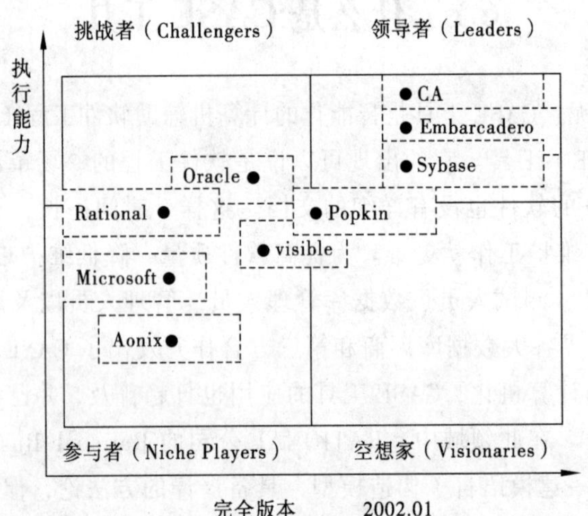

图 6-1 数据建模象限图

图 6-2 是 2003 年 Gartner 公司统计的数据建模软件在 2002 年所占的市场份额。

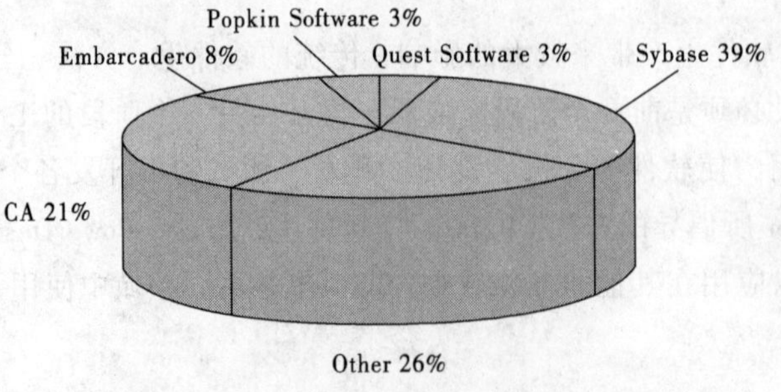

图 6-2 2002 年数据建模市场份额（2003 年调查结果）

据悉，PowerDesigner 目前的海外客户包括 Sears 百货、富达投资、迪士尼、克莱斯勒及 Fleet 银行，美国国内客户则包括国防部、海陆军总部、财税中心、怡富证券及旺宏电子等。在中国，软件研制人员也逐渐认识到 CASE 工具的重要性，PowerDesigner 客户在不断增加。

PowerDesigner 从 1989 年诞生以来，经历了一个激动人心的发展过程，它集成了软件工程技术的最新研究成果，如图 6-3 所示。

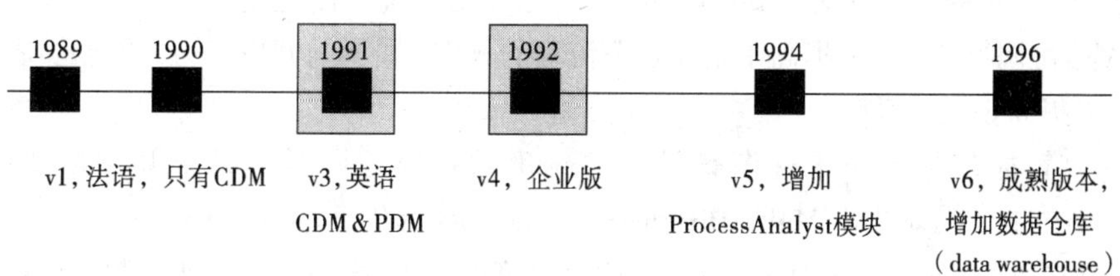

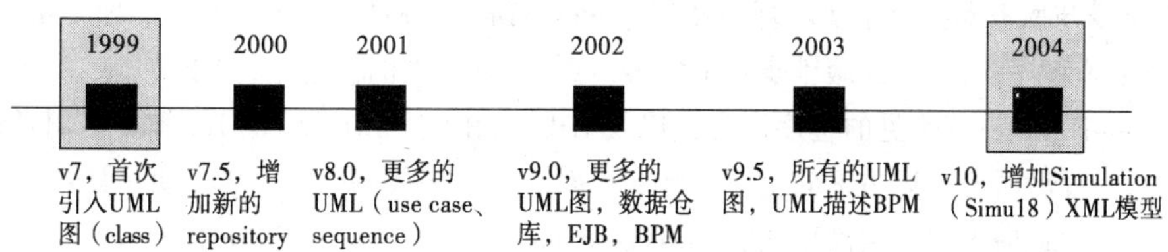

图 6-3　PowerDesigner 的发展历程

PowerDesigner 从推出经版本 10、11、12 到现在已发展到 12.5 版本，刚开始真正被中国软件技术人员接受的版本是 6.1，它主要包括 6 个模块（ProcessAnalyst、DataArchitect、WarehouseArchitech、AppModeler、MetaWorks、Viewer）。7.5 版本增加了 UML 的类图（class diagram），8.0 版本又新增了 UML 的用例图（use case diagram）与时序图（sequence diagram）。版本 9.5 提供了对所有五类九种 UML 图形的强力支持，并兼容 ebXML、J2EE（TM）、Web 服务和.NET，而且新增了业务流程模型（business process model，BPM）、自由模型（free model，FRM）的建模功能，它的高效、开放和完全集成的建模解决方案，有助于弥补业务需求思想和 IT 系统开发思想之间的隔阂，从而成为能在一个完整的图形环境中支持 UML 建模、数据建模、业务流程建模、企业建模等多种重要建模技术的优秀设计工具之一。

PowerDesigner 版本 10 增加了 XML 模型：通过图形化的 XML 模型，可以生成扩展名为 XSD 和 DTD 文件，使 XML 应用的设计更加直观和科学。业务流程模型的增强：把业务流程模型与 Simulation（Simu18）集成，使设计者能够形象地观察业务流程模型的合理性，以便发现模型中存在的问题。DBMS 支持的增强：使支持的 RDBMS 达 45 种以上，包括 Oracle 9i2、IBM DB/2v8、Microsoft SQL Server 2000、Sybase ASE（包括 ASA 和 IQ）、MySQL 等。在数据库建模方面采用 IE（information engineering） 和 IDEF 表示法。面向对象方面的增强：支持 UML 的全部五类九种图形，支持更多的面向对象语言，如 Java、C#、VB.NET、PowerBuilder、XML、C++等，增强了对 J2EE、.NET 和 Web Service 的支持。对元模型数据操作的增强：PowerDesigner 中的每一个模型元素都可以通过 VBScript 语言访问，并提供了更强的元数据管理。

PowerDesigner 版本 11.0 主要增加了两个新模型：需求模型（RQM）和信息流动模型（ILM）。前者主要是将开发过程中必须满足的用户需求列表文档化，后者使复制引擎设计和配置更容易使用，用复制引擎将来自源数据库的信息复制模型化到一个或数个远程数据库。版本 11.0 还可以对 C#和 VB.NET 进行逆向工程等。

PowerDesigner 12.0 提供了企业所需要的集成的建模套件，即集成化企业级过程建模工具，将传统的业务分析员使用的 BPM 图形流程建模工具，与 IT 开发人员的 UML 建模工具紧密相结合起来，使业务分析人员与 IT 技术人员可以解析和描述业务功能下面的流程，并与现有的应用集成环境如 SOA 等协调行动。大大提高了企业业务流程的分析、设计与开发能力，更能够适应业务需求的变化，以提高投资回报率。

随着商业智能的导入需求逐渐普及，多维度数据处理同样是系统开发需要面对的。PowerDesigner 在 12.5 版本推出 Multi-Dimensional Diagram（多维度图）及 ILM（Information Liquidity Model）。其中 Multi-Dimensional Diagram 可建立多维度的 Cube 模型，而 ILM 机制则是针对 Sybase Replication Server 或 Mobile Link Server 的用户，提供图标与文件同步功能，使用者可复制 ILM 产生的 SQL 指令与服务器指令至实际环境使用。 PowerDesigner 的对象导向模块，即 UML 模型图的应用，支持多种程序语言。12.5 版本支持 UML 2.0 共 12 种类型的模型图，并支持 Java、C#、VB.NET、C++以及 PowerBuilder 等常见的程序语言，以及 IDL、VB 6、XML 及 WSDL 等。使用者在新增模型图时，选择程序语言，运用正向工程，即产生对应的程序代码框架。为了更了解既有的系统以利修改，可通过逆向工程产生模型图，PowerDesigner 支持 Eclipse、Visual Studio 及 PowerBuilder 等开发工具，可设定直接开启，然后是细部的开发。

本章主要介绍 PowerDesigner 的建模功能，即 PowerDesigner 10 的内容，以下简称 Power Designer 或 PD。

6.2 PD 分析设计过程及若干级建模技术

6.2.1 PD 的分析设计过程

利用 PD 10 可建立八类模型，即业务流程模型（business process model，BPM）、面向对象模型（oriented object model，OOM）、概念数据模型（conceptual data model，CDM）、物理数据模型（physical data model，PDM）、自由模型（free model，FEM）、XML 模型（XML model，XSM）、需求模型（requirement model，RQM）、信息流动模型（information liquidity model，ILM）。面向对象模型采用 UML 规范的表达方法，UML 2.0 规范共分为五类九种图形和三种模型管理图，如表 6-2 所示。

表 6-2 UML 的五类九种图形及模型管理图

类 别	描 述	包含的 UML 图
功能模型	从用户的角度描述系统的功能。这种图通常在描述需求时使用，在系统分析过程中随着对系统认识的加深而不断改进	用例图（use case diagram）
静态模型	描述系统的静态特征和结构	类图（class diagram） 对象图（object diagram）

（续表）

类　别	描　　述	包含的 UML 图
行为模型	描述系统的动态行为和组成对象之间的交互关系	活动图（activity diagram） 状态图（state diagram）
动态模型	描述对象或类之间的交互关系	时序图（sequence diagram） 协作图（collaboration diagram）
实现模型	描述系统的实现	组件图（component diagram） 部署图（deployment diagram）
模型管理图	UML 2.0 规范中，针对整个系统设置的 3 种图形，这些图形表达了整个部分系统的情况	包图（package diagram） 子系统图（subsystem diagram） 模型图（model diagram）

软件分析设计过程及模型之间的关系如图 6-4 所示，其中软件开发人员利用灰色部分的 8 种结果，结合应用程序开发工具（如 Java、PB.NET、VB、VC、C++、C#等）和数据库管理系统（database management system，DBMS）可开发出符合要求的应用软件。

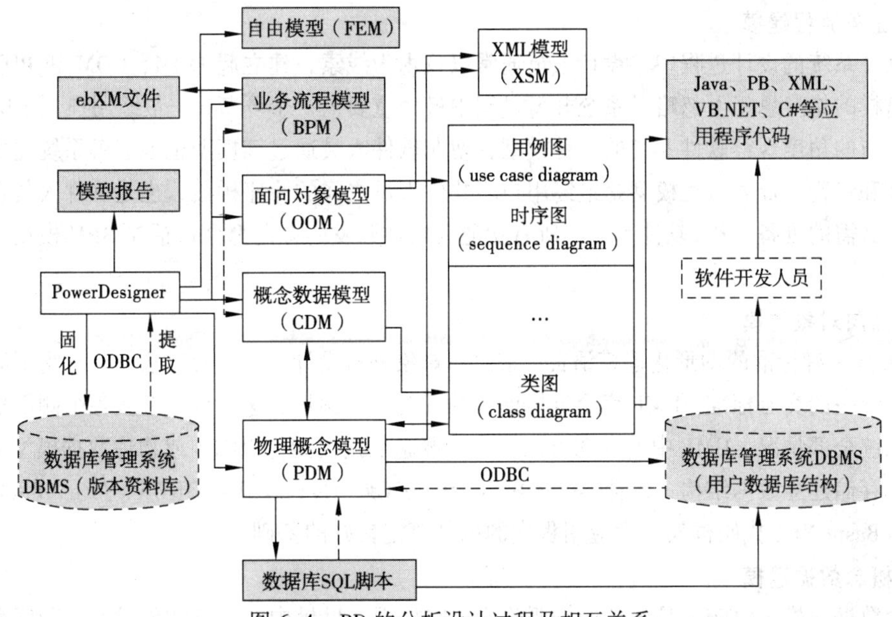

图 6-4　PD 的分析设计过程及相互关系

完成软件分析设计通常采用三条途径：一条途径是从面向对象分析设计开始，依次建立用例图、时序图、组件图、活动图、对象图、协作图、部署图、类图及状态图，再由类图转化为 CDM 及 PDM；第二条途径是从结构化分析开始，依次产生 BPM、CDM、PDM，再把 CDM 或 PDM 转化为类图，然后补充其他 UML 图；第三条途径是前两种途径的结合。需要说明的是，BPM 是 PowerDesigner 6.1 中的 PAM（process analyst model）理论的延伸和发展，即软件工程中的数据流程图（data flow diagram，简称 DFD）的继承和发展，自由模型则为分析设计人员提供了表达软件思想的自由天地。

PBM、FRM、CDM、PDM、OOM 等之间可以相互传递数据，称为内部模型生成。PDM 可以生成数据库 SQL 脚本及用户数据库结构，类图可以生成应用程序代码。从数据库 SQL 脚本或现有的数据库生成 PDM 的过程、从应用程序代码生成类图的过程，以及从 ebXML 源代码生成 BPM 的过程叫逆向工程（reverse engineering）。Power Designer 产生的所有模型可以以文件的形式保存在磁盘上，可以把这些模型保存到版本资料库中。把模型保存到版本资料库的过程称为固化（consolidate），从版本资料库中取出模型的过程称为提取（extract）。

6.2.2 PD 的若干级建模功能

PD 将业务流程建模、面向对象建模、物理数据建模和关系数据库无缝地集成在一起，在集成的工作环境中能够完成软件开发所需的全部建模工作。这四种建模称为 PowerDesigner 的四级建模功能，随着 PD 版本的提高，会存在若干级建模功能。

业务流程建模主要解决业务领域的逻辑问题；面向对象建模主要解决应用程序的架构问题；概念数据建模主要解决现实世界中信息的表达以及信息之间的关系问题；物理数据建模主要解决现实世界中信息在一种具体 DBMS 中的存储结构和相关约束问题。

1. 业务流程建模

在软件系统的设计过程中，设计人员通常以技术为线索，建立起 OOM、CDM 和 PDM，但也正是在这样的指导思想下忽略了系统开发过程中最为重要的一个环节——最终用户。而 BPM 正是从最终用户的角度观察软件系统的一种模型，使非软件人员通过该模型也能了解系统完成各项功能的步骤和流程。业务流程模型是最终用户与软件人员之间的一座桥梁，也是软件人员在开发系统过程中必需的准备工作，软件系统的所有功能及软件开发的方向都会包括在 BPM 模型所表示的范围内。

2. 面向对象建模

UML 是一种标准的图形化建模语言，是面向对象分析设计的一种标准表示，它为不同领域的人们提供统一的交流标准。UML 完全支持前述的五类九种图形，这九种图形从各个侧面描述了要构造的系统全部情况。UML 中的类图可以转换为概念数据模型（CDM）或物理数据模型（PDM），为信息的存储建立数据结构；而且类图还可以转换成 C#、C++、IDL-CORBA、Java、PowerBuilder 和 Visual Basic.NET 代码框架，为应用程序的编制奠定良好的基础。

3. 概念数据建模

概念数据建模（CDM）是建模的重要阶段，它把现实世界中的信息抽象成实体和联系，数据库理论中的规范理论、实体-联系模型（E-R 模型）理论、水平分割理论、垂直分割理论是建立高质量概念数据模型的基础，建立良好的概念数据模型是设计软件系统中最为关键的一步，它为应用系统提供了坚实的数据结构基础。

概念数据建模通过实体和属性，以及这些实体间的关系表明系统内部抽象的数据结构，它与模型的实现表现方法无关，即与具体的数据库系统、操作系统平台等无关。CDM 还可转换成多种对象语言的类图或多种 DBMS 的 PDM。

4. 物理数据建模

物理数据建模把 CDM 与特定 DBMS 的特性结合在一起，产生 PDM。同一个 CDM 结合不同的 DBMS 产生不同的 PDM，PDM 中包含了 DBMS 的特征，反映主键（primary key）、外键（foreign key）、候选键（alternative key）、视图（view）、索引（index）、触发器（trigger）、存储过程（stored procedure）等特征。

物理数据模型是后台数据库应用的蓝本，直接针对具体的 BDMS（如 Microsoft SQL Server 2000）。PDM 可由 CDM 转换得到，其中实体（entity）变为表（table）、属性（attribute）变为列（column），同时创建主键和索引，CDM 中的数据类型映射为具体 DBMS 中的数据类型。PDM 还可由类图转换得到。

由于篇幅有限，本书主要讲后面两种建模。

6.3　PD 的功能

6.3.1　PD 的一般功能

1. PD 的面向对象建模特征

PD 中的面向对象建模主要包括建立用例图、时序图及类图。

使用 OOM 中的用例图，能够描述系统的功能。可以说用例图是应用系统的功能模型，它定义了应用系统的基本结构，是系统的高级框架。用例图主要由角色（actor）、用例（use case）、关联（association）、概化（generalization）、依赖（dependency）和注释文本构成，其中每一个用例表达系统的一项功能。

使用 OOM 中的时序图，能够描述用例图中用例的具体实现。时序图确定了 UML 对象的生命线，并显示 UML 中一个对象按时间顺序的实现序列。

使用 OOM 中的类图，能够建立相关的类（class）或接口（interface），并能为类或接口增加相应的属性（attribute）和操作（operation）。可为类、接口、属性和操作生成 Java 文档和注释；利用通用生成（generic generation）可为用户定义的语言产生代码。

在从 OOM 生成 PDM 期间，能够把类图中类上的操作转换成 PDM 中表上的存储过程。在生成 PDM 前可以选择保护 PDM 中已经生成的存储过程选项。

PowerDesingner 能够比较和合并对象语言定义文件（.xol）。当用升级新版本的对象语言定义文件时，这项功能具有重要的作用。

2. PD 的物理数据模型特征

物理数据模型的特征包括：存储过程和计算列都可以附加到表上，支持 Oracle 和 InterBase 序列对象，从数据库生成脚本中的逆向工程触发器（trigger）和存储过程，从 PowerDesigner 导入扩展属性，以及比较和合并 DBMS 定义文件（扩展名为.xdb）。

如果当前的 DBMS 支持存储过程，则可把存储过程附加到表上。表的存储过程和类的操作相对应，在 OOM 和 PDM 相互转换时可以进行模型保护。

在 PDM 中的表上能使用计算列（computed column），计算列是一个表中其他列通过表达式计算而产生的列，表达式的信息能保存在模型中，而不需要保存在模型外。

PDM 支持自增益列，模型中可以定义自增益列的起始值、终止值和步长（整数）。能把自增益特征应用到列上，使列中保存的值自动增长，也能把自增益的信息存储在模型中。能够从数据库中生成脚本文件中的逆向工程触发器和存储过程。

在 PowerDesigner 早期版本中定义的扩展属性可以导入到 PD 中，导入过程将把早期模型的扩展属性（扩展名为.exa）转换成扩展模型定义中的扩展属性（扩展名为.xem）。扩展属性独立于 DBMS 和当前的对象语言，并能在不同的模型之间共享。能够比较和合并 DBMS 定义文件，这项功能对于升级 DBMS 文件具有非常重要的作用。

3. PD 的版本资料库特征

用 PD 设计的各类模型可以固化到版本资料库中。通过 PD 浏览器窗口的 Repository 页面，可以观察存储在版本资料库中的模型内容，能够观察到版本资料库中模型对象的版本。

4. PD 的模型报告特征

PD 增强了模型的管理功能。设计者可以自动检查模型中存在的问题，并可以把检查的结果显示或打印出来。模型的比较和合并功能非常强大，可以同步对象、模型和数据库。还可用 XML 格式存储建立的各种模型，便于在 Internet 上交流。

PD 增强了报告生成器。它不是把报告附加到特定的模型上，而是将一个报告生成单独的对象；用户既能使用标准的 PowerDersigner 格式，也能使用自定义格式生成报告；用户可以产生多模型报告以便清楚地显示所有项目（包括 CDM、PDM 和 OOM 的全部信息），还可以用 RTF 或 HTML 格式创建报告文件。

6.3.2 PD 12.5 的主要特征

PD 12.5 的主要特征前面已经涉及，此处不再赘述，主要对自 PD 10 便有的 XML 模型讲述如下。Power Designe 12.5 可以创建 XML 模型，生成一个扩展名为.xsm 的文件，把这个 XML 模型转换成相应的.xsd 文件或.dtd 文件，也可以把.xsd 文件或.dtd 文件通过逆向工程转换成 XML 模型。XML 模型以图形化的方式描述了 XML 模式定义文件（.xsd）和文档类型定义文件（.dtd）的结构，而且 XML 模型可以通过 PDM 模型和 OOM 模型转换生成，也可以把 XML 模型转换成其他的 XML 模型。转换关系如图 6-5 所示。

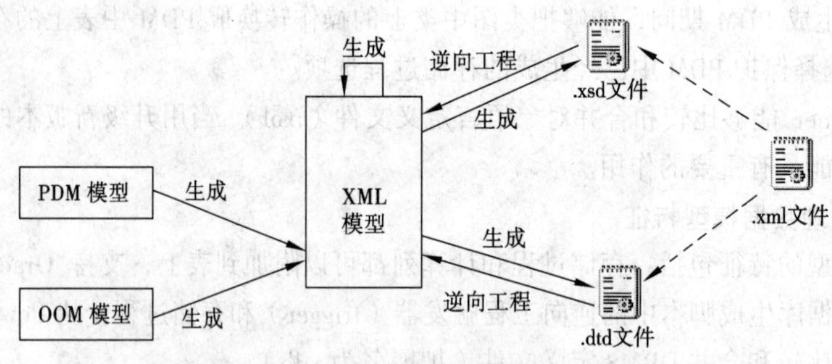

图 6-5 XML 模型与其他模型的关系

6.4 PD 的分析设计环境

6.4.1 安装 PD

1. PD 的软硬件要求

运行 PD 和 DBMS 等辅助软件，对计算机硬件和软件有如下要求：

（1）硬件要求

- Pentium 166MHz 及以上 CPU，建议 Pentium4 3.0 以上。

- 32MB 及以上 RAM，建议 256MB。
- SVGA 及以上显示器。
- CD-ROM 驱动器。
- 350MB 以上可用硬盘空间，建议 80GB。

（2）软件要求

- Microsoft Windows 95/Windows 98/Windows NT/Windows Me/Windows 2000/Windows XP 操作系统。
- ODBC 数据源。
- 数据库管理系统（DBMS），建议选用 Microsoft SQL Server 2000 作为 DBMS

2. PD 的安装与启动

在安装 PD 时，根据其版本分类的不同，可以安装以下几个不同的模块：

- Conceptual Data Model（CDM）。
- Physical Data Model（PDM）。
- Object-Oriented Model（OOM）。
- Business Process Model（BPM）
- Repository。

其中的 Repository（报告生成器）会自动安装到不同版本分类的 PowerDesigner 中。安装过程中有两种不同的安装方式可供选择：一种是 Stand-alone，另一种是 Network。

Stand-alone 用于在计算机上安装整个 PowerDesigner 系统或是网络环境中的 Server 端。Network 则是把执行必需的文件拷贝到计算机上，而不是整个系统，所有的 PowerDesigner 的执行文件都放在 Network 环境下的 Server 上，本地只存放执行所需要的相关文件，所以只占用较小的空间，但在安装和执行时都必须与 Server 联机，而且安装时就必须指出 Server 端的 PowerDesigner 安装路径。

启动 Windows 95/Windows 98/Windows NT/Windows Me/Windows 2000/Windows XP 操作系统后，将 PD 安装盘插入 CD-ROM 驱动器中，双击安装文件 Setup.exe 即可开始安装 PD。在安装过程中需要输入产品序号，选择安装方式，通常可选择独立安装（Stand-alone）。

与一般的应用软件相同，可通过选择“开始”→“程序”→Sybase→PowerDesigner 10→PowerDesigner 命令来启动 PD。

接下来，安装 Microsoft SQL Server 2000，并创建数据库。

3. 定义 ODBC 数据源

ODBC（开放数据库互连，open database connectivity）是美国微软公司开发的一套开放的数据库系统应用程序接口规范，应用程序使用的是标准的 ODBC 接口和 SQL 语句，数据库的底层操作由各个数据库的驱动程序完成。这样就使数据库应用程序具有很好的适应性和可移植性，并且具备同时访问多种数据库管理系统的能力。ODBC 驱动程序有些类似于 Windows 下的打印机驱动程序，对用户来说，驱动程序屏蔽了不同对象间的差异，用 ODBC 编写的数据库应用程序（就像 Windows 下的打印程序能够在不同的打印机上打印一样）可运行于不同的数据库环境下。例如，PD 可与数十种数据库管理系统通过 ODBC 连接。

客户端的用户可以通过 ODBC 来建立客户端和服务器端的连接。ODBC 数据源分三种类型，即机器数据源、系统数据源和文件数据源。在机器数据源中，数据源被建立在客户端的计算机上，本地计算机上的注册用户可以使用这个数据源。机器数据源被存储在注册表中，它包含用户信息。在系统数据源中，数据源被建立在客户端的计算机上，本地计算机上的所有用户都可以使用这个数据源。系统数据源被存储在注册表中，它包含本地计算机信息。在文件数据源中，数据源以文件形式存储，文件的扩展名为.dsn。文件数据源放在默认的位置上，可以方便地由默认用户使用。文件数据源通常由数据库管理员使用。

PowerDesigner 通过 ODBC 与 DBMS 中创建的数据库交换数据。例如，PDM 通过 ODBC 把设计好的数据库结构生成到用户数据库中，供程序员编程使用。PAM、CDM、PDM、OOM 等模型通过 ODBC 把设计好的模型保存在 DBMS 的用户数据库中，用于进行模型分析设计的团队控制，这个数据库就是所谓的版本资料库。因此，ODBC 是 PowerDesigner 与数据库交换数据的重要通道。PowerDesigner 与数据库是通过一个 ODBC 数据源相连的，所以建立 ODBC 数据源是一件非常重要的工作。

可以通过选择“开始”→“控制面板”→“管理工具”→“数据源（ODBC）”命令来添加、删除或配置 ODBC 数据源。注意，在 PowerDesigner 与数据库连接的各类窗口上有调用建立数据源的按钮，通过这些按钮可以直接进入 ODBC 数据源的管理界面。

建立 ODBC 数据源的方法如下：

① 选择“开始”→“控制面板”命令，双击“32 位 ODBC”打开“ODBC 数据源管理器”对话框。如果在 Windows 2000 或 Windows XP 操作系统上，选择“开始”→“控制面板”→“管理工具”命令，然后双击“数据源（ODBC）”才能打开如图 6-6 所示的“ODBC 数据源管理器”对话框。

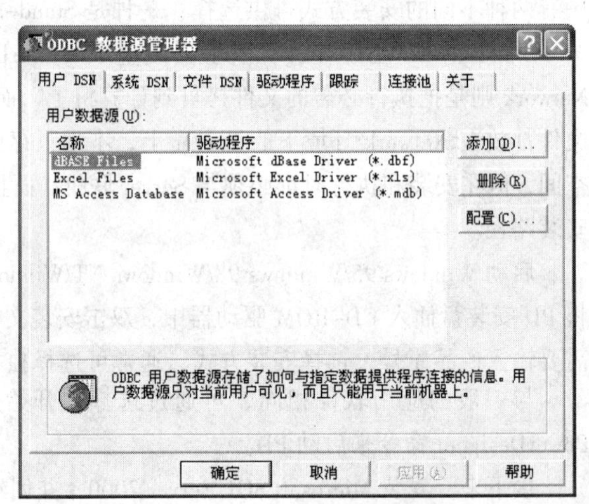

图 6-6　“ODBC 数据源管理器”对话框

② 在“ODBC 数据源管理器”对话框中单击“用户 DSN”、“系统 DSN”或“文件 DSN”标签，单击“添加”按钮，在打开的对话框中单击 SQL Server，然后单击“完成”按钮。

③ 根据向导提示，建立一个 ODBC 数据源。

6.4.2　PD 用户界面

选择“开始”→“程序”→Sybase→PowerDesigner 10→PowerDesigner 命令，即可启动 PD 10 典型的用户界面，如图 6-7 所示。除了类似其他应用软件常有的标题栏、菜单栏及工具栏外，它还包括四个独立的子窗口和一个工具选项板。

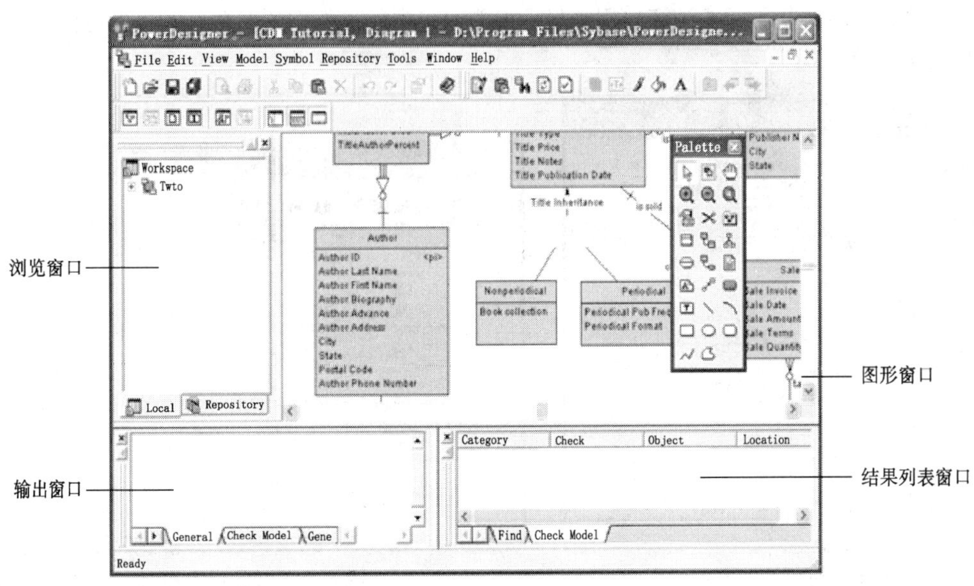

图 6-7　PowerDesigner 用户界面

1. 浏览器窗口

在浏览器（browser）窗口中可查看模型信息。该窗口共有 Local 和 Repository 两个页面。其中 Local 页面用来显示本地模型的信息；Repository 页面用来显示已经固化到版本资料库（repository）中的 BPM、CDM、FRM、PDM、OOM、XSM 以及其他文本类型文档信息，只有 PD 与版本资料库正确连接后，这个页面才能正确地显示信息。

2. 图形窗口

图形窗口（diagram window）用来显示模型或包中的图形对象符号，是 PowerDesigner 的重要组成部分。通过使用工具选项板上的工具以及浏览器窗口中的项目，在图形窗口中可完成大部分的建模工作。

3. 结果列表窗口

结果列表（result list）窗口共有 Find 和 Check Model 两个页面。其中 Find 页面显示搜索对象的结果，Check Model 页面显示检查模型的结果。检查模型期间，结果列表窗口显示检测到的错误和警告；查找对象命令执行期间，结果列表窗口中显示与搜索条件匹配的全部对象。

4. 输出窗口

输出窗口（output window）共有 General、Check Model、Generation 及 Reverse 四个页面。其中 General 页面显示各种处理过程，其他页面分别显示检查模型、数据库生成和逆向工程操作期间的信息。

5. 工具选项板

根据图形窗口中打开图形类型的不同，PowerDesigner 显示不同的工具选项板（palette）。利用这些工具选项板，可完成主要的图形建模工作。

除以上四个主要窗口和一个工具选项板之外，还有两个常用的独立窗口，即对象特性窗口与对象列表窗口。双击某个模型对象就可以打开它的特性窗口，如图 6-8 所示。该窗口用来显示所选对象的特性，不同的对象特性窗口中包含不同的特性页。选择 Model→某个对象，打开该对象的列表窗口，如图 6-9 所示。该窗口用来显示模型或包中所选类型的对象，对象的特性以列表的方式显示表格中。

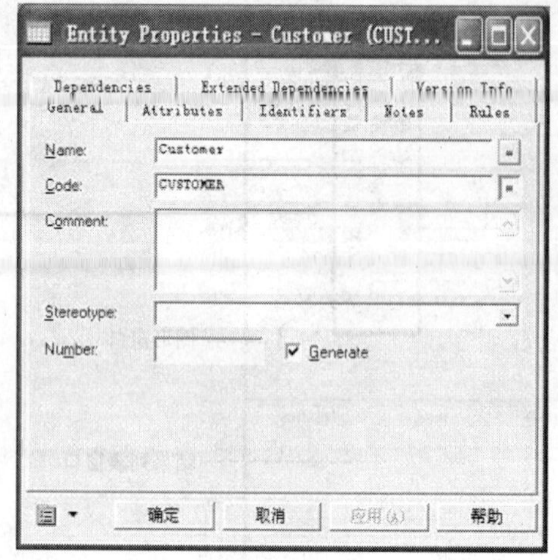

图 6-8　对象特性窗口

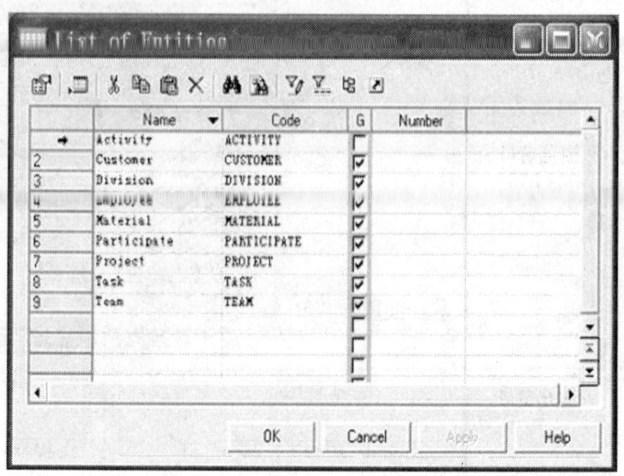

图 6-9　对象列表窗口

6.4.3　PD 的分析设计环境

PD 的浏览器窗口是分层次管理的，它们的层次关系形成一个树形结构，如图 6-10 所示。工作空间（workspace）是浏览器窗口的根结点，工作空间的下一层是文件夹（folder）、模型及多模型报告。文件夹的下一层可以包含模型、多模型报告及其他文件夹。模型的下一层可以包括：包（package）、模型图形（diagram）、模型对象分类及单模型报告（report）。模型对象分类的下一层是具体的对象。在工作空间或文件夹中，只要存在模型，就可以生成多模型报告。如图 6-10 所示，结点上标有符号 ⊟ 的，表示已展开该结点；结点上标有符号 ⊞ 的，表示没有展开该结点。

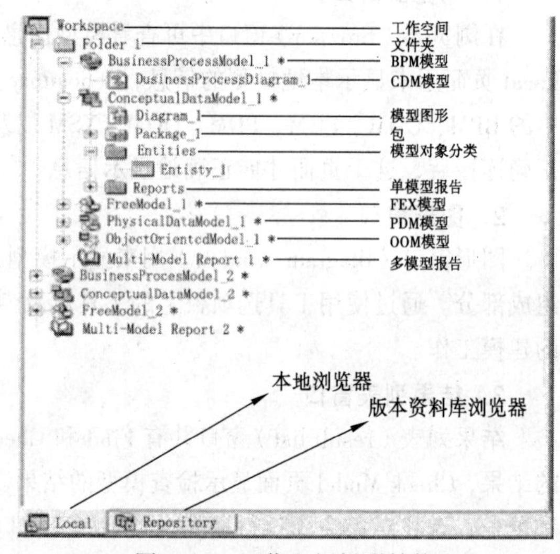

图 6-10　工作空间树形结构

为了把 PD 中建立的模型生成文档，可以产生和打印报告，这些报告可以附加到模型上，也能够保存到独立的文件中。

工作空间中能够容纳所建模型的全部元素，能够方便设计者完成建模任务。工作空间能够保存为一个工作空间文件（.sws），该文件记载了当时的工作现场，下次打开该文件时，可以恢复当时的工作现场。这样可以节省开始工作的时间。工作空间文件可以有多个，但每次只能打开一个工作空间文件。

文件夹类似于操作系统中的文件夹，使用文件夹能够使工作空间中的内容结构化。

模型是面向对象分析设计的基本单元。每个模型在工作空间中有一个确定的名称，在名称前有一个模型类型图标。模型保存到磁盘上的一个文件中，工作空间中模型的名称和保存到磁盘上的文件名可以相同也可以不同，默认情况下这两个名称是相同的。可建立 BPM、CDM、PDM 和

OOM 等多类型的模型。

一个模型可以包含多个包，包中还可以包含其他包。通常总是把一个较大的模型分解成几个包进行管理。

报告是模型的设计文档，它描述了模型的结构，并能同时条理清晰地反映多个模型报告，也能为特定的模型生成独立的报告。

图形是模型或包中对象的视图。一个图形可以分解成多个包，每个包中存放不同主题的图形对象。

在模型或包中能够产生几个图形，图形窗口通常带有工具选项板，从工具选项板上选择工具可以产生特定的对象图形符号。

模型对象是建模过程模型元素的总称。不同类型的模型对应不同的模型对象。某些模型对象可用图形符号表示，例如 OOM 中的类、PDM 中的视图等。有些模型对象虽然在模型中存在，但不能用图形符号表示，例如业务规则（business rule）、域（domain）等。

6.4.4 PD 的公共资源

PD 的公共资源可以在不同的模型间重复使用。这些资源主要包括六类，即数据库管理系统（DBMS）、对象语言（object language）、报告模板（report template）及扩展模型定义（extended model definition）等，如图 6-11 所示。

PD 12.5 默认支持 60 种以上 DBMS，只有建立 PDM 时才必须选择一种 DBMS。

对象语言包含了特定语言的规范，它提供了实现版型（stereotype）、数据类型及脚本的语法。当产生 OOM 时，必须选择一种对象语言。

在建立模型报告时，为了使模型报告规范化，可以选择一种报告模板。

在建立 CDM、PDM 和 OOM 等模型时，使用扩展模型定义能够进一步扩充模型对象的语义。

模型		资 源 文 件		实用模型
FRM BPM CDM PDM OOM MMR XEM 各类报告	+	Object Language 定义文件（.xol） DBMS 定义文件（.xdb） Report Template 定义文件（.rtp） Extended Model Definition 定义文件（.xem） Conversion Table 定义文件（.csv） Report Language 定义文件（.xrl）	=	FRM BPM CDM PDM OOM MMR XEM 各类报告

图 6-11 资源文件的应用资源

六类公共资源分别是 Object Language 定义文件（.xol）、DBMS 定义文件（.xdb）、Report Template 定义文件（.rtp）、Extended Model Definition 定义文件（.xem）、Conversion Table 定义文件（.csv）、Report Language 定义文件（.xrl）。这些资源文件存放在安装目录的 Resource Files 子目录中。

其中，Extended Model Definition 定义文件包括：业务流程模型定义文件、面向对象模型、物理数据模型定义文件、自由模型定义文件和概念数据模型定义文件。

习　题

1. 什么是 CASE 工具？它有何作用？
2. PowerDesigner 是什么工具？它有什么优点？它在世界建模市场占多少份额？
3. PD 是哪年诞生的？迄今为止已推出了几代产品？各个版本产品的标志特点是什么？
4. PD 可建几类模型？试说出 PD 的分析设计过程？
5. PD 有几级建模功能？试述各级的内容。
6. PD 的一般功能和特点是什么？
7. PD 的软硬件环境要求是什么？如何安装 PD？
8. 什么是 ODBC？作用是什么？如何建立 ODBC 数据源？
9. 试说出 PD 用户界面的组成以及各部分的作用。
10. PD 的分析设计环境是什么？
11. PD 的公共资源是什么？作用是什么？

第 7 章 数据库设计与维护

第 5 章介绍了关系数据库的模式设计理论，利用数据依赖和规范化来设计合乎需要的关系数据库模式。这是数据库设计方面的一个重要内容，但还不是全部内容。

本章比较系统地介绍在数据库技术中数据库设计的主要内容，即数据库设计概述（概念结构、逻辑结构、物理设计、需求分析），PowerDesigner 中的概念数据模型（CDM）、物理数据模型（PDM）的基本概念，用 PD 建立 CDM 和 PDM 的方法，数据库的实现与维护，Oracle 数据库结构和空间管理（数据文件、日志文件、表空间、段、模式和模式对象）以及用 Oracle SQL 建立和修改数据库等。

7.1 数据库设计概述

7.1.1 数据库设计步骤、生存期及其他

1. 数据库系统生存期的定义

在具备了 DBMS、系统软件、操作系统和硬件的环境后，对于数据库开发人员来说，就是如何使用这个环境表达用户的要求、转换成有效的数据库结构，并使数据库结构易于适应用户新的要求，这个过程称为数据库设计。数据库是现代信息系统等计算机应用系统的基础与核心部分，数据库设计的好坏直接影响着整个系统的效率和质量。

早期的数据设计完全取决于设计者的经验，设计的过程是非结构化的，常常不能满足应用的要求，不适应应用系统的发展。实践证明数据库应用系统的开发是一项软件工程，开发过程应遵循软件工程的一般原则和方法。但与一般的软件系统相比，数据库应用系统的开发又有其自身的特点，所以特称为“数据库工程”。

仿照软件生存期的定义，可以把数据库应用系统从开始规划到最后为新的系统取代而停止使用的整个期间称为数据库系统的生存期。对数据库系统生存期的阶段划分，尚无统一的标准。一般分成六个阶段：需求分析、概念设计、逻辑设计、物理设计、实现和运行维护阶段。其中前四个阶段称为“分析和设计阶段”，后两个阶段称为“实现和运行阶段”。有的数据库设计方面的文献把规划列为一个独立的阶段，放在需求分析之前。数据库设计的规划阶段的主要任务是进行建立数据库的必要性及可行性分析，确定数据库系统在组织中和信息系统中的地位，以及各数据库之间的联系。

2．数据库设计的基本步骤

基于生存期的分步的数据库设计步骤如图 7-1 所示。在做出规划以后，根据用户的信息需求和处理需求去推导出一个数据库结构。后面几节将分别介绍这些步骤。从此图中可以看到数据库设计过程的输入和输出。输入有：总体信息需求，处理需求，DBMS 特性，硬件和 OS 特性。总体信息需求包括数据库系统的目标说明、数据元素的定义及其在企业组织中的使用描述，基于这些要求的数据结构，应考虑长远的利益，能适应企业应用的发展变化。处理需求包括每个应用程序需要的数据项、数据量以及应用程序执行的频率。其他的输入是设计者使用的 DBMS、OS 和硬件环境的说明等。性能标准和性能约束的要求也是设计者必须考虑的。通常性能约束也看做是需求的一部分，而性能标准是从不同的性能约束中推导出来的。一些典型的约束有：查询响应时间的上限，系统破坏后的恢复时间，为维护安全性和完整性而需要的特殊数据，等等。对最终结构进行性能标准的估价除了上述的响应时间外，还有更新、存储以及再组织的代价。数据库设计过程的输出主要有两部分：一部分是完整的数据库结构，其中包括逻辑结构与物理结构；另一部分是基于数据库结构和处理需求的应用程序的设计准则。这些输出都是以说明书（specification）的形式出现的。

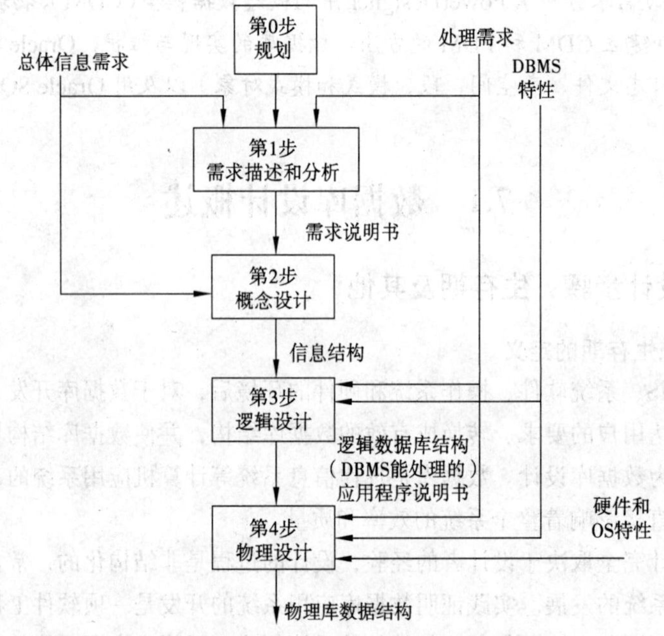

图 7-1　基本的数据库设计步骤

为了使数据库设计更合理有效，便需要有效的指导原则，这种指导原则称做数据库设计方法学。一个好的数据库设计方法学的标准是什么？它应该能在合理的期限内，以合理的工作量，产生一个有实用价值的数据库结构。这里“实用价值”是指满足用户关于功能、性能、安全性、完整性及发展需求等诸方面的要求，同时又服从于特定 DBMS 的约束，且可用简单的数据模型来表示。方法学还具有足够的通用性、灵活性和可再生产性（不同的设计者应用同一方法学于同一设计问题时，应得到相同或类似的结果）。它有自顶向下逐步求精的数据库结构设计过程，它对数据库结构以及应用软件采取“多步设计评审方法”，其目的是尽早发现系统设计中的错误，并在生存期的早期阶段给予纠正，以减少系统研制的成本。它有分析式、启发式或过程式的设计技术和定量（前面已讲到的如查询响应时间等）及定性的数据库评价原则。这里数据库定性分析是指其灵活性、适应性、新用户对设计的可理解性、与其他系统兼容性、对新环境的可改变性、恢复和重启动能力、对模块增生的分割和接受能力等。在数据库设计方法学中信息需求渗透到数据库设计的整个过程，并且需要有三种基本类型的描述机制：

① 实现设计过程的最终结果将用 DBMS 的 DDL 表示。DDL 完全是针对现有的 DBMS 而言的。

② 信息输入的描述。包括需求信息的收集和分析，数据元素及其联系的同义词、异义词和重迭定义等。这些都不容易用软件工具实现，很可能要用一些人工方式。

③ 在信息输入和 DDL 描述之间的其他中间步骤的结果的描述。主要的中间结果是实体-联系图，它是概念设计的产物，在概念设计和逻辑设计之间起着桥梁作用。

3. 其他

这里应特别指出的是，基于生存期的设计方法学进行设计并不是数据库设计的唯一途径。多年来由于设计辅助工具、第四代语言和程序自动生成技术的发展，快速原型法也是数据库设计中常用的方法。可以用 CASE 工具（例如 PD）建立 CDM 和 PDM 的方法，进行数据库的设计与实现，还可用 UML OOM 的类图来表示，再生成库表。

7.1.2 数据库设计的需求分析

1. 什么是数据库设计的需求分析

数据库应用现在非常广泛、复杂，往往多个应用程序可以在同一个数据库上运行。为了支持所有应用程序的运行，数据库设计就变得异常复杂。要是没有对信息进行充分的事先分析，这种设计将很难取得成功。因此，需求分析工作就被置于数据库设计过程的前沿。

需求分析的主要工作有：确定企业组织的目标，从这些目标导出数据库的要求，或者从管理人员和非管理员那里得到这种要求，并把这些要求写成用户和数据库设计者都能够接受的文档（即“说明书”）。通常的办法是对不同层次的企业管理人员和职员进行个人访问，内容包括业务处理和企业组织中的各种数据。访问的结果应该包括数据的流程、过程之间的接口，以及访问者、职员两方面对流程和接口语义上的核对说明和结论。某些特殊的目标和数据库的要求应该从企业组织中的最高层机构得到。

无论机构上的约束，还是安全性、可靠性和技术可行性方面的约束，都应该包含在所收集的文档资料之中。关于人员、运行活动和将来可能的扩充等方面，也都应该在文档中出现。文档资料可以用规定的语言手写而成，也可以借助于自动的数据字典功能完成。把与处理有关的要求（即是和特殊数据库应用有关的）和与处理无关的要求在建立文档的阶段就分开，这会对将来引用它们带来方便。

需求分析阶段的输入和输出如图 7-1 所示。输入有信息需求和处理需求，输出是需求说明书。信息需求定义了未来系统用到的所有信息，描述了实体、属性、组合、联系的性质。处理需求定义了未来系统的数据处理的操作，描述了操作的优先次序、操作执行的频率和场合、操作与数据之间的联系。信息需求和处理需求定义的同时也定义了安全性、完整性约束。

2. 需求分析的基本步骤

需求分析阶段可以分三步来实现：需求的收集，需求的分析整理及评审（review）。

（1）需求的收集

为了充分地了解用户可能提出的要求，在与用户接触之前，应做好准备工作。首先要了解组织的机构设置，主要业务活动和职能，确定组织的目标，大致工作流程，任务范围划分。对已使用了计算机的企业，还应了解它们的应用情况。通过这些准备工作，确定下一步调查访问的对象和重点。

调查访问的目的是了解企业组织的每一种业务功能，它们所需的数据、发生的时间、频度和如何发生的规则，以及这些功能的约束条件、相互联系、计划控制及决策过程。调查对象包括企业的最高负责人（或决策集团）、中层管理人员和基层执行人员，有时还包括外部人员。

对最高负责人的访问，最好采用直接交谈方式。在访问之前应给他们一份详细的调查提纲，以便使他们有所准备。从访问中，可获得有关该组织高层管理活动和决策过程的信息需求、该组织的运行政策、未来的发展和变化趋势等与战略规划有关的信息。

对中层管理人员的访问，可采用开调查会、个别访问或发调查表、查看业务记录的方式，目的是了解企业的具体业务控制方式和约束条件、不同业务之间的接口、日常控制管理的信息需求并预测未来发展的潜在信息要求。

对基层管理人员访问，主要采用发调查表和个别交谈方式，若有可能的话，则召开一些调查会也会产生好的结果。主要了解每项具体业务的过程、数据要求和约束条件。

访问与该企业有关的外部人员，主要是了解他们对组织的信息需求。因为向外部环境提供必需的信息常常是该组织活动的必不可少的组成部分。

（2）需求的分析整理

这一步的任务是把收集到的各种信息（文件、笔记、录音、图表等）转化为下一阶段设计可用的形式信息。主要工作有：

① 业务流程分析。目的是要获得业务流程及业务与数据联系的形式描述。一般采用数据流分析法，分析结果以数据流图（data flow diagram，DFD）表示。

一个 DFD 由箭头、圆圈和双线成分组成。其中，有名字的箭头表示信息（数据流），有名字的双线段表示存储信息（文件、数据等），图 7-2 表示一个简单的 DFD。

DFD 可作为自顶向下逐步细化进行描述对象的工具。顶层的每一个圆圈（加工）都可以进一步细化为第二层、第三层……，直到最底层的每一个圆圈已表示一个最基本的处理动作为止。

② 分析结果的描述。除了 DFD 以外，还要用一些规范表格进行补充描述。早已出现许多设计辅助工具（如 psl/psa 系统和 CASCADE 系统等），可使设计人员利用计算机的数据字典和需求分析语言来进行这一步工作。需要整理出下列清单：

- 数据清单：列出每一数据项的名字、含义、来源、类型和长度等内容。
- 业务活动清单：每一工作部门中最基本的工作任务，包括任务的定义、操作类型、执行频度、所属部门、涉及的数据项等内容。
- 完整性、一致性要求。

- 安全性要求。
- 响应时间要求。
- 预期变化的影响。

以上六项内容一般以自然语言表达，分类编写，以供设计阶段用，并可作为验收的依据。

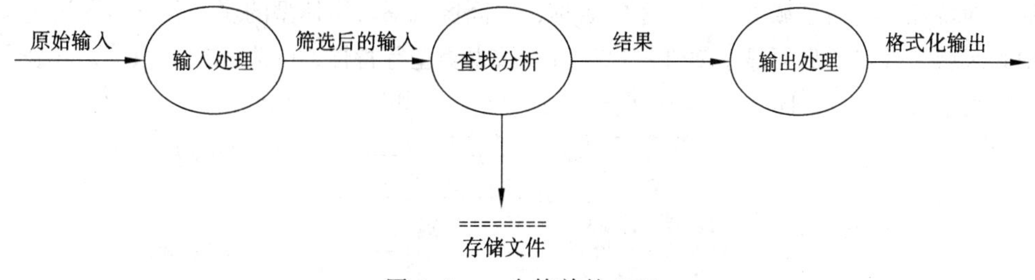

图 7-2　一个简单的 DFD

（3）评审

软件工程和数据库工程方法强调每一阶段评审的重要性。评审的目的在于确认某一阶段的任务是否全部完成，以避免重大的疏漏或错误，保证设计质量。评审常常导致设计过程的回溯与反复，即需要根据评审意见修改所提交的阶段设计成果，有时修改甚至要回溯到前面的某一阶段，进行部分重新设计乃至全部重新设计，然后再进行评审，直至达到系统的预期目标为止。

（4）数据字典

数据库生存期的各个阶段大量使用目录功能。需求分析这一步得到的结果是一些确认的数据和处理要求，它将作为其余各个步骤的输入。把数据需求写成文档的软件包一般称为数据字典（data dictionary，简称 DD）。DD 的作用是提供对数据库数据描述的集中管理，它的处理功能是存储和检索元数据（metadata），如叙述性的数据定义等，并且为 DBA 提供有关的报告。

7.2　用 PD 创建 CDM

本节主要介绍 PowerDesigner 概念数据模型的基本知识，以及用 PD 建立概念数据模型的方法。

7.2.1　概念数据模型（CDM）基础

1. 概述

PowerDesigner 的概念数据模型（conceptual data model，CDM）以实体-联系（entity-relationship，E-R）理论为基础，并对这种理论进行了扩充。

CDM 把现实世界中的信息简化为实体与实体之间的联系，它与数据库管理系统（DBMS）无关。在软件分析设计和开发过程中，CDM 的建立是一个比较复杂的过程，需要考虑众多因素。使用 CDM，可以把主要精力集中在分析设计上，先不考虑很多物理实现的细节，只考虑实体和实体之间的联系，这样便于分析和理解。通过模型的内部生成，可以把 CDM 转化为物理数据模型（physical data model，PDM），也可转化为面向对象模型（object-oriented Model，OOM）中的类图。

2. PowerDesigner 中的 E-R 模型

PowerDesigner 中的 E-R 模型有三种表示法，即 Entity-Relationship、Merise 和 Mixed。本节只介绍 Entity-Relationship 表示法。

在 PowerDesigner 中，实体用长方形表示，长方形分上、中、下三个区域，每个区域用以代表实体的不同特征。上面区域书写实体型的名称，中间区域书写实体型的属性，下面区域定义标识符。中间区域属性名的后面显示属性的标识符和数据类型等特性，pi 表示主标识符，ai 表示次标识符，M 表示强制（mandatory），即该属性不能为空值，如图 7-3 所示。

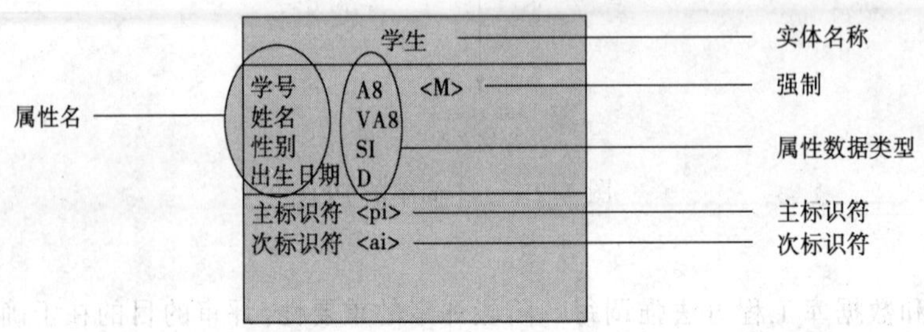

图 7-3　实体的表示方法

联系用实体间的一条连线表示，在靠近实体的两端标明联系的基数（cardinality），*A* 实体型中的一个实体通过“联系”与 *B* 实体型中相联系的实体的最小和最大数，称为 *A* 实体型到 *B* 实体型的基数，这个基数标注在 *A* 实体型的旁边。同样，*B* 实体型到 *A* 实体型联系的基数标注在 *B* 实体型旁，如图 7-4 所示。

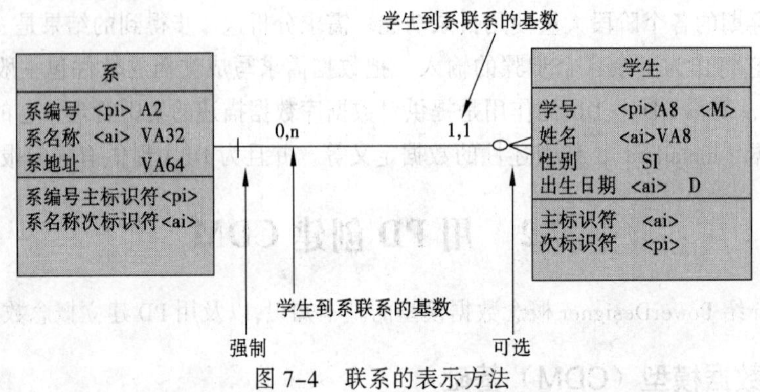

图 7-4　联系的表示方法

在联系线上，用“乌鸦脚”（ ◦< ）表示“多”；用小圆圈表示“可选”，即 0；用与联系线交叉的短竖线表示“强制”，即 1。在图 7-4 所示的 E-R 模型中，实体型“系”与实体型“学生”之间存在一对多联系，基数（0，*n*）表示一个系拥有 0 个或 *n* 个学生，基数（1，1）表示一个学生属于一个系，并且只能属于一个系。

在 PowerDesigner 中把信息的最小单位称为数据项（data item）。例如，姓名、性别、品名、规格、单价、金额等都可以定义为数据项，如创建一个实体型“职工”时，可以把姓名、性别等数据项添加到“职工”实体型中，它们就变为“职工”实体型的属性。数据项保留在模型中，可以在任何时候添加到一个或多个实体型上，这样为数据项的重用提供了可能。如果数据项不存在，可以直接在实体型中创建属性，创建的属性自动成为数据项。因此数据项和属性不同，数据项可以重用，但属性不能重用。

7.2.2 用 PD 建立 CDM

1. 明确业务问题

创建 CDM 首先应该明确模型所描述的业务问题。例如，需要存储哪些信息，与业务有关的实体有哪些，业务流程如何。了解这些问题后，才可以开始建立 CDM。

（1）业务描述

以 PowerDesigner 所带的模型 Powerdesigner10/Examples/Tutorial/cdmbefor.cdm 为例，说明如何进行业务描述。cdmbefor.cdm 是某出版公司信息系统的 CDM，与业务有关的实体包括 Title、Author、Store、Discount、Sale、Publisher、Royalty Schedule，这些实体还包含许多属性，例如：在 Title 实体中包含 Title ISBN、Title Type、Title Price 等属性，在 Author 实体中包含 Author ID、Author Last Name、Author First Name、Author、Address 等属性。

（2）业务问题

模型 cdmbefor.cdm 主要有以下五个业务问题：

① 不同作者（Author）对于同样的作品（Title）有不同的版税（Royalty）。

② 根据书店（Store）的销售情况，制定不同的折扣（Discount）政策。

③ 需要记载出版社（Publisher）的信息。

④ 需要记载作者作品上的照片信息和作者简介。

⑤ 需要对作品进行分类，作品分为期刊和非期刊两类。

在上述业务问题的基础上，才能对模型进行扩展。例如，需要增加“照片简历”实体，用来存放作者的照片和简历。还需要创建一个数据项，存储作者对于某一作品得到的版税百分比的信息。

2. 创建新的 CDM

在 PowerDesigner 主窗口选择 File→New 命令，出现一个选择窗口，选择 Conceptual Data Model，单击 OK 按钮，打开新建立的 CDM 模型窗口。该窗口包含一个空的图形窗口和一个 CDM 工具选项板，浏览器窗口和输出窗口分别位于屏幕的左侧和下方。

除了工具选项板的公用工具外，CDM 工具选项板还包括表 7-1 所示的工具。

表 7-1 CDM 工具选项板特有工具的名称与功能

工具	功能	工具	功能
Entity	建立实体	Association	建立关联
Relationship	建立联系	Link	建立连接
Inheritance	建立继承	Note	插入注释

单击工具选项板上 Entity 工具后，光标变为实体形状，单击 CDM 图形窗口的任何位置，在单击的地方出现一个实体符号。实体的名称默认为 Entity_n，n 是所创建实体的顺序号。此时实体工具仍处于激活状态，在 CDM 图形窗口继续单击就可以创建另外的实体。

在工作区中建立两个实体后，单击工具选项板上的 Relationship 工具，Entity 工具被释放，Relationship 工具被激活。单击第一个实体，在按下鼠标左键的同时把光标拖动到第二个实体上并释放鼠标左键，这样就成功地创建了一个联系，如图 7-5 所示。单击鼠标右键，释放 Relationship 工具。

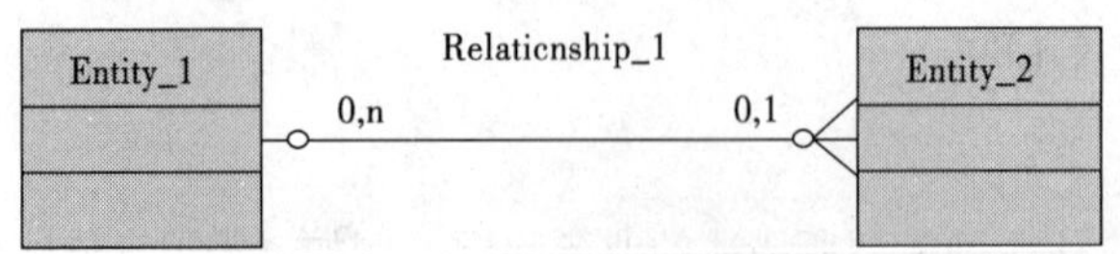

图 7-5　两个实体间创建的联系

单击工具选项板上的 Text 工具，在联系线下方按下鼠标左键的同时拖动光标画一个小矩形，释放鼠标左键，屏幕上显示<Default text>。右击图形窗口的空白处释放 Text 工具。双击< Default text>，出现文本输入窗口，键入相应的文本，单击 OK 按钮。键入的文本便显示在图形中，围绕文本出现选择句柄，如图 7-6 所示。

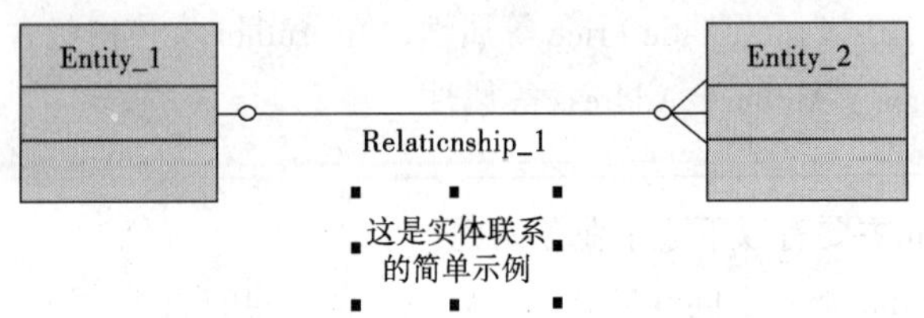

图 7-6　围绕文本出现选择句柄

把鼠标光标置于文本右下角的选择句柄上，待光标变成一个双向箭头后，按下鼠标左键的同时向右下方拖动，直到所有的文本出现。释放鼠标左键，单击图形背景，文本周围的选择句柄消失，如图 7-7 所示。

如果要选择和删除对象图形符号，使工具选项板上的 Pointer 工具处于激活状态，然后单击要删除的对象符号，出现选择句柄，按下 Delete 键，打开如图 7-8 所示的对象删除确认窗口。如果选择 Delete objects 单选按钮，系统将删除图形符号及该对象在模型中的定义。如果选择 Delete symbols only 单选按钮，则只删除图形符号，该对象的定义仍然保留在模型中。

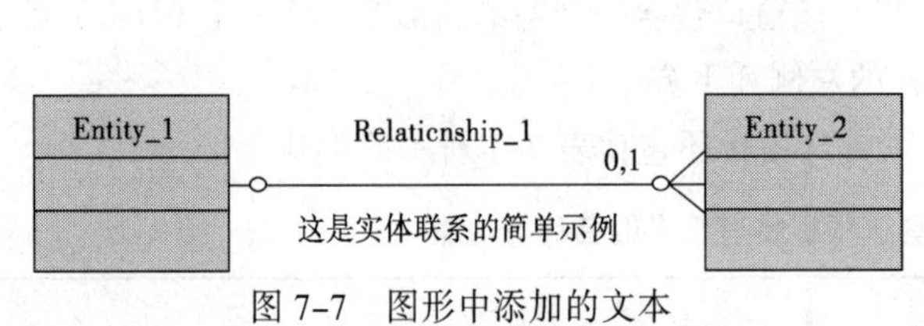

图 7-7　图形中添加的文本

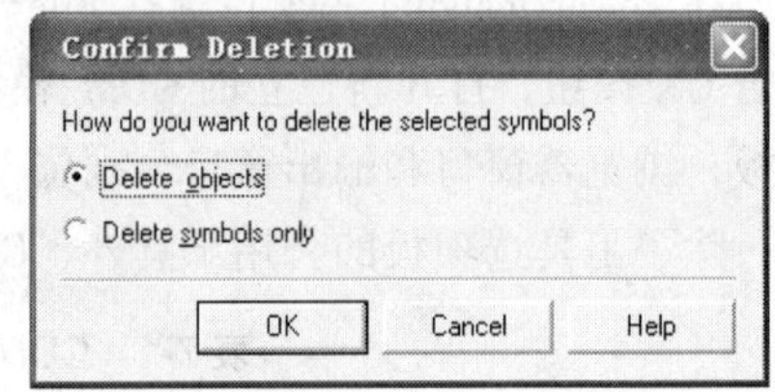

图 7-8　对象删除确认窗口

此时，Pointer 工具仍然处于激活状态，在单击对象的同时按下 Shift 键，连续单击剩下的对象，能够选择多个对象。按下 Delete 键，在打开的对象删除确认窗口中，单击 OK 按钮，删除其余的对象。

3. 打开现存的 CDM

选择 File→Open 命令，在打开的窗口选择要打开的 CDM 文件，如果要打开的 CDM 文件不在系统默认的文件夹中，可以利用窗口上部的工具或下拉列表框定位模型所在的文件夹。单击“打开”按钮，即可打开现存的 CDM。如果只能看到模型的一部分，可使用工具选项板上的 Zoom In 和 Zoom Out 工具放大和缩小整个模型。也可以选择 View→Scale 命令，选择一个合适的显示比例。图 7-9 是采用上述方法打开的一个 CDM，该文件安装在 PowerDesigner10/Examples/Tutorial 目录下，文件名为 cdmbefor.cdm。

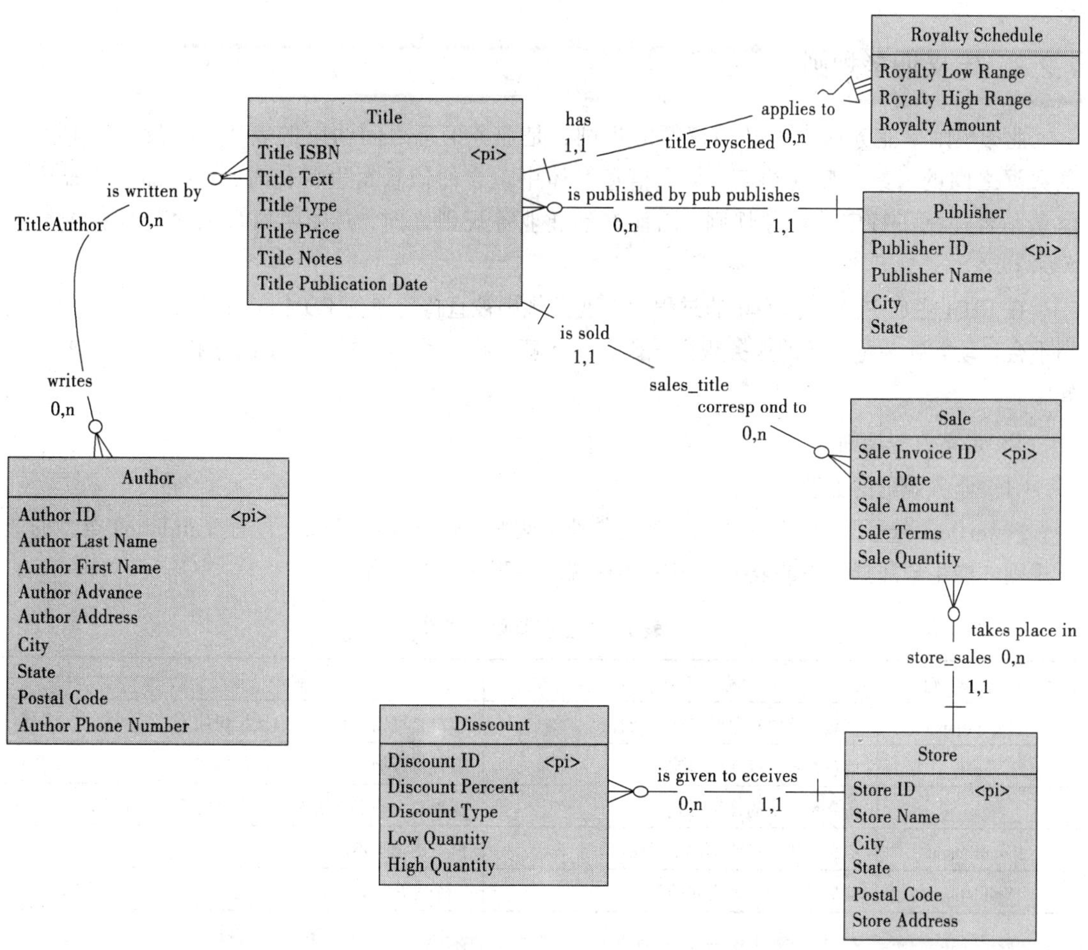

图 7-9　PowerDesigner 自带的 cdmbefor.cdm 实例

4. 定义 CDM 的基本特性

打开一个 CDM 模型，选择 Model→Model Properties 命令，打开该模型的 Model Properties 窗口，如图 7-10 所示。在 General 页的 Name 框中键入该模型的名称，在 Code 框中键入该模型的代码，单击“确定”按钮。选择 File→Save As 命令，出现“另存为”窗口。在“文件名”框中键入文件名，单击“保存”按钮，可保存模型。

一般来说，在模型设计过程中，Name 中应该输入简洁的汉字名称，以便于国内各类人员交流，但如果是国际项目，应该采用标准英文；Code 中应该输入英文缩略，以便于计算机程序的处理。本书为了叙述方便，有时 Name 中写汉字，有时 Name 中写英文。

图 7-10　CDM 模型特性窗口

7.2.3 定义业务规则

业务规则是业务活动中必须遵循的规则，是业务信息之间约束的表达。它反映了业务信息数据之间的一组完整性约束，每当信息实体中包含的信息发生变化时，系统都会检查这些信息是否违反了特定的业务规则。因而在创建业务规则之前，必须明白数据之间存在的约束关系。

在 CDM 生成 PDM 或 OOM 的过程中，业务规则被直接传递到 PDM 或 OOM 中。这些业务规则不会自动转换为可执行的业务规则代码，生成新的模型后，需要进一步细化和形式化这些业务规则。

1. 定义业务规则

（1）业务规则的类型

PowerDesigner 可以定义五种不同类型的业务规则，如表 7-2 所示，只有 Validation 类型的业务规则才能生成数据库中的业务规则和客户端应用程序中的业务规则。

表 7-2 业务规则的类型

业务规则	说 明	例 子
Definition	信息系统中对象的特征或特性	客户是可以用姓名和地址标识的人
Fact	信息系统中存在的事实	客户可以拥有一个或多个订单
Formula	信息系统中的计算公式	订单总金额等于所有订单上每行金额的总和
Requirement	信息系统中功能的详细说明	所有的损失不超过总销售收入的 10%
Validation	信息系统中数据之间的约束	一个客户的订单总额不能超过这个客户的允许值

（2）业务规则的特性

业务规则包含 Name、Code、Comment、Type、Expression 等特性，其中 Type 是表 7-2 中的一种类型，Expression 是业务规则的表达式。

（3）建立业务规则

创建业务规则前，需要考虑有关问题，例如：要解决的业务问题是什么，系统中是否有必须进行的处理，系统的范围是否有明确的规范，系统中存在哪些约束；怎样描述这些处理、规范和约束，业务规则属于 Definition、Fact、Formula、Requirement、Validation 中的哪一类。下面以创建作者版税赋值的业务规则为例，学习创建业务规则的方法。

选择 Model→Business Rules 命令，打开如图 7-11 所示的 List of Business Rules 窗口，该窗口显示了已有的业务规则。单击工具栏上的 Add a Row 工具，箭头出现在第一个空行的开始处，并显示默认的 Name 和 Code 列，键入新建业务规则的名称 Author Percent 和代码 AuthorPercent。从 Rule Type 列的下拉列表中选择 Validation，定义业务规则为 Validation 类型。单击 Apply 按钮，确认新创建的业务规则。

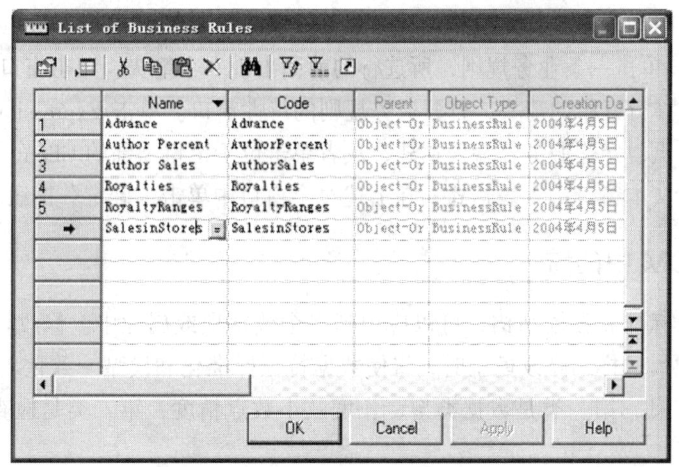

图 7-11　业务规则列表窗口

单击新创建的业务规则行，一个箭头出现在该行的开始处，单击 Properties 工具，或双击行开始处的箭头，打开新建业务规则的特性窗口，如图 7-12 所示。

单击 Notes 页的 Description 子页，键入 The percentage of royalties paid to all authors of a book adds up to 100% of the total royalties，如图 7-13 所示。这段文字解释了业务规则的含义。单击上述窗口的“确定”按钮和 OK 按钮，使创建的业务规则生效。

图 7-12　业务规则特性窗口

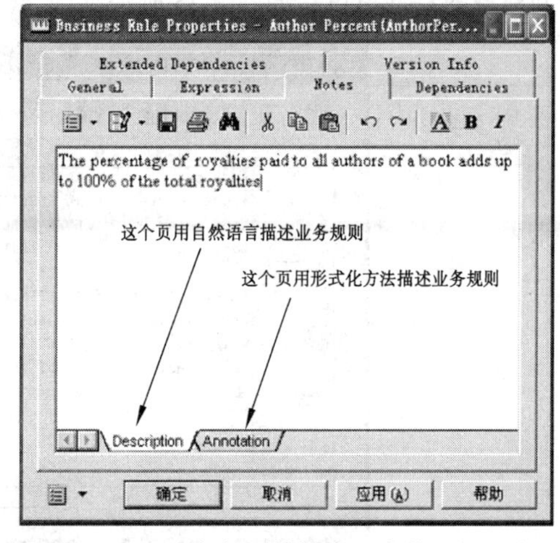

图 7-13　业务规则特性窗口中的 Notes 页

当关闭 List of Business Rules 窗口时，业务规则按字母顺序排序。因此，下次打开业务规则列表时，业务规则显示的顺序与关闭时的不同。

2. 使用业务规则表达式

业务规则一般从描述性的文字开始，随后完成其表达式，表达式的语法依赖于目标 DBMS 和客户端开发工具。表达式有两种类型：一种为服务器端表达式，另一种为客户端表达式。只有服务器端表达式可以生成到数据库中。如果服务器端表达式附加到表、域或列上（表与列是物理数据模型中的两个重要概念），可以通过选择相应的选项，最后生成服务器端业务规则表达式。客户端表达式主要是文字性描述。

在业务规则上附加表达式的方法是：选择菜单栏中的 Model→Business Rules 命令，在 List of Business Rules 窗口单击一条业务规则，所选行的前面出现一个箭头。单击窗口中的 Properties 工具，或者双击选择行开始的箭头，打开业务规则的特性窗口。单击 Expression 页，单击位于窗口下部的 Server 子页，定义服务器端表达式，或者单击位于窗口下部的 Client 子页，定义客户端表达式。在表达式文本窗口键入表达式，在上述每个窗口中单击“确定”按钮或 OK 按钮。

7.2.4 定义 CDM 中的域

域定义了一个标准和数据结构，可以应用到多个数据项或属性中。修改域时，将修改所有使用该域的数据项。这样，修改模型时，将使数据特征标准化和模型一致化。在 CDM 中，可以在域上定义三类信息，第一类是数据类型、长度及小数点精度，第二类是检查参数，第三类是业务规则。

以 PowerDesigner 所带的模型 Powerdesigner10\examples\tutoroal\cdmbefor.cdm 为例，创建两个域，为模型中的“金额”和“百分比”定义一个标准的数据类型。

选择 Model→Domains 命令，打开 List of Domains 窗口，如图 7-14 所示，窗口中显示已经存在的域定义。单击工具栏上的 Add a Row 工具，第一个空行开始处出现一个箭头，该行的 Name 和 Code 列赋予了默认值。在 Name 列键入“金额”，在 Code 列键入 Amount。单击 Apply 按钮，确认新创建的域。选择新创建的域，单击工具栏上的 Properties 工具，或双击行开始的箭头，打开新建域的特性窗口，如图 7-15 所示。

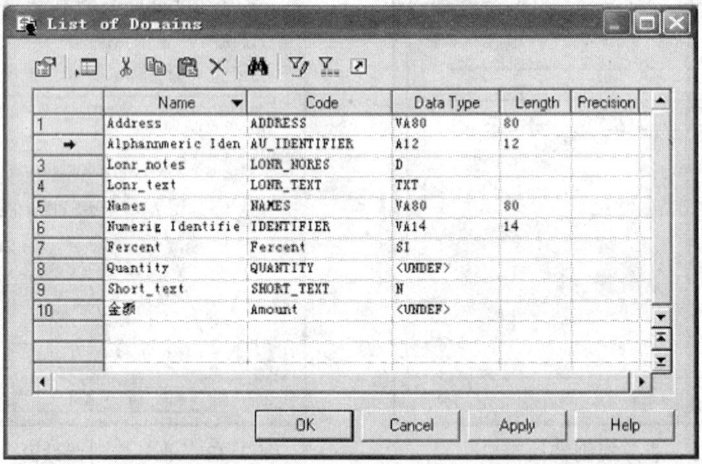

图 7-14 在域列表窗口中创建新的域

单击 Data Type 下拉列表框后面的问号按钮，打开如图 7-16 所示的 Standard Data Types 窗口，在该窗口中指定应用到域的数据类型。单击 Money 单选按钮，域将选择 Money 数据类型，在使用该域的数据项中，将看到这些数据项继承了 Money 数据类型。

所有的数据类型有 1～3 个字母的代码。当选择 Money 单选按钮时，MN 出现在 Code 框中，这是 Money 数据类型的代码。在 Length 框中键入 8，在 Precision 框中键入 2，联系到该域数据项的数字的最大长度将是 8（整数位长度+小数位长度+小数点），小数位的长度为 2。

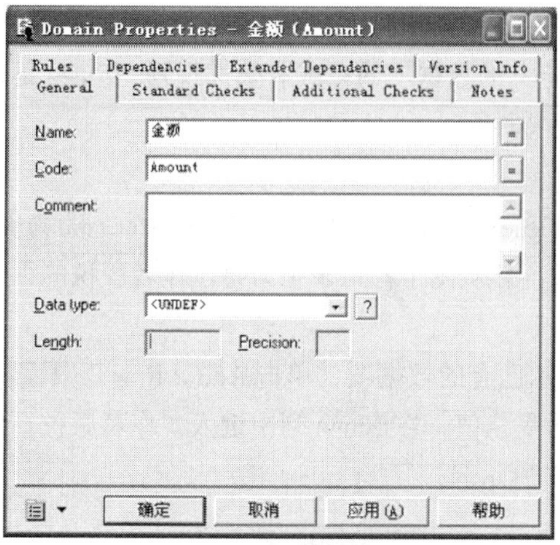

图 7-15　域特性窗口

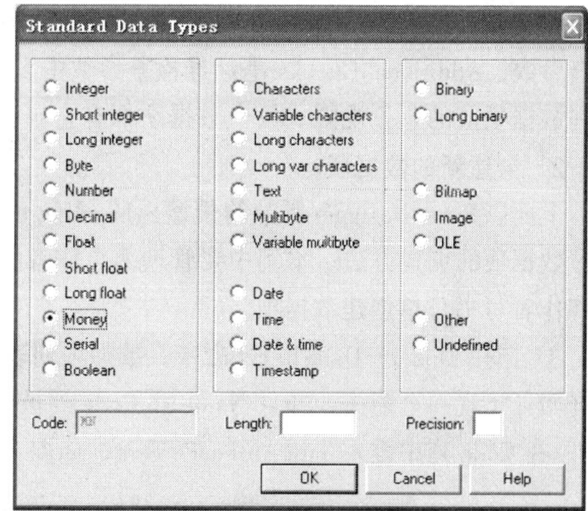

图 7-16 标准数据类型选择窗口

单击 OK 按钮，返回到域特性窗口。值“MN8，2”出现在 Data Type 下拉列表框中，表明 MN 最大长度是 8，小数位是 2。

单击 OK 按钮，再单击“确定”按钮，返回到域列表窗口。单击工具栏上的 Add a Row 工具，在新增行的 Name 列中键入“百分比”，在 Code 列中键入 Percent，单击 Apply 按钮，确认新创建的域。

单击新创建的域所在的行，一个箭头出现在行开始外，单击工具栏上的 Properties 工具，或者双击行开始的箭头，打开新建域特性窗口。单击 Data Type 下拉列表框后面的问号按钮，打开 Standard Data Types 窗口，单击 Short integer 单选按钮，Code 框中显示 SI，表示“百分比”域有一个短整型数据类型，Length 和 Precision 框无效，因为短整型数据类型不需要指定长度和小数点后的位数。单击 OK 按钮，再单击“确定”按钮。

当没有为域定义数据类型时，将使用默认数据类型。可以通过选择 Tools→Model Options 命令指定一个默认的数据类型。

7.2.5　定义数据项

如果把一个数据项联系到实体上，这个数据项就成为实体的属性。把数据项附加到实体上的方法是：双击实体，打开实体特性窗口，单击 Attributes 页，并单击 Add Data Item 工具，在打开的选择窗口中选择要联系到实体上的数据项，单击 OK 按钮，再单击“确定”按钮。当从 CDM 生成 PDM 时，CDM 中实体上的属性生成 PDM 中表的一个列。

也可以只定义一个数据项，但不把它联系到一个实体上。一个数据项根据模型选项的不同，可以在模型中唯一或者只在部分实体中唯一。

例如，一个出版公司的信息系统中，有作者和客户的姓名、作者生日等信息。创建 Last Name 数据项，目的是要把它作为作者实体（Author）和客户实体（Customer）的属性。创建 Birth Date 数据项，但是由于在模型中没有实体马上需要这一信息，它将保留在 CDM 中，但 Birth Date 数据项没有附加到任何实体上。

1. 数据项特性

数据项包含 Name、Code、Comment、Data type、Length、Domain 等特性。其中 Domain 是数据项关联域的名称。

数据项还包含 Standard Checks、Additional Checks、Rules 等特性。Standard Checks 是数据项检查参数，Additional Checks 是标准检查参数中没有定义的数据项约束或有效性规则，Rules 是附加到数据项上的业务规则。每个数据项都有它自己的特性页。

2. 创建新的数据项

下面以PoewrDesigner所带的模型Sybase\Powerdesigner10\Examples\Tutorial\cdmbefor.cdm为例，学习数据项的创建方法。本例中要管理多个作者的书，必须在作者列表中为每位作者版税的百分比和作者写书订单创建数据项。

① 选择 Model→Data Items 命令，数据项列表显示已有的数据项，单击 Add a Row 工具，行开始处出现一个箭头，并且 Name 和 Code 列被赋予默认值，在 Name 列中键入“作者版税百分比”，在 Code 列中键入 TitleAuthorPercent，如图 7-17 所示。

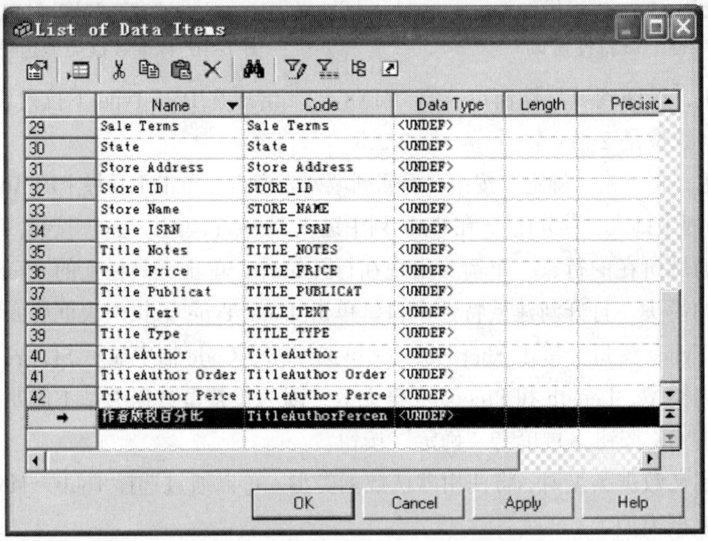

图 7-17 在数据项列表中添加数据项

② 单击 Apply 按钮，确认新创建的数据项。单击新创建数据项所在的行，在行开始处出现一个箭头，单击 Properties 工具，出现数据项特性窗口，如 7-18 所示。

③ 从窗口底部的 Domain 下拉列表框中选择“百分比”，把“百分比”域的数据类型应用到新的数据项。Data type 下拉列表框中的 SI 表明是一个短整型。单击“确定”按钮，返回到数据项列表窗口。

④ 单击 Add a Row 工具，一个箭头出现在第一个空行开始处，在 Name 列中键入“作者写书订单”，在 Code 列中键入 TitleAuthorOrder。单击 Apply 按钮，确认新创建的数据项。

⑤ 单击新创建数据所在的行，一个箭头出现在行开始处。单击工具栏上的 Properties 工具

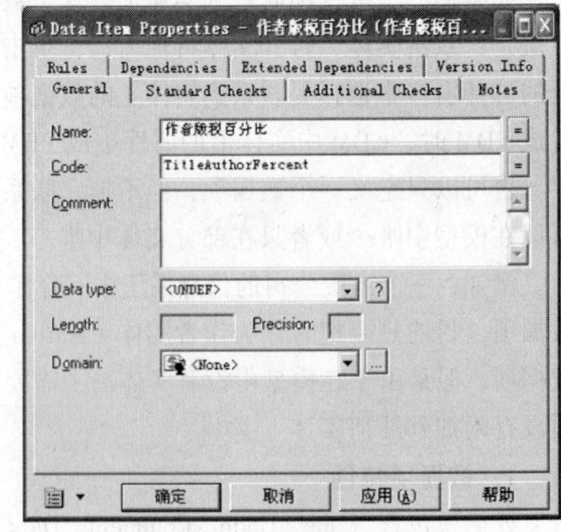

图 7-18 数据项特性窗口

，或双击行开始处的箭头，出现新创建数据项的特性窗口。

⑥ 单击 Data Type 框后面的问号按钮，显示标准数据类型窗口，单击 Integer 单选按钮，赋予“作者写书订单”整型数据类型。

⑦ 单击每个窗口的 OK 按钮或“确定”按钮，返回模型窗口。

3．把数据项连接到域上

下面仍以 cdmbefor.cdm 为例，把“金额”域联系到所有存储钱数量的数据项（Author Advance、Royalty Amount、Sale Amount 和 Title Price）上，方法如下：

① 选择 Model→Data Items 命令，打开数据项列表窗口，选择列表中的四个数据项：Author Advance、Royalty Amount、Sale Amount 和 Title Price，被选择数据项所在的行以高亮度显示，如图 7-19 所示。

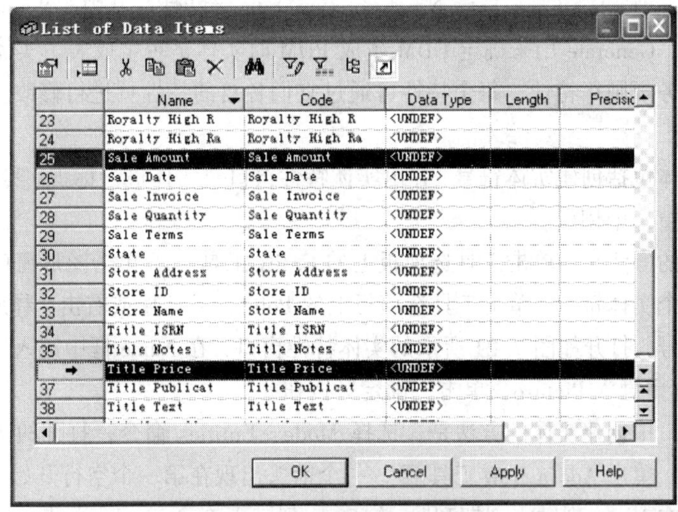

图 7-19　数据项列表窗口

② 向右拖动水平滚动条，直到出现 Domain 列。如果列表中的 Domain 列不可见，可单击数据项列表窗口的 Customize Columns and Filter 工具，从弹出的窗口中选择要显示的 Domain 所对应的复选框，然后单击 OK 按钮。

③ 单击 Author Advance 行的 Domain 列，末尾出现一个向下箭头，单击向下箭头，并从显示的列表中选择“金额”，如图 7-20 所示。

④ “金额”自动出现在每个选择的数据项的 Domain 列。当改变列表中选择项的特性时，所有其他选择的数据项自动赋予相同的特性。单击 OK 按钮，完成操作。

通过以上操作，四个数据项 Author Advance、Royalty Amount、Sale Amount 和 Title Price 从“金额”域继承了相同的数据类型，可以看到“MN8，2”出现在 Data type 列中。

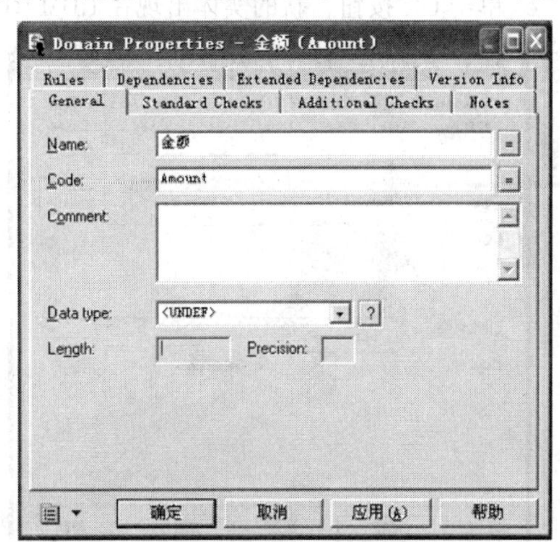

图 7-20　数据项列表中的域下拉列表

4. 为数据项选择数据类型

有两种方法可以为数据项选择数据类型。一种方法是把一个数据项附加到域上，域指定了一个标准的数据类型、长度、小数点后的位数和检查参数选项。另一种方法是手工选择数据类型。检查参数指定数据的范围和校验规则，可以把检查参数附加到实体属性、数据项和域上。为数据项选择数据类型的方法与为域选择数据类型的方法相同，这里不再赘述。

7.2.6 定义实体

在设计信息系统时，应能根据业务需求确定要创建的实体，确定实体属性及实体标识符，确定业务规则，并把业务规则联系到实体上。

1. 实体特性

实体包括 Name、Code、Comment、Number、Generate 等特性。其中，Number 用来估计实体可能包含的记录数，Generate 用来确定 CDM 生成 PDM 时实体是否生成表。实体同时还包含实体属性、标识符、业务规则等特性，每个特性可通过它们各自的特性页进行修改。

2. 创建新实体

创建一个新实体包括创建实体符号，并由实体特性窗口对实体进行标识。实体可以直接建立，也可以在实体列表窗口中创建。

直接建立实体的方法是：单击工具选项板上的 Entity 工具，单击图形窗口的空白区域，在单击的位置出现一个实体符号。单击工具选项板上的 Pointer 工具或右击，释放 Entity 工具。双击刚创建的实体符号，打开如图 7-21 所示的实体特性窗口，在 Name 框中键入“图片”作为实体的名称，在 Code 框中键入 Picture，单击“确定”按钮。

在实体列表窗口中创建实体的方法是：选择 Mode→Entities 命令，打开的实体列表窗口显示了现存的所有实体。单击 Add a Row 工具，一个箭头出现在第一个空行开始处，Name 和 Code 列被赋予默认值。在 Name 列键入“期刊”，在 Code 列键入 Periodical。单击 Apply 按钮，确认新创建的实体。用同样的方法，在 Name 列键入“非期刊”，在 Code 列键入 Nonperiodical，单击 Apply 按钮，确认新创建的实体。新的实体出现在列表中。

单击 OK 按钮，新的实体出现在 CDM 图形窗口中，如图 7-22 所示。

图 7-21 实体特性窗口

图 7-22 创建的实体

3. 定义实体属性

一个实体包含多个实体属性，每个实体属性包括如下特性：Name、Code、Comment、Data type、Length、Precision、Domain、Primary Identifier、Displayed、Mandatory、Rules、Standard Checks、Additional Checks、Notes 等。在如图 7-23 所示的实体的 Attributes 页中，P 表示 Primary Identifier，用来定义是否为主标识符；D 表示 Displayed，用来限定在实体图形符号中是否显示该属性；M 表示 Mandatory，用来限定实体属性是否必须赋值。

下面介绍在实体“期刊”中创建实体属性的方法。

（1）在实体中添加数据项

① 在图形窗口中双击“期刊”实体符号，打开该实体的特性窗口。

② 单击 Attributes 页，显示如图 7-24 所示的列表，这个空列表表示该实体还没有任何属性。

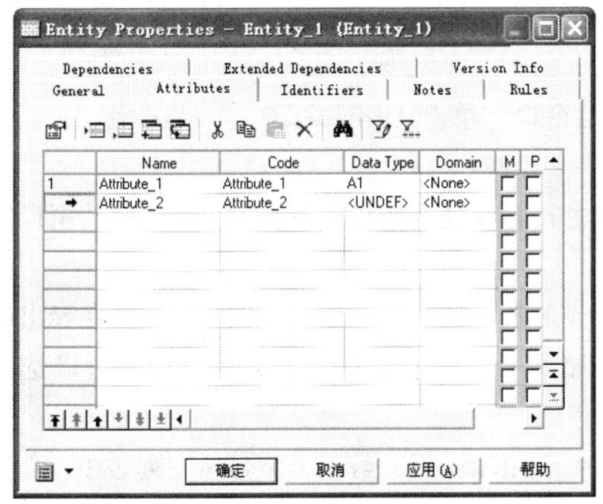

图 7-23　实体特性的属性页

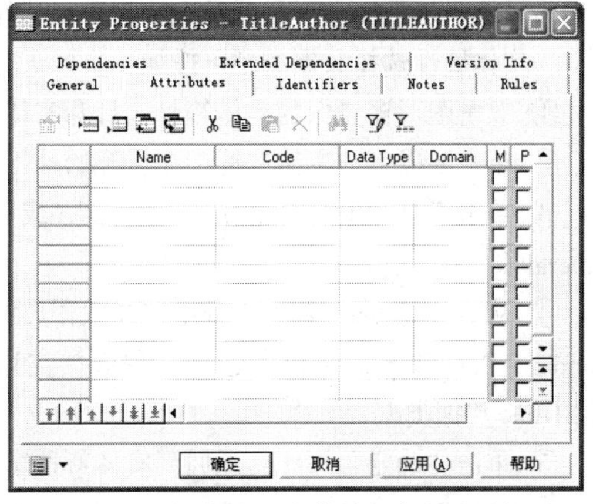

图 7-24　“期刊”实体特性窗口的属性页

③ 单击 Add Data Item 工具，打开数据项选择窗口，该窗口列出了模型中所有有效的数据项，选择一个或多个数据项前面的复选框。如果没有数据项可以从 Model→Data Items 打开的列表窗口添加数据项。

④ 单击 OK 按钮，数据项出现在“期刊”实体属性列表中。

⑤ 单击“确定”按钮，在 CDM 图形中，“期刊”实体显示出实体属性，如图 7-25 所示。

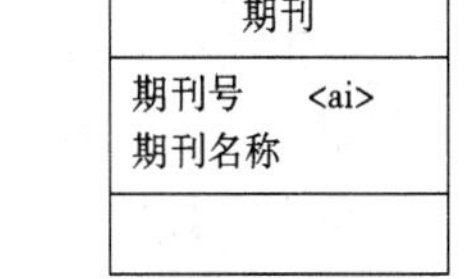

图 7-25　增加了属性后的实体符号

（2）创建新的实体属性

下面将为实体“期刊”创建一个新的属性“期刊出版日期”。

① 在图形窗口中双击“期刊”实体符号，打开它的特性窗口。单击 Attributes 页，其中列出了“期刊”实体的所有属性。选择“期刊名称”属性，单击工具栏上的 Insert a Row 工具，一个空行插入到“期刊名称”行的上一行，并赋予默认的名称。

② 在 Name 列键入“期刊出版日期”作为属性的名称，在 Code 列键入 PubDate。向右拖动滚动条，并单击 Domain 列，从 Domain 下拉列表中选择 Date。如果不存在该域，可以通过选择 Model→Domains 命令打开的列表窗口创建这个域。在 Date Type 列出现日期类型 D，单击“确定”按钮。

4. 把实体属性关联到域上

当把实体属性关联到域上时，域提供的数据类型和相关数据特征、检查参数和业务规则等全部应用到这个实体属性上。把实体属性关联到域上的方法如下：

① 双击图形窗口中的实体符号，打开实体特性窗口的 Attributes 页。

② 单击要操作的实体属性，一个箭头出现在行开始处。单击工具栏上的 Properties 工具或双击行开始的箭头，打开实体属性特性窗口，显示 General 页。

③ 从 Domain 下拉列表框中选择一个域；或单击域下拉列表框后面的省略号按钮，从弹出的域列表窗口中进行选择，然后单击 OK。

④ 单击“确定”按钮，返回到实体特性窗口的 Attributes 页。在 Data Type 列，域的数据类型代替了以前定义的实体属性的数据类型。

⑤ 单击“确定”按钮。

5．为实体属性选择数据类型

为实体属性选择数据类型的方法与为数据项选择数据类型的方法基本相同。一种方法是把一个实体属性附加到域上，另一种方法是手工选择数据类型。

为实体属性选择数据类型可按如下步骤进行：

① 双击图形窗口中的实体符号，打开实体特性窗口，单击 Attributes 页。

② 单击要操作的实体属性，在行开始处出现一个箭头。

③ 单击工具栏上的 Properties 工具，或者双击行开始处的箭头，打开该属性的特性窗口的 General 页。

④ 从 Data Type 下拉列表框中选择数据类型，或单击下拉列表框后面的问号按钮，在弹出的 Standard Data Types 窗口中选择一种数据类型。如果不想马上选择一个数据类型，可以选择 <UNDEF>数据类型。

⑤ 单击“确定”按钮，返回到实体特性窗口的 Attributes 页，数据类型显示在列表中。

6．实体属性的强制与可选

如果一个实体属性是强制的（mandatory），实体中每条记录的该属性都必须赋值，不能为空。如果实体属性是可选的（optional），实体中每条记录的该属性可以赋值也可以不赋值，可以为空。标识符默认是强制的。定义实体属性强制或可选的方法如下：

① 双击图形窗口中的实体，在打开的实体特性窗口中单击 Attributes 页。

② 单击要操作的实体属性，在该行开始处出现一个箭头。

③ 单击工具栏上的 Properties 工具，或双击行开始处的箭头，打开实体属性特性窗口的 General 页。

④ 选择窗口底部的 Mandatory 复选框使实体属性强制，清除 Mandatory 复选框使实体属性可选。标识符所包含的属性的 Mandatory 复制框不能清除，因为它必须是强制的。

⑤ 单击“确定”按钮。

7．创建关联实体

现实世界中存在的多对多联系比比皆是，但是目前的 DBMS 中要直接处理这种结构存在诸多的困难和问题，通常把一个多对多联系转换成两个一对多联系来处理，在设计实际数据库应用系统时必须解决好这个转换。在转换过程中，新产生的一个实体集通常称为“中间实体”，也叫“关联实体”。

在图形窗口中右击多对多联系线，从弹出的菜单中选择 Change to Entity→Standard 命令，一个新的实体插入到两实体之间，如图 7-26 所示。

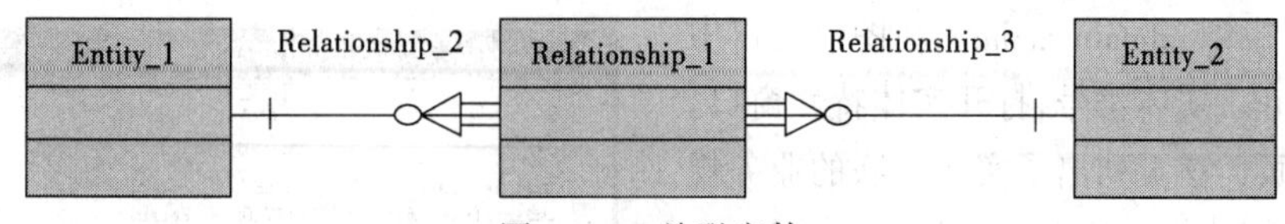

图 7-26 关联实体

8. 指定标识符

标识符是实体中一个或多个属性的集合，用来唯一标识实体中的每一个实例。CDM 中的标识符等价于 PDM 中的主键或候选键。每个实体必须至少有一个标识符。如果实体只有一个标识符，它就是实体的主标识符（primary identifier）。如果实体有多个标识符，其中一个指定为主标识符，其余的标识符就是次标识符（secondary identifier）。

下面以模型 cdmafter.cdm 为例，指定实体属性 Picture ID 作为 Picture 实体的主标识符。

① 打开模型 cdmafter.cdm，在图形窗口中双击 Picture 实体符号，打开实体特性窗口的 Attributes 页。向右拖动滚动条直到 P 列可见，可以看到 Picture ID 行的 P 列、M 列均没被选择，说明 Picture ID 不是 Picture 实体的主标识符，而且该属性不是强制的。

② 单击 Picture ID 属性，在该行开始处出现一个箭头，单击工具栏上的 Properties 工具，或双击行开始处的箭头，打开 Picture ID 特性窗口。

③ 选择窗口底部的 Primary Identifier 复选框。可以看到，选择 Primary Identifier 复选框的同时，Mandatory 复选框自动选择，说明主标识符必须是强制的。单击“确定”按钮，返回到 Attributes 页。向右拖动滚动条直到 P 列可见，可以看到 Picture ID 行的 P 列、M 列同时被选择，如图 7-27 所示，说明 Picture ID 已是 Picture 实体的主标识符。

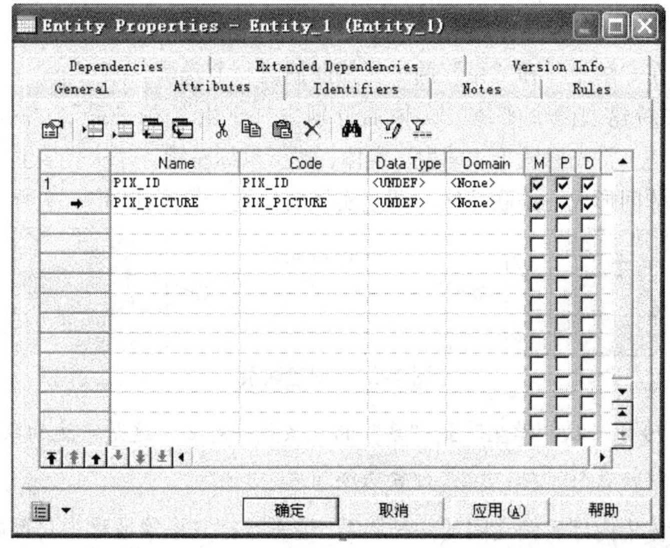

图 7-27 选择 Picture ID 行的 P 列和 M 列

9. 将业务规则附加到实体上

下面将业务规则 Author Percent 附加到实体 TitleAuthor 上，这一业务规则用来计算作者版税的百分比。方法如下：

① 打开模型 cdmafter.cdm，在图形窗口中双击 TitleAuthor 实体符号，打开实体特性窗口。单击 Rules 页，该页列出了实体关联的业务规则。现在这个列表是空的，单击 Add Objects 工具，出现一个选择窗口，它列出了所有有效的业务规则，如图 7-28 所示。选中 Author Percent 复选框。

② 单击 OK 按钮，返回到 Rules 页，Author Percent 出现在列表中。

③ 单击“确定”按钮，将业务规则附加到了实体上，返回到模型窗口。

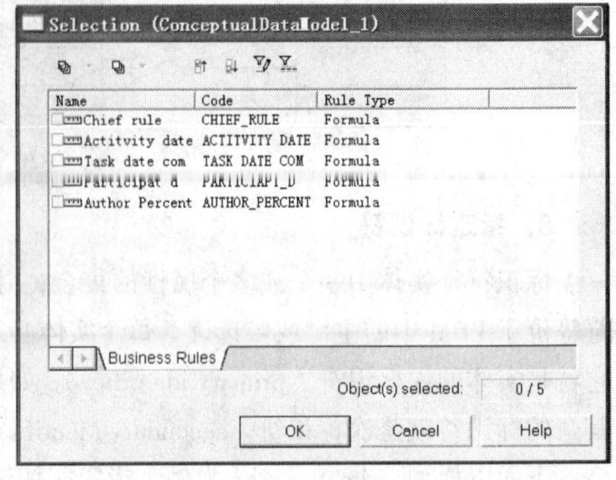

图 7-28　选择业务规则

7.2.7　定义联系

联系（relationship）是指定实体集之间或实体集内部实例之间的连接，定义联系是 CDM 中最为关键的技术。一个完善的 CDM 应该有易于理解的名称和代码，还应该有对联系的简要说明，在联系中应该正确理解角色（role）和基数（cardinality）的概念。

1. 联系的特性

联系包括 Name、Code、Comment、Entity1、Entity2、Generate、Cardinality、Rules、Notes 等特性。其中，Entity1 与 Entity2 是联系连接的两个实体，Generate 指出由 CDM 生成 PDM 时是否生成一个参照，Cardinality 表示基数。

2. 创建联系

下面介绍如何在“学生”和“系”两个实体间创建一个联系。

在图形窗口中新建立两个实体，实体名分别为“学生”和“系”。单击工具选项板上的 Relationship 工具，将光标置于“学生”实体，按下鼠标左键，并从“学生”实体拖动到“系”实体，此时在两实体间形成一条联系线。调整实体的位置，得到如图 7-29 所示结果。

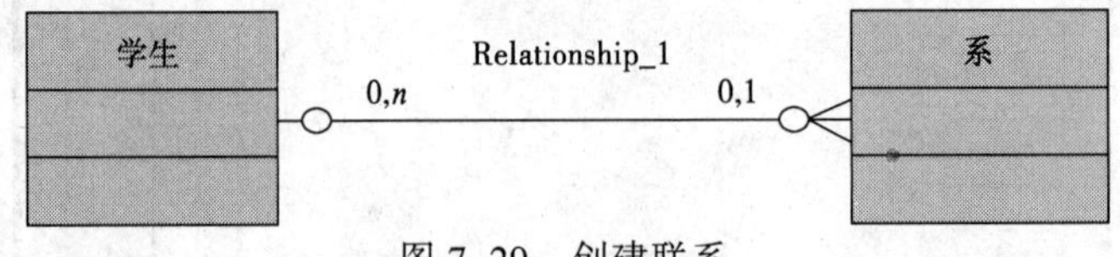

图 7-29　创建联系

注意：在图 7-29 中，从“学生”到“系”的联系是一对多，这是系统的默认情况，与实际不符，可通过联系的特性窗口修改，使其符合实际情况。

递归联系是实体集内部实例之间的一种联系，通常也把它形象地称为自反联系。例如，在“职工”实体集中存在很多的职工，这些职工之间必然存在一种领导与被领导的关系。又如，“学生”实体集的学生有班长与普通学生之分，一个班长领导多个学生，学生之间的这种关系也是一种递归联系。

创建自反联系时，只要单击工具选项板上的 Relationship 工具后，将光标从实体的一部分拖动到该实体的另一部分即可。

3. 在联系中定义基数

根据联系的种类定义基数。联系的种类有四种，即一对一（One-One）、一对多（One-Many）、多对一（Many-One）、多对多（Many-Many）。双击联系线，打开联系的特性窗口，单击 Cardinality 页，显示如图 7-30 所示的窗口，在该窗口中定义基数。

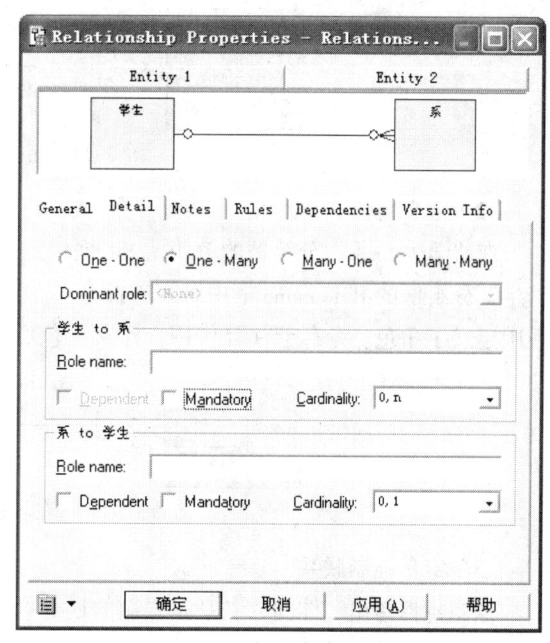

图 7-30　基数页

在 Cardinality 页上，联系的每个方向都包含一个分组框。每个分组框中包括 Role name、Dependent、Mandatory、Cardinality 等特性。其中 Role name 为角色名，用来描述该方向联系的作用，一般用一个动词或动词组表示。例如，在“学生 to 系”分组框中应该填写“属于”，表示学生属于系；又如，在“系 to 学生”分组框中应该填写“拥有”，表示系拥有学生。Dependent 用来表示该方向两个实体之间的依赖关系，只有子实体依赖于父实体，而没有父实体依赖子实体的情况。Mandatory 表示这个方向联系的强制关系。Cardinality 表示该方向上联系的基数。

Dominant role 只有在一对一的联系中出现，表示某个方向联系的支配关系，所选择的支配方向在生成 PDM 时产生一个参照。下面介绍联系中的基数、角色、强制、依赖、支配的定义方法。定义均在联系特性窗口的 Cardinality 页上进行。

（1）定义基数

联系具有方向性，每个方向上都有一个基数（cardinality）。Entity1 中的一个实例，在 Entity2 中可能存在的最大与最小实例数，就是 Entity1 到 Entity2 的基数，最大与最小数用逗号隔开。反之，Entity2 中的一个实例，在 Entity1 中可能存在的最大与最小实例数，就是 Entity2 到 Entity1 的基数。在图形窗口中，Entity1 到 Entity2 的基数标注在 Entity1 图形符号的旁边，Entity2 到 Entity1 的基数标注在 Entity2 的旁边。

在 Cardinality 下拉列表框中，有四种情况可供选择，即(0,1)、(0, n)、(1,1)、(1, n)。在图形窗口中，联系线的终点用特定的符号表明联系的基数。例如，├─○表示基数为(0,1)、├<○表示基数为(0, n)；├─┤表示基数为(1,1)；├<┤表示基数为(1, n)。

定义基数的方法是：打开联系特性窗口的 Cardinality 页，在 Cardinality 下拉列表框中选择一种基数，单击“确定”按钮。

例如，“系”和“学生”两个实体之间的联系是一对多联系，也可以说“学生”和“系”之间的联系是多对一联系。而且一个学生必须属于一个系，并且只能属于一个系，不能属于零个系，所以从“学生”实体到“系”实体的基数应为(1,1)；从联系的另一方向考虑，一个系可以拥有多个学生，也可以没有任何学生，即零个学生，所以该方向联系的基数应为(0, n)。根据上述实际，对前面建立的联系进行修改。首先选择 Many-One 单选按钮，在“学生 to 系”分组框中，选择

Cardinality 值为(1,1)，在“系 to 学生”分组框中，选择 Cardinality 值为(0, n)，单击“确定”按钮。结果如图 7-31 所示。

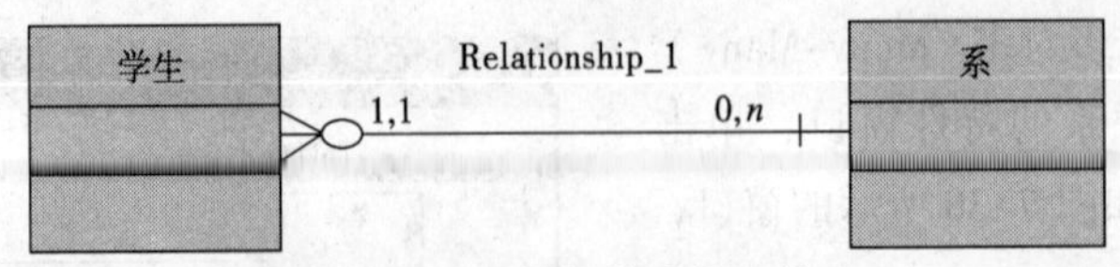

图 7-31　定义联系的基数

（2）定义角色

在“学生 to 系”分组框的 Role name 框中键入“属于”，指出一个学生属于一个系。在“系 to 学生”分组框的 Role name 框中键入“拥有”，指出一个系拥有学生，单击“确定”按钮，就在联系中定义了角色。角色起注释作用，定义角色后，会在联系线上显示出来，如图 7-32 所示。

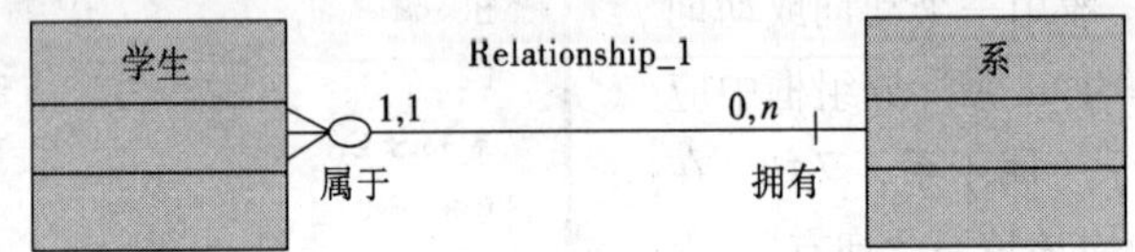

图 7-32　在联系中定义角色

（3）定义强制联系

强制特性指出实体间的联系是强制的还是可选的。可以为联系的两个方向定义强制。在图形窗口中，强制符号出现在联系线上，一条竖线表示强制，一个圆圈表示可选。表 7-3 对图形符号做了详细介绍。

定义强制的方法是：打开联系特性窗口的 Cardinality 页，在一个或两个联系方向的分组框中选中 Mandatory 复选钮，单击“确定”按钮。

表 7-3　联系线上的强制与可选图形符号

结束点	存在性	基数	说　明	结束点	存在性	基数	说　明
─┼─┤	强制	1，1	有且仅有一个	─○─┤	可选	0，1	可以存在一个或零个
─┼─<	强制	1，n	必须存在一个或多个	─○─<	可选	0，n	可以存在零个或多个

（4）定义依赖联系

联系按依赖关系可以分为部分依赖和完全依赖，部分依赖也叫非标定联系（non-identify relationship），完全依赖也叫标定联系（identify relationship）。

在非标定联系中，一个实体集中的一部分实例依赖于另一个实体集中的实例，在这种依赖联系中，每个实体必须至少有一个标识符。

在标定联系中，一个实体集中的全部实例完全依赖于另一个实体集中的实例，在这种依赖联系中一个实体必须至少有一个标识符，而另一个实体可以没有自己的标识符。没有标识符的实体用别的实体的标识符和其自身的属性共同作为它的标识符。

例如，一个名为 Task 的实体有 Task name 与 Task cost 两个实体属性，由于一项任务可以在不同的工程中被执行，并且 Task cost 随任务的不同而不同，因此 Task name 与 Task cost 两个实体属性不能完全标识实体 Task 的具体实例，必须结合具体的工程，所以可以用 Task name 实体属性与实体 Project 中的 Project number 作为实体 Task 的标识符。这样实体 Task 便依赖于实体 Project。

在图形窗口中，联系线的终点用一个三角形表示依赖联系。三角形从依赖的实体指向被依赖的实体。如图 7-33 所示，表示 Task 实体依赖于 Project 实体。

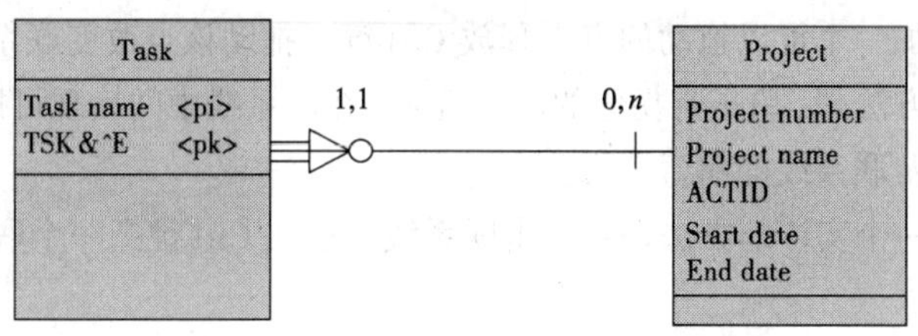

图 7-33　依赖联系

竖线表示联系不仅是依赖的，而且是强制的，表示 Task 实体的每个实例都需要 Project 实体必须有一个可依赖的实例相对应。三角形顶点的圆圈表示 Project 实体的每个实例不需要 Task 实体有一个实例相对应。

定义依赖的方法与定义强制的方法基本相同，在联系特性窗口的 Cardinality 页，从每个联系方向分组框中选中 Dependent 复选框，单击“确定”按钮即可。

（5）定义支配联系

在一对一联系中，才能定义联系的一个方向为支配联系。如果定义了一个支配联系，CDM 生成 PDM 时，联系将生成一个参照，支配实体生成父表。如果不定义支配联系，一对一的联系生成两个参照。

定义支配联系的方法是：在联系特性窗口的 Cardinality 页中，选择 One-One 单选按钮，从 Dominant role 下拉列表框中选择支配的方向，单击“确定”按钮。

4．联系的显示

（1）显示和排序联系列表

创建多个联系后，所创建的联系全部显示在联系列表中，可显示和排序联系列表。可以按选择特性的字母顺序或者反字母顺序对联系进行排序。列表的排序方式由属性列标题末尾的箭头来表示，下箭头表示字母顺序，上箭头表示反字母顺序。例如，单击 Name 的列标题，当在 Name 列标题显示下箭头时，联系列表按字母顺序排序，显示上箭头则相反。

显示和排序联系列表的方法是：选择 Model→Relationships 命令，打开联系列表窗口。单击列表中一个列的列标题，联系列表按选择的特性排序，单击“OK”按钮。

（2）在联系符号上显示文本

可以在联系符号上显示 Name、Role、Cardinality、Dominance 文本。在联系符号上显示文本的步骤如下：

① 选择 Tools→Display Preferences 命令，或右击图形窗口的空白区域，从弹出菜单中选择 Display Preferences 命令，打开 Display Preferences 窗口的 General 页。

② 单击窗口左边树形视图中 Object View 结点下的 Relationship，打开 Relationship 页。

③ 选中或者清除 Relationship 分组框中相应的复选框。

④ 单击 OK 按钮。

选中 Dominance 复选框时，在联系的支配实体一端显示符号[D]。

（3）修改联系的图形

在 CDM 图形窗口，修改一个联系的图形，可以通过弯曲一个联系的符号、拉直一个联系的符号、把联系符号的附着点从一个实体拖动到另外一个实体等方法来进行。

弯曲联系符号的方法是：在联系的图形符号上要增加一个拐点的地方，按住 Ctrl 键，单击联系线，在联系线上增加一个可以拖动的点。释放 Ctrl 键，拖动该点改变联系线的形状。

拉直联系符号的方法是：单击有拐弯的联系符号，在联系线中间出现可以拖动的点。按住 Ctrl 键单击该点，该点以及联系线的拐弯消失。

拖动联系到另外一个实体的方法是：单击联系线，按住 Ctrl 键把一个联系点拖动到另外一个实体上。

7.2.8 定义继承

继承用来定义实体之间的分类关系。例如，可以定义“书”分为“期刊”和“非期刊”两大类。“书”作为父实体，包含所有的公共属性，“期刊”和“非期刊”作为子实体，除包含父实体的公共属性外还包含它们各自特有的属性。

继承可以互斥。当一个继承是互斥的意味着子实体不能同时拥有同一个实例。例如，一本书可能是期刊或非期刊，它不能同时既是期刊又是非期刊，这是一个互斥继承。

1. 继承的特性

继承包括 Name、Code、Comment、Parent 和 Mutually exclusive children 特性。其中 Parent 为父实体的名称，Mutually exclusive children 表示父实体中的一条记录只能在一个子实体中出现，子实体之间存在一种互相排斥的关系。

继承还包含 Generation、Children、Notes、Rules 等特性。其中 Generation 定义 CDM 生成 PDM 时继承所连接的实体的生成方式，Children 为子实体列表，Notes 是对继承的描述，Rules 为联系到继承上的业务规则。上述特性均在继承特性窗口中定义。

2. 创建继承联系

在 CDM 图形窗口中创建两个实体 Entity_1 与 Entity_2，单击工具选项板上的 Inheritance 工具。将光标置于实体 Entity_1，按下左键，把光标拖动到 Entity_2 上，在两个实体间出现一个继承联系，如图 7-34 所示。继承联系在中间有一个半圆和一个指向实体 Entity_1 的箭头，表示 Entity_1 是父实体，Entity_2 是子实体。

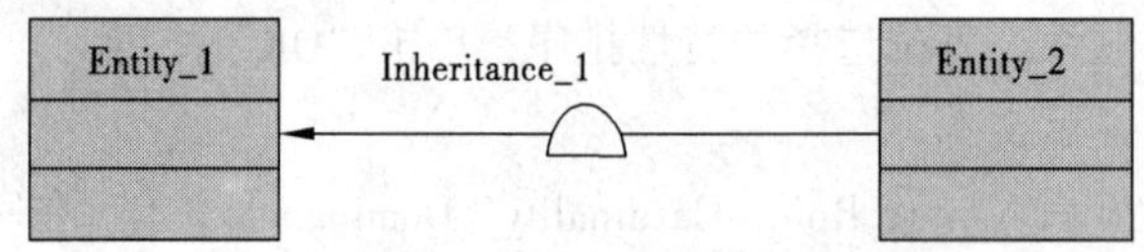

图 7-34　创建继承联系

激活工具选项板上的 Inheritance 工具，单击图 7-34 中的半圆，并把光标拖动到实体 Entity_3，继承符号相应改变，如图 7-35 所示。

要调整继承符号的位置，选择半圆后，选择 Symbol→Disposition→Arrange Symbols 命令，继承符号移动到它连接的实体符号的中间。

可以设置继承符号上名称的显示，方法是：右击图形窗口中的空白区域，从弹出菜单中选择 Display Preferences 命令，打开窗口的 General 页，在窗口的左边选择 Object View 下的 Inheritance 结点，在窗口的右边选中或清除 Inheritance 分组框中的 Name 复选框，单击 OK 按钮。

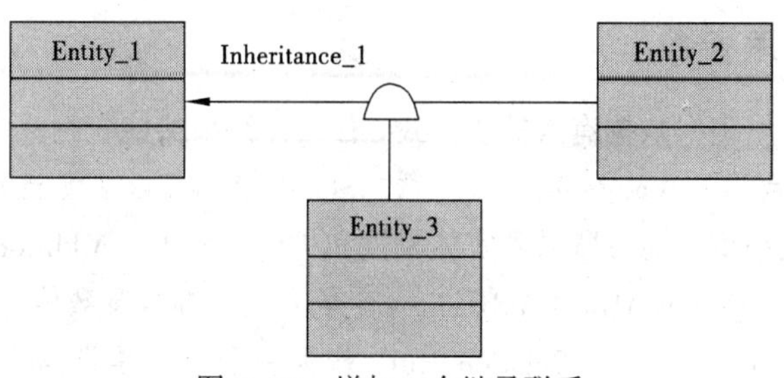

图 7-35　增加一个继承联系

3. 定义继承的特性

修改继承的特性，可以定义继承的名称，也可以定义继承的互斥，还可定义生成模式。

单击工具选项板上的 Pointer 工具，双击继承联系的半圆，打开继承特性窗口。在 Name 框中键入继承的名称。选中 Mutually exclusive children 复选框，单击“确定”按钮后，一个叉号出现在继承联系符号的半圆中，表明继承是互斥的，如图 7-36 所示。

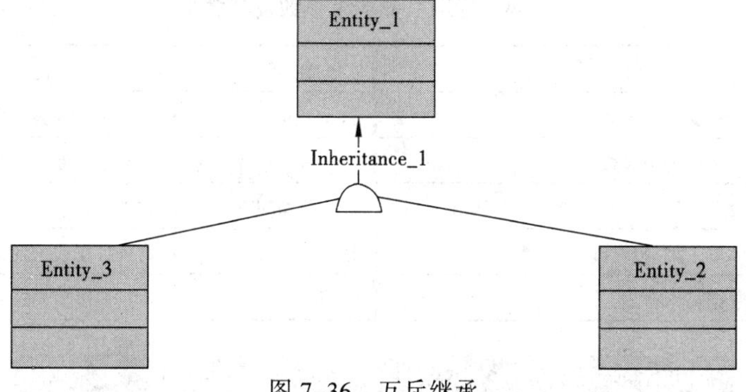

图 7-36　互斥继承

如图 7-37 所示，单击继承特性窗口的 Generation 页，在“生成模式（Generation mode）”分组框中选中或清除 Generate children、Generate parent 复选框。该选项指明由 CDM 生成 PDM 时继承是怎样生成的。“标识属性（Specifying attributes）”分组框用来定义标识属性的名称、数据类型、强制等特性。标识属性的名称将生成 PDM 表中的一个列名。拖动滚动条直到 M 复选框出现，这是强制复选框，选中 M 复选框，并单击“确定”按钮，把标识属性定义为强制的。

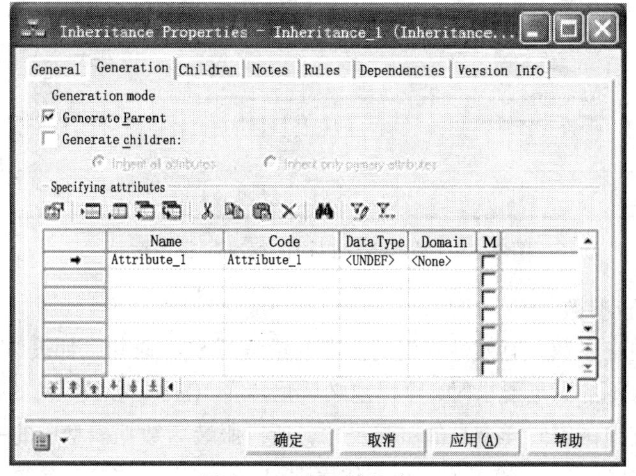

图 7-37　继承特性窗口

7.2.9 定义检查约束参数

检查约束参数是一组确保数据有效的表达式，有三种类型的检查约束参数，即 Standard Check 参数、Additional Check 参数和 Validation Rule 参数。Standard Check 参数定义一般范围的数据约束，例如一个列的最大和最小值，能够联系到实体属性和（或）域上；Additional Check 参数，SQL 表达式使用%MINMAX%、%LISTVAL%和%RULES%变量来定义标准参数值，从而定义数据约束，能够联系到实体属性和（或）域上；Validation Rule 作为一个服务器端表达式定义的业务规则，可联系到相应对象、实体、实体属性和（或）域上。

1. 设置标准检查约束参数

设置标准检查约束参数的方法是：在域或实体属性的特性窗口中，单击 Standard Checks 页，打开标准检查参数页，如图 7-38 所示。键入标准参数，单击“确定”按钮。标准检查约束参数及其意义如表 7-4 所示。

表 7-4 标准检查约束参数及其意义

参　数	说　明	参　数	说　明
Minimum	可接受的最小数	Lowercase	所有字母变为小写
Maximum	可接受的最大数	Uppercase	所有字母变为大写
Default	没有赋值时，系统指定的默认值	Cannot Modify	物理数据表中该列的值不能修改
Unit	单位，如公斤、吨、元等	List of Values	物理数据表中的值列表
Format	数据显示格式	Label	授权列表值的标签

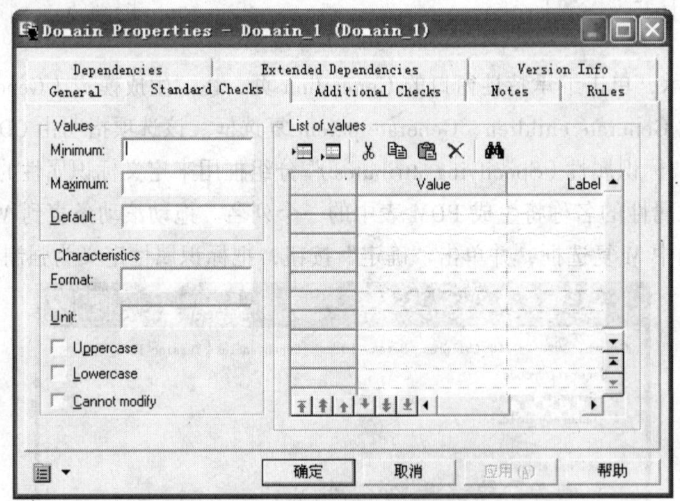

图 7-38 域特性窗口中的标准检查参数页

2. 定义其他检查参数

可以使用标准检查参数和有效性规则的标准变量编写 SQL 语句，如表 7-5 所示。

当标准检查参数不能满足要求时，可以定义 Additional Check 参数。例如，由于一个国家服装的尺寸可能有别于其他国家同样型号的服装尺寸，所以服装店数据模型中的一个实体包含实体属性 Size 定义的检查参数，它依赖于另一个实体属性 Country 定义的检查参数。这种情况下，需要创建一个表达式使用两个实体属性的检查约束参数。定义附加检查参数的方法是：在域或实体属性的特性窗口中，单击 Additional Checks 页，键入："%MINMAX% and %LISTVAL% and %RULES%" SQL 表达式，单击"确定"按钮。

表 7-5　标准检查参数和有效性规则的标准变量

变　量	说　明
%MINMAX%	标准检查 Values 分组框中定义的 Minimum 和 Maximum 值
%LISTVAL%	标准检查 List of values 分组框中定义的值
%RULES%	Rules 特性窗口 Expression 页定义的有效规则表达式

3. 在检查参数中使用有效性规则

有效性规则是一种基于相应业务有效数据的规则。当有效性规则联系到实体、实体属性或域上，而且有效性规则定义为服务器端表达式时，一条有效性规则可以作为检查参数来生成。一般情况，有效性规则变量包含如表 7-6 所示的值。

表 7-6　有效性规则变量的值

变　量	值	变　量	值
%COLUMN%	应用业务规则的列代码	%MINMAX%	实体属性或域的最大和最小值
%DOMAIN%	应用业务规则的域代码	%LISTVAL%	实体属性或域的列表值
%TABLE%	应用业务规则的表代码	%RULES%	实体属性或域的服务器端有效性规则

检查参数中使用有效性规则的方法是：在实体、实体属性或域特性窗口中，单击 Rules 页，单击工具栏上的 Add Objects 工具，出现模型中可用的业务规则列表，选择列表中的一条业务规则，单击每个窗口的 OK 按钮或"确定"按钮。

7.2.10　由 CDM 生成 PDM

1. CDM 与 PDM 对象的对应关系

在 CDM 生成 PDM 之前必须选择一种 DBMS 作为目标数据库。PowerDesigner 把 CDM 中定义的数据类型转换成目标 DBMS 支持的物理数据类型。概念数据类型和物理数据类型的对应关系在 DBMS 定义文件中定义，每种类型的目标数据库都有一个 DBMS 定义文件。CDM 与 PDM 对象之间的对应关系如表 7-7 所示。

表 7-7　CDM 与 PDM 对象的对应关系

CDM 对象	PDM 对象
Entity（实体）	Table（表）
Entity Attribute（实体的属性）	Table column（表的列）
Primary Identifier（主标识符）	Primary key（主键）或 Foreign key（外键）
Secondary Identifier（次标识符）	Alternate key（侯选键）
Relationship（联系）	Reference（参照）

2. 生成 PDM

选择 Tools→Generate Physical Data Model 命令，打开如图 7-39 所示的窗口。从 DBMS 下拉列表框中选择要生成 PDM 的 DBMS，Name 框中是 PDM 的默认文件名，与 CDM 文件名相同，但扩展名为.pdm。选择 Share 或 Copy 单选按钮，指出使用 DBMS 定义文件的方式。

单击 Detail 标签，打开如图 7-40 所示的 Detail 页，选中 Check model 复选框，表明生成模型前将进行模型检查；选中 Save generation dependencies 复选框，表明生成 PDM 时将保存模型中每个对象的对象标识符，这个选项主要用于合并两个从同一个 CDM 生成的 PDM。

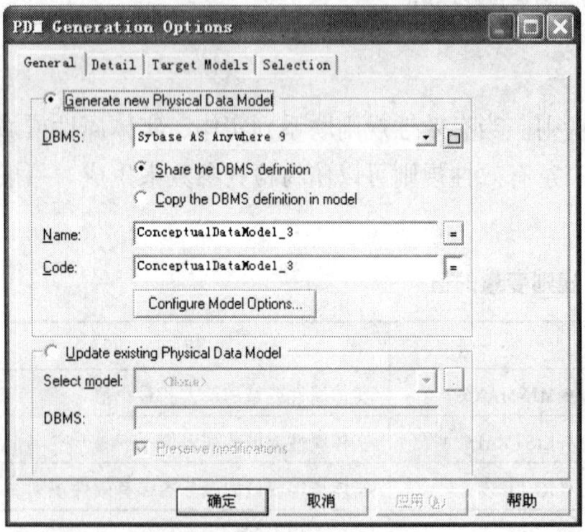

图 7-39　PDM 生成选项窗口的 General 页

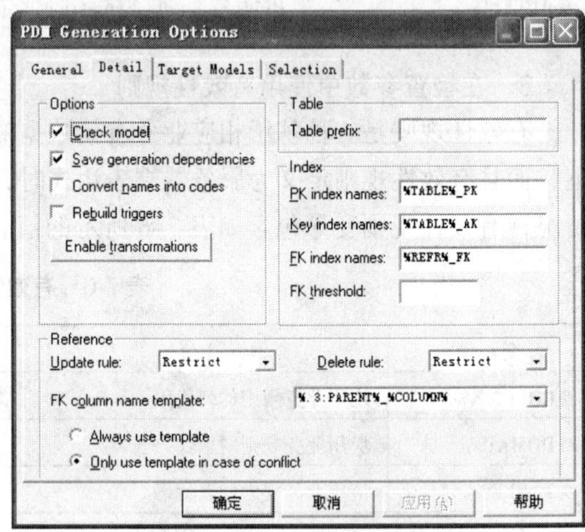

图 7-40　PDM 生成选项窗口的 Detail 页

选择 Selection 页，该页列出了 CDM 中的所有对象。默认为选择所有对象，如图 7-41 所示。

如果要选择所有对象的复选框，单击 Select All 工具。单击“确定”按钮，在 Output 窗口显示处理过程中的警告、错误及提示信息。生成完成后，窗口显示生成的 PDM，如图 7-42 所示。

如果 PDM 图形中显示太多信息而难以阅读，选择 Tools→Display Preferences 命令，根据需要清除或选中复选框。

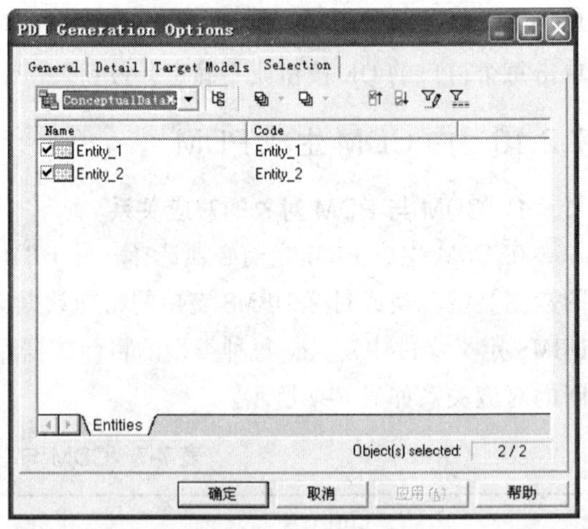

图 7-41　Selection 页

选择 File→Save As 命令，打开“另存为”窗口，在“文件名”框键入文件名 Gentur.pdm 作为生成的 PDM 的文件名，单击“保存”按钮。

选择 File→Close 命令，关闭 PDM 窗口，返回到 CDM 窗口。选择 File→Exit 命令，出现一个确认信息窗口询问是否保存工作区，依次单击“否”按钮与 No to All 按钮，退出 PowerDesigner。

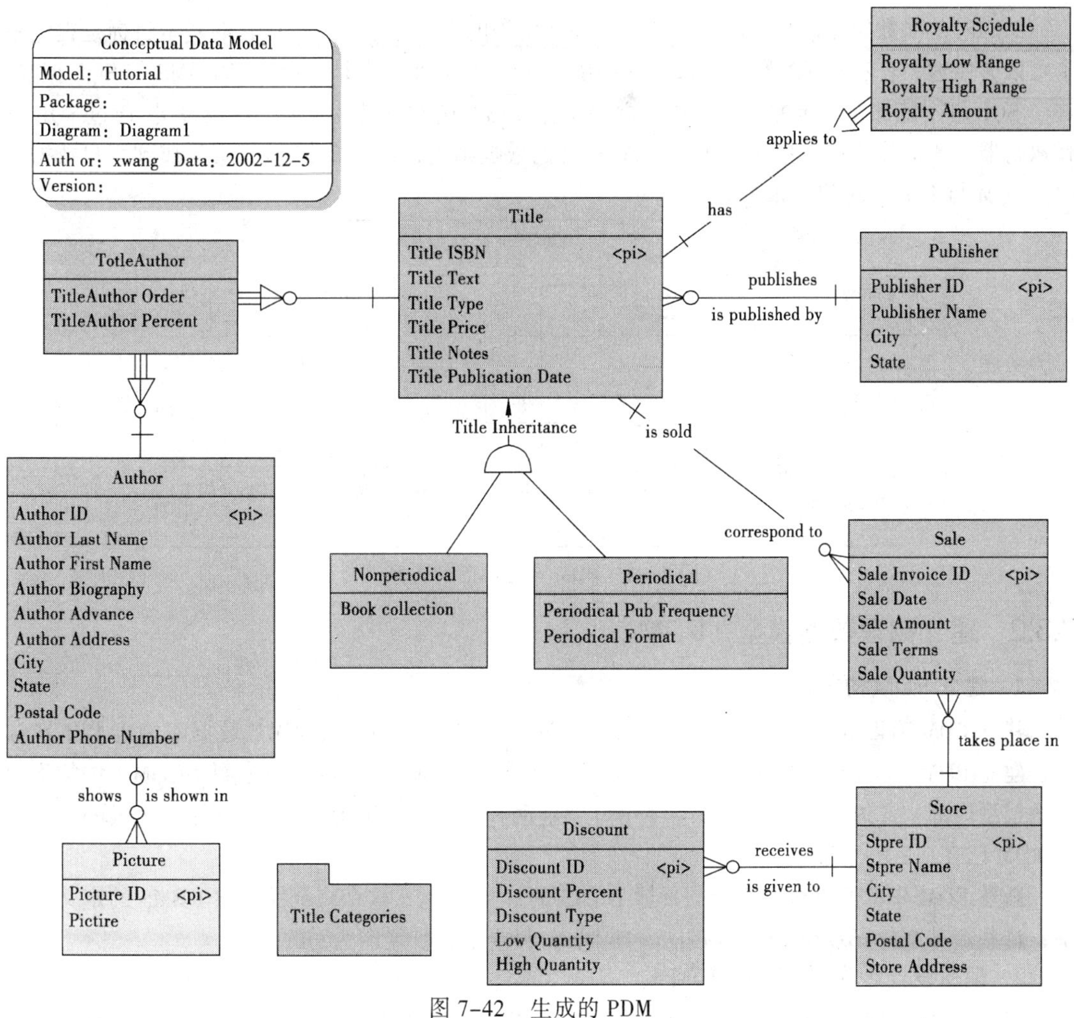

图 7-42　生成的 PDM

7.3　用 PD 创建物理数据模型（PDM）

7.3.1　PDM 及其与 DBMS 的关系

PowerDesigner 中的物理数据模型（physical data model，PDM）以常用的数十种数据库管理系统（database management system，DBMS）理论为基础。PowerDesigner 为每一种 DBMS 产生了一个扩展名为.xdb 的定义文件，用户还可以根据实际需要产生新的 DBMS 定义文件。当建立新的 PDM 或由 CDM 生成 PDM 时，必须选择一种 DBMS 的定义文件，这些文件是 PDM 生成数据库 SQL 脚本的语法模板与语言规范。

建立 PDM 的主要目的是把 CDM 中建立的现实世界模型生成特定 DBMS 的 SQL 脚本，以此在数据库中产生信息的存储结构，这些存储结构是存储现实世界中数据库信息的容器，并保证数据在数据库中的完整性和一致性。数据库 SQL 脚本根据 DBMS 的不同而不同，其中包括三类数据库语言：数据定义语言（data definition language，DDL）、数据操纵语言（data manipulate language，DML）和数据库控制语言（data control language，DCL）。

DBMS 是对数据库进行存储、管理、处理和维护的数据库系统软件，它的基本目标是提供一个可以方便地、有效地存取数据库信息的环境。一个 PDM 实际上是一个特定 DBMS 的 SQL 脚本，这个 SQL 脚本能够在特定的 DBMS 中建立用于存放信息的数据结构（表、约束等）。通过 SQL 解释执行器，能够在用户数据库中建立 PDM 设计的数据结构，也可将 PDM 直接生成到用户数据库中。PDM 与 DBMS 的关系如图 7-43 所示。

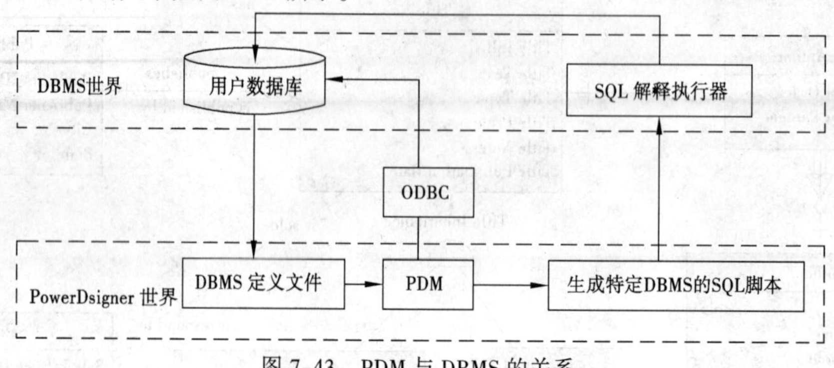

图 7-43　PDM 与 DBMS 的关系

7.3.2　建立物理数据模型（PDM）

1. 建立 PDM 的方法

建立 PDM 有四种方法：使用设计环境直接建立 PDM；从现存数据库或数据库 SQL 脚本逆向工程建立 PDM；从 CDM 采用内部模型生成的方法建立 PDM；从面向对象模型（OOM）中的类图采用模型内部生成的方法建立 PDM。本节介绍前两种方法，从 CDM 通过内部模型生成的方法建立 PDM 已在 7.2.10 小节中介绍。

新建 PDM 中的所有对象都依据目标 DBMS 的 SQL 规范，这个规范保存在 DBMS 的定义文件中，这些定义文件安装在 Power Designer10\Dbms 目录下，扩展名为.xdb。

2. 使用设计环境直接建立 PDM

只有 PDM 才能生成应用程序的数据结构，数据结构的设计也可以直接从 PDM 的设计开始。使用设计环境直接生成 PDM 的方法如下：

① 在 PowerDesigner 主窗口中选择 File→New 命令，在打开的窗口中选择 Physical Data Model。

② 单击 OK 按钮，打开如图 7-44 所示窗口。从 DBMS 下拉列表框中选择一种目标 DBMS，或单击 Select a Path 按钮，选择扩展名为.xml 的文件所在的目录。

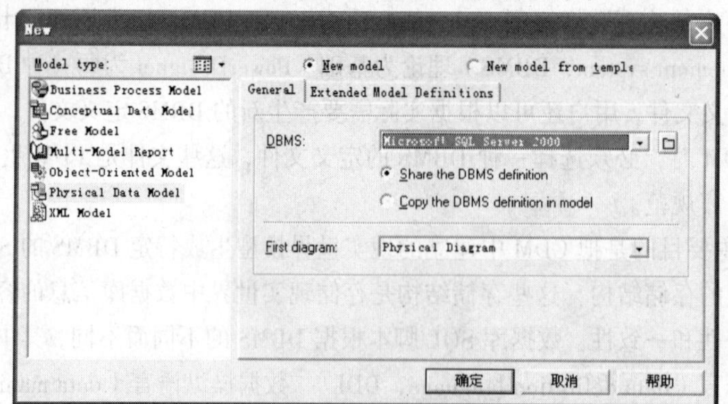

图 7-44　选择 DBMS 窗口

③ 选择 Share 或 Copy 单选按钮，为建立的 PDM 选择使用 DBMS 定义文件的方式。

④ 单击 OK 按钮，打开新建的 PDM 图形窗口。该窗口包含一个空的图形窗口和一个 PDM 工具选项板，浏览器窗口和输出窗口分别停靠在屏幕的左边和下边。

除工具选项板中的共有工具外，PDM 的工具选项板还包括表 7-8 所示的特有工具。

利用▭工具建立表的方法与 CDM 中利用实体工具建立实体的方法相同，利用工具建立参照关系的方法与 CDM 中利用联系工具建立联系的方法相同。

表 7-8　PDM 工具选项板特有工具的名称与功能

工　具	功　能	工　具	功　能
Table	建立表	Reference	在表间建立参照关系
View	建立视图		

3．打开已存在的 PDM

在设计环境中打开已存在的 PDM 文件的方法是：选择 File→Open 命令，打开一个标准的文件选择窗口。选择一个扩展名为.pdm 的文件。单击"打开"按钮，图形窗口中显示所选文件的 PDM，浏览器窗口出现新的模型结点。

4．定义 PDM 的显示参数

在建立 PDM 前，需要定义 PDM 的显示参数和模型选项。Display Preferences 窗口左边是显示参数的分类，窗口右边是要设置的显示参数。显示参数包括 General、Object View 和 Format 三类。其中 General 是 PDM 整体显示参数的设置，如窗口颜色、像素单位、网格、分页线等；Object View 是 PDM 每类对象在图形窗口显示样式的设置；Format 是 PDM 每类对象在图形窗口显示格式的设置，如大小、边线颜色、填充颜色、阴影、字体等。定义 PDM 显示参数的方法是：打开一个 PDM，选择 Tools→Display Preferences 命令，打开如图 7-45 所示窗口，单击 Object View 下的 Table 结点，在窗口右边选择或清除复选框和单选按钮即可。

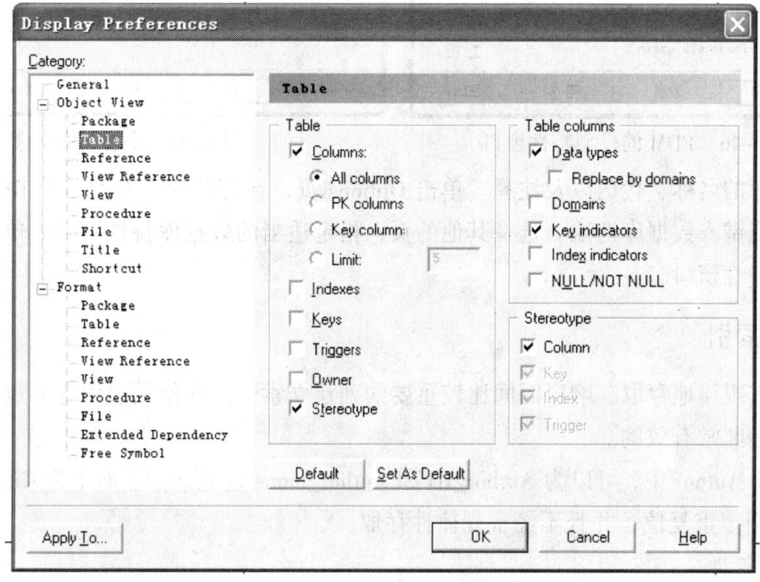

图 7-45　PDM 显示参数设置

5. 定义 PDM 的模型特性

在模型特性窗口中修改模型特性的方法是：选择 Model→Model Properties 命令或右击图形窗口的背景，在弹出菜单中选择 Properties 命令，打开如图 7-46 所示的模型特性窗口。根据需要选择模型选项，单击“确定”按钮。

模型特性窗口中的 General 特性页包括 Name、Code、Comment、Author、Version、DBMS、Database、Default diagram 等模型特性。其中 DBMS 表示当前 PDM 使用的 DBMS，单击右面的 Properties 工具，可选择其他的 DBMS；Database 表示模型使用的数据库名称，使用后面的 Create 工具、Delete 工具和 Properties 工具，可以产生、删除和修改数据库及其特性；Default diagram 表示打开模型时默认显示的图形。

单击 Database 框后面的 Properties 工具，打开数据库特性窗口，这个特性窗口包含 Name、Code、Comment、DBMS 等特性。

为模型建立数据库的方法是：选择 Model→Model Properties 命令，在打开的模型特性窗口中单击 Database 框后面的 Create 工具，系统弹出创建对象确认窗口，单击“是”按钮，打开数据库特性窗口，如图 7-47 所示。

图 7-46 PDM 的模型特性窗口

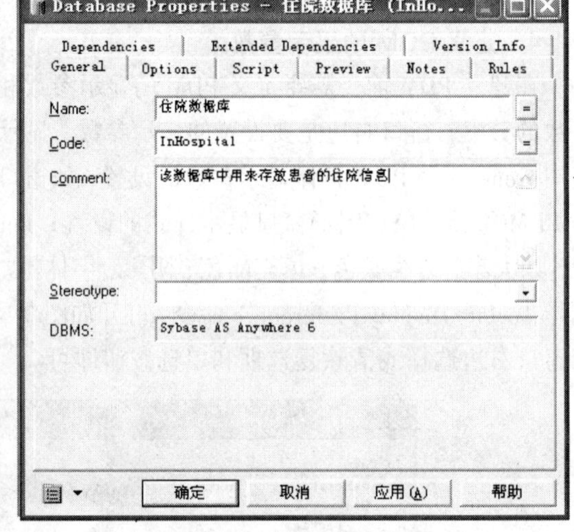

图 7-47 数据库特性窗口

键入数据库的名称、代码以及注释。单击 Options 页，在打开的页上列出了 DBMS 有效的物理选项，选择或键入数据库选项。选择其他的页，指定适当的数据库特性。两次单击“确定”按钮，关闭模型特性窗口。

7.3.3 定义索引

通常要为有规律地存取、响应时间比较重要的列建立索引，在使用表中含大量不重复值的列时，建立索引是非常有效的。

例如，在表 Author 中，可以为 Author_ID 和 Author_name 建立索引，而不为 City 列建立索引。因为 City 列有很多重复值，并且不经常规律性存取。

1. 索引的特性

每个索引包含 Name、Code、Comment、Type、Unique、Cluster 等基本特性，特性的多少与 DBMS

有关。除了这些基本特性外，还可以为索引定义相关的 Column、Rule 和与当前 DBMS 相关的物理选项，这些特性可以在各自相关的特性页上定义。索引的类型如表 7-9 所示。

表 7-9　索引的类型

类　型	说　明
User defined	在表中为非键值列识别行
Linked to primary key	在表中可以唯一识别行
Linked to foreign key	依赖于另一个表的主键的迁移
Linked to alternate key	能够在表中唯一识别行，但不是主键索引
Unique	在索引中没有重复的值。所有主键的索引都是唯一索引
Cluster	聚集索引。索引值的物理顺序和逻辑顺序是相同的。每个表只能有一个聚集索引

2. 创建索引

可以为相关的一个或多个列建立用户自定义索引，也可以建立连接到主键、候选键或外键的索引。系统默认的主键索引为：表代码加 PK，如 EMPLOYEE_PK；外键索引为：表代码加 FK，如 PROJECT_FK；候选键索引为：表代码加 AK，如 EMPLOYEE_AK。

在索引特性窗口的 Columns 页，选中或清除 A 复选框，可以为索引指定排序方法。选中 A 复选框为升序，否则为降序。

建立用户自定义索引的方法如下：

① 双击要建立索引的表，在打开的窗口中单击 Indexes 页，该页列出所选表相关的索引，如图 7-48 所示。

② 在列表中单击空行，在 Name 和 Code 列中键入索引的名称和代码。

③ 单击 Properties 工具或双击新增行行首的箭头，在打开的窗口中键入或选择相关属性。

④ 单击 Columns 页，该页列出了与索引相关的列，对于新建的索引，列表是空的，可以在列表中为索引添加相关的列。

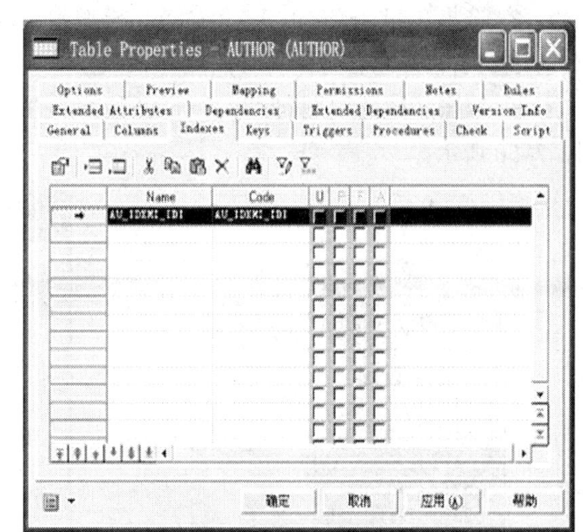

图 7-48　建立在 AUTHOR 表上的索引

⑤ 单击 Add Columns 工具，在打开的窗口中选择列，单击 OK 按钮，返回索引的 Columns 页。

⑥ 根据需要，在新增行的 Sort 列上选择 Ascending 或 Descending，指定升序或降序。

⑦ 单击“确定”按钮，关闭所有窗口。

建立连接到键的索引的方法与建立用户自定义索引的方法基本相同，在步骤⑤中从 Columns definition 下拉列表框中选择主键、候选键或外键。索引就被连接到键上，相关的列出现在列表中。根据需要选中或清除所选列的 A 复选框，为索引指定升序或降序。

注意：*在 Columns definition 下拉列表框中，外键使用参照的名称来表示，如 Refr: sales-title。*

可以从索引中删除列：打开索引的特性窗口，单击 Columns 页，在列表中选择要删除的列，单击删除工具，然后单击“确定”按钮即可。

7.3.4 定义视图

使用视图可以有选择性地查看一个或多个表中的数据，视图是一个或多个表列的子集。对每个视图都要定义一个 SQL 查询。

1. 视图的特性

视图包括 Name、Code、Comment、Owner、Query only、Updateable、With check option、Generate、User defined 等基本特性。其中 Owner 表示视图所有者，可以在用户列表中选择，每个视图只能有一个所有者，通常是视图的建立者；Query only 表示定义的视图仅能查询数据，视图不能修改表，Updateable 表示定义的视图能够查询和修改数据；With check option 表示在视图插入时能实现控制；Generate 表示在生成数据库时生成视图；User defined 表示用户定义视图时，不访问查询编辑器。

视图的定义还包括：视图的列、为视图定义的 SQL 查询语句、视图的 SQL 预览。这些特性可以在它们各自的特性页中定义。

2. 创建视图

在 PDM 中，可以在图形窗口中为所选择的表创建视图，也可以先建立一个空视图，然后从表的列表中为视图选择表。在图形窗口中为所选表创建视图的方法如下：

① 在图形窗口中选择一个或多个表。要选择多个表，需要按下 Shift 键后单击表。

② 选择 Tools→Create View 命令，模型中出现一个视图符号，它列出了为视图所选表的所有列。表的名称显示在视图符号的底部，如图 7-49 所示。

③ 双击新建的视图符号，在打开的窗口中键入视图名称和代码，单击“确定”按钮，如图 7-50 所示。

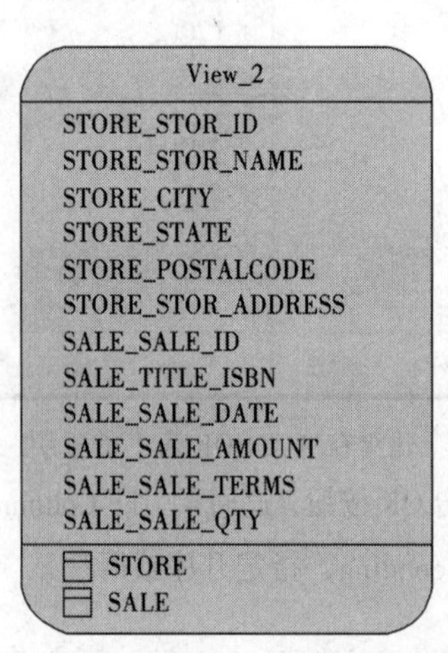

图 7-49 包含两个表全部列的视图

图 7-50 视图特性窗口

先建立一个空视图，然后从表的列表中为视图选择表的方法如下：

① 在 PDM 图形窗口不选择任何表的情况下，选择 Tools→Create View 命令，在打开的窗口中选择要建立视图的表前面的复选框。

② 单击 OK 按钮，模型中出现一个视图符号，它包含了所选表的所有列。

③ 双击视图符号，打开视图特性窗口，键入视图的名称和代码，单击 OK 按钮。

7.3.5 PDM 中的用户管理

用户是指使用 PDM 的一个账户，这个账户可以由一个或多个工作人员使用。可以把 PDM 的模型指定给用户，用户就成为对象的所有者，同一时刻每个对象只能有一个所有者。可以为表、视图、存储过程或函数指定所有者，所有者可以更新和修改模型对象，同时也可以把自己的模型对象生成到 DBMS 的一个用户数据库中。

选择 Model→Users 命令，在为 PDM 建立用户后，可以把模型对象分配给用户，这样用户就成为模型对象的所有者。把表或视图分配给用户的方法是：双击图形窗口中的表或视图，打开相应的特性窗口，单击 Owner 下拉列表框的箭头，选择一个用户，单击“确定”按钮。如果下拉列表框中没有用户，单击 Owner 后面的省略号按钮，然后在打开的窗口中添加用户。

7.3.6 检查 PDM 中的对象

检查 PDM 的操作方法与检查 CDM 的方法相同，事先要定义检查约束参数。从菜单栏中，选择 Tools→Check Model 命令，或单击鼠标右键，从弹出的菜单中选择 Check Model 命令，打开检查模型参数窗口的 Options 选项卡。在检查模型参数窗口的 Options 页上右击要检查的项目，然后从弹出的菜单中选择 Detail 命令就可以了解检查项目的要求，如图 7-51 所示。

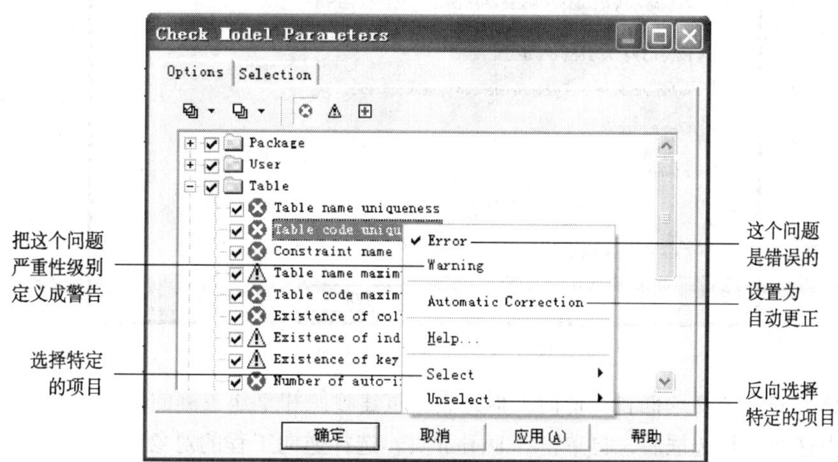

图 7-51 检查模型参数的 Options 页

在 PDM 中检查的对象主要包括 Package、Table、Column、Index、Key、Trigger、View、Reference、Domain、User、Procedure 和 File。模型对象的有效性由目标 DBMS 在其定义文件中确定。模型中发现的错误和警告可以手工修改或自动更正。

7.3.7 逆向工程

PDM 中的逆向工程是指从现有 DBMS 的用户数据库或现有数据库 SQL 脚本中生成 PDM 的过程。逆向工程有两种对象：一是通过 ODBC 数据源连接的用户数据库；二是现有的数据库 SQL 脚本文件（扩展名为.sql）。如果有多个数据库 SQL 脚本文件需要逆向工程，应注意这些文件的选择顺序。例如，必须保证触发器的脚本文件在表的脚本文件之后。

逆向工程可以生成一个新的 PDM，也可以与一个现存的 PDM 文件合并生成一个 PDM。

1．定义逆向工程的重建选项

把数据库 SQL 脚本文件或现有数据库逆向工程为 PDM 时，应该为结果 PDM 设置重建选项。逆向工程完成后，系统根据设置的重建选项执行一些操作。

如果逆向工程时没有选择参照，逆向工程完成后，系统查找不同表之间名称和数据类型都相同的列：如果一个表的主键列和一个表的非主键列或外键列的名称和数据类型都相同，则在这两个列之间建立一个参照；当表没有主键并且只有一个唯一索引时，从唯一索引列重建主键。通常，同时选择重建参照和主键两个选项，但也可以在后期的模型设计中重建参照和主键。

定义逆向工程重建选项的方法如下：

① 选择 File→Reverse Engineer→Database 命令，打开 Choose DBMS 窗口。

② 从 DBMS 下拉列表框中选择一种 DBMS，再选择一种使用 DBMS 定义文件的方式（Share 或 Copy），单击 OK 按钮。

③ 在打开的窗口中单击 Options 页，如图 7-52 所示。

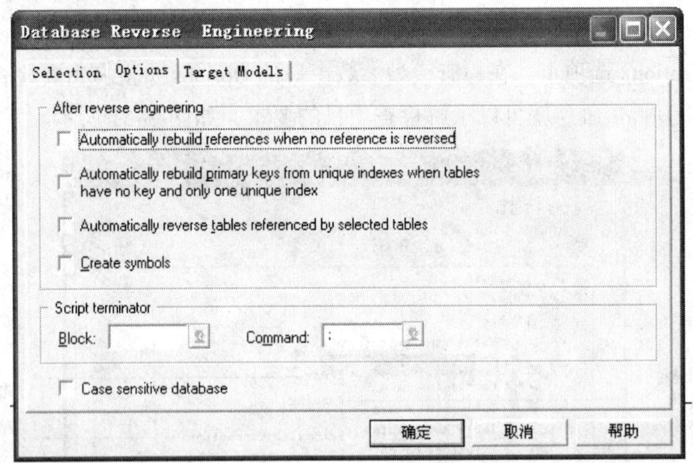

图 7-52　逆向工程选项页

④ 该页上的两个复选框表示逆向工程完成后重建参照和重建主键的选项。

⑤ 选中这两个复选框后，再单击 Selection 页，选择逆向工程的对象。

⑥ 单击“确定”按钮，开始逆向工程。

注意：也可以选择 Database→Reverse Engineer Database 命令直接打开图 7-52 所示的窗口。

2．从用户数据库逆向工程生成 PDM

逆向工程时，可选择要逆向工程的用户数据库中的全部或部分对象。这些对象根据 DBMS 的不同而不同，无效的对象类型不显示。逆向工程的对象包括 Table、View、System table、Synonym、User、Domain、Trigger、Procedure、Tablespace 和 Storages，其中 User 表示只逆向工程有建立权限的用户。

PowerDesigner 还可逆向工程用户自定义和抽象数据类型，在生成的 PDM 中，这些数据类型的名称显示在抽象数据类型列表中。

可以把数据库逆向工程到一个新的 PDM 中，也可以把数据库逆向工程到现有的 PDM 中。逆向到现有的 PDM 时，系统自动合并两个 PDM。

3．逆向工程到新的 PDM

逆向工程到新的 PDM 时，数据源可以是数据库 SQL 脚本文件（扩展名为.sql），也可以是 ODBC 数据源。

从数据库 SQL 脚本文件逆向工程到新的 PDM 的方法如下：

① 选择 File→Reverse Engineer→Database 命令直到打开 Database Reverse Engineering 窗口。

② 选择 Using script files 单选按钮。

③ 选择或浏览适当的目录找到脚本文件。根据需要，可以使用 Clear All 工具 、Add Files 工具 、Move Up 工具 、Move Down 工具 和 Delete File 工具 对要逆向工程的数据库 SQL 脚本文件进行增、删、改操作，如图 7-53 所示。

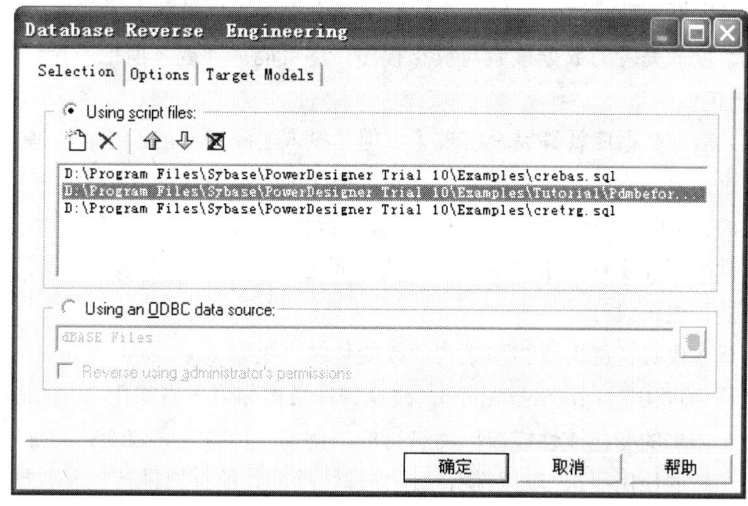

图 7-53　选择一个或多个数据库 SQL 脚本进行逆向工程

④ 单击 Options 页，设置逆向工程选项。

⑤ 单击"确定"按钮开始逆向工程处理，逆向工程产生的 PDM 出现在模型的图形窗口中。

注意：逆向工程过程按照列表中文件的顺序进行。触发器脚本文件必须列在表脚本文件之后，否则触发器不能逆向工程。使用向上或向下移动工具，可以调整文件的顺序。

7.4　数据库的实现与维护

7.4.1　数据库的实现与维护概述

1．数据库的实现

根据逻辑和物理设计的结果，在计算机上建立起实际数据库结构、装入数据、测试和试运行的过程称为实现。实现阶段的主要工作如下：

（1）建立实际数据库结构

用 DBMS 提供的数据定义语言（DDL）编写描述逻辑设计和物理设计结果的程序（一般称为源模式），经计算机编译处理（即目标模式）和执行后即建立了实际的数据库结构。

（2）测试数据库结构

数据库结构建立后装入试验数据对应用程序进行测试，以确认其功能和性能是否满足设计要求，对空间占用率也可得到初步结果。应使测试数据尽可能覆盖现实世界的各种情况。如果可能的话，测试应由数据库设计、应用开发人员和用户联合进行，尽量由被测部门具体实现者以外的人执行。

（3）装入数据

这项工作又称为数据库加载（loading）。在测试与修改结束之后，就可装入实际数据，建立起实际数据库。用户部门由于缺乏计算机应用背景的知识，常常不理解数据的准确性对数据库成功使用的极端重要性，因而未对提供的数据做严格检验。因此，建立一个数据库并使之成功运行的一个关键因素就是数据整理。这一工作花费的时间与人力可能也最多。要建立严格的数据登录、录入和校验规范，设计完善的数据检验与校正程序，尽可能在加载之前把不合格数据排除掉。

2. 其他设计工作

全部数据装入后，数据库就算完全实现了。但在投入实际运行前，还有一些工作要做。严格说来，这些工作也是数据库设计的一部分，并对数据库的功能与性能有重大影响。这些设计考虑常常是相互影响的，如加强安全性、完整性和保证一致性、可恢复性就总是以牺牲效率为代价的，设计人员的任务就是要在实现代价和尽可能多的功能之间进行合理权衡。

（1）数据库的再组织设计

对数据库的概念模式、逻辑或物理结构的改变称做再组织（reorganization），其中改变概念模式或逻辑结构又称为再构造（restructuring），改变物理结构称为再格式化（reformatting）。再组织通常是由于环境、需求的变化或性能原因而进行的。例如，信息定义改变，增加新的数据类型，对原有数据提出了新的使用要求，改用具有不同物理特性的新的存储设备以及数据库性能下降等，都要求进行数据库再组织。

一个数据库特别是更新频繁的大型数据库，要求经常进行再格式化。许多 DBMS，特别是 RDBMS，能够提供再组织实用程序，或自动进行再组织（主要是指再格式化）。对于非关系式 DBMS，再构造一般将导致数据的重新装入，因此在数据库正式投入运行之前必须制定再构造方案，提供给 DBA 或系统操作人员。

（2）故障恢复方案设计

在数据库设计中考虑的故障恢复方案，一般基于 DBMS 提供的恢复手段（数据库恢复在第 8 章介绍）。如果一个 DBMS 已提供了对于软故障、硬故障和存储介质故障的完善恢复手段，那么设计阶段的任务就简化为确定系统登录文件的物理参数，如个数、大小、逻辑块长、物理设备指定等。如果 DBMS 不提供完善的登录机构，例如不提供后备映像文件，则需要制定人工后备方案。无论哪种情况，在投入正式运行前都必须制订故障恢复规范，详尽地规定各种操作和相应的文件资源，以供 DBA 或系统操作人员使用。

（3）安全性考虑

许多 DBMS 的 DDL 中都有描述各种对象（如记录、数据项）的存取权限的成分。因此在设计逻辑模式或物理模式时，要根据用户需求分析的结果，规定相应的存取权限。子模式是实现安全性要求的一个重要手段。为不同的应用或应用集团可设置不同的子模式。在应用程序的开发中也可考虑安全性，例如设置密码等。

（4）事务控制

大多数 DBMS 都支持事务概念，以保证多用户环境中数据的完整性和一致性。事务控制一般有系统控制和人工控制两种方式。系统控制通常都是以一个 DML 语句为单位。人工控制则以事务的开始和结束语句显式实现。一般有经验的应用开发人员，采用人工控制方式，因为几条完成同一目的 DML 语句构成一个事务，可减少一个 DML 语句一个事务所导致的较多的系统开销。有的 DBMS 还提供封锁粒度的选择，封锁粒度一般有库级、记录级和数据项级。粒度越大则控制越简单，但并发性能降低。这些都应在设计时统筹考虑。

3．运行与维护

数据库投入正式运行，标志着数据库设计与应用开发工作的结束和运行维护阶段的开始。运行维护阶段的主要任务如下：

（1）维护数据库的安全性与完整性

按照设计阶段提供的安全规范和故障恢复规范，经常核查系统安全性是否受到侵犯，及时调整授权和密码，实施系统转储与后备，发生故障后及时恢复。

（2）监测并改善数据库性能

利用系统提供的性能分析工具，经常对数据库的存储空间状况及响应时间进行分析评价，结合用户反应确定改进措施，实施再构造或再格式化。

（3）增加新功能

应用户要求对数据库现有功能进行扩充。在增加新功能时应保证原有功能和性能不受损害。

（4）修改错误

及时改正运行中发现的系统错误，这些错误大多数来源于应用程序设计的缺陷，也有一部分是因为信息需求描述不清所致。

要充分认识到，数据库只要在运行，就要不断地进行评价、调整、修改。如果应用变化太大，再组织也无济于事，那么表明原数据库应用系统生存期结束，应该重新设计数据库。

7.4.2　由 PDM 生成数据库 SQL 脚本

PDM 可以直接在数据库中生成数据库对象，也可以为当前 DBMS 生成数据库 SQL 脚本。生成参数依赖于所选择的目标 DBMS，PowerDesigner 把打开 PDM 时的 DBMS 作为默认值。在生成数据库脚本前，可选择其他 DBMS。

从 PDM 生成数据库 SQL 脚本的方法如下：

① 选择 Database→Generate Database 命令，打开的窗口列出了生成参数，其中部分参数已经按系统默认选择。

② 在 Director 框中键入数据库 SQL 脚本文件的存放路径，也可以通过 Select a Path 工具，选择一个路径。

③ 在 File 框中键入数据库 SQL 脚本文件的名称，也可以通过 Select a File 工具，选择一个已经存在的文件（扩展名为.sql）。

④ 选择 Script generation 单选按钮，选中 One file Only（单文件）复选框。

⑤ 单击 Selection 标签，打开选择页。

⑥ 单击页底部的 Tables 子页，窗口显示 PDM 中包含的所有表，如图 7-54 所示。

⑦ 单击 Select All 工具，选中所有表。

⑧ 重复步骤⑥~⑦，选中所有视图和域。

⑨ 单击“确定”按钮，系统弹出模型检查结果窗口。默认情况下，PowerDesigner 在生成数据库前会校验模型。在主窗口底部的结果输出窗口可以看到数据库生成过程的有关提示信息。脚本生成后，系统弹出生成结果窗口，列出生成的数据库 SQL 脚本的文件名和路径。

⑩ 在列表中选择文件，单击 Edit 按钮，打开脚本文件，可以查看、编辑生成的脚本。

⑪ 在脚本窗口中选择“文件”→“退出”命令，关闭脚本文件。单击 Close 按钮，关闭生成结果窗口。

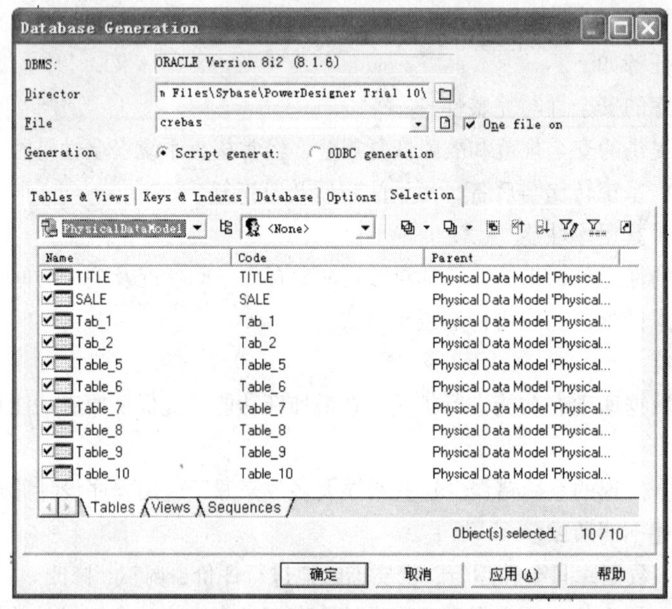

图 7-54 数据库生成选项窗口

7.5 用 Oracle SQL 建立数据库

7.5.1 数据库结构和空间管理（数据文件、日志文件、表空间、段、模式和模式对象）

一个 Oracle 数据库是数据的集合，被处理成一个单位。一个 Oracle 数据库有一个物理结构和一个逻辑结构。

Oracle 物理数据库结构（physical database structure）是由构成数据库的操作系统文件所决定的。每一个 Oracle 数据库由三种类型的文件组成：数据文件、日志文件和控制文件。数据库的文件为数据库信息提供真正的物理存储。

Oracle 逻辑数据库结构是用户所涉及的数据库结构。一个 Oracle 数据库的逻辑结构由下列因素决定：

- 一个或多个表空间。
- 数据库模式对象（即表、视图、索引、聚集、序列、存储过程）。

Oracle 逻辑存储结构如表空间（tablespace）、段（segment）和范围将支配一个数据库的物理空间如何使用。模式对象（schema object）及它们之间的联系组成了一个数据库的关系设计。

1. 物理结构

本节讲述 Oracle 数据库的物理结构。

（1）数据文件

每一个 Oracle 数据库有一个或多个物理的数据文件（data file）。一个数据库的数据文件包含全部数据库数据。逻辑数据库结构（如表、索引）的数据物理地存储在数据库的数据文件中。数据文件有下列特征：

- 一个数据文件仅与一个数据库相联系。
- 一旦建立，数据文件不能改变大小。
- 一个表空间（数据库存储的逻辑单位）由一个或多个数据文件组成。

数据文件中的数据在需要时可以读取并存储在 Oracle 内存储区中。例如，用户要存取数据库表的某些数据，如果请求信息不在数据库的内存储区内，则从相应的数据文件中读取并存储在内存中。当修改和插入新数据时，不必立刻写入数据文件。为了减少磁盘输出的总数，提高性能，数据存储在内存，然后由 Oracle 后台进程 DBWR 决定如何将其写入到相应的数据文件。

（2）日志文件

每一个数据库有两个或多个日志文件（redo log file）的组，每一个日志文件组用于收集数据库日志。日志的主要功能是记录对数据所做的修改，所以对数据库做的全部修改都记录在日志中。在出现故障时，如果未能将修改数据永久地写入数据文件，则可利用日志得到该修改，所以从不会丢失已有操作成果。

日志文件主要是保护数据库以防止故障。为了防止日志文件本身的故障，Oracle 允许镜像日志（mirrored redo log），以致可在不同磁盘上维护两个或多个日志副本。

日志文件中的信息仅在系统故障或介质故障恢复数据库时使用，这些故障阻止将数据库数据写入到数据库的数据文件。然而任何丢失的数据在下一次数据库打开时，Oracle 自动地应用日志文件中的信息来恢复数据库数据文件。

（3）控制文件

每一 Oracle 数据库都有一个控制文件（control file），它记录数据库的物理结构，包含下列信息类型：

- 数据库名。
- 数据库数据文件和日志文件的名字和位置。
- 数据库建立日期。

为了安全起见，允许控制文件被镜像。

每一次 Oracle 数据库的实例启动时，它的控制文件用于标识数据库和日志文件，当着手数据库操作时它们必须被打开。当数据库的物理组成更改时，Oracle 自动更改该数据库的控制文件。数据恢复时，也要使用控制文件。

2. 逻辑结构

数据库逻辑结构包含表空间、段、范围（extent）、数据块和模式对象。

（1）表空间

一个数据库划分为一个或多个逻辑单位，该逻辑单位称为表空间（tablespace）。一个表空间可将相关的逻辑结构组合在一起。DBA 可利用表空间进行下列工作：

- 控制数据库数据的磁盘分配。
- 将确定的空间份额分配给数据库用户。
- 通过使单个表空间在线或离线，控制数据的可用性。
- 执行部分数据库后备或恢复操作。
- 为提高性能，跨越设备分配数据存储。

数据库、表空间和数据文件之间的关系如图 7-55 所示。

- 每个数据库可逻辑地划分为一个或多个表空间。
- 每一个表空间是由一个或多个数据文件组成的，该表空间物理地存储表空间中全部逻辑结构的数据。DBA 可以建立新的表空间，可为表空间增加数据文件或删除数据文件，设置或更改默认的段存储设置。

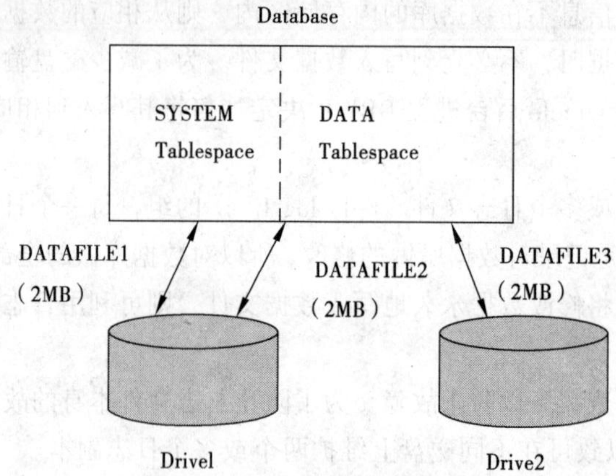

图 7-55　数据库、表空间和数据文件之间的关系

每一个 Oracle 数据库都包含有一个名为 SYSTEM 的表空间，在数据库建立时自动建立。在该表空间中总包含有整个数据库的数据字典表。最小的数据库可只需要 SYSTEM 表空间。该表空间必须总是在线。表和存储的 PL/SQL 程序单元（过程、函数、包和触发器）的全部存储数据都存储在 SYSTEM 表空间中。如果这些 PL/SQL 对象是为数据库建立的，DBA 在 SYSTEM 表空间中需要规划这些对象所需要的空间。

利用增加数据文件可扩大表空间，表空间的大小为组成该表空间的数据文件的大小的和。

DBA 可以使 Oracle 数据库中任何表空间（除 SYSTEM 表空间外）在线（online）或离线（offline）。表空间通常是在线的，以致它所包含的数据对数据库用户是可用的。当表空间为离线时，其数据不可使用。在下列情况下，DBA 可以使其离线：

- 使部分数据库不可用，而剩余的部分允许正常存取。
- 执行离线的表空间后备。
- 为了修改或维护一应用，使它和它的一组表临时不可使用。

包含有正在活动的回滚段的表空间不能被离线，仅当回滚段不使用时，该表空间才可离线。

在数据字典中记录表空间的状态，在线还是离线。如果在数据关闭时一表空间为离线，那么在下次数据库装配和重新打开后，它仍保持离线。

当出现某些错误时，一个表空间可自动地由在线改变为离线。通过使用多个表空间，将不同类型的数据分开，更方便 DBA 来管理数据库。

表空间在线或离线，导致组成表空间的全部数据文件为在线或离线。在 Oracle 中还允许使单独的数据文件在线或离线。

（2）段、范围和数据块

Oracle 通过段、范围和数据块逻辑数据结构可以更细地控制磁盘空间的使用。

① 段：段（segment）包含表空间中一种指定类型的逻辑存储结构，是由一组范围组成的。在 Oracle 数据库中有四种类型的段：数据段、索引段、回滚段和临时段。

- 数据段：对于每一个非聚集的表有一数据段，表的所有数据存放在该段。每一聚集有一个数据段，聚集中每一个表数据存储在该段中。
- 索引段：每一个索引有一索引段，存储索引数据。
- 回滚段：是由 DBA 建立的，用于临时存储要撤销的信息，这些信息用于生成一致性数据库信息、在数据库恢复时使用、回滚未提交的事务。
- 临时段：当一个 SQL 语句需要临时工作区时，由 Oracle 建立。当语句执行完毕时，临时段的范围退回给系统。

Oracle 对所有段的空间分配，以范围为单位。

② 范围：一个范围（extent）是数据库存储空间分配的一个逻辑单位，它由连续的数据块所组成的。每一个段是由一个或多个范围组成的。当一段中所有空间已完全使用时，Oracle 为该段分配一个新的范围。

为了维护的目的，在数据库的每一段包含有段标题块（segment header block）说明段的特征以及该段中的范围目录。

③ 数据块：数据块（data block）是 Oracle 管理数据文件中存储空间的单位，为数据库使用的 I/O 最小单位，其大小可不同于操作系统的标准 I/O 块大小。

每一 Oracle 块的格式是类似的，不管它是包含表、索引还是聚集数据。

数据块的格式如图 7-56 所示。其中：

公用的变长标题
表目录
行目录
未用空间
行数据

图 7-56　数据块的格式

- 标题：包含一般的块信息，如块地址、段类型（数据段、索引段或回滚段等）。有些块的标题长度是定长的，其大小是可变的，其长度为 84～107B。
- 表目录：该部分包含所存放的表的信息。
- 行目录：包含块中的行的信息（如行数据区中的每一行片的地址）。
- 行数据：包含表或索引数据。一个行可跨越块，此时行数据存储在一连串的数据块中。在大的行（如包含 LONG 或 LONG RAW 类型的列）经常会出链接行。
- 未用空间：可用于插入新行及修改需要附加空间的行。

分配给数据段和索引段的数据块、事务项（transaction entry）也可使用未用空间。对于每一 INSERT、UPDATE、DELETE 和 SELECT…FOR UPDATE 在块中存取一行或多行的事务在该块中需要一个事务。事务项所需的空间依赖于 OS，在许多 OS 中，事务项需要 23 个字节。

在 Oracle 中，开发者可利用两个空间管理参数（PCTFREE、PCTUSED）控制未用空间的使用（插入行或修改行）。

- PCTFREE 参数：为块中保留的未用空间的百分数，用于修改已存在于块中的行。例如，在创建表的语句中包含 PCTFREE 20 参数表示，该表的数据段的每一块的 20%保持未用，可在修改已存在的行时使用（插入行可使用 80%空间）。
- PCTUSED 参数：当一数据块为填满后（由 PCTFREE 决定），该块不能考虑插入新行，但是当它使用的空间低于 PCTUSED 参数时，又可插入。在低于 PCTUSED 值之前，该未用空间仅可用于修改行。例如，在创建表的语句中包含 PCTUSED 40 参数表示，该表的数据段中一数据块，其以前使用空间已达到 PCTFREE，之后当块的使用为 39%或更低时，才可插入新行。

利用 PCTFREE、PCTUSED 参数设置可优化数据块中的空间利用。例如，数据块设置为 PCTFREE=20，PCTUSED=40，系统是这样维护未用空间的：

- 行可插入占用 80%空间。因为 PCTFREE 为 20%，该块必须保留 20%的未用空间。
- 可利用该块所保留的未用空间修改已有的行。当已使用空间低于 40%，（如为 39%或更低时），该块不能插入新行。
- 在已使用空间低于 40%之后，新行可再一次插入该块。
- 行可插入占用 80%空间，必须留下 20%未用空间，为修改存在的行使用。这样可继续不断循环。

在数据库操作中有两种语句：DELETE 语句和 UPDATE 语句可将占用的空间返回给一个块或多个块的未用空间。

（3）模式对象

一个模式（schema）为模式对象（schema object）的一个集合，每一个数据库用户对应一个模式。模式对象包含如表、视图、索引、聚集、序列、同义词、数据库链、过程和包等结构。模式对象是逻辑数据存储结构，模式对象在磁盘上没有一个相应文件存储其信息。一个模式对象逻辑地存储在数据库的一个表空间中，每一个对象的数据物理地包含在表空间的一个或多个数据文件中。例如，表、索引、聚集等模式对象，在指定表空间的数据文件上为该对象分配空间。

注意：模式与表空间之间的关系为：一个表空间可包含不同模式的对象，而一个模式中的对象可包含在不同的表空间中。

模式对象、表空间和数据文件之间的关系如图 7-57 所示。

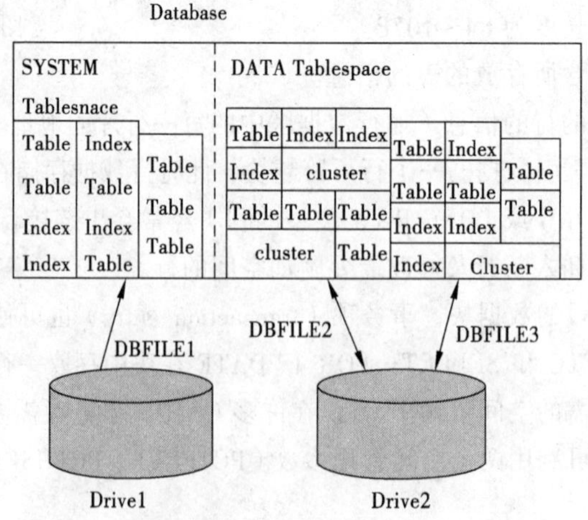

图 7-57　模式对象、表空间和数据文件之间的关系

模式对象详叙如下：

① 表。表（table）为数据库中数据存储的基本单位，其数据按行、列存储。每个表包括表名和列的集合。每一列包括列名、数据类型、宽度或精度、比例。每一行是对应单个记录的列信息的集合。本章前面讲的设计数据库主要是指设计表和表之间的关系等。第 4 章已提到用 SQL 语句实现创建表。

对于表的每一列可选择性地指定完整性约束（integrity constraint）。

在建立一非聚集表时，系统为它在一表空间中自动地分配一个数据段，以容纳表的数据。通过数据段的存储参数（storage parameter）控制数据段的范围的空间数量。利用 PCTFREE、PCTUSED 参数可控制数据段范围中数据块的未用空间的使用。

聚集表的数据存储在为聚集所建立的数据段中。建立聚集的表时不能指定存储参数。聚集所设置的存储参数，控制聚集中的全部表的存储。

表的数据段所在的表空间可以是表的持有者（owner）的默认表空间或者是在建表命令中命名的表空间。

一数据库表的每一行以一个行片（row piece）或多个行片形式存储。如果一个整行可插入到单个数据块中，那么该行初始存储为一个行片。如果不能插入到单个数据块或者由于对已存在行修改引起超出该块，一行可使用多个行片存储。一个数据块通常对每一行仅包含一个行片。如果一行的所有部分可存放在一块中，则以一行片存储。如果一行必须以多行片存储，这种行称为链接行，一个行片链接到一数据块。如果一行是链接行，行片是通过行片的 ROWID 链接起来的。每一行片（链接的或不链接的）包含一行标题及列的数据。单个列也可跨越行片和数据块。

行标题先于数据，包含下列信息：

- 行片信息。
- 对于链接的行片包含有链接信息。
- 关于行片中列的信息。
- 对于聚集数据，包含聚集码信息。

在行标题之后，每一行片包含有列信息和数据。对于存储 250 个或小于 250 个字符的列需要一个字节存放列长度。如果存储超过 250 个字节的列，则需要三个字节的列信息先于列数据。列数据所占的空间决定于其数据类型。如果列的数据类型是变长，则所需空间可容纳一个值，在修改该数据时可伸长和缩短。为了节省空间，对空列不存储数据，仅存储列长度（为 0）。

每一行在数据块标题的行目录中使用两个字节。

每一行片由它的位置或地址所标识，称为 ROWID。一旦赋给，该行片保持它的 ROWID，直至相应的行被删除，或者用 IMPORT 或 EXPORT 实用程序输入或输出。如果一行的聚集码值改变，该行保持同一个 ROWID，但还得到对 ROWID 新值的指针。由于 ROWID 对行片的生命周期是一个常数，在 SQL 语句中可以使用。

对于一表的一列可赋给一个默认值，以致在插入新行时，该列的值可以忽略。

② 视图：一个视图（view）是一个或多个表（或其他视图）中的数据的一种定制的表示，用一个查询定义，所以可认为是一个存储的查询（stored query）或是一个虚表（virtualtable）。视图可在使用表的许多地方使用。详见本书 4.6 节所讲。

③ 聚集：聚集（cluster）是存储表数据的可选择的方法。一个聚集是一组表，将具有同一公共列值的行存储在一起，并且它们经常一起使用。这些公共列构成聚集码。例如，EMP 表和 DEPT 表共享 DEPTNO 列，所以 EMP 表和 DEPT 表可聚集在一起，聚集码为 DEPTNO 列，该聚集将每个部门的全部职工行和该部门所在行物理地存储在同一数据块中。

由于聚集将不同表的相关行存储在同一数据块，其优点是：

- 可改进聚集的表连接的存取时间，减少磁盘 I/O。
- 在一聚集中和聚集索引中，对每一聚集码值只存储一次，不管不同表中有多少行包含该值。这样会比非聚集表所需的存储要少。

但聚集会降低 INSERT 语句的性能（当一个具有分离索引的表比较时），该缺点与空间使用和必须顺序扫描的块数有关。由于多个表在每一块中都有数据，所以存储一聚集的表所需的块数要比非聚集存储的表所需块数要多。

聚集不影响应用设计，聚集的存在对用户或应用是透明的。存储在聚集的表中的数据像存储在非聚集的表中的数据一样经 SQL 存取。

聚集的数据块同非聚集的数据块有相同格式，在表目录中有附加的数据。具有同一聚集码值的所有行存储在同一数据块中。在建立聚集时，对存储一个聚集码值的全部行所需的平均空间数是由 SIZE 参数指定的，SIZE 决定了每一数据块可存放聚集码的最大数目。一个聚集码值在一数据块中仅存储一次。

聚集码（cluster key）是聚集的表中公共的列或列组。聚集码的列是在建立聚集时定义的。组成聚集码的列不能超过 16 列，其值的长度不能超过数据块可用空间的 1/3，它不能包含有 LONG 或 LONG RAW 类型的列。

在建立一聚集后，必须为聚集码列建立一索引，称为聚集索引，对于一个聚集码值有一索引项。在执行任何 DML 语句之前，必须建立聚集索引。像表索引一样，一个聚集索引建立一个索引段。聚集的数据段和它的索引段可位于不同的表空间。聚集索引有下列特点：

- 在聚集索引中对于全为空值的码有一索引项。
- 索引项是指向该聚集码值的链中的第一块。
- 如果聚集索引不存在，聚集的数据不能存取。

如果一聚集索引被删除，聚集中的数据变为不可使用，只有在重新定义索引后才可使用。

④ 索引：索引（index）是与表和聚集相关的一种选择结构。索引是为提高数据检索的性能而建立的，利用它可快速地确定信息。Oracle 索引为表数据提供快速存取路径。索引在本书第 3 章已讲述。

⑤ 序列生成器：序列生成器（sequence generator）用于产生序列号。在多用户环境下序列生成器特别有用，可生成和返回序列号而不需要磁盘 I/O 或事务封锁。

序列号为 Oracle 整数，最多可有 38 个数字。一个序列定义指出一般信息：序列的名字、上升或下降、序列号之间的间距和其他信息。对所有序列的定义以行存储在 SYSTEM 表空间的数据字典表中，所以所有序列定义总是可用。由引用序列的 SQL 语句使用序列号，可生成一个新的序列号或使用当前序列号。一旦在用户会话中的 SQL 语句生成一序列号，该序列号仅为该会话可用。序列号生成独立于表，所以同一序列生成器可用于一个和多个表。所生成的序列号可用于生成唯一的主码。

⑥ 同义词：一个同义词（synonym）是任何表、视图、快照、序列、过程、函数或包的别名，其定义存储在数据字典中。同义词因安全性和方便原因而经常使用，可用于：

- 可屏蔽对象的名字及其持有者。
- 为分布式数据库的远程对象提供位置透明性。
- 为用户简化 SQL 语句。

有两种同义词：公用（public）和专用（private）。一个公用同义词为命名为 PUBLTC 的特殊用户组所持有，可为数据库中每一个用户所存取。一个专用同义词包含在指定用户的模式中，仅为该用户和授权的用户所使用。

⑦ 程序单元：程序单元（program unit）是指存储过程、函数和包（package）。在本书第 3 章中已详细讲述。

程序单元用来提供将相关的过程、函数、变量和其他包结构封装起来并存储在一起的方法，允许管理者和应用开发者利用该方法组织如此的程序（routine），来提供更多的功能和提高性能。

⑧ 数据库链等：数据库链是一个命名的对象，说明从一数据库到另一数据库的一路径（path）。在分布式数据库中，对全局对象名引用时，数据库链被隐式地使用。

7.5.2　用 Oracle SQL 建立和修改数据库

1. 建立数据库命令

建立数据库的命令，包含下列选项：

- 设置最大的实例数、数据文件数、日志文件组数及日志文件成员数。
- 指定数据文件和日志文件的名字和大小。
- 为日志文件选择使用方式。

使用该命令的用户必须具有 OS DBA 角色的权限。该命令为最初使用准备一数据库，将删除指定文件中当前已有的数据。

命令格式如下：

```
CREATE DATABASE [DB 名][CONTROLFILE REUSE][LOGFILE[GROUP 整数]<文件说明>，…][MAXLOGFILES 整数][MAXLOGMEMBERS 整数][MAXLOGHISTORY 整数][DATAFILE<文件说明>，…][MAXDATAFILES 整数][MAXINSTANCES 整数][ARCHIVELOG][CHARACTER SET 字符集名][EXCLUSIVE]
```

其中，文件说明（日志文件组）的格式为：

```
'文件名'[('文件名',…)][SIZE 整数[K][M][REUSE]
```

文件说明（文件文件）的格式为：

```
'文件名'[SIZE 整数[K][M]][REUSE]
```

关键字和参数说明如下：

- DB 名：为所要建立的数据库的名字，最长为 8 个字节。Oracle 将该名字写入到控制文件。它不能是 SQL*DBA 保留字。当忽略 DB 名时，Oracle 使用在初始化参数 DB_NAME 中所指定的名字。
- CONTROLFILE REUSE：重新使用由初始化参数 CONTROL_FILES 所标识的已存在的控制文件，其当前所包含的信息被忽略和重写。该选项仅在重建数据库时使用，如果所指定参数所需的控制文件大于已有文件时，则不能使用该选项。这些参数是 MAXLOGFILES、MAXLOGMEMBERS、MAXLOGHISTORY、MAXDATAFILES 和 MAXINSTANCES。如果忽略该选项，由参数 CONTROL_FILES 指定的文件已存在时，Oracle 将返回一个出错信息。

- LOGFILE：指定用做日志文件的一个或多个文件。文件说明指定的日志文件组，可包含一个或多个日志文件成员。所指定的全部日志文件加到其号为 1 的日志线程。

可为日志文件组选择 GROUP 参数值，每一值标识一个日志文件组，其值的范围由 1 至 MAXLOGFILES 参数。如果忽略，Oracle 自动生成一个值。通过动态性能表 V$LOG 可检验一日志文件组的组值。如果忽略 LOGFILE 子句，Oracle 将建立两个默认的日志文件组，其文件名和大小决定于 OS。

- 文件说明：用于说明一文件，它可作为数据文件；或者说明一组文件（可为一个或多个），作为一日志文件组。文件说明在 CREATE DATABASE、ALTER DATABASE、CREATE TABLESPACE 或 ALTER TABLESPACE 中出现。其中，“文件名”按 OS 的惯例说明：SIZE 指定文件的大小，如果文件已存在，可忽略该参数。K 表示以千字节为单位，M 表示以兆字节为单位，忽略时以字节为单位。对于已存在的文件，Oracle 允许重新使用该文件，利用 REUSE 指定，其大小必须与 SIZE 参数值相匹配。REUSE 选项仅当使用 SIZE 选项时有意义。
- MAXLOGFILES：指定数据库可建的日志文件组的最大值，Oracle 利用这个值决定在控制文件中使用的空间大小，该空间用于存储日志文件名。其默认值、最大值和最小值的变化依赖于 OS。实例可存取的日志文件组的数目受初始化参数 LOG_FILES 所限。
- MAXLOGMEMBERS：指定日志文件组的最大的成员数。Oracle 使用该值决定在控制文件中分配给日志文件名的空间大小。最小值为 1；最大值和默认值是变化的，依赖于 OS。
- MAXLOGHISTORY：指定归档日志文件的最大数目，用于并行服务器选项的介质自动恢复。Oracle 利用该值决定在控制文件中分配给归档日志文件名的空间大小。默认值为 MAXINSTANCES 值的倍数，是可变的，决定于 OS。最大值受控制文件的大小所限制。
- DATAFILE：指定用做数据文件的一个或多个文件，这些文件成为 SYSTEM 表空间的成分。如果忽略该子句，则建立一个数据文件，文件的默认名字和大小依赖于 OS。
- MAXDATAFILES：指定数据库可建立的最大数据文件数。最小值为 1，最大值和默认值决定于 OS。实例可存取的数据文件的数目受初始参数 DB_FILES 的限制。
- MAXINSTANCES：指定可同时装配或打开该数据库的实例的最大数目。这个值优先于初始化参数 INSTANCES，最小值为 1，最大值和默认值依赖于 OS。
- ARCHIVELOG：为日志文件组建立归档方式。在归档方式下，日志文件组在重用之前其内容必须归档。准备用于介质恢复。
- NOARCHIVELOG：为日志文件组建立不归档方式。在该方式下，日志文件组在重用之前其内容不需归档，所以在该方式下不能做介质恢复。
- EXCLUSIVE：在 EXCLUSIVE 方式建立后，必须以专用方式装配数据库。在这种方式下，仅允许单个实例可存取该数据库。如果允许数据库可由多实例存取，在第一次建立数据库后，关闭和卸载该数据库，然后以并行方式装配它。

- CHARACTER SET：指定数据库用于存储数据的字符。在数据库建立后，数据库字符集不能改变。支持的字符集和默认值决定于 OS。

该命令删除准备为初始数据库使用的已有的数据文件中存在的数据。在建立数据库之后，以专用方式装配它打开它，使它能正常使用。

例 7.1　建立最小数据库，对全部变元使用默认值。命令为：

```
CREATE DATABASE;
```

例 7.2　建立一数据库，使用每一变元。命令为：

```
CREATE DATABASE NewTest
    CONTROLFILE REUSE
    LOGFILE GROUP 1 ('diskb:log1.log','diskc:log1.log')
        SIZE 50K,
        GROUP 2 ('diskb:log2.log','diskc:log2.log')
        SIZE 50K
    MAXLOGFILES 5
    MAXLOGHISTORY 100
    DATAFILE'diska:dbone.dat'SIZE 2M
    MAXDATAFILES 10
    MAXINSTANCES 2
    ARCHIVELOG
        EXCLUSIVE;
```

2. 更改数据库命令

用户可以按下列方式更改已存在的数据库：

- 装配数据库。
- 在移植到 Oracle 高版本时，转换 Oracle 低版本的数据字典。
- 打开数据库。
- 为日志文件组选择归档方式。
- 执行介质恢复。
- 增加或删除日志文件组或日志文件组的成员。
- 对日志文件成员或数据文件更名。
- 备份当前控制文件。
- 为了恢复，建立一个新文件代替老文件。
- 使数据文件在线或离线。
- 使日志文件组的一线程运行或不运行。
- 修改数据库的全局名。

使用数据库修改命令的用户需具有 ALTER DATABASE 系统特权。

命令格式如下：

```
ALTER DATABASE [DB名][MOUNT[EXCLUSIVE][PARALLEL]]
[ADDLOGFILE[THREAD整数][GROUP整数] <文件说明>,…]
RENAME FILE '文件名' TO'文件名',…][ENABLE[PUBLIC]THREAD整数]
RENAME GLOBAL_NAME TO DB名[域名]
```

关键字和参数说明如下：

- DB 名：标识要更改的数据库。如果忽略，Oracle 更改由初始化参数 DB_NAME 的值所标识的数据库，仅可更改初始化参数 CONTROL_FILES 指定的控制文件中所指定的数据库。
- 当实例未装配该数据库时可使用下列选项：

MOUNT：装配数据库。如果选择 EXCLUSIVE，以专用方式装配该数据库。这种方式仅允许该数据库同一个实例装配，如果该数据库已同另一个实例装配，则不能使用这种方式。如果选择 PARALLEL，以并行方式装配数据库，这种方式允许该数据库同时同多个实例装配。如果另一个实例已以专用方式安装该数据库，此时不能再以并行方式与该实例装配。默认方式是 EXCLUSIVE。

- 在 ALTER DATABASE 命令中如果实例有装配的数据库，该数据库为打开或关闭，只要所包含的文件不在使用，就可使用下列选项：

ADDLOGFILE：加一个或多个日志文件组到指定的线程，使其对赋给该线程的实例可用。如果忽略 THREAD 参数，日志文件组加入到操作者所涉及的实例的线程。仅在使用并行服务器选项，在并行方式下才需使用 THREAD 参数。每一个文件说明指定一日志文件组，包含一个或多个成员。对每一个日志文件组可选择 GROUP 参数值，每一个值唯一地标识一个日志文件组（在所有线程的所有组中），其值的范围为 1 至 MAXLOGFILE 值。不能加多个具有同一 GROUP 值的日志文件组。如果忽略该参数，Oracle 自动地生成它的值。对于每一个日志文件组的 GROUP 值可通过对动态性能表 V$LOG 查询获得。

RENAME：对数据库文件或日志文件成员更名。该子句仅能在控制文件中对文件更名，它不是在 OS 中对其真正更名。

- 操作者所涉及的实例已装配数据库并已打开，可使用下列选项：

DISNABLE：使指定的线程不可实施，即使它不能应用于任何实例。如果使用一线程的实例已有安装的数据库，则不能使该线程不可实施。

ENABLE：使指定的日志文件组的线程可实施。该线程必须至少有两个日志文件组。如果选择 PUBLIC，使该实施的线程可用于任何实例，这些实例不要用初始化参数 THREAD 来显式请求指定的线程。如果忽略 PUBLIC 选项，该线程仅用于显式请求的实例，由初始化参数 THREAD 指定线程。

RENAME GLOBAL_NAME：修改数据库的全局名。该 DB 名为新数据库的名字，最长为 8 个字符。域名选项可有效地确定数据库在网络上位于哪儿。修改数据库名自动地清除 SGA 的共享池的全部数据，然而，修改数据库名不改变在远程数据库已有数据库链、同义词和存储过程对该数据库的引用，该修改是远程数据库的管理员的责任。

例 7.3　将名为 STOCKS 数据库，以专用方式安装。

```
ALTER DATABASE Stocks MOUNT EXCLUSIVE;
```

例 7.4　对 GROUP 参数值为 3 的日志文件组增加两个成员。

```
ALTER DATABASE Stocks
   ADDLOGFILE GROUP 3('diska:log3.log','diskb:log3.log')
SIZE 50K;
```

另一种形式：

```
ALTER DATABASE Stocks
    ADDLOGFILE MEMBER'diska:log3.log','diskb:log3.log'
        TO GROUP 3;
```

例 7.5 对日志文件成员更名。

```
ALTER DATABASE Stocks
    RENAME FILE'diskb:3.log'TO'diskd:log3.log';
```

该语句只将日志文件组的成员由一个文件改变成另一个，但该语句不真正将文件名由“DISKB：LOG3.LOG”改成“DISKD：LOG3.LOG”，要通过 OS 执行这样的操作。

例 7.6 对线程 5 增加一日志文件组，其 Group 参数值为 4，包含三个成员。

```
ALTER DATABASE Stocks
    ADDLOGFILE THREAD 5 GROUP 4 ('diska:log4.log',
        'diskb:log4.log','diskc:log4.log');
```

例 7.7 使线程 5 不能实施。

```
ALTER DATABASE Stocks
    DISNABLE THREAD 5;
```

例 7.8 使线程 5 可实施，使它为任何 Oracle 实例使用，那些实例不能显式地请求该线程。

```
ALTER DATABASE Stocks
    ENABLE PUBLIC THR
EAD 5;
```

例 7.9 建立基于文件“DISKY:DB1.DAT”的数据文件“DISKX:DB1.DAT”。

```
ALTER DATABASE Stocks
    CREATE DATAFILE'DISKX:DB1.DAT'AS'DISKY:DB1.DAT';
```

例 7.10 修改数据库的全局名。

```
ALTER DATABASE stocks
    RENAME GLOBAL_NAME TO Sales.Austalia.acme.com;
```

3．建立控制文件命令

控制文件（control file）可使用 CREATE CONTROLFILE 命令建立。在下列情况下要重建控制文件：

- 已存在的控制文件的全部副本由于介质故障已丢失。
- 要改变数据库的名字。
- 要改变日志文件组、日志文件成员、归档的日志文件、数据文件和可并行地安装和打开该数据库的实例的最大数。

操作该命令的用户需具有 OSDBA 角色权限，该数据库被任何实例所装配。

语法格式如下：

```
CREATE CONTROLFILE[REUSE][SET]DATABASE DB 名
LOGFILE[GROUP 整数] <文件说明>,…[RESETLOGS][NOTRESETLOGS]
DATAFILE<文件说明>,…
    [MAXLOGFILES 整数][MAXLOGMEMBERS 整数]
    [MAXLOGHISTORY 整数][MAXDATAFILES 整数]
    [MAXINSTANCES 整数][ARCHIVELOG]
```

关键字和参数说明如下：

- REUSE：说明由初始化参数 CONTROL_FILES 所标识的控制文件可被重用，删除其当前所包含的全部信息。如果忽略该选项，而任何的控制文件已存在，Oracle 将返回一个错误。
- SET DATABASE:修改数据库的名字。
- DATABASE：指定数据库的名字，该参数值必须是已存在的数据库名，其由以前的 CREATE DATABASE 语句或 CREATE CONTROLFILE 语句建立。
- LOGFILE：为数据库指定日志文件组，必须列出日志文件组的全部成员。这些文件名必须已存在。
- RESETLOGS：忽略 LOGFILE 子句所列的文件的内容。在 LOGFILE 子句中的文件说明必须指定 SIZE 参数。Oracle 将全部日志文件组分配给线程 1，使该线程为公用，可为任何实例使用。在使用该选项后，用 ALTER DATABASE 命令打开该数据库时，必须使用 RESETLOGS 选项。
- NORESETLOGS：说明在 LOGFILE 子句中全部文件在最后一次打开的数据库中使用。这些文件必须是当前日志文件而不是恢复的备份。Oracle 将该日志文件组重新分配给以前分配的线程，并使它实施。如果指定 GROUP 值，Oracle 将对这些值与数据库最后打开时的组值进行检验。
- DATAFILE：指定数据库的数据文件，必须列出全部数据文件。这些文件必须全部存在，它们可以是恢复的备份，为介质恢复所需。

MAXLOGFILES 等与 CREATE DATABASE 命令中的相应关键字和参数的意义相同。

例 7.11　重建控制文件。

```
CREATE CONTROLFILE REUSE
SET DATABASE orders_2
LOGFILE GROUP 1('diskb:log1.olg.', 'diskc:log1.log') SIZE 50K,
       GROUP 2('diskb:log2.log','diskc:log2.log') SIZE 50K
NOTRESETLOGS
DATAFILE'diska:dbone.dat'SIZE 2M
MAXLOGFILES 5
MAXLOGHISTORY 100
MAXDATAFILES 10
MAXINSTANCES 2
ARCHIVELOG;
```

4. 表空间命令

表空间是数据库中空间的集合，它可包含下列段：数据段、索引段、滚回段和临时段。所有数据库至少有一个表空间（称 SYSTEM 表空间），其在建立数据库时自动建立。对于其他的表空间必须用 CREATE TABLESPACE 命令建立，可用 ALTER TABLESPACE 命令使其在线或离线，或增加数据文件。

（1）建立表空间命令

该命令在数据库中建立一表空间。操作者必须具有 CREATE TABLESPACE 系统特权。

语法格式如下：

```
CREATE TABLESPACE 表空间名 DATAFILE<文件说明>,…
[DEFAULT STORAGE 存储子句]
[OFFLINE],…
```

关键字和参数说明如下：

- 表空间名：为所建立的表空间的名字。
- DATAFILE：指定组成表空间的数据文件或文件。
- DEFAULT STORAGE：为在该表空间中建立的全部对象指定缺少的存储参数，由存储子句指定。

STORAGE 存储子句用于指定存储特征，该子句可出现在建立或更改下列对象的命令中：聚集、索引、滚回段、快照、快照日志、表和表空间。

该子句的语法如下如下：

```
STORAGE([INITIAL 整数[K][M]]
[NEXT 整数[K][M]][MINEXTENTS 整数]
[MAXEXTENTS 整数][PCTINCREASE 整数]
[OPTIMAL[整数[K][M]][NULL]]
[FREELISTS 整数][FREELIST GROUPS 整数]…)
```

其关键字和参数说明如下：

- INITIAL：指定对象的第一个范围的大小。如果指定 K 则以千字节为单位；指定 M 时以兆字节单位；无选择时以字节为单位。默认值为 5 个数据块大小，最小值为 2 个数据块大小，最大值是随 OS 而变化的。
- NEXT：指定分配给对象的下一范围的大小，其中 K、M 的含义同上。默认值为 5 个数据块，最小值为 1 个数据块大小，最大值是随 OS 而变化的。
- PCTINCREASE：指定第二个范围之后的每一个范围为前一个范围的增长的百分数。默认值为 50，含义是后一个范围比前一个范围大 50%。最小值为 0，含义是以后范围的大小均相同。最大值是随 OS 而变化的。对于回滚段不能指定 PCTINCREASE，其值为 0。
- MINEXTENTS：指定在建立段时可分配的范围的总数。该参数允许在建立对象时分配大量的空间，即使可用的空间不连续。其默认值和最小值为 1，　而对于回滚段其默认值和最小值为 2。最大值随 OS 而变化。

如果 MINEXTENTS 值大于 1，Oracle 根据 INITIAL、NEXT 和 PCTINCREASE 参数计算出以后范围的大小。

- MAXEXTENTS：指定 Oracle 可分配给对象的范围总数，其最小值为 1，默认值和最大值随 OS 而变化。
- OPTIMAL：为回滚段指定一个合适的大小，其 K、M 选项同 INITIAL，该参数仅用于回滚段，不可用于其他对象。选择 NULL 时，不为回滚段指定一个合适大小，即 Oracle 从不回收回滚段的范围。这个值不能小于由回滚段的 MINEXTENTS、INITIAL、NEXT 和 PCTINCREASE 参数所指定初始分配的空间大小。
- FREELIST GROUP：为表、聚集或索引指定自由表的组数，其默认值或最小值为 1。仅在使用具有并行服务器选项的 Oracle 在并行方式下运行时才使用该参数。
- FREELISTS：为表、聚集或索引的每一自由表组指定自由表的数目。其默认值或最小值为 1，含义是每一个自由表组包含一个自由表，这个参数的最大值依赖于数据块的大小。
- STORAGE 参数会在两个方面受影响：存取数据库中数据所花的时间长短和数据库中空间如何有效使用。如果在建立表空间时为 STORAGE 参数指定了值，该值在该表空间分配段时作为默认值。在建立聚集、索引、回滚段、快照、快照日志或表时还可对 STORAGE 参数指定值，为这些对象按此值分配段；如果忽略任何存储参数，则使用该表空间所定义的存储参数，对于索引是例外。在建立索引时忽略 STORAGE 参数，对其范围分配有特殊处理。在 ALTER 命令更改上述对象的存储参数，其新值仅对未来范围分配有影响，所以 INITIAL 和 MINEXTENTS 参数不能改变其值。当更改表空间的存储参数时，新值仅对以后建立的对象有影响。

在建立表空间命令中其他选项的作用如下：

- ONLINE：使建立的表空间在建立之后，用户立即可用（即为在线），当然用户对该表空间要被授权。
- OFFLINE：使建立的表空间在建立之后，不能立即使用（即为离线）。

在忽略上述选项时，其默认值为 ONLINE。

例 7.12 在数据库中建立名为 TABSPACE_2 的表空间。

```
CREATE TABLESPACE TABSPACE_2
 DATAFILE 'tabspace_file2.dat'SIZE 20M
 DEFAULT STORAGE(INITIAL 10K NEXT 50K
               MINEXTENTS 1 MAXEXTENTS 99
               PCTINCREASE 10)
ONLINE;
```

（2）更改表空间命令

用户可以通过下列方式修改已存在的表空间：

- 增加或重新命名数据文件。
- 修改默认的表空间存储参数。
- 使表空间在线或离线。
- 开始或停止备份。

操作者具有 ALTER TABLESTACE 系统特权，可执行该命令的任何操作；如果具有 MANAGE TABLESPACE 系统特权，仅可执行下列操作：

- 使表空间在线或离线。
- 开始或结束备份。

语法格式如下：

```
ALTER TABLESPACE 表空间名
[ADD DATAFILE 文件说明，…]
[DENAME DATAFILE'文件名',…TO '文件名',…]
[DEFAULT STORAGE 存储子句]
[OFFLINE [TEMPORARY][IMMEDIATE]]
[ONLINE]
[BEGIN BACKUP]
[END BACKUP]
```

关键字和参数说明如下：

- 表空间名：为所要更改的表空间的名字。
- ADD DATAFILE：将由文件说明所指定的数据文件加到该表空间。在表空间在线或离线时均可增加数据文件。要保证该数据文件不为其他数据库使用。

- RENAME DATAFILE：对表空间的一个或多个数据文件更名。在对数据文件换名前，要使表空间离线。该子句仅使表空间与新文件相联系，但它不能真正改变 OS 文件的名。要改变其文件名通过 OS 实现。
- DEFAULT STORAGE：为在该表空间中以后建立的对象指定新的默认存储参数。
- ONLINE：使表空间在线。
- OFFLINE：使表空间离线，防止对它的段的存取。可选择下列选项：NORMAL 选项，对该表空间中全部数据文件执行一个检查点，它的所有数据文件必须在线。如果数据库是非归档方式，则必须使用该方式。TEMPORARY 选项，对表空间中全部在线数据文件执行一个检查点，不必保证全部文件可写。在将表空间返回到在线前，所有离线文件可以要求介质恢复。IMMEDIATE 选项，不必确保表空间的文件是可用的，不执行一个检查点，在将它返回到在线前，必须执行介质恢复。默认方式是 NORMAL。当表空间为离线时，在该表空间中用户不能为对象或排序区分配空间。可用 ALTERUSER 命令为用户重新分配默认表空间和临时表空间。
- BEGIN BACKUP：意味对组成该表空间的数据文件要执行在线备份，这种方式不停止用户对表空间的存取。在开始在线备份之前必须使用该选项。在备份进行时，不能执行下列操作：
  - 使表空间正常地离线。
  - 关闭实例。
  - 开始该表空间另一个备份。
- END BACKUP：意味表空间的在线备份完成，一旦完成在线备份，要使用该选项。

例 7.13　通知数据库，表空间开始备份。

```
ALTER TABLESPACE accounting BEGIN BACKUP;
```

例 7.14　通知数据库，表空间备份完成。

```
ALTER TABLESPACE acounting END BACKUP;
```

例 7.15　将表空间 ACCOUNTING 的数据文件“DISKA:PAY1.DAT”改名为“DISKB:RECEIVE.DAT”。

① 使表空间离线。

```
ALTER TABLESPACE ACOUNTING OFFLINE NORMAL;
```

② 用 OS 命令将“DISKA:PAY1.DAT”复制到“DISKB:RECEIVE1.DAT”。

③ 用 ALTER TABLESPACE 命令更名。

```
ALTER TABLESPACE accounting
   RENAME DATAFILE'diska:pay1.dat'TO'diskb:receive1.Dat';
```

④ 将表空间返回到在线。

```
ALTER TABLESPACE accounting ONLINE;
```

（3）删除表空间命令

用户可以将一表空间从数据库中删去。

操作者必须具有 DROP TABLESPACE 系统特权。在该表空间中没有回滚段分配给活动事务。

语法格式如下：

```
DROP TABLESPACE 表空间名
[INCLUDING CONTENTS[CASCADE CONSTRAINTS]]
```

关键字和参数说明如下：

- 表空间名：为被删除的表空间的名字。
- INCLUDING CONTENTS：当删除包含有任何数据库对象的表空间时，必须指定该子句，其作用是删除表空间的全部内容。如果忽略该子句，而表空间不是空的，Oracle 将返回一个出错信息，不删除该表空间。
- CASCADE CONSTRAINTS：删除其他表空间中的表的引用完整性约束，这些约束是对删除的表空间的表的主码或唯一码的引用。如果忽略该选项，但如此的引用完整性约束存在时，Oracle 将返回一个出错信息，不删除该表空间。

可在表空间在线或离线情况下删除表空间，但建议用户采用在表空间离线情况下删除表空间，确保没有 SQL 语句（在同时运行的事务中）存取该表空间中的对象。

例 7.16 删除 MFRG 表空间及其全部内容。

```
DROP TABLESPACE MFRG
   INCLUDING CONTENTS CASCADE CONSTRAINTS;
```

7.5.3 初始化参数文件

在启动一个实例时，Oracle 必须读入一初始化参数文件（initialilation parameter file），该参数文件是一个文本文件，包含有实例配置参数。这些参数置成特殊值，用于初始化 Oracle 实例的许多内存和进程设置，该参数文件包含：

- 一个实例所启动的数据库名字。
- 在 SGA 中存储结构使用多少内存。
- 在填满在线日志文件后做什么。
- 数据库控制文件的名字和位置。
- 在数据库中专用回滚段的名字。

参数文件示例：

```
db_block_buffers=550      （注：在 SGA 中可缓冲的数据库块的数，它决定了 SGA 的大小。）
db_name=ORA7PROD          （注：数据库名，最多 8 个字符。）
db_domain=US.ACME.COM     （注：一个全局数据库名的扩展成分。）
license_Max_users=64      （注：在数据库中可建用户的最大数。）
#
log_archive_dest=C:\logarch        （注：为归档日志指定磁盘文件默认位置等。）
log_archive_format=arch%s.ora      （注：指定归档日志文件的默认文件名格式。）
log_archive_start=TRUE    （注：TRUE 指定实例启动时归档是自动的，FALSE 指定是手工的。）
log_buffer=64512          （注：在 SGA 中分配给日志缓冲区的字节数。）
log_checkpoint_interval=256000  （注：指定最新填满日志文件的块数，填满后需要激发一个检查点。）
rollback_segments=rs_one,rs_two （注：按名将一个或多个回滚段分配给实例。）
```

DBA 可调整可变参数来改进数据库系统的性能。

初始化参数文件的常见名字为 INIT.ORA，真正的名字随发放介质而变化。在 ORA_CLE Server 发放介质上包含有一个样板参数文件，适合于初次使用。为了使数据库系统具有最好性能可修改该文件。DBA 可利用该初始化参数实现：

- 调整内存结构（如数据库缓冲区数目）以优化性能。
- 设置某些数据库的限制。
- 指定文件名。

许多初始化参数可以细调，来改进数据库性能。参数文件是一个文本文件，包含有参数表及相应的列值。例如：

```
SAVEPOINT=5
   PROCESSES=100
```

在参数文件中参数说明服从下列规则：

- 所有参数是可选的。
- 仅仅参数和注释可出现在参数文件中。
- 对于每一个参数，在服务器中建立一个默认值。这个值可依赖于 OS，也可依赖于该参数。
- 参数可以按任何次序指定。
- 字母大小写仅在 OS 中有意义时起作用（如文件名）。
- 可在一行键入多个参数，参数名之间用空格隔开。例如：

```
PROCESS=100 SAVEPOINT=5 OPEN_CURSORS=10
```

- 对有些参数（如 INIT_SQL_FILES）可键入多个值，值之间必须用逗号分开，整个用括号括起。例如：

```
INIT_SQL_FILES=(SQL.BSQ,CATALOG.SQL,ENROLL_USER.SQL)
```

- 反斜杠\表示有续行。例如：

```
ROLLBACK SEGMENTS=(SEG1,SEG2,\
    SEG3,SEG4,SEG5)
```

- 关键字 IFILE 用于嵌入另一文件。所嵌入文件的格式同原始参数文件，允许嵌套三级。
- 符号#用于开始一注释，该行的其余部分被忽略。
- 参数值可用双引号括起，如文件名，在这种方式下可包含特殊字符。

利用 SQL*DBA 命令可查看初始化参数的当前设置。形式为：

```
SQLDBA> SHOW PARAMETERS
```

显示全部参数的当前值。也可以为：

```
SQLDBA>SHOW PARAMETERS BLOCK
```

显示参数名中有 BLOCK 的全部参数。

7.5.4 数据字典（Data Dictionary）

数据字典是 Oracle 数据库的最重要组成部分之一，是由一组只读的表及其视图所组成的。它提供有关该数据库的信息，可提供的信息如下：

- Oracle 用户的名字。
- 每个用户所授的特权和角色。
- 模式对象的名字（表、视图、快照、索引、聚集、同义词、序列、过程、函数、包及触发器等）。

- 关于完整性约束的信息。
- 列的默认值。
- 有关数据库中对象的空间分布信息及当前使用情况。
- 审计信息（如谁存取或修改各种对象）。
- 其他一般的数据库信息。

可使用 SQL 语句存取数据字典，由于数据字典为只读，只允许查询。

1．数据字典的结构

数据库数据字典是由基本表和用户可存取的视图组成的。

- 基本表：数据字典的基础是一组基本表，存储相关的数据库的信息。这些信息仅由 Oracle 读和写，它们很少被 Oracle 用户直接存取。
- 用户可存取视图：数据字典包含用户可存取视图，可概括、方便地将数据字典的基本表中的信息解码成可用信息。

数据字典中全部基本表和用户存取视图为 Oracle 用户 SYS 所持有，所有对象包含在 SYS 模式中，安全管理员对该账号要严格控制。

2．数据字典的使用

当数据库打开时，数据字典总是可用的，它驻留在 SYSTEM 表空间中。数据字典包含视图集，在多数情况下，每一视图集有三种视图包含有类似信息，彼此由前缀来区别，前缀为 USER、ALL 和 DBA。

- 前缀为 USER 的视图，为用户视图，是在用户的模式内。
- 前缀为 ALL 的视图，为扩展的用户视图（为用户可存取的视图）。
- 前缀为 DBA 的视图为 DBA 的视图（为对全部用户可存取的视图）。

在数据库中 Oracle 还维护了一组虚表（virtual table）记录当前数据库的活动，这些表称为动态性能表。动态性能表不是真正的表，许多用户不能存取，DBA 可查询这些表，可以建立视图，给其他用户授予存取视图权限。

数据字典视图示例如下：

视图名	说明
ALL_CATALOG	为用户可存取的全部表、视图和序列
ALL_COL_PRIVS	在列上授权，该用户或 PUBLIC 是被授予者
ALL_SYNONYM	用户可存取的全部同义词
DBA_CONSTRAINTS	在数据库全部表上的约束定义
DBA_DATA_FILES	关于数据文件的信息
DBA_ROLE_PRIVS	授权给用户或角色的角色说明
DBA_TABLES	在数据库中全部表的说明
DBA_USERS	关于数据库全部用户的信息
USER_CATALOG	为用户所持有的表、视图、同义词和序列
USER_SNAPSHOTS	用户可查看的快照
USER_TABLESPACES	可存取表空间的说明
USER_TRIGGERS	用户触发器说明
USER_USERS	关于当前用户的信息
USER_VIEWS	用户持有的视图的文本

习　　题

1. 试述数据库设计概念、数据库生存期及数据库设计步骤？
2. 试说出如何进行数据库设计的需求分析。
3. 什么是 PD 的概念数据模型（CDM）？作用是什么？
4. PD 的 E-R 模式如何表示？
5. 如何使用 PD 创建 CDM？
6. 如何用 PD 定义 CDM 的基本特性？
7. 什么是业务规则？它有几种类型？作用是什么？
8. 如何用 PD 建立业务规则？
9. 什么是 CDM 中的域？作用是什么？
10. 如何用 PD 建立 CDM 中的域？
11. 数据项的作用是什么？如何用 PD 建立数据项？
12. 如何用 PD 将数据项连接到域上？
13. 实体的作用是什么？如何用 PD 建立实体？
14. 如何用 PD 将实体属性关联到域上？
15. 什么是关联实体？如何用 PD 创建关联实体？
16. 联系的作用是什么?如何用 PD 建立联系？
17. 继承的作用是什么?如何用 PD 定义继承？
18. 如何定义检查约束参数？作用是什么？
19. 如何用 PD 由 CDM 生成 PDM？
20. 什么是 PD 的物理数据模型（PDM）？作用是什么？
21. 试说出 CDM 与 PDM 的对应关系，以及 PDM 与 DBMS 的关系。
22. 如何用 PD 创建 PDM？
23. 如何定义 PDM 的显示参数和 PDM 的模型特性？
24. 如何用 PD 创建 PDM 的索引？作用是什么？
25. 如何用 PD 创建 PDM 的视图？作用是什么？
26. 如何用 PD 生成数据库 SQL 脚本？作用是什么？
27. 如何用 PD 实现 PDM 中的用户管理？作用是什么？
28. 如何用 PD 检查 PDM 中的对象？作用是什么？
29. 什么是逆向工程?如何用 PD 从数据库逆向工程生成 PDM？
30. 如何用 PD 从 PDM 逆向工程生成 CDM？
31. 数据库实现阶段主要做哪些事情？
32. 什么是数据库的再组织设计？试述其重要性。
33. 数据库系统投入运行后，有哪些维护工作？
34. Oracle 数据库的物理结构与逻辑结构各包含什么内容？作用是什么？
35. 什么是 Oracle 的模式与模式对象？

36. 什么是聚集和它的作用？
37. 什么是同义词和它的作用？
38. 用 Oracle 建立数据有几种方法？分别叙述创建过程（或命令）。
39. 如何修改数据库？
40. 如何建立和修改表空间？删除表空间？
41. 如何建立控制文件？
42. 什么是 Oracle 的参数文件？作用是什么？
43. 什么是数据字典？作用是什么？

第 8 章 数据库保护

本章主要介绍数据库的安全性（用户鉴别、特权、角色、审计）、数据完整性（数据库触发器）和并发控制以及数据库后备和恢复，也对 Oracle LogMiner、Oracle Data Guard（Oracle 数据卫士）、RMAN、Oracle 闪回、Oracle RAC、ASM 等高可用性技术进行了介绍，以便对数据库进行必要的保护。

8.1 数据库的安全性

数据库的安全是指保护数据以防止不合法的使用所造成的数据泄露、更改或破坏。计算机系统都有这个问题，在数据库系统中大量数据集中存放，为多个用户共享，使安全性问题更为突出。

在一般的计算机系统中，安全措施是一级一级设置的，如图 8-1 所示的模型。

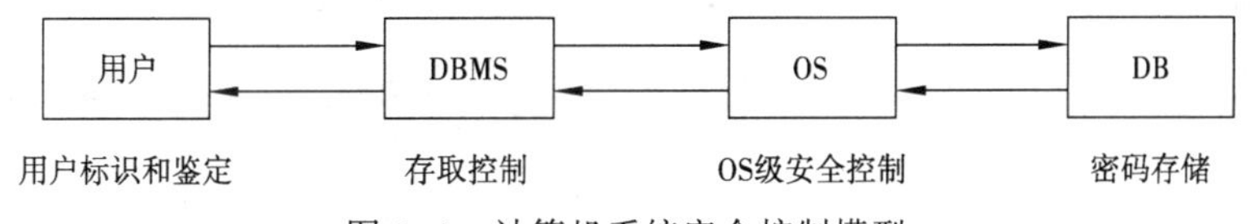

图 8-1　计算机系统安全控制模型

在 DB 这一级可采用密码技术，当物理存储设备失窃后，它起到保密作用。在 DBMS 这一级提供两种控制：用户标识和鉴定，数据存取控制。

（1）在 Oracle 多用户数据库系统中，安全机制所做的工作

① 防止非授权的数据库的存取。

② 防止非授权的对模式对象的存取。

③ 控制磁盘使用。

④ 控制系统资源使用（如 CPU 时间）。

⑤ 审计用户动作。

（2）数据库安全性分为系统安全性和数据安全性两类

① 系统安全性是指在系统级控制数据库的存取和使用的机制，包含：

- 有效的用户名/口令的组合。
- 一个用户是否授权可连接数据库。
- 用户对象可用的磁盘空间的数量。

- 用户的资源限制。
- 数据库审计是否是有效的。
- 用户可执行哪些系统操作。

② 数据安全性是指在对象级控制数据库的存取和使用的机制，包含：

- 哪些用户可存取一指定的模式对象及在对象上允许哪些操作类型。
- 在 Oracle 服务器上提供了一种任意存取控制，是一种基于特权（privilege）限制信息存取的方法。用户要存取一对象必须有相应的特权授给该用户。已授权的用户可任意地将它授权给其他用户，由于这个原因，这种安全性类型叫做任意型（discretionary）。

Oracle 利用下列机制管理数据库安全性：

- 数据库用户和模式。
- 特权。
- 角色。
- 存储设置和空间份额。
- 资源限制。
- 审计。

8.1.1 数据库的存取控制和用户的建立

1. 数据库的存取控制

Oracle 保护信息的方法采用任意存取控制（discretionary access control）来控制全部用户对命名对象的存取。用户对对象的存取受特权控制，一种特权是存取一命名对象的许可，为一种规定格式。

Oracle 使用多种不同的机制管理数据库安全性，其中有两种机制：模式和用户。模式（schema）为模式对象的集合，模式对象包括表、视图、聚集、过程和包等。每一数据库有一组模式。

每一 Oracle 数据库有一组合法的用户（user），可存取该数据库，可运行一数据库应用（如 Forms Developer 的电子表格、SQL*Plus 或预编译程序）和使用该用户名连接到定义该用户的数据库。当建立一数据库用户时，对该用户建立一个相应的模式，模式名与用户名相同。一旦用户连接到一数据库，该用户就可存取相应模式中的全部对象，一个用户仅与同名的模式相联系，所以用户和模式是类似的。

用户的存取权利受用户安全域（user's security domain）的设置所控制，在建立一个数据库的新用户或更改一已有用户时，安全管理员（security administrator）对用户安全域有下列决策：

- 是由数据库系统还是由操作系统维护用户授权信息。
- 设置用户的默认表空间和临时表空间。
- 列出用户可存取的表空间和在表空间中可使用的空间份额。
- 设置用户资源限制的环境文件，该限制规定了用户可用的系统资源的总量。
- 规定用户具有的特权和角色，可存取相应的对象。

每一个用户有一个安全域，它是一组特性，可决定下列内容：

- 用户可用的特权和角色。
- 用户可用的表空间的份额（磁盘空间）。
- 用户的系统资源限制（如 CPU 处理时间）。

2．建立用户

建立用户的命令的语法格式如下：

```
CREATE USER 用户名 IDENTIFIED BY 口令
[DEFAULT TABLESPACE 表空间名][TEMPORARY TABLESPACE 表空间名]
[QUOTA [整数[K][M]][UNLIMITED] ON 表空间名,…]
[PROFILE 环境文件名]
```

操作者使用该命令时必须具有 CREATE USER 系统特权。

关键字和参数说明如下：

① 用户名：为所建立的用户名字。

② IDENTIFIED：标识 Oracle 鉴别用户的方式，可有两种选择：BY 为口令方式，在用户登录时必须提供口令，口令只能包含单字节字符；EXTERNALLY 方式，Oracle 通过 OS 检验用户。

③ DEFAULT TABLESPACE：标识该用户建立对象的默认表空间。如果忽略该子句，其默认表空间为 SYSTEM 表空间。

④ TEMPORARY TABLESPACE：标识该用户的临时段的表空间。如果忽略该子句，临时段默认位于 SYSTEM 表空间。

⑤ QUOTA：指定该用户在表空间可分配空间的总额。选择 K 时以千字节为单位；选择 M 时以兆字节为单位；无上述选择时以字节为单位。UNLIMITED 表明该用户在指定的表空间上可分配的空间为无限。

⑥ PROFILE：将指定环境文件分配给该用户。该环境文件限制用户可用的数据库资源。如果忽略该子句，Oracle 将 DEFAULT 环境文件分配给用户。

例 8.1　建立用户 SIDNEY。

```
CREATE USER Sidney
   IDENTIFIED BY Carton
   DEFAULT TABLESPACE Cases_ts
   TEMPORARY TABLESPACE temp_ts
   QUOTA 10M ON cases_ts
   QUOTA 5M ON temp_ts
   QUOTA 5M ON SYSTEM
   PROFILE engineer
```

建立的 SIDNEY 用户有下列特性：

- 口令为 Carton。
- 默认表空间为 Cases_ts，具有 10MB 的定额。
- 临时表空间为 Temp_ts，具有 5MB 的定额。
- 可存取 SYSTEM 表空间，具有 5MB 的定额。
- 数据库资源限制由环境文件 ENGINEER 指定。

修改用户使用 ALTER USER 命令，其参数与建立用户基本相同，这里不再赘述。

3．用户鉴别

为了防止非授权的数据库用户的使用，Oracle 提供两种确认方法：操作系统确认和相应的 Oracle 数据库确认。

如果操作系统允许，Oracle 可使用操作系统所维护的信息来鉴定用户。由操作系统鉴定用户的优点是：

- 用户可更方便地连接到 Oracle，不需要指定用户名和口令。
- 对用户授权的控制集中在操作系统，Oracle 不需要存储和管理用户口令。然而用户名在数据库中仍然要维护。
- 在数据库中的用户名和操作系统审计跟踪相对应。

Oracle 数据库方式的用户确认：Oracle 利用存储在数据库中的信息可鉴定试图连接到数据库的用户，这种鉴别方法仅当操作系统不能用于数据库用户鉴别时才使用。当用户使用一 Oracle 数据库时，执行用户鉴别。每个用户在建立时有一个口令，用户口令在访问数据库时使用，以防止对数据库非授权的使用。用户的口令以密码的格式存储在数据库数据字典中，用户可随时修改其口令。

Oracle 10g 提供了企业身份管理（PKI 证书）的解决方案。Oracle 10g 身份管理（Oracle 10g identity management）是一个集成的、可伸缩的、健壮的身份管理基础架构，它包括 LDAP 目录服务、目录集成和供应服务、一个委托管理服务应用程序、认证和授权服务以及一个 X.509 V3 认证中心（certificate authority）。Oracle 10g 身份管理的关键优势在于其具有的健壮性和可伸缩性，利用该优势可对 Oracle 产品即需即用地部署支持，用做与其他企业身份管理解决方案的单一集成点，还可开放地基于标准的实施。

- 可伸缩的、安全的并且符合标准的目录服务，用于存储和管理用户信息。
- 用户供应框架，既可以连接到企业供应系统（如人力资源应用程序），也可以独立运行。
- 委托管理模型和应用程序，使身份管理系统的管理员可以将访问权有选择地授予应用程序的管理员或直接授予终端用户（一个能够支持不同需求的适当的安全模型/用户接口模型是非常关键的）。
- 目录集成平台，使企业能够将身份管理目录与原有或应用的特定目录相连。
- 用于用户认证的模型和应用程序。

4. 用户的表空间设置和定额

关于表空间的使用是用户安全域的部分，可有几种设置选择：

- 用户的默认表空间。
- 用户的临时表空间。
- 数据库表空间的空间使用定额。

每个用户同一个默认表空间相联系。用户在建立模式对象时，如果没有指定表空间，那么就使用该表空间。用户默认表空间在建立用户时被指定，之后可修改。

每个用户同一个临时表空间相联系。当用户执行 SQL 语句需要建立临时段时，则在临时表空间中建立。

每个用户对数据库的任何表空间可赋给一空间定额。默认方式下，每个用户在数据库任何表空间上没有定额。要建立某种模式对象，该用户必须具有建立该对象的特权，并且在建立对象的表空间中具有空间定额。还可在另一用户模式下建立，此时另一用户在该表空间中要有空间定额。

5. 用户资源限制和环境文件

（1）用户资源限制

用户可用的各种系统资源总量的限制是用户安全域的部分。利用显式地设置资源限制，安全管理员可防止用户无控制地消耗宝贵的系统资料（如 CPU 时间）。

Oracle 资源限制的特性在大的多用户系统中非常有用。资源限制是由环境文件管理的。一个环境文件是命名的一组赋给用户的资源限制。另外，Oracle 为安全管理员在数据库级提供使能或使不能实施环境文件资料限制的选择。

Oracle 可限制几种类型的系统资源的使用，每种资源可在会话级、调用级或两者上控制。

在会话级：每一次用户连接到一数据库，建立一会话（session）。每一个会话在执行 SQL 语句的计算机上耗费 CPU 时间和对内存量进行限制。对 Oracle 的几种资源限制可在会话级上设置。如果会话级资源限制被超过，当前语句被中止（回滚），并返回指明会话限制已达到的信息。此时，当前事务中所有之前执行的语句不受影响，此时仅可进行 COMMIT（提交）、ROLLBACK（回滚）或删除对数据库的连接等操作，进行其他操作都将出错。

在调用级：在 SQL 语句执行时，处理该语句有好几步，为了防止过多地调用系统，Oracle 在调用级可设置几种资源限制。如果调用级的资源限制被超过，语句处理被停止，该语句被回滚，并返回一错误。然而当前事务的已执行的所有语句不受影响，用户会话继续连接。

在调用级有下列资源限制：

- 为了防止无控制地使用 CPU 时间，Oracle 可限制每次 Oracle 调用的 CPU 时间和在一次会话期间 Oracle 调用所使用的 CPU 总时间，以 0.01 秒为单位。
- 为了防止过多 I/O，Oracle 可限制每次调用和每次会话的逻辑数据块读的数目。逻辑数据块读包含从内存或磁盘读数据块。

Oracle 在会话级还提供其他几种资源限制：

- 每个用户的并行会话数的限制。
- 会话空闲时间的限制，如果一次会话的 Oracle 调用之间时间达到该空闲时间，当前事务被回滚，会话被中止，会话资源返回给系统。
- 每次会话可消逝时间的限制，如果一次会话期间超过可消逝时间的限制，当前事务被回滚，会话被删除，该会话的资源被释放。
- 每次会话的专用 SGA 空间量的限制。

（2）用户环境文件

用户环境文件（profile）是指定资源限制的命名集，可赋给 Oracle 数据库的有效的用户。利用用户环境文件可容易地管理资源限制。要使用用户环境文件，首先应将数据库中的用户分类，决定在数据库中全部用户类型需要多少种用户环境文件。在建立环境文件之前，要决定每一种资源限制的值。例如，一类用户通常不执行大量逻辑数据块读，那就可将 LOGICAL_READS_PER_SESSION 和 LOGICAL_READS_PER_CALL 设置相应的值。在许多情况中决定一用户的环境文件的合适资源限制的最好方法是，收集每种资源使用的历史信息。

建立用户环境文件的命令，请详见 Oracle 软件的帮助。

8.1.2 特权和角色

1. 特权

特权是执行一种特殊类型的 SQL 语句或存取另一用户的对象的权力。Oracle 有两类特权：系统特权和对象特权。

（1）系统特权

系统特权是执行一种特殊动作或者在对象类型上执行一种特殊动作的权利。Oracle 有 60 多种不同系统特权，每一种系统特权允许用户执行一种特殊的数据库操作或一类数据库操作。

系统特权可授权给用户或角色，一般系统特权授权给管理人员和应用开发人员，终端用户不需要这些相关功能。授权给一用户系统特权并具有 ADMIN 选项时或具有 GRANT ANY PRIVILEGE 系统特权的用户可将该系统特权授权给其他用户或角色。反之，可从那些被授权的用户或角色回收特权。

系统特权和角色的授权命令语法格式如下（角色见下面内容）：

```
GRANT [特权名][角色名],…TO [用户名][角色名][PUBLIC],…
[WITH ADMIN OPTION]
```

关键字和参数说明如下：

① 系统特权名：为被授权的系统特权的名称。

② 角色名：为被授权的角色名。

③ TO：标识用户或角色，将指定的系统特权或角色授给他（它）。

④ PUBLIC：表示将系统特权和角色授权给全部用户。

⑤ WITH ADMIN OPTION：允许被授予者将该系统特权或角色授给其他用户和角色。用 ADMIN OPTION 授权一角色时，被授予者也可更改或删除角色。

如果将一特权授给一用户，Oracle 将该特权加入到该用户的特权域中，用户可立即使用该特权。

如果将一特权授给 PUBLIC，Oracle 将该特权加入到每个用户的特权域中，所有用户可立即执行由特权所授权的操作。

如果将一角色授给另一角色，Oracle 将一角色的特权域加入到被授予角色的特权域中。被授予角色已授给用户时，该用户可使它使能，可执行该角色特权域中的特权。

一种特权或角色不能在被授权的表中出现多次。一个用户、角色或 PUBLIC 不能在 TO 子句中出现多次。不能循环方式授权角色，例如已将角色 BANKER 授给 TELLER，在这之后，不能将 TELLER 角色授给 BANKER。同样不能将一角色授给它本身。

例 8.2　将 CREATE SESSION 系统特权授给 richard。

```
GRANT CREATE SESSION
   TO richard
```

执行后，允许 richard 登录 Oracle。

例 8.3　将 CREATE TABLE 系统特权授给角色 Travel_agent。

```
GRANT CREATE TABLE
   TO Travel_agent
```

执行后，在 Travel_agent 的特权域中已包含 CREATE TABLE 系统特权。

例 8.4　现将 Travel_agent 角色并带有 ADMIN OPTION 授给 THOMAS。

```
GRANT Travel_agent
TO thomas
WITH ADMIN OPTION
```

执行后，THOMAS 可执行 Travel_agent 角色的操作：

- 使角色使能，执行角色特权域中任何特权。
- 可将该角色授权给其他用户或从其他用户回收该角色。
- 删除角色。

回收系统特权和角色命令可以从用户或角色回收系统特权或角色。

操作者必须已具有该系统特权或角色并具有 ADMIN 权限，或者具有 GRANT ANY ROLE 特权时，才可回收特权或角色。

语法格式如下：

```
REVOKE[系统特权名][角色名],…FROM[用户名][角色名][PUBLIC],…
```

关键字和参数说明如下：

① 系统特权名：为回收的系统特权名称。

② 角色名：为回收的角色名。

③ FROM：标识从其回收指定的系统特权或角色的用户名或角色。如果指定 PUBLIC，则从所有用户回收指定的系统特权或角色。

回收命令可从用户、角色和 PUBLIC 回收系统特权或角色。

当从一用户回收一特权时，Oracle 将该特权从用户的特权域中移去，立即生效，之后该用户不再有该特权。

当从一角色回收一特权时，Oracle 将该特权从用户的特权域中移去，立即生效，具有该使能角色的用户不再有该特权。

当从 PUBLIC 回收一特权时，Oracle 将从通过 PUBLIC 授权获得该特权的每一个用户的特权域中移去该特权。立即生效，如此的用户不再有该权限。

当从另一角色回收一角色时，Oracle 从被回收角色的特权域中移去回收的角色特权域。具有被回收角色权限的用户，如果该回收角色为使能，该用户也不能继续该回收角色的权限所允许的操作。

例 8.5　从用户 Bill 和 Mary 回收 DROP ANY TABLE 系统特权。

```
REVOKE DROP ANY TABLE
   FROM Bill,Mary
```

例 8.6　从用户 HANSON 回收 CONTROLLER 角色。

```
REVOKE CONTROLLER
   FROM HANSON
```

（2）对象特权

对象特权是在指定的表、视图、序列、函数或包上执行特殊动作的权利。对于不同类型的对象，有不同类型的对象特权。对于有些模式对象、如聚集、索引、触发器、数据库链没有相关的对象特权，它们由系统特权控制。

对于包含在某用户名的模式中的对象，该用户对这些对象自动地具有全部对象特权，即模式的持有者对模式中的对象具有全部对象特权，这些对象的持有者可将这些对象上的任何对象特权授权给其他用户。如果被授者包含有 GRANT OPTION，那么该被授者也可将其权利再授权给其他用户。

对象特权授权命令将在特殊对象上的特权授权给用户或角色。

操作者操作该命令时必须满足：该对象是在自己的模式中或者具有该对象特权并具有 GRANT OPTION。

语法格式如下：

```
GRANT [[对象特权名][ALL[PRIVILEGES]](列名,…),…]
ON [模式名.]对象名 TO [用户名][角色名][PUBLIC]…
[WITH GRANT OPTION]
```

关键字和参数说明如下：

① 对象特权名：为被授权的对象特权的名字。可有下列特权：ALTER、DELETE、EXECUTE、INDEX、INSERT、REFERENCES、SELECT 和 UPDATE。

② ALL PRIVILEGES：将操作者在该对象上具有 GRANT OPTION 的全部特权进行授权。对于用户自己模式中的对象，他在该对象上的全部特权都具有 GRANT OPTION。

③ 列名：指定被授权的表或视图的列，仅当授 INSERT、REFERENCES 或 UPDATE 特权时才指定列。如果不列出列，被授予者在表或视图的全部列上有指定的特权。

④ ON：标识授权的对象，如果不指定模式，则该对象是在操作者自己的模式中。对象为下列类型：表、视图、序列、过程、函数、包、快照、同义词。

⑤ TO：标识用户或角色，将指定对象特权授给他（它）。PUBLIC 表示将对象特权授给全部用户。

⑥ WITH GRANT OPTION：允许被授予者将该对象特权授权给其他用户和角色。此时，被授予者必须是用户或 PUBLIC，而不能是角色。

如果将一对象特权授给一用户，Oracle 将该特权加到该用户特权域中，该用户可立即执行该特权。

如果将对象特权授给一角色，Oracle 将该特权加入到该角色特权域中，如果该角色已授给用户，该用户已使角色使能，此时用户可立即执行该特权。

如果将对象特权授给 PUBLIC，Oracle 将特权加入到每一个用户特权域中，所有用户可立即享有该特权。

例 8.7 将 BONUS 表上全部特权授给用户 JONES。

```
GRANT ALL ON BONUS
   TO JONES WITH GRANT OPTION
```

例 8.8 将模式 elly 中序列 eseq 的 SELECT 特权授给 BLAKE。

```
GRANT SELECT ON elly.eseq
   TO BLAKE
```

例 8.9 将 scott 模式中 emp 表在 empno 列上的 REFERENCES 特权和在 empno、sal 和 comm 列上的 UPDATE 特权授给 BLAKE。

```
GRANT REFERENCES(empon),UPDATE(empno,sal,comm)
      ON scott.emp
TO BLAKE
```

回收对象特权命令可为一特定对象从用户和角色回收对象特权。操作者必须在之前已将对象特权授给每个用户或角色。

语法格式如下：

```
REVOKE[对象特权名][ALL[PRIVILEGES]],…
    ON[模式名.对象名]
      FROM[用户名][角色名][PUBLIC],…CASCADE CONSTRAINTS
```

关键字和参数的含义与授权命令一样。

另外，CASCADE CONSTRAINTS 表示，删除任何完整性约束，被回收者在这些约束中使用了当前回收的 REFERENCES 特权。

回收命令将从用户和角色回收对象特权，防止被回收者再执行那些操作。

例 8.10　将 BONUS 表上的 DELETE、INSERT、SELECT 和 UPDTAE 特权授给用户 Pedro。

```
GRANT ALL ON BONUS TO Pedro
```

例 8.11　从用户 Pedro 回收在 BONUS 表上的 DELETE 特权。

```
REVOKE DELETE ON BONUS FROM Pedro
```

2. 角色

角色（role）为相关特权的命名组，可授权给用户和角色。Oracle 利用角色可以更容易地进行特权管理。角色有下列优点：

- 减少特权管理，不要显式地将同一特权组授权给几个用户，只需将此特权组授给角色，然后将角色授权给每一用户。
- 动态特权管理，如果一组特权需要改变，只需修改角色的特权，所有授给该角色的全部用户的安全域将自动地反映对角色所做的修改。
- 特权的选择可用性，授权给用户的角色可选择地使其使能（可用）或使不能（不可用）。
- 应用可知性，当一用户经一用户名执行应用时，该数据库应用可查询字典，将自动地选择使角色使能或使不能。
- 专门的应用安全性，角色使用可由口令保护，应用可提供正确的口令使角色使能，达到专用的应用安全性。因用户不知其口令，不能使角色使能。

一般，建立角色服务于两个目的：为数据库应用管理特权和为用户组管理特权。相应的角色称为应用角色（application role）和用户角色（user role）。

应用角色是授予的运行一数据库应用所需的全部特权。一个应用角色可授给其他角色或指定用户。一个应用可有几种不角色，具有不同特权组的每一个角色在使用应用时可进行不同的数据存取。

用户角色是为具有公共特权需求的一组数据库用户而建立的。用户特权管理是受应用角色或特权授权给用户角色所控制，然后将用户角色授权给相应的用户。

数据库角色包含下列功能：

- 一个角色可授予系统特权或对象特权。
- 一个角色可授权给其他角色，但不能循环授权。
- 任何角色可授权给任何数据库用户。

- 授权给一用户的每一角色可以是使能的或者使不能的。一个用户的安全域仅包含当前对该用户使能的全部角色的特权。
- 一个间接授权角色（授权给另一角色）对一用户可显式地使其使能或使不能。

在一个数据库中，每一个角色名必须唯一。角色名与用户不同，角色不包含在任何模式中，所以建立一角色的用户被删除时不影响该角色。

Oracle 为了提供与以前版本的兼容性，预定义下列角色：CONNECT、RESOURCE、DBA、EXP_FULL_DATABASE 和 IMP_FULL_DATABASE。

其中 CONNECT、RESOURCE 和 DBA 角色同 Oracle 老版本中的概念相兼容。Oracle 建议为了数据库安全性，建立自己的角色。在未来版本中，这些角色可以不自动建立。IMP_FULL_DATABASE 和 EXP_FUL_DATABASE 角色是为使用 Import 和 Export 实用程序方便而提供的。

Oracle 还建立了其他角色，授权用户为数据库的管理员。在许多操作系统中，这些角色叫 OSOPER 和 OSDBA，其名字随 OS 不同可以不同。

（1）建立角色命令

建立一个角色。操作者必须具有 CREATE ROLE 系统特权。

语法格式如下：

```
CREATE ROLE 角色名
    [NOT IDENTIFIED]
[IDENTIFIED[BY][EXTERNALLY]
```

关键字和参数说明如下：

① 角色名：为所建立的角色的名字。

② NOT IDENTIFIED：指明授予该角色的用户，在使它使能时，不需要检验。

③ IDENTIFIED：指明授予该角色的用户，在用 SET ROLE 命令使它使能时必须检验。有两种选择：BY 指口令选择，在使角色使能时必需指定该口令，口令仅可包含单字节字符；EXTERNALLY 选择，由 OS 检验使角色使能的用户，在使角色使能时用户需指定一口令，该方式依赖于 OS。

在无上述选项时，默认方式为 NOT IDENTIFIED。

例 8.12 建立角色 TELLER。

```
CREATE ROLE TELLER
IDENTIFIED BY Cashflow
```

（2）更改角色命令

改变使角色使能所需的确认。操作者操作该命令时，需要满足在该角色上具有 ADMIN OPTION 的授权或者具有 ALTER ANY ROLE 系统特权。

语法格式如下：

```
ALTER ROLE 角色名 [NOT IDENTIFIED]
    [IDENTIFIED[BY 口令][EXTERNALLY]]
```

其中关键字和参数的含义同建立角色命令。

例 8.13 将角色 TELLER 的口令改为 Letter。

```
ALTER ROLE TELLER
    IDENTIFIED BY Letter
```

授给 TELLER 角色的用户，在以后要使角色使能时，必须指定新的口令。

（3）删除角色命令

从数据库中删除一角色。 操作者必须满足在该角色上具有 ADMIN OPTION 的授权或具有 DROP ANYROLE 系统特权限。

语法格式如下：

```
DROP ROLE 角色名
```

其中，角色名为删除的角色的名字。

当删除一角色时，Oracle 从所有授权该角色的用户中回收，并将它从数据库中删除。

例 8.14 删除 FLORIST 角色。

```
DROP ROLE FLORIST
```

8.1.3 审计

审计是对选定的用户动作的监控和记录，通常用于：

- 审查可疑的活动。例如，数据被非授权用户所删除，此时安全管理员可决定对该数据库的所有连接进行审计，以及对数据库的所有表的成功的或不成功的删除进行审计。
- 监视和收集关于指定数据库活动的数据。例如，DBA 可收集哪些被修改了、执行了多少次逻辑的 I/O 等统计数据。

Oracle 支持三种审计类型：

- 语句审计，对某种类型的 SQL 语句审计，不指定结构或对象。
- 特权审计，对执行相应动作的系统特权的使用审计。
- 对象审计，对一特殊模式对象上的指定语句的审计。

Oracle 所允许的审计选择限于下列方面：

- 审计语句的成功执行、不成功执行，或者其两者。
- 对每一用户会话审计语句执行一次或者对语句每次执行审计一次。
- 对全部用户或指定用户的活动的审计。

当数据库的审计是使能时，在语句执行阶段产生审计记录。审计记录包含有审计的操作、用户执行的操作、操作的日期和时间等信息。审计记录可存在数据字典表（称为审计记录）或操作系统审计记录中。数据库审计记录在 SYS 模式的 AUD$表中。

8.2 数据完整性

数据库数据完整性（data integrity）是指数据的正确性和相容性。DBMS 必须提供一种功能来保证数据库的数据完整性，这种功能称为完整性检查。数据完整性是为了防止数据库存在不符合语义的数据，防止错误信息输入和输出，即数据要遵守由 DBA 或应用开发者决定的一组预定义的规则。Oracle 应用于关系数据库的表的数据完整性有下列类型：

- 在插入或修改表的行时允许不允许包含有空值的列，称为空与非空规则。
- 唯一列值规则，允许插入或修改的表行在该列（或组列）上的值唯一。
- 主码值规则，主码的列值唯一地标识表的每一行。

- 引用完整性规则，同关系模型定义。
- 用户对列定义的规则，为复杂的完整性检查。

Oracle 允许定义和实施上述每一种类型的数据完整性规则，这些规则可用完整性约束（integrity constraint）和数据库触发器定义。

- 完整性约束，是对表的列定义一个规则的说明性方法（declarative method）。
- 数据库触发器，是使用非说明性方法实施完整性规则，利用数据库触发器（数据库的存储过程）可定义和实施任何类型的完整性规则。

8.2.1　完整性约束

Oracle 利用完整性约束机制防止无效的数据进入数据库的基表，如果任何 DML 执行结果破坏完整性约束，该语句被回滚并返回一个错误。Oracle 实现的完整性约束完全遵守 ANSI X3.135_1989 和 ISO 9075_1989 标准。

利用完整性约束实施数据完整性规则有下列优点：

- 由于使用 SQL 命令定义完整性约束，以致在定义或更改表时，不需要程序设计，便很容易地编写程序并可消除程序性错误，其功能由 Oracle 控制。所以说明性完整性约束优于应用代码和数据库触发器。
- 对表所定义的完整性约束是存储在数据字典中的，所以由任何应用进入的数据都必须遵守与表相联的完整性约束。
- 具有最大应用开发能力。当由完整性约束所实施的事务规则改变时，管理员只需改变完整性约束的定义，所有应用自动地遵守所修改的约束。
- 由于完整性约束存储在数据字典中，数据库应用可利用这些信息，在 SQL 语句执行之前或由 Oracle 检查之前，就可以立即提供反馈信息。
- 由于完整性说明的语义是清楚定义的，对于每一指定说明规则可实现性能优化。
- 由于完整性约束可临时地使不能，以致在装入大量数据时可避免约束检索的开销。当数据装入完成时，完整性约束要容易地使其使能，任何破坏完整性约束的任何新行在例外表中列出。

完整性约束的例子见第 4 章。

8.2.2　数据库触发器

Oracle 允许定义过程，当对相关的表发出 INSERT、UPDATE 或 DELETE 语句时，这些过程被隐式地执行，这些过程称为数据库触发器。触发器类似于存储过程，可包含 SQL 语句和 PL/SQL 语句，可调用其他的存储过程。过程与触发器的差别在于调用方法：过程由用户或应用显式执行；而触发器是在一激发语句（INSERT、UPDATE 或 DELETE）发出时由 Oracle 隐式地触发。一个数据库应用可隐式地触发存储在数据库中的多个触发器。

在许多情况中触发器补充 Oracle 的标准功能，提供高度专用的数据库管理系统。一般触发器用于：

- 自动地生成导出列值。
- 防止无效事务。

- 实施复杂的安全审核。
- 在分布式数据库中实施跨结点的引用完整性。
- 实施复杂的事务规则。
- 提供透明的事件记录。
- 提供高级的审计。
- 维护同步的表副本。
- 收集表存取的统计信息。

注意：在 Oracle 环境中利用 Oracle 工具 Forms Developer 也可定义、存储和执行触发器，它作为由 Forms Developer 所开发的应用的一部分，与在表上定义的数据库触发器有差别。数据库触发器在表上定义，存储在相关的数据库中，在对该表发出 INSERT、UPDATE、或 DELETE 语句时将引起数据库触发器的执行，不管是哪些用户或应用发出这些语句。而 Forms Developer 的触发器是 Forms 应用的组成，仅当在指定 Forms 应用中执行指定触发点时才激发该触发器。

1. 数据库触发器的组成

一个触发器由三部分组成：触发事件或语句、触发限制和触发器动作。触发事件或语句是指引起激发触发器的 SQL 语句，可为对一指定表的 INSERT、UPDATE 或 DELETE 语句。触发限制指定一个布尔表达式，当触发器激发时该布尔表达式必须为真（TRUE）。触发器动作为过程，是 PL/SQL 块，当触发器语句发出、触发器限制计算为 TRUE 时，该过程被执行。

2. 数据库触发器的类型

可建立不同类型的触发器。触发器类型决定下列问题：

- 在一关系上执行触发语句时，Oracle 在什么时间激发触发器。
- Oracle 可激发触发器多少次。

触发器的类型决定于建立触发器命令中对下面的选择：

```
.BEFORE
.AFTER
.FOR EACH ROW
```

利用该选择的组合，可建立四种触发器基本类型，如表 8-1 所示。

表 8-1　触发器的类型

		FOR EACH ROW 选项
BEFORE 选项	语句前触发器： 在执行触发语句前，Oracle 激发该触发器	行前触发器： 在修改由触发语句所影响的行前，Oracle 激发触发器
AFTER 选项	语句后触发器： 在执行触发语句后，Oracle 激发该触发器	行后触发器： 在修改由触发语句所影响的行后，Oracle 激发触发器

对于每一个单表对 DELETE、INSERT 和 UPPDATE 命令可分别建立四种类型触发器，所以可建立 12 个触发器。也可建立一触发器为多个命令所激发。但应注意，同一个命令从不激发多个单一类型的触发器。

3. 建立触发器命令

建立一个数据库触发器，并使它使能。操作者在建立一触发器之前，SYS 用户必须运行

DBMSSTDX.SQL 程序，该程序真正的名字和位置随 OS 系统而变化。操作者要执行该命令，必须具有下列系统特权之一：

- CREATE TRIGGER 特权，该特权允许为自己模式中的表在自己模式中建立触发器。
- CREATE ANY TRIGGER 特权，该特权允许对其他用户模式中的表建立触发器。

如果触发器发出 SQL 语句或调用过程或函数，那么包含触发器的模式必须持有执行操作所需的权限。

要建立触发器，Oracle 必须具有 Procedural 选件。

语法格式如下：

```
CREATE[ON REPLACE] TRIGGER [模式名.]触发器名
[BEFORE][AFTER][DELETE][INSERT] [UPDATE [OF 列名]] ON [模式名.] 表名
[ [REFERENCING[ [OLD [AS] 老名] [NEW [AS] 新名]] FOR EACH ROW[WHEN(条件)]] PL_SQL块
```

关键字和参数说明如下：

① OR REPLACE：如果触发器已存在，则重建触发器。利用该选择可修改已存在的触发器。

② 模式名：为包含该触发器的模式名字。如果忽略模式名，则在操作者自己的模式中建立触发器。

③ BEFORE：指示 Oracle 在执行触发语句之前激发触发器。

④ AFTER：指示 Oracle 在执行触发语句之后激发触发器。

⑤ DELETE：指示 Oracle 每当一个 DELETE 语句从表中删除一行时激发触发器。

⑥ INSERT：指示 Oracle 每当一个 INSERT 语句插入一行到表中时激发触发器。

⑦ UPDATE：指示 Oracle 每当 UPDATE 语句修改由 OF 子句指定的列值时，激发触发器。如果忽略 OF 子句，每当 UPDATE 语句修改表的任何列值时，Oracle 激发触发器。

⑧ ON：指定建立触发器的表的名字和模式名。如果忽略模式名，则认为该表是在自己的模式中。不能对 SYS 模式中的表建立触发器。

⑨ REFERENCING：指定对应名。可在 PL/SQL 块和行触发器的 WHEN 子句中使用对应名，用于特别指定其当前行的老值或新值。默认对应名为 OLD 和 NEW。使用该子句指定不同的对应名，避免表名和对应名之间混淆。

⑩ FOR EACH ROW：指明该触发器对于由触发语句所影响的每行，如果满足触发条件，则 Oracle 触发“行触发器”一次。如果忽略该子句，该触发器是语句触发器。当触发语句发出，触发器限制满足，Oracle 将触发“语句触发器”一次。

⑪ WHEN：指定触发器限制。触发器限制包含 SQL 条件，条件满足时，Oracle 才激发触发器。该条件必须包含对应名，不包含查询。

⑫ PL_SQL 块：为 Oracle 激发触发器所执行的动作。PL/SQL 块的详细讲述见第 4 章。注意，触发器中的 PL/SQL 块不能包含事务控制 SQL 语句。

例 8.15 在 SCOTT 的 EMP 表上建立语句前触发器 EMP_PERMIT_CHANGES。

```
CREATE TRIGGER SCOTT.EMP_PERMIT_CHANGES
BEFORE
DELETE OR INSERT OR UPDATE
ON SCOTT.EMP
DECLARE
    dummy INTEGER;
```

```
BEGIN
    /* If today is a Saturday or Sunday,
       Then return an error.*/
IF (TO_CHAR(SYSDATE,'DY')='SAT'OR
    TO_CHAR(SYSDATE,'DY')='SUN')
    THEN RAISE_APPLICATION_ERROR(-20501,
    'May Not change employee table during the weekend');
EMD IF;
/* Compare today's date with the dates of all
    company holidays.If today is a Company holiday,
    then return an error.*/
SELECT COUNT(*)
    INTO dummy
    FROM Company_holidays
    WHERE day=TRUNC(Sysdate);
IF dummy>0
    THEN RAISE_APPLICATION_ERROR(-20501,
    'May not change employee table during a holiday');
END IF;
/* If the current TIME is Before 8: 00 AM or after
    6:00 PM, then return an error.*/
IF(TO_CHAR(SYSDATE,'HH24')<8 OR
    TO_CHAR(SYSDATE,'HH24')>=18)
    THEN RAISE_APPLICATION_ERROR(-20502,
    'May only change employee table during working hours');
    END IF;
END;
```

每当 DELETE、INSERT 或 UPDATE 语句影响 SCOTT 模式中的 EMP 表时，Oracle 激发该触发器。由于触发器 EMP_PERMIT_CHANGES 是一个语句前触发器，每当执行触发语句前，Oracle 激发它一次。该触发器执行下列操作：

- 如果当前日期是星期六或星期日，触发器引起一个应用错误和信息。
- 触发器比较当前日期是否为公司假日，如果是公司假日，该触发器引起一个应用错误和信息。
- 如果当前的时间不在上午 8:00 至下午 6:00 之间，该触发器引起一个应用错误和信息。

8.3　并发控制

数据库是一个共享资源，可为多个应用程序所共享。这些程序可串行运行，但在许多情况下，由于应用程序涉及的数据量可能很大，常常会涉及输入/输出的交换。为了有效地利用数据库资源，可能多个程序或一个程序的多个进程并行地运行，这就是数据库的并行操作。在多用户数据库环境中，多个用户程序可并行地存取数据库，如果不对并发操作进行控制，会存取到不正确的数据，或破坏数据库数据的一致性。

数据一致问题是由两个因素造成的：一是对数据的修改，二是并行操作的发生。因此为了保持数据的一致性，必须对并行操作进行控制。最常用的措施是对数据进行封锁。

8.3.1 数据不一致的类型

在多用户数据库中有下列数据一致性的问题：

（1）不一致性

在一事务期间，其他提交的或未提交的事务的修改是显然的，以致由查询所返回的数据集不与任何点相一致。

（2）不可重复读

在一个事务范围内，两个相同查询将返回不同数据，由查询注意到其他提交事务的修改而引起。

（3）读脏数据

如果事务 T1 将一值（A）修改，然后事务 T2 读取该值，在这之后 T1 由于某种原因撤销对该值的修改，这样造成 T2 读取的值是脏的数据。

（4）丢失更改

在一事务中一修改重写另一事务同时修改。

（5）破坏性的 DDL 操作

在一用户修改一表的数据时，另一用户同时更改或删除该表。

8.3.2 封锁

在多用户数据库中一般采用某些数据封锁来解决并发操作中的数据一致性和完整性问题。封锁（lock）是防止存取同一资源的用户之间破坏性的干扰的机制，该干扰是指不正确地修改数据或不正确地更改数据结构。

在多用户数据库中使用两种封锁：排他（专用）封锁和共享封锁。排他封锁（exclusive lock）禁止相关资源的共享，如果一事务以排他方式封锁一资源，仅仅该事务可更改资源，直至释放排他封锁。共享封锁（share lock）允许相关资源共享，几个用户可同时读同一数据，几个事务可在同一资源上获取共享封锁。共享封锁比排他封锁具有更高的数据并行性。

在多用户系统中使用封锁后会出现死锁（dead lock），引起一些事务不能继续工作。当两个或多个用户彼此等待对方所封锁的数据时可发生死锁。

8.3.3 Oracle 多种一致性模型

Oracle 利用事务和封锁机制提供数据并发存取和数据完整性。在一事务内由语句获取的全部封锁在事务期间被保持，防止其他并行事务的破坏性干扰（读脏数据、丢失更改及破坏性 DDL 操作）。一个事务的 SQL 语句所做的修改在它提交之后所启动的事务中才是可见的。在一事务中由语句所获取的全部封锁在该事务提交或回滚时被释放。

Oracle 在两个不同级上提供读一致性：语句级读一致性和事务级读一致性。

Oracle 总是实施语句级读一致性（statement_level read consistency），保证单个查询所返回的数据与该查询开始时刻相一致。所以一个查询从不会看到在查询执行过程中提交的其他事务所做的任何修改。为了实现语句级读一致性，在查询进入执行阶段时 Oracle 将注视当前 SCN（system change number，系统修改号）。在查询执行时，在注视 SCN 的时候为止所提交的数据是有效的，而在语句执行开始之后其他事务所提交的任何修改，查询将是看不到的。

Oracle 允许选择实施事务级读一致性（transaction_level read consistency），它保证在同一事务内所有查询的数据与一个时间点相一致。所以事务级读一致性可以重复读。Oracle 可使用不同方法提供事务级读一致性：

- 只读事务。该事务只能包含查询，不能包含其他任何 DML 语句。为了在只读事务中提供重复读，Oracle 注视事务起始点，在该事务期间，只有在该事务起始点之前提交的数据才是可用的。
- 排他的表封锁和行封锁。如果一事务包含有 DML 语句并需要重复读，那么该事务对要重复读的表可显式地获取共享封锁或行的排他封锁。利用这种方法提供事务级读一致性，这样会降低数据并发存取的程度。

8.3.4　封锁机制

Oracle 自动地使用不同封锁类型来控制数据的并行存取，防止用户之间的破坏性干扰。Oracle 为一事务自动地封锁一资源以防止其他事务对同一资源的排他封锁。在某种事件出现或事务不再需要该资源时封锁自动地释放。

Oracle 自动获取不同类型的封锁取决于封锁的资源及所执行操作。Oracle 将封锁分为下列类型：数据封锁（DML 封锁）、字典封锁（DDL 封锁）、内部封锁、分布式封锁和并行缓冲管理封锁。

1．数据封锁

数据封锁保护表数据，在多个用户并行存取数据时保证数据的完整性。数据封锁防止相冲突的 DML 和 DDL 操作的破坏性干扰。DML 操作可在两个级获取数据封锁：指定行封锁和整个表封锁。如果一事务获取行封锁，行封锁总是排他封锁，该事务还获取对相应表的表封锁，在防止冲突的 DDL 操作时也需表封锁。当行要被修改时，事务在该行获取排他数据封锁。表封锁可以有下列方式：行共享（RS）、行排他（RX）、共享封锁（S）、共享行排他（SRX）和排他封锁（X）。

（1）行共享表封锁（RS）

该封锁表明该事务保持已封锁表行的表的封锁，并试图修改它们。该封锁在发出下列语句时自动获取：

```
SELECT...FROM 表名...FOR UPDATE OF...;
LOCK TABLE 表名 IN ROW SHARE MODE;
```

当一事务在一表持有行共享表封锁时，允许其他事务可并行查询、插入、修改、删除或在该表上进行行封锁，允许其他事务可同时对该表获取行共享、行排他、共享或共享行排他表封锁，但禁止其他事务以排他方式存取该表。

（2）行排他表封锁（RX）

该封锁表明该事务保持该封锁，该事务已对表的行做过一次或多次修改。该封锁在发出下列语句时自动获取：

```
INSERT INTO 表名...;
UPDATE 表名...;
DELETE FROM 表名...;
LOCK TABLE 表名 IN ROW EXCLUSIVE MODE;
```

当一事务在一表持有行排他表封锁时，允许其他事务并行查询、插入、修改、删除或封锁同一表中的行。允许多个事务在同一表上获得排他和行共享表封锁，但禁止其他事务使用下列语句进行并发封锁：

```
LOCK TABLE 表名 IN SHARE MODE;
LOCK TABLE 表名 IN SHARE EXCLUSIVE MODE;
LOCK TABLE 表名 IN EXCLUSIVE
MODE;
```

（3）共享表封锁（S）

在下列语句中指定的表上自动获取共享表封锁：

```
LOCK TABLE 表名 IN SHARE MODE;
```

当一事务在一表上持有共享表封锁时，允许其他事务在该表上做查询、用 SELECT…FOR UPDATE 语句封锁指定行和执行 LOCK TABLE…IN SHARE MODE 语句，但不允许做修改。允许多个事务在同一表上并发地持有共享表封锁。如果在表上只有一个事务持有共享表封锁，该事务可修改表。共享表封锁可防止其他事务修改同一表。当在一表上有多个事务持有共享封锁时，事务在该表不能插入、修改或删除表中的行。如果要执行，封锁要改成 SHARE ROW EXCLUSIVE 封锁。如果一事务在一表上持有共享封锁，将禁止其他事务执行下列语句：

```
LOCK TABLE 表名 IN SHARE ROW EXCLUSIVE MODE;
LOCK TABLE 表名 IN EXCLUSIVE MODE;
LOCK TABLE 表名 IN ROW EXCLUSIVE MODE;
```

（4）共享行排他封锁

共享行排他表封锁（SRX）：它比共享表封锁具有更多的限制，在下列语句中指定的表获取：

```
LOCK TABLE 表名 IN SHARE ROW EXCLUSIVE MODE;
```

如果一事务在一表上持有共享行排他封锁，只允许其他事务做查询或用 SELECT…FOR UPDATE 语句封锁指定行，但不允许修改表。一事务在一表上持有共享行排他封锁可防止其他事务获取同样的封锁和修改表，也禁止其他事务获取共享封锁、行共享排他封锁和排他表封锁，即其他事务不能执行下列语句：

```
LOCK TABLE 表名 IN SHARE MODE;
LOCK TABLE 表名 IN SHARE ROW EXCLUSIVE MODE;
LOCK TABLE 表名 IN ROW EXCLUSIVE MODE;
LOCK TABLE 表名 IN EXCLUSIVE MODE;
```

（5）排他表封锁（X）

该封锁是表封锁中最严格的方式，允许持有封锁的事务对该表做写存取。在下列语句中指定的表获取排他表封锁：

```
LOCK TABLE 表名 IN EXCLUSIVE MODE;
```

当一事务在一表上获得排他封锁时，仅允许其他事务在该表上查询，禁止在该表执行任何的 DML 语句，即不能插入、修改和删除该表中的行、封锁该表中的行或以任何方式封锁表。

2. DDL 封锁（字典封锁）

DDL 封锁保护模式对象（如表）的定义，DDL 操作将影响对象，一个 DDL 语句隐式地提交一个事务。当任何 DDL 事务需要时由 Oracle 自动获取字典封锁时，用户不能显式地请求 DDL 封锁。在 DDL 操作期间，被修改或引用的模式对象被封锁。

3. 内部封锁

内部封锁保护内部数据库和内存结构，这些结构对用户是不可见的。

8.3.5 手工的数据封锁

在所有情况下，Oracle 自动地执行封锁，确保数据并发存取、完整性和语句级读一致性。然而允许使用选择代替 Oracle 默认的封锁机制。在下列情况下代替默认封锁是有用的：

- 应用需要事务级读一致或可重复读。事务级读一致性可使用显式封锁、只读事务或代替系统的默认封锁来达到。
- 应用需要一事务对一资源可排他存取，为了继续它的语句，具有对资源排他存取的事务不必等待其他事务完成。

Oracle 自动封锁可在两级被替代：

- 事务级：包含下列 SQL 语句的事务可以替代 Oracle 默认封锁：LOCK TABLE 命令、SELECT… FOR UPDATE 命令、具有 READ ONLY 选项的 SET TRANS_ACTION 命令。由这些语句所获得的封锁在事务提交或回滚后释放。
- 系统级：通过调整初始化参数 SERIALIZABLE 和 ROW_LOCKING，实例可用非默认封锁启动。该两参数的默认值为：

```
SERIALIZABLE=FALSE
ROW_LOCKING=ALWAYS
```

8.4 数据库后备和恢复以及高可用性

8.4.1 数据库恢复所使用的结构

当使用一个数据库时，总希望数据库的内容是可靠的、正确的，但由于计算机系统的故障（硬件故障、软件故障、网络故障、进程故障和系统故障）影响数据库系统的操作，影响数据库中数据的正确性，甚至破坏数据库，使数据库中全部或部分数据丢失。因此当发生上述故障后，希望能重新建立一个完整的数据库，该处理称为数据库恢复。恢复子系统是数据库管理系统的一个重要组成部分。

Oracle 数据库使用几种结构对付可能的故障来保护数据：数据库后备、日志、回滚段和控制文件。

数据库后备是由构成 Oracle 数据库的物理文件的操作系统后备所组成的。当发生介质故障时进行数据库恢复，利用后备文件恢复毁坏的数据文件或控制文件。

日志（redo log），每一个 Oracle 数据库实例都提供，记录数据库中所做的全部修改。一个实例的日志至少由两个日志文件（redo log file）组成，当发生实例故障或介质故障时进行数据库部分恢复，将数据库日志中的改变应用于数据文件，修改数据库数据到故障出现的时刻。数据库日志由两部分组成：在线日志（online redo log）和归档日志（archived redo log）。

每运行一个 Oracle 数据库实例相应地有一个在线日志，它与 Oracle 后台进程 LGWR 一起工作，立即记录该实例所做的全部修改。在线日志由两个或多个预分配的文件组成，以循环方式使用。

归档（离线）日志，是可选择的，一个 Oracle 数据库实例一旦在线日志填满后，可形成在线日志的归档文件。归档的在线日志文件被唯一并合成归档日志。

回滚段（rollback segment）用于存储正在进行的事务（为未提交的事务）所修改值的老值，该信息在数据库恢复过程中用于撤销任何非提交的修改。

控制文件，一般用于存储数据库的物理结构的状态。控制文件中某些状态信息在实例恢复和介质恢复期间用于引导 Oracle。

本节也对 Oracle 10g 的 LogMiner、Oracle Data Guard（Oracle 数据卫士）、RMAN、Oracle 闪回、ASM、Oracle RAC 等高可用性技术进行了介绍，以便对数据库进行必要的保护。

8.4.2 在线及归档日志

1. 在线日志

一个 Oracle 数据库的每一个实例有一个相关联的在线日志。一个在线日志由多个在线日志文件组成，在线日志文件（online redo log file）填入日志项（redo entry），日志项记录的数据用于重构对数据库所做的全部修改。后台进程 LGWR 以循环方式写入在线日志文件。

在任何时候，仅有一个在线日志文件被写入存储日志（由日志缓冲区写入），它被称为活动的（active）或当前在线日志文件，其他的在线日志文件为不活动的在线日志文件。

Oracle 结束写入一个在线日志文件并开始写入到另一个在线日志文件的点称为日志开关（log switch）。日志开关在当前在线日志文件完全填满，必须继续写入到下一个在线日志文件时出现，也可由 DBA 强制日志开关。每当日志开关出现时，每一在线日志文件赋给一个新的日志序列号。如果在线日志文件被归档，在归档日志文件中包含有它的日志序列号。

Oracle 后台进程 DBWR（数据库写）将 SGA 中所有被修改的数据库缓冲区（包含提交和未提交的）写入到数据文件，这样的事件称为出现一个检查点（checkpoint）。检查点确保将内存中经常改变的数据段块每隔一定时间写入到数据文件。

一个检查点保证自前一个检查点以来的全部修改数据块写入到磁盘中。

检查点可对数据库的全部数据文件出现（称为数据库检查点），也可对指定的数据文件出现。下面说明一下什么时候出现检查点及出现什么情况：

- 在每一个日志开关处自动地出现一数据库检查点。如果前一个数据库检查点正在处理，由日志开关实施的检查点优于当前检查点。
- 初始化参数 LOG_CHECKPOINT_INTERVAL 设置所实施的数据库检查点，当预定的日志块（redo log block）数被填满后（自最后一个数据库检查点以来），实施一数据库检查点。另一个参数 LOG_CHECKPOINT_TIMEOUT 可设置自上一个数据库检查点开始之后指定秒数后实施下一个数据库检查点。这种选择对使用非常大的日志时有用，它在日志开关之间增加检查点。由初始化参数所启动的数据库检查点只有在前一个检查点完成后才能启动。
- 当一在线表空间开始后备时，仅对构成该空间的数据文件实施一检查点，该检查点压倒仍在进行中的任何检查点。
- 当 DBA 使一表空间离线时，仅对构成该表空间的在线文件实施一检查点。
- 当 DBA 以正常或立即方式关闭一实例时，Oracle 在实例关闭之前实施一数据库检查点，该检查点压倒任何正在运行的检查点。

- DBA 可要求实施一数据库检查点，该检查点压倒任何正在运行的检查点。

检查点的机制：当检查点出现时，检查点后台进程（CKPT）记住写入在线日志文件的下一日志行的位置，并通知数据库写后台进程（DBWR）将 SGA 中修改的数据库缓冲区写入到磁盘上的数据文件。然后由 CKPT 修改全部控制文件和数据文件的标头，反映该最后的检查点。当检查点不发生，DBWR 需要时仅将最近最少使用的数据库缓冲区写入磁盘，为新数据准备缓冲区。

镜像在线日志文件：为了安全将实例的在线日志文件镜像到它的在线日志文件，Oracle 提供镜像功能。当镜像在线日志文件时，LGWR 同时将同一日志信息写入到多个同样的在线日志文件。日志文件分成组（group），每个组中的日志文件称为成员（member），每个组中的全部成员同时活动，由 LGWR 赋给相同的日志序列号。如果使用镜像在线日志，可建立在线日志文件组，在组中的每一成员要求是同一大小。

镜像在线日志的机制：LGWR 总是寻找组的全部成员，对一组的全部成员并行地写，然后转换到下一组的全部成员，并行地写。

每个数据库实例有自己的在线日志组，这些在线日志组可以是镜像的或不是，称为实例的在线日志线程（thread of online redo）。在典型配置中，一个数据库实例存取一个 Oracle 数据库，于是仅一个线程存在。然而在运行 Oracle 的并行服务器中，两个或多个实例并行地存取单个数据库，在这种情况下，每个实例有自己的线程。

2. 归档日志

Oracle 要将填满的在线日志文件组归档时，则要建立归档日志（archived redo log），或称离线日志（offline redo log）。其对数据库后备和恢复有下列用处：

- 数据库后备以及在线和归档日志文件，在操作系统或磁盘故障中可保证全部提交的事务可被恢复。
- 在数据库打开时和正常系统使用下，如果归档日志是永久保持，在线后备可以进行和使用。

如果用户数据库要求在任何磁盘故障的事件中不丢失任何数据，那么归档日志必须要存在。归档已填满的在线日志文件可能需要 DBA 执行额外的管理操作。

归档机制：决定于归档设置，归档已填满的在线日志组的机制可由 Oracle 后台进程 ARCH 自动归档或由用户进程发出语句手工地归档。当日志组变为不活动的、日志开关指向下一组已完成时，ARCH 可归档一组，可存取该组的任何或全部成员，完成归档组。在线日志文件归档之后才可为 LGWR 重用。当使用归档日志时，必须指定归档目标指向一存储设备，它不同于具有数据文件、在线日志文件和控制文件的设备，理想的是将归档日志文件永久移到离线存储设备，如磁带。

数据库可运行在两种不同方式下：NOARCHIVELOG 方式或 ARCHIVELOG 方式。

数据库在 NOARCHIVELOG 方式下使用时，不能进行在线日志的归档。在数据库的控制文件中指明填满的组不需要归档，所以一旦填满的组成为不活动的，日志开关的检查点完成，该组即可被 LGWR 重用。在该方式下仅能保护数据库实例故障，不能保护介质（磁盘）故障。利用存储在在线日志中的信息，可实现实例故障恢复。

如果数据库在 ARCHIVELOG 方式下运行，可实施在线日志的归档。在控制文件中指明填满的日志文件组在归档之前不能重用。一旦组成为不活动的，执行归档的进程立即可使用该组。

在实例启动时，通过参数 LOG_ARCHIVE_START 设置，可启动 ARCH 进程，否则 ARCH 进程在实例启动时不能被启动。然而 DBA 在任何时候可交互地启动或停止自动归档。一旦在线日志文件组变为不活动的，ARCH 进程自动对它归档。

如果数据库在 ARCHIVEIOG 方式下运行，DBA 可手工归档填满的不活动的日志文件组，不管自动归档可以还是不可以。

3. LogMiner 程序

（1）使用 LogMiner

Oracle 使用联机重做日志文件来跟踪对用户数据和数据字典所做的每一处改动。在恢复过程中，使用存储在重做日志文件中的信息来创建部分或完整的数据库。为了支持将数据库恢复到创建了数据库备份之后的一个时间点，可以维护重做日志文件的归档副本。LogMiner 实用程序提供了一种重要的视图来了解数据库中已经发生的改动。

当使用 LogMiner 时，可以看到已经做出的改动（SQL_redo）和可以用于还原这些改变的 SQL（SQL_undo）。因此，可以查看数据库的历史记录而实际上不会应用任何重做日志，并可以获得用于还原有问题的事务处理的代码。使用 LogMiner，可以指出首次出现损坏的事务处理，以便确定将合适的时间点或 SCN 用做数据库恢复的端点。

如果有少量的需要回滚的事务处理，在使用 LogMiner 之前，必须将表恢复到一个早期的状态，并且应用归档日志文件来将表前置到恰好在损坏出现之前的状态。当恢复表并应用归档日志文件时，将会有丢失随后想要保留的事务处理的风险。现在，可以使用 LogMiner 来仅仅回滚那些有问题的事务处理，而不会随后丢失有效的事务处理。

原始形式的 LogMiner 在使用上有一些限制。使用原始的方法，一次只能查看一个日志文件，并且该工具的界面使用起来很不方便。在 Oracle 9i 中，已经对该界面进行了重大改善，并大大增强了功能，包括一个和 OEM 一起使用的 LogMiner Viewer（LogMiner 阅读器）。在本节中会对手工使用 LogMiner 的方法和 OEM LogMiner Viewer 予以介绍。

（2）LogMiner 的工作方式

为了运行 LogMiner 实用程序，必须拥有对 DMBS_LOGMNR 程序包的 EXECUTE 权限或者 EXECUTE_CATALOG_ROLE 角色。LogMiner 需要数据字典来完整地翻译重做日志文件内容，并将内部对象标识符和数据类型转换为对象名和外部数据格式。如果不能使用数据字典，LogMiner 将会返回以十六进制格式标识的数据和以内部对象 ID 表示的对象信息。

有三种选择来获得一个供 LogMiner 使用的数据字典：

- 将数据字典信息提取到一个平面文件中。
- 将数据字典提取到重做日志文件中。
- 从当前的数据库中使用联机数据字典。

LogMiner 分析通常要求使用的数据字典源自于产生重做日志文件的同一个数据库。但是，如果正在使用平面文件格式或者正在使用源自重做日志文件的数据字典，则可以从 LogMiner 正在其上运行的数据库或从另一个数据库来分析重做日志文件。但是，如果正从当前的数据库中使用联机目录，只能从当前的数据分析重做日志文件。

由于可以从一个数据库中依据另一个数据库中的重做日志文件来运行 LogMiner，这两个数据库上使用的字符集必须匹配。硬件平台也必须和生成重做日志文件时采用的平台相匹配。

（3）提取数据字典

将数据字典提取到平面文件中的一个潜在问题是，当正在提取数据字典的时候，其他人可能正在发送 DDL 语句。因此，提取出的数据字典可能和数据库不同步。相比于使用重做日志文件，使用平面文件来存储数据字典需要更少的系统资源。

当提取数据字典到重做日志文件时，在提取数据字典的过程中不能处理 DDL 语句。因此，字典将会和数据库同步。提取过程更加耗费资源，但是更为迅速。

为了将数据字典提取到平面文件或重做日志文件中，可以使用 DBMS_LOGMNR_D.BUILD 程序。数据字典文件放置在一个目录中。因此，必须拥有放置该文件的目录的写权限。为了定义目录的位置，使用初始化参数 UTL_FILE_DIR。例如，为了指定位置 D:\Oracle\Ora11\database 作为 LogMiner 的输出位置，将以下的记录项放在参数文件中：

```
UTL_FILE_DIR = D:\Oracle\Ora11\database
```

注意：*不能使用 alter system 动态地改变 UTL_FILE_DIR 参数。必须修改初始化文件，然后停止并重启数据库。*

为了执行 DBMS_LOGMINR_D.BUILD 程序，必须为目录指定文件名，为文件指定目录路径名，并指定希望将目录写入到平面文件中还是重做日志文件名。为了将数据字典提取到位于 G:\Oracle\Ora11\database 目录中的文件名为 mydb_dictionary 的平面文件中，可以发出如下命令：

```
execute DBMS_LOGMNR_D.BUILD
('mydb_dictionary.ora',
'G:\Oracle\Ora11\database',
options = >DBMS_LOGMNR_D.STORE_IN_FLAT_FILE);
```

可以使用 DBMS_LOGMNR_D.STORE_IN_FLAT_FILE 作为其他的可选项。

注意：*尽管在这里该命令显示在几行上，但必须将它输入在一个连续的行上，否则将会收到错误消息。*

一旦将字典存储在平面文件中，可以将它复制到另一个平台来运行 LogMiner。可能需要运行其他数据库上的 dbmslmd.sql 来建立正确的环境。可以在 UNIX 系统的$Oracle_HOME\rdbms\ admin 目录中找到 dbmslmd.sql 文件。

（4）分析一个或多个重做日志文件

为了使用 LogMiner 分析重做日志文件，遵照以下步骤：

① 使用 V $ LOGMINR_LOGS 获得一个可用的重做日志文件的清单。

② 使用 DBMS_LOGMINR.START_LOGMINR 程序启动 LogMiner 实用程序。参考表 8-3 来了解 START_LOGMINR 参数。

③ 通过 V$LOGMINR_CONTENTS 来查看结果。

④ 一旦已经完成对重做日志的查看，发出如下命令来结束会话：

```
execute DBMS_LOGMNR.END_LOGMNR;
```

表 8-2 列出了 DBMS_LOGMNR 程序包可用的子程序。

表 8-3 列出了 START_LOGMNR 程序的参数。

为了创建一个可用于分析的重做日志文件的清单，运行带有 NEW 选项的 DBMS_LOGMINR.ADD_LOGFILE 程序，如下所示：

```
execute DBMS_LOGMNR.ADD_LOGFILE(
LogFileName => '/Oracle/ora11/redo01.ora',
```

```
Options => DBMS_LOGMNR.NEW);
execute DBMS_LOGMNR.ADD_LOGFILE(
LogFileName => '/Oracle/ora11/redo02.ora',
Options => DBMS_LOGMNR.NEW);
```

表 8-2　DBMS_LOGMNR 子程序

子　程　序	说　　　明
ADD_LOGFILE	向要处理的归档文件清单添加一个文件
START_LOGMNR	初始化 LogMiner 实用程序
END_LOGMNR	完成并结束一个 LogMiner 会话
MINE_VALUE（函数）	对于任何从 V $ LOGMNR_CONTENT 返回的行，返回由 COLUMN_NAME 参数指定的列名的撤销或重做列的值
COLUMN_PRESENT（函数）	对于任何从 V $ LOGMNR_CONTENT 返回的行，决定是否存在由 COLUMN_NAME 参数指定的列名的撤销或重做列的值
REMOVE_LOGFILE	从 LogMiner 将要处理的日志文件清单中删除一个日志文件

表 8-3　START_LOGMNR 的参数选项

选　　项	说　　　明
COMMITTED_DATA_ONLY	如果设定了这个选项，只返回对应于提交的事务处理的 DML
SKIP_CORRUPTION	在从 V $ LOGMNR_CONTENTS 选择的过程中，跳过重做日志文件中遇到的任何损坏的块。只有在实际的重做日志文件中存在一个损坏的块时，该选项才有用，如果数据头块损坏，则该选项不起作用
DDL_DICT_TRACKING	如果发生一个 DDL 事件，DDL_DICT_TRACKING 允许 LogMiner 更新内部数据字典来确保 SQL_REDO 和 SQL_UNDO 的维护和正确性
DICT_FROM_ONLINE_CATALOG	指示 LogMiner 使用联机数据字典来代替平面文件或重做日志文件存储的字典
DICT_FROM_REDO_LOGS	指示 LogMiner 使用存储在一个或多个重做日志文件中的数据字典
NO_SQL_DELIMITER	指示 LogMiner 在重构的 SQL 语句末尾不插入 SQL 定界符（；）
NO_ROWID_IN_STMT	指示 LogMiner 在重构的 SQL 语句中不包含 ROWID 语句
PRINT_PRETTY_SQL	指示 LogMiner 格式化重构的 SQL 语句以便于阅读
CONTINUOUS_MINE	指示 LogMiner 自动添加重做日志文件来找到感兴趣的数据。指定起始 SCN、日期或要挖掘的第一个日志。LogMiner 必须连接到正在生成重做日志文件的同一个数据库实例

可以如下指定数据字典文件的位置：

```
execute DBMS_LOGMNR.ADD_LOGFILE(
DictFileName => 'Oracle/ora11/dictionary.ora',
```

在已经告知 LogMiner 数据字典的位置并添加了重做日志文件后，可以使用 DBMS_LOGMINR.START_LOGMINR 程序包开始分析重做日志文件。例如，以下的命令在一段时间内分析日志文件：

```
execute DBMS_LOGMNR.START_LOGMNR(
DictFileName = > '/Oracle/dictionary.ora',
StartTime =>TO_DATE('01-JUNE-2001 12:31:00',DD-MON-YYYY HH:MI:SS')
EndTime => TO_DATE('01-JULY-2001 00:00:00',DD-MON-YYYY HH:MI:SS'));
```

注意：使用时间戳将不能保证重做记录的次序，必须使用 SCN 编号来确保记录的次序。

可以使用 SCN 值来筛选数据，如下所示：

```
execute DBMS_LOGMNR.START_LOGMNR(
DictFileName => '/Oracle/dictionary.ora',
StartScn => 125,
EndScr =>300);
```

如果没有输入起始和结束时间或者 SCN 编号，对于发出的每条 SELECT 语句，将读取整个文件。

为了查看重做和取消代码，可以如下选择 Sql_Redo 和 Sql_Undo 列：

```
select Sql_Redo,Sql_Undo
  from V$LOGMNR_CONTENTS;
```

可以使用 OEM 服务器管理控制台（OEM Server Manager Console）启动 LogMiner Viewer 来查看重做和归档重做日志。为了在 Windows 平台上启动 LogMiner，使用 Start|Programs|Oracle_Home|Oracle Enterprise Manager Console 选项。一旦已经连接到 OEM Server Manager Console，选择希望在它上面运行 LogMiner Viewer 的数据库。要确保已经启动了该数据库。

为了启动 LogMiner Viewer，突出显示数据库并右击。选择 Related Tools→LogMiner Viewer 命令，当出现 LogMiner Viewer Console 屏幕时，通过单击图标面板中顶端的图标或从 Object 下拉菜单中选择 Create Query 来创建一个对象查询。LogMinerViewer 自动查找用来创建查询的可用的归档重做日志文件，如果没有可用的归档重做日志文件，会接收到错误消息。可以创建筛选选项（通过创建查询标准），查看每个可用的重做日志文件的起始和结束 SCN，并选择要显示的列。LogMiner Viewer可以简化筛选日志文件内容的过程。此外，可以使用 Grid Control 屏幕来访问和查看 LogMiner 的输出。

（5）Oracle Database 10g 之后引入的 LogMiner 特性

如果使用过 Oracle Database 10g 之前版本的 LogMiner，下面是一些现在可用的增强特性：

- 如前面的表 8-2 所示，现在 DBMS_LOGMNR 有一个 REMOVE_LOGFILE 程序，它可以从要分析的列表中删除文件。不应该再使用 ADD_LOGFILE 程序的 REMOVEFILE 选项。
- 可以使用 START_LOGMNR 的 NO_ROWID_IN_STMT 选项（返回参考表 8-3）从重构的 SQL 命令中筛选出 rowid 子句。
- 可以通过 alter database 命令使用外键（foreign key）或行的所有变化来扩充补充日志。使用这些设置将会增加写入到重做日志文件中的数据量。
- 可以在表级别扩充补充日志来跟踪主键、外键、唯一的索引和所有的变化。还可以使用 nolog 选项来防止记录用户定义的日志组中的列。

请参见 Oracle Utilities（Oracle 实用程序）指南来进一步了解 LogMiner 及其程序用法的细节。

8.4.3　数据库后备、Oracle 数据卫士和数据库恢复

1．数据库后备与 Oracle 数据卫士（Oracle Data Guard）

备份一个 Oracle 数据库有三种标准方式：导出（export）、脱机备份（offline backup）和联机备份（online backup）。导出方式是数据库的逻辑备份，其他两种备份方式都是物理文件备份。

不管为 Oracle 数据库设计什么样的后备或恢复模式，数据库数据文件、日志文件和控制文件的操作系统后备都是绝对需要的，它是保护介质故障的策略部分。操作系统后备分为有完全后备

和部分后备。

（1）导出

① 3 种导出方式

导出有 3 种方式：Full 方式、User 方式和 Table 方式。

在 Full 方式中，导出整个数据库。读取整个数据字典，重建整个数据库需要的 DDL 被写入导出转储文件中。这个文件包括对其模式下所有表空间、全部用户、全部对象、数据及权限的定义。

在 User 方式中，导出一个用户的某些对象及其本身的数据。由用户在其对象上创建的权限和索引也同时被导出。由其他用户（不是拥有者）创建的权限和索引不能通过这种方式导出。

在 Table 方式中，导出一个指定的表。表的结构、索引及权限与其数据（或不与数据）一并导出。Table 方式也可以导出用户拥有的一个表集（由方式的拥有者指定而不是表名指定），也可以指定表的部分导出。

对于有多个磁盘区的数据段，COMPRESS=Y 选项可修改 storage 子句的 initial 参数。因此，该段的总分配空间应压缩到一个磁盘区。这里应着重注意两点：

- 压缩的空间是分配（allocated）空间而不是使用（used）空间。一个分配有 3 个 100MB 磁盘区的 300MB 空表将压缩成一个 300MB 的空磁盘区。
- 若表空间具有多个数据文件，则一个数据段可以分配的空间可能会大于最大的那个数据文件。在这种情况下，使用 COMPRESS 将改变 storage 子句，使 initial 磁盘区大于任何一个数据文件尺寸。由于一个磁盘区不能跨越多个数据文件，所以在导入时创建对象的操作将会失败。

当使用 FULL 参数时，INCTYPE 参数允许 DBA 仅导出前次导出后修改过的表。若表中的任一行修改过，则表的每一行通过 Incremental 或 Cumulative 导出。表 8-4 描述了 INCTYPE 的有效选项。

表 8-4　导出的 INCTYPE 选项

选　　项	描　　　　述
Complete	默认值。导出所有指定的表
Cumulative	如果 FULL = Y，就可以指定这个选项。仅导出前次任何类型的 FULL 导出后修改过行的表
Incremental	如果 FULL = Y，就可以指定这个选项。该选项导出前次 Cumulative、Complete 或 Incremental 导出后修改过行的所有表

Complete 导出是导出备份策略的基础。如果只有少量的数据库表被修改并且这些表较小，Incremental 和 Cumulative 导出就很有用。例如，在一个具有大型静态表的决策支持数据库中，Incremental 导出就很有帮助，原因是要导出的表的改动很少。对使用 Incremental 导出的数据库，应定期进行 Cumulative 导出。早于前次 Cumulative 导出的 Incremental 导出可以被删除。在恢复这样的数据库时需要：

- 上一次 Complete 导出。
- 上一次 Cumulative 导出。
- 上一次 Cumulative 或 Incremental 导出后的每次 Incremental 导出。

② 一致性导出

在向导出转储文件写数据库的数据时，export 一次读一个表。因此，尽管 export 开始于一个指定的时间点，但是各个表却读于不同的时间。在 export 开始读时存储在那个表中的数据，就是要导出的数据。由于大多数表与其他表相关，所以如果用户在导出期间修改数据，就可能引起导出数据的不一致。

要避免这个问题，主要有两个选择。第一，应在无人修改表时安排导出；第二，可以使用 CONSISTENT 参数。该参数只有用于 Complete 导出，不能用作 Incremental 导出和 Cumulative 导出。

当 CONSISTENT = Y 时，数据库保留一个回滚段，用不跟踪导出开始后进行的任何修改。回滚段可用来重建导出开始时存在的数据，这样就得到一个一致的导出数据集；但要付出两个重大代价：需要一个很大的回滚段；导出在搜索变化的回滚段时降低了运行性能。

当没有使用数据库或数据库没有在 restricted session 方式下安装时，可以保证通过运行 export 导出的数据的一致性。如果做不到这一点，就执行一个 CONSISTENT = Y 的表导出（针对被修改的表）以及 CONSISTENT = N 的全数据库导出。这是为确保最频繁使用的表的一致性所付出的最小性能代价。

③ 导出表空间

为了不使表空间碎片化或在别处创建其对象的一个复制，需要进行一个表空间级导出。也许用户已注意到，在 export 参数中有一个 TABLESPACES 参数。这个参数与 TRANSACTION_TABLESPACE 选项一道用于将整个表空间从一个数据库转移到另一个数据库，并且不使当前数据库中的表空间碎片化。

实际上没有办法导出一个指定的表空间。不过，如果是正确分布在表空间中的用户，就可以同时使用一系列的 User 导出，以产生所希望的结果。用户应根据对象类型及用途将表空间中的对象分开。例如，应用表应与其索引分开存储，静态表与易变表分开存储。如果多个用户拥有表，就可以进一步为易变表分配表空间，用这种方式将表分开将大大增强用 export/import 管理这些表的能力。

User 导出记录一个用户创建的那些数据库对象。但是，某些类型的用户对象并不是由 User 导出记录的。特别是，属于别的账户的表索引和权限并不通过 User 导出来记录。

接下来考察两个账户的情况：ROGES 和 HELEN。如果 ROGES 在一个 HELEN 的表上创建一个索引，则 ROGES 的 User 导出不会记录这个索引（因为 ROGES 不拥有这个基表）。HELEN 的 User 导出也不记录该索引（因为该索引属于 ROGES）。权限也是同样情况。当第 2 个账户能在对象上创建索引和权限时，User 导出的可用性就马上降低。

假设不存在第三方对象（third-party object），或可以很容易地通过脚本文件创建，下个问题就涉及确定哪些用户在哪些表空间拥有对象。这个信息可通过数据字典视图得到。

例 8.16 所示的查询把用户映射到表空间以决定其对象的分布。这可由 DBA_TABLES 和 DBA_INDEXES 数据字典视图来进行，并把输出内容存入 user_locs.lst 文件中。

例 8.16　通过查询把用户映射到表空间以决定其对象的分布。

```
SQL > SET PAGESIZE 60;
SQL > BREAK ON owner ON TABLESPACE_NAME;
SQL > COLUMN objects FORMAT a20;
SQL > SELECT owner,tablespace_name,COUNT( * ) || 'TABLEs' Objects
FROM dba_TABLEs
WHERE owner < > 'SYS'
```

```
GROUP BY owner,tablespace_name
UNION
SELECT owner,tablespace_name, Count( * ) || 'indexes' Objects
FROM dba_indexes
WHERE owner < > 'SYS'
GROUP BY owner,tablespace_name;
/
```

这个查询的输出样本如下：

```
OWNER           TABLESPACE_NAME          OBJECTS
SCOTT              USERS                 3 TABLEs
                                         7 indexes
HELEN              USERS                 8 TABLEs
ROGES              USERS                 12 TABLEs
                                         7 indexes
```

由上面的输出样本可以看出，用户账户 HELEN 拥有的表和索引在 USERS 表空间中，ROGES 拥有的一些表也在 USERS 表空间中。

在决定正确的用户组合供表空间导出前，要先做一个表空间到用户的反向映射。下面的查询就是完成这个任务。它查询 DBA_TABLES 和 DBA_INDEXES 数据字典视图，并将输出内容存入 ample.lst 文件中。

例 8.17　表空间到用户的反向映射的查询。

```
SQL > SET pagesize 60
SQL > BREAK ON tablespace_name ON owner
SQL > COLUMN objects FORMAT A20
SQL > SELECT tablespace_name,owner,COUNT( * ) || 'TABLEs' Objects
   FROM dba_TABLEs
   WHERE owner < > 'SYS'
   GROUP BY tablespace_name,owner
   UNION
   SELECT tablespace_name, owner, COUNT( * ) || 'indexes' Objects
   FROM dba_indexes
   WHERE owner < > 'SYS'
   GROUP BY tablespace_name, owner;
SQL > SPOOL ample.lst
SQL > /
SQL > SPOOL OFF
```

这个查询的输出样本如下：

```
TABLESPACE_NAME       OWNER            OBJECTS
   TOOLS              RMAN             29 TABLE
                                       63 indexes
    USERS             SCOTT            1 TABLE
                                       2 indexes
                      CTXSYS           8 TABLE
                      HR               1 TABLE
                      QS               8 TABLE
                      SH               2 TABLE
                                       7 indexes
   SYSTEM                              17 indexes
                      WKSYS            4 TABLE
```

以上输出样本显示，USERS 表空间包含了几个账户的表和索引。正确地在表空间中分布用户对象的重要性在上一个查询结果中已经看出。由于 TOOLS 表空间仅含 RMAN 账户的表（从第 2 个查询中可以看出），所以导出 RMAN 表就等于导出了 TOOLS 表空间中的所有对象。从第一个查询可以看出，RMAN 在数据库的其他地方不拥有表。由于 RMAN 表隔离于 TOOLS 表空间中，且该表空间仅由 RMAN 账户使用，所以一个 RMAN 的 User 导出将导出 TOOLS 的所有表。

```
exp system/manager FILE=rman.dmp OWNER=RMAN INDEXES=Y COMPRESS=Y
```

这时就可以删除并重建表空间，并可导入 Full 导出文件，其中包含所有的 RMAN 表和索引。过程显示如下：

```
SQL > connect scott/tiger as sysdba
SQL > DROP tablespace TOOLS including contents;
SQL > CREATE tablespace TOOLS ……;
Imp SYSTEM/MANAGER FILE = rman.dmp FULL = Y BUFFER = 64000 COMMIT = Y
```

（2）完全后备

一个完全后备（full backup）将构成 Oracle 数据库的全部数据文件、在线日志文件和控制文件的一个操作系统后备。

一个完全后备在数据库正常关闭之后进行，不能在实例故障后进行。此时，所有构成数据库的全部文件是关闭的，并与当前点相一致。在数据库打开时不能进行完全后备。由完全后备得到的数据文件在任何类型的介质恢复模式中是有用的。例如：

- 如果数据库是在 NOARCHIVELOG 方式下运行，一磁盘故障损坏了构成数据库的某些或全部文件，可使用最近的完全后备来恢复数据库原状。由于归档文件不能用于恢复数据库到当前点，因此自完全后备以来执行的数据库工作必须重新执行。
- 如果数据库是在 ARCHIVELOG 方式下运行，一磁盘故障将构成数据库的一些或全部文件破坏，由最近完全后备之后所收集的数据文件可用于数据库部分恢复，在数据库恢复之后利用归档日志文件和当前在线日志将数据文件恢复到当前点。

（3）部分后备

部分后备（partial backup）为除完全后备外的任何操作系统后备，可在数据库打开或关闭下进行。例如：单个表空间中全部数据文件后备、单个数据文件后备和控制文件后备。部分后备仅对在 ARCHIVELOG 方式下运行的数据库有用，因为存在的归档日志、数据文件可由部分后备恢复。在恢复过程中与数据库其他部分一致。

（4）Oracle 数据卫士（Oracle Data Guard）

Oracle 数据卫士也叫数据保护（Data Guard），堪称所有 Oracle 数据库灾难恢复计划的基础。数据保护能够为数据库建立并维护一个备用备份，这一备用数据库可与当前生产数据库置于不同位置，也可放置在同一数据中心内。数据保护增强了复杂任务自动完成的能力，并提供了出色的监视、警告和控制机制，它将使数据库即使在发生灾难时也能够继续工作。数据保护还支持网格集群，允许在需要进行故障切换时动态为备用数据库添加服务器。

① Data Guard Redo Apply

采用 Redo Apply 模式的数据保护将保存一个生产数据库副本，称做备用数据库，并保持其与生产数据库同步。主数据库的重做数据被发送到备用数据库，并通过介质恢复加以应用。备用数据库与主数据库完全一样（虽然有时候会落后于主数据库）。此外，备用数据库能够以只读方式打开，从而可以用来分流生产数据库的报告工作。该处理也可脱离生产数据库，在备用数据库基础上创建的备份文件将可以用来恢复主数据库。

物理备用数据库可帮助企业有效降低灾难和数据错误的风险。在发生错误或灾难时，物理备用数据库将被打开，并用来为应用和最终用户提供服务。由于它采用了高效的介质恢复机制来将变化应用于备用数据库，因此几乎所有应用均支持这一功能，同时它还能够便捷高效地与最大型交易工作负载保持同步。

② Data Guard SQL Apply

采用 SQL Apply 模式的数据保护首先将 Oracle 档案日志转变为 SQL 事务，之后再应用到一个开放的备用数据库中。尽管备用数据库（也称做逻辑备用数据库）可能与主数据库位于不同的位置，但它实质上与主数据库毫无区别，可在主数据库发生故障时用来接管任务。由于交易通过 SQL 应用于一个开放的数据库中，备用数据库可用来同时处理其他任务，并可以拥有一个不同于生产数据库的物理结构。例如，逻辑备用数据库可用于决策指定，并使用主数据库中不存在的索引和详细的视图针对报告功能进行优化。

Data Guard SQL Apply 是一个非常重要的数据保护特性。采用 SQL Apply 模式的数据保护将比较日志文件中变化前的值与逻辑备用数据库中变化后的值，以检查是否存在逻辑损坏，这样逻辑备用数据库就可有效避免广泛的损坏问题。由于逻辑备用数据库正在恢复期间需要进行读写操作，用户可能在重做日志中的变化应用于数据库的期间对数据库进行查询。

2. 数据库恢复

在每一个数据库系统中，系统故障的可能性总是存在。如果发生系统故障，应尽快地恢复数据库，使对用户不利的影响最小。下面讨论实例故障恢复、介质故障恢复。

（1）实例故障的恢复

当实例被意外地（如掉电、后台进程故障等）或预料地（发出 SHUTDOWN ABORT 语句）中止时出现实例故障，此时需要实例恢复。实例恢复将数据库恢复到故障之前的事务一致状态。如果在在线后备发现实例故障，则需介质恢复。在其他情况 Oracle 在下次数据库启动时（对新实例装配和打开），自动地执行实例恢复。如果需要，从装配状态变为打开状态，自动地激发实例恢复，处理步骤如下：

① 为了恢复数据文件中没有记录的数据，进行前滚（rolling forward）。该数据记录在在线日志，包括对回滚段的内容恢复。

② 回滚未提交的事务，按步骤①重新生成回滚段所指定的操作。

③ 释放在故障时正在处理事务所持有的资源。

④ 解决在故障时正经历二阶段提交的任何悬而未决的分布事务。

（2）介质故障的恢复

介质故障是当一个文件、一个文件的一部分或一磁盘不能读或写时出现的故障。介质故障的恢复有两种形式，决定于数据库运行的归档方式。

- 如果数据库是可运行的，以致它的在线日志仅可重用但不能归档，此时介质恢复为使用最新的完全后备的简单恢复。在完全后备执行的工作必须手工重做。

- 如果数据库可运行，其在线日志是被归档的，该介质故障的恢复是一个事务一致状态。如果数据是在 ARCHIVELOG 方式下运行，可有不同类型的介质恢复：完全介质恢复和不完全介质恢复。

完全介质恢复可恢复全部丢失的修改，即没有工作会丢失。完全介质恢复仅当所有必要日志可用时才可能。有不同类型的完全介质恢复可使用，其决定于毁坏文件和数据库的可用性。例如：

- 关闭数据库的恢复。当数据库可被装配却是关闭的，完全不能正常使用时，可进行全部的或单个毁坏数据文件的完全介质恢复。
- 打开数据库的离线表空间的恢复。当数据库是打开的，完全介质恢复可以处理，未损的数据库表空间是在线的可以使用，而受损的表空间是离线的，其所有数据文件作为恢复的单位。
- 打开数据库的离线表空间的单个数据文件的恢复。当数据库是打开的，完全介质恢复可以处理，未损的数据库表空间是在线的可以使用，而所损的表空间是离线的，该表空间的指定受损的数据文件可被恢复。
- 使用后备的控制文件的完全介质恢复。当控制文件的所有备份由于磁盘故障而受损时，可进行介质恢复而不丢失数据。

不完全介质恢复（incomplete media recovery）是在完全介质恢复不可能或不要求时进行的介质恢复。重构受损的数据库，使其恢复到介质故障前或用户出错前的一个事务一致性状态。不完全介质恢复有不同类型的使用，决定于需要不完全介质恢复的情况：基于撤销、基于时间和基于修改。

- 基于撤销恢复（cancel_based recovery）：在某种情况下，不完全介质恢复必须被控制，DBA 可撤销在指定点的操作。基于撤销的恢复是在一个或多个日志组（在线的或归档的）已被介质故障所损坏，不能用于恢复过程时使用，所以介质恢复必须控制，以致在使用最近的、未损的日志组于数据文件后中止恢复操作。
- 基于时间和基于修改的恢复：如果 DBA 希望恢复到过去的某个指定点，不完全介质恢复是理想的。可在下列情况下使用：
  - ♦ 当用户意外地删除一表，并注意到错误提交的估计时间，DBA 可立即关闭数据库，恢复它到用户错误之前的时刻。
  - ♦ 由于系统故障，一个在线日志文件的部分被破坏，所以活动的日志文件突然不可使用，实例被中止，此时需要介质恢复。在恢复中可使用当前在线日志文件的未损部分，DBA 利用基于时间的恢复，一旦有效的在线日志已应用于数据文件便停止恢复过程。

在这两种情况下，不完全介质恢复的终点可由时间点或系统修改号（SCN）来指定。

3. 恢复管理器（RMAN）

Oracle 恢复管理器 RMAN（Recovery Manager）是 DBA 的一个重要工具，用于备份、还原和恢复 Oracle 数据库，能够简化、自动化及改善备份与恢复操作。随着新版本的推出，它也一直在不断完善，而 Oracle 10g 中包含的革命性技术进步则使其变得更加简单、可靠，且自动化程度也越高。

（1）RMAN 简介

RMAN 可用来备份和恢复数据库文件、归档日志、闪回日志和控制文件，也可以用来执行完全或不完全的数据库恢复。RMAN 具有如下特点：

- 功能类似物理备份，但比物理后备更强大。

- 可压缩空块。
- 能够在块水平上实现增量后备。
- 可以把后备的输出打包成后备集，也可以按固定大小分割后备集。
- 后备与恢复的过程可以自动管理。
- 可以使用脚本（存在 Recovery catalog 中）。
- 自我纠错功能强。
- 可以做坏块监测。

在 Oracle 10g 中，Oracle 数据库中所有与恢复有关的文件和活动都统一存储在快速恢复区域，可用一个初始化参数 DB_RECOVERY_FILE_DEST 进行定义。数据库需要从介质故障中完全恢复的所有文件（例如控制文件、归档日志、闪回日志和 RMAN 后备等），都是快速恢复区域的一部分。给快速恢复区域分配足够的空间可确保 Oracle 数据库更快、更方便地进行自动恢复。快速恢复不仅仅为恢复相关文件提供统一的位置。实际上，它是以智能化的方式管理存储在该位置中的文件，以便最大限度地利用空间，同时尽可能避免出现空间用完的情况。根据指定的 RMAN 保留策略，快速恢复区域将自动删除该配置不再需要的过时后备和归档日志。

在 Oracle 8.0 中首次发布的增量后备一直是 RMAN 的一部分，它能够只后备自上一次后备以后改变的程序块。Oracle 10g 通过实施变化跟踪文件特性加快了增量后备速度。当启用程序块变化跟踪特性时，Oracle 就会跟踪所有数据库变化的物理位置。RMAN 自动使用变化跟踪文件来确定在增量后备期间需要读取的程序块，然后直接访问该程序块以对其进行后备。这样不仅减少了日常后备所需的时间，节省了网上后备期间的网络带宽，而且还降低了后备文件的存储量。

除了大大加快增量后备的速度外，Oracle 10g 还可将其用于更新以前的后备。Oracle 的增量更新后备功能将数据文件的映像后备与 RMAN 增量后备融为一体，产生了更新后备，其中包含了增量后备捕获到的各种变化。通过这一独特功能，Oracle 数据库就不必重复后备整个数据库。现在，只需对给定的数据库进行一次全面后备，以后便可使用增量后备来保持整个后备被随时更新。基于增量更新后备的后备策略有助于最大限度地缩短数据库介质恢复需要的时间。在一个全（叫做 0 级）数据文件后备中，数据文件中用过的所有数据块都要进行后备。在一个累积（叫做 1 级）数据文件后备中，上次数据文件全后备后用过的所有数据块都要进行后备，而在增量（2 级）数据文件后备中，仅后备那些在上一次累积后备或全后备后发生变化的数据块。可以定义增量后备使用的级别。

执行累积数据文件后备和增量数据文件后备的操作可以大大改进后备的性能。对于在大型数据库中仅对一个大表空间的小子集做修改的情况，性能改进最显著。若使用传统的后备方式，就需要后备表空间中的所有数据文件。而使用 RMAN 只是后备上次后备后修改的那些数据块。

（2）相关术语

① Backup sets（后备集）：后备集是一次后备的集合，它包含本次后备的所有后备片，以 Oracle 专有的格式保存。一个后备集根据后备的类型不同，可能构成一个完全后备或增量后备。

② Backup pieces（后备片）：一个后备集由若干个后备片组成，每个后备片是一个单独的输出文件。一个后备片的大小是有限制的，如果没有大小限制，后备集就只由一个后备片构成。后备片的大小不能大于文件系统所支持的文件长度的最大值。

③ Image copies（镜像复制）：镜像复制不压缩、不打包、直接复制独立文件，类似操作系统级的文件后备。而且只能复制到磁盘，不能复制到磁带。

④ Full backup（全后备）：全后备是指对数据文件中使用过的数据块进行后备，没有使用过的数据块是不做后备的，也就是说，RMAN 进行后备时是进行压缩的。

⑤ Incremental backup（增量后备）：增量后备是指后备数据文件中自从上一次同一级别的或更低级别的后备以来被修改过的数据块。与完全后备相同，增量后备也进行压缩。

⑥ Recovery catalog（恢复目录）：恢复目录用于记录 RMAN 使用过程中的控制信息，用户应该经常同步恢复目录。尽管可以使用 nocatalog 方式来使用 RMAN，此时控制信息记录在目标数据库的控制文件中，但这样毕竟不安全，因为一旦目标数据库的控制文件损坏就意味着所有的 RMAN 后备失效。同样的道理，恢复目录应该建立在另外一个数据库中（目录数据库）。

（3）创建恢复目录

创建恢复目录通常依照如下四个步骤进行：

① 在目录数据库中创建恢复目录所用的表空间。

```
SQL > CREATE TABLESPACE RMANTS DATAFILE 'c: \Oracle\oradata\cc\rmants.ora'
size 20M;
表空间已创建
```

② 在目录数据库中创建 RMAN 用户并授权。

```
SQL > CREATE USER RMAN IDENTIFIED BY RMAN DEFAULT TABLESPACE RMANTS TEMPORARY
TABLESPACE TEMP QUOTA UNLIMITED ON RMANTS;
用户已创建
SQL > GRANT recovery_catalog_owner TO RMAN;
授权成功
```

③ 在目录数据库中创建恢复目录。

```
C: \>RMAN catalog rman/rman
恢复管理器: 版本 10.1.0.2.0 - Production
RMAN - 06008: 连接到恢复目录数据库
RMAN - 06428: 未安装恢复目录
RMAN >CREATE catalog TABLESPACE RMANTS;
RMAN - 06431: 恢复目录已创建
```

④ 注册目标数据库到恢复目录。

这里目标数据库使用的服务名称是 rman，为要使用 RMAN 进行后备的数据库，而目录数据库使用的服务名称是 cc。

```
C: \>RMAN target sys/sys @ rman
恢复管理器: 版本 10.1.0.2.0 - Production
RMAN - 06005: 连接到目标数据库: RMAN(DBID=1303772234)
RMAN > connect catalog rman/rman@cc
RMAN - 06008: 连接到恢复目录数据库
RMAN >register database;
RMAN - 03022: 正在编译命令: register
RMAN - 03023: 正在执行命令: register
RMAN - 08006: 注册在恢复目录中的数据库
RMAN - 03023: 正在执行命令: full resync
```

```
RMAN - 08002: 正在启动全部恢复目录的 resync
RMAN - 08004: 完成全部 resync
```

到此为止准备工作就都做好了，下面就可以使用 RMAN 来进行后备和恢复了。

（4）使用 RMAN

下面通过具体的例子来说明 RMAN 的使用，内容将涉及除恢复以外的所有 RMAN 操作。

① 后备整个数据库。

例 8.18 用 RMAN 后备整个数据库。

```
RMAN > run {
2 > allocate channel cl type disk;
3 > backup database format 'e: \dbbackup\2db.dmp';
4 > }
```

② 复制数据文件。

例 8.19 用 RMAN 复制数据文件。

```
RMAN > run {
2 > allocate channel cl type disk;
3>copy datafile 'c:\Oracle\oradata\rman\users01.dbf'to 'e:\dbbackup\ u.dbf'tag
  4 > }
```

③ 查看后备及复制的信息。

例 8.20 用 RMAN 查看后备及复制的信息。

```
RMAN > list backup;
RMAN - 03022: 正在编译命令: list
```

后备集列表:

关键字	Recid	标记	LV	集合标记	集合计数	完成时间
216	1	417347013	0	417346992	1	26-12 月-00

后备段列表:

关键字	PC#	Cp#	状态	完成时间	段名
217	1	1	AVAILABLE	26-12 月-00	E: \DBBACKUP\2DB.DMP

数据文件列表:

文件	名　称	LV	检查点	SCN	检查点时间
1	C: \Oracle\ORADATA\RMAN\SYSTEM01.DBF	0	Full	33224	26 –12 月 – 00
2	C: \Oracle\ORADATA\RMAN\RBS01.DBF	0	Full	33224	26 –12 月 – 00
3	C: \Oracle\ORADATA\RMAN\USERSO1.DBF	0	Full	33224	26 –12 月 – 00
4	C: \Oracle\ORADATA\RMAN\TEMP01.DBF	0	Full	33224	26 –12 月 – 00
5	C: \Oracle\ORADATA\RMAN\TOOLS01.DBF	0	Full	33224	26 –12 月 – 00
6	C: \Oracle\ORADATA\RMAN\INDX01.DBF	0	Full	33224	26 –12 月 – 00

```
RAMN > list copy of datafile 'C: \Oracle\oradata\rman\users01.dbf';
RMAN - 03022: 正在编译命令: list
```

数据文件后备列表：

关键字	文件状态	完成时间	检查点	SCN	检查点时间	名称
226	A	26 - 12 月 - 00	3	3326	26 - 12 月 - 00	E: \DBBACKUP\U.DBF

④ 在后备时设置相关参数。

format：文件输出格式。

%d：数据库名。

%s：后备集序号。

%p：后备块序号。

filesperset：每个后备集中所包括的文件数。

```
RMAN > run {
2 > allocate chammel c1 type disk;
   3 > set limit channel c1 kbytes 8000;
   4 > backup
   5 > format 'e:\dbbackup\db_% d_% s_%p.bck'
   6 > (database filesperset = 2);
   7 > }
```

⑤ 使用脚本功能。

使用脚本的目的在于为操作提供方便，操作过程和存储过程相似。

```
RMAN > create script 10dbackup {
2 > allocate channel c1 type disk;
3 > backup
4 > format 'e:\dbbackup\db_% d_% s_% p.bck'
5 > (database filesperset = 2);
6 > }
RMAN - 03022: 正在编译命令: create script
RMAN - 03023: 正在执行命令: create script
RMAN - 08085: 已创建脚本 10dbbackup
RMAN > run {execute script 10dbbackup; }
```

（5）Backup Manager（备份管理器）

使用 Backup Manager 时，先要决定是把恢复信息类别存储在数据库的一个恢复类别中还是数据库控制文件中。在默认情况下，如果 Backup Manager 被激活时不存在恢复类别，就使用控制文件。因为 Backup Manager 可以从数据库控制文件中直接获取所需要的信息，所以 Backup Manager 不需要创建恢复类别就可以起作用。如果使用控制文件，就没有必须要执行的操作设置了。不过，用控制文件代替恢复类别只推荐用于小型数据库。如果使用控制文件且受到损害或丢失，数据库就不能被恢复了。

若要创建恢复类别，请执行下述几步操作：

① 创建一个称做 RCVCAT 的表空间来放置恢复类别。

使用 Storage Manager 创建表空间，并确保表空间的数据文件容量足以容纳下恢复类别，大小将依在这个类别中容纳恢复信息的数据库的数量而定。

注意：表空间的默认存储参数将用于确定全部对象的大小，这些对象在创建恢复类别的实用程序运行时创建。

② 使用 Security Manager（安全管理器）创建一个拥有恢复类别的用户。

Oracle 文件建议使用由 RMAN 识别的名字。用户的默认表空间是 RCVCAT，临时表空间是数据库中临时表空间的名字。用户应被授予 RECOVERY_CATALOG_OWNER 权限和 RCVCAT 表空间上的无限定额。

③ 使用 RMAN 命令行方式创建恢复类别。

若为由 RMAN 标识的用户 RMAN 创建恢复类别，应从操作系统命令行键入下述命令：

```
RMAN RCVCAT scott /tiger@<connection>
```

对于 Windows 2000 Server / Windows Server 2003，相应的命令是：

```
RMAN>CREATE catalog TABLESPACE 'RCVCAT'
```

④ 注册恢复类别。

若要注册恢复类别，可启动 OEM 控制台。选择要注册恢复类别的数据库，然后右击并选择 Backup Manager |Create Backup Configuration 命令，也可以选择 Tools |Backup Manager |Create Backup Configuration 命令。当分配通道时，就可以实现从 Recovery Manager 到数据库的连接。该通道启动一个 Oracle 服务器会话，并执行必要的后备或恢复操作。被指定的通道类型将决定要执行的操作：读、写或使用第三方介质管理器。通道可以一直从数据文件读取或写入数据文件，无论被指定的通道类型是什么。

8.4.4 Oracle 的闪回技术

多项研究表明，40%的应用程序损耗都是由操作员或用户的错误造成的。这些错误很难避免，而且在没有事先规划和使用正确技术的前提下尤其难以恢复。而以前，防止这些误操作的办法是非常有限的。如果没有良好的计划与高超的技术，一个很小的错误都将可能导致一个很严重的影响，如误删了一些数据或者删除了一个表。那么如何才能有效地防止这类误操作呢？Oracle 从版本 9i 开始，就推出了闪回查询（flashback query）的功能。不过闪回查询的最初功能也很有限，不仅完全依赖于自动 Undo(AUM)，对 DROP、TRUNCATE 等 DDL 操作毫无办法，而且，由于受到 Undo 空间限制，能闪回的时间也有限。不过这些缺陷在 Oracle 10g 中得到了彻底改善。

Oracle 10g 体系结构利用其独一无二的增强技术来处理由于人为错误导致的数据库恢复。闪回技术提供了一组新功能，利用该功能可及时查看数据并前后倒置数据。使用闪回功能，可以查询模式对象的以前版本、查询历史数据、执行变化分析或执行自助修复，以便在数据库中联机恢复逻辑损坏。Oracle 10g 对闪回做了巨大改进，不再仅仅局限于 AUM 的闪回查询，闪回的范围甚至扩大到了整个数据库，用户将真正回到操作之前的状态。

1. 闪回数据库

Oracle 10g 的闪回数据库技术可快速地将某个 Oracle 数据库倒回至以前的时间，以便纠正由逻辑数据损坏或用户错误造成的任何问题。它消除了与恢复后备有关的停机时间，而且使从意外错误中恢复变得非常容易。

注意：这一特性允许数据库回滚到前一个时间点或者 SCN，而不需要做时间点的恢复。

实际上，Oracle 为了实现闪回数据库这一个功能，创建了另外一组日志，即闪回日志(flashback log)，以记录数据库的闪回操作。如果希望能闪回数据库，则需要设置如下参数：

- DB_RECOVER_FILE_DEST
- DB_RECOVER_FILE_DEST_SIZE

这两个参数确定闪回日志的存放地点以及恢复区的大小。在创建数据库的时候，Oracle 将自动创建恢复区，恢复区不仅存放闪回日志，而且还用来归档、后备与恢复。但默认情况下，闪回数据库的功能是关闭的。如果想利用这一功能，DBA 就必须正确配置该日志区的大小。例如一个数据库每天有 10%的块发生改变，那么一天（24 小时）的恢复区就是 1/10 个数据库大小。DBA 也可以动态改变其大小以满足不同的需求。

另外一个参数 DB_FLASHBACK_RETENTION_TARGET 用于设定闪回数据的保存时间，单位是分，默认是一天。

如果想启动闪回数据库的功能，必须在 MOUNT 模式下，执行如下命令：

```
ALTER DATABASE FLASHBACK ON
```

或者执行如下命令：

```
ALTER TABLESPACE TSNAME FLASHBACK ON
```

数据库将采集闪回日志，如果需要关闭该功能，则修改 ON 为 OFF。

如果想执行闪回数据库命令，则可以在 RMAN 与 SQL * Plus 两种方式下执行，如下所示：

```
SQL > FLASHBACK DATABASE to time TO_DATE(xxx);
SQL > FLASHBACK DATABASE to time TO_TIMESTAMP(xxx);
SQL > FLASHBACK DATABASE to scn xxx
SQL > FLASHBACK DATABASE to sequence xxx thread 1
SQL > FLASHBACK DATABASE to timestamp(sysdate - 1/24)
```

下面通过代码段看看具体的例子说明。

例 8.21 闪回数据库示例。

```
SQL > startup mount;
Oracle instance started.
Total System Global Aree        113246208 bytes
Fixed Size                      87708 bytes
Variable Size                   87030532 bytes
Database Buffers                25165824 bytes
Redo Buffers                    262144 bytes
Database mounted
SQL > ALTER DATABASE FLASHBACK ON;
Alter database flashback on
*
ERROR at line 1:
ORA - 38706:  Cannot turn on FLASHBACK DATABASE logging.
ORA - 38707:  Media recovery is not enabled.
```

从错误信息可以看出，闪回还必须要打开归档日志。

```
SQL > ALTER DATABASE archivelog ;
Database altered.
SQL > ALTER DATABASE flashback on;
Database altered.
```

```
SQL > ALTER DATABASE open;
Database altered.
SQL > archive log list
Database log mode              Archive Mode
Automatic archival             Enabled
Archive destination            USE_DB_RECOVERY_FILE_DEST
Oldest online log sequence     13
Next log sequence to archive   15
Current log sequence           15
```

经过以上步骤，就确保了闪回数据库的功能。

注意：Oracle 10g 的自动归档是不需要手工干预的，只要打开了归档，就是自动归档，归档区也在 DB_RECOVERY_FILE_DEST 参数指定的地点。

通过如下的查询：

```
SQL > ALTER SESSION SET NLS_DATE_FORMAT = 'yyyy - mm - dd hh24: mi: ss';
Session altered.
SQL > SELECT OLDEST_FLASHBACK_SCN, OLDEST_FLASHBACK_TIME
   FROM V $ FLASHBACK_DATABASE_LOG;
   /
   OLDEST_FLASHBACK_SCN OLDEST_FLASHBACK_TI
--------------------------------------------------
1135440              2009 - 07 - 21 09:10:57
```

就可以知道能够闪回恢复到的最早 SCN 与时间点是多少。

下面创建三个一样的表：

```
SQL > CREATE TABLE t1 AS SELECT * FROM dba_objects;
Table created.
SQL > CREATE TABLE t2 AS SELCET * FROM t1;
Table created.
SQL > CREATE TABLE t3 AS SELECT * FROM t1;
Table created.
SQL > SET TIME ON;
SQL > SELECT sysdate FROM dual;
SYSDATE
--------------------------------
2009 - 07 - 21 09:19:33
```

这样先确定了一个时间点，然后分别 TRUNCATE（截断）一个表与 DROP（删除）一个表，以模拟误操作：

```
09: 20: 10 SQL > TRUNCATE TABLE t2;
Table TRUNCATEd.
09: 20: 43 SQL > DROP TABLE t3;
Table dropped.
```

下面利用闪回来恢复数据库到时间点 2008 – 07 – 21 09:19:33：

```
09: 20: 02 SQL > shutdown immediate;
Database closed.
Database dismounted.
Oracle instance shut down.
09: 21: 19 SQL > FLASHBACK DATABASE TO timestamp(to_date('2008- 07 - 21 09:
19: 33', 'yyyy -mm- dd hh24: mi: ss'));
Flashback complete.
```

之后，可以用如下命令来检查结果是否正确：

```
ALTER DATABASE OPEN READ ONLY
```

如果满足结果，则可以用 resetlog 来启动数据库。

注意：一旦 resetlog 之后，将不能再闪回 resetlog 之前的时间点。

```
09: 21: 32 SQL > ALTER DATABASE open resetlogs;
Database altered.
```

现在查询本节上面建立的三个表：

```
09: 22: 10 SQL > SELECT count ( * )FROM t1;
   COUNT ( * )
----------------------
47708
09: 22: 47 SQL > SELECT count ( * ) FROM t2;
   COUNT ( * )
----------------------
47708
09: 22: 50 SQL > SELECT count ( * ) FROM t3;
   COUNT ( * )
----------------------
47708
```

可以发现被 TRUNCATE（截断）的记录或者被 DROP（删除）的表都存在，现在数据库已经闪回到前一个时间点了。

```
09: 24: 56 SQL > SELECT OLDEST_FLASHBACK_SCN, OLDEST_FLASHBACK_TIME
09: 25: 05 2 FROM V $ FLASHBACK_DATABASE_LOG;
OLDEST_FLASHBACK_SCN OLDEST_FLASHBACK_TI
---------------------------------------------------------
1136169              2009 - 07 - 21 09:21:32
```

同时也发现数据库最早闪回的时间与 SCN 都回到 resetlog 的时间点了。

2. 闪回表

闪回表使 DBA 能够将一个或一组表快速轻松地联机恢复到指定的时间点。闪回表可在恢复表的同时自动保留其相关属性，如当前索引、触发器和限制，而无需 DBA 查找和恢复应用程序特有的属性。闪回表削弱了执行更多复杂的时间点恢复操作这一要求。

这个特性允许用户利用 SQL 语句 FLASHBACK TABLE，确保回滚到表的前一个时间点。

闪回表与 Oracle 9i 的闪回查询相似，利用 Undo 信息来恢复一个或者一些表到以前的一个时间点（一个快照）。Undo 的相关参数如下，需要确保 AUM 和足够大的 retention 值。

```
SQL >show parameter undo
NAME                       TYPE                     VALUE
-----------------------------------------------------------------
Undo-management            string                   AUTO
Undo-retention             integer                  900
Undo-tablespace            string                   UNDOTBS1
```

注意：闪回表不等于闪回查询，所谓闪回查询，仅仅是插以前的一个快照点，并不改变当前表的状态；而闪回表不一样，它将改变当前表及附属对象，使它们一起回到以前的时间点。

Oracle 10g 的闪回表有如下特性：

- 在线操作。
- 恢复到指定时间点或者 SCN 的任何数据。
- 自动恢复相关属性，如索引和触发器等。
- 满足分布式的一致性。
- 满足数据一致性，所有相关对象将自动一致。

语法格式如下：

```
FLASHBACK TABLE tablename TO TIMESTAMP(JUL-07-2009,02: 33: 00)
FLASHBACK TABLE employee TO SCN 123456;
FLASHBACK TABLE t1 TO TIMESTAMP '2009-03-03 12: 05: 00' ENABLE TRIGGERS;
```

其中，ENABLE TRIGGERS 表示触发器恢复之后为 enable 状态，而默认为 disable 状态。

注意：如果要闪回一个表，需要满足如下条件：

- 需要有 flashback any table 的系统权限或是该表的 flashback 对象权限。
- 需要有该表的 SELECT、INSERT、DELETE 和 ALTER 权限。
- 必须保证该表 ROW MOVEMENT。

3. 闪回删除

在删除 Oracle 数据库中的对象时，闪回删除提供了一个安全网。当用户删除表时，Oracle 会自动将其放入“回收站”。回收站是一个虚拟容器，所有被删除的对象都会驻留在这里。

这些对象会一直停留在回收站，直到 Oracle 为收留新的数据而需要恢复空间，或被删除对象的所有者决定使用新的清除命令将其永久删除。只要被删除对象保留在回收站中，就可以通过简单的 SQL 语句对其进行恢复。

通常，意外删除对象的情况时有发生，当用户或者是 DBA 认识到这个错误的时候，已经太晚了。在以前的版本中，除了不完全恢复，几乎没有一个好的解决办法，Oracle 10g 开始提供一个类似垃圾回收站的功能，来恢复被不小心删除的表。这个功能通过 flashback drop 来实现，它允许用户恢复一个被删除（DROP）的对象，Oracle 会自动将该对象放入回收站。

注意：对于 TRUNCATE（截断）的表，除了闪回数据库之外，其他的闪回功能几乎都发挥不了作用。

回收站实际上是一个虚拟的容器，用于存放所有被删除的对象。在回收站中，被删除的对象将占用与创建时同样的空间，对于一对象的删除，其实仅仅是简单的重命名操作。甚至还可以对已经删除的表进行查询，也可以利用闪回功能来恢复它。

关于回收站内的相关信息可以从 recyciebin /USER-recyciebin/DBA-recyciebin 等视图中获取，或者在 SQL * Plus 中通过如下命令查看：

```
Sql > show recyclebin
```

回收站的对象在如下情况下将被删除：

- 由于添加新的对象引起表空间的空间不够或者用户的空间配额不够。
- 表空间需要扩展新区间来增长空间。
- 手工发出 purge 命令或 flashback 命令。

4．闪回版本查询

在 Oracle 9i 中，以闪回查询形式表示的“时间机器”允许 DBA 看到特定时间的列值，只要在原段中提供该数据块此前镜像的后备即可。但是闪回查询只提供某时刻数据的固定快照，而不是在两个时间点之间被更改数据的运行状态表示。某些应用程序可能需要了解一段时期内数值数据的变化，而不仅仅是两个时间点的数值。但是利用闪回版本查询特性，Oracle 10g 能够更方便高效地执行该任务，它利用保存的回滚信息，可以看到特定的表在一个连续的时间段内的任何修改，就像回放电影一样，用户可以了解表在该期间的任何变化。

闪回版本查询提供了一个审记行改变的功能，它能找到所有已经提交了的记录，比如在时间 1，插入了一条记录，时间 2 把这条记录删除，对于时间 3 当然查询不到这条记录，但是闪回版本查询能够把时间 1、时间 2 的操作记录下来，并能详细查询出来。

闪回版本查询一样依赖于 AUM，它采用 VERSIONS…BETWEEN 语句来进行查询，常用的有：

- VERSIONS-SCN：系统改变号。
- VERSIONS-TIMESTAMP：时间。

闪回版本查询是一个功能强大的工具，可以分析到什么时间执行了什么操作。也可以用于审计记录，而没有必要去打开细粒度审计功能或使用 LOGMNR。

下面通过数据库的操作具体了解闪回版本查询的功能。

例 8.22　闪回版本查询。

```
SQL > connect test/test
Counected.
SQL > CREATE TABLE test(a int,b varchar2(10));
Table created.
```

再执行下列代码所示的一系列操作：

```
10: 33: 17 SQL > INSERT INTO test VALUES (1,'10: 33: 17');
1 row created.
10: 33: 31 SQL > commit;
Commit complete.
10: 33: 34 SQL > UPDATE test SET a=2,b='10: 33: 34';
1 row updated.
10: 33: 53 SQL > commit;
Commit complete.
10: 33: 57 SQL > UPDATE test SET a=3;
1 row updated.
10: 34: 04 SQL > commit;
Commit complete.
10: 34: 06 SQL > DELETE test;
1 row deleted.
10: 34: 11 SQL > commit;
Commit complete.
10: 34: 13 SQL > INSERT INTO test VALUES (4, '10: 34: 13');
1 row created.
10: 34: 32 SQL > commit;
Commit complete.
10: 34: 34 SQL > UPDATE test SET a=5,b='10: 34: 34';
1 row updated.
10: 34: 46 SQL > commit;
Commit complete.
```

可以看到该表的最后记录是：

```
10: 34: 49 SQL > SELECT * FROM test;
  A     B
------------------------------------------------------------
10: 34: 34
```

此时如果利用闪回表或者闪回查询功能，只能看到过去的一个快照而已，但利用闪回版本查询，可以找到其中的任何变化，例如：

```
SQL > SELECT versions-starttime, versions-endtime,  versions-xid,
   Versions-operation, a, b
   FROM test versions BETWEEN timestamp minvalue AND maxvalue
   ORDER BY VERSIONS-STARTTIME;

VERSIONS-STARTTIME VERSIONS-ENDTIME VERSIONS-XIDTTIME VERSIONS-OPERATION A B
-----------------------------------------------------------------------------
07-JUN-08 04.33.33 PM  07-JUN-08 04.33.50  PM  0400230098010000  I
07-JUN-08 04.33.55 PM  07-JUN-08 04.33.04 PM  0400270098010000  U  2 10: 33: 34
07-JUN-08 04.34.04 PM  07-JUN-08 04.34.13 PM  0400280098010000  U  3 10: 33: 34
07-JUN-08 04.34.13 PM                         0400290098010000  D  3 10: 33: 34
07-JUN-08 04.34.31 PM  07-JUN-08 04.34.47 PM  0400260098010000  I  4 10: 34: 13
07-JUN-08 04.34.47 PM                         04000C0099010000  U  5 10: 34: 34
6 rows selected
```

注意：此处显示了对该表所做的所有更改，甚至包括该行被删除和重新插入的情况。

VERSION-OPERATION 列显示对该行执行了什么操作（INSERT/UPDATE/DELETE），这些工作都不需要历史表或额外的列。

闪回版本查询记载的是多行的改变，例如 DELETE FROM tablename， 那么在闪回版本查询对应的也是多行。

在上述查询中，列 VERSIONS-STARTTIME、VERSIONS-ENDTIME、VERSIONS-XID、VERSIONS-OPERATION 是伪列，与 ROENUM 、LEVEL 等其他熟悉的伪列类似。其他伪列（如 VERSIONS-STARTSCN 和 VERSIONS-ENDSCN）显示该时刻的系统更改号。列 VERSIONS-XID 显示了更改该行的事务标识符。有关该事务的更多详细信息可在视图 FLASHBACK-TRANSACTION-QUERY 中找到，其中列 XID 显示事务 id。例如，使用上述的 VERSIONS-XID 值 04000c0099010000，UNDO-SQL 值显示了实际的语句。

```
SELECT UNDO-SQL
   FROM FLASHBACK-TRANSACTION-QUERY
   WHERE XID= '04000c0099010000';
   UNDO-SQL
---------------------------------------------------------------------------
   UPDATE test SET a = 5,b = '10 :  34 :  34';
```

当然，除了分析以上所有的变更之外，还可以指定时间段，例如：

```
   SELECT a, b
   FROM test Versions BETEEEN timestamp
   TO-DATE ('2008-07-07 04: 34: 04','yyyy-mm-dd hh24: mi: ss')
   AND TO-DATE('2008-07-07 04: 34: 50', 'yyyy-mm-dd hh24: mi: ss')
   A  B
---------------------------------------------------------------------------
   210: 33: 34
   110: 33: 17
```

使用关键字 MINVALUE 和 MAXVALUE，可以显示还原段中提供的所有变更。甚至可以提供一个特定的日期或 SCN 值作为范围的一个端点，而另一个端点是文字 MAXVALUE 或 MINVALUE。例如，如下查询提供那些只从下午 04：34：04：开始上午更变，而不是全部范围的变更：

```
SQL > SELECT versions-starttime， versions-endtime， versions-xid，
   Versions-operation，a，b
   FROM test versions BETWEEN timestamp
      TO-DATE ('2008-07-07 04: 34: 04','yyyy-mm-dd hh24: mi: ss')AND maxvalue
      ORDER BY VERSIONS-STARTTIME;

VERSIONS-STARTTIME VERSIONS-ENDTIME VERSIONS-XID VERSIONS-OPERAION  A   B
------------------------------------------------------------------------
09-JUN-04 04.34.31 PM  07-JUN-04 04.34.47 PM 0400260098010000  I  4 10: 34: 13
09-JUN-04 04.34.47 PM                        04000C0099010000  U  5 10: 34: 34
2 rows selected
```

还可以使用 SCN 找出过去的版本值。可以从伪列 VERSIONS-STARTSCN 和 VERSIONS-ENDSCN 中获得 SCN 号，以下是一个示例：

```
SELECT versions-starttime， versions-endtime
FROM test versions
BETWEEN SCN 1000 AND 1001
```

闪回版本查询随取随用地复制表变更的短期易变数值审计。这一优点使得 DBA 能够获得过去时间段中的所有变更而不是特定值，只要还原段中提供的数据，就可以尽情使用。因此，最大可用版本依赖于 UNDO-RETENTION 参数。

5. 闪回事务查询

闪回事务查询其实是闪回版本查询的一个扩充，它确保用户可以检查数据库在任何一个事务级别的改变。可以利用它来诊断问题、进行性能分析和审计事务。在闪回版本查询时，用户可以审计一段时间内表的所有改变，但是也只能发现问题，对于错误的事务，没有好的处理办法。闪回事务提供了处理办法，用户可以从相关视图中获得事务的历史以及 Undo-sql，也就是说，用户可以审计一个事务到底做了什么甚至可以回滚一个已经提交的事务。

闪回事务查询需要用到 FLASHBACK-TRANSACTION-QUERY 视图，先看一下视图的查询内容。

```
SQL > desc FLASHBACK-TRANSACTION-QUERY;

Name                Type          Nullable          Default Comments
------------------------------------------------------------------------
VARCHAR2(32)                         Y   owner of table to which this undo aplies
ROW-ID              VARCHAR2(19)     Y     rowid to which this undo applies
UNDO-SQL XID          RAW(8)         Y          transaction identifier
START-SCN             NUMBER         Y          transaction start SCN
START-TIMESTAMP        DATE          Y        transaction start timestamp
COMMIT-SCN            NUMBER         Y          transaction commit SCN
COMMIT-TIMESTAMP       DATE          Y        transaction commit timestamp
LOGON-USER          VARCHAR2(30)     Y         logon user for transaction
UNDO-CHANGE#          NUMBER         Y         1-based undo change number
OPERATION           VARCHAR2(32)     Y       forward operation for this undo
TABLE-NAME          VARCHAR2(256)    Y       table name to this undo applies
TABLE-OWNER         VARCHAR2(4000)   Y       SQL corresponding to this undo
```

通常可以用到如下 SQL 语句：

```
SELECT xid，Start-scn，start-timestamp，DECODE(commit-scb，0，commit-scn，
281474976710655，NULL，commit-scn)
   Commit-scn，commit-timestamp，logon-user，undo-change#，operation，
   Table-name，table-owner，row-id，undo-sql
FROM sys，x $ ktuqqry
```

技巧：从 FLASHBACK-TRANSACTION-QUERY 获得数据的关键事情是获得事务的 XID。

下面通过代码段示例闪回一个已经提交的事务。

例 8.23 闪回一个已经提交的事务。

```
SQL > CREATE TABLE test AS SELECT * FROM all-objects;
Table created.
SQL > set time on
11: 09: 28 SQL > DELECT FROM test WHERE rownum <=10;
10 rows DELETED.
11: 10: 10 SQL > SELECT xid FROM v $ transaction;
XID
--------------------------------
04001200AE010000
11: 20: 09 SQL > commit;
Commit complete.
```

当然，用户还可以在事务没有提交的时候，获得事务的 XID。实际情况下，不可能去跟踪每个事务，想要获得已提交事务的 XID，就必须通过闪回版本查询，如下所示：

```
11: 30: 32 SQL > SELECT versions-xid，versions-operation
11: 30: 41  2  FROM test versions between timestamp
11: 30: 41 3 TO-DATE('2009-07-08 11: 09: 28', 'yyyy-mm-dd hh24: mi: ss')
11: 30: 41 4   AND MAXVALUE
11: 30: 41 5   WHERE VERSIONS-XID IS NOT NUII
11;30: 41 6  ORDER BY VERSIONS-STARTTIME;
VERSIONS-XID      V
----------------------------
04001200AE010000   D
04001200AE010000   D
04001200AE010000   D
04001200AE010000   D
04001200AE010000   D
04001200AE010000   D
04001200AE010000   D
04001200AE010000   D
04001200AE010000   D
04001200AE010000   D
10 rows selected
```

可以看到，共删除了 10 行，对应的是 10 个操作。这 10 个操作都是同一个事务，现在利用这个 XID 来获得 UNDO-SQL。

```
   SQL>SELECT UNDO-SQL FROM FLASHBACK-TRANSACTION-QUERY
   WHERE XID ='04001200AE010000';
   UNDO-SQL
--------------------------------------------------------------------------------
INSERT INTO"TEST"."TEST"("OWNER","OBJECT-NAME","SUBOBJECT-NAME","OBJE
```

```
INSERT INTO"TEST"."TEST"("OWNER","OBJECT-NAME","SUBOBJECT-NAME","OBJE
INSERT INTO"TEST"."TEST"("OWNER","OBJECT-NAME","SUBOBJECT-NAME","OBJE
INSERT INTO"TEST"."TEST"("OWNER","OBJECT-NAME","SUBOBJECT-NAME","OBJE
INSERT INTO"TEST"."TEST"("OWNER","OBJECT-NAME","SUBOBJECT-NAME","OBJE
INSERT INTO"TEST"."TEST"("OWNER","OBJECT-NAME","SUBOBJECT-NAME","OBJE
INSERT INTO"TEST"."TEST"("OWNER","OBJECT-NAME","SUBOBJECT-NAME","OBJE
INSERT INTO"TEST"."TEST"("OWNER","OBJECT-NAME","SUBOBJECT-NAME","OBJE
INSERT INTO"TEST"."TEST"("OWNER","OBJECT-NAME","SUBOBJECT-NAME","OBJE
INSERT INTO"TEST"."TEST"("OWNER","OBJECT-NAME","SUBOBJECT-NAME","OBJE
```

这个删除语句对应的是 10 个 INSERT 语句，如果想闪回这个事务，执行这 10 个 INSERT 语句即可。

可以看到，闪回事务查询主要用于审计一个事务，并可以回滚一个已经提交的事务。如果确定出错的事务是最后一个事务，利用闪回表或者闪回查询就可以解决问题。但是，执行了一个错误的事务后，又执行了一系列正确的事务，那么利用闪回事务查询，则可以闪回这个错误的事务。

8.4.5 Oracle RAC 技术

当计算机系统或数据库服务器出现意外故障并导致服务中断时，计算机就会发生故障。在大多数情况下，这属于硬件故障，这些类型的故障可利用快速数据库故障恢复和集群技术来解决。

1. 什么是 Oracle RAC

Oracle 的 Real Application Cluster（RAC）特性在以前的 Oracle 版本中称为 Oracle 并行服务器（Parallel Server）选项，它允许不同服务器上的多个实例访问相同的数据库文件。

对于计划中的和意外的断电，RAC 提供了非常高的可用性。可以使用新的初始参数重新启动一个实例，而另一个实例仍然在服务于针对数据库的请求。如果一个硬件服务器由于一些类型的故障而崩溃，另一个服务器上的 Oracle 实例将继续处理事务，即使从连接到崩溃服务器的用户看来，这个过程也是透明的，不同之处在于它具有最短的停机时间。

然而，RAC 并不是一种只对软件有要求的解决方案：实现 RAC 的硬件也必须满足特定的要求。共享数据库应该在支持 RAID 的磁盘子系统上，从而确保存储系统的每个组件都是容错的。此外，RAC 需要在集群中的结点之间具有高速互连或私有网络，从而使用缓存融合（cache fusion）机制支持一个实例到另一个实例的通信和块传输。

图 8-2 显示了具有两个结点的 RAC 安装。

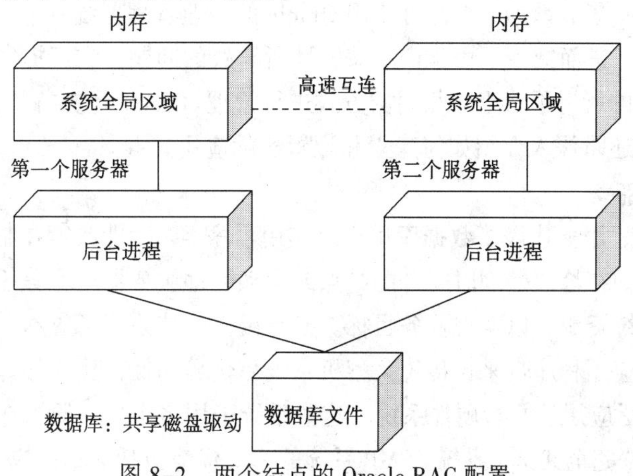

图 8-2　两个结点的 Oracle RAC 配置

可见，Oracle RAC 使企业可以构建支持多个操作系统的服务器，并可提供出色的可用性和可伸缩性。在实时应用集群环境中，Oracle 可在一个集群中运行于两个或更多个系统之上，并可以同时访问一个共享数据库。这使得一个数据库系统可以跨越多个硬件系统，同时对应用程序而言仍是一个统一的数据库系统，从而为应用程序带来出色的可用性和可伸缩性优势。实时应用集群支持企业网格。企业网格由大量标准化商业组件构成，包括处理器、服务器、网络和存储设备。RAC 是唯一一种可将这些组件整合成可供企业使用的技术。实时应用集群和网格能够动态降低运营成本，并可带来出色的灵活性，从而赋予系统更优异的适应性、前瞻性和灵活性。结点、存储设备、CPU 和内存的动态供应使得企业可以在轻松高效地维持服务等级的同时，通过改进利用率进一步降低成本。此外，实时应用集群支持任意需要访问 RAC 数据库的应用，使它们无需修改便可部署于 RAC 系统之上。

实时应用集群使得用户可以根据容量需求的增长为集群添加结点，从而能够通过逐步扩充来节约成本，同时消除使用大型集群来更换小型单一结点系统的需要。标准低成本组件和模块化磁盘阵列组成的网格池与 Oracle 11g 的组合，使得这一解决方案更为强大。与使用新的更大型结点来更换现有系统与升级系统不同，该解决方案支持为集群添加一个或多个结点，从而使得容量升级流程更为方便快捷。

这一集群体系结构的另一个主要优势是多个结点内建的容错性能。由于物理结点单独运行，因此其中一个或多个结点的故障将不会影响到集群内其他结点。故障切换可在网格内任一结点上进行。即使在最恶劣的情况下，包括只有一个结点没有停止工作，实时应用集群仍将能够提供数据库服务。这一体系结构允许将一组结点联网或与网络断开，以进行维护，而同时其他结点能够继续提供数据库服务。

注意： RAC 借助 Oracle 11g，为连接池故障切换提供了内置的集成特性。借助这一特性，应用可立即了解发生的故障，而无需等待数十分钟直到发生 TCP 超时故障。鉴于此，应用将可以立即采取相应的恢复措施，同时网格负载均衡将重新分配负载。

2. Oracle RAC 的管理

Oracle 11g 中的实时应用集群还提供一套完整的集群件来管理集群。Oracle 数据库集群件提供运行集群所需的全部特性，包括结点成员、消息发送服务和锁定等。同时由于它是一个带有通用事件和管理 API 的完整集成系列，因此可使用 Oracle 的企业管理器统一进行管理。用户无需购买其他软件来支持集群，进而减少了由于产品兼容性所导致的问题。它还提供了相同的界面，能够在采用 Oracle 数据库的所有平台上以相同的方式进行管理。Oracle 还支持与 RAC 一起使用的第三方集群件。附录 C 中还将深入介绍如何建立和配置实际应用集群。

3. RAC 还支持服务

RAC 还支持服务，服务代表了数据库用户或应用程序类。商业政策在制定后，将自动应用于这些服务，以执行诸如在峰值处理时间分配结点或自动处理服务器故障等任务。确保了应用程序能够及时获得所需系统资源，以实现业务目标。并行硬件系统采用了成本较低的商业组件，可为数据密集型决策支持应用程序带来比传统大型机系统更优异的性价比优势。紧密耦合对称多处理系统（SMP）是最广泛应用的并行硬件系统。这些系统采用多个处理器，它们共享通用内存和磁盘资源，因此也称做“完全共享”系统。SMP 系统的主要优势包括简单的应用开发和便捷的管理。

然而，这些系统不能提供任何内建的容错性能，任何一个关键组件发生故障，如 CPU 故障，都将导致整个系统瘫痪。此外，由于可用系统总线带宽和操作系统软件可伸缩性方面的问题，它们在可伸缩性和扩展方面也受到了一定的限制。

8.4.6　自动存储管理（ASM）

1．什么是自动存储管理（ASM）

为单一数据库例程提供的存储都非常复杂，更不用说为整个企业提供存储了。通常这一过程包括：估计所需的空间量→设计最佳布局（在哪里存放数据文件和归档文件等，以避免热点）→创建逻辑卷→创建文件系统→定义和设置如何保护和镜像数据→定义和执行数据后备和恢复计划→安装 Oracle→创建数据库→寻找会影响性能的热点→移动热点周围的数据文件以减少争用问题→预测何时磁盘可能崩溃或空间耗尽，何时添加需要的磁盘和再次转移所有文件，以使更新存储配置恢复平衡。

利用 Oracle 数据库的自动存储管理（ASM）特性，这种情况有了很大改观。ASM 在 Oracle 内核中提供了一个垂直集成的文件系统和数据卷管理器，大大减少了提供数据库存储的工作，提高了可用性，而无需购买、安装和维护专用存储产品，并且为数据库应用提供了独有的能力。ASM 将其文件分布在所有可用存储器上，以实现最佳性能，而且它还可以镜像，防止数据丢失。ASM 扩展了 SAME（全部条带化和镜像）概念，并提高了灵活性，从而可以在数据库文件级进行镜像，而无需在整个磁盘级进行镜像。

但更重要的是，ASM 消除了与管理数据和磁盘相关的复杂性，它大大简化了设置镜像、添加磁盘和拆卸磁盘的过程。现在再不必管理成百甚至上千个文件（如在大型数据仓库中），使用 ASM 的 DBA 可以创建和管理更大粒度的对象，即磁盘组，它可以识别作为一个逻辑单元来管理的磁盘所在的组。文件命名和基本数据库文件布局的自动化大大节省了 DBA 的时间，并确保符合最佳实践标准。

2．在 ASM 环境中创建表空间及数据文件

这里介绍如何在具有一个或多个磁盘组的 ASM 环境中创建表空间，以及如何创建表空间中的数据文件。

在创建新的表空间或其他数据库结构（例如控制文件或重做日志文件）时，可以指定磁盘组作为数据库结构的存储区域，而不是指定一个操作系统文件。ASM 简化了 Oracle 管理文件（OMF）的使用，将其与镜像和分段特性结合起来，从而提供了健壮的文件系统和逻辑卷管理程序，这种管理程序甚至支持 RAC 中的多个结点。ASM 消除了购买第三方逻辑卷管理程序的需求。

ASM 不仅能够自动扩展数据库对象到多个设备以增强性能，而且允许在不关闭数据库的情况下将新的磁盘设备添加到数据库，从而增加可用性。ASM 自动重新平衡文件的分布，使其具有最低限度的相互干涉。

3．ASM 体系结构及特性

下面将讨论 ASM 体系结构，创建特殊类型的 Oracle 实例以支持 ASM，启动和关闭 ASM 实例。ASM 有相关的新初始参数以及具有新值以支持 ASM 实例的已有初始参数。可使用一些 Linux 服务器上的裸磁盘设备来创建并维护磁盘组。

ASM 将数据文件和其他数据库结构划分为多个盘区，并且将盘区划分到磁盘组的所有磁盘

中，从而增强性能和可靠性。ASM 没有镜像整个磁盘卷，而是镜像数据库对象，从而提供根据类型有区别地境像或分段数据库为对象的灵活性。如果底层的磁盘硬件已经启用 RAID 作为存储附加网络（storage attached network，SAN），或者网络附加存储（network attached storage，NAS）的一部分，则不可以分段对象。

自动重新平衡是 ASM 的另一个关键特性。需要增加磁盘空间时，可以将额外的磁盘设备添加到磁盘组，ASM 会将一定比例的文件从一个或多个已有的磁盘移动到新的磁盘，从而维持所有磁盘之间整体的 I/O 平衡。当包含在磁盘文件中的数据库对象保持联机并且用户可以使用这些对象时，这种自动重新平衡在后台发生。如果在重新平衡操作期间 I/O 子系统受到非常大的影响，则可以使用初始参数降低重新平衡发生的速度。

ASM 需要特殊类型的 Oracle 实例来提供传统 Oracle 实例和文件系统之间的接口。ASM 软件的组件和 Oracle 数据库软件一起传输，在创建数据库并为 SYSTEM、SYSAUX 和其他表空间选择存储类型时，总是可以将其用做一种选择。

然而，ASM 并不能支持组合使用 ASM 磁盘组与手工 Oracle 数据文件管理技术。然而，因为 ASM 易于使用并且具有很高的性能，因此最终使用 ASM 磁盘组来满足所有存储需求。

有两个新的 Oracle 后台进程支持 ASM 实例：RBAL 和 ORBn。RBAL 协调磁盘组的磁盘活动，而 ORBn（其中 n 可以是 0～9 之间的数字）执行磁盘组中磁盘之间的实际盘区移动。

对于使用 ASM 磁盘的数据库，也有两个新的后台进程：OSMB 和 RBAL。OSMB 执行数据库和 ASM 实例之间的通信，而 RBAL 执行代表数据库的磁盘组中磁盘的打开和关闭。

习　题

1. 什么是数据库故障？这些故障是由哪些因素引起的？
2. Oracle 系统的恢复有哪些特点？
3. Oracle 系统中的完整性是如何实现的？
4. 数据库的并发操作会带来哪些问题？如何解决？
5. 什么是数据库的安全性？有哪些安全措施？
6. Oracle 如何建立用户？作用是什么？
7. 用户表空间如何设置和定额？
8. 什么是用户环境文件？作用是什么？
9. 什么是系统特权和对象特权？作用是什么？如何设置？
10. 什么是角色？作用是什么？如何建立角色和将角色授权给用户？
11. 什么是审计？审计的作用是什么？
12. 什么是完整性约束？作用是什么（与触发器比较）？
13. 什么是数据库触发器？作用是什么？它由哪些语句触发？试编程建立一数据库触发器。
14. 什么是行排他表封锁？试用语句建立之。
15. 什么是死锁？
16. 什么是在线日志？作用是什么？
17. 什么是日志开关和检查点？各自的作用和它们的联系如何？

18. 什么是镜像在线日志和归档日志？
19. 数据库后备的作用是什么？如何进行后备？
20. 什么是 LogMiner？
21. 什么是 Data Guard、RMAN？
22. 什么是 Oracle RAC 技术？
23. 什么是自动存储管理（ASM）？
24. 什么是 Oracle 的闪回技术？
25. 命令 SQL >ALTER SYSTEM SET undo-retention=1200，表明（　　）。
    A. Undo 信息将保持 1200 微秒
    B. Undo 信息将保持 1200 微秒
    C. Undo 信息将保持 1200 秒
26. 下面哪几项是 Oracle 10g 闪回表的特性（　　）。
    A. 离线操作
    B. 恢复到指定时间点或者 SCN 的任何数据
    C. 自动恢复相关属性，如索引、触发器等
    D. 满足分布式的一致性
    E. 满足数据一致性，所有相关对象将自动一致
27. 闪回删除时，回收站的对象在下面哪些情况下将被清除（　　）。
    A. 发出 purge 命令或 flashback 命令
    B. 由于添加新的对象引起表空间不够
    C. 由于添加新的对象引起用户的空间配额不够
    D. 表空间需要扩展新区间来增长空间
28. 闪回版本查询是一个功能强大的工具，可以分析到什么时候执行了什么操作，它采用 VERSIONDS BETWEEN 语句来进行查询，常用的有（　　）。
    A. VERSIONS-UNDO
    B. VERSIONS-SCN
    C. VERSIONS-MAP
    D. VERSIONS-TIMESTAMP
    E. VERSIONS-POINT

第 9 章 Oracle 企业管理器（Oracle Enterprise Manager）

在前面的章节讲到的数据库管理员（DBA）的任务均是用 SQL 等语句操作来实现的，本章介绍进行 DBA 工作的方便工具——Oracle 企业管理器。Oracle 企业管理器（Oracle Enterprise Manager，OEM）提供了一个易于理解的、基于 Internet 标准的管理框架。它为管理员提供了一个稳定的控制台程序，一组实用的管理工具，并且能够帮助管理员进行检测、分析、解决可能发生的各种类型的问题。

本章介绍 Oracle 企业管理器的框架结构，如何配置企业管理器；通过企业管理器 DBA 如何管理数据库、用户、表和表空间及其他 Oracle 对象（如视图、索引和触发器）；维护、监视和调整 Oracle 环境；管理 OEM 网格控制（启动和访问 OEM 网格控制、使用网格控制监管全部 Oracle 环境、管理 Oracle RAC）等，以便用企业管理器全面管理 Oracle 数据库。

9.1 企业管理器的框架结构、安装及配置

9.1.1 OEM 的架构

1. 概述

Oracle 11g 的企业管理器（OEM 11g）是一个功能完善的 Oracle 数据库管理工具，可管理本地数据库环境和网格环境。Oracle 11g 的 OEM 主要包括下面的管理功能：

- 数据中心管理。
- 生命周期管理。
- 存储管理。
- 有效性管理。
- 性能管理。

从 Oracle 10g 开始，Oracle 对企业管理器做了很大的改进，除了功能上增强以外，结构上也发生了变化。不论在客户端还是服务器端都可通过浏览器启动管理器控制台。

Oracle 11g 的 OEM 提供了两种独立的控制方式：网格控制和数据库控制。

- 数据库控制是一个基于 Web 应用的企业管理器，用于管理 Oracle 11g 数据库。使用数据库控制可以监视一个 Oracle 数据库实例或集群的数据库。

- 网格控制用于集中管理Oracle环境的企业管理器控制，在网格控制内可访问多个目标数据库。网格控制可以管理本地数据库实例，也可管理网格环境数据库实例及RAC环境数据库实例。

使用OEM 11g网格控制的前提是必须首先安装资料档案库和管理服务以及管理代理。

2. 企业管理器OEM数据库控制

OEM 11g数据库控制一般适用于本地数据库的管理控制，它随着Oracle Database 11g一起安装。系统在创建数据库时就选用数据库控制作为默认的管理方式，并在创建数据库时创建一个资料档案库，同时，还安装用于本机管理的代理。

数据库控制的基本框架主要由以下两部分组成，如图9-1所示。

- 用于本地数据库或集群数据库的本地管理服务（Oracle management server，OMS），主要由J2EE应用服务器来实现。
- 安装在本地数据库内的管理资料档案库（Oracle management repository，OMR），用于为数据库控制管理数据存储。

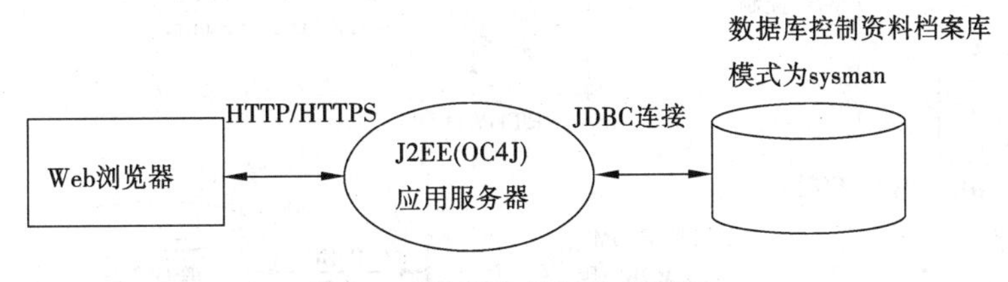

图9-1　数据库控制基本框架

3. 企业管理器网格控制

（1）企业管理器网格控制组件

企业管理器网格控制是一个专门用于监视和管理目标的集成性的解决方案，包括Oracle管理代理（Oracle management agents，OMA）、Oracle管理服务（Oracle management server，OMS）和Oracle管理资料档案库（Oracle management repository，OMR）以及网格控制台（grid control console）。其中，网格控制台是一个基于浏览器的集中式控制台，管理员可以通过网格控制台完成监视、管理以及配置等企业内所有的任务。企业管理器网格控制组件如表9-1所示。

表9-1　企业管理器网格控制组件

组　　件	作用和含义
网格控制台	通过使用网格控制台，管理员可以计算并管理网络内全部环境企业内的全部服务，包括主机、数据库、监听器、应用服务器、协作套件应用程序以及Web应用程序等，它们都可以得到轻松的管理
管理代理（OMA）	OMA是配置在需要被监视的主机上的一个进程。它监视主机上的所有目标，与中间层管理服务的数据通信以及管理和维护主机及其目标
管理服务（OMS）	OMS是一个J2EE Web应用程序，它为网格控制台提供了用户接口。它与管理代理一同工作，处理监视信息和作业信息并用管理资料档案库存储其管理数据

（续表）

组　　件	作用和含义
管理资料档案库（OMR）	Oracle 管理资料档案库是由 RDBMS 作业、包、过程、视图以及 Oracle 数据库内的两个表空间组成的，这两个表空间包含所有有关的管理员，目标以及在企业管理器内管理的应用程序等有用信息。管理服务（OMS）将其从管理代理（OMA）处接收到监视数据上传给管理资料档案库。管理资料档案库则有效地组织这些数据使其能被 OMS 查询并可以在网格控制台上显示。由于数据是存储在管理资料档案库内的，因此，这些数据可以被任何数量的管理员通过网格控制台所共享

（2）OEM 网格控制体系结构

OEM 提供了一套在 OAS 及其组件（如 OracleAS Web 高速缓存和 Oracle HTTP 服务器以及 OC4J）上完成配置管理的功能。企业管理器体系结构如图 9-2 所示。

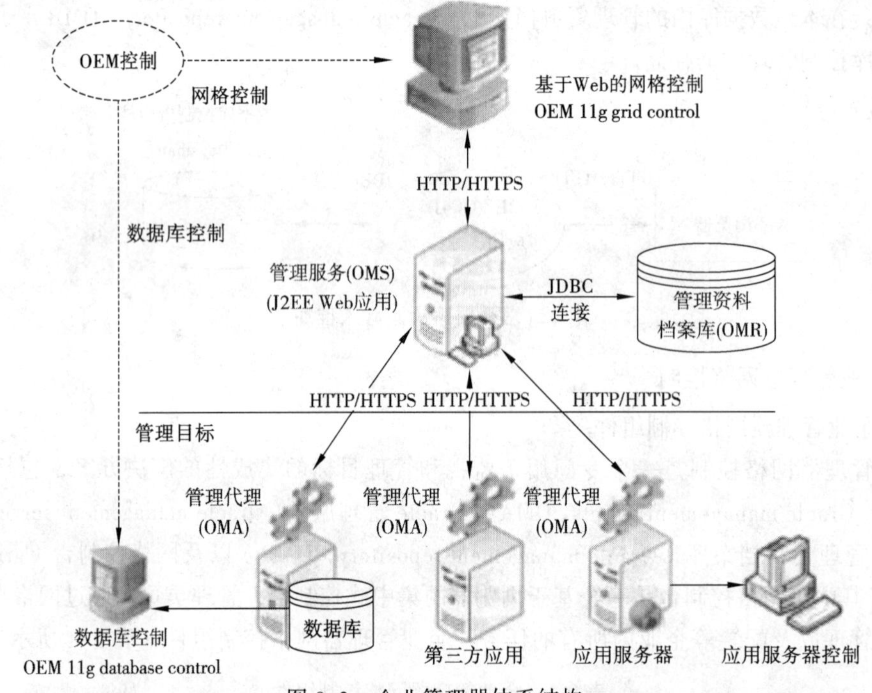

图 9-2　企业管理器体系结构

Oracle 管理代理 OMA 从 OAS 目标的配置文件中搜集配置信息，并通过 HTTP/HTTPS 将这些信息发送给 OMS，OMS 将搜集到的配置信息存储在管理资料档案库中，这些信息的搜集和更新是周期性的。除了搜集和跟踪 OAS 目标的硬件和软件安装信息外，企业管理器还跟踪 OAS 实例核心组件的详细配置信息，包括 OracleAS Web 高速缓存、Oracle HTTP 服务器以及 OC4J。对这些保存在管理资料档案库中的详细配置信息可以进行比较并查看这些核心组件之间的异同点。

使用网格控制可以跨应用服务器搜索配置并找出配置的差异，不论是 OAS 软件的安装/补丁版本间的不匹配，还是 OAS 核心组件的软件配置数据的不匹配。

（3）安装在一个独立主机上的网格控制组件

安装在一个独立主机的网格控制组件如图 9-3 所示。

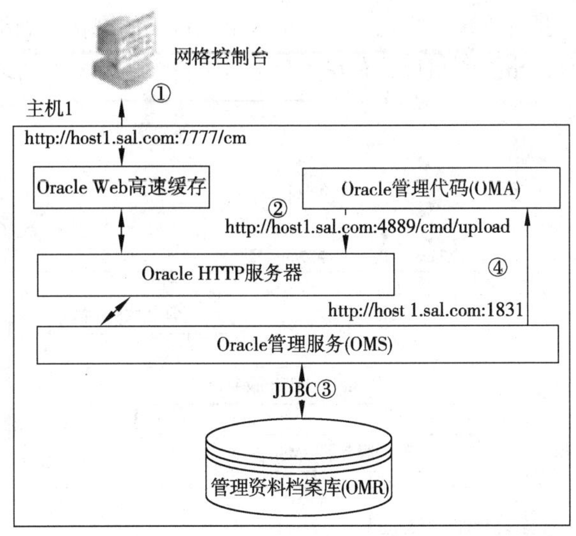

图 9-3　安装在一个独立主机上的网格控制组件

当安装网格控制组件在一个独立主机上时，管理数据是按照如下走向处理的：

① 管理员使用网格控制台监控并管理由每个主机上的管理代理发现的管理目标。网格控制台使用默认的 OracleAS Web 高速缓存端口（如 UNIX 中的端口号 7777，Windows 系统中的端口为 80）连接到 Oracle HTTP 服务器。管理服务将在需要时，使用网格控制台从管理资料档案库中查询数据。

② 管理代理是通过 Oracle HTTP 服务器上下载 URL 的方式装载数据，这些数据包括所有目标主机上的管理数据和管理服务以及管理资料档案库数据库。管理代理不经过 OracleAS Web 高速缓存直接将数据上载到 Oracle HTTP 服务器。默认的上载 URL 的端口号是 4889。上载 URL 是在下列文件中用 repository_URL 属性定义的，该文件在代理主目录下：

```
OMA_Home\sysman\config\emd.properties
```

③ 管理服务使用 JDBC 连接装载数据到资料档案数据库中，并从其中查询信息，所以，这些信息可以显示在网格控制台中。资料档案库连接信息是在下列文件中定义的，该文件在管理服务中：

```
OMS_Home\sysman\config\emoms.properties
```

④ 管理服务通过 HTTP 发送数据到管理代理。管理代理软件包括一个内置的 HTTP 监听器，该监听器为来自管理服务的信息监听管理代理。而管理服务绕过 Oracle HTTP 服务器直接与管理代理进行通信。如果管理代理是在远程系统上，则在管理代理主机上不需要 Oracle HTTP 服务器。

管理服务使用管理代理 URL 来监视管理代理，提交企业管理器作业以及其他管理活动。管理代理 URL 可用 emd.properties 文件中的 EMD_URL 属性来识别，该文件在管理代理主目录下：

```
OMA_Home\sysman\config\emd.properties
```

例如：

```
EMD_URL = http://host1.acme.com:1831/emd/main/
```

另外，默认情况下，管理代理的名字如同它出现在网格控制台上一样，是由管理代理的主机名和管理代理 URL 使用的端口号组成的。

（4）分布于多个主机上的网格控制组的件

在分布式环境下，管理资料档案库数据库是配置在一个独立的主机上进行远程管理的，它并不与管理服务争夺资源，且管理多个主机。分布于多个主机上的网格控制组件如图 9-4 所示。该环境带有一个管理服务且网格控制组件分布在多个主机上。管理服务与管理资料档案库数据库分别安装在不同的主机上。

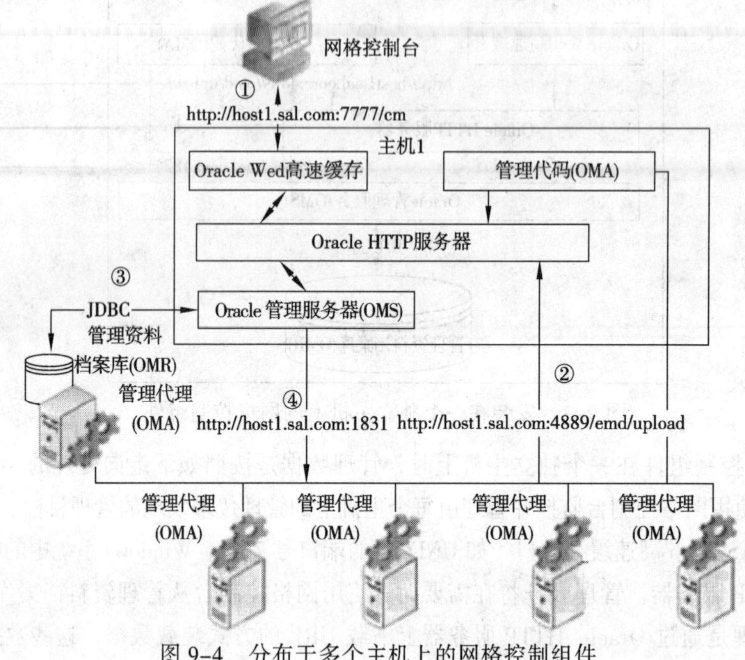

图 9-4　分布于多个主机上的网格控制组件

在分布式配置中，被管理目标的数据是沿着下列路径流动的，这些数据可被搜集、存储并用于网格控制台。

① 管理员用网格控制台来监视并管理目标，如同管理单个主机一样。

② 网络中包括管理资料档案库主机和管理服务主机在内的所有主机均安装了管理代理。管理代理通过管理服务上载 URL，将其数据上载到管理服务中。每个管理代理主目录中的 emd.properties 文件都定义了该 URL。上载 URL 绕过 OracleAS Web 高速缓存并直接通过 Oracle HTTP 服务器将数据上载。

③ 管理资料档案库被安装在一个单独的主机上，该主机专门用于管理资料档案库数据库。管理服务使用 JDBC 连接装载数据到管理资料档案库数据库，并从管理资料档案库中查询有关信息，从而显示在网格控制台上。远程连接是在管理服务主目录的 emoms.properties 配置文件中定义的。

④ 管理服务使用 HTTP 协议，通过管理代理 URL 直接与每个远程管理代理保持通信。管理代理 URL 在管理代理主目录的 emd.properties 文件中，用 EMD_URL 属性定义。每个管理代理包括一个内置的 HTTP 监听器，因此不需要在其所在主机上安装 Oracle HTTP 服务器。

9.1.2　OEM 的安装、配置及启动

1. OEM 11g 的安装、配置

安装 Oracle 11g 的企业管理器并不是很复杂，下面是 OEM 11g 的安装与配置过程。

（1）安装选择说明

如果没有安装 Oracle 代理部件，“数据库控制”就是默认的选择。当然，即使安装了管理代理，用户还是可以选择“数据库控制”来管理数据库。

（2）定制化安装

如果用户在安装过程中选择定制安装类型（Custom Installation Type）或高级数据库配置（Advanced Database）选项，则安装程序不显示 OEM 设备界面，而是用 Database Configuration Assistant（DBCA）交互模式创建数据库来替代设置。还可以在安装后用 DBCA 来配置数据库控制。但是，如果决定设置自己的数据库，建议手工安装“数据库控制”。

一般在 Oracle 系统安装完成后，OEM 11g 也就随之安装完成了，如图 2-11 所示是 Oracle 11g 安装过程中 DBCA 的提示界面。

从图 2-12 所示安装完成的界面中可以看出，用户可从 HTTPS 的主机名：1158 端口号来管理 Oracle 企业管理器。

（3）设置数据库控制

数据库控制采用各种潜在的技术手段发现、监视和管理 Oracle 数据库环境。可以监视和管理单个 Oracle 数据库实例，如可将数据库管理服务设置成能在本地数据库（或集群数据库）下工作。而要实现在本地管理整个分布的数据库环境，则需要在本地数据库中设置数据库控制资料档案库（Database Control Repository），如 9.1.1 小节所述。

在使用 OEM 11g 前，要确保能访问数据库控制资料档案库（用 SQL*Plus 测试），并保证与 NET Service 有关的参数文件可用，所需的有关配置文件主要有：listener.ora、sqlnet.ora、tnsnames.ora（可参见第 10 章），如表 9-2 所示。

表 9-2　与 NET Service 有关的参数文件

Windows 操作系统	Linux 操作系统	说　　明
LISTENER.ORA	Listener.ora	Oracle 服务器监听进程所需要的参数文件，一般存放在$Oracle_HOME/network 目录下
SQLNET.ORA	Sqlnet.ora	NET Service 所需要的参数文件，一般存放在$Oracle_HOME/network 目录下
TNSNAMES.ORA	Tnsnames.ora	访问 Oracle 实例所需要的参数文件，一般存放在$Oracle_HOME/network 目录下

OEM 11g 数据库控制使用实用程序 emca.bat 对与数据库控制有关的资料档案库等进行控制。表 9-3 为实用程序 emca.bat 常用的几个参数。

表 9-3　实用程序 emca.bat 常用的几个参数

命令格式	含　　义
emca-repos create	创建新的数据库控制资料档案库
emca-repos drop	删除当前的数据库控制资料档案库
emca-repos recreate	删除当前的数据库控制资料档案库，并重新创建一个
emca-cluster	对 RAC 数据库执行配置操作
emca-silent	在不提示参数的情况下执行配置操作
emca-backup	配置数据库的自动备份
emca-reconfig ports[-cluster]	重新明确分配数据库控制端口

（续表）

命令格式	含　义
emca-reconfig dbcontrol-cluster[-silent]	重新配置 RAC 数据库控制部署
emca-deconfig dbcontrol db [-repos drop][-cluster][-silent]	取消配置数据库控制
emca-deconfig centralAgent(db| asm)[-cluster][-silent]	取消配置中心代理管理
emca-config all db[-repos(create| recreate)][-cluster][-silent][-backup]	配置数据库控制和中心代理管理

2. 启动 OEM 11g

（1）Windows 环境中启动数据库控制

如果用户的环境是 Windows 操作系统，企业管理器（OEM）是一个后台管理服务，只要从“控制面板”的“服务管理”窗口中启动即可。

该服务与特定的数据库实例相关联。服务名的格式为：OracleDBConsole +<SID>，如 OracleDBConsoletest。

也可使用命令行 emct1 命令来启动或停止数据库控制。

① 设置 Oracle_sid 环境变量：

```
set oracle_sid = <SID>
```

② 启动数据库控制：

```
emct1 start dbconsole
```

③ 停止数据库控制：

```
emct1 stop dbconsole
```

例如：

```
set oracle_sid = test
C:\app\liu\product\11.1.0\db_1\bin>emct1 stop dbconsole
```

（2）Linux 环境中启动

如果用户的环境是 Linux，则用 emctl 命令来启动。

① 启动 OEM 11g：

```
[oracle@localhost ~] $ whoami
oracle
[oracle@localhost ~] $ emct1 start dbconsole
Oracle Enterprise Manager 11g Database Control Release 11.1.0.6.0
Copyright (c) 1996,2007 Oracle Corporation. All rights reserved.
https://localhost.localdomain:1158/em/console/aboutApplication
Starting Oracle Enterprise Manager 11g Database Control...... started.
------------------------------------------------------------------
Logs are generated in directory /oratest/app/oracle/product/11.1.0/db_1/localhost.
localdomain_orc1/sysman/log
```

② 关闭 OEM 11g：

```
$ emctl stop dbconsole;
Oracle Enterprise Manager 11g Database Control Release 11.1.0.6.0
Copyright (c) 1996,2007 Oracle Corporation.All rights reserved.
https://localhost.localdomain:1158/em/console/aboutApplication
```

```
Stopping Oracle Enterprise Manager 11g Database Control...
...Stopped.
```

③ 查看 EM 服务的状态：

```
$ emctl status dbconsole;
Oracle Enterprise Manager 11g Database Control Release 11.1.0.6.0
Copyright (c) 1996,2007 Oracle Corporation.All rights reserved.
https://localhost.localdomain:1158/em/console/aboutApplication
Oracle Enterprise Manager 11g is running.
-----------------------------------------------------------------
Logs are generated in directory /oratest/app/oracle/product/11.1.0/db_1/localhost.
localdomain_orcl/sysman/log
```

3. OEM 11g 的登录及主界面

（1）登录到 OEM 11g

登录到 Windows 环境中的 OEM 11g 的步骤如下：

① 输入登录地址。启动浏览器，如微软 Internet Explorer（以下简称 IE）6 或 Netscape，并输入主机名或 IP 地址后加“:”号再加默认的 1158 端口号。注意，Oracle 11g 的 EM 默认使用的是 HTTPS，而不是 HTTP。例如，https://172.18.2.239:1158/em。

注意：IP 地址需要以读者的实际 IP 进行替换。

② 系统弹出接受证书对话框，接受即可。

③ 以 sys 用户名、SYSDBA 的角色登录 OEM 管理系统，如图 9-5 所示。

图 9-5　登录 OEM 11g

（2）OEM 11g 主界面及功能简介

① OEM 11g 主界面如图 9-6 所示。

OEM 11g 主界面上方是各功能的显示，在 OEM 11g 中可以对 Oracle 系统进行“性能”、“可用性”、“服务器”、“方案”、“数据移动”等多方面的管理、调试、检测等工作。下方是预警提示，用光标将屏幕往上移动，可看到预警界面，如图 9-7 所示。

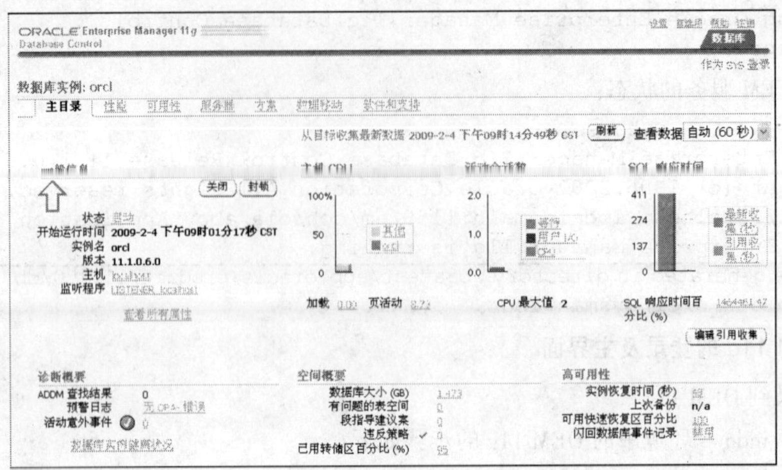

图 9-6　功能显示

▼预警
类别 所有 开始 严重 0 警告 0

严重性	类别	名称	影响	消息	预警触发时间
(无预警)					

▶相关预警

违反策略
全部 15　违反关键规则 12　关键安全补丁程序 0　相容性分数 (%) 98

作业活动
安排在过去的 7 天内启动的作业
已调度的执行 0　正在运行执行 0　挂起的执行 0　出问题的执行 0

主目录 性能 可用性 服务器 方案 数据移动 软件和支持

图 9-7　预警提示

②“服务器”选项卡如图 9-8 所示。

在 OEM 11g 主界面中的“服务器”选项卡包括“存储”、“数据库配置”、“Oracle Scheduler”、“Enterprise Manager 管理”、“资源管理器”等多个方面。在下面的几节中，还将简要介绍几个常见的 OEM 管理操作。

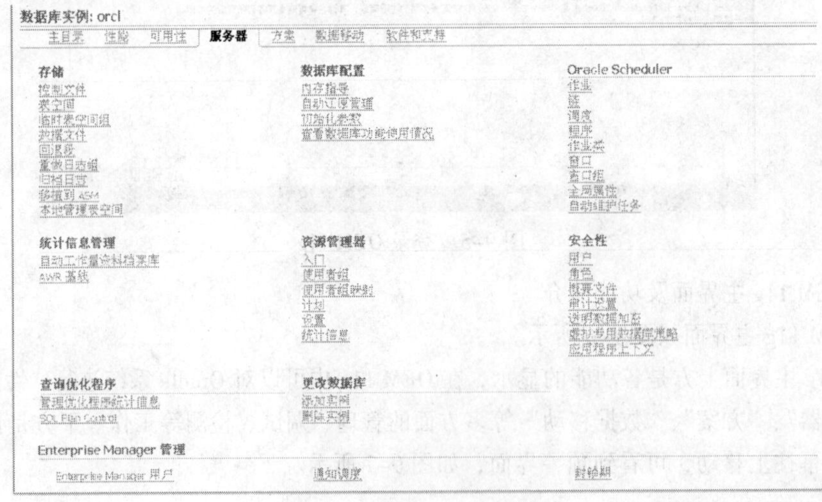

图 9-8　“服务器”选项卡

4．Oracle 9i OEM 的设置、登录、界面及使用

Oracle 9i 还有不少用户，故对比介绍一下其 OEM 的设置、登录、界面及使用。

（1）Oracle 9i OEM 的设置

与 SQL Server 企业管理器不同的是，安装完后，Oracle 9i 的企业管理器需要进行一定的设置才能使用。

进入 Oracle 9i OEM 的 OMS 的步骤如下：首先使用企业管理器配置辅助工具，单击“开始”→“程序”→Oracle→Configuration and Migration tools→Enterprise Manager Configuration Assistant 命令。配置资料档案库，选择“创建一个新的资料档案库”，单击“下一步”按钮；选择“在现有的数据库中创建”，系统提示需要连接到数据库，如图 9-9 所示。输入用户名：SYS、口令：Oracle 安装时 SYS 的新密码，服务：bpa:1521:bpadb（格式“服务器名:端口号:数据库 SID”），单击“下一步”按钮。

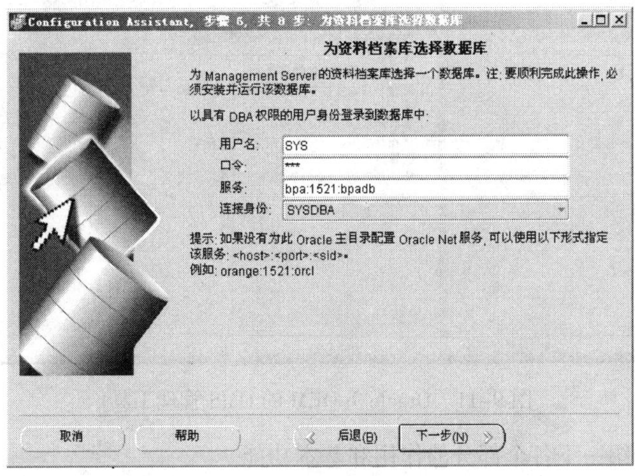

图 9-9　输入数据库连接信息

系统会自动连接资料档案库，并对输入的数据进行检验等工作。连接成功后进入“资料档案库登录信息”对话框。在这里输入想用来管理资料档案库的用户名和密码。系统开始创建资料档案库。创建完毕后，单击“关闭”按钮即可完成这个创建过程。

（2）Oracle 9i OEM 的登录

然后进行 Oracle Enterprise Manager 的登录，启动 Oracle Enterprise Manager 控制台，如图 9-10 所示，可以看到两种登录方式：

- 独立启动。
- 登录到 Oracle Management Server（服务管理器）。

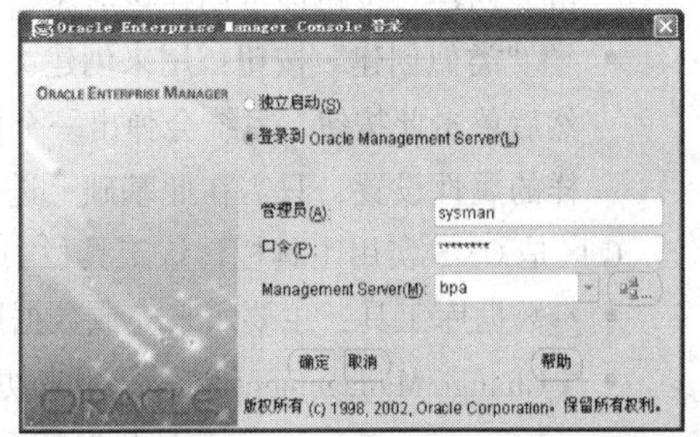

图 9-10　登录 Oracle 9i OEM

上述这两种方式实际上对应了 Oracle 企业管理器的两种部署方案，一种就是三层框架结构，这种方案对应的登录方式是“登录到 Oracle 服务管理器”；另一种方案就是对应于“独立启动”的客户机/服务器结构。若选择的是“独立启动”登录模式，则许多 Oracle 内置的管理工具是不能使用的。

现在选择“登录到 Oracle Management Server”，其初始默认的管理员是 sysman，该用户的密码是 oem_temp，输入后可登录到 Oracle 9i OEM 的 OMS。

登录后，界面如图 9-11 所示，与 Windows 资源管理器的界面比较相似，左边是这个系统的属性结构，右边是左边所选项的详细信息。单击“安全性”下的“用户”，选择一个用户，可以看到右边会出现该用户的详细信息。OEM 中还集成了许多 Oracle 数据库管理工具，单击“工具”菜单就可选择相应的工具，此外还可以单击窗口左边的工具图表进行选择。

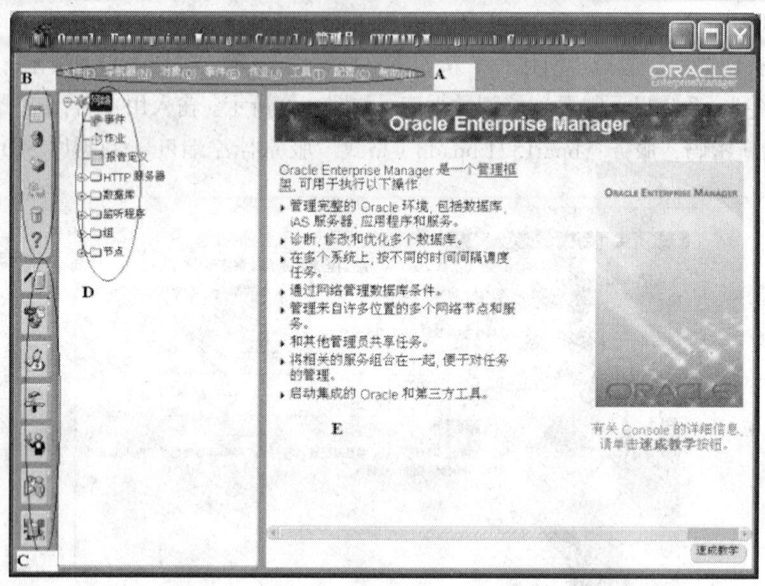

图 9-11　Oracle 9i OEM 的 OMS 管理工具

下面就界面来介绍一下各个部分的作用和基本功能。

A 区是 Oracle 9i OEM 的 OMS 的菜单栏，OMS 的几乎全部功能都可以在此实现，单击菜单栏中的菜单中可以打开其子菜单。子菜单中的许多选项可以通过直接使用快捷键来实现。

B 区是 OMS 的对象工具栏，它主要用来对 Oracle 的对象进行操作。图标的含义如下：

- “创建”按钮：用来创建各种数据库对象，当选择数据库结点下的数据库实例后，单击此按钮，会弹出“创建”对话框，选择要创建的数据库对象，再单击数据库对象，然后单击“创建”按钮即可创建该对象。
- “类似创建”按钮：用来创建类似对象，也就是说选择了一个数据库对象，如视图后，然后单击此按钮，系统会弹出一个创建视图的对话框，而且系统自动设置好了和原视图一样的属性设置，只需在此基础上进行修改即可。

C 区是 OMS 实用工具栏，该工具栏中包含 Oracle 中功能强大的各种工具：

- 数据库工具：主要用来完成数据库数据的备份、导入和导出等工作。
- Change Management Pack：用来切换 Oracle 的资料档案库。
- Diagnostic Pack：主要是数据库系统的诊断工具。
- Tuning Pack：主要是数据库系统的分析管理工具。
- 服务管理：主要是 Oracle 的网络服务和目录服务工具。

- 数据库应用程序：主要是数据库实用程序，如 SQL*Plus 等。
- 应用程序管理：主要是数据库的容量、性能检测和管理工具。

D 区是 OMS 的数据结点，它将本网络下的各个分支全部列出，Oracle 的数据库也处于该分支之中。

E 区是 OMS 的详细信息列表，当选择了某个对象后，该处会显示该对象相应的详细信息；而当选择一个分支时，则显示的是该分支的介绍文字。

（3）用 Oracle 9i OEM 管理 Oracle 9i 及对象

Oracle 的数据库对象的创建都可以在“创建”对话框中完成，具体步骤如下：

① 打开 Oracle 9i OEM 的 OMS 管理工具，选择数据库实例，单击工具栏中的“创建”按钮，即可弹出“创建”对话框。

② 在“创建”对话框中选择一种要创建的数据库对象，例如这里选择创建表对象。然后单击“创建”按钮，出现“创建表”对话框。任何一种数据库对象都有它一定的属性和效验规则，当选择创建一种特定的数据库对象后，在其“创建”对话框中就需要按照其特定的规则进行设置（在表、索引、视图等数据库对象的创建过程中，都有这种创建规则）。

下面来介绍一下数据库对象的删除。数据库对象的删除十分简单，只要选中要删除的数据库对象，然后右击该对象，在弹出的快捷菜单中选择“移去”命令。此时系统会弹出对话框，单击“是”按钮即可。

9.2　使用企业管理器管理 Oracle 系统

使用企业管理器可以方便地管理 Oracle 数据库的各种资源，执行数据库的各项操作。例如，数据对象的建立和调整、数据库的备份和恢复，以及数据库的参数调整等。这里介绍使用 OEM 11g 进行 Oracle 数据库及对象的管理。

9.2.1　建立和管理数据库（数据库配置、数据文件管理）

1. 数据库和数据库实例的建立

（1）使用 DBCA 创建数据库和数据库实例

使用 Oracle 的数据库配置助理（DBCA）即可方便地创建一个新的数据库实例，例如在 Oracle 11g 中具体操作步骤如下：

① 在 Oracle-OraDb11g_home1 菜单中选择“配置和移动工具”→“Database Configuration Assistant”命令（Oracle 9i 是在 Oracle 菜单中选择“Configuration and Migration Tools”→“Database Configuration Assistant”命令，9 步完成，Oracle 11g 是 15 步完成），系统弹出“欢迎”对话框，单击“下一步”按钮。

② 出现“操作”对话框，如图 9-12 所示。在此对话框中可以选择要执行的操作，如创建数据库、配置数据库选件（如图 9-20 所示，可修改数据库）、配置自动存储管理等。如果选择“创建数据库”选项，则可以创建新的数据库或模板。如果选择“管理模板”，则既可以选择简单模板也可以选择带有数据文件的模板。如果选择带有数据文件的模板，则可将数据库创建信

息另存为模板或脚本，可以稍后运行脚本来创建新的数据库。这里选择“创建数据库”选项，单击“下一步”按钮。

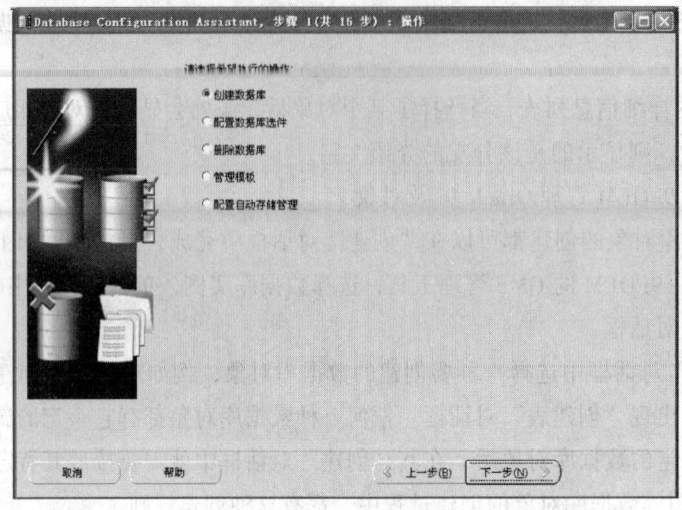

图 9-12　选择操作

③ 出现“数据库模板”对话框，模板是数据库的定义。在该对话框列出了三种模板供用户选择，如图 9-13 所示。

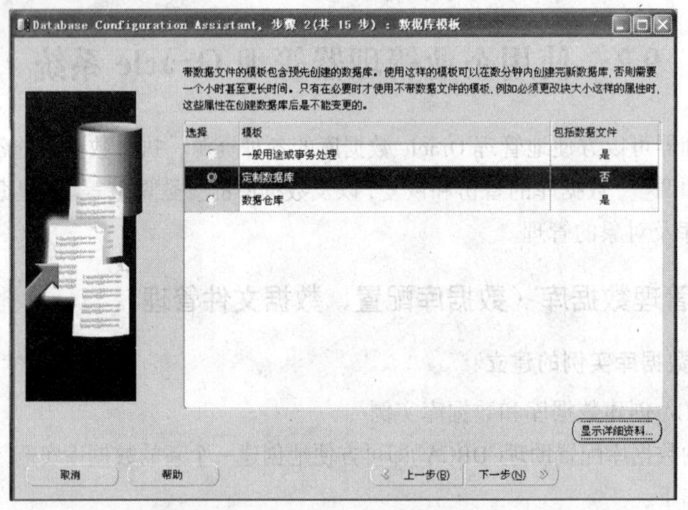

图 9-13　选择数据库模板

单击“显示详细资料”按钮，可以查看选中的模板的详细信息。在“模板详细资料”对话框中单击“另存为 HTML 文件”按钮，可以将显示的模板信息存储为 HTML 文件格式。

④ 在“数据库模板”对话框中单击“下一步”按钮，出现“数据库标识”对话框，如图 9-14 所示。这里输入一个新的 SID 号（8 个字符内的字母数字）即可，单击“下一步”按钮。

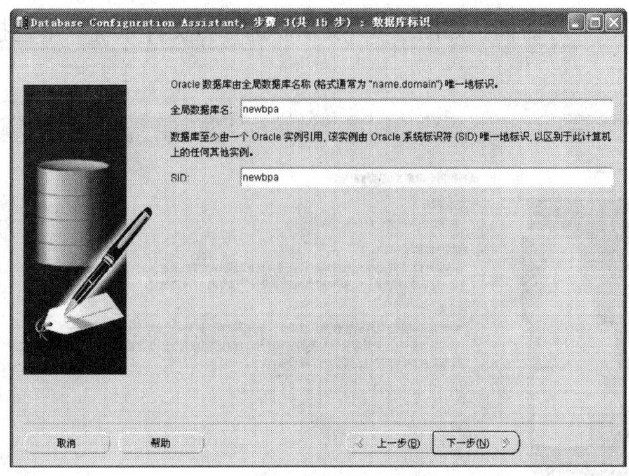

图 9-14 输入数据库 SID

⑤ 出现“管理选项”对话框，如图 9-15 所示。单击“下一步”按钮。

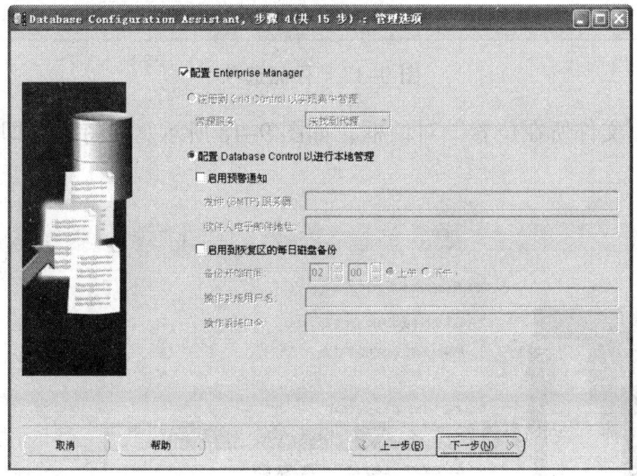

图 9-15 管理选项

⑥ 出现“数据库身份证明”对话框，如图 9-16 所示。输入口令，单击“下一步”按钮。

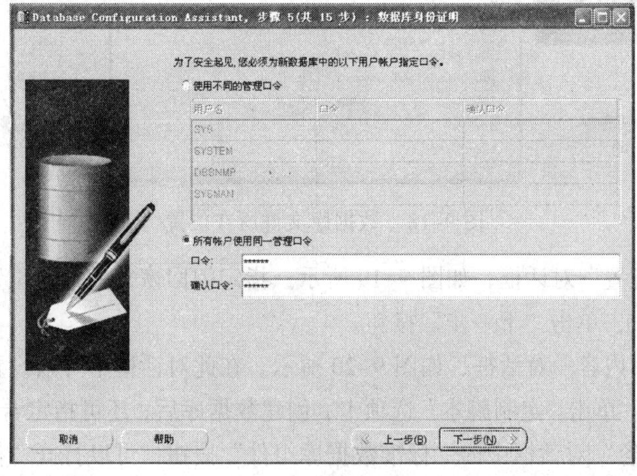

图 9-16 数据库身份证明

⑦ 出现“存储选项”对话框，如图 9-17 所示。选择“文件系统”单选按钮，单击“下一步”按钮。

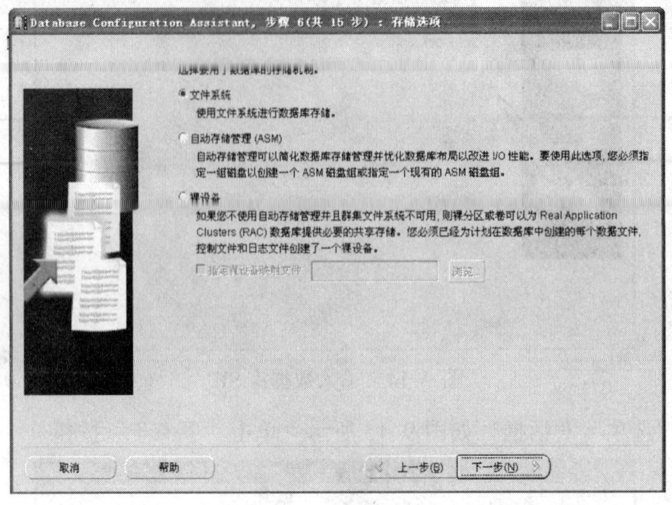

图 9-17　存储选项

⑧ 出现“数据库文件所在位置”对话框，如图 9-18 所示。保持默认即可，单击“下一步”按钮。

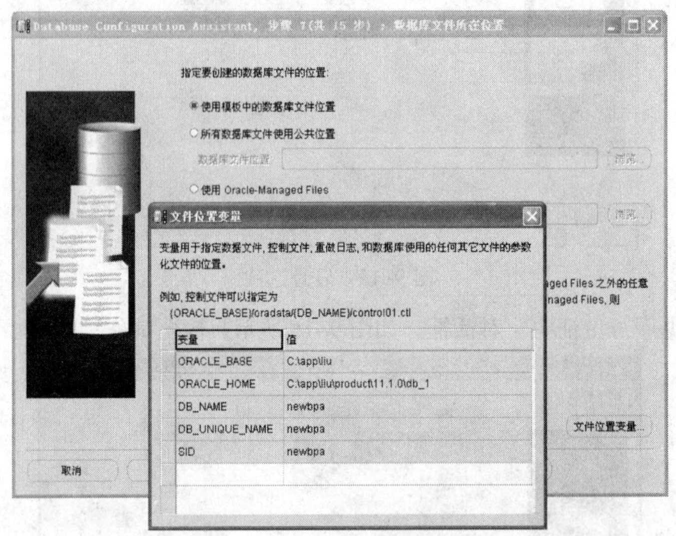

图 9-18　数据库文件所在位置

⑨ 出现“恢复配置”对话框，如图 9-19 所示。指定闪回恢复的存放位置，启用归档（用来设定日志相关的选项），单击“下一步”按钮。

⑩ 出现“数据库内容”对话框，如图 9-20 所示。在此对话框中可以设置将要新安装的数据库实例所包含的内容。单击“定制脚本”选项卡，创建数据库后，还可指定希望运行的 SQL 脚本。

单击“数据库内容”对话框中的“标准数据库组件”按钮，可以打开“标准数据库组件”对话框，在此可以设置选择数据库的标准组件。

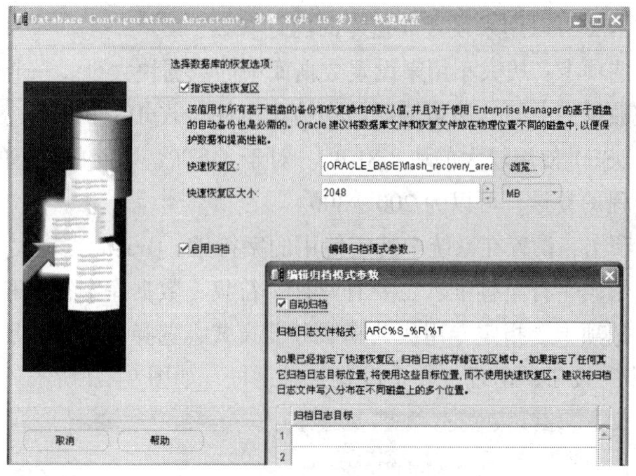

图 9-19 恢复配置

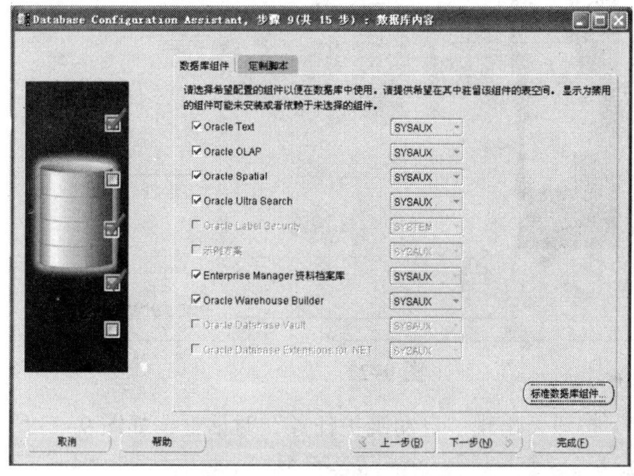

图 9-20 数据库内容

⑪ 单击“下一步”按钮，出现“初始化参数”对话框，如图 9-21 所示。这个对话框对于数据库实例整个的建立工作都是十分重要的，在这里可以设置众多的关于数据库实例的选项。其中：

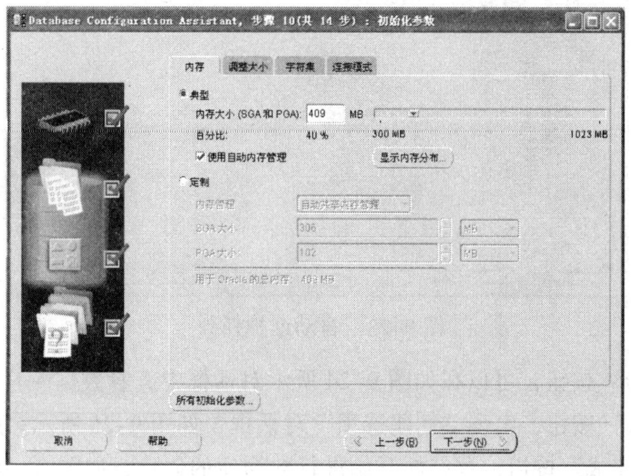

图 9-21 确定初始化参数

- “内存”选项卡：可以用来设置数据库的内存参数。
- “调整大小”选项卡：块大小用来设置数据库中的数据块大小。一个数据块对应磁盘上特定字节的物理数据库空间。该值将赋给初始化文件参数 DB_BLOCK_SIZE。Oracle 推荐决策支持系统（DSS）使用较大的块（8KB）。对于 OLTP，则使用较小的块（4KB）。进程数量用来设置进程的数量，可以为 200～300。
- “字符集”选项卡：设置在系统中特定使用的字符集。Oracle 支持大多数国家/地区、国际和厂商特定的编码字符集标准。主要有两种字符集：数据库字符集和国家/地区字符集。
- “连接模式”选项卡：指定专用或共享服务器模式，选择专用服务器模式。

⑫ 单击“下一步”按钮，出现“安全设置”对话框，如图 9-22 所示。保持默认即可。

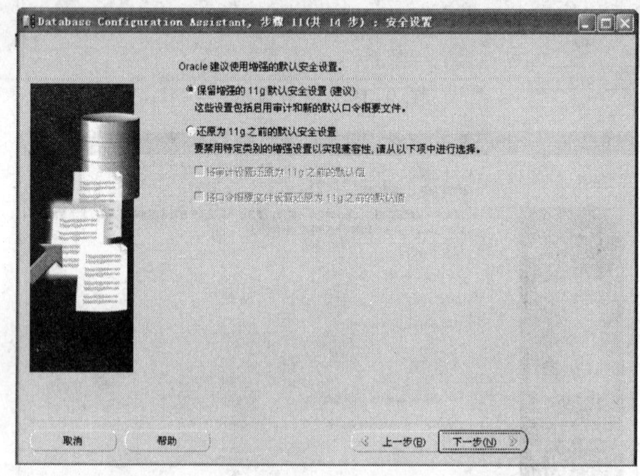

图 9-22　安全设置

⑬ 单击“下一步”按钮，出现“自动维护任务”对话框，如图 9-23 所示。保持默认即可。

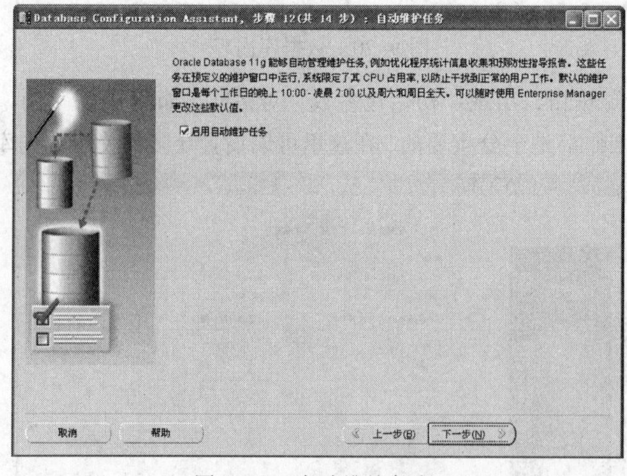

图 9-23　自动维护任务

⑭ 单击“下一步”按钮，可以在如图 9-24 所示对话框中查看数据库存储信息。

⑮ 单击“下一步”按钮，出现“创建选项”对话框，如图 9-25 所示。此时选中“创建数据库”复选框，单击“完成”按钮，系统便开始进行数据库的创建，如图 9-26 所示。稍微等待一些时间即可完成数据库的创建工作。

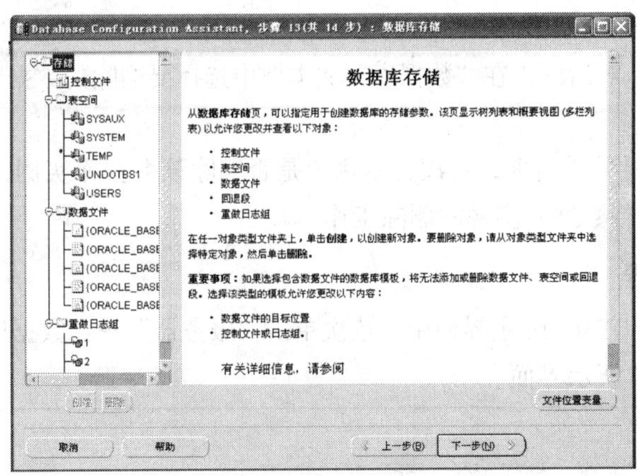

图 9-24　查看数据库存储信息

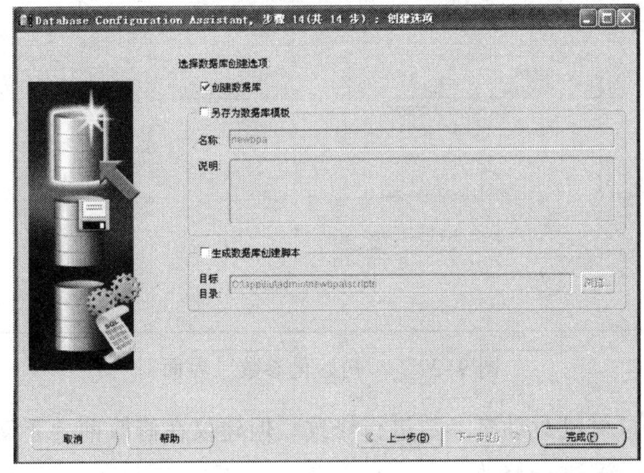

图 9-25　创建选项

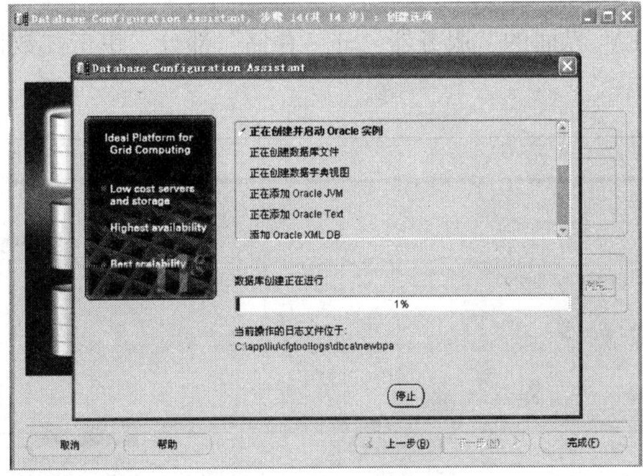

图 9-26　创建数据库

（2）删除数据库

删除数据库的操作也是通过 Database Configuration Assistant 来进行的，具体操作步骤如下：

① 打开 Database Configuration Assistant，在启动向导中单击“下一步”按钮，出现“操作”

对话框，如图 9-12 所示。在此对话框中选择“删除数据库”选项，单击“下一步”按钮。

② 弹出“数据库”对话框，在“数据库”文本框中选择要删除的数据库，然后单击“完成”按钮。

③ 弹出“提示概要”对话框，再次提示用户是否删除该数据库实例，单击对话框中的“确定”按钮，即可开始执行数据库实例的删除工作。

2. 数据库配置管理

如图 9-6 所示，在 OEM 11g 主界面中，依次单击“服务器”→“数据库配置”→“初始化参数”项，出现如图 9-27 所示界面。

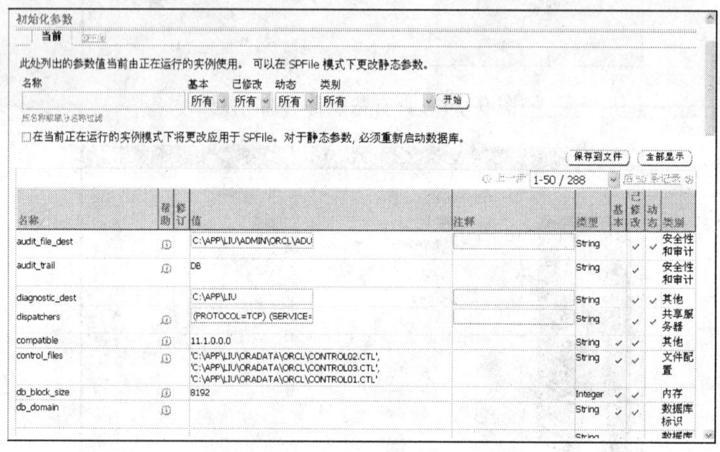

图 9-27 “初始化参数”界面

在这个界面中，用户可以对动态参数进行修改。但建议在修改前要了解参数的含义和值的范围，再根据环境的配置情况进行修改。

3. 数据文件管理

数据文件管理在 OEM 界面的“服务器”→“存储”部分，单击“数据文件”选项，结果如图 9-28 所示。

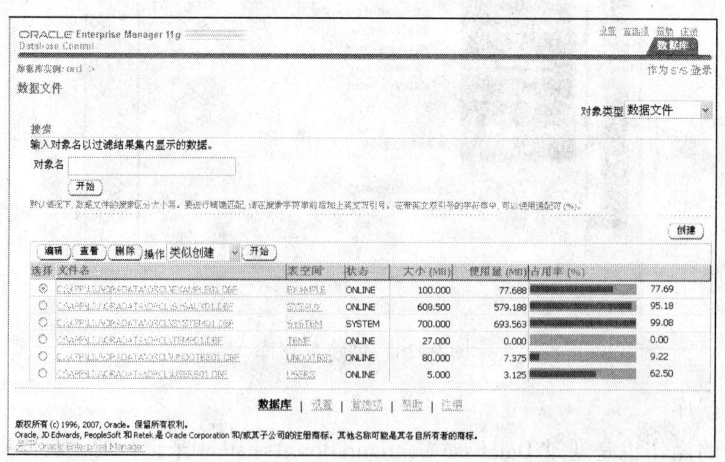

图 9-28 “数据文件”界面

在“数据文件”界面中，除了可以直观地看到数据文件与表空间的使用情况以外，还可以创建新的表空间，编辑、查看、删除表空间。如果希望生成创建表空间的 DDL 脚本，则先选中某个表空间，然后在操作窗口中选择“生成 DDL”，最后单击“开始”按钮，就会在下一个屏幕中看到所需的 DDL 命令。

9.2.2 数据库用户管理

Oracle 有一套严格的用户管理机制，新创建的用户只有通过管理员授权才能获得系统数据库的使用权限，否则该用户只有连接数据库的权利。正是有了这一套严格的安全管理机制，才保证了数据库系统的正常运转，确保了数据信息不泄露。下面介绍使用 OEM 11g 进行用户管理的方法。

在 OEM 11g 的“服务器→安全性”部分包括了“用户”、“角色”、“概要文件”、“审计设置”等方面的内容。而对于 Oracle 系统的 DBA 而言，使用最多的就是用户管理操作，比如创建用户、修改用户口令、给用户授权和角色等。单击“用户”选项，进入如图 9-29 所示的“用户”界面。

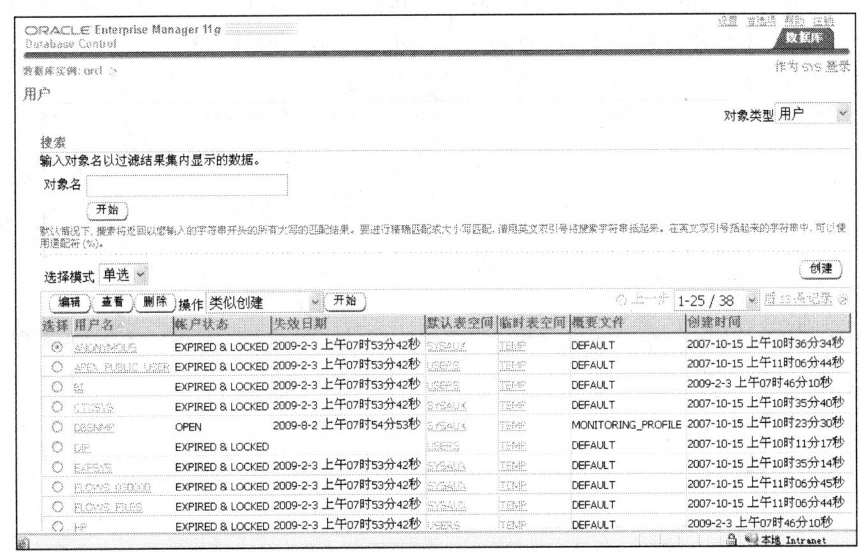

图 9-29 “用户”界面

在“用户”界面中，如果“账户状态”为“OPEN”，表示该用户是开放的；如果状态为“EXPIRED&LOCKED”，表示该用户过期或被锁住。在“用户”界面中，可以轻松地实现加锁、解锁，修改口令及创建新用户等操作。

1. 解锁用户

选中某个用户，比如 HR，单击“编辑”按钮进入“编辑用户”界面，如图 9-30 所示。可以在该界面中修改口令、默认的表空间、临时表空间等，选中“未锁定”单选按钮，最后单击“应用”按钮。如果仅仅是解除用户的锁定状态，也可以在“操作”中选择“解除用户锁定”选项，然后单击“开始”按钮，确认后即可解除锁定状态。

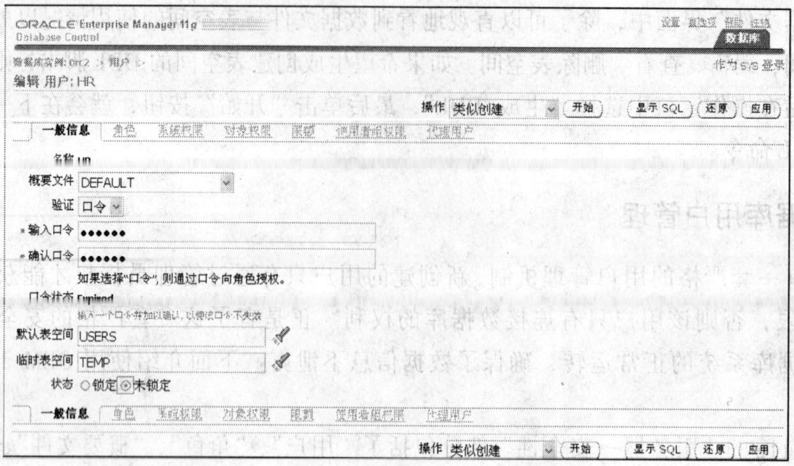

图 9-30　“编辑用户”界面

2．创建用户

在“用户”界面中单击“创建”按钮，进入“创建用户”界面，输入用户名、口令，选择默认的表空间和临时表空间，状态可以设置为“未锁定”，如图 9-31 所示。

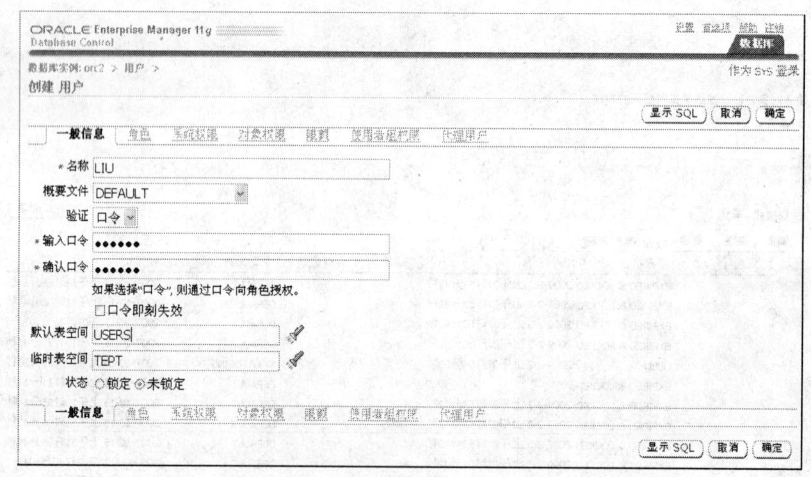

图 9-31　“创建用户”界面

（1）“角色”选项卡

“角色”选项卡主要用来设置用户所属的角色。单击“角色”选项卡，为新创建的用户选择角色对象，如图 9-32 所示。

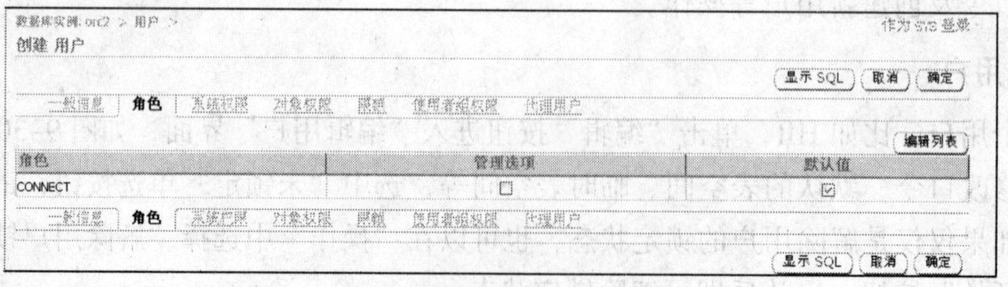

图 9-32　选择角色对象

单击“编辑列表”按钮，进入“修改角色”界面，如图 9-33 所示。创建初始用户时，系统赋予用户 CONNECT（连接数据库）的角色。要想将新的角色添加到该用户上，只需在“可用角色”列表中选中该角色，然后单击界面中部的“>”按钮即可；要想删除用户已授予的角色，只需选中该角色，然后单击界面中部的“<”按钮即可。

图 9-33　“修改角色”界面

（2）“系统权限”选项卡

“系统权限”选项卡用来设置用户访问系统的系统权限。本选项卡的使用方式与“角色”选项卡一样，请参照“角色”选项卡的使用。

（3）“对象权限”选项卡

“对象权限”选项卡是用来设置用户访问具体对象的权限的。Oracle 的对象包括类型、序列、快照、同义词、表、视图、函数、过程等，每种对象都有着不同的可用权限。例如，函数和过程有 EXECUTE 权限，视图有 DELETE、INSERT、SELECT、UPDATE 权限，而表有 ALTER、DELETE、INDEX、INSERT、REFERENCES、SELECT、UPDATE 等权限。请参照“角色”选项卡的使用。

（4）“限额”选项卡

“限额”选项卡可以指定用户在其中分配空间的表空间，以及用户在每个表空间中可分配的最大空间数量。如果不想让用户在所选表空间上有任何限额，可选择“无”选项。选择“无限制”选项，用户可以无限制地分配表空间中的空间。要指定特定的限额，可选择“值”选项，并在旁边的文本框中输入限额值。K 或 M 用来指定 KB 或 MB。

如果愿意，还可以继续选择其他选项，完成后返回“一般信息”选项卡，单击“确定”按钮，成功创建用户。

3．删除用户

使用 OEM 删除用户十分简单，在图 9-29 所示的“用户”界面选中要删除的用户并右击，在弹出的快捷菜单中选择“移去”命令，系统会弹出提示对话框，只需单击“是”按钮即可删除用户。

如果用户与某些对象建立了一定的关系，那么在删除用户时系统就会提示是否将用户与对象一起删除，单击“是”按钮即可删除用户与其相关的对象等。这种模式可以在 DROP USER 语句后面加上关键字 CASCADE 来实现。

9.2.3　方案和表管理

方案和表是 Oracle 中十分重要的基础内容，这里主要从 OEM 入手介绍如何进行其管理。关于一些实质性的概念和创建使用的 SQL 语句，请参阅相关章节中的内容。

1. 方案管理

Oracle 方案管理包括数据库对象的管理（表、索引等）、程序管理（包、过程、函数）及实体化视图、用户定义类型、XML DB 等多个内容，如图 9-34 所示。

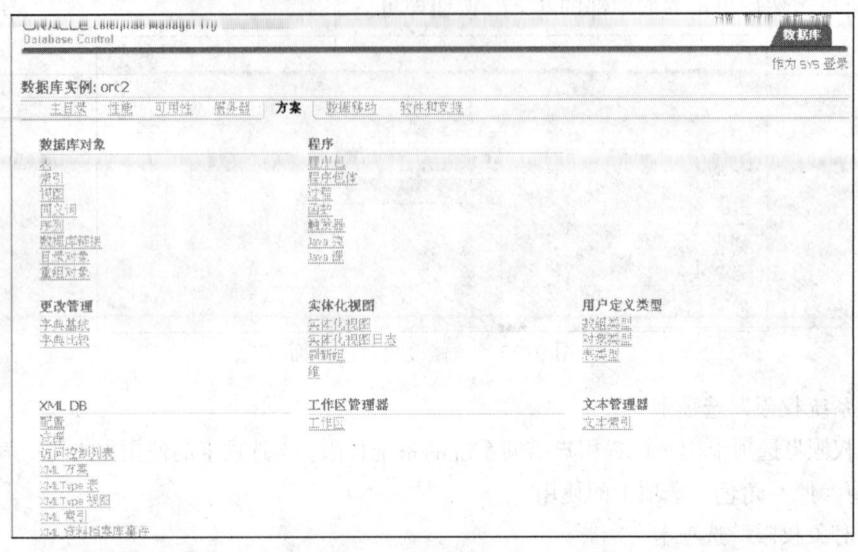

图 9-34 “方案”选项卡

利用“方案”选项卡，可以轻松地查看某个用户下每一种对象的信息。例如，要查看 SCOTT 用户的表信息，可以单击“数据库对象→表”选项，输入相关的查询条件进行查询，如图 9-35 所示。

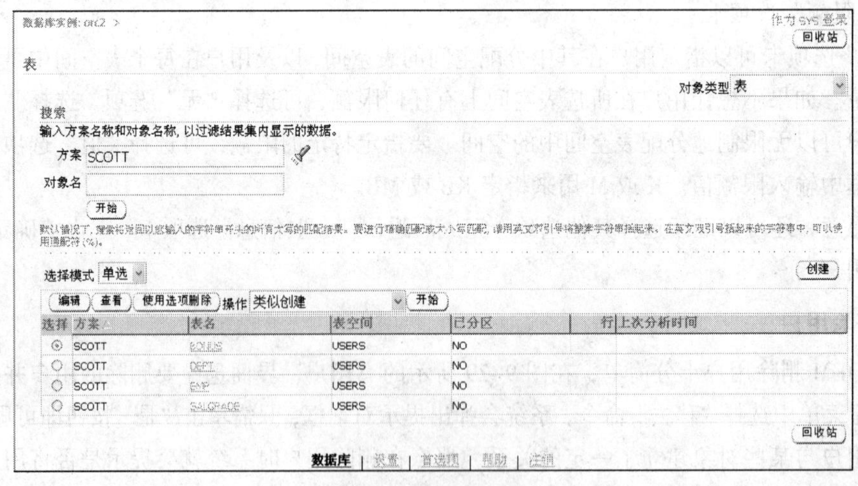

图 9-35 输入查询条件

这时可以在界面中选择某个表进行编辑操作，但是不建议对有用的表随便进行删除操作。

2. 表管理

每个 Oracle 数据库由一个表或一系列表组成。可以使用 Oracle Enterprise Manager 创建新表、编辑现有表的结构和参数或删除表。

（1）创建表

在 OEM 中创建表的具体步骤如下：

① 在 OEM 主界面中选择“方案→数据库对象→表→创建”选项，进入“创建表：表组织”界面，如图 9-36 所示。然后单击“继续”按钮，进入“创建表”界面，如图 9-37 所示。

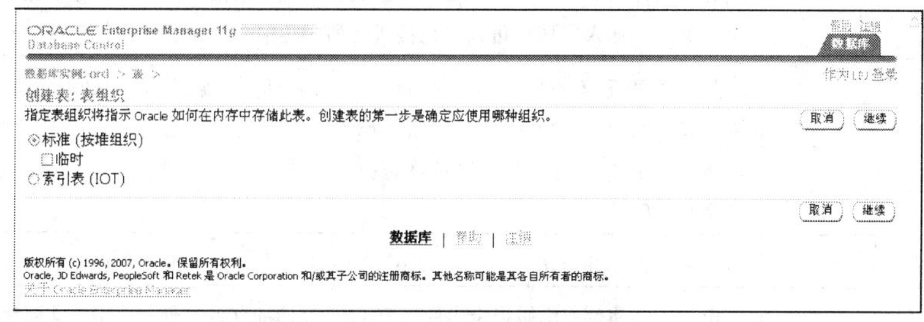

图 9-36　“创建表：表组织”界面

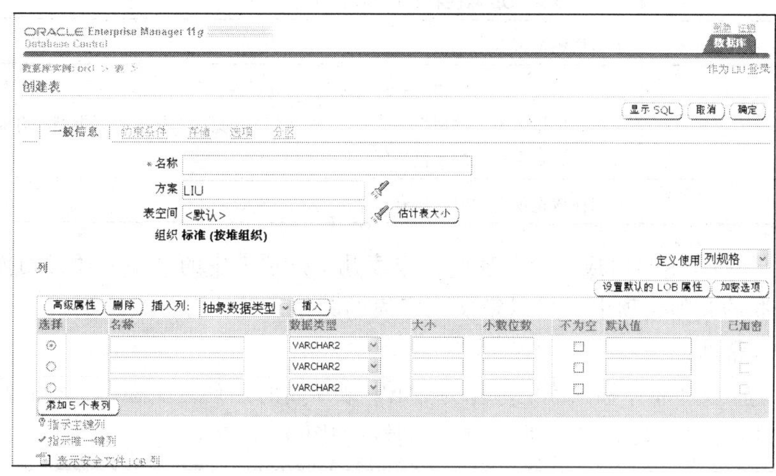

图 9-37“创建表”界面

使用“一般信息”选项卡可以：

- 定义表的主要属性，例如各个列定义以及表所在的方案和表空间。
- 通过在列规格中指定类型 XMLType，将表定义为包含该类型的列，或者可以通过在“定义使用”下拉列表中选择 XMLType 将表定义为 XMLType 表。还可以指定 XMLType 表或列是基于方案的还是不基于方案的。
- 估计要创建的表的大小。
- 设置列的加密选项。

“一般信息”选项卡显示的部分字段和按钮说明如表 9-4 所示。

表 9-4　“一般信息”选项卡显示的字段和按钮

元　　素	说　　　　明
表空间	输入表空间的名称。表空间在编辑模式中不可编辑
组织	显示在“创建表：表组织”界面中指定的表组织类型。可以从“标准（按堆组织）”中进行选择：这是普通（按堆组织）表，其数据存储为未排序的集合（堆）；也可以从”索引表（IOT）”中进行选择，这种表存储索引表列行的主键列值以及非关键字列值。还可以定义聚簇表或外部组织的表。这是“一般信息”页上仅供显示的字段

（续表）

元　　素	说　　　　明
插入列	允许添加抽象数据类型列或标准数据类型列。选择“抽象数据类型”时，可以查找抽象数据类型并将其添加到列。抽象数据类型列封装数据结构以及操作数据所需的函数和过程。单击“插入”按钮可以将列插入“列”表中
“列”表	显示为表定义的列。此表列出以下列：名称、数据类型、大小、小数位数、不为空、默认值、已加密。可以通过单击“添加 5 个表列”按钮向“列”表添加行。关键字图标指示列是“主键”列。复选标记指示列是“唯一关键字”列，锁标记指示列是“安全文件 LOB”列
“估计表大小”按钮	估计表的大小并显示“估计表大小”页。必须先定义所有列和存储参数
“设置默认的 LOB 属性”按钮	定义一些属性，用做指定表的所有 LOB 存储的默认属性。使用“设置默认的 LOB 属性”页可以设置 LOB 属性和 LOB 存储属性。
“加密选项”按钮	定义列的加密选项
“高级属性”按钮	允许定义“列”表中某一行的属性。“高级属性”页显示“一般信息”选项卡中的有效属性和应用于类型的属性。根据在“一般信息”页中选择的数据类型的有效属性类型，“高级属性”页中显示的字段有所不同
“显示 SQL”按钮	显示在该选项卡中输入所有信息后创建的 SQL 语法

“一般信息”选项卡是组成“表”属性工作表几个选项卡中的一个。通过切换到与“表”属性工作表关联的其他选项卡，可以定义指定表的其他设置。有关某选项卡的详细信息，请单击该选项卡的帮助。

② 在“名称”文本框中输入表的名称为 EMP，表所属的方案为 SYS，表空间为 SYSTEM，然后再定义 8 个列值（即字段），其字段名和数据类型如图 9-38 所示。

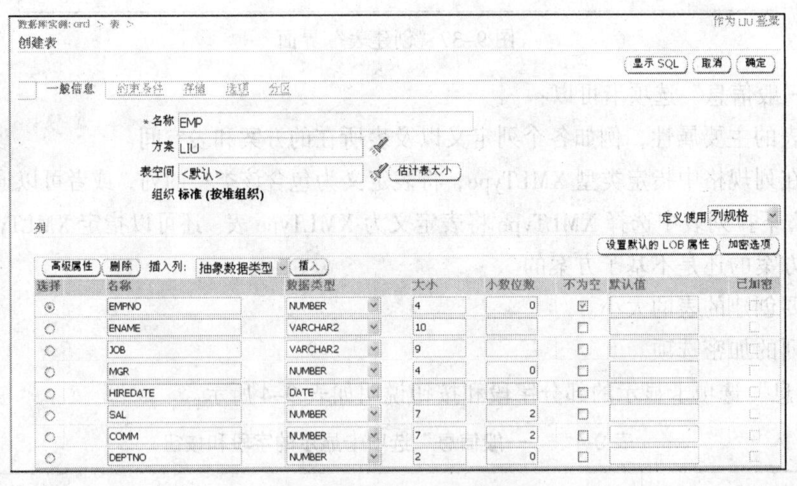

图 9-38　设置字段名和数据类型

③ 在“约束条件”选项卡中可以给表的字段加上约束条件，添加主键的具体方法是：在“约束条件”选项卡中选择类型为 PRIMARY，然后在“添加 PRIMARY 约束条件”页的“可用列”中选择一个要设置为主键的列名，然后单击界面中部的 > 按钮，可创建一个主键，如图 9-39 所示。

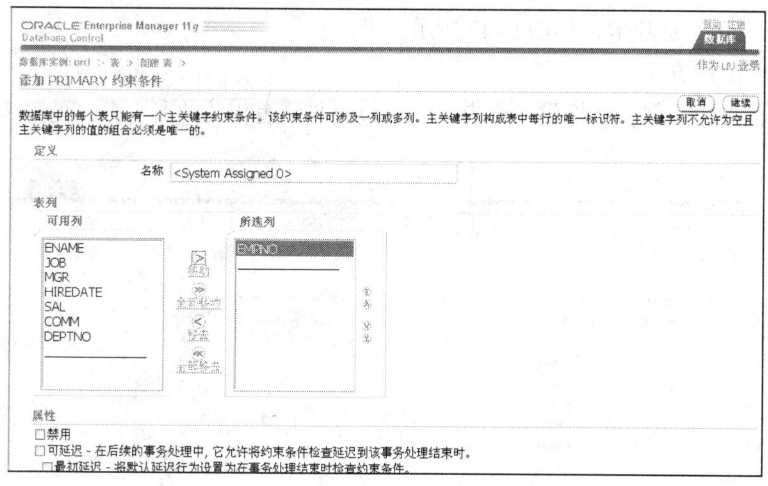

图 9-39　设置约束条件

④ 在“存储”选项卡中可以设置表存储参数，如图 9-40 所示。

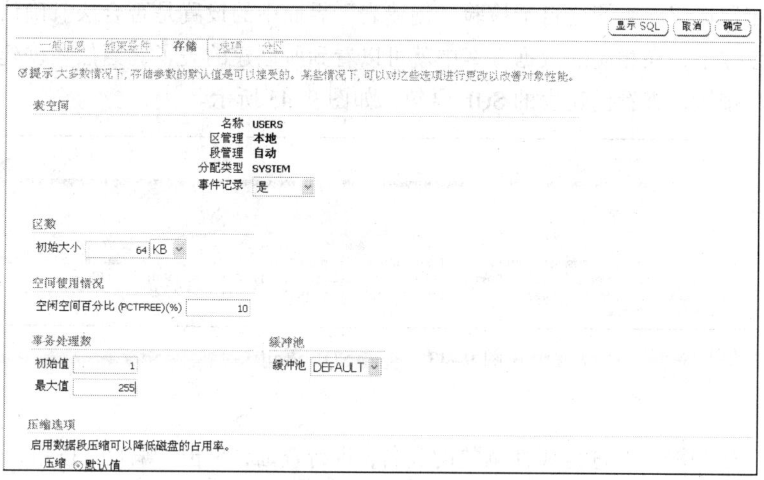

显示 SQL　取消　确定
一般信息　约束条件　存储　选项　分区
提示 大多数情况下，存储参数的默认值是可以接受的。某些情况下，可以对这些选项进行更改以改善对象性能。
表空间
名称 USERS
区管理 本地
段管理 自动
分配类型 SYSTEM
事件记录 是
区数
初始大小 64 KB
空间使用情况
空闲空间百分比 (PCTFREE)(%) 10
事务处理数
初始值 1
最大值 255
缓冲池
缓冲池 DEFAULT
压缩选项
启用数据段压缩可以降低磁盘的占用率。
压缩 默认值

图 9-40　设置存储参数

当然，读者也可以尝试使用自动计算，让 Oracle 自己对表进行分析，自动进行表容量的调整。

⑤ 使用“表”属性工作表的“选项”选项卡，如图 9-41 所示。可以：

- 启用选项以在创建对象或对对象执行 DML 时使用多个线程。
- 启用选项以允许将经常访问的数据放在缓冲区高速缓存的顶端。

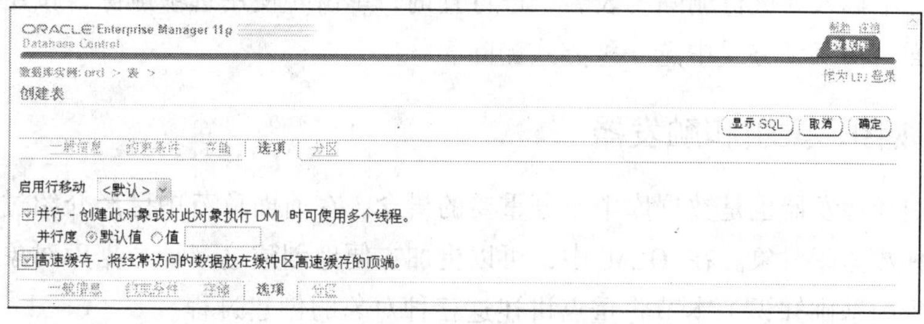

图 9-41　“选项”选项卡

⑥ 使用“分区”选项卡，如图 9-42 所示。可以：

• 定义表的分区方法。
• 列出分区方法和列，并提供一个表，其中包含与该表相关的所有分区的列表。

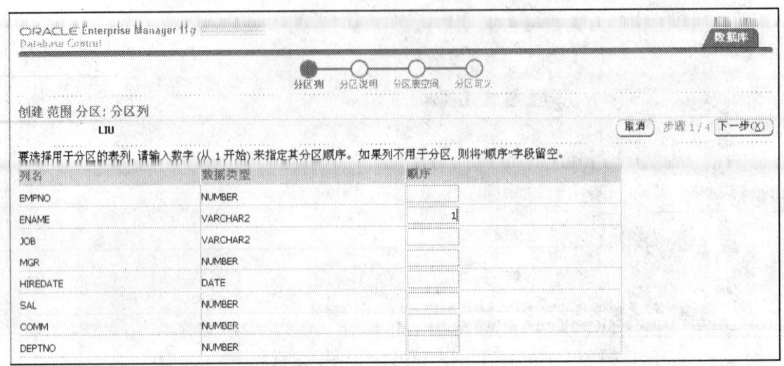

图 9-42　选择分区

单击“确定”按钮，系统会自动检验“创建表”界面中的设置是否合法。确认合法后，系统会提示表已经创建了，在相应的数据方案中就可以看到所创建的表了。当然在创建表之前，可单击“显示 SQL”按钮，查看创建表的 SQL 语句，如图 9-43 所示。

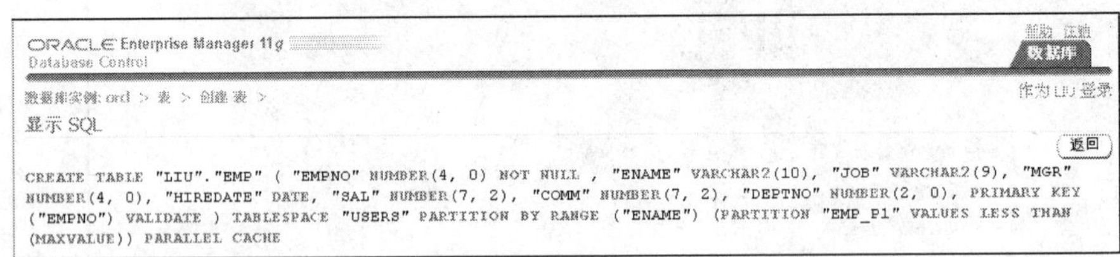

图 9-43　查看 SQL 语句

（2）调整表

① 在图 9-35 中输入要进行属性调整的表名，进行查询，单击“编辑”按钮，进入“编辑表”界面。

② 可以看到“编辑表”界面与“创建表”界面十分相似，此时只需要选择要调整的属性，然后做出相应的调整即可。调整完毕后单击“应用”按钮，系统会检验所做的修改是否合法，如果合法，系统就会做出相应的表调整。

（3）删除表

在图 9-35 中输入要进行删除的表名，进行查询，单击“使用选项删除”按钮，进入“使用选项删除”界面，在三种方式中选一种方式删除表。

9.2.4　管理视图、索引和触发器

视图、索引和触发器也是数据库中十分重要的概念，在前面章节中已经介绍过如何使用 SQL 语言创建这三种数据库对象。在 OEM 中，可以更加方便地创建这三种数据库对象，当然前提是具有这三种对象的基础知识。本节将重点讲述这三种对象的创建过程。

1．视图管理

可以通过以下方法创建视图：

① 在 OEM 主界面中选择“方案”→“数据库对象”→“视图”→“创建”选项，打开“创建视图”界面，如图 9-44 所示。

② 在“一般信息”选项卡中输入视图的名称和所用的方案，在“查询文本”中输入相应的语句，在“别名”处还可以设置视图的别名。

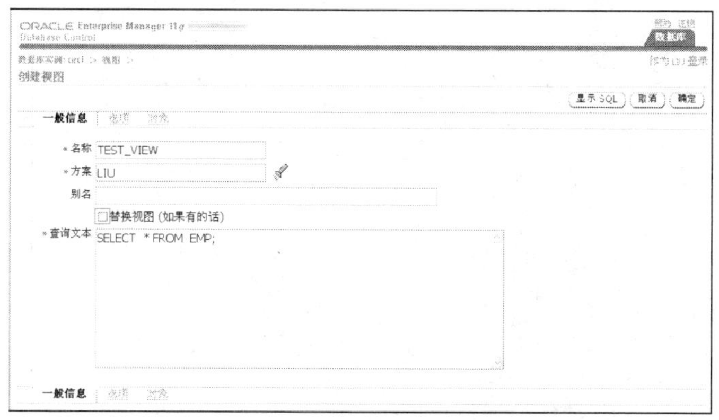

图 9-44　“一般信息”选项卡

③ 在“选项”选项卡中可以指定选项或设置对视图的约束条件，如图 9-45 所示。

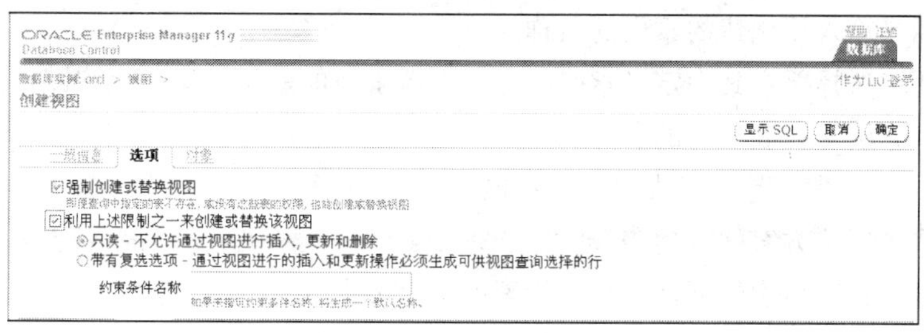

图 9-45　“选项”选项卡

选项包括：

- 强制创建或替换视图：选中该复选框后，可指定创建或替换视图，而无须考虑视图基表是否存在或包含该视图的方案所有者是否具有权限。在编辑模式下，只有在更新视图定义的情况下选中“强制创建或替换视图”复选框，SQL 语句才会修改视图。如果不修改视图定义，则选中/取消选中“强制创建或替换视图”复选框都不会执行任何 SQL 语句。
- 只读：选择该项后，指定在视图中不能执行任何删除、插入或更新操作。
- 带有复选选项：选中该项后，指定在视图中执行插入和更新操作必须能使视图查询可以选择行。如果该视图的查询中包含子查询或者该视图基于其他视图，那么 CHECK OPTION 不能保证以上指定有效。
- 约束条件名称：指定分配给 CHECK OPTION 约束条件的名称。

④ 对象”选项卡：通过对象视图，可以像关系数据存储为对象类型一样检索、更新、插入和删除关系数据。还可以使用属于对象数据类型（例如对象、REF 和集合）的列定义视图。

⑤ 创建完成，单击“确定”按钮即可完成视图的创建。

2．索引管理

可以通过以下方法创建索引：

① 在 OEM 主界面中选择“方案”→“数据库对象”→“索引”→“创建”选项，打开“创建索引”界面。

② 在“创建索引”界面中使用“一般信息”选项卡在表或集群的一个或多个列上和列表达式上定义索引，如图 9–46 所示。

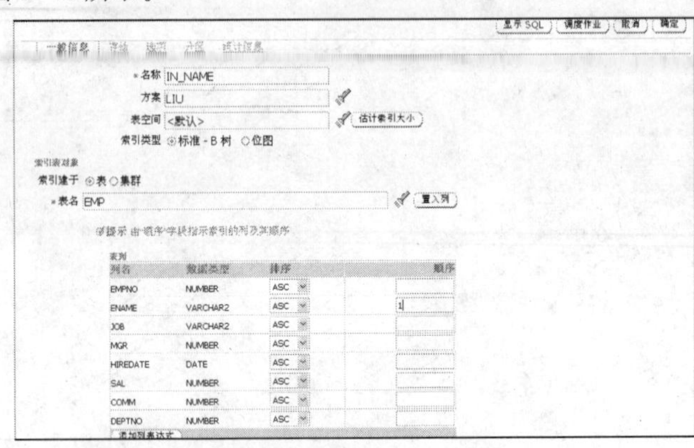

图 9–46　创建索引一般信息

“一般信息”选项卡中的属性说明如下：

- 名称：用来输入要创建的索引的名称。
- 方案：用来选择要在其中定义索引的方案。新索引的默认方案是用户默认方案。
- 表空间：索引所属表空间的名称。
- 表/集群：指定索引是置于表中还是集群中。
- 表名：属于所选方案的可用表。
- 表列：显示在表格中的列名。从作为索引的表中提取。
- 数据类型：指定索引中元素的数据类型。
- 顺序：为索引所选的类列的次序。它们是可编辑的。

③ “存储”选项卡用来设置索引的存储参数，如图 9–47 所示。由于索引也是一种数据库对象，因此它和表一样也有存储的要求，具体设置与表设置十分类似，请参照表的设置。

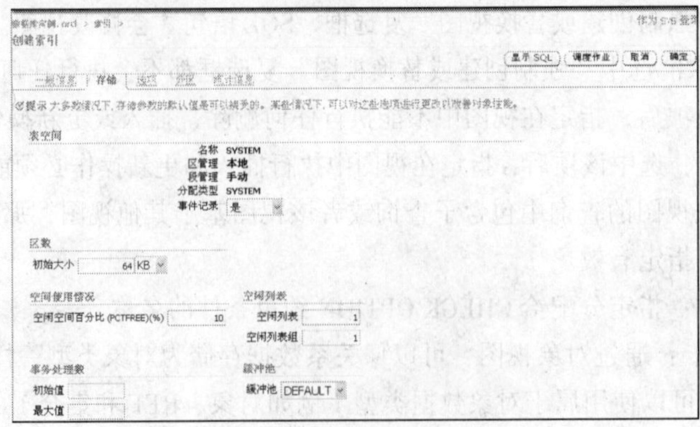

图 9–47　创建索引存储参数

④ “选项”选项卡是用来设置索引选项和执行选项的，如图 9-48 所示。其中包括：

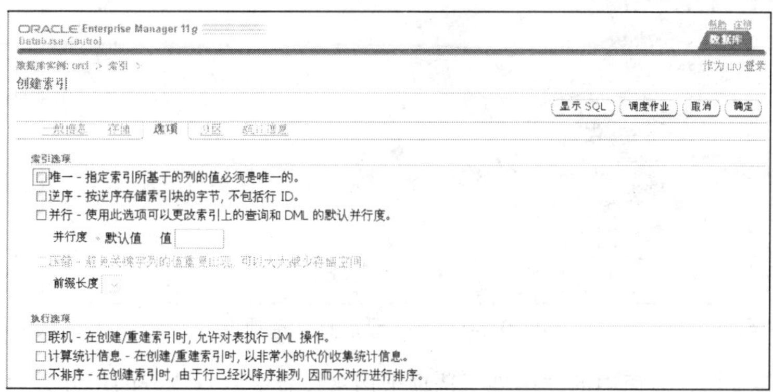

图 9-48　“选项”选项卡

- 唯一：指定表中将被索引的列（或列组合）的值必须唯一。
- 逆序：如果选中该选项，将创建逆序关键字索引。与标准索引相比，创建逆序关键字索引在保持顺序的同时会颠倒已索引的每列的字节（ROWID 除外）。
- 不排序：如果选中该选项，则向 Oracle 表明存储在数据库中的行按升序排列，因此创建索引时不必对其排序。

⑤ “分区”选项卡是用来对索引进行分区的分区列，并对索引进行排序，可以自动生成表分区的索引，如图 9-49 所示。

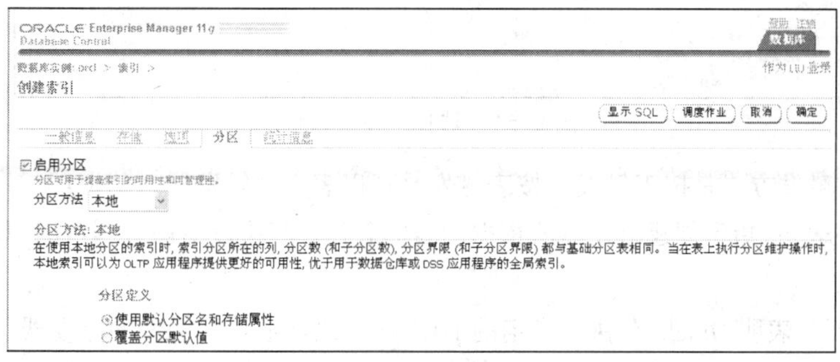

图 9-49　选择创建索引分区

⑥ 各种设置完成后，单击“确定”按钮，即可完成索引的创建。

索引创建完毕后，可以在表的相关信息中看到刚才创建的索引，打开 EMP 表下的索引项，在此即可看见刚才创建的索引 ID_INDEX。

3. 触发器管理

可以通过以下方法创建触发器：

① 在 OEM 主界面中选择“方案”→“程序”→“触发器”→“创建”选项，打开“创建触发器”界面。

② 在“创建触发器”界面的“一般信息”选项卡中可以定义触发器的主要特性，如触发器名称、触发器所属的方案和触发器主体。其中触发器主体是指定义 Oracle 在触发器时执行的 PL/SQL 块，如图 9-50 所示。

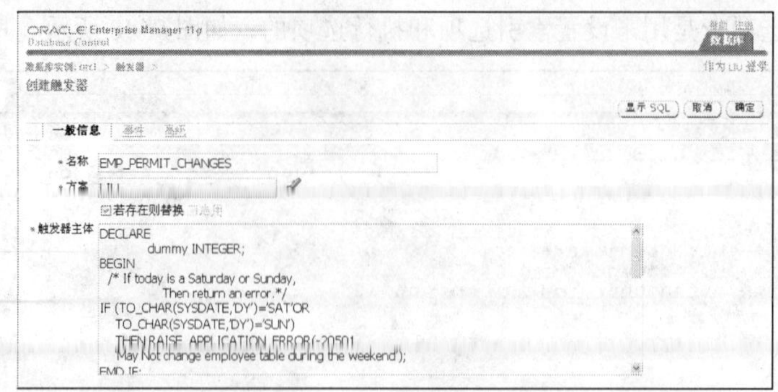

如图 9-50 “一般信息”选项卡

③ “创建触发器”界面中的“事件”选项卡用来设置触发器执行的事件方式，如图 9-51 所示。

图 9-51 选择触发器事件

默认的事件触发方式是按表触发，按表触发是指以表定义触发器。其中：

- 表（方案表）：指定创建触发器所依据的表的名称。其中以 SYS 方案为依据的触发器无法创建。
- 早于/晚于：表明 Oracle 在执行指定的 DML 语句之前或之后触发的触发器。
- 插入：表明 INSERT 语句无论何时将行添加到表，Oracle 都会触发触发器。
- 删除：表明 Oracle 在执行 DELETE 语句之前或之后触发触发器。
- 列更新：表明 UPDATE 语句无论何时更改列表中选中的列的值，Oracle 都会触发触发器。该列表只有在“更新”复选框被选中时才启用和置入。

如果将触发方式设置为“视图”，则是指定视图以定义所选视图的触发器。如果将触发方式设置为按方案触发，则是指定方案以所选方案的触发器。如果将触发方式设置为按数据库触发，则可以定义整个数据库的触发器。

④ “创建触发器”界面中的“高级”选项卡用来设置指定启动触发器的条件。其中：

- 逐行触发：选中后，将该触发器指定为行触发器。Oracle 为每个受触发语句影响的行触发一次触发器，并满足“条件”中定义的可选触发器约束条件。未被选中时，触发器是一个语句触发器，并且当发生触发语句时只触发一次（假定符合可选触发器约束条件）。
- 旧值为默认相关名称 OLD 的新名。

- 新值为默认相关名称 NEW 的新名。可以使用 PL/SQL 块中的相关名称和行触发器的 WHEN 子句，来专门引用当前行的旧值和新值。默认相关名称为 OLD 和 NEW。
- 条件：用来指定触发器限制。触发器限制包含必须满足 Oracle 触发触发器的 SQL 条件。该条件必须包含相关名称而不包含查询。可以只为行触发器指定触发器限制。Oracle 为每个受触发语句影响的行评估该条件。

设置完成后，单击“创建”按钮即可创建触发器。

Oracle 是一个十分庞大的数据库系统，在它内部有许多数据库对象，前面介绍的表、视图、索引和触发器只是其中的一小部分。其他数据库对象的管理方法大同小异。

9.3　使用企业管理器维护 Oracle 系统

本节介绍如何使用 OEM 来进行 Oracle 数据库常见的维护工作，包括本地表空间的管理，以及查看预警文件信息等。

9.3.1　管理（本地）表空间

表空间的管理是 DBA 的一项重要工作，依次单击 OEM 主界面中的“服务器”→“存储”→“表空间”选项，可以进入表空间的管理界面，可以对表空间的信息进行浏览、编辑，以及为表空间添加新的数据文件及创建新的表空间等操作，如图 9-52 所示。

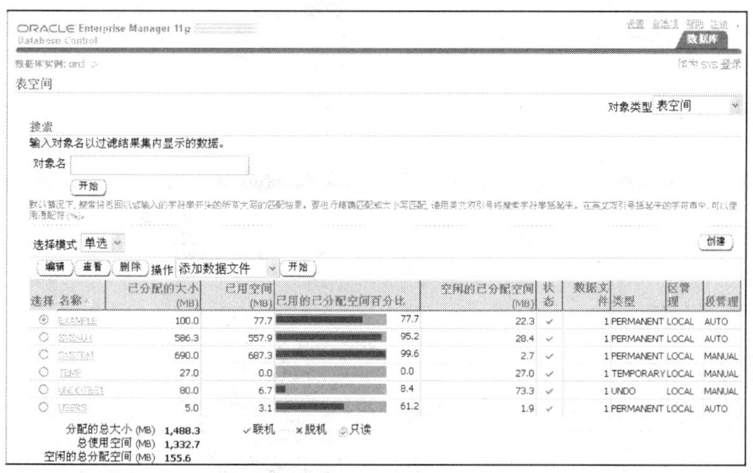

图 9-52　表空间管理界面

依次单击 OEM 主界面中的“服务器”→“存储”→“本地管理表空间”选项，可以进入本地化表空间的管理界面。本功能主要针对 Oracle 8i/9i 版本中字典类型表空间和本地类型表空间并存的情况进行管理。Oracle 11g 的 OEM 可以帮助将字典类的表空间自动转换成本地类型管理的表空间，如图 9-53 所示。

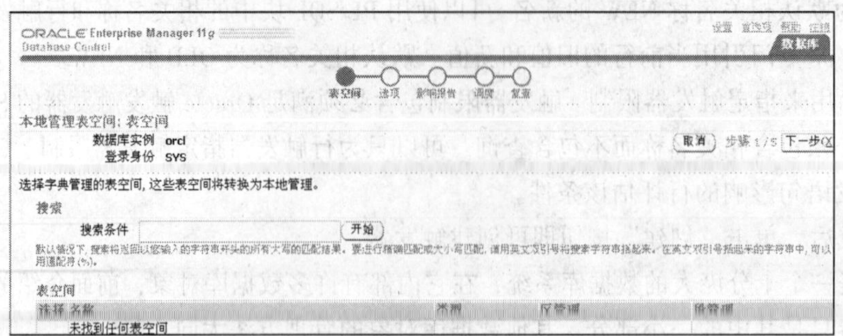

图 9-53　本地管理表空间

9.3.2　浏览预警文件信息

预警文件是 Oracle 系统自动记录的一个用于帮助 DBA 检查错误的文本文件。由于文件信息是自动记录的，系统在运行中出现的错误不容易被 DBA 发现，建议用户经常用 OEM 浏览信息。在 OEM 主界面的“相关链接”中，有“查看预警日志内容”选项，单击进入相关页面查看即可，如图 9-54 所示。

ORACLE Enterprise Manager 11g
Database Control

设置 首选项 帮助 注销
数据库

数据库实例: orcl >
查看预警日志内容

作为 SYS 登录

页刷新 2009-2-4 下午09时42分00秒　刷新　定制日志位置

日志位置 C:\app\liu\diag\rdbms\orcl\orcl\alert
修改时间 2009-2-4 21:05:14 (UTC+08:00)
大小 (MB) 0.39

日志文件内容
查看条目 最后 50 个　开始　搜索

上一步 1-25 / 50 后 25 条记录

时间戳	类型	级别	意外事件 ID	组	消息 ID	消息文本
2009-2-4 21:05:14 CST	NOTIFICATION	16		process start	ksbrdp:3529:3697353022	CJQ0 started with pid=37, OS id=3192
2009-2-4 21:05:14 CST	NOTIFICATION	16		process start	ksbs1p_real:2135:2371767696	Starting background process CJQ0
2009-2-4 21:03:20 CST	NOTIFICATION	16		admin_ddl	opiexe:2995:2802784106	Completed: alter database open
2009-2-4 21:02:37 CST	UNKNOWN	16				db_recovery_file_dest_size of 2048 MB is 0.00% used. This is a
2009-2-4 21:02:37 CST	UNKNOWN	16				user-specified limit on the amount of space that will be used by this
2009-2-4 21:02:37 CST	UNKNOWN	16				database for recovery-related files, and does not reflect the amount of

图 9-54　查看预警日志内容界面

9.4　使用企业管理器进行性能调整

在 Oracle 10g 和 Oracle 11g 中，增强了自动管理的功能，将数据库优化集成到了 OEM 中，这就避免了 DBA 记忆大量的数据字典和输入长长的 SQL 语句，从而实现系统的自我管理。

Oracle 11g 的 OEM 在性能管理方面主要提供了：主机使用情况曲线、Oracle 会话使用曲线、实例 I/O 吞吐曲线等。单击“性能”选项可以查看相应的曲线图，如图 9-55 所示。

在该界面中，用户还可以查看 CPU 及 I/O 等统计图。

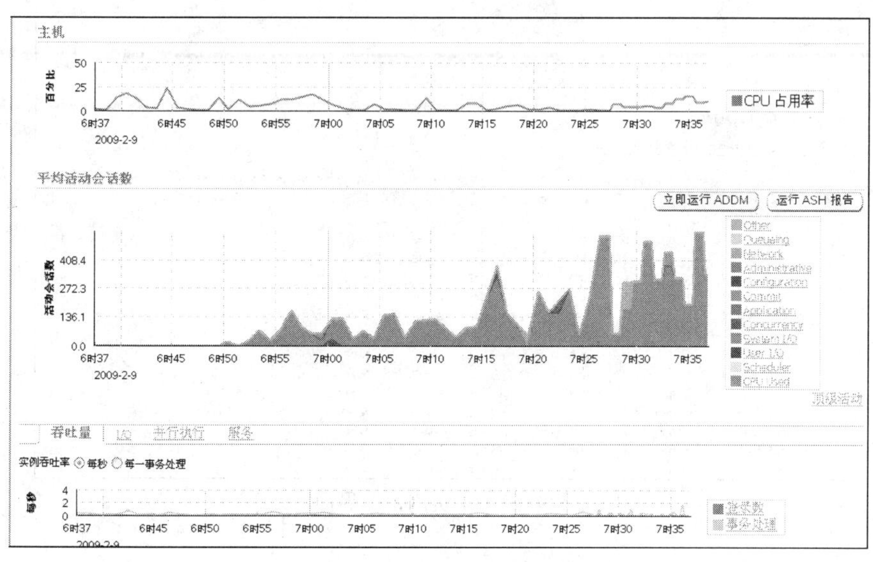

图 9-55 查看曲线图

1．查看顶级活动

在性能监视窗口中选择“其他监视链接”→“顶级活动”选项，在弹出的界面中可以看到“顶级活动”、“顶级 SQL”等信息，以及系统的会话数统计图等，如图 9-56 所示。

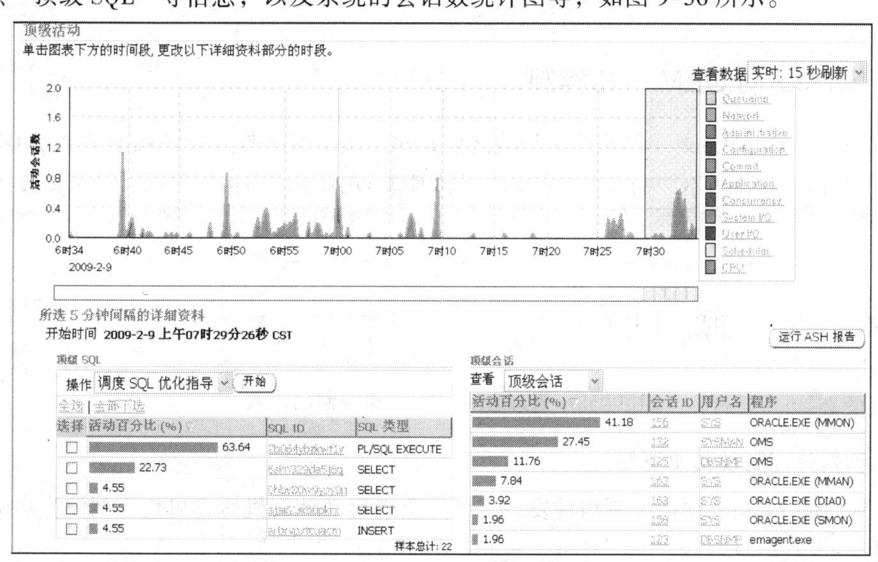

图 9-56 “顶级活动”界面

在该界面中可以找出顶级的会话和顶级的 SQL 语句。

2．监视 Oracle 实例是否存在锁

Oracle 系统在运行过程中，由于各种原因，系统会产生锁现象，Oracle 11g 的 OEM 可以很容易地监测到当前所发生的锁，包括锁的用户、锁的类型及 SQL 散列（hash）值等，根据 hash 值可以查看实际的 SQL 语句。

依次单击“性能”→“其他监视链接”→“实例锁”选项，进入如图 9-57 所示的界面。

数据库实例: orcl >　　　　作为 SYS 登录

实例锁

页刷新 2009-2-9 上午07时39分08秒 CST　刷新

查看 所有实例锁

□显示 MR (介质恢复) 锁

终止会话　会话详细资料　查看对象

全部展开 | 全部隐藏

选择	用户名	阻塞的会话	会话ID	序列号	进程ID	SQL ID	锁类型	持有的模式	请求的模式	对象类型	对象所有者	对象名	ROWID	当前模式的时间(秒)
○	▼ 所有实例锁													
⊙	DBSNMP	0	123	850	2092		AE	SHARE	NONE					1780
○	DBSNMP	0	125	813	380	axcsnksxh7d52	AE	SHARE	NONE					732
○	SYSMAN	0	129	27	1860		AE	SHARE	NONE					4124
○	SYSMAN	0	130	1	1600		AE	SHARE	NONE					4132
○	[illegible]	0	[illegible]	1	1700	[illegible]	AE	SHARE	NONE					[illegible]
○	DBSNMP	0	133	77	1868		AE	SHARE	NONE					4119
○	SYSMAN	0	134	3	1536		AE	SHARE	NONE					4132
○	SYSMAN	0	135	3	1056		AE	SHARE	NONE					4136
○	SYSMAN	0	136	8	1364		AE	SHARE	NONE					4136
○	SYSMAN	0	137	2	888		AE	SHARE	NONE					4136
○	SYSMAN	0	139	2	1372		AE	SHARE	NONE					4135
○	SYSMAN	0	140	17	1528		AE	SHARE	NONE					4132
○	DBSNMP	0	141	906	3796	[illegible]	AE	SHARE	NONE					4081

图 9-57　“实例锁”界面

9.5　OEM Grid Control 网格控制管理

前面介绍了企业管理器 OEM 11g 数据库控制、OEM 网格控制的框架结构及 OEM 11g 数据库控制的使用，本节讲述启动和访问 OEM 网格控制、使用网格控制监管全部 Oracle 环境、用 OEM 管理 Oracle RAC 等。

9.5.1　启动和访问 OEM 网格控制

在使用 OEM Grid Control 网格控制功能之前，对系统中网格控制所依赖的 OMS、OMA 以及 OracleAS 组件必须分别用不同命令加以控制。具体管理 OEM 10g 网格控制的步骤如图 9-58 所示。

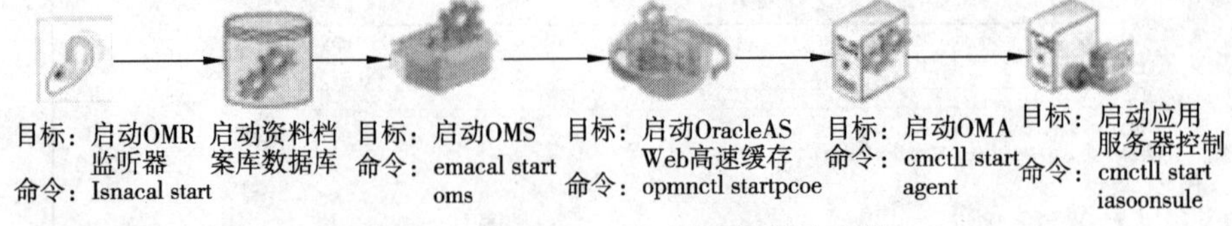

图 9-58　管理 OEM 10g 网格控制的步骤

1. 启动网格控制及其所有组件

当 OEM Grid Control 网格控制组件安装完毕并重新启动计算机后，可用下列流程启动网格控制所有组件。

（1）启动资料档案库数据库及共网络监听器。进入安装管理资料档案库数据库所在的 Oracle 主目录：

① 设置 Oracle_Home 环境变量为管理资料档案库数据库的主目录。如：

```
set Oracle_Home = d:\oracle\product\10.2.0\db 10g
```

② 设置 Oracle_SID 环境变量为管理资料档案库数据库。如：

```
set Oracle_SID = emrep
```

其中，emrep 为系统创建资料档案库数据库时的默认实例名。

③ 启动监听器。进入资料档案库主目录 OMR_Home，启动监听器。

命令格式：

```
OMR_Home\bin>lsnrctl start
```

如：d:\oracle\product\10.2.0\db 10g \bin>lsnrctl start

④ 启动管理资料档案库数据库实例。启动 SQL*Plus 并连接资料档案库数据库。

命令格式：

```
OMR_Home\bin>sqlplus/nolog
SQL>connect sys/<syspassword>as sysdba
SQL>startup
SQL>quit
```

（2）启动管理服务 OMS。进入管理服务主目录 OMS_Home，使用实用程序 emctl.bat 来启动 OMS。

命令格式：

```
OMS_Home\bin>emctl start oms
```

如：

```
d:\oracle\product\10.2.0\oms 10g\bin>emctl start oms
```

（3）启动 OracleAS Web 高速缓存。OracleAS 的主目录与 OMS 相同。

命令格式：

```
OMS_Home\opmn\bin>opmnctl startproc ias-component = WebCache
```

如：

```
d:\oracle\product\10.2.0\oms 10g\opmn\bin>opmnctl startproc ias-component =
WebCache
```

（4）进入代理 OMA 所在主目录，并启动管理代理。

命令格式：

```
OMA_Home\bin>emctl start agent
```

如：

```
d:\oracle\product\10.2.0\agent 10g\bin>emctl start agent
```

（5）启动应用服务器控制 IAS。Oracle 应用服务器控制台是基于 Web 的 OracleAS 管理工具，用于监视企业管理器目标。安装完企业管理器后，在启动企业管理器控制台之前，必须手工启动 IAS 控制台。

要启动 IAS 控制台，必须进入 OMS 的 Oracle 主目录，使用 emctl start iasconsole 命令启动。

命令格式：

```
OMS_Home\bin>emctl start iasconsole
```

如：

```
d:\oracle\product\10.2.0\oms 10g\bin>emctl start iasconsole
```

2．访问企业管理器网格控制

企业管理器网格控制台是管理 Oracle 环境的主要工具。用下列 URL 就可登录到网格控制台上：

```
http://<oms_hostname>.<domain>:<port>/em
```

或

```
https://<oms_hostname>.<domain>:<port>/em
```

如果无法确定端口号，可直接查阅下面文件：

Oracle_Home\install\setupinfo.txt：在安装结束时，Oracle 通用安装器所显示的内容。

Oracle_Home\Install\portlist.ini：在管理服务主机上，如 d:\oracle\product\10.2.0\oms 10g\install 目录中。

出现登录对话框时，用超级管理员用户 sysman 登录，口令是在安装资料档案库时设置的，与 ias_admin 用户的口令相同。

3. 停止网格控制及其所有组件

停止网格控制及其所有组件的具体步骤如下：

（1）停止 OMS。

命令格式：

```
OMS_Home\bin>emctl stop oms
```

如：

```
d:\oracle\product\10.2.0\oms 10g\bin>emctl stop oms
```

（2）若需要，应停止应用服务器控制，它用于配置管理服务的 OAS 实例。

命令格式：

```
OMS_Home\bin>emctl stop iasconsole
```

如：

```
d:\oracle\product\10.2.0\oms 10g\bin>emctl stop iasconsole
```

（3）停止 OAS 组件，如 Oracle HTTP 服务器及 OAS Web 高速缓存。

命令格式：

```
OMS_Home\opmn\bin>opmnctl stopall
```

如：

```
d:\oracle\product\10.2.0\oms 10g\opmn\bin>opmnctl stopall
```

（4）进入 OMA 的主目录并停止管理代理目。

命令格式：

```
OMA_Home\bin>emctl stop agent
```

如：

```
d:\oracle\product\10.2.0\agent 10g\bin>emctl stop agent
```

（5）如果 Oracle 管理资料档案库与网格控制组件安装在同一个主机上，则进入安装资料档案库数据库所在的主目录，停止数据库服务及其监听器。

① 设置环境变量 Oracle_Home 为管理资料档案库数据库的目录。

② 设置环境变量 Oracle_SID 为管理资料档案库数据库实例。

③ 停止数据库实例：

命令格式：

```
Oracle_Home\bin>sqlplus/nolog
SQL>connect sys as sysdba
SQL>shutdown
SQL>quit
```

④ 停止监听器：

命令格式：

```
Oracle_Home\bin>lsnrctl stop
```

9.5.2 使用网格控制监管全部 Oracle 环境

所有商业企业都对其信息技术系统具有很高的要求，无论这种 IT 系统是为公司内部动作服务的还是为运行商务本身服务的。对于连续的服务可用性、可伸缩性、简化管理和增值报告的高度需求在不断增加。OEM 10g 网格控制利用带有应用程序性能管理（APM）补充功能的系统监视功能、分布式数据库和应用服务器的管理、通过收集性能和可用性数据而获得的增强诊断功能、Oracle 环境的自动调节以及允许管理员从任何地方进行管理的新的支持互联网的体系结构，提供对 Oracle 技术系列的全面监视。

1. 启用 Oracle 企业管理器 OEM 10g 网格控制

安装完 Oracle 以后配置多种产品是一项艰巨的任务。管理员的宝贵时间最好用于监视和维护目标，不要将时间和精力花费在安装和配置管理工具方面。有了 OEM 10g，就可以在安装后立即产生作用。安装后，必需的框架组件的进程已被启动，允许自动发现目标、默认监视目标以及配置电子邮件通知。在登录到中央控制台时，为每位管理员提供个人控制台主页，显示顶级用户运行情况的统一视图。

在网格控制主页中包括可用性、目标的警报和作业状态、目标的配置信息、关键的修补建议信息以及向下定位到任何显示区域以获取详细信息的能力。这种随取随用的操作大大提高了 OEM 10g 管理员的工作效率。

每个被管理目标都有“主页”，该“主页”提供其运行情况和性能状态的统一的浏览视图。在该主页上只显示对于测量此目标最重要的量度，而更多详细信息则要通过进一步的深层访问获得。最先只显示最重要的量度，有助于管理员迅速隔离和诊断目标所遇到的问题的根本原因。此外，目标主页为管理员提供对配置信息和管理特性的直接访问，并提供对管理功能的快速访问。无论被监视和管理的目标的类型是什么，目标的主页特性均促使在整个 OEM 10g 中形成一致的观感。例如，数据库使用统计信息主页显示功能的监视信息。

分布式企业中的问题随时可能发生，出现紧急情况时，管理员必须能够即时做出回应。OEM 10g 通过提供全功能的、基于 Web 的控制台满足了这种需求，管理员只需访问 Web 浏览器即可管理其全球企业。

2. 性能管理与监视

（1）数据库管理性能与监视

Oracle 企业管理器 OEM 10g 网格控制进行如下数据库管理性能与监视：

- 自动化完成作业系统任务及应用程序、系统监视。

当把何预定义的数据库作业任务（例如备份、导出、导入）提交给一组目标时，所有目标中所有作业的执行状态将自动显示出来。通过这些显示状态，管理员很容易就能确定已经失败的和已经成功的作业执行情况。提供的快速链接允许访问执行已失败（或成功）的作业的详细信息。

同样，单个目标的作业信息自动标识在每个目标主页（包括分组主页）中，因此管理员可以轻易确定他们管理的目标正在进行的所有作业的活动情况。

• 应用程序性能管理、可用性监视。

OEM 10g 应用程序性能管理（APM）工具提供了一种系统诊断和监视的主要方法。管理员了解最终用户的响应时间，他们能够从全局的角度预见性地监视和管理其电子商务系统，在性能问题发生之前预测和避免这些问题。APM 可以随取随用地进行配置，以收集和报告企业环境中所有服务器（包括非 Oracle 服务器）的状态和响应时间。与 OEM 10g 底层框架的完全集成，提供了整个企业系统的一致而集成的视图。管理员通过浏览来判断其 Web 应用程序是否可用，以及具有响应能力的页面。

图示报告可显示流量从何处产生以及特定位置产生了多少流量，因此管理员可以对性能问题的影响进行量化。

注意：可以定义和分配响应阈值，以便在超过阈值时触发警报。对事务处理的先期监视使得管理员能够在下降影响到用户之前，预先发现问题并进行校正，从而调节其应用程序。

• 分析中间层页面性能。

OEM 10g 的中间层性能分析工具有助于应用服务器及后端问题的诊断。中间层的 Web 应用程序内容被分为每个被访问 URL 的 Servlet、JSP、JDBC、和 EJB 方法处理时间。最慢的 URL 处理时间及其总访问数量被高亮显示，因此管理员可以很容易地看出应该优先解决哪里的问题。

显而易见的 OC4J 子系统的 URL 处理时间图形使管理员能够快速评估在何处消耗了大部分时间。进一步向下定位，使管理员可直接获得深入的 URL 处理调用堆栈的详细信息。

• 监视系统可用性和通知。

使可用性达到最大程度是管理任何目标的最重要的目的之一。OEM 10g 预见性地监视它所管理的每个目标的可用性，并在目标停止工作时，对目标进行信号管制以实施维护计划，甚至在由于网络故障而不能确定其当前状态时，向管理员发送通知。

可以通过 HTML 控制台访问的可用性状态报告与这些预先通知相互结合。对于每个被监视目标，Oracle 10g 企业管理器提供一份统一的可用性汇总表，显示其当前及过去 24 小时、7 天或一个月（31 天）内的可用性状态。当目标变为不可用或者超出性能阈值时，控制台发出警报，将通知发送给适当的管理员。OEM 10g 支持通过电子邮件（包括电子邮件传呼系统）、SNMP 陷阱或通过运行自定义脚本来发送通知。

通知不仅限于向管理员发出警报。可以将通知方法定义为运行任何自定义操作系统的脚本或 PL/SQL 过程，因而可将其用于自动执行对警报的任何类型的响应。例如，管理员可以定义调用故障记录系统、调用第三方 API 与其他监视系统共享警服信息，甚至记录产品中错误的方法。

• 警报响应。

当发出警报通知管理员出现可用性或性能问题时，管理员可以查看 OEM 10g 控制台，获取有关触发该警报的量度的更多信息。其中包括可以显示过去一周或一个月内趋势量度的历史数值信息，以及建议管理员如何解决或进一步诊断问题的在线帮助。例如，如果发送了如下警报报告：

```
3 segments in the USERS tablespace are unable to extend
```

那么管理员可以参考在线帮助。在线帮助会建议增加段的 MAXEXTENTS 存储参数的数值，或者使用更大的范围重建该段。

如果可以将警报的响应设为自动进行，则 OEM 10g 允许管理员通过指定对适当量度的响应操作来建立这种响应，简化了监视工作。自动响应以脚本的形式出现，这些脚本在被监视量度超出其阈值时由代理自动运行。例如，如果 80%磁盘空间已满，则自动响应可以运行一个脚本，清空临时目录中的空间。

- 信号管制。

信号管制允许暂停监视目标，使管理员能够在维护期间对这些目标进行计划。对目标进行信号管制可以防止因维护而停止目标时发送不必要的警报。争取达到 SLA 目的的管理员可以使用信号管制，以确保在计算总体的目标可用性时，不会把计划的停机时间算做真正的停机时间。

（2）全面的数据库管理

OEM 10g 是用于 Oracle 数据库的首选数据库管理工具。OEM 10g 的数据库管理功能提供了如下特性：

- 最集成和最完整的特性用于管理 Oracle 数据库。
- 无与伦比的可伸缩性用于管理 1000 个实例。
- 业界领先的易部署性和易用性。

OEM 10g 新的数据库主页在单个屏幕上为用户提供所有相关实例信息的全面汇总：

- 当前实例的可用性。
- 显著的警报。
- 与会话及 SQL 相关的性能信息。
- 主要的空间使用量度。
- 实例名称、数据库版本、Oracle 主目录的位置以及其他相关的实例数据通过从数据库主页向下定位，可以直观地访问其他详细信息。

实时的数据库性能管理在 OEM 10g 中充当中枢的角色。只需在主页单击即可转到数据库性能页。用户在这里可以快速判断数据库和底层主机的 CPU、内存以及 I/O 的活动趋势。附加的强大而实时的诊断功能包括：

- 在 CPU、内存或 I/O 方面最消耗资源的会话。
- 最先的等待事件。
- 最消耗资源的 SQL 语句。
- 数据库锁。

当把有关深入的性能诊断的所有信息精简到单个屏幕中时，数据库调节在很大程度上变得更加方便和有效。此外，所有关键的性能量度都可以用图形显示，用于趋势分析以及与其他数据库实例进行对比。

数据库性能页显示了数据库实例和底层主机的 CPU、内存和 I/O 活动级别。

负责管理大量数据库实例的数据库管理员非常重视 OEM 10g 中功能强大的新的分组管理功能。多个实例（例如所有的产品数据库）可以集合在一个分组中，并在单个屏幕上进行高效监视。数据库分组页帮助快速识别那些已停机、成为最大瓶颈问题或具有最严重警报状态的数据库。此外，用户利用超链接进行进一步的向下定位，可获得分组所有成员的主要可用性和性能数据。数据库分组页减少了在多个实例间进行烦琐导航的必要性，并防止对性能下降趋势的忽视。

（3）应用服务器管理

OEM 10g 提供对 Oracle 应用服务器的“随取随用”管理，OEM 10g 自动发现并监视 Oracle 应用服务器系统。中央控制台对 Oracle 应用服务器提供的统一管理和监视主要包括：

- 分布式 Oracle 应用服务器的状态及性能的中央视图。
- 支持监视所有的 Oracle 应用服务器组件，包括 J2EE 和 Web Cache、门户、安全性、集成、商务智能等。
- Oracle 应用服务器性能数据的广泛信息库，用于历史分析和监视趋势。
- 预设监视、性能阈值和数据收集，以获得即时的随取随用数值。
- 独立、自动的性能警告和警报通知。
- J2EE 应用程序诊断向下定位。
- Web 应用程序事务处理的性能和跟踪，以及客户端响应时间监视。
- 应用服务器及组件的主页，提供上卷的状态和性能。
- 使用 Application Server Control 执行 Oracle 应用服务器管理任务的链接。

除已经叙述过的自动监视之外，OEM 10g 还可以让应用服务器管理员能够方便地访问以“排位最高”的报表形式灵活显示的诊断数据，如排位最高的 Servlet 或 EJB。这些诊断报表可基于多种标准生成，例如，通过响应时间或会话活动状态识别排位最高的 Servlet。

利用所有的 OEM 10g 诊断功能，Oracle 应用服务器诊断报告能够以当前或历史数据为基础。Oracle 应用服务器的量度被收集并存储在 OEM 10g 信息库中，允许在情况发生变化后进行分析。例如，使用历史数据和诊断报告，可以很快查出数天甚至数周前发生的应用程序性能问题。

OEM 10g 维护的历史数据使管理员能够跟踪性能趋势，并与其他 Oracle 应用服务器系统比较数据。例如，Oracle 应用服务器的管理员可以调查下列情况：此刻 1 号 OC4J 服务器的平均请求处理时间是多少？它在过去 24 小时内的情况如何？与 2 号 OC4J 服务器相比，性能趋势如何？使用 OEM 10g 可以方便地执行这种逻辑诊断过程。

除了支持应用服务器监视和诊断的中央控制台之外，OEM 10g 还提供了一个执行应用服务器管理任务的控制台，称为 OEM Application Server Control。它随 OracleAS 10g 一起安装，提供随取随用的管理。这种管理控制台也与中央控制台相集成，以便直接连接到集中监视应用服务器的管理任务。

OEM Application Server Control 是单独接口的，管理整个 Oracle 应用服务器平台：J2EE、门户、无线以及商务智能组件。Application Server Control 用于以下类型的操作：

- 启动和停止应用服务器及组件。
- 启用和禁用应用服务器组件。
- 更改服务器配置。
- 创建和配置 J2EE 资源。
- 部署和监视 J2EE 应用程序。
- 检查应用服务器日志。

Application Server Control 统一简化了应用服务器组件间的通用操作，如端口管理和监视诊断日志。Application Server Control 的端口表将已经在应用服务器安装的所有组件中配置的多个端口的信息合并在一起，并提供可以更改端口配置的 OEM 10g 页的链接。端口页为配置端口以及了解组件间端口设置的相关性提供了有用的信息。

Application Server Control 的日志查看器简化了定位和查看 Oracle 应用服务器日志信息的过程，其中包括由 OC4J、Web Cache、HTTP Server 和 OracleAS Portal 所产生的诊断日志。一个单独的 HTML 接口提供了所发现日志的列表，用户可以直接查看和搜索其中的任何日志。

注意：除了查看 Oracle 应用服务器日志文件之外，日志查看器还可有日志加载器（即信息库）的功能。日志加载器为主要的 Oracle 应用服务器组件构建日志项目的信息库，可以在日志查看器中对其进行查询，以便快速访问操作和诊断信息。

J2EE 应用程序是使用 Java 开发工具（如 JDeveloper）进行开发的。在此过程中，应用程序被绑定到 EAR 文件中，并准备部署到 J2EE 容器中。Application Server Control 提供一个向导，引领管理员完成将 J2EE 应用程序部署到 OC4J 容器的过程。部署过程包括以下任务：

- 将应用程序的 Web 模块所需的 URL 路径映射到 OC4J Web 网站配置文件定义的 URL 上。
- 将应用程序中参考的数据源映射到为 OC4J 容器定义的资源上。其中也包括定义一个数据源，以跟踪 EJB 应用程序（使用了容器所管理的可持续性）的会话状态。
- 为应用程序选择用户管理器。

通过识别被部署的特定应用程序所需的操作，并指导部署人员完成整个过程，部署向导简化了操作过程。

OracleAS 10g 已经在控制台的 OC4J 管理功能中添加了几项增强功能：

- 可以从单个控制台页面中查看所有部署到 Oracle 应用服务器主目录（跨多个 OC4J 容器）的应用程序。
- 可以从控制台配置和管理 Java 消息处理服务（JMS）供应程序。
- 可以从控制台配置和监视消息驱动组件。
- 控制台包含一项新增的“类似创建”的特性，能够基于现有的已配置数据源创建新数据源。

Application Server Control 的 Web Cache 监视页提供对所有资源（Web Cache 所使用的 Web 服务器）量度的统一上卷视图。对于 OracleAS 10g，这种诊断信息已经获得了增强处理，可以对每个起作用的 Web 服务器的 Web Cache 性能量度进行分解。

Web Cache 监视功能也获得了增强，可提供当前未被缓存的常用 Web 文档的信息。这样就为管理员提供了有价值的信息，可用于调整 Web Cache 的规则，允许对这些常用文档进行缓存，以便更快地访问它们。

运行 OracleAS 10g 时，服务能够通过应用服务器集群来集中和虚拟化。OracleAS 内部的每一项服务（如 HTTP、J2EE、Web 高速缓存、Web 服务、LDAP、门户等）都能在一个网格中跨多台计算机分配。Oracle 10g 中的新特性允许定义性能阈值，当超过该阈值时，能够增加和启动（或释放）新的应用服务器例程来处理网格新结点上的额外工作，从而可以按需提供容量。

利用 Oracle 10g，管理员可以定义一组策略或业务规则，它们影响跨多台计算机供应个别工作的方式。具体而言，工作负荷分配可以受资源消费标准（如 CPU 或内存使用率）或应用程序特定标准（如事务吞吐量和 JDBC 连接）的影响，工作负荷能够根据时间表（如一天或季度末的高峰时间）进行供应。OracleAS 10g 提供了系统工具来捕捉这些不同的标准，并根据历史和实时信息创建报告，以帮助管理员做出最佳的策略选择。

OracleAS 10g 还提供了几项可用性方面的改进。因为 Oracle 10g 在应用服务器内部包含了每一种服务的集群，所以不存在单结点故障。个别例程的计划和意外停机时间都只使请求被发送给其他结点。因为 OracleAS 10g 包含了高效的会话复制，所以任何类型的故障（甚至一个 J2EE 应用程序保留状态的故障）都将对用户保持透明。OracleAS 10g 通过与 Oracle Real Application Clusters 的交互进一步提高了应用程序可靠性。如果后端数据库中的一个例程出现故障，将通知 OracleAS 10g 进行重连。如果没有关于故障例程的通知，应用服务器将等待 IP 超时（这要花费几分钟），但多层故障切换通知特性能够将这种情况下的恢复时间减少到几秒,并且故障和恢复都对用户保持透明。

（4）数据库管理记录

当许多应用程序只是为用户提供大量原始数据时，OEM 10g 已经利用管理信息库中的报告视图，将这些有时令人迷惑的大量数据转变为有用并且相关的信息。报告视图是 OEM 10g 信息库中的对象，可以通过任何标准的报告平台对其进行访问。现在，Oracle Portal、Oracle Discoverer 以及其他第三方工具等产品可以直接从信息库访问数据，以获得服务级报告、执行概要以及其他报告需求。

通过信息库的报告视图，管理员可以快速装配符合他们业务和支持需要的自定义页面，还可以基于其用户对象创建不同的自定义页面。

监视和报告服务级别的能力对于任何电子商务都是至关重要的,因为性能和可用性决定一切。它为内部信息技术企业提供了一个检验点，验证它们是否满足达成共识的、由其用户定义的服务级别，并显示任何影响系统可用性的服务。这种功能对应用服务供应商（ASP）更加重要，因为 ASP 根据服务级协议应当提供一定级别的服务。OEM 10g 提供一种机制，根据预定义的所需级别来监视和比较实际的服务级别，因此管理员、决策人员以及最终用户等都能够确保始终维持正常的服务级别。

跟踪硬件和软件配置、克隆软件或应用补丁，这些是数据库和系统管理员经常遇到的更加困难和费时的任务。能够从单个控制台快速而准确地查看安装在企业中的服务器配置、操作系统以及软件的快照，对于做出可靠的商务决策，更改现有软件配置以及升级硬件和软件非常关键。随时访问这些信息，可使管理员轻松确定必须进行的变更，并快速准确地实现这些变更。

OEM 10g 提供了跟踪硬件和软件变更的范围广泛的解决方案。使用 OEM 10g，管理员能够获取并保存其企业中所部署服务器的硬件和软件信息。一旦收集到数据，系统管理员就可以基于所收集的信息执行关键的配置管理操作。

OEM 10g 收集用户企业中所有指定主机及其操作系统，以及安装的 Oracle 软件的配置信息。这种强健而范围广泛的数据存储是 OEM 10g 配置管理系统的基础，它使得管理员能够报告企业中现有的配置、识别主机间硬件和软件配置的不同之处、跟踪对系统的变更，并执行大量的重要配置管理任务。

默认情况下，每天都要收集数据。此外，用户可以通过单击按钮，在任何时间刷新数据。这样可以实时监视所发生的变更，并提供企业中变更的历史记录。

系统管理员经常要努力跟踪公司中安装的硬件和软件。有时候，他们可能采用自制的解决方案，以跟踪他们负责维护的系统。OEM 10g 以简单易读的格式显示系统数据，管理员可以对其进行向下定位，以获取更多的详细信息，从而不再需要自制的系统。

除比较收集的数据之外，OEM 10g 还提供了几种随取随用的查询，使管理员能够快速调查系统配置的详细信息，如：

- 哪些服务器安装了 Oracle 数据库的特定版本。

- 哪些 Oracle 的安装缺少了特定的补丁或补丁集。
- 哪些 Oracle 数据库具有特定的初始化参数设置。
- 哪些主机应用了特定的操作系统补丁。
- 哪些数据库正在使用特定的特性（只适用于 Oracle 11g）。

管理员经常需要构建与现有系统配置相似的新系统。完成此任务的一种方法是对现有系统进行"快照"，然后将其用于新系统的创建规划。OEM 10g 完全支持这种获取、保存和分析系统配置信息的过程。

此外，管理员有时会面对这种情况：以前正常工作的系统突然运行状况变得很差。原因可能是有人更改了配置参数，可能是应用了操作系统的补丁，还可能是清除了内存。如果管理员必须手动检查每种可能的情况，则要确定造成系统性能下降的确切变更原因，可能需要花费数小时的时间。OEM 10g 通过跟踪硬件和软件安装及配置的所有变更，简化了这一过程。这样管理员就可以快速方便地查看自上次计算机正常工作以来所做的变更，并应用合适的解决方案，使系统状况回到可接受的级别。

9.5.3　管理 Oracle RAC

本节讲述使用 OEM Grid Control 网格控制管理 Oracle 实际应用集群（Oracle RAC），Oracle RAC 安装与配置指导书见附录 C。

1. 管理集群数据库

Oracle 实际应用集群（Oracle RAC）提供了一个单一系统映像，方便配置和管理，RAC 数据库可以从一个单一位置上安装、配置和管理。所有用 Oracle 通用安装工具（OUI）安装的管理数据库的工具都支持集群，如企业管理器（enterprise manager）、数据库配置助手（DBCA）、数据库升级助手（DBUA）、网络配置助手（NETCA）和像 srvctl 之类的命令行工具。

（1）企业管理器

OEM Grid Control 在集群数据库管理页面上能够实现以下操作。

- 观察整个系统的状态，例如，在集群中结点的数量和它们当前的运行状态；
- 查看覆盖所有实例产生的警报汇总，并且可以下钻查看到每个警报的来源和附加的相关信息；
- 可以以集群数据库为目标范围设置产生警报的阈值；
- 监控覆盖所有结点产生的性能度量指标，或者并排显示以便更方便地进行实例间比较，如果需要还可以向下钻取；
- 监控集群的缓存一致性统计信息（如全局缓存区命中率等）；
- 履行集群数据库一级的操作，包括发起备份和恢复操作、启动/停止实例等；
- 通过执行相应操作管理服务，包括创建、修改、启动/停止、启用/禁用和重新部署服务等，也包括监控服务的性能。

Oracle 企业管理器 OEM 10g 网格控制提供了一个实用工具，可以自动地把一个单一实例的 Oracle 数据库转换为 RAC 数据库。

Oracle 企业管理器 OEM 10g 网格控制提供的附加功能使部署一个实际应用集群数据库更加

容易。集群的初始安装包括配置 Oracle Home，并且可以通过企业管理器方便容易地配置集群件。Oracle Home 软件能够以“Gold Image”被保存在企业管理器中或者来源于一个已知的引用主机。“Gold Image”通过一个已知的配置得很好的 Oracle 集群件的副本或者 Oracle 实际应用集群的环境来创建。OEM 10g 网格控制支持完整的端到端地复制一个新 RAC 数据库。

对于 Linux 操作系统，Oracle 也提供了一个“映像”，用来装备一个裸结点。该映像包括了操作系统、Oracle 企业管理器代理软件、Oracle 的集群件和 Oracle 的 RAC 数据库。该映像可以与一个硬件描述文件相关联。映像里的所有组件作为“Gold Image”存储在 Oracle 企业管理器中。有一个向导允许选择硬件并部署整个堆栈到新硬件上，这个新结点被自动地加入到集群中。

（2）以滚动的方式给应用打补丁

Oracle 支持 RAC 数据库的每个结点以一种滚动的方式来打补丁而不需要停机。在一个结点打补丁时，RAC 系统中其他结点可以正常运转和被操作，这需要每个结点拥有各自的 Oracle Home。补丁是否会被标识以滚动的方式安装，这依赖于该补丁所做的修改。修改在各个实例间的共享通用结构和修改数据库的内容的一些补丁，可能不能使用这种滚动方式。

2．集群 11g release1 增强

（1）服务

负载管理依赖于“服务”，这是 Oracle 数据库的一个特征。服务通过提供一个单一的系统影像管理负载，隐藏了 RAC 数据库的复杂性，应用程序受益于集群的可靠性就是通过服务实现的。传统上，一个数据库提供了一个单一的服务，该服务名被用于连接到 SQL*NET。在 Oracle 11g 里，数据库管理员可以给一个单一的数据库定义 100 个服务。这就允许用户分散负载，从原来的应用级到根据业务需求（比如服务级别和优先级）划分成可管理的组件级，服务与 Oracle 数据库的很多特性功能集成。可以把应用程序的用户分配到一个资源管理消费组，以限制它们使用到的资源，如 CPU 资源等。批处理可以被分配到任何一个基于特定服务名的任务类上。当使用 Oracle 流高级队列时，服务的使用实现了队列的位置透明性。在 Oracle RAC 11g 里，结点间的并行查询也被限制在处于活动服务内的实例之间。

一个服务能包含一个 Oracle 数据库的一个或多个实例，一个实例能支持多个服务。提供给服务的实例的数量是由数据库管理员动态管理的，与应用无关。当某个结点发生停电，服务会自动恢复到其他存在的实例上；当停电结点上的实例恢复后，任何还没运行的服务将自动恢复到该实例上。

（2）并行执行

并行执行能够理解服务的定义，并自动设置参数 PARALLEL_INSTANCE_GROUPS 值，因此，RAC 服务控制的环境，没有必要直接设置该参数。

（3）易用性

- 增强企业管理器中 RAC 的监控和诊断。
- 增强的 RAC 配置助手，通过图形化的管理工具减少了集群环境的管理成本。

（4）新增的 Ocrconfig 命令选项

Ocrconfig 命令包含一个新的选项，-manualbackup，允许在任何时候强制手动备份，而不是等待四小时或更多时间自动备份。它提供了一种灵活方式，可以在 Oracle Cluster Registry（OCR）变化时，及时得到二进制的备份。

存在的-showbackup 选项包括新 auto 和 manual 标志，可以控制分别显示自动备份和手动备份信息。

Oracle 一直保留三个最近的 OCR 备份。CRSD 进程创建备份，目前不能定制化备份的频率或保留的备份文件数。

（5）RAC 环境支持分布式事务

一个 XA 事务可以跨多个结点。

3．检查 RAC 集群数据库的状态

如果配置了企业管理器，则可以通过 OEM 界面查看 RAC 数据库的配置和当前状态，例如登录 http://rac1.localdomain:1158/em，rac1 为一个 RAC 数据库。

习　　题

1. 在 Oracle 11g 的管理中，经常用到企业管理器 OEM 和 OMS，那么怎样管理网格控制和数据库控制，怎样进行相关配置呢？
2. Oracle 企业管理器 OEM 10g 网格控制管理框架由下列哪些要素构成（　　）。
   A. 网格控制　　B. Oracle 管理代理　　C. Oracle 管理服务
   D. 数据信息中心库　　E. 监控目标
3. 简述创建、删除数据库和数据库实例的步骤。
4. 在创建数据库时调整初始化参数的作用是什么？
5. 如何用 OEM 创建用户？创建用户中的“对象”选项卡的作用是什么？
6. 如何用 OEM 创建表？其中“存储”卡各项的意义是什么？
7. OEM 创建表空间与字典管理的表空间相比，本地管理的表空间有什么优点？
8. 在调整表空间时，数据文件的调整方法有几种？
9. 在创建视图时，高级选项中的“只读”有什么意义？
10. 在创建索引时，如何创建聚集索引？
11. 创建 INSERT 表级触发器，在执行 INSERT 操作时显示“正在插入记录”。
12. 如何浏览预警文件信息？
13. 如何查看顶级活动？
14. 如何监视 Oracle 实例是否存在锁？
15. 如何启动和访问 OEM 网格控制？
16. 如何使用网格控制监管全部 Oracle 环境？
17. 如何管理 Oracle RAC？

第10章 分布式数据库系统

本章主要介绍客户/服务器模式、服务器_服务器模式两种分布式数据库系统，以及分布式数据库的连接，分布式查询处理，并介绍了事务处理、多协议信息交换和表快照与复制，以便读者学习分布式数据库计算等技术。

10.1 概　述

分布式数据库系统是在集中式数据库系统的基础上发展起来的，是数据库技术与计算机网络技术的产物。分布式数据库系统是具有管理分布数据库功能的计算机系统。一个分布式数据库是由分布于计算机网络上的多个逻辑相关的数据库组成的集合，网络中的每个结点（一般在系统中的每一台计算机称为结点 node）具有独立处理的能力（称为本地自治），可执行局部应用，同时，每个结点通过网络通信系统也能执行全局应用。所谓局部应用即仅对本结点的数据库执行某些应用。所谓全局应用（或分布应用）是指对两个以上结点的数据库执行某些应用。支持全局应用的系统才能称为分布式数据库系统。对用户来说，一个分布式数据库系统逻辑上看如同集中式数据库系统一样，用户可在任何一个场地执行全局应用。

分布式数据库系统是由分布式数据库管理系统和分布式数据库组成。分布式数据库管理系统（简称 DDBMS）是建立、管理和维护分布式数据库的一组软件。

分布式数据库系统适合于单位分散的部门，系统的结点可反映公司的逻辑组织，允许各部门将其常用数据存储在本地，实施就地存放就地使用，降低通信费用，并可提高响应速度。分布式数据库可将数据分布在多个结点上，增加适当的冗余，提高系统的可靠性。只要一个数据库和网络可用，那么全局数据库可一部分可用，不会因一个数据库的故障而停止全部操作或引起性能瓶颈。故障恢复通常在单个结点上进行。结点可独立地升级软件。每个局部数据库存在一个数据字典。由于分布式数据库系统结构的特点，它和集中式数据库系统相比具有可扩展性，为扩展系统的处理能力提供了较好的途径。

Oracle 的分布式结构基于两种模式：客户机/服务器模式（client/server）和服务器/服务器（server/server）结构。使用这两种模式，Oracle 在网络环境中提供了有效的数据共享，使 Oracle 成了超越传统集中式模式的 DBMS。

1. 客户/服务器模式

如图 10-1 所示，数据库应用和数据库分成两部分：前端（客户部分）和后端（服务器部分）。因为后端具有管理数据库的软件，所以该结点称为数据库服务器。客户机执行应用程序或应用程序工具，并向服务器发送数据请求。

客户/服务器模式是基本的分布式系统。客户以事务（transaction）的形式向服务器发出请求。这类事务一般是 SQL 或 PL/SQL 过程和函数，它们访问服务器，由服务器查询数据库。客户也叫做运行在客户机上的客户进程。Oracle 为支持客户视图（client view）环境，执行 ANSI/ISO SQL 标准和接口。服务器（server）是运行 Oracle 软件和处理共享访问并发请求的机器。服务器也叫做运行在服务器机器上的服务器进程。它也可进行磁盘 I/O 装载、打印、文件传输等等。

客户/服务器模式只有请求和返回请求的结果（不是文件）在网上转输，因此网络“拥挤”小。

2. 服务器_服务器模式

如图 10-2 所示，此模式通过两个或更多的计算机（但作为一个逻辑数据库出现）访问数据。

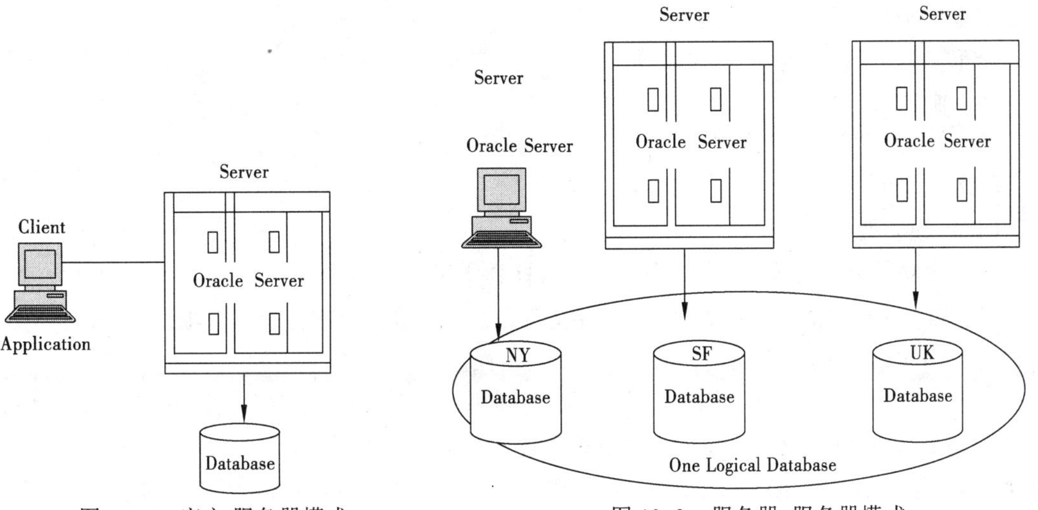

图 10-1　客户/服务器模式　　　　图 10-2　服务器_服务器模式

10.1.1　分布式数据库的特征

Oracle 支持大多数理想的分布式特点。

1. 本地自治（Local Autonomy）

（1）各结点具有自己的数据库，可执行局部管理应用。

（2）逻辑操作保留纯本地性。

（3）对于其成功的功能，没有一个结点依赖于其他结点。

2. 不依靠一个中心结点

（1）全部结点处理为等同的。

（2）各个结点有其自己的数据字典。

3. 能连续操作

并入一个新的站点不影响已存在的应用，不破坏服务。

10.1.2 全功能分布式数据库的规则和目标

理想的分布式系统使用时应该非常像一个非分布式系统。

1986 年 C.J. Date 为理想的分布式系统创立了 12 条细则：

规则细目	在 Oracle 中存在
局部结点自治性	是
不依靠中心结点	是
连续操作	是
位置独立性	是
分片独立性	是
数据复制独立性	是
分布式查询处理	是
分布式事务管理	是
硬件独立性	是
操作系统独立性	是
网络独立性	是
DBMS 独立性	是

12 条全功能分布式数据库系统的规则和目标具体是：

（1）局部结点自治性，网络中的每个结点都是独立的数据库系统，它有自己的数据库，运行它的局部 DBMS，执行局部应用，具有高度的自治性。

（2）不依赖中心结点，即每个结点具有全局字典管理、查询处理、并发控制和恢复控制等功能。

（3）能连续操作，该目标使中断分布式数据库服务情况减至最少，当一个新场地合并到现有的分布式系统，或将分布式系统中某一场地撤离时不会导致任何不必要的服务中断；在分布式系统中可动态地建立和消除片段，而不中止任何组成部分的场地或数据库；应尽可能在不使整个系统停机的情况下对组成分布式系统的场地的 DBMS 进行升级。

（4）具有位置独立性（或称位置透明性），用户不必知道数据的物理存储地址，可以像数据全部存储在局部场地一样工作。一般位置独立性需要有分布式数据命名模式和字典子系统的支持。

（5）分片独立性（或称分片透明性），分布式系统如果可将给定的关系分成若干块或片，可提高系统的处理性能。利用分片将数据存储在最频繁使用的位置上，使大部分操作是局部操作，减少网络的信息流量。如果系统支持分片独立性，用户工作起来就像数据全然不是分片的一样。

（6）数据复制独立性，是指将给定的关系（或片段）可在物理级用许多不同存储副本或复制品在许多不同场地上存储。支持数据复制的系统应当支持复制独立性，用户可像它全然没有存储副本一样地工作。

（7）支持分布式查询处理，在分布数据库系统中有三类查询：局部查询、远程查询和全局查询。局部查询和远程查询仅涉及单个结点的数据（本地的或远程的），查询优化采用的技术是集中式数据库的查询优化技术。全局查询涉及多个结点上的数据，其查询处理和优化要复杂得多。

（8）支持分布事务管理，事务管理有两个主要方面：恢复控制和并发控制。在分布式系统中，单个事务会涉及多个场地上的代码执行，会涉及多个场地上的更新，可以说每个事务是由多个“代理”组成，是每个代理代表在给定场地上的给定事务上执行的过程。在分布式系统中必须保证事务的代理集，或者全部一致交付，或者全部一致回滚。

（9）具有硬件独立性，希望在不同硬件系统上运行同样的 DBMS。

（10）具有操作系统独立性，希望在不同的操作系统上运行 DBMS。

（11）具有网络独立性，如果系统能够支持多个不同的场地，每个场地有不同的硬件和不同的操作系统，则要求该系统能支持各种不同的通信网络。

（12）具有 DBMS 独立性，实现对异构型分布式系统的支持。理想的分布式系统应该提供 DBMS 独立性。

上述的全功能分布式数据库系统的准则和目标起源于一个分布式数据库系统，对用户来说，应当看上去完全像一个非分布式系统。

10.2　分布式数据库的连接

如图 10-3 所示是 Oracle 分布式数据库的一个实际结构。通过先进的 server to server 通信，client（客户，图中为应用工具，例如第 11 章中要讲到的 Forms Developer 等）可与多服务器和网关（gateways）通信。

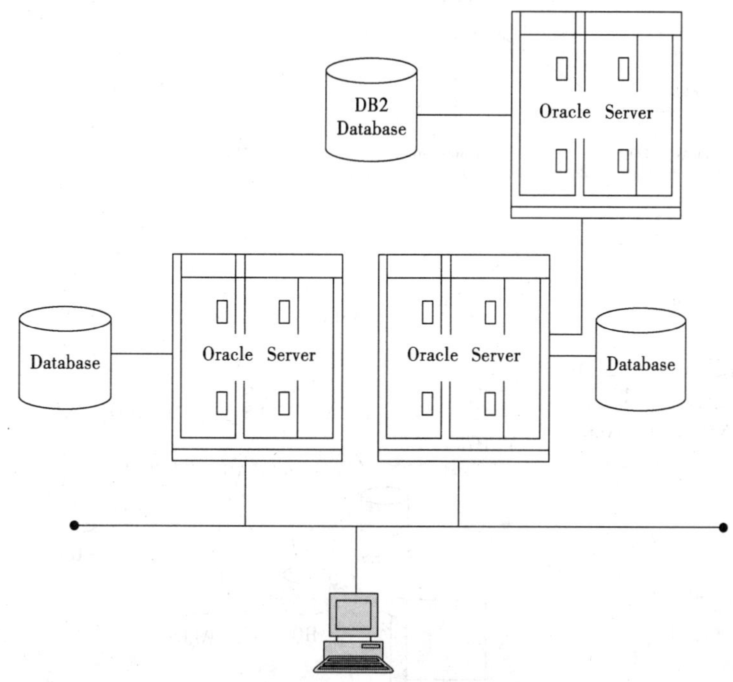

图 10-3　一个 Oracle 分布式数据库实际结构

因为可从分布式数据库的所有结点存取模式对象，所以像非分布的局部的 DBMS 一样，必须提供一种机制，可在局部数据库中引用一个对象。分布式 DBMS 必须提供一种命名模式，使分布式数据库中一个对象可在应用中被唯一标识和引用。一般采用在层次结构的每一层实施唯一性。分布式 DBMS 简单地扩充层次命名模型，实施在网络上唯一数据库命名。因此一个对象的全局对象名（global object name）保证在分布式数据库内是唯一的。

Oracle 允许在 SQL 语句中使用全局对象名引用分布式数据库中的模式对象（表、视图、过程等）。在 Oracle 中，一个模式对象的全局名由三部分组成：对象的模式名、对象名、数据库名，其形式如下：

```
SCOTT.EMP@SALES.DIVISON3.ACME.COM
```

其中 SCOTT 为模式名，EMP 为表名，@符号之后为数据库名。

Oracle 分布式数据库系统结构可由 Oracle 数据库管理员为终端用户和应用提供位置透明性，利用视图、同义词、过程可提供 Oracle 分布式数据库系统中的位置透明性。

10.2.1 分布式数据库全局名和数据库链

1. 分布式数据库全局名

在分布式数据库系统中，每一个数据库有一个唯一的全局名，全局数据库名标识系统中的每个数据库。全局数据库名由两部分组成：数据库名（小于等于八个字符）和网络域（net work domain）。全局数据库名的网络域名成分必须服从标准互联网规范。网络域名中的层次是由“.”分开的，其次序由叶至根，从左至右。网络目录的例子如图 10-4 所示。

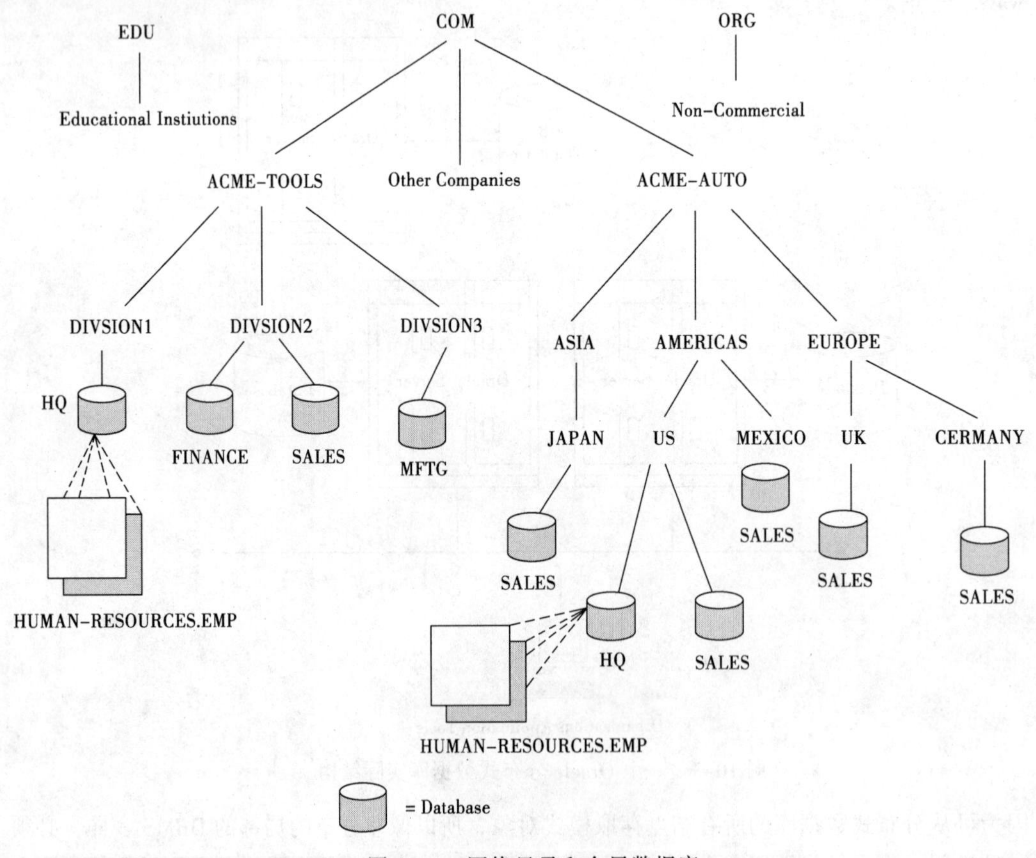

图 10-4 网络目录和全局数据库

其全局数据库名为：

hq.divisionl.acme_tools.com

finance.division2.acme_tools.com

sales.division2.acme_tools.com

mftg.division3.acme_tools.com

sales.japan.asia.acme_auto.com

hq.us.americas.acme_auto.com

sales.us.americas.acme_auto.com

sales.mexico.americas.acme_auto.com

sales.uk.europe.acme_auto.com

sales.germany.europe.acme_auto.com

由于每一数据库有唯一的全局数据库名，每个数据库及它所包含的对象可用对象的全局对象名唯一地标识。本例两个 EMP 表的全局名为：

human_rerources.emp@hq.us.americas.acme_auto.com

human_resources.emp@hq.divisionl.acme_tools.com

对于一个网络域，如果有一个网络域服务器（network domain server），则由它来实施网络域的控制和结构命令。如果没有，则由网络管理员负责控制。

2. 数据库链

Oracle 中的数据库链（database link）是对远程数据库定义的一条路径。数据库链对分布式数据库的用户是透明的，数据库链的名字与链所指向的数据库的全局名相同。

当数据库链建立后，任何连接到本地数据库的应用或用户，通过数据库链方便地隐式地连接到远程数据库。

数据库链由两部分组成：一个远程账号和一个数据库串。建立数据库链的形式如下：

```
CREATE PUBLIC DATABASE LINK sales.division3.acme.com
CONNECT TO guest IDENTIFIED BY password
USING'DB 串';
```

其中：sales.division3.acme.com 为定义的链名，guest 和 password 为连接远程数据库的用户的账号和口令，DB 串用于远程连接。由账号和 DB 串构成完全路径。如果只有一个则为部分路径。

有三种数据库链可用于决定用户对全部对象名的引用：

- 专用（private）数据库链：为一个指定用户建立。专用数据库链仅链的主人可使用。在 SQL 语句中用于指定一个全局对象名或者在持有者的视图定义过程中使用。
- 公用（public）数据库链：为特殊的用户组 PUBLIC 建立。公用数据库链可被任何用户使用，在 SQL 语句中用于指定一个全局对象名或对象定义。
- 网络数据链：由网络域服务器建立和管理，可为网络中的任何数据库的任何用户使用，可在 SQL 语句中指定全局对象名或对象定义中使用。注意，若当前网络域服务器对 Oracle 不能用，则网络数据库链不可用。

10.2.2 连接客户（client）和服务器（server）

如图 10-5 所示，将客户应用连接到一个服务器。

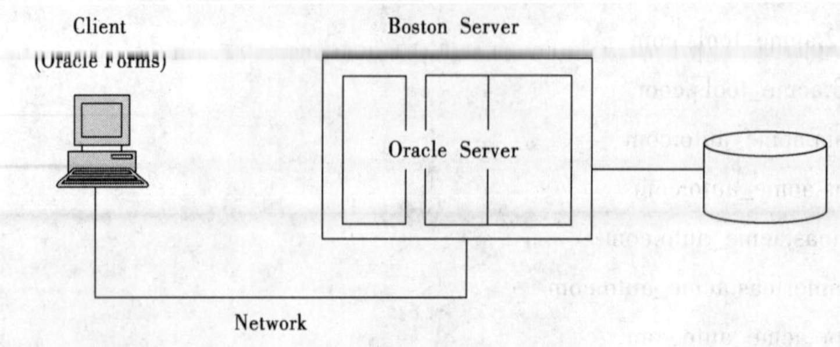

图 10-5 连接客户应用到服务器

例 10.1 连接客户应用到服务器。

```
$ runform scott/tiger@EDUCATION_DB my_form
```

此例使用 EDUCATION_DB 连接描述符将客户应用 my_form（注：My_form 详见第 11 章）连接到 Oracle 服务器（boston server）。其中 scott 为用户模式名，tiger 为口令。

（1）由此可见运用 Oracle Net 的连接描述符（connect descriptor），能将客户（client）连到远程服务器（Server）。

（2）Oracle Net 连接描述符包括通过网络建立连接所需要的地址（address）和协议（protocol）信息。

例 10.2 显示 EDUCATION_DB 连接描述符。

```
EDUCATION_DB=(DESCRIPTION=
                   (ADDRESS=
                   (COMMUNITY=TCP.EDUC.HQ.Oracle)
                   (PROTOCOL=TCP)
                   (PORT=1521)
                   (HOST=BOSPYR2))
                   (CONNECT_DATA=
                   (SID=EDUC7)))
```

其中：SID 为 System id，代表了某个指定的实例（数据库）。

Oracle Net 连接描述符可以在 Oracle 的分布式处理环境去建立一个远程连接。

10.2.3 连接服务器（server）到其他服务器（server）

如图 10-6 所示，将服务器连接到其他服务器（即 server_server 连接）。

例 10.3 创建数据库链 boston。

```
SQL>CREATE DATABASE LINK boston
2 CONNECT TO Scott IDENTIFIED BY tiger
3 USING 'education_db';
```

其中'education_db'为数据库描述符。数据库链（database link）是使用 Oracle Net 连接描述符将本地 Oracle 账号（account）连接到远程数据库 Oracle 账号的一个对象（object）。

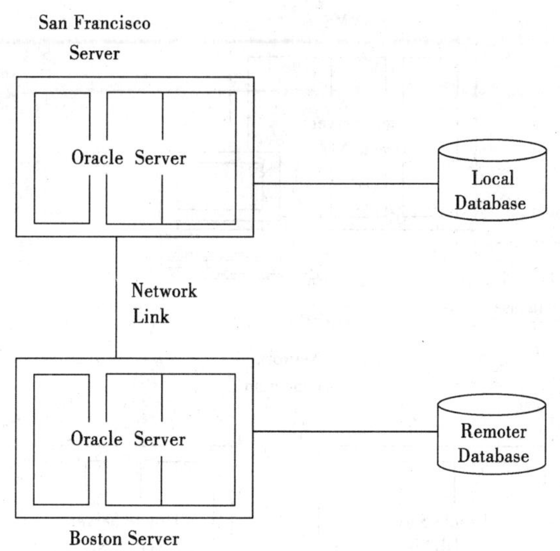

图 10-6　将服务器连接到服务器

例 10.4　用数据库链 boston 访问远程 scott/tiger 账号中的 emp 表。

```
SQL>SELECT *
2 FROM emp@boston;
...
14 rows retrieved.
```

注意：数据库链在分布式数据库 SQL 语句中作为表名的一部分。

一般建立数据库链后，建立相应的同义词会使数据库链使用起来比较简便。建立同义词的例子如下：

例 10.5　为数据库链 boston 建立同义词。

```
SQL>CREATE SYNONYM EMP1
FOR SCOTT.EMP@boston
SQL>SELECT * FROM EMP1
```

此例给 SCOTT.EMP @ boston 建立了一个同义词名 EMP1，然后用同义词名 EMP1 访问数据。

10.3　分布式查询处理及其他

10.3.1　建立分布式查询

可以在连接语句中运用分布式查询。来自本地和远程结点的数据能在同一个 SELCET 语句中同步查询。

例 10.6　同步查询本地和远程结点的数据（见图 10-7）。

```
SQL>SELECT ename,danme
  2 FROM emp@chicago,dept@bethesda
  3 WHERE emp.deptno=dept.deptno
  4 AND loc='NEW YORK'
  5 AND job='CLERK';
```

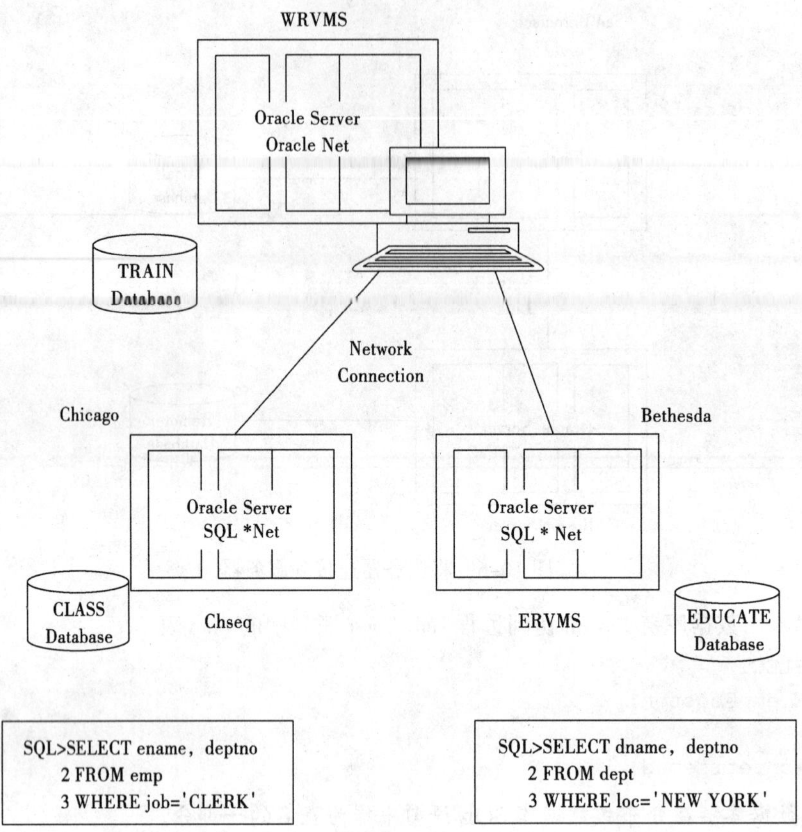

图 10-7 分布式查询

10.3.2 在分布式事务（distributed transaction）中的其他语句

Oracle 完全支持分布式数据库环境中的数据操作，包括对分布式事务中的任意结点数据均可进行插入（insert）、更新（update）和删除（delete）。

（1）更新（update）

例 10.7 更新远程数据库中的数据。

```
SQL>UPDATE emp@ed_link
  2 SET Sal=Sal*1.05
  3 WHERE ename='WINSLOW';
```

（2）插入（insert）

例 10.8 将数据插入到一个远程数据库的表中。

```
SQL>INSERT INTO emp@ed_link (empno,ename,sql,hiredate,deptno)
  2 VALUES (1001, 'EINSTEIN',4500,sysdate,40);
```

（3）删除（delete）

例 10.9 从一个远程数据库的表中删除数据。

```
SQL>DELELE FROM emp@ed_link
  2 WHERE ename='GREEN';
```

注意： 数据库链在分布式数据库 SQL 语句中作为表名的一部分。

10.4　事 务 管 理

10.4.1　事务

一个事务为工作的一个逻辑单位，由一个或多个 SQL 语句组成。一个事务是一个原子单位，构成事务的全部 SQL 语句的结果可被全部提交或者全部回滚。一个事务由第一个可执行的 SQL 语句开始，以提交或回滚结束，可以是显式的，也可是隐式的（执行 DDL 语句）。

执行一个 SQL 语句出现错误时，该语句所有影响被回滚，好像该语句没有被执行一样，但它不会导致当前事务先前工作的丢失。

10.4.2　Oracle 的事务管理

在 Oracle 中一个事务是由一个可执行的 SQL 语句开始，一个可执行 SQL 语句（包括 DDL 和 DML 语句）产生对实例的调用。在事务开始时，一个可用回滚段记录该事务的回滚项。一个事务以下列任何一个出现而结束：

- 当 COMMIT 或 ROLLBACK（没有 SAVEPOINT 子句）语句发出。
- 一个 DDL 语句被执行。在 DDL 语句执行前、后都隐式地提交。
- 用户撤销对 Oracle 的连接（当前事务提交）。
- 用户进程异常中止（当前事务回滚）。

1. 提交事务

提交一事务，即将在事务中由 SQL 语句所执行的改变永久化。在提交前，Oracle 已有下列情况：

- 在 SGA 的回滚段缓冲区已生成回滚段记录，回滚信息包含有所修改值的老值。
- 在 SGA 的日志缓冲区中已生成日志项。这些改变在事务提交前可进入磁盘。
- 在 SGA 的数据库缓冲区已做修改，这些修改在事务真正提交之前可进入磁盘。

在事务提交之后，有下列情况：

- 与回滚段相关的内部事务表记录提交事务，并赋给其一个相应的唯一系统修改号（SCN），记录在表中。
- 在 SGA 的日志缓冲区中，日志项由 LGWR 进程写入到在线日志文件中，这是构成提交事务的原子事务。
- 在行上和表上的封锁被释放。
- 该事务标志为完成。

注意：对提交事务的数据修改不必由 DBWR 后台进程立即写入数据文件，可继续存储在 SGA 的数据库缓冲区中，在最有效时将其写入数据文件。

例 10.10　对 DEPT 表插入一行后，提交该改变。

```
INSERT INTO DEPT VALUES (50,'LIU YIN', 'TAMPA')
COMMIT WORK
```

注意：WORK 为遵守标准的 SQL 而支持。

2．两阶段提交协议（two_phase commitment protocol）

在这个协议中，首先要把分布式事务的某个代理指定为协调者，其他代理均作为参与者。只让协调者掌握提交或中止事务的决定权，而其他的参与者负责局部数据库的写操作，并向协调者提出中止或提交事务的意向。一般，各个参与者分别处于不同场地且唯一地对应一个子事务。即使某一参与者可能与协调者处于同一场地，但在处理时，仍逻辑地认为它与协调者并不处于同一场地。

两段提交协议的内容如下：

第一阶段是“表决阶段”。协调者向所有参与者发出“准备提交”的信息。如果某个参与者准备提交，就回答“就绪”（ready）信息，否则回答“撤销”（abort）信息。参与者在回答前应把有关信息写入自己的日志中。协调者在发出准备提交信息前也要把有关信息写入自己的日志中。

如果在规定的时间内协调者收到了所有参与者的就绪信息，就做出提交的决定，否则作出撤销的决定。

第二阶段是“执行阶段”。协调者将有关决定的信息写入日志，然后把这个决定发给所有的参与者。所有参与者收到命令之后首先往日志中写入“收到提交（或撤销）”决定的信息，并向协调者发送“应答”信息（即“ACK 报文”），最后执行有关决定。协调者收到所有参与者的应答信息后，一个事务的执行至此结束，有关该事务的日志信息即可以脱机保存。

采用两段提交协议后，当系统发生故障时，各场地利用各自有关的日志信息便可执行恢复操作，恢复操作的执行类似于集中式数据库。

3．回滚事务

回滚事务的含义是撤销未提交事务中的 SQL 语句对数据所做的修改。Oracle 允许撤销未提交的整个事务，也允许撤销部分事务。

在回滚整个事务（没有引用保留点）时，有下列情况：

- 在事务中所有 SQL 语句做的全部修改，利用相应的回滚段被撤销。
- 所有数据的事务封锁被释放。
- 事务结束。

当事务回滚到某一保留点（具有 SAVEPOINT）时，有下列情况：

- 仅在该保留点之后执行的语句被撤销。
- 该指定的保留点仍被保留，该保留点之后所建立的保留点被删除。
- 自该保留点之后所获取的全部表封锁和行封锁被释放，但指定的保留点以前所获取的全部数据封锁继续保持。
- 该事务仍可继续。

例 10.11　回滚当前整个事务。

```
ROLLBACK
```

例 10.12　回滚当前事务到 SP5 保留点。

```
ROLLBACK TO SAVEPOINT SP5
```

4．保留点

保留点（savepoint）是某一事务范围内的中间标志，经常用于将一个长的事务划分为小的部分。保留点可标志长事务中的任何点，允许可回滚点之后的工作。在应用程序中经常使用保留点。例如某一过程包含几个函数，在每个函数前可建立一个保留点，如果函数失败，很容易返回到每一个函数开始时。在回滚到一个保留点之后，该保持点之后所获得的数据封锁被释放。

10.5　多协议信息交换

Oracle Net 利用 MultiProtocol Interchange（多协议交换）允许 Oracle 客户（client）和服务器（server）通过多种网络通信。

Oracle Net 是 Oracle 的远程访问信息软件，能通过单网通信。

MultiProtocol Interchange 能使 Oracle Net 穿过几个协议连接，如图 10-8 所示。

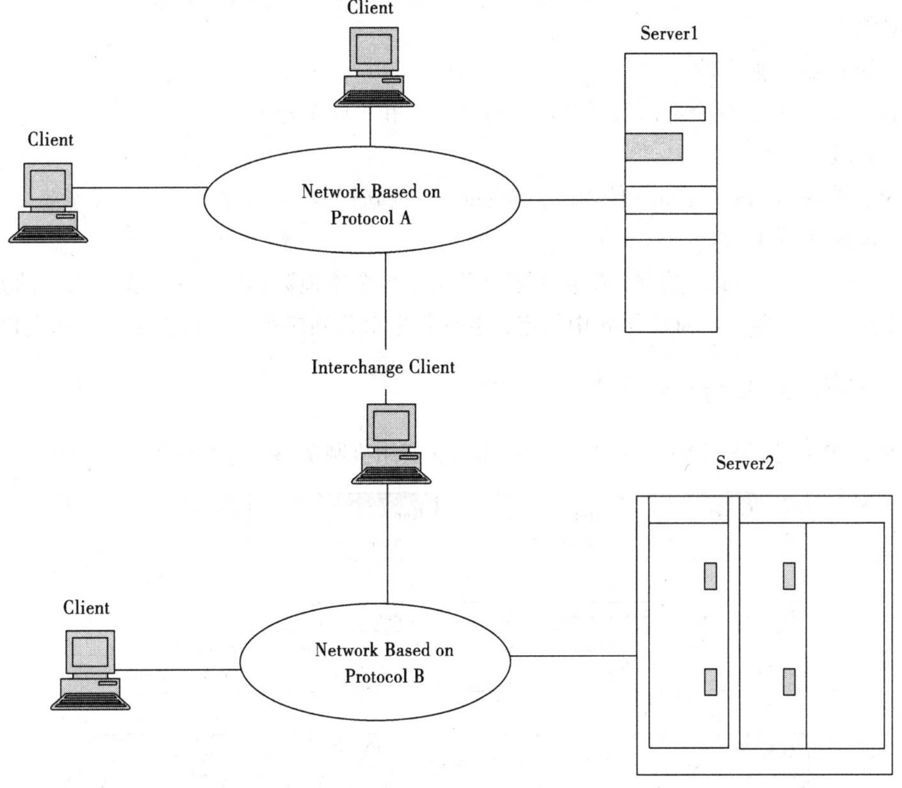

图 10-8　多协议信息交换

10.5.1　Oracle Net

1. Oracle Net 的功能概述

Oracle Net 能使 Oracle 客户（client）和服务器（server）在网络上通信。Oracle Net 的功能概况如下：

- 客户机和服务器之间的连接通过 Oracle Net 建立和中止。
- Oracle Net 映射 Oracle 应用（UPI）和数据库调用（OPI）为网络调用。
- 在两个通信结点之间不同的特征设置和数据表示通过 Oracle Net 处理。

• Oracle Net“谈判”（negotiates）

这里要注意的是：一个结点既可以是客户应用，又可以是数据库服务器。当两个结点通信时，一个结点是信息的发出者，另一个结点则是通信的目的地。这个发出者既可以是客户应用，又可以是数据库服务器。

2. Oracle Net 的优点

Oracle Net 给网络应用带来了许多益处，具体表现在以下几个方面：

（1）网络透明性

利用本地数据库开发的应用程序不用通过网络做任何分布改变。

（2）协议独立性

建立在运行任何协议的任何计算机上的任何应用程序，不用改变便可分布到运行其他协议的其他计算机上.

（3）介质/托普独立性

Oracle Net 间接支持全部由底层协议支持的介质和（或）托普。

（4）异域网络性

当 MultiProtocol Interchange 使用时，Oracle 客户和服务器可通过不同的协议连接。

（5）本地透明性。

• Oracle Net 和 Oracle 数据库提供了建立驻留在单个本地数据库对象（诸如表）的方法。

• 本地信息不需要在 SQL 语句中指定，允许数据对象和应用不用沿着网络移动变化。

10.5.2 Oracle Net 连接组分

如图 10-9 所示，是 TNS 的结构图。Oracle Net 实用机制 TNS 是对全部种类网络的一致接口。

Oracle Net V2	Inter-change	Name Service	RPC System

TNS-Navigation Subsystem and Diagnostic Subsystem			
Protocol Adapter for TCP/IP	Protocol Adapter for DECnet	Protocol Adapter for SPX/IPX	Protocol Adapter for 1of 20+others

TCP/IP	DECnet	SPX/IPX	1 of 20+ Other Protocols

图 10-9 TNS 结构图

1. Oracle Net 和 TNS 接口

① Oracle Net 对应于特定的数据库通信。

② TNS 是一组基本网络服务器集合，它可由许多不同的应用类型来使用。

Oracle Net 和 MultiProtocol Interchange 是可实现 TNS 服务的应用。

③ Oracle 将来的产品也将实现 TNS。

注意： TNS 将自动用 Oracle Net 和 MultiProtocol Interchange 一起安装。

运行过程如下：

① Oracle 应用和数据库产生叫做 UPI（user program interface）和 OPI（Oracle program interface）的 Oracle 调用。

② Oracle Net 和 TNS（transparent network subtrate）将 Oracle 调用映射成为诸如 connect、disconnect、read、write 和 break 这样的基本网络操作。

③ Oracle protocol adapter（网络协议适配器）将基本网络操作映射成特定的协议和特定的“卖主”（vendor）操作。

各个配置作为 Oracle Net server 的结点要求一个 listener 进程来监控和接受到来的连接。

注意：listener 控制设备提供来启动、停止和监控 Oracle Net/TNS。

10.5.3　多协议交换

多协议交换 MultiProtocol Interchange（或 Interchange）是一个软件组分，它允许 Oracle Net/TNS 连接穿过若干“共同体”（community），如图 10-10 所示。

“共同体”是共享相同网络协议结点的集合。

Interchange 不是一个协议门路、协议变转器、路由器或桥。

注意：

- Interchange 建在 TNS 之上。
- 连接在协议之间映射。

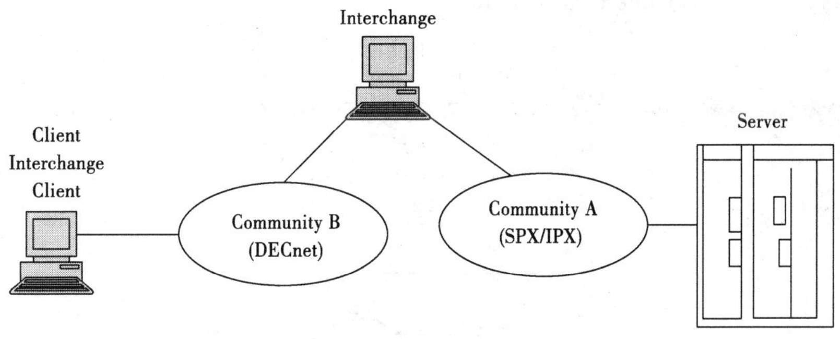

图 10-10　多协议交换

1. Interchange 结构描述

如图 10-11 所示为 Interchange 结构描述和组成部分。

各个 Interchange 由两个主要的组成部分：连接管理器（Connection manager）和网络导航器（network navigator）。

（1）连接管理器

它的功能是：

- 管理到来的要求。
- 通过数据泵（pumps）执行数据传输。
- 收集关于 Interchange 操作的统计。

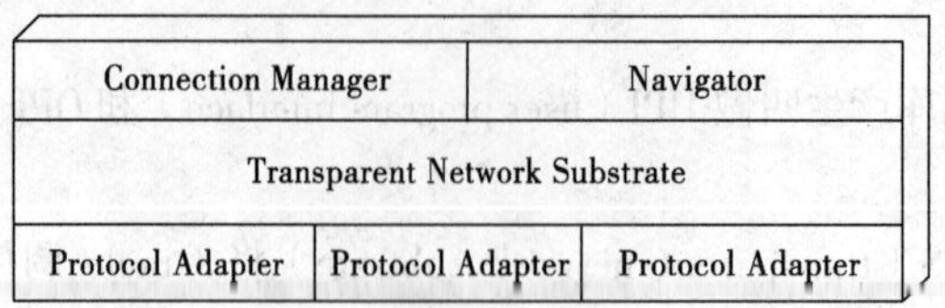

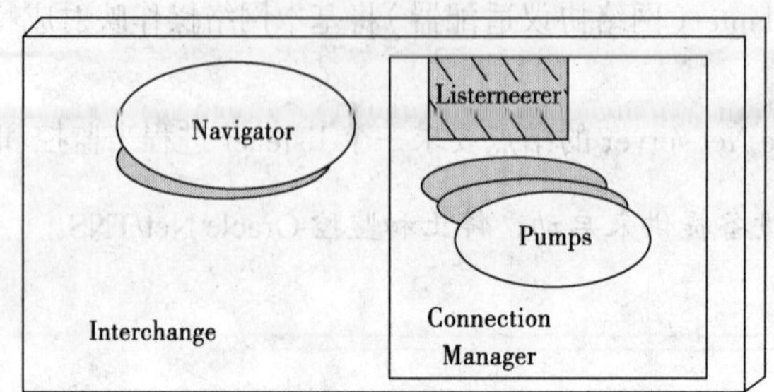

图 10-11　Interchange 的结构描述和组成部分

（2）网络导航器

它建立连接管理器到目的地的最佳路径。

注意：执行 Interchange 的机器必须支持 Interchange 将连接的全部协议。

各个支持的协议要求一个 Oracle 协议适配器（adapter）。

2. 通过 Interchange 完成的连接

如图 10-12 所示，通过 Interchange 完成连接的步骤如下：

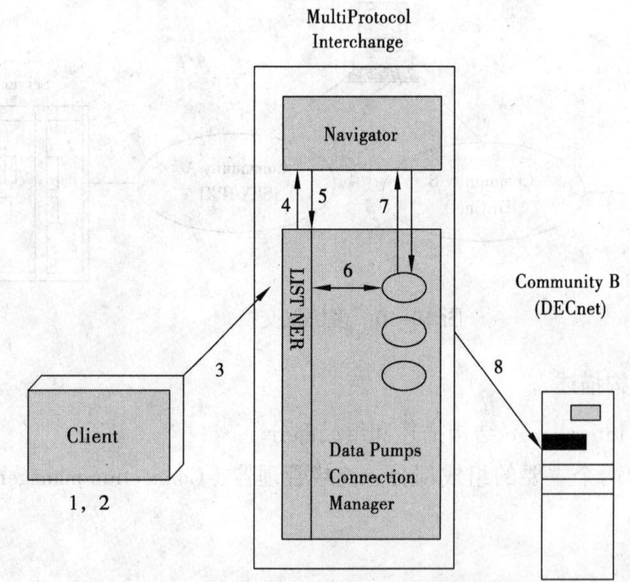

图 10-12　通过 Interchange 完成连接的步骤

① 客户（client）产生一个对不同“共同体”中某一服务器（server）的连接请求。

② Oracle Net/TNS 注意到目的地在不同的“共同体”中，并发送出连接到客户（client）希望的 Interchange 的请求。

③ 到来的连接请求由连接管理器接受。

④ 连接管理器（connection manager）询问导航器（navigator）是否正进行着正确的路径。

⑤ 导航器回答 yes（是），或者一个更好的 Interchange 地址。

⑥ 连接管理器传递连接控制到最好的现存数据泵（data pump），或者产生一个新泵，然后传递连接控制。

⑦ 数据泵询问导航器下一个目的地址：其他 Interchange，或者其他目的地。

⑧ 数据泵发送连接到下个协议“共同体”。

注意：如果 Interchange 作为目的地是在同一个协议“共同体”中，则跳过（7）。

10.5.4　配置 Oracle Net 客户机（client）

若想配置（configure）一个 Oracle Net 客户机，需要如下信息：

- 连接描述符／数据库名字。
- 客户机所属的协议“共同体”。
- 登录（logging）和轨迹（tracing）信息。

注意：在一个具有 Interchange 的网络中，客户机也需要一个现存的 Interchange 列表。

配置客户（client）连接描述符：

为了连接到服务器（server），客户连接必须首先接触服务器上的 listener。而要接触服务器上的 listener，客户机需指定一个叫做连接描述符的连接信息。

一个 Oracle Net/TNS 连接描述符指定以下几点：

- 服务器上 listener 的地址。
- 所连接到的 Oracle 实例名。
- 此连接是否应该运用一个专用服务器或多线索服务器。

连接描述符在文件 tnsnames.ora 中定义。

tnsnames.ora 文件有如下特点：

- tnsnames.ora 文件的默认位置是特定的平台。
- 大多数平台支持一个环境参数 TNS_ADMIN 的使用，该参数为各个工作期（session）指定一个私用 tnsnames.ora 文件。
- 任何发出与其他服务器（server）初始连接信息的服务器也必须具有一个 tnsnames.ora 文件。
- 一个 tnsnames.ora 文件可以用到全部客户（clients）和服务器（servers）。

各个连接描述符需要 CONNECT_DATA 加上至少一个 ADDRESS（地址）。

1. ADDRESS

- 各个地址（ADDRESS）是服务器上一个 listener 的地址。
- 如果提供多个地址，则必须指定 ADDRESS_LIST 关键字。
- 如果先前的地址返回一个网络错误，则 Oracle Net 将对各个服务器尝试多个地址。
- 地址关键字随协议变化。

2. CONNECT_DATA

SID 是服务器上的 Oracle 实例名字。

注意： tnsnames.ora 中的服务（service）名字为 Oracle Net 连接描述符提供了短别名。

例 10.13 配置客户机连接描述符的例子。

```
tnsnames.ora:

PROD7=(DESCRIPTION=
        (ADDRESS=
        (COMMUNITY=TCP1.US.Oracle)
        (PROTOCOL=TCP)
        (HOST=Server1)
        (PORT=1521))
        (CONNECT_DATA=
        (SID=PROD7)))
```

用其连接：

```
C: \Sqlplus scott/tiger @ PROD7
```

10.5.5 配置 listener

1. 配置 listener 地址

Oracle Net/TNS listener 将机器上一定的数据库连接要求配置为监控器确定的地址。

listener 配置文件 listener.ora 指定以下几点：

- listener 地址。
- 通过 listener 客户能连接到的数据库列表。
- 如何对各个数据库启动一个专用服务器进程的信息。
- 影响 listener 行为的参数。
- 配置登录和轨迹的参数。

注意：

- listener.ora 文件的默认位置是特定的平台。
- 大多数平台允许能指出 listener.ora 默认位置的环境参数 TNS_ADMIN 的使用。
- Oracle Net 配置工具可以用来产生 listener.ora 文件。

通过 listener 可以指定具有在客户连接描述符中使用的相同信息的监控地址。

一个 listener 可以接受多个地址上的连接。

例 10.14 配置一个叫 LISTENER 的 listener，以接受在 PORT.1521 的“共同体”TCP1.US. Oracle.COM 和 OBJECT 为 lsnr 的“共同体”DEC1.US.Oracle 上的连接。

```
LISTENER=(ADDESS_LIST=
          (ADDRESS=
             (COMMUNITY=TCP1.US.Oracle.COM)
             (PROTOCOL=TCP)
             (HOST=hqvms1)
             (PORT=1521))
          (ADDRESS=
```

```
(COMMUNITY=DEC1.US.Oracle)
(PROTOCOL=DECNET)
(NODE=hqvms1)
(OBJECT=1snr)))
```

2. 配置建立专用服务器（dedicated server）的 listener

当客户连接描述符要求一个对数据库（例如，SERVER=DEDICATED）的专用服务器连接时，listener 利用 listener.ora 中的信息来启动专用服务器进程。

例 10.15　配置叫做 LISTENER 的 listener 来启动对于 PROD7 和 TEST7 实例的专用服务器进程，这些进程在 VAX 机上由指定的程序文件执行。

```
SID_LIST_LISTENER=(SID_LIST=
                       (SID_DESC=
                          (SID_NAME=PROD7)
                          (PROGRAM=
                      'DISKS: [Oracle.RDBMS]ORASRV_PROD7.COM'))
                          (SID_DESC=
                          (SID_NAME=TEST7)
                          (PROGRAM=
                          'DISKS: [Oracle.RDBMS]ORASRV_TEST7.COM')))
```

注意：要求启动一个专用服务器的关键字和将由平台而变化。可参考特定的平台文献。

10.5.6　配置 Oracle Net 服务器

一个 sql.net server 要求与具有附加的 listener.ora 文件的客户一样配置。

各个服务器的配置如下：

文件	描述
listener.ora	listener 配置文件
tsnames.ora	连接其他服务器的连接描述符
tnsnames.ora	现存的 Interchange 列表。
sqlnet.ora	登录（logging）和轨迹（tracing）信息。

注意：如果服务器不接触分布式数据库配置中的其他服务器，则不要求 tnsnames.ora。

网络配置步骤如下：

① 为配置工具准备数据库账号。

② 以 net_conf/net_conf 登录到配置工具。

③ 启动、返回到主屏幕，并在主屏幕完成。

④ 命名网络。

⑤ 命名“共同体”。

⑥ 配置 listener。

- 命名 listener。
- 指定配置参数。
- 指定数据库 SID。

- 指定连接描述符名字或数据库名字，由客户（client）连接来使用。
- 指定客户连接来使用。
- 指定 listener 如何启动一个专用服务器。
- 指定为 LSNRCTL 安全性的密码。
- 指定被监控（monitor）的地址。

⑦ 配置客户机（client）。

- 命名客户。
- 列表客户所属于的“共同体”。

⑧ 生成配置文件。

10.5.7 启动 listener

使用 LSNRCTL 实用程序启动、停止和督控 Oracle Net/TNS listener（TNSLSNR）。

LSNRCTL 以两种状态操作：COMMAND（命令）状态和 INTERACTIVE（交互式）状态。

1. 命令状态

格式：

```
$ LSNRCTL Command [listener_name]
```

其中，[Listener_name]是可选的 listener 的名字。

2. 交互式状态

格式：

```
$ LSNRCTL
LSNRCTL>command[listener_name]
LSNRCTL>exit
```

例 10.16 运用 LSNRCTL 实用程序以 INTERACTIVE 状态来启动名叫 cbw_lsnr 的 listener，所需要的密码为 netdba。

```
$ LSNRCTL
LSNRCTL> SET PASSWORD netdba
The command completed successfully.
LSNRCTL> START cbw_lsnr
```

10.6 表快照与复制

10.6.1 人工复制表

可为驻留在主数据库中的主表，人工建立一个驻留在远程数据库上的复制表。

用户可以用三种方式手动复制表：

① 运用 Export/Import 实用程序输出一个远程表的复制表。

② 向远程表发出一个 SELECT 语句，以在本地机上建立一个复制表（SELECT 语句参见本书第 4 章）。

③ 从 SQL*PLUS 发出 COPY 命令来复制远程表。

例 10.17　将数据库 HQ 中 EMP 的整个表复制到 WEST 数据库的 WESTEMP 表中。如果 WESTEMP 已经存在，SQL* PLUS 将替代它的内容，WESTEMP 表中列与源表 EMP 的列有相同的名字。

```
SQL>COPY FROM SCOTT/TIGER@ HQ_
>TO JOHN/CHROME@ WEST_
>REPLACE WESTEMP_
>USING SELECT * FROM EMP
```

其中：USING SELECT 决定哪些行和列要复制。

10.6.2　用触发器（TRIGGERS）复制表

此类复制是针对主表的，复制过程可读、写。数据库触发器在 INSERT、UPDATE 和 DELETE 命令的执行时，自动提供实时、同步的复制（触发器参见 8.2 节内容）。

10.6.3　自动复制和更新表

可用表快照（snapshot）自动复制表。表快照允许一个主表（master table）在分布式数据库的其他结点进行复制。

表快照包括对全部或部分主表的复制。表快照复制是只读的。表快照由查询（queries）导出。主表的每一个复制称为一个快照。

表快照的特点：

- 快照可包含来自多个主表的数据。
- 快照可以是一个集合操作（GROUP BY）。
- 快照可以是一个表的子集（行，列）。

注意：快照可以通过自动或手动地刷新来反映主表的变化。快照可被完全替代，或仅传播变化。在不同位置产生的几个快照能基于某一单个主表。

例 10.18　对在 New YORK 的 EMP 建立一个简单快照。

```
CREATE SNAPSHOT em_sf
PCTFREE 5 PCTUSED 60
TABLESPACE USER1
STORAGE INITIAL 50K NEXT 50K PCTINCREASE 50
REFRESH FAST NEXT SYSDATE +7
AS SELECT * FROM EMP@ NY
```

其中，em_sf 为表快照的名字。REFRESH 指定 Oracle 什么时候和如何自动刷新快照，FAST 表示快速刷新，用存储在快照日志中的修改数据来刷新快照。NEXT 后是日期，本例指定以后每周自动刷新一次。其余的参数含义与建表命令相同。

10.7　用 Oracle Net 配置助手工具配置客户端

要以 Oracle 为后端数据库开发应用程序，首先要对客户端进行配置。本节将简单介绍如何用 Oracle Net 配置助手工具配置客户端 Oracle 数据库的网络连接和 ODBC 数据源。

10.7.1　配置连接数据库

通常情况下用户需要通过网络访问 Oracle 数据库或其他服务，此时要使用数据库的网络服务名（或称为数据库连接字符串）连接数据库。Oracle 提供的网络配置助手（net configuration assistant）可以实现这个功能。下面以 Oracle 11g 提供的网络配置助手为例进行介绍。

选择“开始”→“程序”→“Oracle-OraDb11g_home1”→“配置和移动工具”→“Net Configuration Assistant”命令，就可以启动网络配置助手。首先打开的是欢迎窗口，如图 10-13 所示。可以看到，网络配置助手可以完成以下的配置任务：

- 监听程序配置；
- 命名方法配置；
- 本地 Net 服务名配置；
- 目录使用配置。

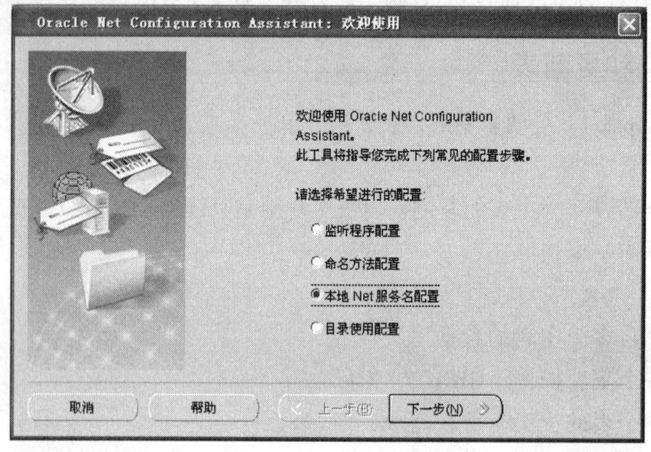

图 10-13　欢迎窗口

其中“本地 Net 服务名配置”的作用是创建、修改、删除、重命名或测试存储在本地 tnsnames.ora 文件中的连接描述的连接。选择此项，就可以对网络服务名进行配置。单击“下一步”按钮，进入网络服务名配置窗口，如图 10-14 所示。

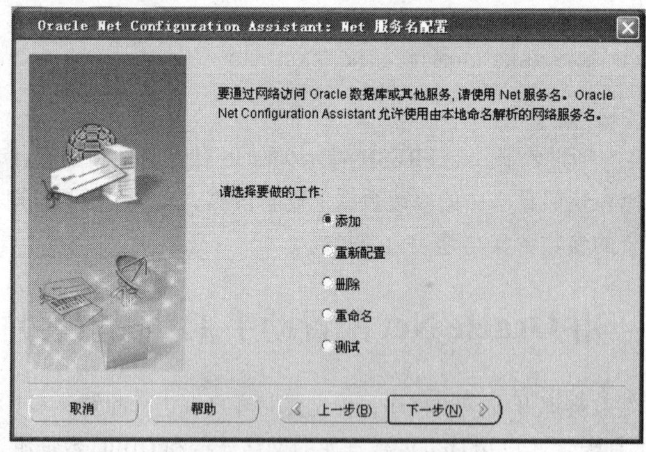

图 10-14　网络服务名配置窗口

这里需要添加新的网络服务名，选择“添加”，然后单击“下一步”按钮，进入输入服务名窗口，如图 10-15 所示。

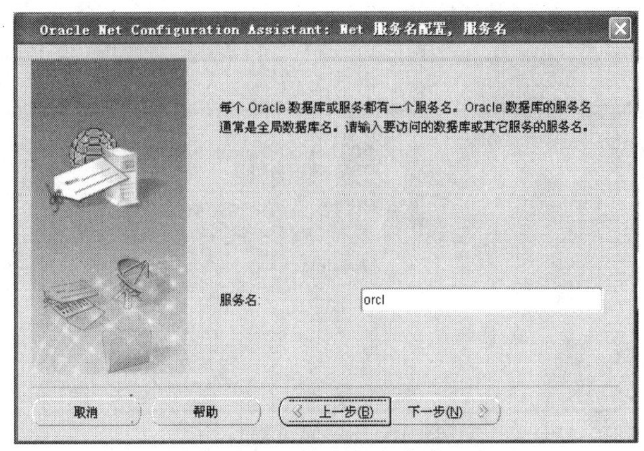

图 10-15　输入服务名窗口

对于 Oracle 8i 或更高版本的数据库或服务，必须提供服务名，服务名通常是其全局数据库名。将服务名设置为 orcl，然后单击“下一步”按钮，进入选择协议窗口，如图 10-16 所示。可以根据网络的配置情况选择网络协议，通常情况下选择“TCP”协议。单击“下一步”按钮，进入服务器设置窗口，如图 10-17 所示。这里假定需要连接的数据库在主机 fox-245e8da65a7 上，并使用标准端口 1521。设置完成后，单击“下一步”按钮，打开测试窗口，如图 10-18 所示。

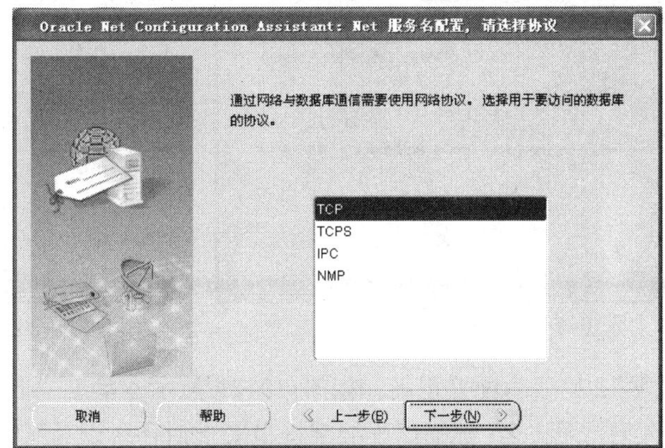

图 10-16　选择协议窗口

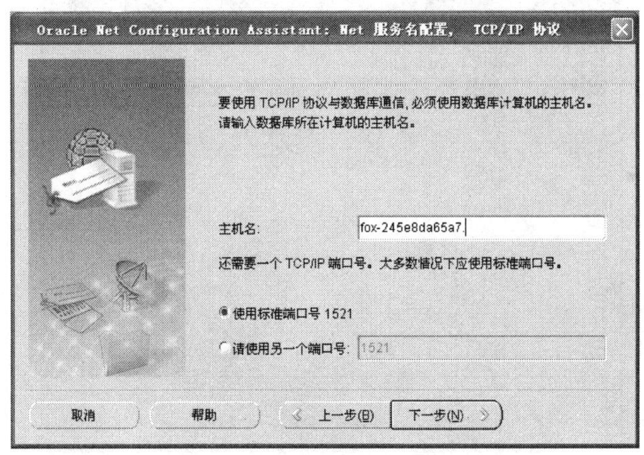

图 10-17　服务器设置窗口

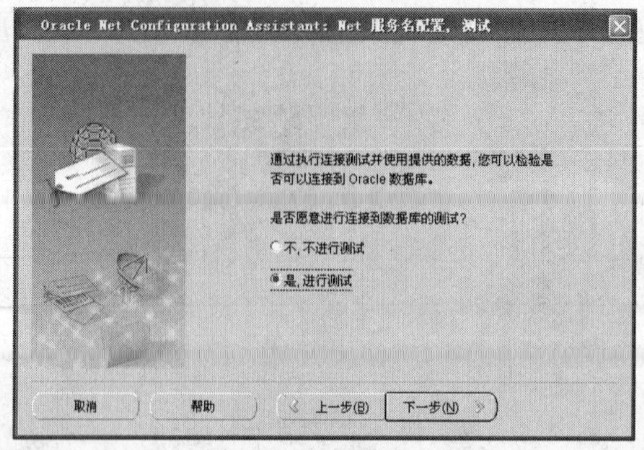

图 10-18　测试窗口

为了验证配置的正确性，请选择“是，进行测试”，然后单击“下一步”按钮，进入测试结果窗口。

如果看到“测试不成功”，则有可能是用户密码错，如图 10-19 所示。单击“更改登录”按钮，输入安装 Oracle 11g 时 SYSTEM 的新密码，如图 10-20 所示，单击“确定”按钮。

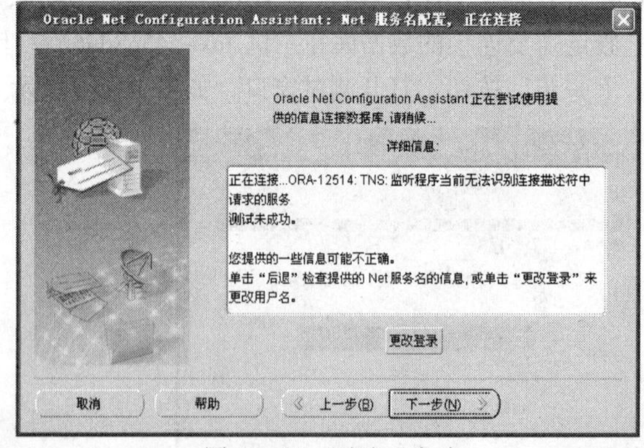

图 10-19　测试不成功

图 10-20　输入新密码

如果看到“测试成功”，则表示配置正确，如图 10-21 所示。单击“下一步”按钮，进入设置网络服务名窗口，输入网络服务名（数据库连接字符串），此时还可以对网络服务名称进行修改，如图 10-22 所示。

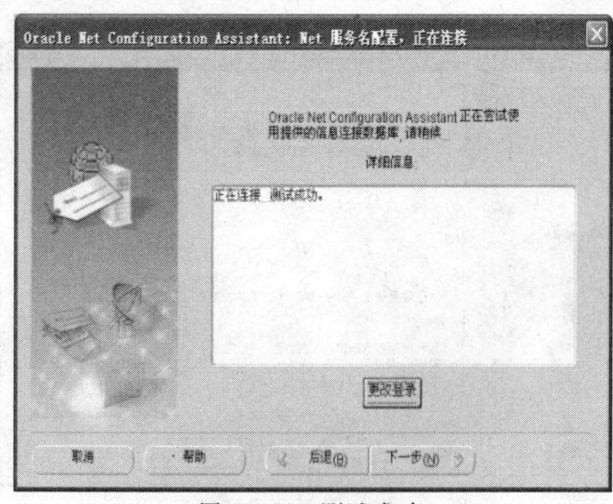

图 10-21　测试成功

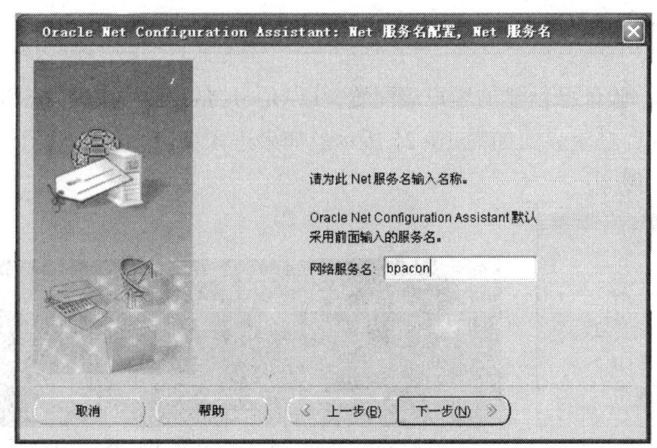

图 10-22　设置网络服务名

单击“下一步”按钮，进入是否配置另一个网络服务名窗口，如图 10-23 所示。

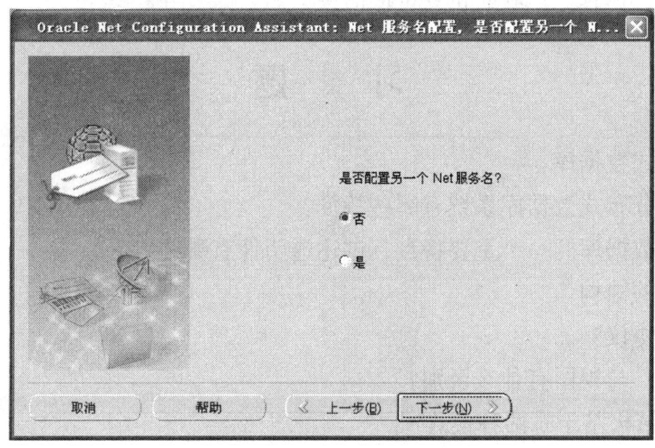

图 10-23　是否配置另一个网络服务名窗口

单击“下一步”按钮，进入服务名配置完毕窗口，如图 10-24 所示。单击“下一步”按钮，再单击“完成”按钮，退出网络配置助手。

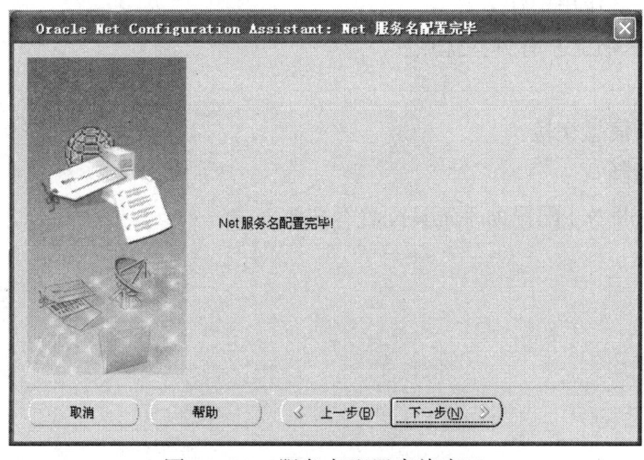

图 10-24　服务名配置完毕窗口

10.7.2 客户端测试

登录 SQL PLUS，验证已创建的客户端配置，以 Oracle 的默认用户名：SCOTT， 密码：tiger，连接字符串：bpacon，登录界面如图 10-25 所示。如果进入如图 10-26 所示的 SQL PLUS 界面，则说明客户端配置成功。

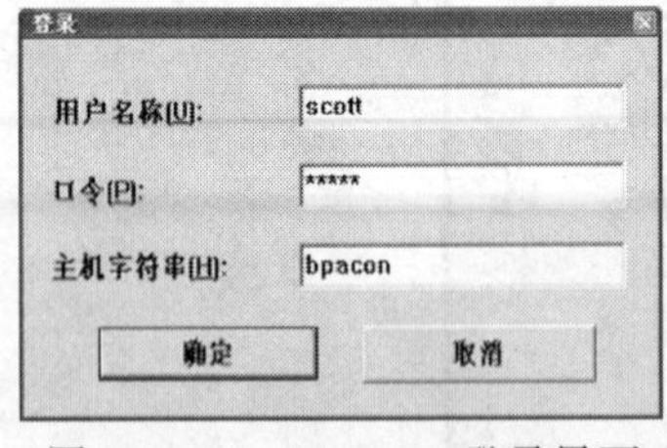

图 10-25 SQL PLUS 登录界面

图 10-26 SQL PLUS 登录成功界面

由上述配置过程可知 Oracle 数据库连接字符串表示客户要登录的 Oracle 数据库信息，它包含网络协议、数据库主机名或 IP 地址和 Oracle 的实例名。

习 题

1. 试确切定义分布式数据库。
2. 与集中式相比，分布式数据库系统有哪些特征？
3. 透明性是分布式数据库的一个重要特点，试述透明性有哪些？
4. 试述分布式事务的结构。
5. 什么是两段提交协议？
6. 什么是“快照”？与视图有什么区别？
7. Oracle 的分布式结构基于哪两种模式？
8. 如何将客户应用连接到服务器？如何连接服务器到其他服务器？
9. 分布式数据库全名和数据库链是什么？
10. 什么是分布式查询？如何进行分布式查询？
11. 什么是保留点？其作用是什么？
12. Oracle Net 有什么功能？有哪些优点？
13. 什么是 TNS？
14. 如何实现多协议信息交换？
15. 如何实现表的复制？
16. 如何实现用 Oracle Net 配置助手工具配置客户端？

第11章 数据库应用程序开发工具——Oracle Developer Suite

Oracle Developer 是一个综合的高度有效的开发环境，它可以为互联网或客户/服务器系统建立可扩展的数据库应用程序。

本章主要介绍 Oracle Developer Suite 中 Forms Developer 的特点、Form 的组成对象、Form 应用程序的运行方式以及如何设计 Form 应用程序和触发器，如何用 Reports Developer 设计报表和图形；同时介绍 Oracle J2EE 高级技术及 JDeveloper、Oracle 互联网服务器与应用等，以便对 Oracle 数据库应用程序开发工具、应用程序的运行和信息发布有一个基本的了解。

11.1 Oracle Developer Suite 概述

甲骨文公司的 Oracle Developer Suite 通过集成到一个支持最新互联网标准（包括 Java、XML、Web 服务和 SQL）的单一环境而加速应用程序的开发。它在一个集成的套件中支持整个应用开发周期，包括建模、成型、代码开发、调试、性能调整和部署，从而降低了成本。

开发人员可以轻松地在一个一致的开发套件中，完成从高级分析、快速应用开发到报告和分析等所有阶段。在每个阶段，Oracle Developer Suite 都帮助开发人员更快地完成常见任务。在开发的设计和分析阶段，一个模型驱动的体系结构（model driven architecture，MDA）自动将概念模型转换为代码。在构建阶段，快速应用程序开发组件，如 Oracle Forms Developer 和 Oracle JDeveloper，提供直观的可视化编码环境，包括向导程序、说明性的属性选项板以及易于使用的调试与性能调整工具。在报告和分析阶段，Oraclc Rcports Developer 和 Oracle Business Intelligence Beans 等组件使得对商务交易活动的分析简单得只需单击，而无须进行枯燥的编程工作即可完成。

有经验的 Java 开发人员会发现 Oracle JDeveloper 是一个卓越的开发环境，而传统的设计人员会发现 Oracle Designer 更适合于结构化分析，寻求更具可视化和说明性的快速应用开发方法的开发人员会发现 Oracle Forms 能很好地满足他们的要求。

使用 Oracle Developer Suite 的分析人员可以准确地从模型中捕获最终用户的要求，并自动将它们传输到运行的软件系统中。数据库分析人员可以从逻辑和物理数据库模型产生数据库模式。商务分析人员可以从 Oracle JDeveloper 的 UML 中产生 Java 应用程序，从 Oracle Desingner 的应用模型中产生 PL/SQL 应用程序。Oracle Developer Suite 还支持从现有数据库和 Java 或 PL/SQL 代码反向产生模型，便于文档的重复使用和改进。

通过 Oracle 软件配置管理器，Oracle Developer Suite 中的所有组件都提供了多流式、多项目开发的团队协作功能。基于数据库资料库，Oracle 软件配置管理器建立在一个管理着包括 Java 和 PL/SQL 代码、文档、HTML 和其他常用开发组件在内的任何结构化和非结构化内容的生命周期。Oracle JDeveloper 还支持基于 Web 的分布式创作和版本控制（WebDAV），使开发小组可以通过互联网实现项目共享。

对于开发人员来说，充分利用 Oracle Developer Suite 10g 可以构建各种互联网应用程序和由商务智能功能增强的 Web 服务。它能满足所有事务处理应用程序开发和商务智能的需要。如何使用 Oracle Developer Suite 和使用哪些工具，取决于终端用户的需要、开发人员的技能和技术背景等。该套件中所包括的各个具体组件及其作用如表 11-1 所示。

表 11-1　Oracle Developer Suite 10g 组件及其作用

（a）互联网应用程序

Oracle Developer Suite 10g 组件	作　用
JDeveloper	Java 和 XML IDE
Forms Developer	说明性 PL/SQL IDE 及 RAD Web 工具
Oracle Designer	系统分析与生成，系统建模
SCM	软件配置管理
BC4J	J2EE 框架

（b）商务智能功能增强的 Web 服务

Oracle Developer Suite 10g 组件	作　用
Reports Developer	企业报表编制
Discoverer	终端用户查询与分析
WarehouseDeveloper	数据集成的提取、转换及加载，数据仓库建立
BI Beans	为 Java 开发人员提供商务分析能力

1．应用程序开发

Oracle JDeveloper 是一种结合了 Java、XML 和 SQL 技术的、用于开发高质量的 J2EE 应用程序和 Web 服务的集成开发环境（integrated development environment，IDE），是 Oracle 应用服务器 Java 版的一个组成部分。Oracle JDeveloper 支持完整的开发生命周期，包括建模、编码、调试、性能剖视、优化和部署。Oracle JDeveloper 还可以作为单独的产品，用于满足 Java 开发人员的需要。

Oracle Forms Developer 是一种说明性的快速应用程序开发（rapid application development，RAD）工具，PL/SQL 开发人员在无须 Java 编码的情况下，可以使用它构建高度交互式的基于 Java 的 Web 客户端程序。

Oracle Designer 是一种用于构建完整的应用程序和数据库的建构和生成工具。它还能够逆向设计现有的 Oracle 和非 Oracle 数据库，以创建 Oracle 数据库模型。

Oracle 软件配置管理器（Oracle SCM）是一种用于存储所有与应用程序开发过程相关的文件和对象，并进行版本控制的软件配置管理资源。Oracle SCM 与 Oracle Developer Suite 中的所有开发工具集成在一起。

2. 商务智能

Oracle Developer Suite 包括各种通过商务智能功能增强事务处理应用程序的性能，用户需要更深入地理解有关数据的商务智能工具。

Oracle WarehouseDeveloper（OWB）是一种企业数据集成工具，它提供一种经济有效、可伸缩和易于使用的数据提取、转换和加载工具，使数据库管理员和开发人员能更快、更高效地设计和构建商务智能应用程序。

Oracle Reports Developer 是一种说明性的企业报表编制工具，可用于通过使用能够以任何形式安全地发布到任何目的地的数据源来创建精确的报表。

Oracle Discoverer 提供一种直观的特定查询、报表编制和分析工具，用以满足终端用户简化信息访问的需要。

Oracle Business Intelligence Beans（Oracle BI Beans）提供一套基于标准的可重复使用的 JavaBean 组件，便于快速用 Java 实现高级分析型应用程序。

Oracle Designer 和 Oracle JDeveloper 都支持建模。Oracle Designer 使开发人员能够基于业务流程、功能和数据库的信息工程设计模型来设计和生成完整的企业级应用程序。所有设计及自动生成完整数据库和应用程序所需的元数据都保存在 Oracle SCM 信息库中，并得到管理。Oracle JDeveloper 通过集成的 UML 建模器来支持 Java 编程人员的建模需要。UML 类建模器立即生成 Java 代码，其中包括 EJB、Business Components for Java 以及 Web 服务。生成的代码和模型总是同步的。Oracle JDeveloper 还提供了一个 UML 活动建模器，该建模器能够为业务流程的实施生成 Oracle Advanced Queuing 工作流定义。

Business Components for Java（BC4J）实施 J2EE Design Patterns，并包括预建的商务逻辑组件，所以开发人员无需为通用商务逻辑的每个细节编码，便可以用更高级别的组件构建应用程序。这个过程是说明性的，它还为开发人员提供了为满足特定商务需要而修改组件的灵活性。这就大大提高了生产力及组件重复使用率。

对支持互联网标准的关注造就了 Oracle Developer Suite 的开放性和互操作性，并使得开发人员更易于提高生产力，从而更加经济高效地开发出更优质的应用程序。

Oracle Developer Suite 的每个重要优势领域都有助于应用程序开发人员提高生产力，并节省成本。

Oracle Developer Suite 的各种工具荣获了多项大奖，并受到了媒体的高度赞扬。行业分析家们也给予了相当正面的评价。正在使用 Oracle 开发工具的客户包括《财富》20 强企业中的 16 强，波音、通用、惠普、飞利浦、福特汽车和美国银行等全球顶尖的企业都在使用 Oracle Developer Suite。它已被各行各业的各种机构广泛使用，包括航空、汽车、教育、电子、能源、金融服务、政府、高科技、生命科学、生产制造、研究和电信等。

甲骨文公司自己也是 Oracle Developer Suite 工具的主要使用者。Oracle 电子商务套件中的各种应用程序就是使用 Oracle Forms、Oracle JDeveloper、Oracle Designer 和 SCM 开发的。Oracle Designer 用于数据库的设计。应用程序开发是通过 Oracle Forms 和 Oracle JDeveloper 实现的，而 SCM 由 Oracle 大型、分散的团队管理开发过程。

Oracle Developer Suite 还支持所有最新的互联网标准和流行的开放源代码工具，从而使其成为当今和未来开放式开发平台的首选。

与市场上所有其他产品相比，Oracle Developer Suite 提供的价值更高。它在一个产品中提供了开发人员更好、更快、更经济高效地构建互联网应用程序和 Web 服务所需要的一切。

11.2 Forms Developer

11.2.1 Form 应用基础

1. Form 的基本概念

（1）什么是 Forms Builder

Forms Builder 是 Oracle 关系数据库系统提供的一种用于开发和运行基于 Form （表格）应用的第四代语言（4GL）工具软件。用 Forms Developer 的 Forms Builder 开发 Form 只须简单地使用菜单、定义表、展开表、屏幕画布等来说明 Form 应用的需求，而后 Forms Developer 即把所定义的应用与 Oracle 数据字典结合生成用户应用。该工具的使用对象是应用程序开发人员和最终用户，要求工具的使用者有 Oracle 数据库的基础知识和 SQL 语言知识。

由 Forms Developer 的 Forms Builder 开发的基于表格的交互式应用，通常被称为一个 Form 应用，简称为一个 Form。所谓基于表格，是指这种应用类似于人们日常办公业务中用表格对信息管理的办法，通过查找、填写、修改、插入、删除等动作实现信息管理。

比如人事部门对职工的管理，在日常管理中可以为每一名职员设计一张职员基本信息表。增加一名新职员，填写一张新表；如果要查看某一职员的情况，需在一摞职员表中依职工号码或姓名等查出该职员的基本信息表；一名职员的情况有变动时，比如学历变动，需改动该职员的基本信息表；一名职员调离时，则需撤销相应表格。这些操作分别对应于表格的插入、查询、修改和删除等。

Form 应用就是为了在计算机上类似地实现这种基于表格的信息处理过程，使办公人员以非常接近于日常办公模式的方法在计算机系统中实现对信息的处理。

所谓交互式，是指用户使用 Form 应用对数据库信息处理过程是交互的。

综上所述，Form 应用可以定义为：

- 一个由 Forms Builder 工具开发的基于 Form 的交互式应用。
- 使用在屏幕上呈现出类似于表格式的填充表，用户可录入、查询、修改和删除数据库中的信息。

关系数据库只是在逻辑上以表格的形式组织和存放数据。在数据库设计过程中，为了减少冗余和确保一致性，要对信息规范化。这使得数据库中的基表与最终用户心目中的表格差异很大，而用户对信息的所有操作，最终都是对基表的操作。对基表的直接操作一般使用 SQL 语言（SQL * PLUS），这不仅要求用户了解 SQL 语言，还应当了解基表的组织。对最终用户来说，这种要求是过分的，也就是说，不能要求一般的办公人员一定要了解数据库基本结构和 SQL 语言。

Form 应用是一个模拟日常表格处理的友好界面，最终用户可以通过表格形式来对数据进行处理。Form 应用不仅界面友好，而且可以提高工作效率，降低差错率。Forms Developer 正是为应用程序开发人员和最终用户提供的一个开发和运行 Form 应用的工具。

（2）Forms Builder 的功能

Forms Developer 的 Forms Builder 具有如下功能;

- 用于定义表应用。
- 使用 Form 应用可以用类似于日常表格操作的方法实现对数据库的各种基本操作，如插入、查询、修改和删除等。
- 进行合法性检查，保证输入的正确性，避免错误。
- 提高开发效率和用户的工作效率。包括为开发人员和用户提供提示信息，提供默认值，自动完成计算和统计等。
- 由按钮等组成的 Form，可以作为用户进入各子系统的用户界面而代替菜单界面。

（3）Forms Builder 的特点

- 具有第四代开发工具的特点。在利用 Forms Developer 的 Forms Builder 开发 Form 应用的过程中，采用交互填表方式，基本上不用编程，且提供有大量默认操作。
- 用 Forms Developer 可以方便地生成一个 Form 应用的原型，更复杂的应用是通过在原型基础上不断修改而得到的。
- 为用户提供有编程接口触发器（trigger）和用户出口（user exit）。利用触发器和用户出口，开发人员可以定义比较复杂的应用。
- 不取代报表工具软件（对打印及 I/O 支持不够）和 SQL * PLUS（SQL * PLUS 主要是面向 DBA 的，而 Forms Developer 是面向应用开发人员和最终用户的）。

从以上特点可以看出，利用 Forms Developer 可以方便地定义出难度在中等及中等以上的基于表格的应用。但对于更复杂的应用，由于触发器变得更复杂，需要更多的用户出口，使编程工作量大大增加，已难显示出第四代语言（4GL）工具的特点，在这种情况下应考虑选用其他工具。这也正是 4GL 工具专用性的一个特点，即每种工具都有它的适用范围。

2. Forms Developer 的构成

Forms Developer 作为 Oracle 公司提供的一个产品，是由一组基表和一组实用程序组成的。基表用于存储用 Forms Developer 所开发的 Form 应用的有关信息等，本书前面章节已讲述过。

Forms Developer 的实用程序如下：

① Forms Builder：Form 应用交互式设计界面，用以定义表对象，保存应用定义，生成运行文件等。

② OC4J：OC4J 作为容器，提供了完全的应用开发环境。

③ Forms Compiler、Run a Form on the Web 等。

作为一个应用程序开发人员，经常使用的是设计界面 Forms Builder。在设计界面中可以调用其他实用程序。

3. Form 应用的对象

Form 应用是由 Forms Builder 对象（有时简称 Form 对象）构成的。这些对象包含有操作和生成一个 Form 应用的所有信息。

一个 Form 应用的主要对象是 Form（表格），它包含有 Form 自身及其所拥有的其他对象。Form 对象能与其他 Form 应用、Form 应用组、菜单、报表以及其他应用相连接构成复杂应用。

（1）Form 的结构

Form 构成了一个 Oracle Forms 应用的主体。它们可由许多类型的对象（Object）组成，某些对象在运行时对用户来说是可视的。

下面，首先介绍 Form 中三种主要的对象，如图 11-1 所示。

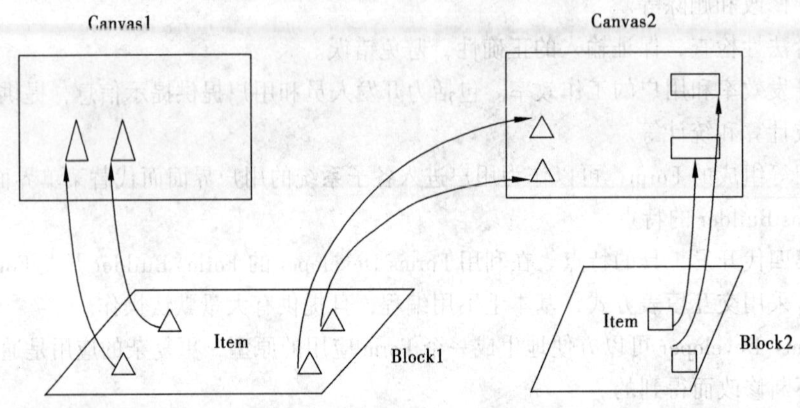

图 11-1 block（块）、item（项）和 canvas（画布）

• item（项）

这是呈现数据值给用户的对象，依靠 item 类型对象，可让操作员与 Form 交互。item 逻辑地分组合并为 block（块），且可视地排列在 canvases（画布）上。

• canvas（画布）

canvas 是安排可视对象的一个“面”。一个 Form 模型可以具有数个 canvas（像报纸的若干页一样）。默认一个 Form 中的全部 canvas 出现在同一窗口（这意味着在某个时刻仅能看到一个 canvas），但可以将几个分开的窗口分配给各个 canvas，以便可在同时看到几个 canvas。

• block（块）

一个 block 是 Item 的逻辑所有者，很像一张纸的若干部分。一个 block 中的若干 item 将逻辑地关联，例如它们可以对应相同数据库表中的若干列，或者作为用户沿着 Form 移动的相同导航中必需的一部分。

注意：一个 block 中的 item 不一定属于同一组物理地，它们可以跨越许多 canvas 和窗口。

（2）Form 中的对象层次结构和对象导航

Form 由 block、item 组成，而 item 还有下一层，就是触发器（trigger），这是项级触发器。此外，block 有块级触发器，Form 有表格级触发器。Form 往往由多个 block 组成，而 block 中又包含多个 item，所以一个 Form 就具有如图 11-2 所示的结构。

可以看出，组成 Form 是一个很长的层次结构，基本上可以分为四级，即 Form 级、Block 级、Item 级、Trigger 级。

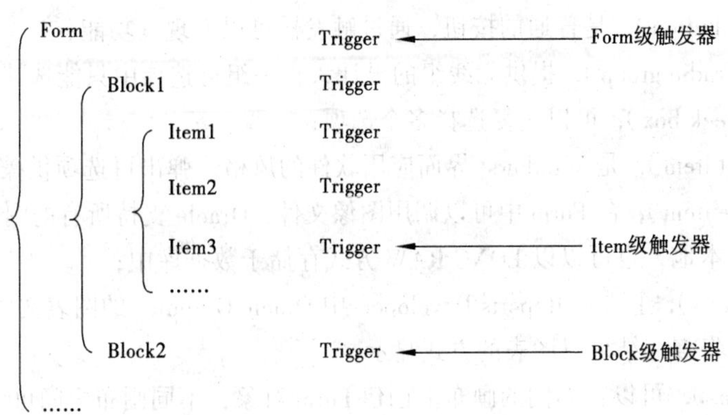

图 11-2　Form 的结构

如图 11-3 所示为 Forms Builder 提供的对象导航器（object navigator），利用对象导航器可以进行 Form 对象的快速定位，其基本操作方法有：

- 增加对象：用鼠标选取增加的对象，按左侧"+"按钮增加对象。
- 删除对象：用鼠标选取删除的对象，按左侧"×"按钮删除对象。

"+"　表示此对象包含对象，可以按"+"按钮向下扩展。这是 Oracle 产品普遍采用的软件界面。

"-"　表示此对象无子对象，不可以向下扩展。

Form 应用由三类文件组成，即 form、menu、library，这三类文件可以和 Form 的应用结合在一起，构成 Form 运行必需的代码环境。

- form：是所有对象及代码的集合，是用户进行交互的应用界面。
- menu：是主菜单、子菜单、菜单项命令的集合，可以由 Form 调用。
- library：是 PL/SQL 程序单元（program unit）库，是 PL/SQL 过程、函数、包的集合，可以被其他模块调用。

三类文件具有如表 11-2 所示的文件格式。

表 11-2　Form 模块文件组成

文 件 类 型	可编辑文件	可执行文件	可打印的 ASCⅡ文件
Form	*.FMB	*.FMX	*.FMT
Menu	*.MMB	*.MMX	*.MMT
Library	*.PLL	*.PLD	*.PLL

Form 的 FMB 文件是 Form 的源码文件，可以打开该文件进行编辑。而 FMX 文件只能运行，是 Form 的可执行文件，不能打开。FMT 文件是由 Form 转换成的 ASCⅡ码文件，可以打印输出。

4. Form 中可以设计的应用界面

在 Form 中可以设计出以下应用界面：

- 文本项（text item），用于显示或输入数据库中一个列的数据（有输入焦点），或进行数据库的简单统计；
- 显示项（display item），是只读项，没有输入焦点，用于显示数据库中已有值的统计结果；

- 按钮（push button），是普通的按钮，通过触发器可以实现其功能；
- 单选按钮（radio group），提供无线组的设计，在一组可选项中只能选其中一项；
- 复选框（check box），可以重复选择多个选项；
- 列表项（list item），是 Windows 界面应用软件的风格，弹出可选项供操作者选择；
- 图像（image item），在 Form 中可以调用图像文件，Oracle 支持所有的图像格式。图像文件可以存储在本地，也可以以 LONG RAW 方式存储于数据库中；
- 图表（graphics），主要是 Reports Developer 中 Oracle Graphics 的图表文件，可以与 graphics 进行集成，将查询结果以图表的方式显示；
- 画布（canvas），可以在不同的画布上创建 Form 对象，不同画布之间可以转换；
- 画布标签（canvas page），在画布的基础上添加标签页（page）。

5. Form 应用的运行方式

（1）无条件数据查询

无条件数据查询数据库中所有的数据，从数据库中的第一条记录开始显示。无条件数据查询的操作步骤如下：

① 在运行界面菜单中选择“查询”。

② 选择“执行”，完成查询。这时可以利用键盘的上、下键进行数据的翻转显示。

（2）条件数据查询

条件数据查询允许用户输入条件进行查询，系统只显示符合条件的数据。条件查询操作步骤如下：

① 在“查询”菜单中选择“输入”。

② 将光标移至要输入条件的列，输入查询条件，选择“执行”，或按 F8 键，即可查询满足条件的记录。

此外，可以进行匹配查询，如在姓名列输入“S%”，按 F8 键进行查询，查询结果显示以 S 开头的员工。

可以使用的条件查询匹配符有：

- “%”　表示任意的字符串。如可用“李%”查询姓李的人员。
- “_”　表示一个字符，如“S_ITH”可以查找到 SMITH。

注意：“%”和“_”　可以联合构成匹配查询条件。

（3）用变量查询数据库

使用单一变量查询的步骤如下：

① 在“查询”菜单中选择“输入”。

② 将光标移到输入条件的列，输入一个变量“:X”，按“运行”进入输入变量值的界面。（变量前边加“:”为临时使用，变量名可以是任意字符或字符串。）

③ 在输入变量值的界面中输入变量的取值范围。如：X > 20 AND:X < 100，这里可以使用“>”、“> =”、“=”、“ < ”、“ < =”、“=!”、“AND”、“OR”等符号。

④ 单击“确定”按钮完成查询，得到查询结果。

同理可使用多变量进行查询。

（4）数据删除

在运行界面中可以直接进行数据的删除，其方法是：用鼠标或键盘的 Tab 键选取要删除的记录，然后选择“记录”→“删除”命令。

（5）数据插入

向数据库中插入数据时，在“记录”菜单中选择“插入”命令。

（6）数据更新

数据的更新则更为简单，可以将光标直接移到想要修改的数据项上进行修改，且可同时修改多个数据项。

对于数据库的所有修改，包括删除、插入、更新，在修改完成后必须进行数据的提交，使所有的修改写入磁盘数据文件。

数据提交时选择“操作”菜单中的“保存”，这时系统在信息栏中显示“保存一条记录”。

11.2.2　Form 应用设计

下面通过介绍一个应用的实现过程来学习 Form 的设计，而不是单独介绍每一个菜单或按钮的功能。

1. 启动 Forms Builder

在进行 Form 设计以前，首先要启动 OC4J 容器。

选择“开始”→“程序”→“Oracle Developer Suite-DevSuiteHome1”→“Forms Developer”→“Start OC4J Instance”命令。关于 OC4J 的详细内容请参阅 11.4.2 节。

启动 Forms Builder。

选择“开始”→“程序”→“Oracle Developer Suite-DevSuiteHome1”→“Forms Developer”→“Forms Builder”，其界面如图 11-3 所示。

2. 开始创建一个简单的 Form 应用

创建一个 Form 应用的步骤如下：

① 连接数据库，在如图 11-3 所示的 Forms Builder 的“文件”菜单中选取“连接”。

② 在数据库连接对话框中，输入合法的用户名“scott”、口令“tiger”和连接字符串“bpacon”（根据 DBA 或系统管理员提供的连接字符串修改，见 10.7 节相关内容），单击“确定”按钮。

③ 连接成功后，系统如图 11-3 所示。

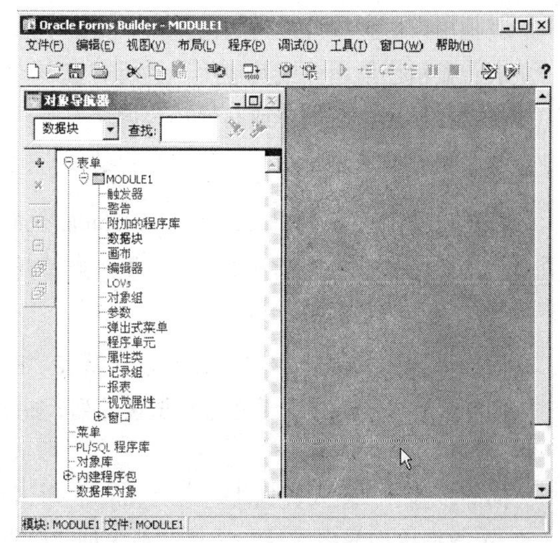

图 11-3　Forms Builder 界面

如果要将 Form 命名为 Demo_Form，在对象浏览器中，可用鼠标选中 Form 名称处的 MODULE1，当其颜色改变时直接修改；其他对象可按此方法修改其名。Form 在每次创建时自动起名为 MODULE*n*，这是默认名称。

④ 创建数据块。首先用鼠标选中导航器中的“数据块”，再单击左则绿色的“+”（创建）按钮。

⑤ 出现如图 11-4 所示的对话框，选择“使用数据块向导”，单击“确定”按钮进入数据块向导。

向导步骤 1　选择创建数据块的数据源，可以用基表、视图、存储过程创建数据块。一般选择用基表创建数据块。选择“表或视图”，单击“下一步”按钮。

向导步骤 2　选择用于创建数据块的基表名称，或输入基表名称“EMP”，还可以用“浏览”选择表名。单击“确定”按钮出现对象选择对话框，如图 11-5 所示。

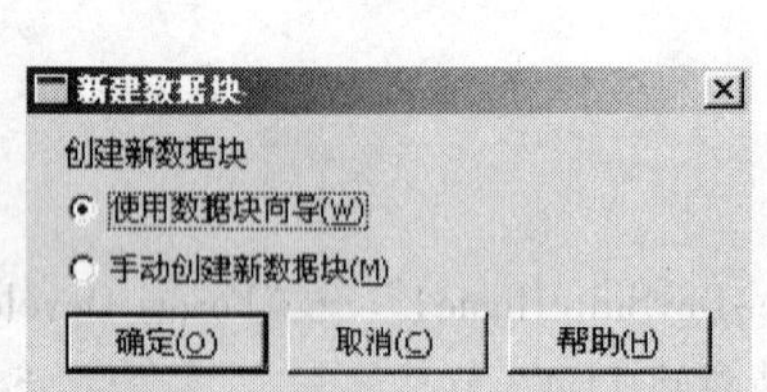

图 11-4　确定数据块创建方式

表
显示：
当前用户(U)　表(T)
其它用户(R)　视图(V)
同义词(S)
表 | 所有者
ACCTS
ACCT_ADDRS
APP_HELP
BLOB
BONUS
CALENDAR_RANGES
CHESS_SAVE
CHESS_SAVE_BOARDSTATE
CHESS_SAVE_CAPTURED
CHESS_SAVE_PLAYER
CITIES
COMPANY_SUMMARY
CONCLASS
CONLABEL
CONTAINERS
CUSTOMER
CUSTOMERS
DEPT
DUMMY
EMP
确定(O)　取消(C)　帮助(H)

图 11-5　对象选择对话框

在对象选择对话框中，各选项意义如下：

当前用户：登录 Oracle 时所使用的用户。

其他用户：授权可以访问的用户。

表：显示当前用户或其他用户的所有基表（table）名称。

视图：显示当前用户或其他用户的所有视图（view）名称。

同义词：显示当前用户或其他用户的所有同义词（synonym）名称。

注意：“确定”实际上是系统连接 Oracle 数据库，以检验输入的表名是否正确的过程。如果没有正确地登录数据库，这时系统会提醒重新连接，重新出现登录界面。如果输入的表名不在，则系统提示输入的基表不存在。

向导步骤 3　单击“确定”，则显示基表“EMP”中的所有列名。

向导步骤 4　选择用于创建数据块的列，如图 11-6 所示，单击“> >”选择全部列，单击“下一步”按钮。

向导步骤 5　输入数据块名字“emp”，单击“下一步”按钮。

⑥ 数据块向导完成后，选择“请先创建数据块，然后调用布局向导”，表示完成数据块向导后再进行布局向导，单击“完成”按钮，进入“布局向导”对话框。

⑦ 选择画布（canvas）及画布标签（canvas page），可以在不用的画布及标签上创建数据块。如果创建了多个画布，则可进行选择。这里没有创建画布，则无画布可选。标签一栏也不可操作。

也可以在对象导航器中创建不同的画布及标签，创建数据块时加以选择，单击“下一步” 按钮，如图 11-7 所示。

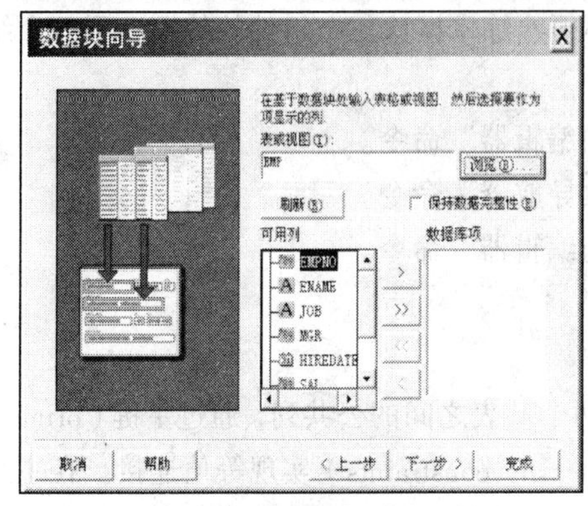

图 11-6　选择基表的列

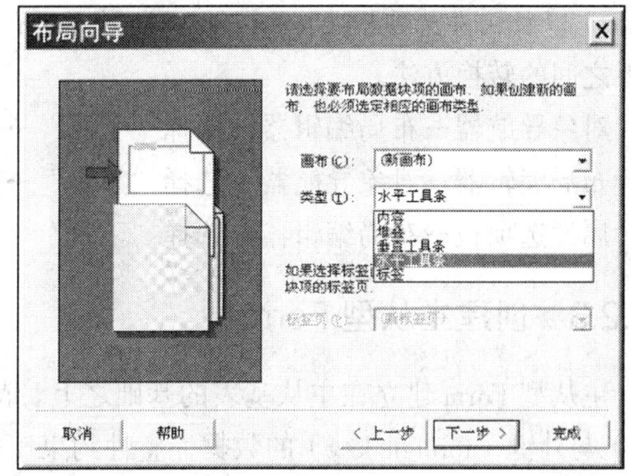

图 11-7　选择画布和类型

⑧ 选择要在画布上显示的数据项，单击“> >”全选择。单击“下一步” 按钮。

⑨ 输入每个数据项的文本标签及宽度、高度，单击“下一步”按钮。

⑩ 选择 Form 的布局方式。Form 共有两种布局形式，即“表单”与“列表”。本例中选“列表”，单击“下一步” 按钮。

⑪ 确定显示记录的行数，如 5，增加滚动条。

⑫ 单击“完成”按钮，结束布局向导。如图 11- 8 所示是 Form 的布局编辑器（layout editor），选择“程序”→“运行表单”命令开始在 OC4J 容器中运行 Form。选择“查询”→“执行”命令完成数据库无条件查询，如图 11- 9 所示。

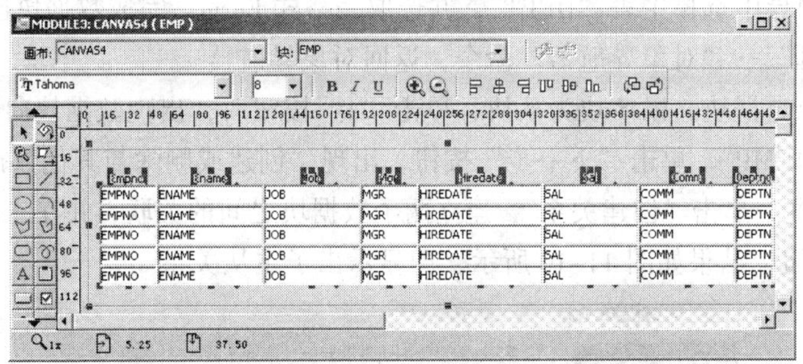

图 11-8　布局编辑器

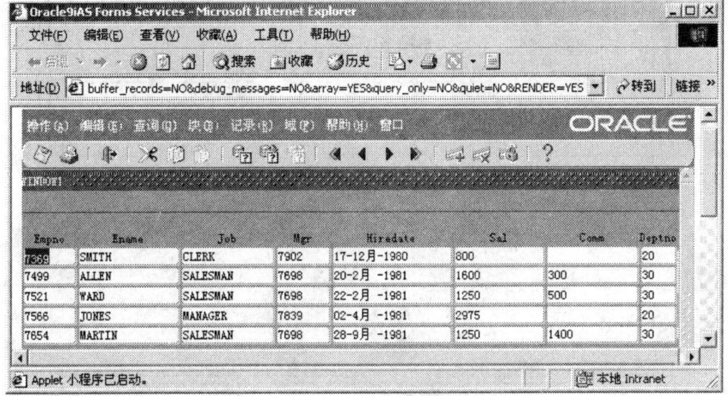

图 11-9　表单运行在 OC4J 容器中

3．设计界面之间的转换

在 Forms Builder 中主要有三个组件，即对象导航器（object navigator）、布局编辑器（layout editor）以及属性选项板（property）。学习 Form 设计必须熟练掌握这三个组件的使用，下面介绍三者之间的转换方法。

对象导航器→布局编辑器：选择“工具”→“布局编辑器”命令。

布局编辑器→对象导航器：选择“工具”→“对象导航器”命令。

属性选项板→布局编辑器：选择“工具”→“布局编辑器”命令。

11.2.3 创建主从型 Form

主从型 Form 建立在主从基表的基础之上。依赖于两个基表之间的公共列，通过主键（primary key）与外键（foreign key）的数据完整性约束（data integrity constraints）实现等值连接。在主从型 Form 中，通过主从数据块之间的关系（relation），使得两个数据块之间的数据联系在一起，且符合完整性约束条件。

建立主从型 Form 的方法是分别以两个主从型基表创建两个数据块，然后建立这两个数据块之间的关联。现在以 SCOTT 的 DEPT（主表）和 EMP（从表）为例说明创建主从型 Form 的具体步骤。

① 在运行界面中选择“操作”→“退出”命令。

② 退出运行界面后显示布局编辑器。选择“窗口”→“对象导航器”命令。

③ 在对象导航器中选择名为“DEMO_FORM”的 Form，单击“×”删除 Form。

④ 重新创建 Form。选择“表格”，单击“+”创建 Form。

⑤ 创建第一个数据块，并将该数据块作为主块。单击“+”按钮后，出现数据块向导。

⑥ 在数据块向导中选择主表“DEPT”，并选取表格式 Form，完成数据块创建。

⑦ 选择“工具”→“对象导航器”命令，返回对象导航器。

⑧ 创建第二个数据块，以该块为从块，单击“+”按钮后，出现数据块向导。

⑨ 选取子表“EMP”，单击“下一步”按钮，出现“创建或删除与其他数据块的主-从关系”对话框。在该对话框中单击“创建关系”，建立两个数据块之间的关联，并在“创建关系”对话框中单击“确定”按钮，结果如图 11-10 所示，即显示出了主从关系。

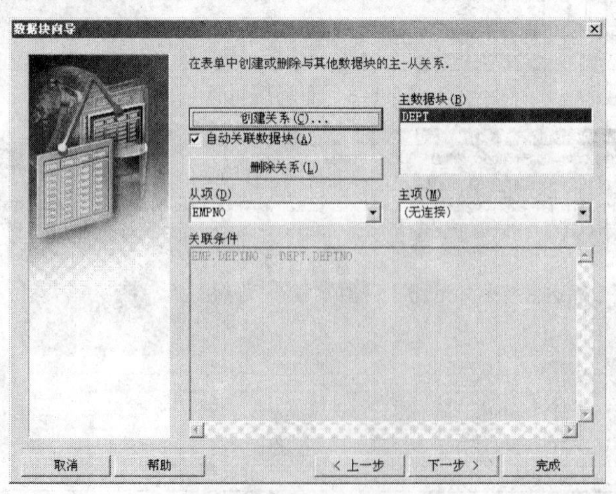

图 11-10 创建关系界面

⑩ 选择列表式 Form，输入显示记录数为 5 并选中“滚动条”，完成数据块的创建，其他步骤略去。

主从型 Form 的运行界面如图 11-11 所示。

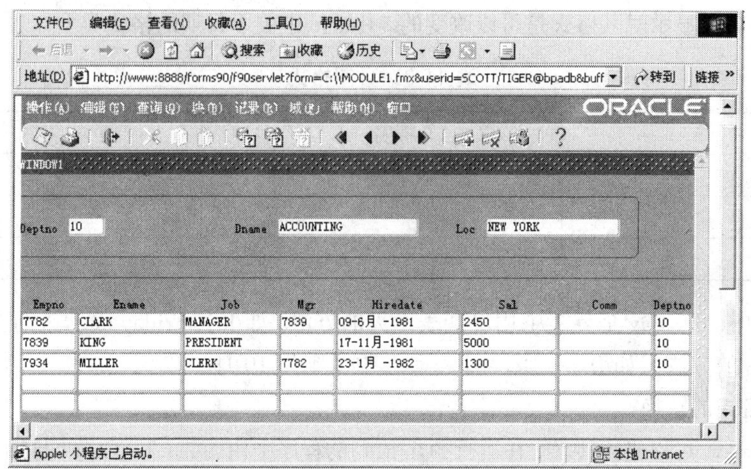

图 11-11　主从式 Form 运行界面

在图 11-11 中，上边的三个项属于主块，下边的八个项属于从块，两个块中的部门编号保持相同。在查询主块时，从块中插入数据，也就是，必须先有部门，才可以有员工；在数据删除时，则必须先把从块中的数据全部删除，才可删除主块中相应的数据；在数据更新时，从块中的部门号必须在主块中已有的值内改变，不得更改为其他值。这是主从型 Form 的特点。读者可以检查这种关系。

此外，如果在创建 Form 时忘记了创建关系，在数据块创建完成后可以重新创建关系，使之具有这种关系。按以下步骤创建数据块之间的关系：

① 在对象导航器中选择主块的项“关系”，单击“+”按钮进行创建，结果如图 11-12 所示。

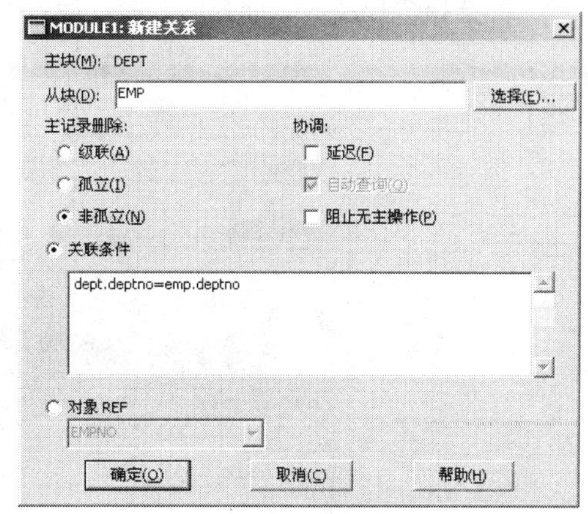

图 11-12　创建关系

② 单击“选择” 按钮选择从块，出现从块选择界面。

③ 从块选择界面显示了系统中所有的数据块，选择“EMP”，单击“确定”，将返回如图 11-12 所示的界面。

④ 在“关联条件”中输入连接条件 dept.deptno=emp.deptno。

11.2.4　项属性

在 Form 中，不同的组件有不同的属性。如 form、block、item、window、canvas、page、lov、alert、menu 等属性都不同。如果属性修改不正确，则导致 Form 不能正常运行。下面举例说明属性表的修改方法。

1. 修改日期显示格式

（1）关于日期格式

Oracle 中日期的默认格式是 dd-mon-yy。在 SQL 中，如果使用默认格式，只能用这种方式输入日期型数据，但在数据显示时其格式是可以改变的。Oracle 中关于日期的格式类型如表 11-3 所示。

表 11-3 日期格式

日	月	年
dd	mm	yy
dy	mon	yyyy
day	month	

在表 11-3 中，dy、day 是英文中用星期表示天的方法，如 Fri、Friday 表示星期五。mon、month 是英文中表示月的方法，如 Dec、December 等，中文则为 10 月、12 月等。

（2）日期格式的转换

格式 dd-mon-yy 可以进行转换，在运行 SQL 语句的程序中用函数：To_Char（日期变量，picture），其中日期变量为要转换的日期列名，picture 是所要求的日期格式。此外，也可以利用表 11-3 组合出 picture 的多种格式，如 yyyy.mm.dd、yyyy-mm-dd 等。转换函数也可以写成：To_Char（hiredate，'yyyy-mm-dd'）。这种表示方式在 Oracle 的所有产品中通用。

修改日期显示格式的步骤如下：

① 在布局窗口中右击 HIREDATE 项，选择“属性选项板”，在“格式掩码”处输入日期格式：yyyy"年"mm"月"dd"日"。

② 选择“程序→运行表单”命令运行 Form，结果如图 11-13 所示。

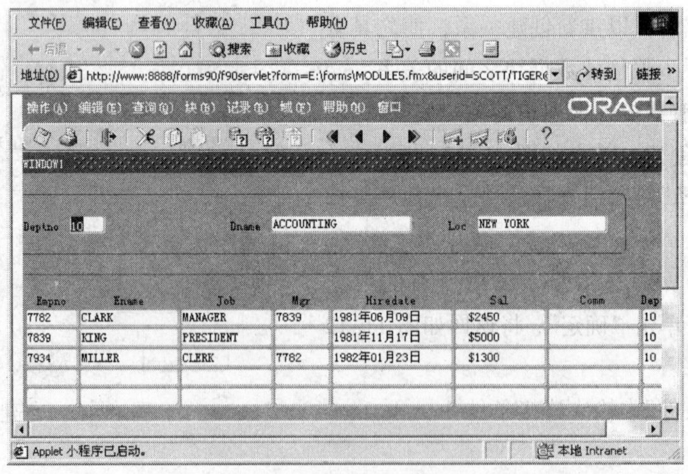

图 11-13 修改格式掩码后的运行界面

2. 修改数字型数据显示格式

修改数字型（number）数据显示格式的步骤如下：

① 在布局窗口右击 SAL 项，选择“属性选项板”，在“格式掩码”处输入数据显示格式：$99999。

② 选择“程序→运行表单”命令运行 Form，结果如图 11-13 所示。

11.2.5　创建 Form 应用程序

现利用 Oracle 的 scott 用户的员工信息表（EMP 有关表结构见第 9 章）再创建一个用户表为例，介绍如何使用 Forms Builder 创建 Form 应用程序。User 表的结构包括 username 和 password 两个字段，该表用于验证用户登录。

1. 创建登录界面

（1）建一个画布（logincanvas）

用鼠标选中导航器中的“画布”，再单击左侧绿色的“+”（创建）按钮，创建一个画布，选中这个画布，然后把它的名字改为“logincanvas”。

（2）建一个块（loginblock）

用鼠标选中导航器中的“数据块”，再单击左侧绿色的“+”（创建）按钮，出现创建新数据块的对话框（如图 11-3 所示），在对话框中选择“手动创建新数据块”，创建一个数据块，选中这个数据块，然后把它的名字改为“loginblock”。

（3）布局设计

① 在布局编辑器中选择“显示项”，创建一个显示项，在显示项中输入“公司员工信息管理系统”，并设置字体大小为 20，调整其位置。

② 在布局编辑器中选择“矩形”，在布局编辑器中拉出一个适当大小的矩形，单击该矩形出现其属性窗口，修改“立体”属性为“凸起”，使其外观立体显示。

③ 在布局编辑器中选择“显示项”，在矩形框上创建两个显示项，分别输入“用户名:”和“密码:”，并设置字体大小为 12，调整其位置。

④ 在布局编辑器中选择“文本项”，创建两个文本，分别设置其名称为“username”和“password”。

⑤ 在布局编辑器中选择“按钮”，创建两个按钮，分别设置其名称为“ok”和“cancel”，“标签文本”名称为“确定”和“退出”，布局如图 11-14 所示，运行界面如图 11-15 所示。

图 11-14　登录布局界面

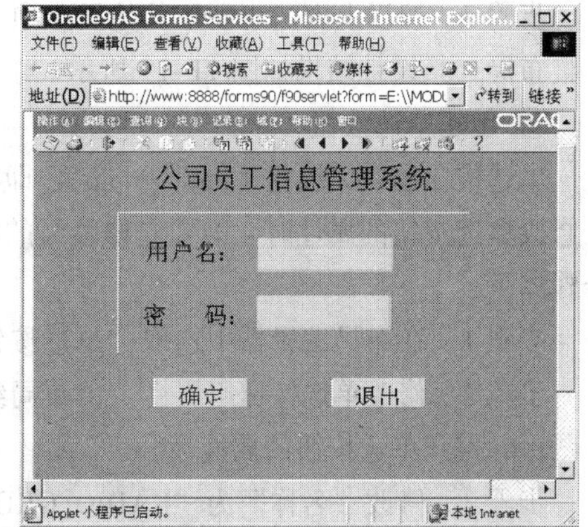

图 11-15　登录运行界面

2. 创建主界面

（1）创建画布 maincanvas（步骤如前所示）。

（2）创建数据块（EMP），与 11.2.2 小节中创建一个简单 Form 应用程序的步骤一样，在第⑦步选择画布时，选择 maincanvas，其布局界面如图 11-8 所示。

（3）完善主界面。

① 创建文本项

在图 11-8 的基础上创建文本项对数据项 SAL 进行汇总（最高工资）的步骤如下：

步骤 1　在布局编辑器中选择“文本项”创建文本项。

步骤 2　在所创建的文本项上双击，出现该文本框的属性窗口，修改“名称”为“MAXSAL”。

步骤 3　选取“数据类型”为“Number”。

步骤 4　修改“显示的项数”为“1”。

步骤 5　用文本项计算 SAL 中的最大值，选取“计算模式”为“汇总”。

步骤 6　选取“汇总函数”为“最大”。

步骤 7　选取“汇总块”为“EMP”。

步骤 8　选取“汇总项”为“SAL”。

步骤 9　打开数据块 EMP 的属性表，修改“查询所有记录”为“是”。

② 创建显示项

显示项没有输入焦点，用于显示数据库的统计结果或根据已有数据计算得出的结果。创建显示项的步骤如下：

步骤 1　在布局编辑器中选取“显示项”。

步骤 2　双击所创建的显示项，打开属性表，修改“名称”为“DISPLAY_TOTALEMP”（用于显示员工总数）。

步骤 3　选择“数据类型”为“Number”。

步骤 4　修改“显示的项数”为“1”。

步骤 5　选取“数据库项”为“否”，因为显示项不是数据库的列。

步骤 6　选取“背景色”为“gray”。

步骤 7　按以上方法再创建其他显示项（DISPLAY_TOTALSAL 显示工资合计等）并添加文本，调整布局，其设计结果如图 11-17 所示。

③ 创建单选按钮

单选按钮也叫无线组（radio group），即在一组按钮中只选其一。一组按钮具有相同的属性。在修改单选按钮的属性时，需要先修改组的属性，然后修改每一个按钮的属性。创建单选按钮的步骤如下：

步骤 1　在布局编辑器中选取“单选按钮”。

步骤 2　修改单选按钮组属性。由布局编辑器转换到对象导航器，双击 RADIO_GROUP 前边的图标，打开单选按钮的属性表。

步骤 3　修改“名称”为“RADIO_GROUP61”。

步骤 4　修改“数据类型”为“Number”。

步骤 5　修改“初始值”为“10”，这里的初始值实际是默认的键值。在单选按钮的一组键值中取任意一个作为默认值使用。

步骤 6　修改“显示的项数”为“1”。

步骤 7　修改“数据库项”为“否”。

步骤 8　返回布局编辑器界面，单击组中的按钮，打开按钮属性表，修改单选按钮组按钮属性。

步骤 9　修改“名称”为“RADIO_BUTTON1”。

步骤 10　修改“标签文本”为“财务部”。

步骤 11　输入“单选按钮值”为“10”，这里的键值用于以后编写程序时使用，键值可以任意给定。

步骤 12　选取“背景色”为“gray”。

步骤 13　再进行其他布局设计。创建组中其他按钮，键值分别取 20、30、40 等，标签文本分别为“研究部”、“销售部”、“开发部”。分别创建显示项“部门员工”、“部门工资”，用于显示部门统计结果。增加其他文本，调整界面，其设计结果见图 11-17。

④ 创建复选框

复选框也称检查框，其作用相当于开关，选中时打“√”或未选中时不打“√”。通过编程可以使应用程序更加灵活、美观。创建复选框的步骤如下：

步骤 1　在布局编辑器中选取“复选框”，双击打开其属性表。

步骤 2　修改“名称”为“IFDISPLAYREPORT”。

步骤 3　修改“标签文本”为“是否打印”。

步骤 4　设置“复选时的值”为“y”、“未复选时的值”为“n”。

步骤 5　选取“其他值的复选框映射”为“已复选”。

注意：

- 此处设置“y”、“n”分别表示选中时打“√”，未选中时不打“√”。
- “y”、“n”要区分大小写。
- 步骤 5 设置的值是系统默认的选择值。

步骤 6　选取“数据类型”为“Char”。

步骤 7　修改“显示的项数”为“1”。

步骤 8　选取“数据库项”为“否”。

步骤 9　选取“背景色”为“gray”。

运行 Form 可得到创建结果。

⑤ 创建列表项

创建列表项的步骤如下：

步骤 1　在布局编辑器中选取“列表项”。

步骤 2　双击所创建的列表项名称，打开其属性表。

步骤 3　修改“名称”为“SLELCTYEAR”。

步骤 4　单击“列表中的元素”，出现“详细”按钮。

步骤 5　单击“详细”按钮，结果如图 11-16 所示。这里“列表元素”表示将要在列表中显示的内容。“列表项值”表示键值，每一个选择项必须有一个键值且不得相同。这里在“列表元素”中分别输入“1980 年”、“1981 年”、“1982

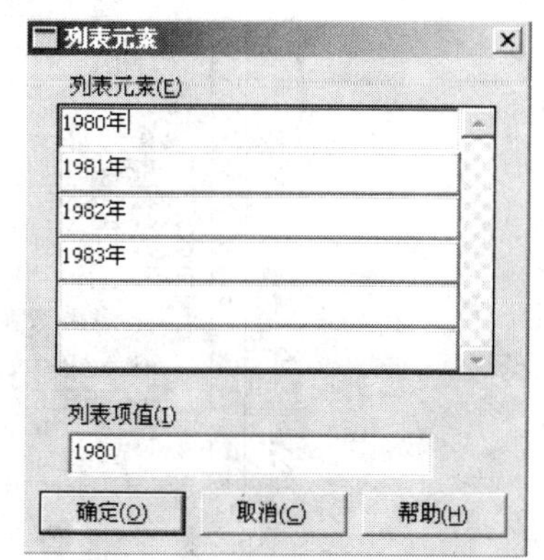

图 11-16　列表中元素及键值

年”、“1983 年”，其键值分别为“1980”、“1981”、“1982”、“1983”。

步骤 6　选择“列表风格”。列表的风格共有 3 种：弹出列表、文本列表、组合框。这里选择“弹出列表”。

步骤 7　选择“数据类型”为“Number”。

步骤 8　确定“初始值”。初始值是列表项的默认值，输入“1980”。在没有选择其他值时，列表项自动取默认值，即“1980 年”。

步骤 9　选择“数据库项”为“否”。

⑥ 创建按钮

按钮操作是 Windows 应用软件的基本操作。创建文本标签按钮的步骤如下：

步骤 1　在布局编辑器中选择“按钮”。

步骤 2　双击所创建的按钮，打开其属性表。

步骤 3　修改“名称”为“EXECUTE_QUERY”。

步骤 4　修改“标签文本”为“数据查询”。

步骤 5　修改“显示的项数”为“1”。

步骤 6　返回布局编辑器，选择“格式”→“字体”命令，改变按钮文本字体。

步骤 7　用上述方式依次创建其他按钮。

步骤 8　选取所有按钮，选择“排列”→“对齐对象”命令。出现“对齐对象”对话框，在对话框中有“水平”和“垂直”选项，在“垂直”选项中选择“居中对齐”。

注意：“分布”选项使各个对象在水平或垂直方向均匀分布且各对象之间间隔相同，其设计结果见图 11-17。

⑦ 布局设计

布局设计是 Form 界面的调整，包括位置、文字、边界风格与各种控制项的使用。把数据项的标题改为中文，并添加窗口和 Form 标题，其布局界面如图 11-17 所示，运行界面如图 11-18 所示。

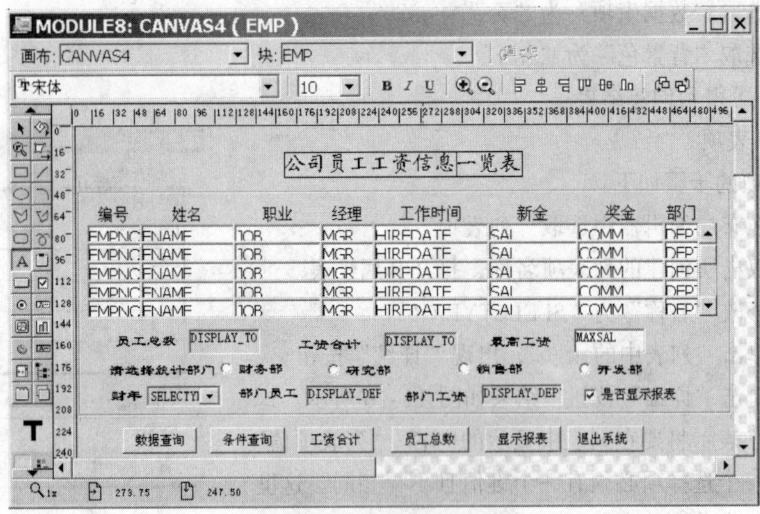

图 11-17　主界面的布局

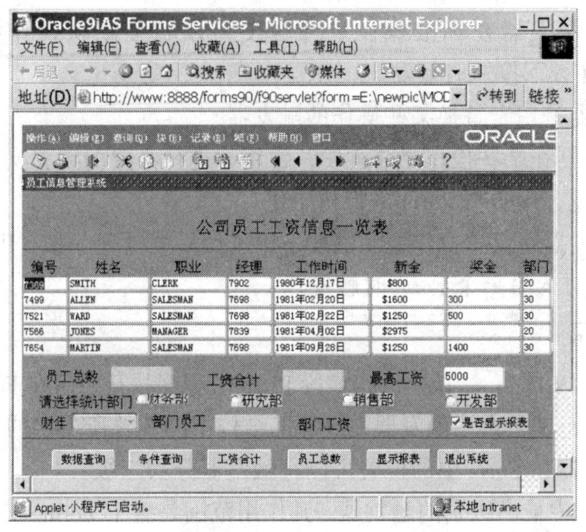

图 11-18　主界面的运行界面

11.2.6　触发器

触发器（trigger）是当 Form 的应用满足某一条件或由于某一事件（event）发生而触发的 PL/SQL 程序。所以，触发器是一段 PL/SQL 代码块，这些代码是由于其他事件激活自动执行的。每个触发器必须与一个确定的事件相联系，同样的程序如果事件不触发，则程序不会被执行。

在 Form 中，触发器作为一个独立的对象而存在。系统为每一件事件定义了一个触发器，该事件用触发器名加以区分。如“WHEN-RADIO-CHANGED”、“WHEN-CHECKBOX-CHANGED”是两个不同的事件。所以在设计触发器时，必须正确地选择触发器事件。

Form 中可以使用的事件有：

- 键盘功能键操作；
- 事务处理；
- 与数据查询、数据操纵（insert、update、delete）有关的事件；
- 对 form、block、item 操作事件；
- 鼠标操作事件；
- 系统内置事件；
- 与窗口操作有关的事件；
- 控制项操作事件。

1. 触发器类型

触发器的类型（trigger type）大约有 100 多种。主要通过触发器名字加以区别，每一个触发器有一个特定的名字，不同的名称决定其触发的条件不同。如前边的例子“WHEN-RADIO-CHANGED”与“WHEN-CHECKBOX-CHANGED”表示不同种类的触发器，“-RADIO-”表示是单选按钮类触发器，而“-CHECKBOX-”则表示复选框类触发器。所以，如果名称选择错误，类型也就错了。

按触发器的不同作用可以将 Form 触发器分成以下几类：

（1）KEY 类型触发器是按键触发器，用于代替标准键动作而触发。在 Windows 界面网络的应用软件中很少使用按键操作，所以 KEY 类触发器在实际中的使用不多。

（2）WHEN 类型触发器在标准操作之外触发，以增强默认操作的功能。如“WHEN-BUTTON-PRESSED”在按下按钮时触发。

（3）ON 类型触发器是用于替换某些操作的触发器。

（4）PRE 类型触发器在某些操作之前触发，常用于进行必要的设置操作。如“PRE-FORM”是在进入 Form 之前触发，用于对 Form 进行初始化。

（5）POST 类型触发器在某些操作之后触发，用于做后续处理。如“POST-FORM”是在退出 Form 或在由一个 Form 进入另一个 Form 时触发。

2. 触发器作用范围

触发器的作用范围（trigger scope）决定该段 PL/SQL 程序执行之后在 Form 应用中的有效范围。一般来说，触发器作用范围是由该触发器在 Form 结构中的位置所决定的，所处的层次越高其作用范围越大。根据触发器在 Form 中的位置可以将触发器分为三级：

（1）Form 级。Form 中最高级别的触发器，其作用范围是整个 Form。Form 级触发器是由 Form 事件而触发。

（2）数据块级。只有该块的事件被执行时才触发，其作用范围是当前数据块。数据块级触发器的作用级别处于 Form 级与数据项级之间。

（3）数据项级。只有该数据项的事件被触发时才触发，其作用范围只是该数据项。

通常，Form 级触发器用于进行系统设置或全局调整，及全局系统变量定义。数据块级触发器用于进行数据块与数据块之间的设置与调整。数据项级触发器用于定义该项的操作功能。

3. 编写触发器程序

触发器代码是用 PL/SQL 写的一段程序，用于定义该触发器要执行的动作。在触发器代码中可以使用下列语句：

（1）标准的 PL/SQL 块程序。PL/SQL 是一种块结构语言，构成 PL/SQL 的基本单位是逻辑块，块中可以嵌套子块，以块为单位向 Oracle Server 传递数据执行。PL/SQL 的块结构如下：

```
DECLARE
BEGIN
EXCEPTION
END;
```

（2）PL/SQL 中可以使用 SQL 语句；

（3）调用 Form 中的内置函数；

（4）调用 Form 程序单位（program units）中的包、存储过程、函数；

（5）调用数据库中的包、存储过程、函数；

（6）使用 Form 中的各类对象、系统变量、PL/SQL 定义变量。

4. 创建按钮触发器

11.2.5 节中的 Form 设计完成后，Form 应具有如图 11-17 所示的界面，这时所有按钮都不能工作。现在，通过增加按钮类型“WHEN-BUTTON-PRESSED”触发器实现各按钮的功能。

（1）按钮触发器使用 Form 内置函数

创建按钮“数据查询”触发器的步骤如下：

① 在对象导航器中，展开按钮 EXECUTE-QUERY 前面的“+”号，单击“触发器”，再单击左侧的“+”进行创建。

② 创建后弹出选择触发器类型的对话框，由于是创建按钮触发器，因此只能选择“WHEN-BUTTON-PRESSED”触发器。也可以用“%”进行快速查找，输入“%ed”，则表示查找以“ed”结尾的触发器名。单击“确定”按钮，进入下一步。

③ 编写触发器代码，如图 11-19 所示。PL/SQL 编辑器中的各按钮使用如下：

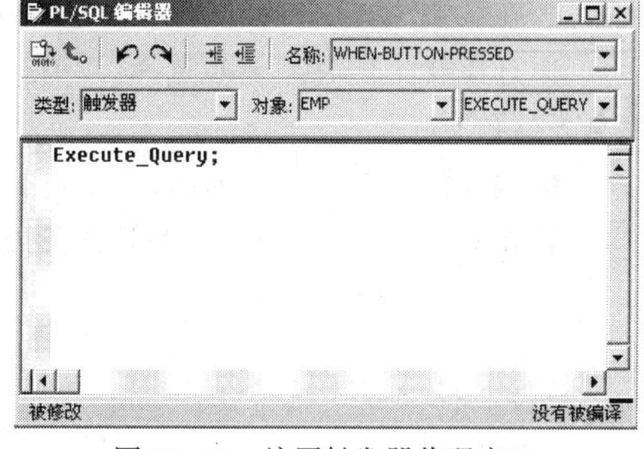

图 11-19　编写触发器代码窗口

对触发器代码进行编译，进行语法检查。

取消对触发器代码的修改。

取消上次操作。

重复上次操作。

④ 输入“Execute_Query;””，单击“编译”，编译所输入的代码。

⑤ 单击“关闭”结束对话框。

⑥ 运行 Form，单击“数据查询”按钮。

注意：这里的“数据查询”相当于菜单中的“查询”→“执行”命令的功能。

按上述方法再创建“条件查询”及“退出系统”的触发器。条件查询运行函数“Enter_Query;”，退出系统运行函数“Exit_Form”。

另外，这里的“条件查询”相当于菜单中的“查询”→“输入”命令+“执行”命令功能。

（2）按钮触发器使用 PL/SQL 语句

按钮“员工总数”的触发器代码使用下列 PL/SQL 语句：

```
Select Count (*) into :Display_TOTALEMP FROM emp;
```

其中，函数 Count （*）计算基表 EMP 中所有的行数。显示项 Display_TOTALEMP 用于显示统计的结果，即按下按钮“职工总数”时，计算结果显示在显示项 Display_TOTALEMP 中。“:”表示该项为 Form 中的数据项。

注意：显示项没有输入焦点，是只读项。

按钮“工资合计”的触发器代码使用下列 PL/SQL 语句：

```
Select SUM (Sal) into : DISPLAY_
TOTALSAL FROM emp;
```

其中，函数 SUM（Sal）是基表项 Sal 的总和。显示项 DISPLAY_TOTALSAL 用于显示统计的结果，即按下按钮“工资合计”时，将计算结果显示在显示项 DISPLAY_TOTALSAL 中。

使用按钮查询数据库的结果如图 11-20 所示。

（3）单选按钮触发器

在编写单选按钮触发器时，需要对按钮组中的所有按钮的键值一一做出判断，不同的键值进行不同的操作。

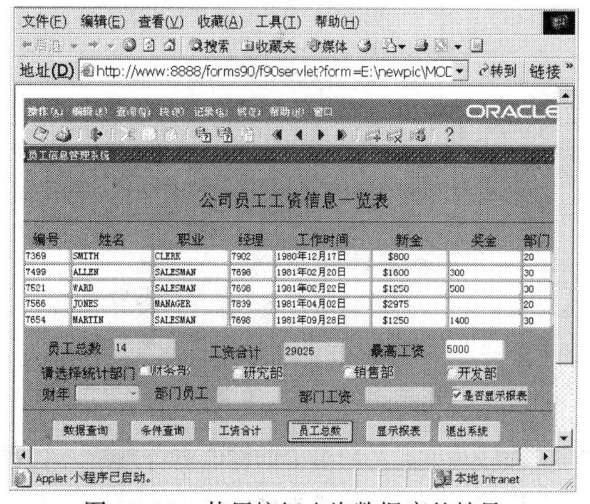

图 11-20　使用按钮查询数据库的结果

创建单选按钮触发器的步骤如下：

① 在对象导航器中打开“RADIO_GROUP”前边的“+”号，按左侧的“+”创建触发器。

② 选择触发器类型。这里选择“WHEN-RADIO-CHANGED”，即改变单选按钮的不同按钮时，该触发器触发。

③ 编写触发器内容。

例 11.1 利用 PL/SQL 创建单选按钮触发器。

在 PL/SQL 编辑器中输入：

```
Begin
If:Radio_Group61 =10 Then
  Begin
    Select count (*), Sum (sal) into
      :Display_deptemp, :Display_deptsal
    from emp
    where deptno=10;
    Message ('财务部统计结果');
  End;
Elsif :Radio_Group61=20 Then
  Begin
    Select count (*), Sum (sal) into
      :Display_deptemp, :Display_deptsal
    from emp
    where deptno=20;
    Message ('研究部统计结果');
  End;
Elsif :Radio_Group61=30 Then
  Begin
    Select count (*), Sum (sal) into
      :Display_deptemp, :Display_deptsal
    from emp
    where deptno=30;
    Message ('销售部统计结果');
  End;
Elsif :Radio_Group61=40 Then
  Begin
    Select count (*), Sum (sal) into
      :Display_deptemp, :Display_deptsal
    from emp
    where deptno=40;
    Message ('开发部统计结果');
  End;
End if;
End;
```

程序对单选按钮组中的键值进行判断，然后按不同的部门进行统计运算。Message 是显示在信息栏的一段信息。该程序的运行结果如图 11-21 所示。

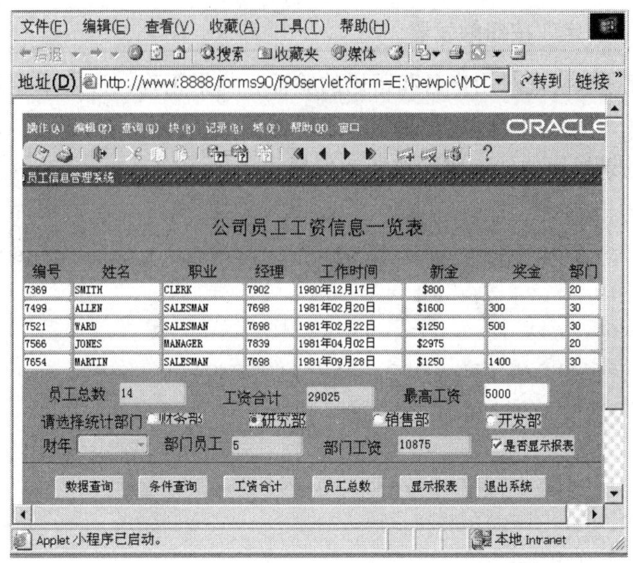

图 11-21　使用单选按钮的统计结果

5. 列表项触发器

下面介绍列表项触发器。可以使用列表项输入员工工作时间，查询在该年度参加工作的员工信息，而未选择的年度人员将不再显示。具体步骤如下：

（1）在对象导航器中，双击数据块 EMP 的图标，打开其属性表。

（2）在“WHERE 子句”处输入条件：

```
To_Number (To_Char(hiredate, 'yyyy ')) = :SELECTYEAR;
```

这里只匹配年度，选择“yyyy”并转换成为数字型。

（3）在运行状态下的操作方法如下：

① 选择“查询”→“输入”命令。

② 将光标移到“工作时间”栏。

③ 选择某一个列值如“1981 年”。

④ 单击“数据查询”按钮，则只显示在该年度参加工作的员工信息，如图 11-22 所示。

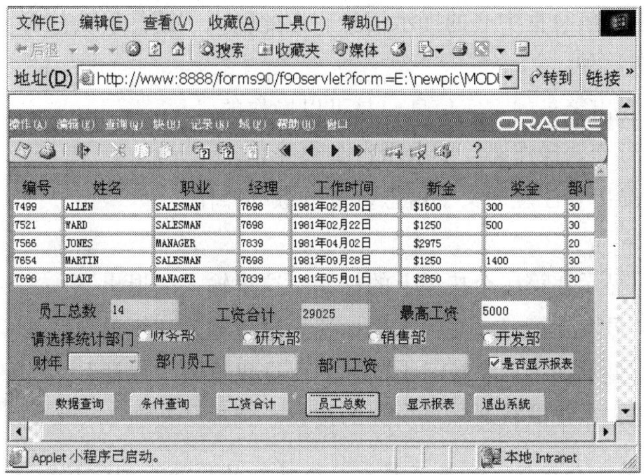

图 11-22　指定年度的员工信息

6. 登录界面的“确定”按钮触发器

利用带参数的游标来实现对用户名和密码的验证，如果正确，进入主界面（EMP 数据块），否则提示重新输入。

例 11.2 创建登录界面的“确定”按钮触发器。

```
declare
   cursor login(user_name user.username%type,pwd user.password%type)
is
   select * from user
   where username=user_name and password=pwd;
loginrow login%rowtype;
begin
   open login(:login.username,:login.password);
   fetch login into loginrow;
   if login%found then
  go_block('emp ');
   else
  message('用户名或密码错!重新输入');
   end if;
   close login;
end;
```

7. 使用警告器

警告器（alert）是弹出在屏幕上的信息框，具有输入焦点，用户可以进行选择。创建一个警告并在应用程序中调用的步骤如下：

（1）在对象导航器中选择“警告”，双击左侧下方的“+”开始创建一个警告器。

（2）修改警告器的名称为“exit_form”，单击其图标，打开属性表。

（3）修改警告器的有关属性：

① 标题，显示在信息框上的文字信息。在此输入“系统提示信息”。

② 信息，即显示在信息框中心的提示信息。在此输入“请您确认是否要退出系统？”。

③ 警告风格里有三种：

- 警告，向用户提出警告的文字信息，是可以操作的。
- 停止，用户进行非法操作时，要求用户必须停止。
- 注意，向用户提出要注意的文字信息，可以继续操作。

这里，选择“警告”。

④ 按钮 1 标签，显示在第一个按钮上的标签。这里输入“退出”。

⑤ 按钮 2 标签，显示在第二个按钮上的标签。这里输入“不退出”。

⑥ 按钮 3 标签，显示在第三个按钮上的标签。这里输入“取消”。

⑦ 默认警告按钮，系统默认时焦点所在的按钮。选择“按钮 1”。

注意： 系统默认是三个按钮，如果不写出某个按钮的标签，则该按钮就不再显示。

（4）在“退出”按钮中调用警中器。在 PL/SQL 编辑器中编写如下触发器代码：

```
Declare
  Alert_button number;
Begin
  Alert_button := show_alert('exit_form ' );
  If alert_button = ALERT_BUTTON1 then
    Exit_Form;
Else
    Bell;
  End if;
End;
```

（5）在 Form 运行状态下单击“退出”按钮，结果如图 11-23 所示。

图 11-23　退出提示信息

如果选择第一个按钮（“退出”按钮）则退出系统，选择其他按钮时执行“Bell”，系统响铃一次。

对登录界面中的“退出”按钮编写相同的触发器代码。

11.3　Reports Developer

Reports Developer 的 Reports Builder 是 Oracle 数据库的报表开发工具，可开发基于数据库的多种报表。

11.3.1　Reports Builder 基础

1. Reports Builder 功能

使用 Reports Builder 可以设计出多种不同类型的报表。Reports Developer 中可以实现的功能如下：

- 设计各种风格的报表。
- 数据模型与布局设计界面。
- 增加公式列、进行行数据的统计与计算。
- 增加汇总列、进行分组统计及报表级汇总。
- 生成 HTML 页面，可以在浏览器中浏览。
- 增加预览与报表运行界面，可以在预览状态下设计报表界面。
- 与 Oracle Forms Builder 集成，动态参数传递。

2. 报表格式

在 Reports Developer 中，系统提供的报表格式有列表式报表、表格式报表、左边分组报表、上边分组报表、矩阵报表、带分组的矩阵报表等八种，如图 11-24 所示。

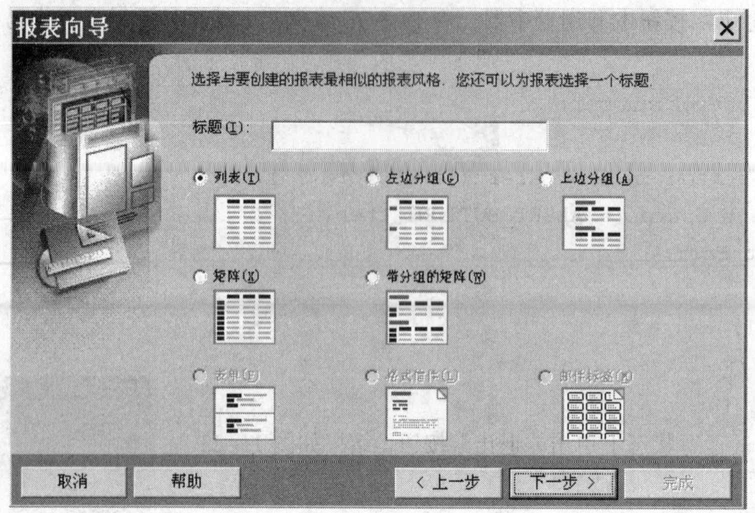

图 11-24　系统提供的报表格式

3．创建报表的步骤

创建一个报表包括以下步骤：

（1）定义查询语句（query）

定义查询语句利用一个 SQL SELECT 语句决定构成报表的数据源。可以按 SQL 语法查询数据库，选取数据库中的列和行组成报表的列与行。查询语句可以进行统计计算、排序、集合运算等。

（2）构造数据模型（data model）

数据模型决定报表的数据结构，即报表所选取的数据，组成报表的列以及统计计算的列等。一个数据模型由下列对象组成：查询（query）、组（group）、列（column）、连接（link）、参数（parameter）。

（3）布局设计（layout）

布局设计在报表编辑器中进行。布局设计的内容包括：调整报表的风格，增加文字、图形、图像和符号，增加报表表格线和彩色边框线，增加新域，分页打印，增加系统日期和页号，增加按钮功能等。

11.3.2　创建一个简单的报表

1．启动 Reports Builder

在进行报表设计以前，首先要启动 OC4J 容器。

选择"开始"→"程序"→"Oracle Developer Suite-DevSuiteHome1"→"Reports Developer"→"Start OC4J Instance"命令。关于 OC4J 的详细内容请参阅 11.4.2 节。

接下来，启动 Reports Builder。

选择"开始"→"程序"→"Oracle Developer Suite-DevSuiteHome1"→"Reports Developer"→"Reports Builder"命令，界面如图 11-25 所示。

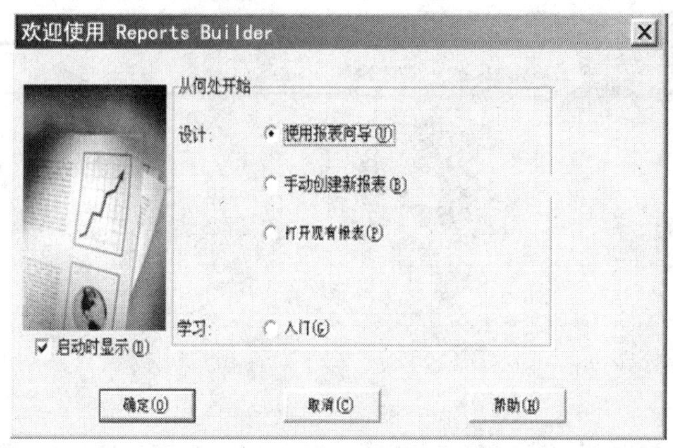

图 11-25 Reports Builder 界面

其中各选项含义如下：

- 使用报表向导：使用报表向导工具创建报表，完成报表的设计过程。
- 手动创建新报表：即取消这个界面，进入对象导航器。
- 打开现有报表：重新打开一个已存在的报表。
- 入门：打开报表的 HTML 学习文档。
- 浏览提示卡：速查报表的提示文档。

2. 开始创建一个简单的报表

现在介绍用报表向导创建一个报表的步骤。

（1）在图 11-25 中选择“使用报表向导”，进入“报表向导”窗口。选择报表布局类型，这里选择“同时创建 Web 布局和页面布局”，如图 11-26 所示，单击“下一步”按钮，出现如图 11-24 所示的界面。

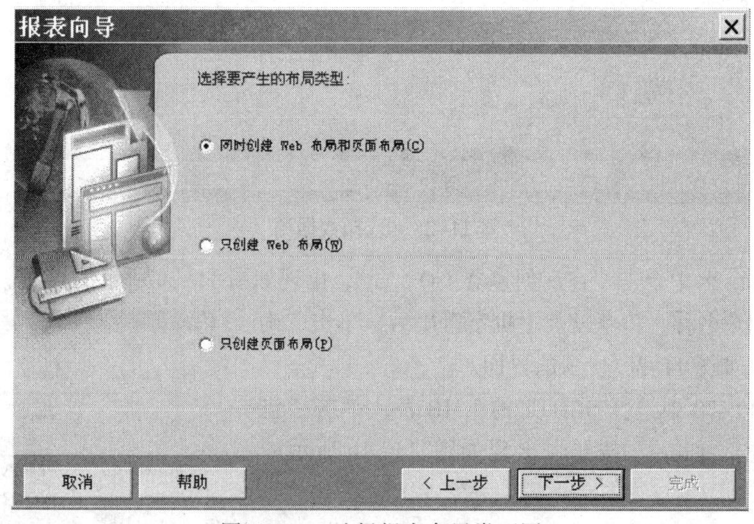

图 11-26 选择报表布局类型图

（2）选择报表类型。这里选择“列表”并输入报表标题，单击“下一步”按钮，出现如图 11-27 所示的界面。

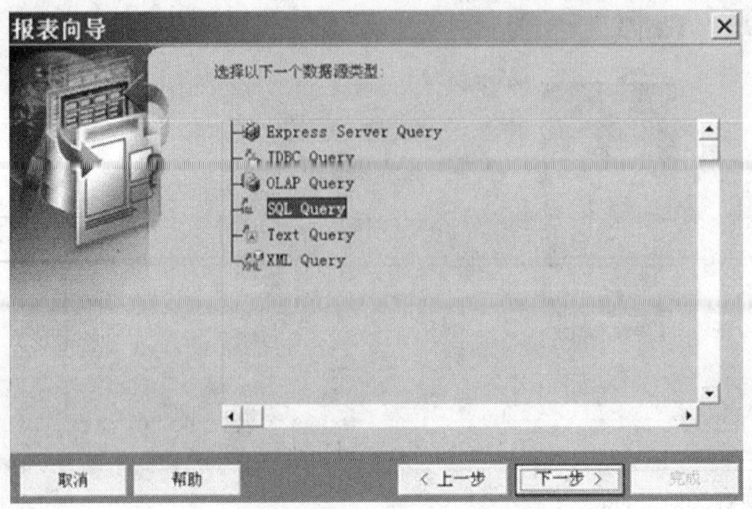

图 11-27　选择数据源类型

（3）选择数据源类型。这里选择“SQL Query”，单击“下一步”，出现如图 11-28 所示的界面。

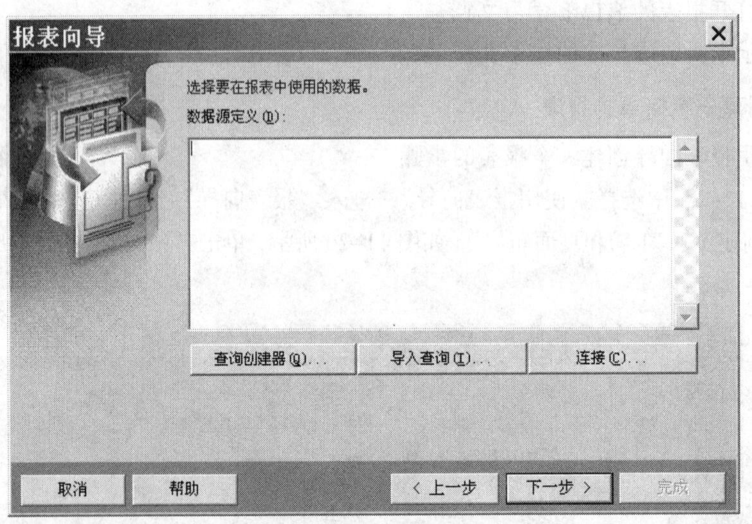

图 11-28　选择数据源

（4）在图 11-28 中单击“查询创建器（Q）...”，出现如图 11-29 所示的界面。

（5）输入用户名称、口令以及主机字符串后，单击“确定”按钮，出现如图 11-30 所示的界面。

（6）在图 11-30 中选择 SCOTT 的 EMP 表，单击“包括”按钮再单击“Close”按钮，出现如图 11-31 所示的界面。

（7）在图 11-31 中选择 EMP 表的所有字段，单击“OK”按钮，出现如图 11-32 所示的界面。

图 11-29　登录数据库

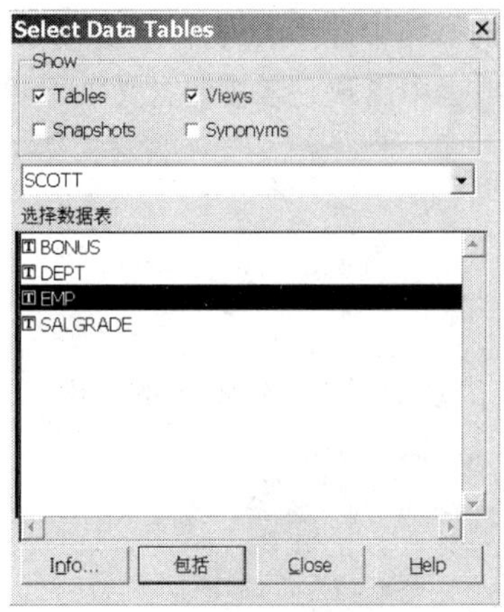

图 11-30　选择表

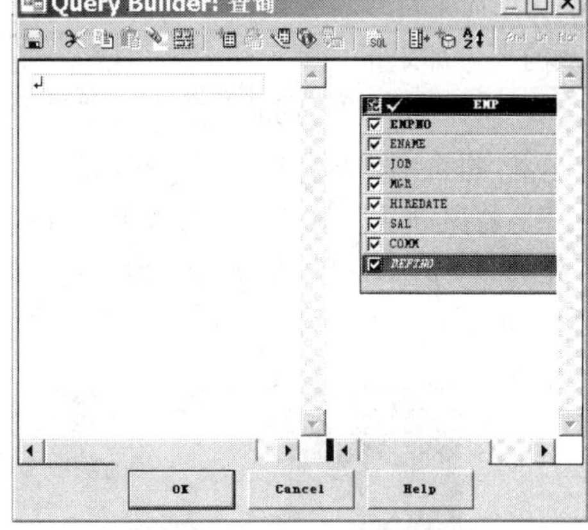

图 11-31　选择字段

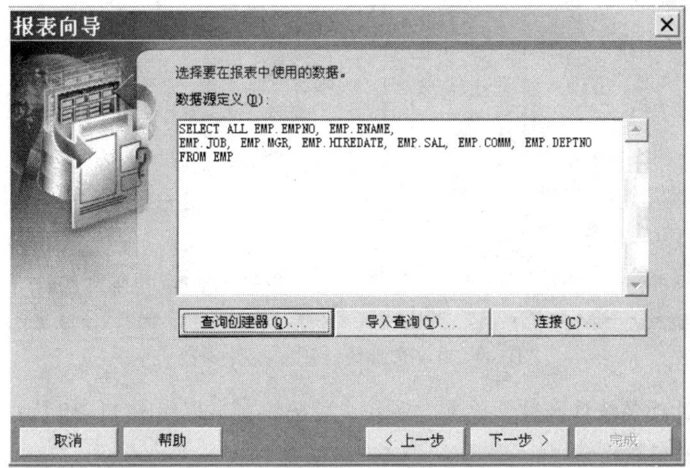

图 11-32　创建的 SQL 语句

（8）这里可以显示 SQL 语句或进行语法检查。单击“下一步”按钮，出现如图 11-33 所示的界面。

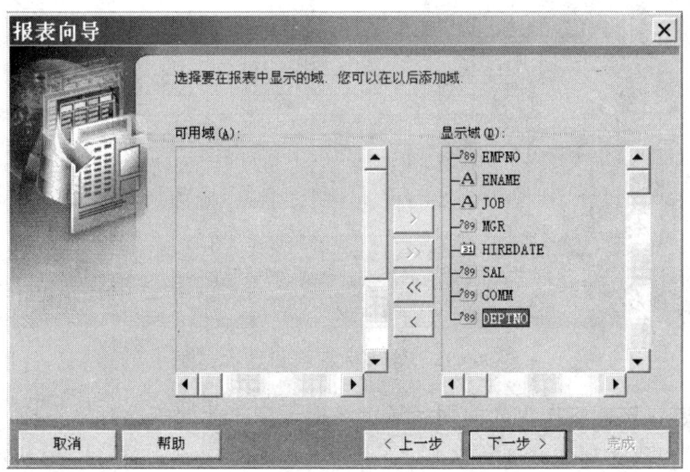

图 11-33　选择报表列

（9）这里需要选择可用报表的列。其中“可用域”是查询语句中选择的列，“显示域”是用于构造报表的列。如果某一列不在“显示域”，则该列不会在报表中出现。各按钮含义如下：

- “〉”将某列从“可用域”移入到“显示域”。
- “〉〉”将全部列从“可用域”移入到“显示域”。
- “〈”将某列从“显示域”移入到“可用域”。
- “〈〈”将全部列从“显示域”移入到“可用域”。

这里，单击“〉〉”选择全部列，单击“下一步”按钮，出现如图 11–34 所示的界面。

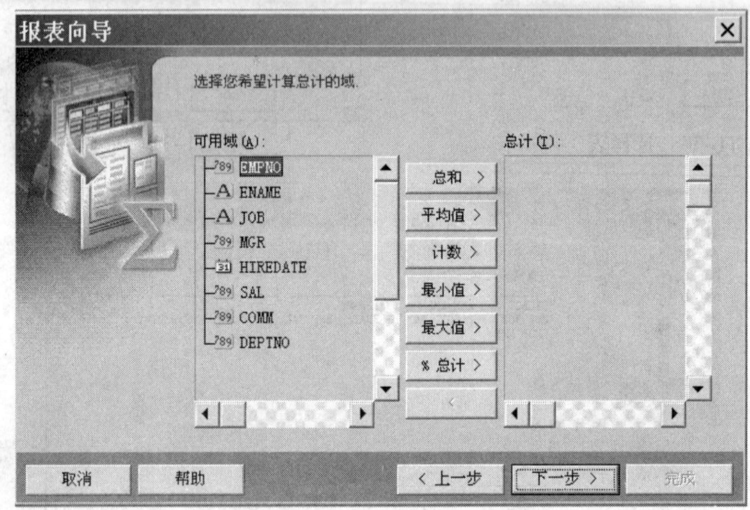

图 11–34　选择统计项及统计函数

（10）选择统计项及统计函数，单击“下一步”按钮，出现如图 11–35 所示的界面。

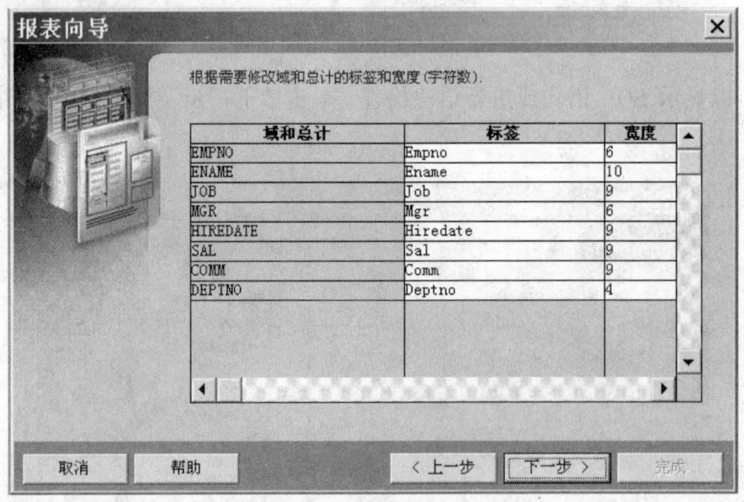

图 11–35　修改标签名和显示宽度

（11）输入标签，该标签作为列的别名显示在报表中。此处的所有标签均可以改为中文。在图 11–35 中，还可以修改列值宽度。单击“下一步”按钮，出现如图 11–36 所示的界面。

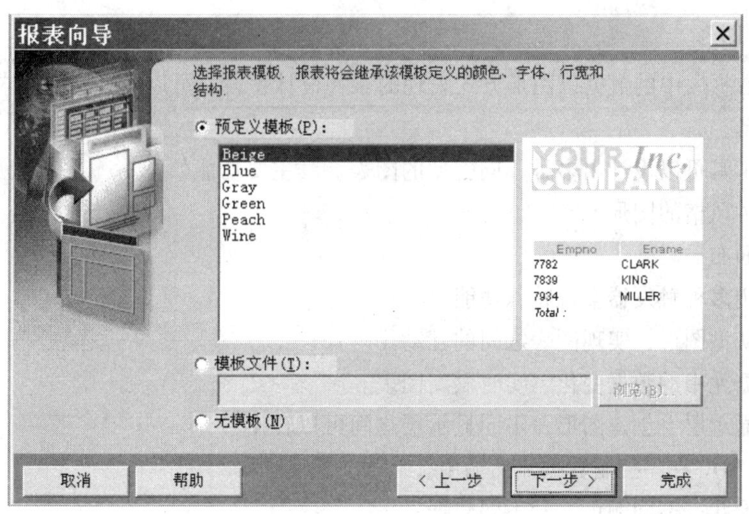

图 11-36　选择报表模板

（12）在这里可以选择不同的报表模板。单击“完成”按钮，报表预览界面如图 11-37 所示。图 11-36 中各项含义如下：

① 预定义的模板

所创建的报表使用 Oracle Report 提供的模板类型，可以根据需要选择一种模板类型。如果选择了无线框的报表，则可以在布局编辑器中重新设计线框。

选择了不同的模板时，将会在左侧显示该模板的报表风格特点。模板的类型可以在布局之后重新进行选择。

② 模板文件

如果定义不同的模板，那么通过模板文件可以调入该模板。该模板文件则作为报表的模板。

设计模板需要对报表的结构有比较清楚的了解。可以设计不同的模板文件，在设计报表时直接使用。

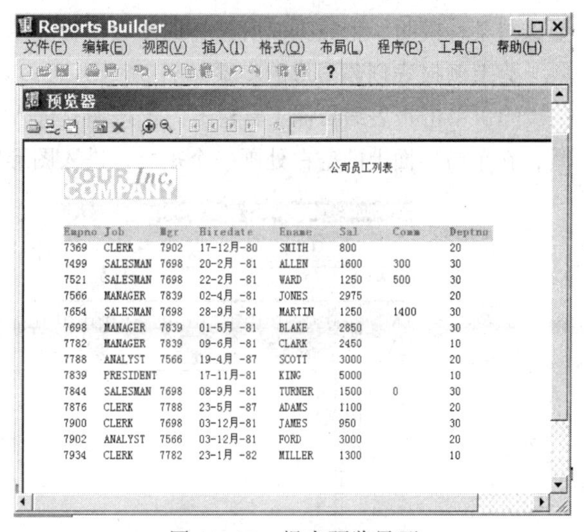

Empno	Job	Mgr	Hiredate	Ename	Sal	Comm	Deptno
7369	CLERK	7902	17-12月-80	SMITH	800		20
7499	SALESMAN	7698	20-2月 -81	ALLEN	1600	300	30
7521	SALESMAN	7698	22-2月 -81	WARD	1250	500	30
7566	MANAGER	7839	02-4月 -81	JONES	2975		20
7654	SALESMAN	7698	28-9月 -81	MARTIN	1250	1400	30
7698	MANAGER	7839	01-5月 -81	BLAKE	2850		30
7782	MANAGER	7839	09-6月 -81	CLARK	2450		10
7788	ANALYST	7566	19-4月 -87	SCOTT	3000		20
7839	PRESIDENT		17-11月-81	KING	5000		10
7844	SALESMAN	7698	08-9月 -81	TURNER	1500	0	30
7876	CLERK	7788	23-5月 -87	ADAMS	1100		20
7900	CLERK	7698	03-12月-81	JAMES	950		30
7902	ANALYST	7566	03-12月-81	FORD	3000		20
7934	CLERK	7782	23-1月 -82	MILLER	1300		10

图 11-37　报表预览界面

③ 无模板

如果选择无模板，则报表只显示出数据，是一种无预定义模板的报表。

（13）选择“文件”→“打印预览”命令，启动报表的打印预览，如图 11-37 所示。

11.3.3　创建图形（graphics）

Oracle Graphics Builder 在 6.0 以前是一个独立的开发工具，现在，它被集成到 Oracle Reports Builder 中，成为用于开发基于数据库的 Web 图表，即将数据以图形的方式显示在 Web 页中，使得在线可视化数据分析成为可能。Oracle Graphics Builder 与 PL/SQL 程序单元结合，开发出实时动态图形。

1. 什么是图形

图形是把数据库中的数据以图形方式表现的一种设计手段，可以根据实际要求设计出不同格式与风格的图形。

使用图形工具可以设计出多种不同类型的图表。其主要功能如下：

- 设计各种风格的图形。
- 设计界面布局。
- 可以使用多种触发器实现特殊功能。
- 创建主从型图形，实现图表之间的互动。
- 根据数据库中的数据变化，实时刷新图表。
- 在不同显示层上创建图形，不同显示层之间可以转换。
- 使用 PL/SQL 程序控制数据流的输出。
- 以不同形状、不同颜色显示不同数据。

2. 图形类型

系统提供了多种预定义的图形模板，每一种图形以图例方式显示出其风格，可以根据实际需要选择某种模板，把数据以所选择的图形模板显示在屏幕上。

为上例报表创建图形的步骤如下：

（1）单击报表编辑器工具栏上的按钮，进入页面布局窗口，如图 11-38 所示，选择图形工具，在布局界面上的空白处画一个矩形，进入图形向导窗口。

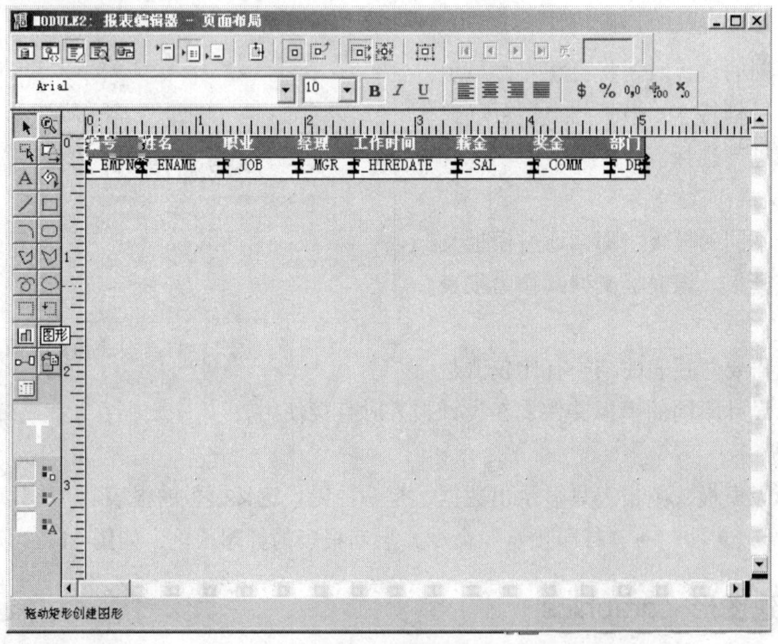

图 11-38　页面布局窗口

（2）选择图形类型，这里选择具有三维效果的条形图，如图 11-39 所示。图中，“图形类型”表示预定义的图形类型，“图形子类型”表示所选择的某一类型图型的子类型。在设计过程中，应先选择类型，再选择子类型。

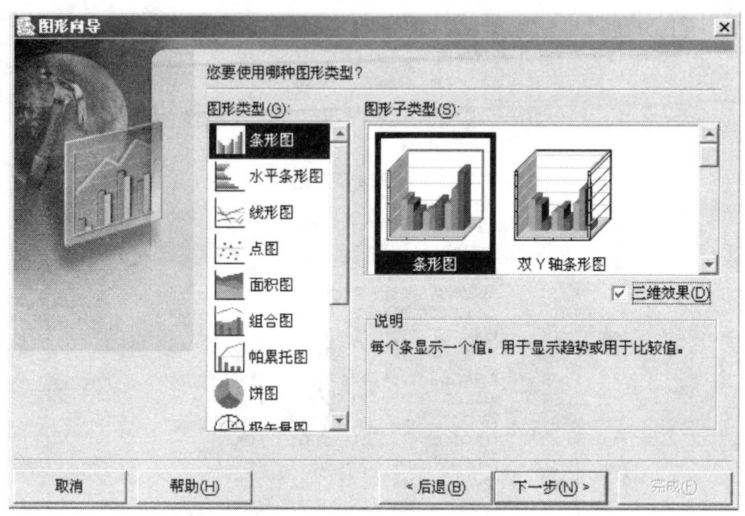

图 11-39　选择图形类型

（3）选择用于 *X* 轴的列，这里选择 ENAME。

（4）选择用于 *Y* 轴的列，这里选择 SAL。

（5）其余均选择默认值。

（6）添加图形标题，如图 11-40 所示。

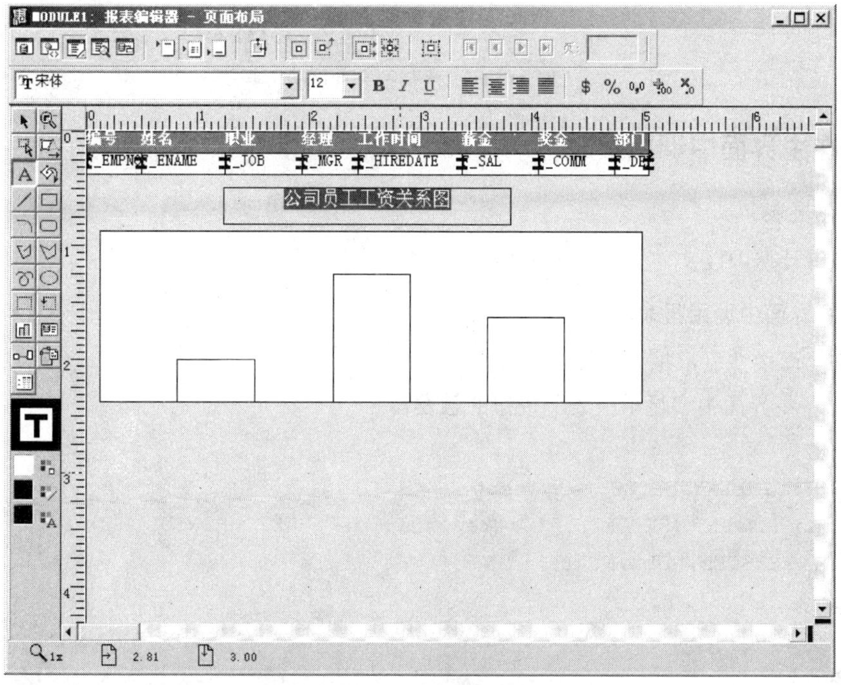

图 11-40　添加图形标题

（7）选择“文件”→“预览格式”→“标好页数 HTMLCSS”命令预览创建的带图形的报表页，如图 11-41 所示。至此，一个简单的带图形的 Web 报表设计完成了。

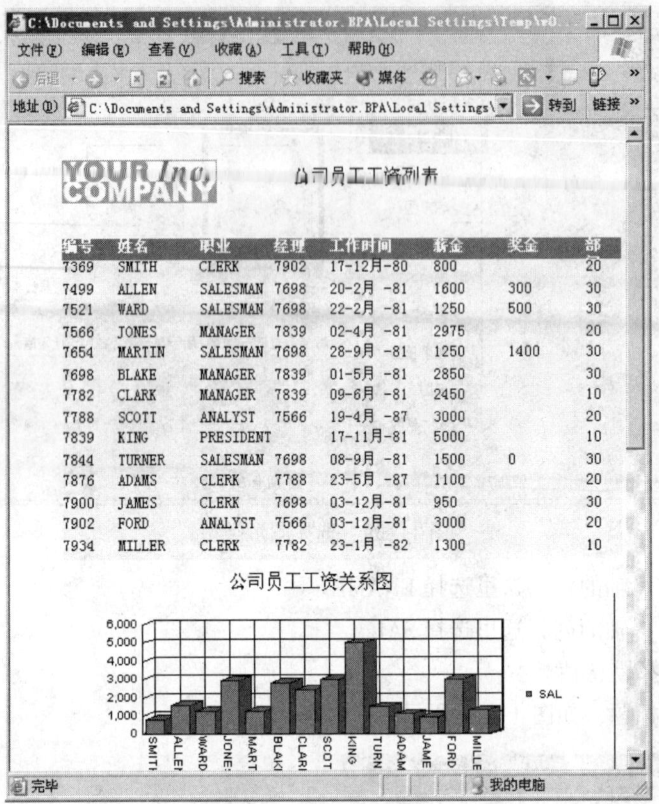

公司员工工资列表

编号	姓名	职业	经理	工作时间	薪金	奖金	部
7369	SMITH	CLERK	7902	17-12月-80	800		20
7499	ALLEN	SALESMAN	7698	20-2月 -81	1600	300	30
7521	WARD	SALESMAN	7698	22-2月 -81	1250	500	30
7566	JONES	MANAGER	7839	02-4月 -81	2975		20
7654	MARTIN	SALESMAN	7698	28-9月 -81	1250	1400	30
7698	BLAKE	MANAGER	7839	01-5月 -81	2850		30
7782	CLARK	MANAGER	7839	09-6月 -81	2450		10
7788	SCOTT	ANALYST	7566	19-4月 -87	3000		20
7839	KING	PRESIDENT		17-11月-81	5000		10
7844	TURNER	SALESMAN	7698	08-9月 -81	1500	0	30
7876	ADAMS	CLERK	7788	23-5月 -87	1100		20
7900	JAMES	CLERK	7698	03-12月-81	950		30
7902	FORD	ANALYST	7566	03-12月-81	3000		20
7934	MILLER	CLERK	7782	23-1月 -82	1300		10

图 11-41　预览报表和图形

11.3.4　在主界面中调用报表

1. 保存报表

在报表设计器中以文件名 report1.rdf 保存报表。

2. 从主界面中调用报表

编写主界面中“显示报表”按钮的触发器。

例 11.3　主界面中“显示报表”按钮的触发器。

```
begin
  if :IFDISPLAYREPORT = 'y'then
    run_Product(REPORTS, 'C:\report1.rdf', ASYCHRONOUS,RUNTIME,
    FILESYSTEM,NULL,NULL);
  Else
    Message('不能显示!');
  End if;
  End;
```

单击“显示报表”按钮时，先检查是否选中“是否显示报表”复选框，再确定是否显示报表。

3. 运行效果

报表显示效果如图 11-41 所示。

11.4　Oracle J2EE 高级技术与 JDeveloper

本节介绍 J2EE 及其结构、J2EE 应用程序的组成及 Oracle 的 J2EE 技术，Oracle 的 J2EE 服务器：OC4J 和 Oracle Java 商业组件（BC4J）的特点，Oracle J2EE 应用的最佳开发工具 JDeveloper，并给出通过 BC4J 实现 J2EE 应用程序的示例。

11.4.1　Java2 企业版（J2EE）

Java2 计算平台以 Java 语言为中心，其体系结构与平台无关，共有三个独立的版本，每一种版本都针对特定的产品类型。

- Java2 Platform, Micro Edition（J2ME）

J2ME 针对消费产品市场。例如，移动电话、PDA、能够接入电缆服务的机顶盒，以及其他具有有限的连接、内存和用户界面能力的设备。J2ME 使得制造商和内容创作者能够编写适合消费市场的可移植 Java 应用程序。

- Java 2 Platform, Standard Edition（J2SE）

J2SE 针对包含丰富 GUI、复杂逻辑和高性能的桌面应用程序。J2SE 支持独立的 Java 应用程序，或者与服务器进行交互的客户端应用程序。

- Java 2 Platform, Enterprise Edition （J2EE）

J2EE 针对提供关键任务服务的企业应用程序，这些应用程序必须是高度可伸缩的和可用的。J2EE 是基于模块和使用 Java 语言编写的可重用软件组件，运行在 J2SE 之上。

1. J2EE 体系结构

J2EE 是一个标准的多层体系结构，适用于开发和部署分布式的、基于组件的、高度可用的、安全的、可伸缩的、可靠的和易于管理的企业应用程序。J2EE 体系结构的目标是降低开发分布式应用程序的复杂性和代价，以及简化开发和部署过程。

J2EE 平台的简要体系结构如图 11-42 所示。J2EE 平台包含了创建一个标准 Java 企业应用程序的体系结构的程序设计模型，而这样的 Java 企业应用程序可以从客户层的用户界面跨越到企业信息系统（enterprise information system，EIS）层。

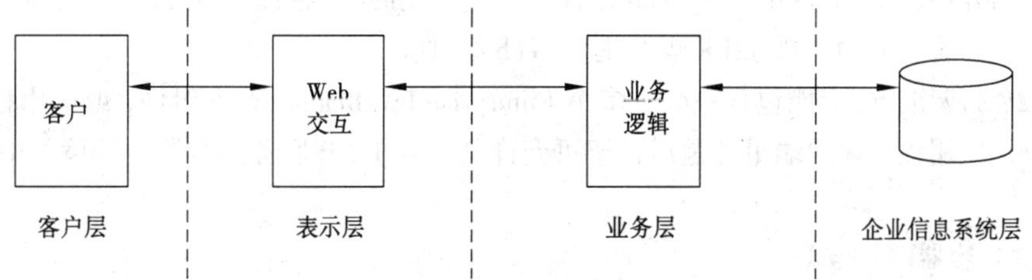

图 11-42　J2EE 体系结构

J2EE 体系结构是一个多层的、端到端的解决方案，这个系统结构横跨客户层到表示层、业务层，最终到达企业信息系统层。J2EE 体系结构将一个企业应用程序分隔为客户层、表示层、业务层和数据层，这些层被映射到 J2EE 体系结构中实现处理特定功能的四个不同的层次上。

- 客户层——通常是一台桌面计算机，客户可以使用 GUI 与应用程序进行交互。

- 中间层——由表示层和业务层组成，通常由一个或者多个应用服务器组成。应用服务器处理客户的请求，执行复杂的表示形式和业务逻辑，然后将结果返回给客户层。J2EE 应用服务器提供两种类型的应用程序框架和网络基础结构，它们被称为容器。容器为 J2EE 平台支持和提供两种类型组件运行时环境——Web 容器和 Enterprise JavaBean（EJB）容器。
- 企业信息系统层——也称为数据层，是驻留业务数据的地方。在处理业务逻辑时，由中间层访问企业信息系统层。

2. J2EE 应用程序构成

J2EE 技术提供了一个基于组件的方法来设计、开发、装配和部署企业级应用程序。J2EE 平台提供了一个多层结构的分布式应用程序模型，该模型具有重用组件的能力、基于扩展标记语言 XML 的数据交换、统一的安全模式和灵活的事务控制。开发人员不仅可以比以前更快地发表对市场的新的解决方案，而且独立于平台的基于组件的 J2EE 解决方案不再受任何提供商的产品和应用程序编程界面（API）的限制。

（1）J2EE 组件

J2EE 应用程序由组件组成。一个 J2EE 组件就是一个自带功能的软件单元，它随同相关的类和文件被装配到 J2EE 应用程序中，并实现与其他组件的通信。J2EE 规范是这样定义 J2EE 组件的：

- 客户端应用程序和 Applet 是运行在客户端的组件。
- Java Servlet 和 JSP 是运行在服务器端的 Web 组件。
- Enterprise JavaBeans 组件是运行在服务器端的商业软件。

J2EE 组件用 Java 语言写成，并和用该语言写成的其他程序一样进行编译。J2EE 组件和标准 Java 类的不同点在于：J2EE 组件被装配在一个 J2EE 应用程序中，具有固定的格式并遵守 J2EE 规范，且被部署在产品中，由 J2EE 服务器对其进行管理。

（2）Web 组件

J2EE 的 Web 组件既可以是 Servlet，也可以是 JSP 界面。Servlet 是一个 Java 语言类，可以动态地处理请求并做出响应。JSP 页面是一个基于文本的页面，以 Servlet 的方式执行，不过，它可以更方便地建立静态内容。在装配应用程序时，静态的 HTML 页面和 Applet 被绑定到 Web 组件中，但是它们并不被 J2EE 规范视为 Web 组件。服务器端的功能类也可以被绑定到 Web 组件中，与 HTML 页面一样，它也不被 J2EE 规范视为 Web 组件。

一个 J2EE 应用程序可能包含一个或多个 Enterprise JavaBeans、Web 组件，或应用程序客户端组件。其中，应用程序客户端组件是运行于可允许其存取 J2EE 服务的容器（环境）中的 Java 应用程序。

（3）J2EE 容器

容器是一个组件和支持组件的底层平台特定功能之间的接口。一个 Web 组件、Enterprise Beans 组件或者是一个应用程序客户端组件可以被执行前，必须将它们装配到一个 J2EE 应用程序中，并且部署到它们的容器中。

装配的过程包括为 J2EE 应用程序中的每一个组件以及 J2EE 应用程序本身指定容器的设置。容器设置定制了由 J2EE 服务器提供的底层支持，包括诸如安全性、事务管理、Java 命名目录接口（JNDI）搜寻以及远程序连接。

（4）容器类型

部署时会将 J2EE 应用程序组件安装到 J2EE 容器中，如图 11-43 所示。

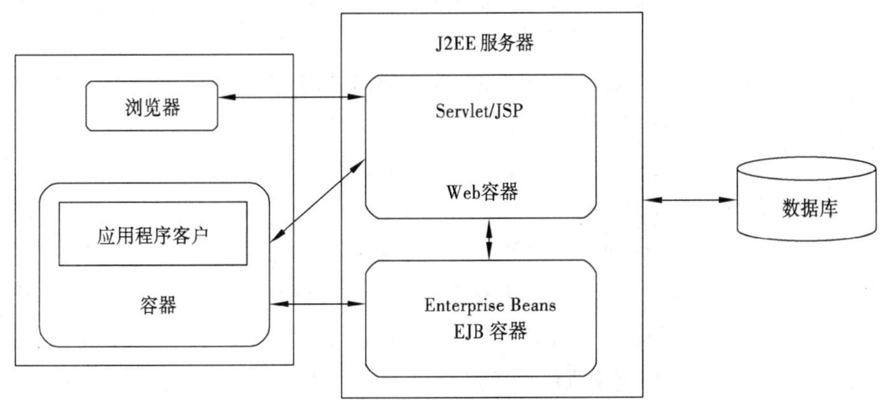

图 11-43　J2EE 服务器和容器

J2EE 服务器是 J2EE 产品的运行部分，它提供 EJB 容器和 Web 容器。EJB 容器管理 J2EE 应用程序的 Enterprise Beans 的执行。Enterprise Beans 和它的容器运行在 J2EE 服务器中。

Web 容器管理 J2EE 应用程序的 JSP 页面和 Servlet 组件的执行。Web 组件和它的容器也运行在 J2EE 服务器中。

客户端应用程序容器管理应用程序客户端组件的运行。应用程序客户端和它的容器运行在客户端中。

Applet 容器管理 Applet 的执行。它由运行在客户端的一个 Web 浏览器和 Java 插件一同组成。

（5）部署

J2EE 组件被分别打包并绑定到一个 J2EE 应用程序中以供部署。每一个组件和诸如 GIF、HTML 文件与服务器端功能类这样的相关文件，以及一个部署说明组成了一个模块并被添加到 J2EE 应用程序中。一个 J2EE 应用由一个或几个 Enterprise Bean 组件模块、Web 组件模块或应用程序客户端组件模块组成。根据不同的设计需求，最终的企业解决方案可以是一个 J2EE 应用程序，也可以由两个或更多的 J2EE 应用程序组成。

J2EE 应用程序以及它的每一个模块都有自己的部署说明。部署说明就是一个具有.xml 扩展名的 XML 文件，它描述了一个组件的部署设置。因为部署说明信息是公开的，所以它可以被改变而不必修改 Bean 的源代码。在运行时，J2EE 服务器将读取这个部署说明并遵守其规则来执行。一个 J2EE 应用以及它的所有模块被提交到一个 Enterprise Archive（EAR）文件中。一个 EAR 文件就是一个具有.ear 扩展名的标准的 Java Archive（JAR）文件。

- 每一个 EJB JAR 文件包含一个部署说明、Enterprise Beans 文件以及相关的文件。
- 每一个应用程序客户端 EAR 文件包含一个部署说明、应用程序客户端的类文件以及相关的文件。
- 每一个 Web EAR 文件包含一个部署说明、Web 组件文件以及相关的资源。

使用模块和 EAR 文件，使得运用同一组件以装配许多不同的 J2EE 应用程序成为可能。不需要额外的编程工作，开发人员唯一要做的是在 J2EE EAR 文件中添加各种 J2EE 模块。

11.4.2 Oracle 的 J2EE 技术与 OC4J

Oracle 的一个战略是将 Java 集成到公司的大量不同产品和服务中。Oracle 在 Java 方面有三个主要目标：一是全面支持 Java 标准，尤其是将 J2EE 作为开发和部署企业 Java 应用程序的标准方法；二是为 Java 开发人员提供一个完整的 Java 开发环境，以及一个丰富的 Java 工具和编程接口集，使软件的应用开发轻松、高效；三是提供一个部署 Java/J2EE 应用程序的可伸缩的、高可用的高性能服务器基础设施。Oracle 具有以下 Java 特征：

- 应用服务器——OracleAS 提供一个运行在标准 Java 2 SDK 虚拟机上的完全符合标准的 J2EE 容器 OC4J，并且支持 JSP、Servlet、Enterprise JavaBeans、Web 服务和所有的 J2EE 服务。它提供了一个快速的、可伸缩的和高效的环境来构建和部署企业规模的 J2EE 应用程序。
- 开发工具——Oracle 推出的 Oracle JDeveloper 是一个高效的 Java 开发工具，对开发和部署 J2EE 应用程序提供百分之百的支持。Oracle JDeveloper 的主要功能包括：集成了 UML 建模功能，建模并生成 J2EE 应用程序和 Web 服务；一个完整的 Java 集成开发环境用以编辑、编译、配置和优化 J2EE 应用程序和 Web 服务；一个全面集成的 OracleAS J2EE 容器 OC4J，运行在该工具本身之内，使编辑—编译—调试—部署周期快速而且高效。
- 数据库服务器——Oracle 在数据库中提供了一个 Java 虚拟机（与 Java 2 SDK 兼容）和服务器环境，紧密集成了 SQL 和 PL/SQL。Oracle 数据库环境允许用户利用 Java 编写传统的数据存储过程、触发器和抽象数据类型方法。
- 从 Java 访问数据库——Oracle 提供从 Java 或 J2EE 应用程序访问数据的两种不同的机制：一是 JDBC 驱动程序——Oracle 提供两个不同的 JDBC 驱动程序通过 Java 程序来访问 Oracle 数据，Type 2 JDBC/OCI 驱动程序和 Type 4 pure Java JDBC 驱动程序。二是确认和发布 DataDirect JDBC 驱动程序通过 Java 程序访问非 Oracle 数据库，包括 IBM DB/2、Microsoft SQL-Server、Informix 和 Sybase。
- SQLJ——Oracle 还包含一个 ANSI/ISO 标准编程接口 SQLJ（Java 内嵌 SQL），为在 Java 程序中嵌入 SQL 语句提供了一个标准的方法。它提供了一个比 JDBC 更简单更高效的编程 API。

如今的企业应用程序都设计在一个 Internet 体系结构上，该体系结构中的一个中间层—Java 应用服务器为应用程序提供运行时环境。为了满足这些要求并且为 J2EE 应用程序提供一个健壮的实现平台，OracleAS 包含了很多全新的特性，用以简化企业应用开发和提供部署应用程序时的高可靠性。OC4J 作为 OracleAS 的 J2EE 容器，提供了完全的 J2EE 应用开发环境。

1. 在 Java 2 SDK 上执行的纯 Java 容器/运行时

OracleAS 的 J2EE 容器——OC4J 完全是利用 Java 语言实现的，因此具备以下特性：

（1）轻量级——25MB 磁盘空间，20MB 内存。

（2）安装快速——不到 15 分钟就可以完成。

（3）易于使用——简单的管理和配置，支持标准的 Java 开发和配置工具。

（4）在包括 Solaris、HP-UC、AIX、Tru64、Windows 2000/XP 和 Linux 在内的标准操作系统和硬件平台的 32 位和 64 位版本上均可使用。

（5）可以运行在 Java 2 SDK 上。

2. OC4J 完全实现了 J2EE

OC4J 包括一个 JSP Translator（一个符合 JSP 标准的翻译器和运行时引擎），一个 Java Servlet 容器，一个 EJB 容器。OC4J 还支持 java messaging service（JMS）等其他 Java 规范，如表 11-4 所示。

表 11-4　OC4J 支持的 J2EE 接口

J2EE Standard Interface
Java Server Pages（JSP）/Servlets
Enterprise Java Beans（EJB）
Java Transaction API（JTA）
Java Messaging Service（JMS）
Java Naming and Directory Interface（JNDI）
Java Mail
Java Database Connectivity（JDBC）
Java Authentication and Authorization Service（JAAS）
J2EE Connector Architecture（JCA）
Java API for XML Parsing（JAXP）

3. OC4J 的应用开发特性

OracleAS 进一步加强了对 J2EE 和 Web 服务开发的支持，为开发人员开发和部署动态 Web 站点、事务性 Internet 应用和 Web 服务提供了一个高效的应用服务器环境。OC4J 作为 OracleAS 的 J2EE 容器，在 J2EE 应用开发上展现了全新的特性。

（1）Java Servlet

Java Servlet 是一个扩展 Web 服务器功能的程序。Servlet 接收来自客户机的请求，动态生成应答（可能通过查询数据库来满足请求），然后将包含 HTML 或 XML 文档的应答发送给客户机。Servlet 类似于 CGI，但更容易编写，因为 Servlet 使用 Java 类和流。执行也更加快速，原因是 Servlet 被编译成 Java Byte 代码，而且运行时 Servlet 实例被保存在内存中。OC4J Servlet 容器对 Servlet 提供以下支持：

① 完全支持 Servlet。

② 与 Tomcat 百分之百兼容——与使用由 Apache 协会提供的 Tomcat Servlet 引擎按照 JSP/Servlet 标准开发的应用程序百分之百兼容。因此，使用过 Apache 和 Tomcat 开发应用程序的开发人员可以非常容易地将应用程序部署到 OC4J 上。

③ 对过滤器的全面支持——支持作为 Servlet 规范一部分的简单过滤器和复杂过滤器。过滤器是在客户机请求该过滤器所映射到的资源（例如，URL 模板或 Servlet Name）时被调用的一个组件。通常过滤器用于在初始请求目标执行之前或之后封装和处理一个请求、应答或标头（Header）值，而不用于为客户机产生应答。

④ 完全基于 WAR（web application archive）文件的部署——通过使用标准的 WAR 文件，Servlet 被打包和部署到 J2EE 容器中。

OC4J 提供以下部署功能：

- 一个获取多个 Servlet 并将其打包到 WAR 文件中的 WAR 文件打包工具。
- 一个获取作为结果的 WAR 文件并将其部署到一个或多个 OC4J 实例的 WAR 文件部署工具。
- WAR 部署工具还支持集群部署，使得一个特定的档案文件可以被同步部署到所有被定义为组成某个“集群”的 OC4J 实例中。
- Servlet 的自动部署。在部署一个 Web 应用程序时，服务器自动解压缩.war 文件，产生特定容器的部署描述符，并且无需请求服务器重新启动就可以使应用程序立即可用。Web 容器还能够以与 JSP 模型同样的方式为 Servlet 编译源代码并运行编译后的应用程序。这有助于缩短 Web 应用程序的开发—编译—部署周期。
- Servlet 的状态故障时切换和集群部署。Servlet 利用标准的 Servlet HttpSession 对象在方法请求之间（即一个请求结束之后，另一个请求开始之前）保存客户机的会话状态。HttpSession 对象类似于特定客户机的存储域，保存在后续请求中需要的任何数据，并且在以后通过客户机的特定键值来获取这些数据。集群是一组为了以一种透明的方式提供可伸缩的高可用性的服务而调整其操作的 OC4J 服务器。OC4J 支持一个基于 IP 多点传送的集群机制，允许 Servlet 透明地（即无需 API 的任何编程改动）复制 Servlet 会话状态，尤其是集群中其他 OC4J 实例的 HttpSession 对象。

（2）JSP（java server pages）

JSP 是一个基于文本的、以表示为中心的快速开发和轻松维护信息和丰富动态 Web 页面的方法。JSP 将内容表示从内容生成中分离出来，使 Web 设计人员可以改变整体页面布局而不影响基本的动态内容。JSP 使用类似于 XML 的标记和 Java 语言编写的脚本来封装产生页面内容的逻辑。另外，应用逻辑可以放在页面通过这些标记和脚本访问的基于服务器的资源中，例如，JavaBeans。通过将页面逻辑与其设计和显示分离，JSP 使得构建基于 Web 的应用程序变得更加快速和简单。JSP 页面看上去像一个标准的 HTML 或 XML 页面，以及一些由 JSP 引擎处理和排除的额外元素。JSP 页面和 Servlet 比公共网关接口（CGI）更理想，因为 CGI 不是平台无关的，使用成本高，而且访问参数数据并将其传递给一个程序也比较困难。

OC4J 提供了一个符合 JSP 标准的翻译器和运行时引擎——Translator，Translator 具有以下重要特性：

① 简单标记、主体标记、参数化标记和协作标记。简单 JSP 标记的主体只求值一次；主体（body）标记的主体将被求值多次；参数化（parameterized）标记可以接受和显示参数；协作（collaboration）标记是一种特殊的参数化标记，两个标记可以设计为对一个任务进行协作。例如，一个标记可以增加一个特定值到页面范围，另一个标记可以查找这个值并做进一步处理。

② 预打包的 JSP 标记。为了提高开发人员的效率，OC4J 提供了预打包 JSP 标记库来简化 JSP 应用程序的构建过程。标记库包括连接池标记（connection pooling tags）、XML 标记符、EJB 标记、文件上传/下载标记、电子邮件标记、缓存标记、个性化标记等。

③ JSP 预编译。为了进一步改善应用程序的性能，OC4J 提供了在部署前将 JSP 预编译为最终格式的功能。这使得容器无需在 JSP 被首次请求时将其编译为相应的 Java 类文件，缩短了第一次访问 Web 应用程序的响应时间。

④ 完全基于 WAR 文件的部署。OC4J 还提供了将 JSP 页面和 Servlet 打包为 J2EE 标准的 WAR 文件的工具，以及获取 WAR 文件并将其部署到一个或多个 OC4J 实例上的部署工具。WAR 部署工具还支持集群部署，使得一个特定的档案文件可以被同步部署到所有被定义为组成某个“集群”的 OC4J 实例中。

OC4J 的应用开发特性不仅局限于 JSP/Servlet，还包括 Java 数据库访问、EJB、Java 事务 API、Java 消息服务等特性。

11.4.3 Oracle Java 商业组件（BC4J）

Oracle JDeveloper 的主要优势在于它所拥有 Java 商业组件（business component for java，BC4J）主框架和相关的代码生成器。BC4J 是 Oracle JDeveloper 的核心，这使得它有别于 Oracle 开发人员建立 Web 应用所选择的其他开发工具。BC4J 是由一些程序协议和标准组成的，这些标准和协议用来描述如何建立与关系数据库进行交互的类。

1. BC4J 介绍

BC4J 是一个服务器端的应用组件框架，可用来开发和部署基于 SQL 表的 Java 应用。使用 BC4J 框架构建的 Java 组件，既可作为 Servlet 或 JSP 来执行，也可作为 Enterprise JavaBean 或者 CORBA 对象来部署。

在 BC4J 和类似产品出现以前，Java 应用程序和数据库的连接是相当困难。开发人员需要编写复杂的 JDBC 和 SQLJ 程序来完成驱动程序的加载、数据库的连接，以及查询与更新等操作。另外，还需要完成维护数据的缓冲、批处理更新请求、跟踪表的锁定和提交等大量工作。这些与数据库的复杂接口，被证明是建立 Web 应用的最大障碍之一。

BC4J 组件提供了与数据库的功能性接口，并且可以使用内建的代码生成器或向导生成代码。使用 BC4J 就是在建立一系列打包的 DML 命令的 Java 类，并引用存储数据结构的 XML 文档。这些 Java 类中的 JDBC 数据库调用几乎包括所有应用程序运行所需要的函数，例如，插入、更新、删除和锁定等。这使得开发人员完全能够封装数据库访问的逻辑，从而大大简化应用开发。

利用 BC4J 提供的关系映射工具，能够根据数据库表格生成 Java 实体和视图组件。可以把它们作为商业逻辑功能编码到“应用模块”中，这些模块与其他生成的组件交互作用，并作为工具生成的数据对象和数据库的导出接口。BC4J 应用模块还可以被打包成 EJB　JAR 文件和 WAR 文件，单个存档文件可以打包成 EAR 文件，以部署到 OracleAS 中。

应用 BC4J 时，开发人员创建或者使用下面三种类型的文件：

（1）XML 文档——冗余存储关系数据库的数据结构。

（2）Java 类——包含复杂逻辑，与程序的其他部分一起进行程序调用。

（3）Oracle 提供的复杂的 Java 类库——用于处理 JDBC 的生成。

BC4J 组件具有如下优点：

（1）在应用系统中，包含 BC4J 工程意味着开发人员能够根据要发布的 BC4J 组件的位置来优化所有的操作和代码重用。

（2）开发人员能够通过将公用代码（例如数据校验）移到 BC4J 层来提高代码的可维护性。

（3）BC4J 类可以配置在 Oracle 数据库服务器、OracleAS 或者本地客户端，这种可操作性能够为校验敏感的应用系统带来显著的效果。

2. BC4J 应用结构

过去，即使完成最简单的操作也需要客户端和数据库之间进行多次通信，现在，BC4J 组件为传统的客户/服务器逻辑解决了这个问题。BC4J 的应用结构如图 11-44 所示。

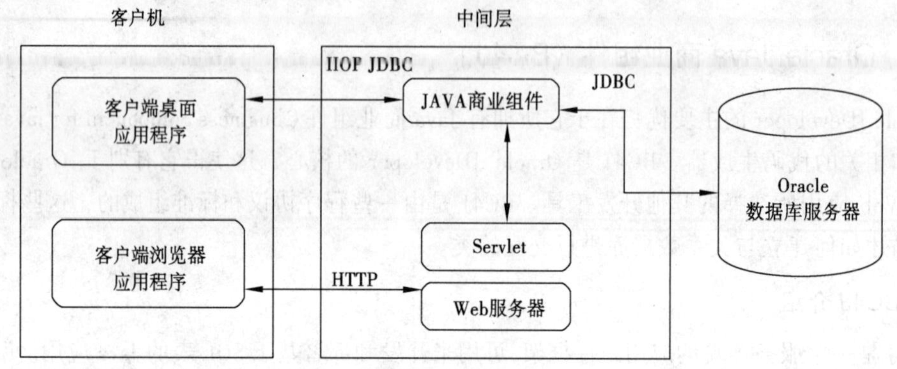

图 11-44　BC4J 应用结构

使用 BC4J 层就像有一个虚拟的数据库和客户应用程序相连接，使得开发人员感觉客户应用程序直接和数据库交互一样。可以将 BC4J 看作是一个黑盒子数据库，可以和至少一个客户端进行交互以同步数据、管理缓冲和为开发人员的数据模型实现基本的功能，从而使开发人员通过连接 BC4J 对象和用户接口能够快速地建立一个完整的应用系统。

BC4J 是一个由百分之百纯 Java 代码编写，XML 驱动的框架。也就是说，BC4J 是由 Java 和 XML 组合而成的。XML 和 Java 都是开放源代码语言，具有独立于操作系统及平台的基本特征，所以在网络上有很好的接口并且在 Web 应用上的操作效率较高。

Java 是模块化和可移植的程序语言，由于其可靠的安全性和强大的 Internet 功能，使得 Java 成为构建商业应用系统的理想程序语言。但是，Java 缺少在不同平台和应用系统之间进行有效数据交换的方式，XML 正好弥补了这一缺陷。XML 用于定义数据，Java 用于操作数据。XML 文件中含有定义了商业组件的元数据，Java 文件含有实现商业组件的方法。例如，可以在 JavaBeans 中运用 getXXX()和 setXXX()方法，在运行期间动态地生成插入、更新和删除语句。同样，XML 和 Java 文件也可以含有数据库表的引用。

综上所述，BC4J 具有的应用结构，能够使应用系统的开发工作更加高效，部署更加容易，满足多层灵活定制的要求。同时，BC4J 还是一个具有数据库功能的可重用商业组件。开发人员可以用 BC4J 完成下面一些工作：

（1）创建与测试组件中的商业逻辑，该组件自动地与数据库集成。

（2）通过多种基于 SQL 的数据视图实现对商业逻辑的重用，满足不同任务的需要。

（3）利用 Servlet、JSP 和瘦 Java Swing 客户机访问和更新视图。

（4）定制各层应用程序功能而不必更改提供的应用程序。

3. BC4J 组件

BC4J 组件主要应用于三个方面：数据定义和校验组件、数据操作和过滤组件、存储定位及容器。

（1）数据定义及校验组件

下面是用于描述数据定义和校验的组件。

① 实体（entity）

实体基于数据库表、视图、快照或同义词，并且包括数据库存储要求。实体可以通过存在的数据库对象生成，或者通过手工定义，用于创建新的数据库表。实体含有属性（列）定义。

② 属性（attribute）

属性有实体属性和视图属性两种类型：实体属性是实体的一部分，通常对应于表的列，也可能包括校验规则和业务规则；视图属性仅仅是实体属性的一种简化形式，可以为计算列的条目创建额外的视图属性。

③ 关联（association）

关联定义了实体对之间的关系。关联一般表示数据库的外部主键约束关系，也可以被任何成对的实体属性组件定义。可以为被关联的每一部分指定更多的属性，只要每一部分的属性数目相同。指定关联是双向的。

④ 域（domain）

域是用户定义的数据类型，表示属性可以拥有的值的类型。

⑤ 特性（property）

在 BC4J 组件的上下文中，特性表示的是 String 类型的名字/值对。特性用于存储文本。这些文本字符串在运行期间用于显示信息。例如，定义用户的访问级别，指定使用什么类型的 UI 控件及设置域的格式化掩码。可以为域、实体、视图、实体属性、视图对象属性和应用模块定义特性。BC4J 特性在组件相应的 XML 文件中存储。

（2）数据处理和过滤组件

BC4J 视图对象和视图链接通过过滤从实体和关联对象返回的数据为 UI（用户界面）提供合适的数据。

① 视图对象（view object）

视图对象用 SQL 查询来指定和过滤定义在实体对象中的数据。客户应用程序可以调用视图对象的 get()和 set()方法来浏览、更新、插入和删除数据。

② 视图链接（view link）

视图链接用于描述视图对象之间的关系。关系可以是一对一或者一对多。这些关系只在单方向上实现。因此，在一个主明细关系中，只有源对象的 get/set 存取方法被定义。视图链接根据主表中选择的当前行，为明细表提供过滤的行。

（3）存储位置及容器

在 BC4J 中有两种类型的位置或容器来存放元素。

① 包（package）

Java 类在包中按类别分组。在开发过程中，这些包和源代码存放在硬盘上的路径及子目录结构与代码被编译并准备发布时在所创建的工程空间上的目录结构相同。其中，编译过的类文件扩展名是.class。

② 应用模块

应用模块实例化与客户应用交互的 BC4J 视图对象和视图链接。在一个 BC4J 层中可以有多个应用模块，也可以在一个应用模块中嵌套另一个应用模块。

为了实现一个特定的应用或任务的事务逻辑可能需要多个应用模块。同时，可以为每个逻辑部分准备一个自己的模块。虽然可以有更多的对象，但是典型的应用模块中一般含有三四个视图对象和视图链接。大型应用系统可以有20或更多个应用模块，每个应用模块含有给定任务的适量视图对象和视图链接。

11.4.4 JDeveloper

1. JDeveloper功能与特点

Oracle JDeveloper提供了完全基于业界标准的快速应用开发环境，是开发J2EE应用的最佳开发工具。它具有如下功能与特点：

（1）涵盖完整的产品开发周期

一个完整的应用程序开发周期包括：系统分析与设计、编写程序代码、测试程序并进行调试、应用程序部署以及效能调整等阶段。上述各个阶段在Oracle JDeveloper中都可以获得完整的支持。例如，UML建模工具可以协助进行系统设计与创建对象模型，UIEditor可以进行可视化的组件配置，Code Editor可以在程序中设定断点进行调试，Deployment Profiles提供了各种应用程序的部署方式。

（2）百分之百Java应用程序

Oracle JDeveloper3.2及以前的版本是利用Java与其他程序设计语言开发的，只能在Windows平台上运行。而最新推出的Oracle JDeveloper则全部使用Java语言重新改写，只要在操作系统上安装了Java SDK的Java虚拟机，就能够运行它。目前除了Windows版本外，通过测试的还有Solaris、Linux、HP/UX等操作系统。

对于Java开发人员，Oracle JDeveloper支持最新的J2EE API，包括用于构建企业的Java Bean、JSP和Servlet的图形工具，是一个全方位的J2EE开发环境。开发人员可以使用各种向导与可视化工具很容易地开发出J2EE应用程序，并快速部署到J2EE应用服务器中。

Oracle JDeveloper集成了Oracle XML Developer Kit（XDK），Java开发人员可以建立和转换XML文件数据。XML模式驱动代码编辑器提供引导式XML编辑。XML处理工具包括一个XML解析器和XML模式处理器。

Oracle JDeveloper与Oracle数据库的结合更加紧密，不仅提供了数据库联机控制与对象延伸功能，还内建了PL/SQL编辑器与SQL检视工具。对于SQL开发人员，数据库浏览器能够检查任何与SQL92兼容的数据库和Oracle数据库里的PL/SQL开发。Oracle JDeveloper使用重用数据库连接的概念，可有效降低对系统资源的消耗。

对于网络服务开发人员，Oracle JDeveloper可有效地支持在OracleAS上的网络服务开发和部署，OC4J为网络服务提供了运行平台。Oracle JDeveloper的向导通过SOAP（simple object access protocol）、WSDL（web services description language）和UDDI（universal description discovery and integration）提供作为网络服务的J2EE应用程序的发布和使用。

（3）Oracle Java商业组件

Oracle JDeveloper提供的Java商业组件（BC4J）是百分之百的Java和XML框架，用于实现商务开发、直观对象关系映射、移动部署和灵活的多层定制、可重用的J2EE数据库应用程序。这个框架基于J2EE设计模式（design patterns），使开发人员能够提交高质量代码和高性能应用程序。Java 商业组件具有如下功能：

① 建立和测试组件的逻辑功能。该组件能够自动映射到关系数据库视图，并可用作网络服务。通过多个基于 SQL 的支持，使具有不同应用程序任务的数据视图可以重复使用商务逻辑。

② Java Servlet、JSP 页面和瘦 Java Swing 客户端可以快速、便捷地访问和更新数据视图。通过定制 XML 元数据调整应用功能，可以不必重新编译应用程序。

2. 创建基于 BC4J 的应用程序

BC4J 与 Oracle JDeveloper 开发工具紧密地集成在一起进行应用程序的开发。BC4J 允许用户定义商业对象的特性：属性、关系和业务规则。随后 Oracle JDeveloper 开发工具生成必需的 Java 和 XML 代码，从而使用户付出最少的努力即可对代码进行定制。

在创建 BC4J 的应用程序的过程中需要回答如下问题：

- 什么是实体对象和商业对象？
- 实体对之间如何关联？
- 确认规则是什么？
- 展示和操作什么数据？

如图 11-45 所示为创建一个基于 BC4J 的应用程序所需的基本组成部分，它们在创建完成 BC4J 应用程序后都可以在导航窗口中看到。当定义工程和框架时，将会产生应用程序代码，每一个部分都由 Java、XML 或两种类型的代码来执行。

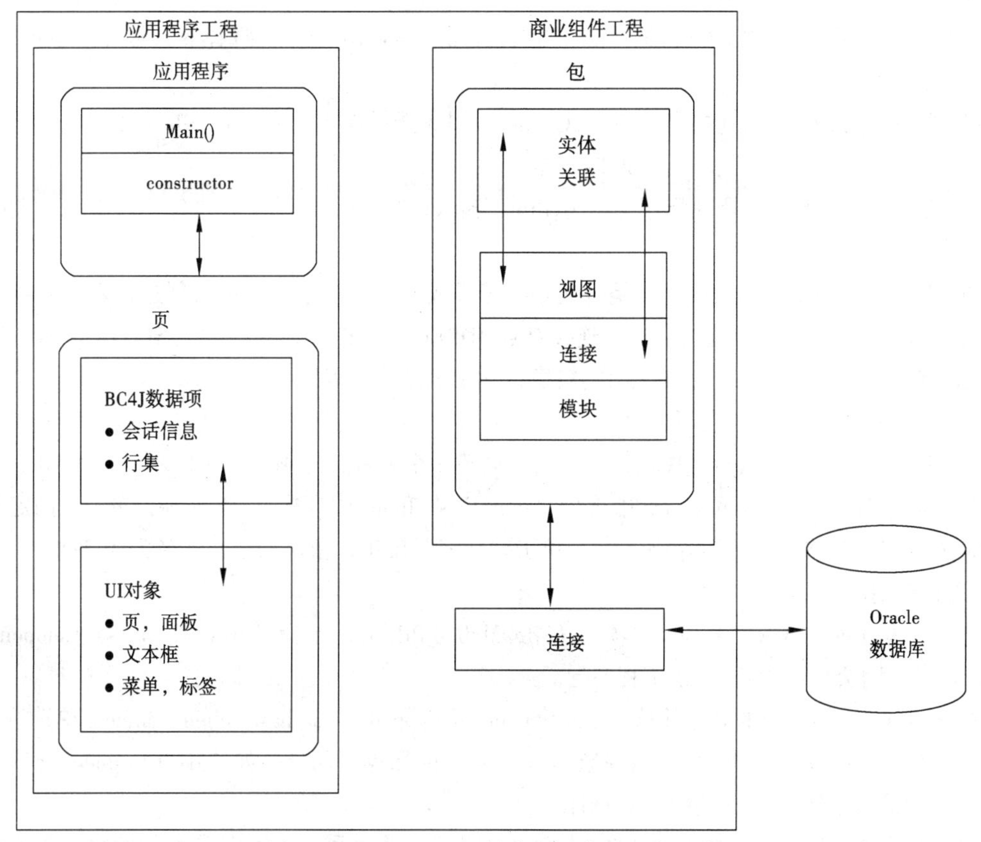

图 11-45 基于 BC4J 的应用程序的基本组成

一般地，可以把一个基于 BC4J 的应用程序的开发过程分解为下列步骤，这些步骤的进行顺序可以根据实际情况灵活调整，不一定按照既定顺序来进行。

- 创建商业组件工程。
- 基于 Oracle 数据库设计来创建实体对象和关联。
- 基于实体对象和关联来创建视图对象和视图链接。
- 使用域和内置确认规则来添加确认逻辑。
- 在实体对象，或者在应用模块和视图对象可远程访问的方法中编写业务逻辑。
- 应用模块可以被远程使用。
- 部署应用模块。
- 构建客户层并在 OracleAS 上部署它。

（1）基于数据库设计创建实体对象和关联

BC4J 中的实体基于数据库表、视图等，而关联定义了实体对之间的关系。因此，首先需要创建数据库表。创建数据库表的过程就是创建实体对象和关联的过程，可以在创建 BC4J 工程过程中进行，也可以事先在其他环境中完成。

用 Oracle 的示例 SCOTT 的 DEPT、EMP 和 BONUS 表来创建 BC4J 应用工程。

（2）创建或打开 Oracle JDBC 数据源

可以创建一个新（或打开现有）的 JDBC 数据源。创建新 JDBC 数据源的步骤：

① 启动 Oracle 数据库和 JDeveloper。

② 在系统导航窗口中展开 Connection 结点，右击 Database 对象并选择 New Connection，出现创建连接的向导。

③ 在向导第一步输入连接名如 JDBCConnection1，选择连接类型为 Oracle（JDBC）。

④ 在向导第二步输入用户名 SCOTT 和密码 tiger。

⑤ 在向导第三步选择驱动程序类型为 thin，输入运行 Oracle 服务器的名字如 BPA、监听端口为 1521 和 SID 如 BPADB。

⑥ 在向导第四步提示测试连接是否成功。若不成功，则根据提示重新创建；若连接成功，在系统导航窗口中单击新创建的数据库连接结点 JDBCConnection1，则会显示 SCOTT 的各个数据库对象，单击 Table 结点，则会在视图编辑窗口显示表结构或表数据。

（3）创建工作区与 BC4J 工程

① 创建一个工作区 Mybc4jWS.jws，在其中创建一个工程文件 Mybc4jPR.jpr。选择 File→New 命令出现新建对话框，在 Categories 中选择 General，在 Items 中选择 Workspace，单击“确定”按钮，输入工作区文件名“Mybc4jWS.jws”，单击“确定”按钮，输入工程文件名为 Mybc4jPR.jpr，单击“确定”按钮。

② 创建 Business Components 项。右击 Mybc4jPR.jpr，选择“New Business Components Package...”，则会显示创建 BC4J 工程向导。

向导步骤 1：输入包的名称并选定 Entity Objects mapped to database schema objects 单选按钮。

向导步骤 2：为要创建的商业组件选择一个 Oracle 数据库的连接如“JDBCConnection1”，并以用户名 SCOTT，密码 tiger 连接到数据库。

向导步骤 3：在对话框中最上端的下拉列表中指明数据库用户。确定选择了 Tables 复选框，如果想要在这个组件中加入其他的对象类型，则必须选择这个复选框。在 Available 字段的列表中选择的实体对象分别为 DEPT、EMP 和 BONUS，然后用“>”按钮将它们移到 Selected 字段的列表中。

需要注意的是，要选中复选框 View Objects and View Links 和 Application Module。View Objects 中建立了访问数据表时需用到的.xml 和.java 代码（实体），所以如果没有 View Objects 应用模块，则 BC4J 不能够运行。

View Links 用来实现实体间的关联——代表外部关键字对象。

Application Module 复选框将会为应用模块——一个包含视图对象和视图链接的总的容器创建.xml 和.java 代码。

一个视图对象代表一个或多个实体的查询。实体代表一个数据库对象（表或视图）；视图链接代表一个实体关联，这种关联代表了一个外部关键字；应用模块不仅包含数据库信息，还包含了视图对象和视图链接。

Application Module 的名称可以使用默认名。单击 Next 按钮，则会显示用户选择的将要创建的 BC4J 工程的各个组成部分的结构。

单击该对话框中的 Finish 按钮，则会进入实际的创建过程。创建完成后，会在系统导航窗口看到如图 11-46 所示的目录结构。

从图 11-46 中可以看到，工程向导在工作区中创建了一个工程，这个工程属于 Java 的商业组件，它启动了商业组件工程向导，而这个向导创建了代表应用模块中将要用到的数据库对象的商业组件.java 和.xml 文件。

另外，应用程序工程 Mybc4jPR.jpr 由 Mypackage1 包和 Mybc4jPR.jpx 商业组件工程文件组成。其中，Mypackage1 包是由应用模块 Mypackage1Module，实体对象 Bonus、Dept 及 Emp，视图对象 BonusView、DeptView 及 EmpView，相关实体对象对之间的关联（由系统根据实体对应的表之间存在的外键自动添加关联对象，也可以手工创建），相关视图对象对之间的视图链接，以及 bc4j.xcfg 与 Mypackage1.xml 配置文件等组成的。

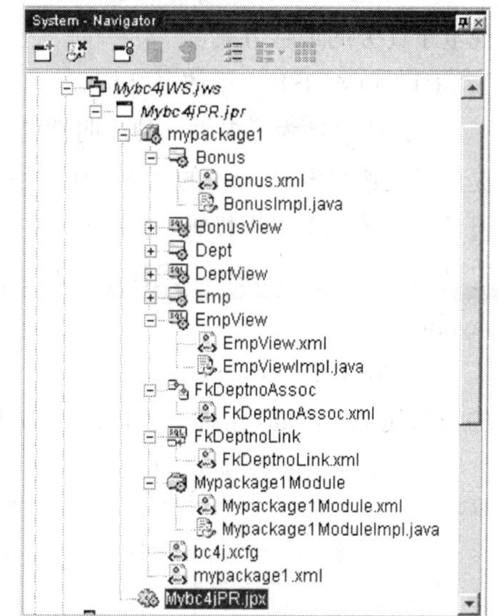

图 11-46　BC4J 工程目录结构

（4）XML 文件与 Java 文件

从图 11-46 中可以看到，创建的应用模块、每个实体对象、视图对象的结点上都有两个文件组件——XML 文件和 Java 文件。

（5）测试商业组件工程

单击 Run 菜单中的 Run 命令，执行 Myob4jPR.jpr 工程，执行结果如图 11-47 所示。双击 EmpView 对象则会显示这个对象的执行结果。

双击视图链接 FkDeptnoLink1 对象，则执行结果如图 11-48 所示。单击面板上的左右方向的箭头，则会显示出每个部门员工的基本情况。

除可以浏览数据并测试插入、更新、删除和验证校验规则等功能，还可以单击左上角的绿色箭头向数据库提交数据。

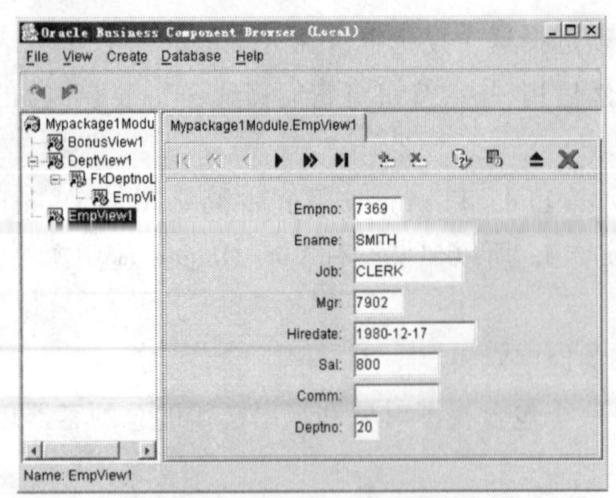

图 11-47　EmpView 对象的执行结果

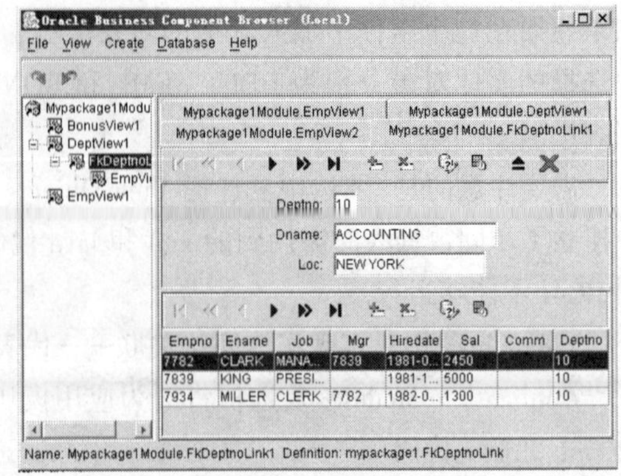

图 11-48　显示部门员工

测试创建的商业组件工程，只需要用内建的 Oracle 商业组件浏览器就可以实现。这个测试浏览器为显示商业组件工程中的数据动态地建立一系列面板，并生成简单的表单用户接口测试视图对象和实体对象，或者生成主从用户接口测试视图链接。

3. BC4J JSP 应用工程

Oracle JDeveloper 是建立电子商务应用的理想开发工具，将 BC4J 组件与 JSP 技术结合，是实现电子商务的最佳方案。

（1）BC4J JSP 应用体系结构

JSP 技术是为了提供一种声明性的、以表示为中心的开发 Servlet 的方法而设计的。JSP 技术提供了快速开发 Servlet 的能力。在这种 Servlet 中，内容和显示逻辑是分开的，并且通过一种基于组件的体系结构重用代码。JSP 页面中使用的 Java 代码应该保持相对简单，开发人员应该压缩在定制选项卡和 JavaBeans 组件中的复杂任务。一个复杂的 Web 应用只是由 JSP 页面、定制卡和 JavaBeans 组成的。

在 Oracle JDeveloper 开发环境中，用 JSP 技术开发 Web 应用，应该充分利用强大的 BC4J 组件来取代 JavaBeans 组件，其体系结构如图 11-49 所示。

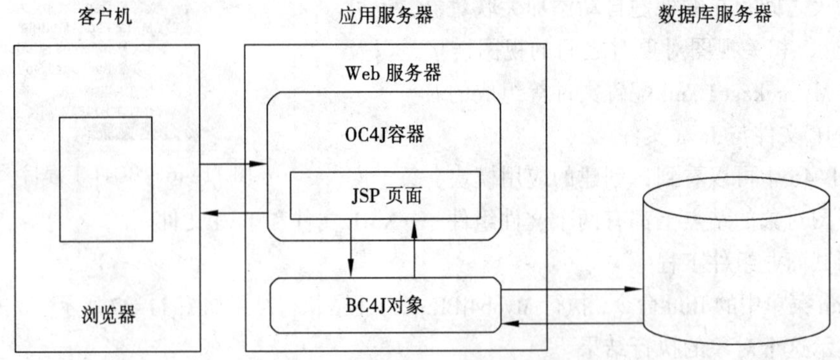

图 11-49　BC4J JSP 应用体系结构

（2）创建 JSP 应用工程

Oracle JDeveloper 开发环境中，提供了六种类型的 BC4J JSP 应用的向导，利用这些向导能大大简化开发过程，提高工作效率，减少开发的工作量。

① 创建 BC4J JSP 应用

在上节所创建工作区 Mybc4jWS.jws 中创建一个工程文件 MyJSP.jpr，再在这个工程中创建一个 BC4J JSP 应用。在系统导航中选中 MyJSP.jpr 工程，选择 File→New 命令出现新建对话框，在对话框的 Categories 中展开 Web Tier 结点，选择 JSP Business Components 选项，在“Items”中提供了六种类型的 BC4J JSP 应用向导，这里选定 Complete JSP Application 类型。单击 OK 按钮，则会显示向导欢迎画面。

② BC4J JSP 向导

向导步骤 1：选择数据模型定义。如果存在数据模型的定义，则可以在下拉列表中进行选择；否则可以单击 New 按钮，进入数据模型定义向导。

选择一个已经创建的 BC4J 工程以及这个工程的应用模块，并可以对其进行配置。这个对话框显示的就是上一节创建的 BC4J 工程 Mybc4jPR.jpr，以及应用模块 Mypackage1Module，可以在下拉列表中进行选择。单击 Next 按钮。

命名数据模型定义，并完成数据模型定义，进入 BC4J JSP 向导步骤 2。

向导步骤 2：选择创建的数据模型定义。

向导步骤 3：确定每个视图对象是否产生 JSP 页面，以及产生几种类型的 JSP 页面。在默认情况下，BC4J 工程应用模块的所有视图对象将产生所有类型的 JSP 页面。可以根据实际需要，对每个视图对象进行配置，并且可以对产生的 JSP 页面的文件名进行修改。

向导步骤 4：针对每个视图链接是否产生 JSP 页面进行配置，配置完成后，单击 Next 按钮，则会显示配置完成情况对话框，单击 Finish 按钮，则会根据配置情况创建 BC4J JSP 应用。

③ 分析 BC4J JSP 应用

BC4J JSP 应用创建完成之后，在系统导航窗口中将会看到产生的一系列文件。其中，每个视图对象、视图链接都会产生对应的 JSP 页面文件。由于是在默认状态下设置的，因此 JSP 页面文件名与视图对象、视图链接名完全相同。同时，还会产生若干 HTML 文件、GIF 文件、XML 文件以及 BC4J JSP 应用部署文件。对于产生的每一种类型文件，开发人员都可以根据实际需要对其代码进行修改。

- HTML 文件
  - ➢ main.html——主页面。
  - ➢ contents.html——超文本链接页面。
  - ➢ description——主页面说明。
  - ➢ globalinclude.html——设置字符编码为 GBK。
  - ➢ help——查询帮助页面。
  - ➢ title——超文本链接页面标题。
- XML 文件
  - ➢ ojsp-global-include.xml——导入 globalinclude.html 文件。
  - ➢ web.xml——部署描述符文件。
- 部署文件
  - ➢ MyJSP_jpr_War.deploy——BC4J JSP 应用部署文件。

- JSP 页面文件
  - ➢ BonusView1_Browse.jsp——Bonus 视图对象显示 JSP 页面文件。
  - ➢ BonusView1_Edit.jsp——Bonus 视图对象编辑 JSP 页面文件。
  - ➢ BonusView1_Query.jsp——Bonus 视图对象查询 JSP 页面文件。

……

- ➢ DataEditComponent.jsp——构建一个编辑 Form，提交一个单个记录的更新事件。
- ➢ DataHandlerComponent.jsp——把所有发生的事件发送给 BC4J JSP 应用。
- ➢ DataNavigateComponent.jsp——显示一个导航条。
- ➢ DataQueryComponent.jsp——构建一个查询 Form，查询在数据源范围之内的数据记录。
- ➢ DataRecordComponent.jsp——显示单个在数据源范围之内的编辑 Form。
- ➢ DataTransactionComponent.jsp——提交或回滚一个用户选定的数据库事务。

（3）创建 OC4J JSP 应用

OC4J 既可以单独作为 J2EE 窗口使用，也可以配置为 Oracle JDeveloper 的 J2EE 窗口使用。无论用哪一种方式，OC4J 现在仅要求 Windows2000/XP 操作系统上安装 Java 2 SDK。

① 初始化 OC4J

如果是将 OC4J 单独作为 J2EE 容器使用，那么可以将下载的 Oc4j_extended.zip 解压缩到某一初始化目录中，然后在 DOS 窗口中执行如下命令：

```
CD\<oc4j_install-dir>\j2ee\home
```

在初始化 Oracle JDeveloper 内嵌的 OC4J 时，需要执行如下命令：

```
CD\<Oracle JDeveloper_root>/j2ee/home
```

然后执行命令：

```
java -jar oc4j.jar install
```

在执行该命令过程中，输入 OC4J 管理员（admin）的密码（如 bpa），该密码将用于部署 OC4J 应用。

初始化完成之后，OC4J 支持的几种网络协议的默认端口如表 11-5 所示。

表 11-5　OC4J 支持的网络协议的默认端口

协　　议	端　　口
HyperText Transfer Protocol（HTTP）	8888
Remote Method Invocation（RMI）	23791
Java Message Service（JMS）	9127

② 启动 OC4J

OC4J 有两种启动方式。第一种启动方式是使用<OC4J_install-dir>\j2ee\home\config 目录中默认的配置文件 server.xml，启动命令如下：

```
Java -jar oc4j.jar
```

第二种方式是使用用户自己创建的配置文件，启动命令如下：

```
java-jar oc4j.jar-config/mypath/server.xml
```

这里采用第一种方式启动 OC4J，启动信息提示：

...

```
OracleAS(9.0.3.0.0) Containers for J2EE initialized
```

③ 停止 OC4J

停止 OC4J 的命令格式如下：

```
Java -jar admin.jar ormi : //localhost admin <password> -shutdown [force]
```

例如，如果要停止上述运行的 OC4J，则需要执行如下命令：

```
E:\jdev9i\j2ee\home\java-jar admin.Jar ormi://localhost admin bpa -Shutdown
[force]
```

④ 测试 OC4J

启动 IE 或者 Netscape 浏览器，在地址栏输入 http://localhost:8888/。如果浏览器显示 OC4J 测试页面，那么说明 OC4J 已经正常启动了。

（4）部署 BC4J 应用

完成 BC4J JSP 应用创建工作之后，下面要做的工作就是把它们部署到 Web 容器中。Oracle JDeveloper 提供的部署向导可以完成这项工作。同时，Web 应用部署完成之后，就可以确定 BC4J JSP 应用中 FORM 标识符指定的 URL，也可以在脱离 Oracle JDeveloper 集成环境的情况下，从客户机浏览器上访问 Web 应用。

① 启动 OC4J。

② 连接 Web 容器 OC4J。展开系统导航窗口中的 Connections 结点，选定 Application Server 对象。右击，选择 New Connection，则会进入连接向导。

向导步骤 1　在 Connection Name 域中输入 OC4Jconnection1，选择 Connection Type 为 Standalone OC4J。

向导步骤 2　在 Username 域中使用默认值 admin，在 Password 域中输入连接 OC4J 的密码如 bpa，并选定复选框 Deploy Password。

向导步骤 3　确定连接 URL 等值，使用各个域的默认值。

向导步骤 4　单击 Test Connection 按钮，如果在 Status 区域显示 Success 信息，则说明已经连接成功。单击 Finish 按钮，完成与 Web 容器 OC4J 的连接。

③ 部署 Web 应用到服务器

在系统导航窗口选定 MyJSP_jpr_War.deploy 文件并右击，选择 Deploy to→OC4Jconnection1 命令。此时，IDE 将根据用户的配置进行 MyJSP.jpr 工程的部署工作。在部署进行过程中，信息浏览工作区不断显示 Web 应用的部署进展情况。如果用户的配置有错误，会将错误提示信息显示出来。如果最后显示如下信息，说明 Web 应用的配置成功完成。

```
Use the following context root(s) to test your web application(s):
http://bpa:????/Mybc4jWS-MyJSP-context-root
Note: JDeveloper was unable to determine the HTTP port number of the remote
server for the above URL(s).(????表明这里不能使用默认端口 8888，将用另外的端口号)
Elapsed time for deployment: 18 seconds
---- Deployment finished. ----2003-9-9 14:31:51
```

（5）运行 BC4J JSP 应用

BC4J JSP 应用部署完成后，可以在系统导航窗口的 MyJSP.jpr 工程结点下，右击 main.html 并选择“Run main.html”启动 BC4J JSP 应用，启动界面如图 11-50 所示。

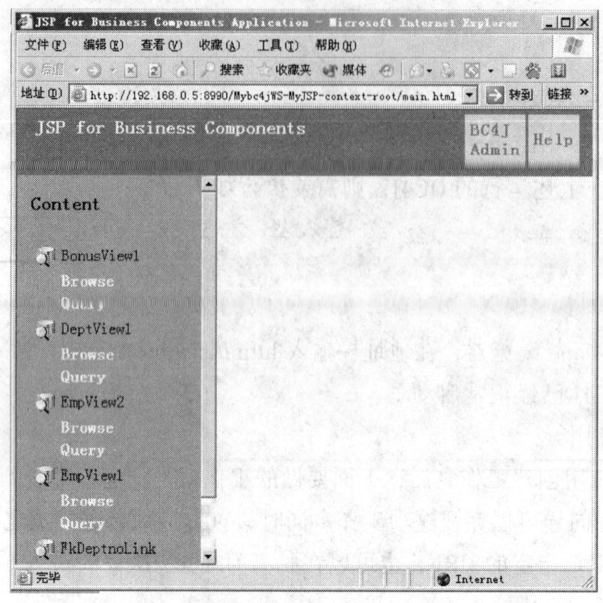

图 11-50　BC4J JSP 应用的启动界面

单击 EmpView1 视图对象的 Browse 超文本链接，执行结果如图 11-51 所示。单击 Previous 或 Next 按钮，可以向前或向后翻页查寻学生表中的记录。单击 Delete 或 Edit 超文本链接，可以对每一条记录进行删除或修改操作。上述操作完成之后，不要忘记单击 Commit 按钮，以进行提交操作。当操作有错误时，单击 Rollback 按钮，可以进行回滚操作。

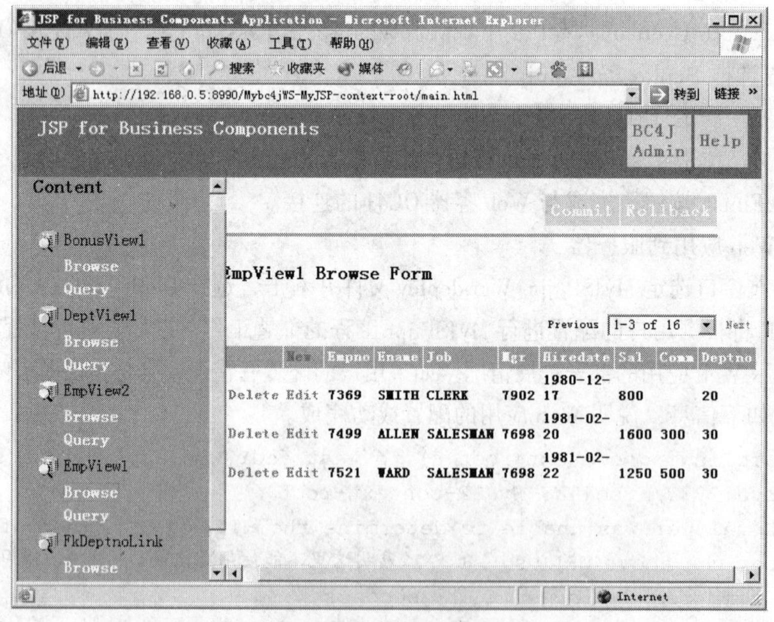

图 11-51　EmpView1 视图对象页面

单击 Edit 按钮，执行结果如图 11-52 所示。用户可以对各列的值进行修改，然后进行更新操作。

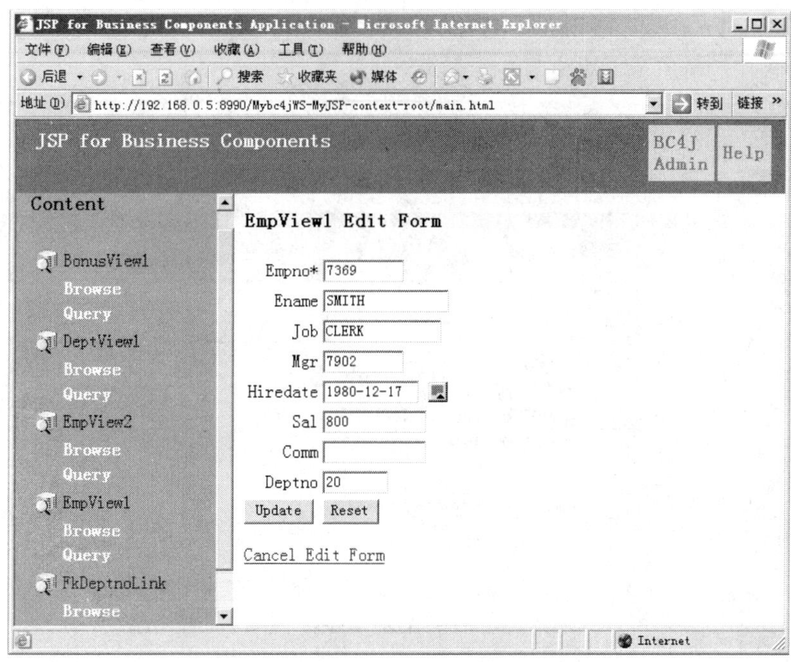

图 11-52　EmpView1 视图对象修改页面

单击 EmpView1 视图对象的 Query 超文本链接，执行查询操作。可以进行单一项查询，也可以进行任意项组合查询。在 Empno（员工号）项输入 7369，单击 Search 按钮，查询结果如图 11-53 所示。

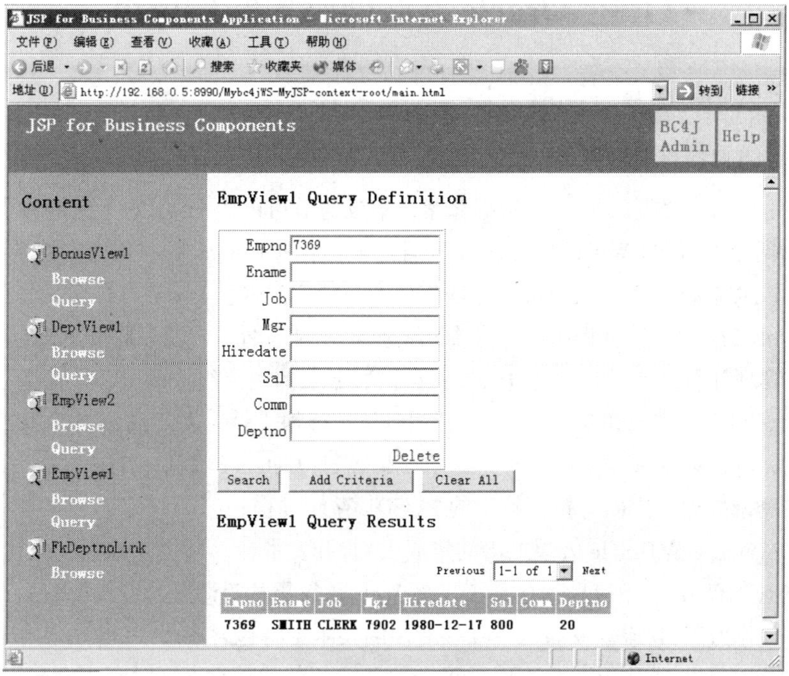

图 11-53　EmpView1 视图对象查询页面

单击 FkDeptnoLink 视图的 Browse 超文本链接，执行结果如图 11-54 所示，这个画面显示了每个部门及该部门的员工（主从关系）。

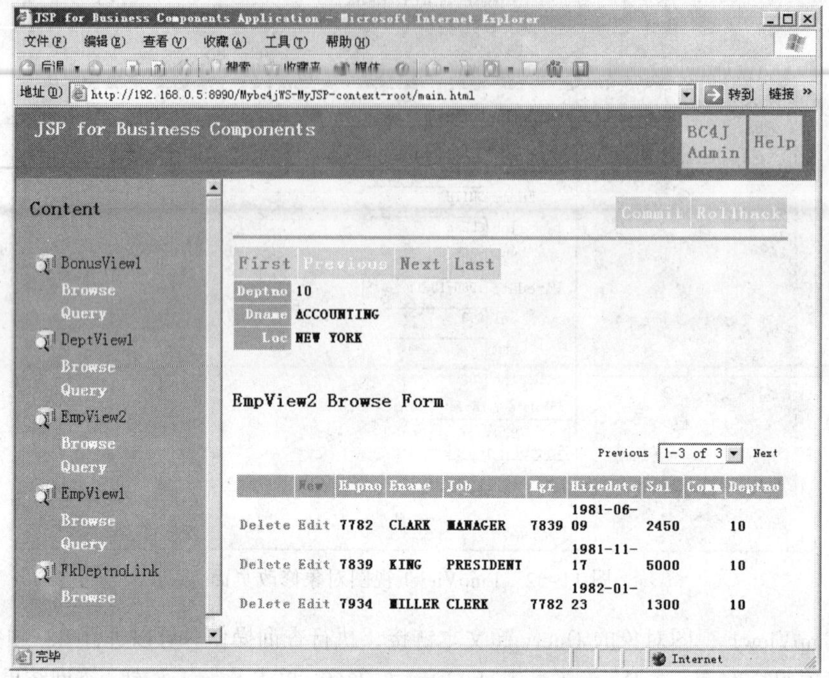

图 11-54 部门员工主从关系视图

11.5 Oracle 互联网服务器与应用

11.5.1 认识 Oracle 互联网服务器

1. Oracle 互联网服务器概述

Oracle 互联网服务器是与 Oracle 数据库紧密集成的 HTTP 服务器，它不但能够取代微软的 IIS 做为企业级的网站发布器（WWW 服务器），而且还能由存储在 Oracle 数据库内的各类数据信息动态地建立网页文件进行发布，从而可以保证信息发布的实时性。

Oracle Web Listener 监听程序是专为实现企业在其内部网络或者互联网上进行分布式的信息共享、发布、管理等而设计的，它是 Oracle 互联网服务器的主要组成部分，具有高性能、可伸缩、可移值等特点，对于要求迅速响应的 Web 应用可以很好地支持，对于高流量的 Web 服务也有很强的支持能力。Oracle Web Agent 代理是当 Oracle Web Listener 收到一个动态页面请求时执行的 CGI 程序，它登录数据库，同时执行特定的 PL/SQL 存储过程。

Oracle JDeveloper 是 Oracle 公司推出的集成 J2EE 开发平台，利用它的强大而且方便的功能，就可以进行快速的 Web 服务应用程序部署，使 Web 服务开发变得更为容易。

将 PL/SQL 作为 Web 服务发布是一项很有用的技术，将包含多个 PL/SQL 函数的程序包作为 Web 服务发布可以大大提升开发人员开发 Web 服务应用的快捷性，同时利用 Oracle JDeveloper 开发平台可以使调试和测试变得更加方便。

Web 服务在应用程序之间创建了一种新的通信渠道，使它们能够以一种与平台和语言无关的方式互相通信和交换信息。Web 服务的最初目的是降低成本，并使应用程序的集成顺利进行，它已成为信息供应商的一个新平台。今天，通过 Web 服务可以提供实时股票指数行情、当地天气预报等各种各样的数据信息。

如果使用 Oracle 互联网服务器技术来搭建一个企业网站，当数据信息改变时，网站页面所反映的信息也将动态地更新，而无需网站维护人员的参与。这种方法可以动态地、实时地反映基于 Oracle 数据库服务器的企业信息系统中的当前数据，而不是静态的或不变的历史数据显示。

构成 Oracle 互联网服务器的各个组件间彼此的协同工作，也使得传递各类动、静态信息成为可能。

注意：目前动态地发布网站的技术非常多，ASP.NET、JSP 及 PHP 等关联数据库实时发布信息的技术已经非常成熟和流行。然而在和 Oracle 数据库相结合方面，使用 Oracle 互联网服务器技术的成本始终最小，开发契合度最好。

2. Oracle 互联网服务器的组件

如图 11-55 所示为 Oracle 互联网服务器的各个组件的集成方式，它们集成在一起为 Oracle 用户提供动、静态信息在互联网上的发布能力。

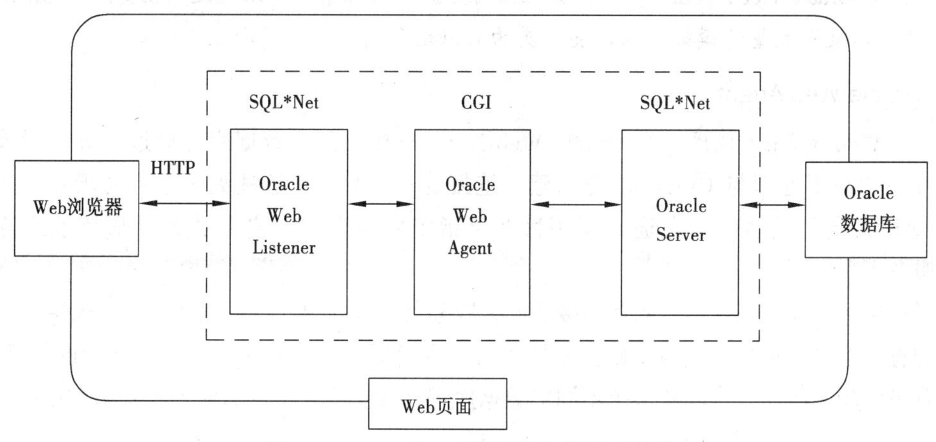

图 11-55　Oracle 互联网服务器体系结构

对图 11-55 中 Oracle 互联网服务器的各组件说明如表 11-6 所示。

表 11-6　Oracle 互联网服务器组件

名　称	描　述
Oracle Web Listener	Oracle Web Listener 监听程序用于接收任何浏览器用户发出的请求信息。对于静态（基于文件的）页面请求，监听进程将立即处理，其功能相当于一个 HTTP 服务器；对于动态页面请求，将转至 Oracle Web Agent 进行处理
Oracle Web Agent	Oracle Web Agent 代理处理对于动态页面的请求。它将连接转向 Oracle Server，调用处理请求的过程，并将结果页面文件返回给浏览器
Oracle Server	Oracle Server 为数据和所有用于创建页面的程序提供存储
Oracle Web Server Developer's Toolkit	Oracle Web Server 开发者工具箱是一个帮助用户创建生成动态 HTML 文件的过程的集合

11.5.2 Oracle 互联网服务器应用

下面介绍表 11-6 中组件的应用。

1．Oracle Web Listener

Oracle Web Listener（监听）程序是一个企业级的高端 HTTP 服务器，为来自任何 Web 浏览器的页面请求提供服务。浏览器客户端只要使用标准的 HTTP 网络协议，就可以在互联网上的任何地方与服务器通信。Oracle Web Listener 还支持多种不同的页面类型，浏览器客户端负责解释并显示相应的文档，或者将文档传给处理该文档类型的特定程序。

Oracle Web Listener 接收到一个来自浏览器客户端的请求后，首先将判断它请求的是一个静态文件还是动态文件。如果请求的是静态文件，Oracle Web Listener 会将文件和相关的类型信息直接发给客户端。如果请求的是动态文件，那么 Oracle Web Listener 将其转给 Oracle Web Agent 进行处理，该动态文件会由一个程序实时创建，同时该动态文件将与公共网关接口（CGI）相兼容，而这个程序是由 Oracle Web Listener 启动的。

注意： CGI 使 HTTP 服务器能够运行程序，并将程序的输出作为一个文件直接发送给用户。大多数 HTTP 服务器都支持此接口，Oracle Web Listener 遇到一个数据库存储过程的请求时，使用该接口将调用 Oracle Web Agent。另外，其他任何可执行的程序均可以通过 CGI 调用。Oracle Web Listener 还可以处理大量的模拟请求，能够更为有效地利用系统的资源。

2．Oracle Web Agent

Oracle Web Agent（代理）是 Oracle Web Listener 接收到对数据库存储过程进行请求时调用的程序，它负责处理与 Oracle 服务器建立连接的一切细节，这些处理过程对于开发人员和数据库管理人员是透明的。它通常使用针对于指定数据库的用户名和密码来登录到特定的 Oracle 服务器。

为了连接到不同的服务器，或者连接到同一服务器的不同模式，可以在一个 Oracle 互联网服务器上配置多个 Oracle Web Agent 服务。这不但可以准确地控制 Web 客户端能够访问的信息范围，而且具备极大的灵活性，可以从多个不同的数据库进行数据综合，从而使创建新的数据应用成为可能。

注意： Oracle Web Agent 代理登录到 Oracle 服务器使用的用户名和密码是 Web Agent Service 的一部分，属于 Web Agent Service 的内部控制机制。

3．Oracle Web Server Developer's Toolkit

Oracle Web Server Developer's Toolkit（开发者工具箱）是一个帮助用户快速使用 Oracle 互联网服务器建立 Web 应用的 PL/SQL 例程和样例应用的集合。

当 Oracle Web Agent 登录到 Oracle 服务器时，开发者工具箱启动一个已由用户创建的用于生成 HTML 页面的 PL/SQL 过程。开发者工具箱中的过程和函数生成实际的 HTML 标记，所以开发人员应当将注意力集中在应用的开发内容上，而不是 HTML 的特性上。

Oracle 互联网服务器包括了若干个 PL/SQL 组成的开发包，开发人员通过使用这些开发包可以把注意力集中在应用的实现而非 HTML 语法上。虽然要求开发人员具备一定的 HTML 知识，但使用工具包，他们不需要在 PL/SQL 过程中写 HTML 标记的代码。比如说，开发人员要在页面上绘制一个表格，无须知道生成一个表格的 HTML 实际代码。

Oracle 互联网服务器开发包由超文本过程、超文本函数和 OWA 实用程序三个 PL/SQL 包组成。

（1）超文本过程（HTP）

超文本过程在 HTML 页面中生成包含与其名字相对应的 HTML 标记的一行。例如，htp.anchor 过程生成一个锚标记。

HTP 包是三个 PL/SQL 包中最常用的包。

（2）超文本函数（HTF）

超文本函数返回与其名字相应的 HTML 标记。然而，因为 HTML 标记不能通过 Oracle Web Agent，所以不能直接调用 HTF 函数本身。HTF 函数的输出必须通过 htp.print 才能真正成为 HTML 页面的一部分。所以，下面一行：

```
htp.print(htp.italic('Title'));
```

功能上等价于：

```
htp.italic('Title');
```

每个超文本函数（HTF）都有一个相对应的超文本过程（HTP），所以 HTF 函数通常仅用于编程时需要嵌套调用的情况，例如：

```
htp.header(1,htf.italic('Title'));
```

此例中，“htf.italic（‘Title’）”将生成如下字符串：

```
<I>Title</I>
```

该字符串传给过程“htp.header”后，在格式化的 HTML 页面中将出现如下行：

```
<H1> <I>Title </I> </H1>
```

（3）OWA 实用程序（OWA_UTIL）

实用过程和函数的集合通过这些实用程序既可以在 HTML 页上打印一个符号标记，也可以把 Oracle 表格化为 HTML 格式。

需要注意的是，OWA 是一个供 Oracle Web Agent 自己调用的过程集合，此包中的任何子程序都不能在用户开发 PL/SQL 中直接调用。

技巧： 样例应用可以作为用户应用的模板，经过简单的修改就可以包含用户站点的特定文本和图形，直接为用户使用。

习　　题

1. 下面不属于 Oracle Developer Suite 10g 系列的是：（　　）
   A. Oracle JDeveloper
   B. Oracle Business Intelligence Beans
   C. Oracle Software Configuration Manager
   D. Oracle Application Server J2EE Container
   E. Oracle Reports Developer

2. 什么是主从型 Form 应用？如何创建主从型 Form 应用？
3. 在 Form 中，如何修改日期显示格式。如果修改了日期的显示格式，对于 Oracle 服务器端是否会产生影响？数据库中日期的显示格式是否同时也发生变化？如果在服务器端修改了日期显示格式，客户端是否也发生变化？
4. 在启动 Forms Developer 之前为什么要先启动 OC4J？
5. 试用图例方式说明 Form、数据块、数据项之间的关系。
6. 在 Form 运行界面可利用 Query/Where 进行条件查询，试按以下方式输入条件，查询数据库：

（1）查询工资

条件：:X=（select max（Sal）from emp）或

:X=（select min（Sal）from emp）或

:X=（select age（Sal）from emp）

（2）查询工作时间

条件：To Char（:'yyyy'）='1981'

其中，X 是变量。

7. 在设计触发器时，应如何确定触发器的类型与作用范围？
8. Form 级触发器与数据块级触发器有何区别？
9. 编写一个使用数据项级触发器进行自动统计计算的例子。

要求：在删除一个员工后，立即统计出公司新的员工总数。

方法：建立一个与员工姓名项 ename 相关的触发器来监视该项的变化。如果有变化则立刻计算结果。这一功能通过“WHEN-NEW-ITEM-INSTANCE”触发器来实现。

10. Reports Developer 中可以设计哪几种类型的报表？各种报表分别有何特点？
11. 报表设计完成后，如何重新改变报表的风格？
12. 如何在报表上添加图形？
13. 简述 Java2 平台的特点，三个独立的版本的名字及特点。
14. 简述 J2EE 体系结构。
15. 在 J2EE 中，部署是什么意思？容器是什么？
16. 面向组件程序设计的特点是什么？
17. Oracle 的 J2EE 特征是什么？它的应用服务器的主要功能有什么？
18. OC4J 有什么特点？有什么应用开发特性？
19. BC4J 的主要功能是什么？描述它的结构。
20. BC4J 组件主要应用于哪些方面？
21. Oracle JDeveloper 的功能与特点是什么？
22. 试述创建基于 BC4J 的应用工程的步骤。
23. 试述创建 BC4J JSP 应用工程的步骤。
24. 创建两个有主从关系的表，然后用创建 BC4J JSP 应用工程的方法实现具有主从关系的 JSP 应用。
25. 如何初始化 OC4J？如何部署 BC4J JSP 应用？如何运行 BC4J JSP 应用？
26. 什么是 Oracle 互联网服务器？如何应用？

第12章 综合应用实例——图书管理信息系统

通过前面各章的介绍，读者已熟悉了Oracle RDBMS的功能，掌握了Oracle的Forms Developer、Reports Developer等开发工具用法。本章准备用Oracle开发一个简单的数据库应用系统，以达到复习巩固所学内容、熟悉Oracle系统下应用系统开发过程的目的。

在本实例中，将介绍关系表的建立和Form应用的设计。

此应用系统中所设计的表，是经过优化处理的，即各表中的非码属性不重复存储。如何设计出存储上较优的表，是数据库设计所讨论的内容，所用到的技术手段就是所谓的规范化和数据分析。有关这方面的讨论可在本书中找到，这里将不再介绍。

12.1 一个简单的图书管理信息系统

严格地说，这里讨论只是图书管理信息系统的一个子系统，它只包括图书和作者有关信息的管理，借书信息暂不考虑。

该系统以一个小型资料室为背景，所藏图书是按中国人民大学图书分类编码方法（简称人大码）进行目录分类的。每种图书有书名、作者（一个或多个）、唯一的 ISBN（国际标准图书编号）、出版者及出版者地址。为区别同名的作者，将赋予每一作者一个号码。通常，每种图书都有多个副本，为便于管理，每个副本都将有唯一的标识码。分析上述情况，可得到如下的数据库表模型：

图书（Books）表：

*ISBN

• 书名（Title）

• 出版者名（PubName）

• 人大码（RDCode）

副本（Copies）表：

*编号（CopyNo）

• ISBN

作者（Authors）表：

* 作者号（AuthorNo）

• 作者名（Name）

分类目录（Categories）表：

*人大码（RDCode）

• 目录名（Name）

写书（Writers）表：

*ISBN

*作者号（AuthorNo）

出版者（Publishers）表：

*出版者名（PubName）

• 地址（Address）

每个表中的主码用“*”标出。

Books 表包含每种图书的基本信息，Boosk 中的 PubName，RDCode 均是外码，以便分别到 Publishers 表和 Categories 表中找出出版者地址及分类目录名。Copies 表中记载资料室的每种图书的副本，其中外码 ISBN 可用于到 Books 表获取该书的基本信息。Authors 表是有关作者的信息。Writers 表建立了图书和其作者之间的联系。

在建立上述的图书数据库之前，首先要为之创建两个用户：图书管理员 Librarian 和读者 Reader。Librarian 用户拥有图书数据库中的所有表，并有权修改和存取这些表的权限，Reader 用户仅有存取这些表的权限。

创建上述两个用户的操作如下：

（1）运行 SQL*Plus，并以 System 身份登录（或以其他具有 DBA 权限的身份登录）。

（2）执行下述命令：

```
GRANT CONNECT,RESOURCE TO LIBRARIAN IDENTIFIED BY<口令>;
GRANT CONNECT TO READER INENTIFIED BY READER;
```

创建好用户后，便可利用 Librarian 用户创建上述各表。语句如下：

```
CREATE TABLE Books
  (ISBN char(20) Not Null,
  Tite char(50),
  PubName char(30),
  RDcode Number);

CREATE TABLE Publishers
  (PubName char(30) Not Null,
  Address char(50));

CREATE TABLE Authors
  (AuthorNo Number Not Null,AuthorName Char(20));

CREATE TABLE Categories
  (RDcode Number Not Null,Name char(20) Not Null);

CREATE TABLE Copies
  (CopyNo Number Not Null,ISBN char(20));
```

```
CRATE TABLE Writers
  (AuthorNo Number Not Null,ISBN char(20) Not Null);
```

在上述表的创建中，码属性都用 Not Null 子句加以说明，以指明该属性不能取空值，能用 Not Null 说明的不限于码属性。比如，Title 通常也是不能为空的，故也可说明其为 Not Null。表定义的修改一定要由 Librarian 用户完成，Reader 用户不能进行此操作，但 Reader 用户有权建自己的视图。

码不仅不能为空，还要保证码值的唯一性，为此要在各表的码上建立唯一索引。建立过程如下：

```
CREATE UNIQUE INDEX BookISBN ON Books(ISBN);
CREATE UNIQUE INDEX PublisherName ON Publisher(PubName);
CREATE UNIQUE INDEX AuthorsNo ON Authors(AuthorNo);
CREATE UNIQUE INDEX CategoryCode ON Categories (RDCode);
CREATE UNIQUE INDEX CopyNO ON Copies(CopyNo);
CREATE UNIQUE INDEX AuthorBook ON Writers(AuthorNo,ISBN);
```

以上建立的索引称为主索引，为提高查询效率还可适当建立一些次索引。例如，读者可能要经常按书名检索图书，故可建立以下索引：

```
CREATE INDEX BooksName ON Books(Title);
```

同样，大量查询是基于图书的分类号的，因此有必要建立以下的索引：

```
CREATE INDEX ClassCode ON Books(RDCode):
```

索引的建立务必要适当，不求过多，因为索引本身是由系统维护的，建立索引过多，会造成系统不必要的负担。

表和索引建成之后，便可向其他用户授予存取表的权力。把存取上述表的权力授予 Reader 用户的语句如下：

```
GRANT SELECT ON Books TO READER;
GRANT SELECT ON Publishers TO READER;
GRANT SELECT ON Authors TO READER;
GRANT SELECT ON Copies TO READER;
GRANT SELECT ON Writers TO READER;
CRANT SELECT ON Categories TO READER;
```

下面开始建立 Form，供 Librarian 用户修改数据库以及供 Librarian 用户和 Reader 用户查询数据库。

12.2　图书数据库上 Form 的建立

以下将建立四个 Form,以分别完成下述功能：

- 输入有关图书的数据；
- 修改人大码分类目录；
- 修改副本记录；
- 修改有关书的出版数据。

完成图书数据输入的 Form 由三个块组成，它们分别建在表 Books，Authors 和 Writers 之上。该 Form 的默认结构如图 12-1 所示。

```
========== BOOKS ==========
ISNB       ____________________________________
TITLE      ____________________________________
PUBLISHER  ______________  RDCODE  ____________
================ AUTHORS ================
AUTHORNO          AUTHORNAME
__________        ______________________
__________        ______________________
================ WRITERS ================
AUTHORNO          ISBN
__________        ______________________
__________        ______________________
__________        ______________________

Char Mode:Replace        Page:1        Count:*0
```

图 12-1　用于图书数据输入的默认 Form

在用此 Form 输入数据时，Librarian 用户要依次转入各块来填入信息。有些信息在某块已填入，在另一块还要重新填写。为加快输入速度，可做如下的设计：在光标移入 Writers 块的 ISBN 域时，自动把当前 Books 中的 ISBN 值复制到此域。具体做法是：在域定义窗口下的检验窗口中修改 Writers 块的 ISBN 的域定义，即在检验窗口中指明其 ISBN 值取自 Books 块的 ISBN 域，如图 12-2 所示。

```
======= BOOK =======
DEFINE FIELD Seq #2
—
Name ISBN

    SPECIFY  VALIDATION
    Field Length20—Query Length20—
    Copy Field Value from::
      Block Books ________
      Field ISBN__________
      Default ____________
    Range Low ____________
      High ______________
    List of Valuse: ____________
        Table ______________
        Column _____________
      Help:
      Enter Value for: ISBN                    =========
AU

Form: BOOK DETALT Block: Writers Page:1 SEKECT: 1 char Mode: Replace
```

图 12-2　修改 Writer 块中 ISBN 域的定义

对 Books 块的 RDCode 域，若能显示出分类码所对应的分类的分类目录名，以便 Librarian 用户查看输入的图书是否分类正确，将是很有益的。其做法是：在 Books 块中定义一个新域 ClassName，并在 RDCode 域上定义如下的 Post_Change 触发器。

```
Select Name
Into ClassName
From Categories
Where Categories. RDcode=:Books.RDCode;
```

最后，利用屏幕设计窗口为所建的 Form 点缀一些适当的提示信息，最终的 Form 屏幕显示如图 12-3 所示。

```
                         Form for Initial Entry of Book Details

      ISBN ______________

      TITLE ____________________________

    PUBLISHER ______________________          RDCODE______________________

  For each anthor new to the librars enter their author number and name.The database may be queried for
authors aiready in the library

  AUTHORNO AUTHORNAME

______________________________________________________
______________________________________________________
______________________________________________________

Enter below the number of each author contributing to the book avove.The ISBN will be automatically entered to
establish the auther/book connection

AUTHORNO                        ISBN

_______________________         __________________________________
_______________________         __________________________________
_______________________         __________________________________

Char Mode: Replace              page: 1                            count: *0
```

图 12-3　修改后的 Form 显示

为 Authors 块所加的提示信息，其含义是仅将新作者输入库中。用户输入的作者信息，系统将查询数据库以确定其是否已经存在，若存在，系统将提示出错信息，这一切是由于 Authors 表的 AuthorNo 上建有唯一索引的缘故。这样，就保证了 Authors 块用于插入新作者，而 Writers 块用于建立图书和作者之间的联系。这里的作者号不限于新作者，只要是该书的作者，都必须输入。

供修改分类目录和出版者信息的 Form 都是简单的单块 Form，其块分别基于 Categories 表和 Publishers 表。如图 12-4（a）和（b）所示为这两个 Form 的缺省定义情况，分类目录（categories）Form 采用多元组显示的格式，出版者（Publishers）Form 采用单元组显示的格式，其域宽都超过 20 个字符。

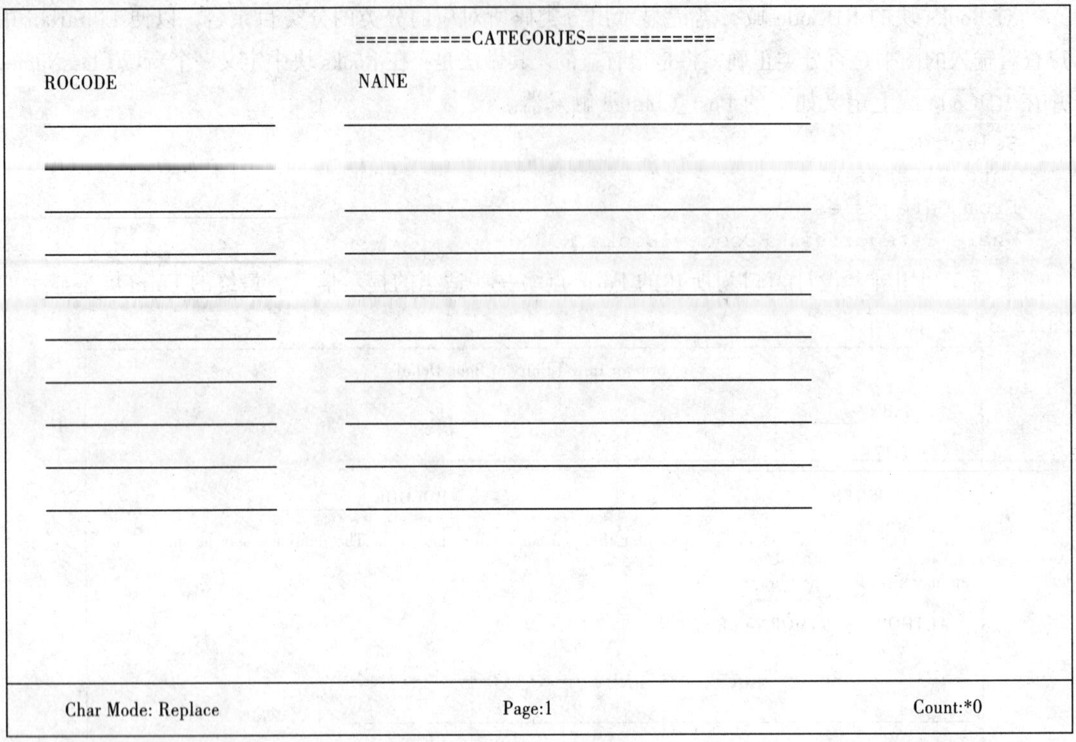

```
===========CATEGORJES============
ROCODE                              NANE
________________________            ________________________________________
________________________            ________________________________________
________________________            ________________________________________
________________________            ________________________________________
________________________            ________________________________________
________________________            ________________________________________
________________________            ________________________________________
________________________            ________________________________________
________________________            ________________________________________
________________________            ________________________________________

Char Mode: Replace                  Page:1                          Count:*0
```

（a）修改分类目录 Form

```
========PUBLISHERS========

NAME ____________________________________________________________
ADDRESS ____________________________________________________________

Char Mode: Replace                  Page:1                          Count:*0
```

（b）修改出版者信息 Form

图 12-4 修改 CATEGORIES 和 PUBLISBERS 的 Form

最后一个 Form 是有关副本信息的，它由两个块组成：一个块建在 Copies 表之上，用于修改该表；另一个块建在 Books 表之上，以便查找各种书的 ISBN。该 Form 的格式如图 12-5 所示。各块已加有块标题，对 Books 块，在屏幕设计窗口下利用<cut>和<paste>功能将不必要的出版者名和人大分类码的显示信息去掉。

```
                              ====== COPLES ======
For each copy of a book enter its accession number and ISBN code
  ACCNC                  ISBN
  ___________            __________________
  ___________            __________________
  ___________            __________________
  ___________            __________________
  ___________            __________________
                      ======   BOOKS   =======
Book details may be queried below
Press<enter query>key.
Enter ISB code of book::__________________________
Or
  Enter title if book:: ______________________________
  And press <execute query>key
______________________________________________________________
Char Mode: Replace              Page:1                     Count*0
```

图 12-5　供查询图书副本的 Form

由于 Libarian 是所有表的创建者，因此他自动地拥有对表的所有操作权限，Librarian 用户可利用上面所建的 Form 对表进行插入或修改。但 Reader 用户不同，它仅被授予 Select 权限，故只能对表做查询。

同样需要为 Reader 用户设计几个 Form，以便供读者查询有关信息。但 Reader 用户的 Form 所引用的基表要加 Librarian 前缀，以指明这些表是属于 Librarian 账户下的。因此 Books 要写为 Librarian.Books,Copies 写为 Librarian.Copies。

现在为 Reader 用户建立两个 Form：一个是根据书的有关信息查找作者信息，一个是根据作者信息查找其所写的书。当然满足不同查询目的的 Form 还可建很多，比如对不熟悉人大分类码的读者，可建立一个默认 Form，以显示 Catregories 中的信息。

要建的第一个 Form 称为 Book，它由两个块组成，分别基于 Books 和 Writers 表，该 Form 的设计显示如图 12-6 所示。

此 Form 的建立过程大致如下：

（1）定义默认的 Form。

（2）在屏幕设计窗口下，为 Form 增加提示信息，在 Writers 块中添加新域 Authorname（作者名）。

```
========BOOKS========

To find the details of a book or set of books:

Press<enter query>and fill in as many details as you can below;

The press<execute query>


        ISBN      ____________________
        TITLE     ______________________________
        PUBLISHER ____________________
        RDCODE    ____________________


========WRITERS========

Details of authors will be auto matically displayed below.
ISBN              AUTHORNO              AUTHORNAME
_______________   ___________________   _______________
_______________   ___________________   _______________
_______________   ___________________   _______________


Char Mode: Replace          Page: 1          Count: *0
```

图 12-6　查询图书作者的 Form

（3）利用检验窗口，使 Writers 块中的 ISBN 域可直接从 Books 块的 ISBN 域中复制数据。

（4）在 AuthorNo 域上定义 Post_change 触发器，以从 Authors 表找出对应的作者名，填入相应域中。定义的触发器如下：

```
Select AuthorName
Into Writers.AuthorName
From Librarian.Autors
Where Librarian.Authors.NuthorNo=:Writers.AuthorNo;
```

（5）在 Books 块上定义块级键 Key_Entqry 上的触发器，以便在 Books 块上按<enter query>键后 Writers 块同时得到查询，在键 Key_Entqry 上定义的触发步骤为：

```
#EXEMACRO NXTBLK;CLRBLK;PRVBLK;ENTQRY;NXTBLK;EXEQRY;PRVBLK;
```

现依次说明各功能码的作用：

① 从 Books 块转入 Writers 块（NXTBLK）；

② 清除 Writers 块（CLRBLK）；

③ 返回 Books 块（PRVBLK）；

④ 等待用户输入查询条件（ENTQRY）；

⑤ 转入 Writers 块（NXTBLK），以使 Books 块中的 ISBN 值被复制到 Writers 块的 ISBN 域中；

⑥ 基于被复制来的 ISBN 值，执行 Writers 块上的查询（EXEQRY）；

⑦ 返回 Books 块（PRVBLK）。

（6）在 Books 块上定义块级键触发器，以达到如下的效果：当用户查询出一组有关图书的数据时，用户用<next record>键可通行显示。每按一次<next record>键后，Books 块中的显示信息不断得到更新，Writers 中的信息也相应地变化，故要对键 KEY_NEXTREC 定义如下的触发步骤：

```
#EXEMACRO NXTBLK;CLRBLK;PRVBLK;NXTREC;NXTBLK;EXEQRY;PRVBLK;
```

其作用与前一个键触发器相同，这里不再做解释。

以上所建的 Form 构成如下的工作模式：读者可在 Books 块按<enter query>键进行即时查询。查询得到的有关图书信息逐条显示，无须读者干预便自动地为每本书检索出作者。Books 块和 Writers 块即构成了块的主从关系。

另一个查询作者及有关信息的 Form 与前一个 Form 的结构和工作模式大同小异。它同样是由两个块组成，分别基于 Authors 表和 Writers 表，相应地，Authors 块和 Writers 块构成主从关系，如图 12-7 所示。

========AUTHORS========

1Press<enter query>

2Enter name of author ____________________

3Press<execute query>

4Details of any books that author has written will be displayed below

AUTHORNO	ISBN	BOOKTITLE
______	______	______
______	______	______
______	______	______
______	______	______
______	______	______
______	______	______
______	______	______
______	______	______
______	______	______
______	______	______

Char Mode：Replace　　Page：1　　Count：*0

图 12-7　查询作者及其所著书目的 Form

此 From 的建立可参照前一个 Form 的建立过程来完成，下面对 Writers 块进行几点说明：

（1）Writers 块中增添了书名（BookTitle）域，该域中的数据不取自本块所基于的表，因此其域中的数据显示长度（即定义长度）与填入该域的实际长度可以不一致，即书名有可能超出显示长度，此时 BookTitle 域只显示书名一部分，超出部分可由<left scroll>键和<right scroll>键（左卷，右卷）来查看。

（2）本 From 中的两块也构成主从关系，故也要建立两块之间的联系。在 Writers 块的 AuthorNo 域定义其检验属性，以保证两块中的 AuthorNo 值相同。

（3）Writers 块中的 ISBN 域上需建立一个 Post_Change 触发器，以便检索出 ISBN 所对应的书名。定义的触发器如下：

```
Select Title
Into Writers.Title
From Librarian.Boosk
Where Librarian.Books.ISBN=:Writers.ISBN;
```

本 Form 中同样需要定义两个与前一个 Form 完全相同的键触发器，以使两个块中的查询构成连带反应。

至此建立了四个供图书管理员使用的更新 Form 和两个供读者用的查询 Form。为使用方便，可以再设计两个菜单 Form。菜单 Form 的建立已在第 11 章中讲过，这里不再赘述。

习　题

用 Oracle 的 Forms Developer、Reports Developer、OEM 等开发工具将本章中所述的图书管理信息系统上机实现，并多用按钮、图形等控件增加界面的美观。

附录 A “数据库原理及技术（Oracle）”教学大纲

（适用于高等学校计算机类专业和信息管理类专业）

一、课程的性质、任务及基本要求

“数据库原理及技术（Oracle）”课程是高等学校计算机类专业和信息管理类专业理论及技术性较强的一门专业基础课。本课程系统、完整地讲述数据库技术从基本原理到应用实践的主要内容。本课程的主要任务是，通过课堂教学和实习指导使学生较全面地掌握数据库系统的基本概念、基本原理和基本方法，初步具备使用数据库技术（Oracle）解决实际应用课题的能力，为今后从事相关工作打下坚实的基础。

通过本课程的教学，应使学生达到下列基本要求：

1. 了解数据库的发展历史，数据库系统的组成和结构，数据模型。掌握数据库系统的基本概念、基本原理。

2. 掌握关系模型、关系数据结构定义和完整性，关系代数，Oracle 关系数据库系统（实例的进程结构和内存结构）等关系数据库系统的基本原理和使用方法，了解 Oracle 的网格计算技术。

3. 掌握 Oracle 数据库管理系统的安装和使用方法。

4. 理解实体联系模型，会使用实体联系模型 E-R 模式建模。

5. 掌握并应用关系数据库标准查询语言：Oracle 的 SQL 和 PL/SQL。

6. 理解关系数据库的规范化理论（1NF，2NF，3NF，BCNF，4NF，5NF），设计出符合范式的数据库表。

7. 了解数据库结构、空间管理及数据字典的概念，理解并能应用数据库设计与维护的方法及步骤、能够用 PD CASE 工具建模（CDM，PDM），能够用 Oracle SQL 建立数据库。

8. 了解并应用数据库的安全性与完整性、并发控制与恢复（RMAN）以及高可用性（Oracle 的闪回技术、实时应用集群 RAC、自动存储管理 ASM）。

9. 了解数据库管理员（DBA）的工作任务，能够使用 OEM 工具建立和维护大型数据库，使用 OEM 网格控制监管全部 Oracle 环境等。

10. 理解分布式数据库系统（客户机 / 服务器结构、服务器/服务器结构），Oracle 分布式数据库的连接，分布式查询处理，事务管理，多协议信息交换，表快照与复制。

11. 掌握并应用 Oracle Developer Suite 的 Forms Developer、Reports Developer，Oracle J2EE 高级技术与 JDeveloper，Oracle 互联网服务器。能够利用以上知识设计数据库应用程序，解决实际的 MIS 和 Web 应用课题。

二、教学内容

（略）

三、实践环节

见附录 B：实验指导书。

四、课时分配

序　号	内　　　　容	理论教学时数	实 验 时 数	其 他 环 节
1	数据库基础	4		
2	关系模型及 Oracle 网格计算数据库	8	2	
3	实体-联系模型（E-R 模式）	4		
4	Oracle 的 SQL 和 PL/SQL	8	6	
5	关系数据库设计理论	4		
6	PowerDesigner CASE 技术	2	2	
7	数据库的设计与维护	8	4	
8	数据库保护	6	4	
9	企业管理器（OEM）	8	6	
10	分布式数据库系统	4	2	
11	据库应用程序开发工具——Oracle Developer Suite	8	6	
	合　　计	64	32	
	总　　计	96		

五、说明

1. “数据库原理及技术（Oracle）”是计算机类专业和信息管理类专业的主要专业课之一，在学习本课程之前的先行课程是：数据结构，操作系统。

2. 本课程是一门理论性和实践性都较强的课。教师在教学过程中不但要强调理论知识的教学，更要重视学生实践能力的培养，重点放在学生应用能力的训练上，使学生能够利用所学的知识解决实际问题。

3. 在实践专周中，最好在教师的指导下，完成一个在客户/服务器网络环境下的 MIS 应用课题的设计和实现。

4. 本大纲所列学时数和实验数均为参考数，教师可根据实际情况进行调整，也可对教学内容进行适当的调整。

5. 本教学大纲主要针对数据库方向，对于其他的专业方向，可对教学内容和学时数进行调整。

附录 B 实验指导书

一、平时实验课（32 学时）

实验一（2 学时）

1. 实验题目：安装 Oracle 和启动 SQL*PLUS

2. 目的与要求

① 安装 Oracle 11g。

② 连接到 Oracle 数据库。

③ 启动 SQL*PLUS。

④ Help（帮助）的使用。

⑤ 退出 SQL*PLUS。

⑥ 学习启动 SQL*PLUS 等都是为实验二、实验三做准备。

3. 注意事项

① 安装 Oracle 时应注意硬、软件环境要求。

② 成功地安装 Oracle 后，了解 Oracle 数据库文件目录结构。

③ 了解 Oracle Database 安装后的程序组与服务，启动和关闭数据库与实例。

④ 启动 SQL*PLUS 首先要确保 Oracle RDBMS 已经安装。输入用户名、口令之后，显示 SQL*PLUS 提示符 SQL>，输入一 SQL 语句，输入；号后按【Enter】键便可执行一条 SQL 语句。

⑤ 在 SQL>提示符下，输入 EXIT 命令，可退出 SQL*PLUS，返回操作系统。

实验二（3 学时）

1. 实验题目：Oracle 的 SQL

2. 目的与要求

① 创建和定义表（Table）结构。

② SELECT 查询语句的使用。

③ 修改表结构（ALTER 语句的使用）。

④ 删除表（DROP 语句的使用）。

⑤ 插入、删除、更新数据（INSERT、DELETE 和 UPDATE 语句的使用）。

⑥ 视图的定义和使用。

3. 注意事项

① 用 SQL*PLUS 平台创建表等。

② 创建和定义表结构时，注意 VARHAR2、VARCHAR、NUMBER、LONG、DATE、RAW、LONG RAW、CHAR 等数据类型以及约束选项的使用。

③ 查询时，应注意 ORDER BY、WHERE 等子句的使用。特别练习使用 LIKE、IN（list）、BETWEEN 等运算符。

④ 注意 Oracle 表达式的使用。

实验三（3 学时）

1. 实验题目：Oracle 的 PL/SQL

2. 目的与要求

① PL/SQL 结构的使用。

• 无名块

• 子程序

• 包

② 控制结构。

③ 循环语句。

④ 顺序控制。

⑤ 游标的使用。

3. 注意事项

① 本实验分 2 次完成，每次 2+1 学时。第一次可编上述几个结构的简单程序，建立子程序（过程、函数等）；第二次将前次编写的程序结合起来，组成一个复杂的程序。

② PL/SQL 块通过在 SQL*PLUS 平台的单独行输入 CREATE 实现。可以通过 RUN 或/命令执行当前块。

③ 调试时，尽量自己独立分析问题，排除错误，实在无法解决，再问别人。

④ 将程序注意保存。

⑤ 注意包的引用。

实验四（10 学时）

1. 实验题目：PD CASE 工具与数据库（Database）设计、维护及保护

2. 目的与要求

① 了解 PD 的分析设计环境，用 PD CASE 工具建模（CDM，PDM）。

② 了解数据库的结构和空间管理。

• 数据库文件、日志文件、控制文件

• 表空间

• 段

• 模式

③ 用 Oracle SQL 创建和修改数据库。

④ 表空间的创建、修改及删除。

⑤ 了解初始化参数文件。

⑥ 体会数据库的安全性与完整性。

- 用户鉴别
- 特权
- 角色
- 触发器等的使用

⑦ 体会并发控制、数据库备份和恢复以及高可用性。

- 日志（LogMiner）
- 数据库备份（Data Guard）和恢复（RMAN）
- Oracle 的闪回技术
- 自动存储管理（ASM）

3. 注意事项

① 在进行上述实验时注意体会用语句和工具两种方式实现的区别。

② 注意学时的合理分配。

实验五（6 学时）

1. 实验题目：企业管理器（OEM）

2. 目的与要求

① OEM 的安装、配置及启动。

② 创建和管理数据库（数据库配置、数据文件）。

③ 创建和管理数据库用户。

④ 创建和管理视图、索引和触发器。

⑤ 用企业管理器维护 Oracle 系统。

⑥ 用企业管理器进行性能调整。

⑦ 使用 OEM Grid Control 网格控制管理。

3. 注意事项

① 注意 OEM 提供的两种独立控制方式网格控制和数据库控制的区别。

② 可用 Oracle 的数据库配置助理（DBCA）创建数据库实例。

③ 用企业管理器维护 Oracle 系统时，注意管理（本地）表空间和浏览预警文件信息。

④ 用企业管理器进行性能调整时，注意查看顶级活动和监视 Oracle 实例是否存在锁。

⑤ 使用 OEM Grid Control 网格控制管理时，注意监管全部 Oracle 环境和管理 Oracle RAC。

实验六（2 学时）

1. 实验题目：分布式数据库系统

2. 目的与要求

① 前端用 Oracle Forms Developer，后端用 Oracle（Server 版）建立客户/服务器结构型的分布式数据库系统。

② 用户在自己的模式中创建表（Table），并授权其他用户访问。

③ 使用分布式查询。

④ 观察客户／服务器环境下事务的提交（COMMIT）和回滚（ROLLBACK）。

⑤ 表快照与复制。

3. 注意事项

① 将 Forms 与 Oracle（Server 版）连接成客户／服务器结构时注意模式对象的全局名问题。

② 若有条件，可进行多协议信息交换以及服务器_服务器结构的实验。

实验七（2 学时）

1. 实验题目：Forms Developer

2. 目的与要求

① Oracle Forms Developer 的启动。

② 创建一个 Form（最好是主从式 Form）。

③ 创建 block。

④ 创建 items。

⑤ 存储和运行 Form。

3. 注意事项

① 注意 Forms Developer 与 Oracle（Server 版）的连接。

② 注意使用上述各对象的属性。

③ 特别注意 Form 上按钮（Button）引起的事件中的编程问题（结合实验三）。

④ 注意 Image（图像）items 以及其他 items 的使用问题。

实验八（2 学时）

1. 实验题目：Reports Developer

2. 目的与要求

① 启动 Oracle Reports Developer。

② 创建报表。

③ 报表中对象的使用。

④ 创建报表中的图表（chart）。

⑤ 存储和运行报表。

3. 注意事项

① 报表设计时，注意运用外部查询等来创建报表，连接 Form。

② 注意选择图表类型（chart type），创建的图表与报表的连接。

③ 创建报表时注意组（group）和统计列（summary column）的使用。

实验九（2 学时）

1. 实验题目：Oracle J2EE 高级技术与 JDeveloper

2. 目的与要求

① 启动与体会 JDeveloper 环境。

② 了解与体会 Oracle 的 J2EE 技术与 OC4J。

③ 了解与体会 Oracle Java 商业组件（BC4J）。

3. 注意事项

① 可以运用书中例子进行实验。

② 实验时注意体会：Oracle JDeveloper 集成了 UML 建模功能，建模并生成 J2EE 应用程序和 Web 服务；一个完整的 Java 集成开发环境用以编辑、编译、配置和优化 J2EE 应用程序和 Web 服务；一个全面集成的 OracleAS J2EE 容器 OC4J，运行在该工具本身之内，使编辑—编译—调试—部署周期快速而且高效。

二、实验专周（两周）

在客户机／服务器环境下，前端用 Oracle Forms Developer、Oracle Reports Developer，后端用 Oracle Server，实现本书第 12 章的“综合应用实例——图书管理信息系统。”

附录 C 专业实习（Oracle）——实时应用集群（RAC）安装与配置指导书

本附录主要讲述了 RAC 的安装、运行以及管理 RAC 所需要的工具，并且通过具体的实例演示了 RAC 集群数据库的安装。

可作为专业实习（Oracle）——实际应用集群（RAC）安装与配置的指导书。

1. 平台与内容概述

这里通过实例详细讲述 RAC 的安装和配置，读者可以遵循所介绍的详细步骤，迅速搭建一个 RAC 的环境平台，进行实际动手操作，进一步加深对 RAC 体系结构及相关概念的理解。这里搭建的 RAC 是基于 Linux NFS 文件系统安装 Oracle 11g release 1 的 RAC。

- 操作系统为：Oracle Enterprise Linux 5.0;
- 共享存储为：网络文件系统（network file system，NFS）;
- Oracle 版本：Oracle 11g release 1（11.1）。

整个安装和配置可以分为以下几个部分。

- 共享存储方案说明；
- 软件下载；
- 操作系统安装；
- 配置 Oracle 安装环境；
- 创建共享磁盘；
- 安装 Oracle 集群件；
- 安装数据库软件；
- 使用 DBCA 创建集群数据库；
- TNS 的配置；
- 检查 RAC 集群数据库的运行状态；
- 使用 Direct NFS Client 提升 NFS 性能。

下面将分别予以详细说明。

2. RAC 的安装与配置

（1）共享存储方案说明

RAC 的安装需要共享存储，这里使用 Linux 系统中集成的 NFS 文件系统配置共享存储。网络文件系统（NFS，Network File System）是由SUN公司于1984年推出，用来在网络中的多台计算机之间实现资源共享，这些资源可以是文件或像CD-ROW这样的设备。提供共享文件的主机称为NFS Server，而访问共享文件的其他主机称为NFS Client。当然，一台主机既可以是NFS Server，也可以是NFS Client，也就是该主机既提供了NFS文件共享，同时也可以访问其他主机上的NFS共享文件系统。

需要注意的是，这里仅仅是想帮助读者快速搭建一个RAC实验环境，所以选择其中的一个RAC结点作为NFS服务器，提供共享存储。如果该结点出现了问题，则整个数据库会丢失。因此，在实际的工程实施中，这不是一个高可用性方案。

（2）软件下载

Oracle Enterprise Linux5.0可以从以下网站下载：http://edelivery.Oracle.com/linux

Oracle 11g release 1（11.1）集群件（clusterware）与数据库（Database software）可以从以下网址下载：http://www.Oracle.com/technology/software/products/database/index.html

这里，假定RAC的两个结点为RAC1和RAC2，以下操作会指出是在哪个结点上进行的。

（3）安装操作系统

该操作分别在RAC1和RAC2两个结点上进行。

这里使用的Linux版本为Oracle Enterprise Linux 5.0，当然如果使用Red Hat Enterprise Linux（RHEL）5也是一样的。操作系统的安装细节就不详述了，需要特别指出的是，安装一个服务器，至少需要2GB的交换分区（swap），同时防火墙和secure Linux都不要启用，Oracle推荐使用默认的服务器安装。

（4）设置主机名称和网关

分别在RAC1和RAC2两个结点上设置主机名称，IP地址和网关：

① RAC1：

- hostname：rac1.localdomain
- IP Address eth0：192.168.2.101(public address)
- Default Gateway eth0：192.168.2.1(public address)
- IP Address eth1：192.168.0.101(private address)
- Default Gateway eth1：none

② RAC2：

- hostname：rac2.localdomain
- IP Address eth0：192.168.2.102(public address)
- Default Gateway eth0：192.168.2.1(public address)
- IP Address eth1：192.168.0.102(private address)
- Default Gateway eth1：none

当然，读者可以根据自己的网络对IP地址进行调整。

（5）安装软件包

该操作分别在RAC1和RAC2两个结点上进行。

基本的软件包安装完成后，以root用户登录系统，额外安装以下软件包：

```
# From Enterprise Linux 5 Disk 1
```

```
cd/media/cdrom/Server
rpm - Uvh binutils - 2.*
rpm - Uvh elfutils - libelf - 0.*
rpm - Uvh glibc - 2.*
rpm - Uvh glibc - common - 2.*
rpm - Uvh libaio - 0.*
rpm - Uvh libgcc - 4.*
rpm - Uvh libstdc+ + - 4.*
rpm - Uvh make - 3.*
cd /
eject

# From Enterprise Linux 5 Disk 2
cd/media/cdrom/Server
rpm - Uvh compat - libstdc + + -33*
rpm - Uvh elfutils - libelf-devel -*
rpm - Uvh glibc - headers*
rpm - Uvh glibc - devel-2.*
rpm - Uvh libgomp*
rpm - Uvh gcc-4.*
rpm - Uvh gcc-c+ + -4.*
rpm - Uvh libaio-devel-0.*
rpm - Uvh libstdc+ +-devel-4.*
rpm - Uvh unixODBC -2.*
rpm - Uvh unixODBC - devel-2.*
cd /
eject

# From Enterprise Linux 5 Disk 3
cd/media/cdrom/Server
rpm - Uvh sysstat - 7.*
cd /
eject
```

（6）配置/etc/hosts 文件

该操作分别在 RAC1 和 RAC2 两个结点上进行。

以 root 用户登录系统，修改/etc/hosts 文件，使该文件内容如下：

```
127.0.0.1       localhost.localdomain   localhost
# Public
192.168.2.101   rac1.localdomain        rac1
192.168.2.102   rac2.localdomain        rac2
#Private
192.168.2.101   rac1-priv.localdomain   rac1-priv
192.168.2.102   rac2-priv.localdomain   rac2-priv
#Virtual
192.168.2.111   rac1-vip.localdomain    rac1-vip
192.168.2.112   rac2-vip.localdomain    rac2-vip
#NAS
192.168.2.101   nas1.localdomain        nas1
```

注意：这里的 nas1 都指向 RAC1 结点。如果使用真正的 NAS 或者一台第三方的服务器提供共享存储，则此处的 IP 应该指向实际 IP。

（7）安装 Oracle 的准备工作

分别在 RAC1 和 RAC2 两个结点上进行。

① 配置内核参数：在/ect/sysct1.conf 文件中添加以下行：

```
kernel.shmmni = 4096
# semaphores: semmsl,semmns,semopm,semmni
kernel.sem = 250 32000 100 128
net.ipv4.ip_local_port_range = 1024 65000
net.core.rmem_default = 4194304
net.core.rmem_max = 4194304
net.core.wmem_default = 262144
net.core.wmem_max = 262144

# Additional and amended parameters suggested by Kevin Closson
#net.core.rmem_default = 524288
#net.core.wmem_default = 524288
#net.core.rmem_max = 16777216
#net.core.wmem_max = 16777216
net.ipv4.ipfrag_high_thresh = 524288
net.ipv4.ipfrag_low_thresh = 393216
net.ipv4.tcp_rmem = 4096 524288 16777216
net.ipv4.tcp_wmem = 4096 524288 16777216
net.ipv4.tcp_timestamps = 0
net.ipv4.tcp_sack = 0
net.ipv4.tcp_window_scaling = 1
net.core.optmem_max=524287
net.core.netdev_max_backlog = 2500
sunrpc.tcp_slot_table_entries=128
sunrpc.udp_slot_table_entries=128
net.ipv4.tcp_mem=16384 16384 16384
```

② 运行以下命令，使内核参数生效：

```
/sbin/sysctl - p
```

③ 在/etc/security/limits.conf 中添加以下行：

```
Oracle          soft   nproc     2047
Oracle          hard   nproc     16384
Oracle          soft   nofile    1024
Oracle          hard   nofile    65536
```

④ 在/etc/pam.d/login 文件中添加以下行：

```
session   required   /lib/security/pam_limits.so
session   required   pam_limits.so
```

⑤ 编辑文件/etc/selinux/config，将 SELINUX 设置为不可用：

```
SELINUX = disabled
```

⑥ 创建 Oracle 安装时所需要的用户和组：

```
groupadd oinstall
```

```
groupadd dba
groupadd oper
groupadd asmadimin

useradd - u 501 -g oinstall -G dba,oper,asmadmin Oracle
passwd Oracle
```

（8）使用 ssh 建立用户等效性

在集群就绪服务（CRS）和 RAC 的安装过程中，Oracle universal installer（OUI）必须能够以 Oracle 用户的身份将软件复制到所有 RAC 结点，而不提示输入口令，在 Oracle 11g 中，可以使用 ssh 完成此操作。

要建立用户等效性，需要在两个结点上以 Oracle 用户身份生成用户的公钥和私钥。

① 在 RAC1 和 RAC2 结点上分别执行。

以 Oracle 用户身份登录两个结点，执行以下命令：

```
su - oracle
mkdir ~ /.ssh
chmod 700 ~ /.ssh
/usr/bin/ssh-keygen - t rsa # Accept the default settings.
```

此时，RAC1 和 RAC2 两个结点上 rsa 公钥文件“~/.ssh/id_rsa.pub”和私钥文件“~/.ssh/id_rsa”生成。

② 以 Oracle 用户登录 RAC1，生成“authorized_keys”文件，并且将该文件复制到 RAC2 结点，运行以下命令：

```
su - Oracle
cd ~/.ssh
cat id_rsa.pub > > authorized_keys
scp authorized_keys rac2:/home/oracle/.ssh/
```

③ 以 Oracle 用户登录 RAC2，运行以下命令：

```
su - Oracle
cd ~/.ssh
cat id_rsa.pub > > authorized_keys
scp authorized_keys rac1:/home/oracle/.ssh/
```

④ 以 Oracle 用户分别在两个结点 RAC1 和 RAC2 上运行以下命令：

```
ssh rac1 date
ssh rac2 date
exec /usr/bin/ssh-agent $SHELL
/usr/bin/ssh-add
```

此时，会发现运行上述命令时，没有再提示输入 Oracle 用户的密码。ssh 用户等效性配置完成。

（9）配置 Oracle 用户的环境变量

此操作分别在 RAC1 和 RAC2 两个结点进行。

以 Oracle 用户的身份登录 RAC1 结点，在.bash_profile 文件中添加以下内容：

```
# Oracle Settings
TMP = /tmp; export TMP
TMPDIR = $TMP; export TMPDIR
```

```
CRACLE_HOSTNAME = rac1.localdomain;export Oracle_HOSTNAME
Oracle_BASE = /u01/app/Oracle;export Oracle_BASE
Oracle_HOME=$Oracle_BASE/product/11.1.0/db_1;export Oracle_HOME
Oracle_SID = RAC1; export Oracle_SID
Oracle_TERM=xterm; export Oracle_TERM
PATH=/usr/sbin:$PATH; export PATH
PATH=$Oracle_HOME/binP:$PATH; export PATH

LD_LIBRARY_PATH=$Oracle_HOME/lib:/usr/lib; export LD_LIBRARY_PATH
CLASSPATH=$Oracle_HOME/JRE:$Oracle_HOME/jlib:$Oracle_HOME/rdbms/
jlib; export CLASSPATH

if [$USER = "Oracle"]; then
  if [$SHELL = "/bin/ksh"]; then
    ulimit -p 16384
    ulimit -n 65536
  else
    ulimit -u 16384 -n 65536
  fi
fi
```

注意：配置 RAC2 结点时，Oracle_SID 和 Oracle_HOSTNAME 中的 RAC1 要修改为 RAC2。

（10）创建共享磁盘

这里在 RAC1 结点上创建 NFS 共享文件系统。

① 以 root 用户登录 RAC1，进行下面的操作。

- 创建目录：

```
mkdir / shared_config
mkdir / shared_crs
mkdir / shared_home
mkdir / shared_data
```

- 在/etc/exports 文件中添加以下内容：

```
/shared_config      *(rw,sync,no_wdelay,insecure_locks,no_root_squash)
/shared_crs         *(rw,sync,no_wdelay,insecure_locks,no_root_squash)
/shared_home        *(rw,sync,no_wdelay,insecure_locks,no_root_squash)
/shared_data        *(rw,sync,no_wdelay,insecure_locks,no_root_squash)
```

- 配置 NFS 服务启动：

```
chkconfig nfs on
service nfs restart
```

② 分别以 root 用户登录 RAC1 和 RAC2 结点，创建 Oracle 软件将要被安装的位置目录。

```
mkdir -p /u01/app/crs/product/11.1.0/crs
mkdir -p /u01/app/oracle/product/11.1.0/db_1
mkdir -p /u01/oradata
mkdir -p /u01/shared_config
chown-R
Oracle:oinstall/u01/app/u01/app/Oracle/u01/oradata/u01/shared_config
chmod -R 775/uo1/app/u01/app/oracle/u01/oradata/u01/shared_config
```

③ 分别在 RAC1 和 RAC2 的"/etc/fstab"文件中，添加以下内容：

```
nas1:/shared_config/u01/shared_config  nfs  rw,bg,hard,nointr,tcp,vers =
3,timeo = 300,rsize =32768,wsize =32768,actimeo =0  0  0
   nas1:/shared_crs/u01/app/crs/product/11.1.0/crs nfs  rw,bg,hard,nointr,
tcp,vers =3
timeo = 300,rsize =32768,wsize =32768,actimeo =0  0 0
   nas1:/shared_home /u01/app/oracle/product/11.1.0/db_1 nfs  rw,bg,hard,
nointr,tcp,
vers=3,timeo =300,rsize = 32768,wsize =32768,actimeo =0  0  0
   nas1:/shared_data /u01/oradata  nfs  rw,bg,hard,nointr,tcp,vers = 3,timeo
=300,rsize =32768,wsize =32768,actimeo=0  0  0
```

④ 在 RAC1 和 RAC2 的结点上运行以下命令，挂载 NFS 共享文件系统。

```
mount/u01/shared_config
mount/u01/app/crs/product/11.1.0/crs
mount/u01/app/oracle/product/11.1.0/db_1
mount/u01/oradata
```

⑤ 创建 CRS 配置文件和共享磁盘。

该操作在 RAC1 和 RAC2 其中一个结点上运行即可。

例如：以 root 用户登录 RAC1 结点，进行以下操作：

```
touch /u01/shared_config/crs_configuration
touch /u01/shared_config/voting_disk
```

⑥ 修改共享目录的所述用户和组。

```
chown -R Oracle:oinstall /u01/shared_config
chown -R Oracle:oinstall /u01/app/crs/product/11.1.0/crs
chown -R Oracle:oinstall /u01/app/Oracle/product/11.1.0/db_1
chown -R Oracle:oinstall /u01/oradata
```

3. 安装集群件

下面的操作在 RAC1 结点上进行。

（1）文件解压缩：

```
unzip linux_11gR1_clusterware.zip
unzip linux_11gR1_database.zip
```

安装集群件前，应该首先检查安装集群件的先决条件是否已经具备，在 clusterware 根目录下，有一个工具“runcluvfy.sh”可以完成该项检查工作。

（2）以 Oracle 用户身份执行以下命令：

```
cd clusterware
./runcluvfy.sh stage - pre crsinst -n rac1,rac2 -verbose
```

为保证后面的安装成功，如果检查有错，则应该首先将错误解决，直至所有检查项全部通过，再进行后续的安装。

（3）如果检查通过，则运行 clusterware 目录下的 runInstaller，开始集群件的安装。

```
./runInstaller
```

首先出现“Welcome”界面，单击“Next”按钮。

（4）接受默认的 inventory 目录的位置，单击“Next”按钮。

（5）输入集群件的路径和名称，单击“Next”按钮。

（6）进行集群件安装的条件检查，确保检查项全部通过，单击“Next”按钮。

（7）显示“Specify Cluster Configuration”界面，这里仅显示出集群中的RAC1结点，单击“Add”按钮添加RAC2结点。

（8）输入RAC2结点信息，单击“OK”按钮。

（9）添加完成RAC2结点后，单击“Next”按钮继续。

（10）在“Specific Network Interface Usage”界面中，指定网卡是公用（public）还是私用（private），这里指定eth0为公用（public），选择eth0，单击“Edit”按钮。

（11）在弹出的窗口中，指定“eht0”为“public”，单击“OK”按钮。

（12）指定“eth1”为private不变，单击“Next”按钮。

（13）在指定OCR位置的界面中，选择“External Redundancy”选项，输入：“/u01/shared_config/orc_configuration”，单击“Next”按钮。

（14）在指定选取磁盘的界面中，选择“External Redundancy”选项，输入“/u01/shared_config/voting_disk”，单击“Next”按钮。

（15）在“Summary”界面中，查看先前的设置，如果确定没有问题，单击“Install”按钮，安装过程正式开始。

（16）安装过程可能需要持续比较长的时间，请耐心等待。

（17）安装过程结束后，会提示需要在两个结点上运行orainstRoot.sh和root.sh脚本文件。

这里需要注意的是：

① 以root用户在RAC1和RAC2结点中运行。

② 需要严格按照顺序运行：orainstRoot.sh在RAC1和RAC2上依次运行完毕后，再在RAC1和RAC2上依次运行root.sh。

③ 运行orainstRoot.sh时，可以看到语句的输出。

④ 在RAC1结点上运行root.sh时，可以看到语句的输出。

⑤ 在RAC2结点上运行root.sh时，可以看到语句的输出。

（18）上述步骤完成后，返回RAC1结点的“Execute Configuration Scripts”界面，单击“OK”按钮。

（19）接下来等待配置助手完成配置工作。

（20）安装完成后，单击“Exit”按钮，退出安装。

至此，Oracle集群件安装完毕。

4. 安装Oracle数据库软件

（1）以Oracle用户登录RAC1结点，运行数据库安装文件。

```
cd database
./runInstaller
```

（2）在“Welcome”界面中，单击“Next”按钮。

（3）选择“Enterprise Edition”（企业版）选项，单击“Next”按钮。

（4）输入Oracle home的名称和路径，单击“Next”按钮。

（5）选中“Cluster Install”选项，确保RAC1和RAC2两个结点都被选中，单击“Next”按钮。

（6）前面是安装Oracle软件的先决条件的检查，全部通过后，单击“Next”按钮。

（7）在所示的界面中选择“Install Software only”选项（不进行数据库的创建），单击“Next”按钮。

（8）出现“Summary”界面，可以检查以前的配置，单击“Install”继续。

（9）等待数据库软件的安装界面。

（10）安装完成后，需要在 RAC2 和 RAC1 两个结点上运行“root.sh”脚本然后单击“OK”按钮。

（11）安装完成，单击“Exit”按钮。

5. 使用 DBCA 创建数据库

（1）以 Oracle 用户登录 RAC1 结点，使用数据库配置助手创建数据库。

（2）在“Welcome”界面中，选择“Oracle Real Application Clusters database”选项，单击“Next”按钮。

（3）在所示的界面中选择“Create a Database”选项，单击“Next”按钮。

（4）选择 RAC1 和 RAC2 两个结点，单击“Next”按钮。

（5）选择“Custom Database”选项，单击“Next”按钮。

（6）分别输入值“RAC.WORLD”和“RAC”作为全局数据库名称（global database name）和 SID 前缀，单击“Next”按钮。

（7）选择“configure Enterprise Manager”及“configure Database Control for Local management”，单击“Next”按钮。

（8）输入管理员密码，单击“Next”按钮。

（9）选择“Cluster File System”选项，单击“Next”按钮。

（10）选择“Use Oracle-Managed Files”选项，输入“/u01/oradata/”作为数据库位置，单击“Next”按钮。

（11）选择“Specify Flash Recovery Area”选项，输入“/u01/oradata”作为位置，指定闪回区的大小，单击“Next”按钮。

（12）在所示的界面仅选择“Enterprise Manager Repository”选项，单击“Standard Database Components…”按钮。

（13）在所示的界面仅选中“Oracle JVM”和“Oracle XML DB”两个选项，单击“OK”按钮。

（14）在所示的界面中选中“Typical”内存管理选项，单击“Next”按钮。

（15）在所示的界面中，接受默认配置，单击“Next”按钮。

（16）在所示的界面中，接受默认配置，单击“Next”按钮。

（17）在所示的界面中选中“database storage”，单击“Next”按钮。

（18）选择“Create Database”，单击“Finish”按钮。

（19）在所示的概要信息界面中，单击“OK”按钮。

（20）然后等待数据库的创建过程。

（21）在弹出的窗口中，单击“Yes”，接受默认设置。

（22）数据库创建完成后，在弹出的界面中单击“Exit”退出安装。

至此，RAC 数据库的创建完成。

6. TNS 配置

（1）安装完成后，查看“$Oracle_HOME/network/admin/listener.ora”文件内容。

（2）查看“$Oracle_HOME/network/admin/tnsnames.ora”文件内容。

该配置既可以实现负载均衡，也可以指定具体的实例进行连接。

（3）以 DBA 用户登录 RAC1 和 RAC2 结点，查看 RAC 结点实例信息：

```
$ sqlplus / as sysdba
SQL*Plus:Release 11.1.0.6.0 - Production on Tue Aug 14 19:16:47  2007
Copyright (c)  1982 ,2007,Oracle. All rights reserved.

Connected to:
Oracle Database 11g Enterprise Edition Release 11.1.0.6.0 - Production
With the partitioning,Real Application Clusters,OLAP,Data Mining
And Real Application Testing options

SQL > CONN sys/password@rac1 AS SYSDBA
Connected.
SQL > SELECT instance_name,host_name FROM v$instance;

INSTANCE_NAME       HOST_NAME
--------------      ------------------------------------
RAC1                rac1.lynx.co.uk

SQL > CONN sys/password@rac2 AS SYSDBA
Connected.
SQL > SELECT instance_name,host_name FROM v$instance;

INSTANCE_NAME       HOST_NAME
-------------       -----------------------------------
RAC2                rac2.lynx.co.uk

SQL > CONN sys/password@rac AS SYSDBA
Connected.
SQL > SELECT instance_name,host_name FROM v$instance;

INSTANCE_NAME       HOST_NAME
-----------------------------------------------------------
RAC1                rac1.lynx.co.uk
SQL>
```

7. 检查 RAC 集群数据库的状态

可以使用以下几种方式检查 RAC 的当前状态。

（1）使用 srvctl 工具显示 RAC 数据库的当前配置和状态。

```
$ srvctl config database -d RAC
rac1 RAC1 /u01/app/Oracle/product/11.1.0/db_1
rac2 RAC2 /u01/app/Oracle/product/11.1.0/db_1
$
$ srvctl status database -d RAC
Instance RAC1 is running on node rac1
```

```
Instance RAC2 is running on node rac2
$
```

（2）可以使用 v$active_instances 视图，显示当前的实例状态。

```
$ sqlplus / as sysdba
SQL *Plus:Release 11.1.0.6.0 - Production on Tue Aug 14 19:21:37 2007
Copyright (c ) 1982,2007,Oracle.All rights reserved.

Connected to:
Oracle Database 11g Enterprise Edition Release 11.1.0.6.0 - Production
with the Partitioning,Real Application Clusters,OLAP,Data Mining
and Real Application Testing options

SQL > SELECT * FROM v$active_instances;

INST_NUMBER    INST_NAME
-----------    ------------------------------------
          1  rac1.lynx.co.uk:RAC1
          2  rac2.lynx.co.uk:RAC2
SQL>
```

（3）使用 gv$可以显示 RAC 的全局信息。

```
SQL> SELECT inst_id,username,sid,serial# FROM gv$session WHERE username IS NOT
NULL;
   INST_ID  USERNAME                 SID          SERIAL#
-----------------------------------------------------------
         2  SYS                      116            841
         2  SYSMAN                   118            78
         2  SYS                      119            1992
         2  SYSMAN                   121            1
         2  SYSMAN                   122            29
         2  SYS                      123            2
         2  SYSMAN                   124            50
         2  DBSNMP                   129            1
         2  DBSNMP                   130            6
         2. DBSNMP                   134            1
         2  SYSMAN                   145            53

     INST_ID  USERNAME               SID          SERIAL#
-----------------------------------------------------------
         2  SYS                      170            14
         1  SYSMAN                   117            144
         1  SYSMAN                   118            186
         1  SYSMAN                   119            31
         1  SYS                      121            3
         1  SYSMAN                   122            162
         1  SYSMAN                   123            99
         1  DBSNMP                   124            3
         1  SYS                      125            2
         1  SYS                      126            19
```

```
        1  SYS                      127           291

     INST_ID  USERNAME              SID          SERIAL#
---------------------------------------------------------
        1  DBSNMP                   131           61
        1  SYS                      170           17
24 rows selected.
SQL>
```

（4）如果配置了企业管理器，则可以通过 OEM 界面查看 RAC 数据库的配置和当前状态，登录 http://rac1.localdomain:1158/em。

8. 使用 Direct NFS Client

为了提升 NFS 的性能，Oracle 建议使用 Direct NFS Client，Direct NFS Client 会从以下几个文件寻找 NFS 的细节信息。

```
$Oracle_HOME/dbs/oranfstab
/etc/oranfstab
/etc/mtab
```

由于已经在“/etc/fstab”文件中配置了 NFS 文件系统的挂载，这里不必再进行额外的配置，但是为了让 Direct NFS Client 工作，需要将 libodm11.so 库文件切换为 libnfsodm11.so，操作如下：

```
srvctl stop database -d RAC

cd $Oracle_HOME/lib
mv libodm11.so libodm11.so_stub
ln -s libnfsodm11.so libodm11.so

srvctl start database -d RAC
```

上面的操作完成后，可以通过以下视图查看 direct NFS client 的使用情况：

```
v$dnfs_servers
v$dnfs_files
v$dnfs_channels
v$dnfs_stats
```

例如：

```
SQL > SELECT svrname,dirname FROM v$dnfs_servers;

   SVRNAME            DIRNAME
---------------------------------------------------------
     nas1               /shared_data

SQL >
```

默认情况下，Direct NFS Client 支持直接的 I/O 操作和异步 I/O 操作。

参 考 文 献

[1] Oracle Database 11g Release 1 (11.1.0.6.0) Help，2007.

[2] 刘甫迎，等. 数据库原理及应用（Oracle）实用教程[M]. 北京：清华大学出版社，2004.

[3] 刘甫迎，等. 数据库（Oracle）及CASE设计技术教程[M]. 北京：人民邮电出版社，2005.

[4] 刘甫迎，等. 数据库原理及应用（ORACLE）[M]. 重庆：重庆大学出版社，1998.

[5] 谷长勇，等. Oracle 11g 权威指南[M]. 北京：电子工业出版社，2008.

[6] 任树华. Oracle 10g 应用指导与案例精讲[M]. 北京：机械工业出版社，2007.

[7] Kevin Loney，等. Oracle Database 10g DBA 手册[M]. 北京：清华大学出版社，2006.

[8] 飞思研发中心. Oracle 9i J2EE 应用开发指南[M]. 北京：电子工业出版社，2003.

[9] 萨师煊，王珊. 数据库系统概论[M]. 3版. 北京：高等教育出版社，2000.

[10] 施伯乐，丁宝康，楼荣生. 数据库导论[M]. 北京：高等教育出版社，1994.

[11] 俞盘祥. Oracle 数据库基础[M]. 北京：清华大学出版社，1995.

[12] 孟小峰. 关系数据库管理系统 Oracle 原理与应用[M]. 北京：电子工业出版社，1993.

[13] 刘金亭，苏红宇. Oracle SQL 表格工具报表工具菜单工具[M]. 北京：电子工业出版社，1995.

[14] 中国科学院科学数据库中心. 科学数据库与信息技术论文集[M]. 北京：中国科学技术出版社，1994.

Learn more about it!

笔记栏

Learn more about it!

笔记栏